国家社科基金
后期资助项目

人工智能：
从物理符号操作到
适应性表征

魏屹东 著

科学出版社

北京

内 容 简 介

人类智能是否能迁移到人工智能，人工智能是否能接近或达到人类智能？这些问题一直备受争议。本书基于语境的适应性表征方法论，系统地探讨了人工智能的适应性表征范畴架构，人工智能的逻辑主体、搜索主体、学习主体、决策主体和问题-解决主体的适应性表征特征，以及人工智能适应性表征的语境建构及其哲学、伦理问题和未来走向，力图论证这样一种观点：人工主体是适应性主体，人工认知是适应性表征系统，人工智能的生成是通过适应性表征实现的。

本书适合科学技术哲学、计算机科学及人工智能哲学、科技伦理学等领域的专家学者及研究生参阅。

图书在版编目（CIP）数据

人工智能：从物理符号操作到适应性表征 / 魏屹东著. -- 北京：科学出版社，2025.6. -- ISBN 978-7-03-081953-6

Ⅰ.TP18

中国国家版本馆 CIP 数据核字第 2025R53N94 号

责任编辑：任俊红　高雅琪 / 责任校对：邹慧卿
责任印制：师艳茹 / 封面设计：有道文化

科学出版社 出版
北京东黄城根北街 16 号
邮政编码：100717
http://www.sciencep.com

北京中科印刷有限公司印刷
科学出版社发行　各地新华书店经销

*

2025 年 6 月第 一 版　开本：720×1000　1/16
2025 年 6 月第一次印刷　印张：33 3/4
字数：583 000
定价：268.00 元
（如有印装质量问题，我社负责调换）

国家社科基金后期资助项目
出版说明

后期资助项目是国家社科基金设立的一类重要项目，旨在鼓励广大社科研究者潜心治学，支持基础研究多出优秀成果。它是经过严格评审，从接近完成的科研成果中遴选立项的。为扩大后期资助项目的影响，更好地推动学术发展，促进成果转化，全国哲学社会科学工作办公室按照"统一设计、统一标识、统一版式、形成系列"的总体要求，组织出版国家社科基金后期资助项目成果。

全国哲学社会科学工作办公室

经验世界中的那些科学家和思想家，通过他们的工作和著作构筑起了第三种文化。在渲染我们生活的更深层意义以及重新定义"我们是谁、我们是什么"等方面，他们正在取代传统的知识分子。

第三种文化是一把巨大的"伞"，它可以把计算机专家、行动者、思想家和作家都聚于伞下。在围绕互联网兴起的传播革命中，他们产生了巨大的影响。

第三种文化就像是一个新的隐喻，描述着我们自己、我们的心灵、整个宇宙以及我们知道的所有事物。这些拥有新观念的知识分子、科学家，还有那些著书立说的人，推动了我们的时代发展。

——约翰·布罗克曼（John Brockman）(《AI 的 25 种可能》, 2019: xi)

本书的缩略词

actor-critic，AC　行动者评估（算法）
adaptive representation，AR　适应性表征
adaptive knowledge representation and reasoning，AKRR　适应性知识表征与推理
adaptive quasi-harmonic model，AQHM　适应性准谐波模型
adaptive sparse representation beamformer，ASRBF　适应性稀疏表征波束形成器
adaptive sparse representation classification，ASRC　适应性稀疏表征的分类
adaptive iterative refinement，AIR　适应性迭代细化
adaptive representation evolutionary algorithm，AREA　适应性表征进化算法
adaptive Pareto algorithm，APA　适应性帕累托算法
adaptive high-dimensional model representation，AHDMR　适应性高维模型表征
adaptive sparse grid collocation，ASGC　适应性稀疏网格配置
adaptive dynamic programming，ADP　适应性动态规划
artificial agent，AA　人工主体
artificial neural network，ANN　人工神经网络
assumed truth maintenance system，ATMS　假设的保真系统
asynchronous policy iteration，API　异步策略迭代
automatic target recognition，ATR　目标自动识别
augmented reality，AR　增强现实
augmented finite state machine，AFSM　增强有限状态机器
Backus-Naur form，BNF　巴克斯-诺尔范式
batch reinforcement learning，BRL　批处理强化学习
brain in a vat，BIV　缸中之脑
brain replacement，BR　脑替代
center of mass encoding，CoME　质量编码中心
central processing unit，CPU　中央处理器

conjunctive normal form，CNF 合取范式
constraint satisfaction problem，CSP 约束满足问题
conditional probability table，CPT 条件概率表
context-specific independence，CSI 语境-特定独立性
common model of cognition，CMC 通用认知模型
current-best-hypothesis search，CBHS 最佳假设搜索
definite clause grammar，DCG 定子句语法
deep learning，DL 深度学习
deep reinforcement learning，DRL 深度强化学习
deep fitted Q iteration，DFQI 深度拟合Q迭代
directed arc consistency，DRC 定向弧一致性
distributed video coding，DVC 分布式视频编码
explainable artificial intelligence，XAI 可解释人工智能
extreme learning machine，ELM 极限学习机
expectation-maximization，EM 期望最大化
explanation-based learning，EBL 基于解释的学习
fine-motion planning，FMP 微动规划
first-order logic，FOL 一阶逻辑
first-order predicate calculus，FOPC 一阶谓词演算
first in first out，FIFO 先进先出
fitted Q iteration，FQI 拟合Q迭代
fuzzy Q learning，FQL 模糊Q学习
genetic programming，GP 遗传规划
global positioning system，GPS 全球定位系统
good old-fashioned artificial intelligence，GOFAI 好的老式人工智能
hierarchical fuzzy rule based system，HFRBS 基于层次模糊规则的系统
hidden Markov model，HMM 隐马尔可夫模型
hierarchical level networks，HLN 分层网络
high-level action，HLA 高层次行动
hybrid symbol systems hypothesis，HSSH 混合符号系统假设
hybrid cognitive architectures hypothesis，HCAH 混合认知结构假设
hyperlink-induced topic search，HITS 超链接诱导的主题搜索
independent and identically distributed，IID 独立同一分布
independent component analysis，ICA 独立成分分析

inductive logic programming，ILP 归纳逻辑编程
iterative deepening A^*，IDA^* 迭代加深 A^*（搜索）
just noticeable differences，JIDs 仅仅不可容忍的差异
justified truth maintenance system，JTMS 正当理由的保真系统
kernel-based self-approximation，KBSA 基于核自逼近
kernel-based approximate dynamic programming，KADP 基于核近似动态规划
knowledge-based agent，KBA 基于知识的主体
knowledge base，KB 知识库
knowledge representation language，KRL 知识表征语言
knowledge-based inductive learning，KBLL 基于知识的归纳学习
least-commitment search，LCS 最少承诺搜索
learn real time A^*，LRTA^* 学习真实时间 A^*
least-squares policy iteration，LSPI 最小二乘策略迭代
least-squares temporal difference，LSTD 最小二乘时序差分
low signal-to-noise ratio，SNR 低信噪比
Markov chain Monte Carlo，MCMC 马尔可夫链蒙特卡罗（算法）
Markov decision process，MDP 马尔可夫决策过程
maximum a posteriori，MAP 最大后验
maximum expected utility，MEU 最大期望效用
maximum margin separator，MMS 最大幅度分离器
meta reasoning，MR 元推理
meta-level state space，MLSS 元层次状态空间
Mel frequency cepstral coefficient，MFCC 梅尔频率倒谱系数
minimum remaining values，MRV 最小剩余值
multi-objective optimization evolutionary algorithms，MOEAs 多目标优化算法
multiobjective adaptive representation evolutionary algorithm，MAREA 多目标适应性回归进化算法
multitask adaptive sparse representation，MASR 多任务适应性稀疏表征
natural language processing，NLP 自然语言处理
neural fitted Q iteration，NFQI 神经拟合 Q 迭代
nondeterministic polynomial complete，NPC，NP 完备性
non-Manhattan hexagon/triangle placement，HTP 非曼哈顿六边角三角形放置
noisy channel model，NCM 噪声信道模型
open-universe probability models，OUPMs 开放宇宙概率模型

partially observable Markov decision process，POMDP　部分可观察马尔可夫
　　决策
physical symbol system hypothesis，PSSH　物理符号系统假设
planning as satisfiability，SATplan　规划作为可满足性
planning domain definition language，PDDL　规划域定义语言
policy iteration，PI　策略迭代
probably approximately correct，PAC　可能近似正确
probabilistic contextfree grammar，PCFG　概率语境无关语法
programming in logic，Prolog　逻辑编程，Prolog
proportional plus derivative controller，PD controller　比例微分控制器
proportional integral derivative controller，PID　比例积分微分控制器
recursive best-first search，RBFS　递归最佳优先搜索
reference class problem，RCP　参考类问题
reinforcement learning，RL　强化学习
relational probability model，RPM　相关概率模型
relevance-based learning，RBL　基于相关性的学习
restricted memory A^*，MA^*　内存受限 A^*
sample-based adaptive sparse representation，ADASR　基于样本的适应性稀
　　疏表征
satisfiability problem，SAT　可满足性问题
selectional preference violation，SPV　选择偏好违背
self-organizing map，SOM　自组织映射
self-learning，SL　自学习
shape-adaptive joint sparse representation classification，SAJSRC　形状适应
　　性联合稀疏表征分类
sparse representation classification，SRC　稀疏表征分类
state-action-reward-state-action，SARSA　状态-行动-回报-状态-行动
support vector machine，SVM　支持向量机
temporal-difference，TD　时序差分
travelling salesperson problem，TSP　旅行商问题
truth maintenance system，TMS　保真系统
virtual reality，VR　虚拟现实

目　录

本书的缩略词
导论 ··· 1

第一部分　人工智能适应性表征范畴架构

第一章　从自然智能到人工智能：适应性表征的普遍性 ············ 25
第二章　人工智能的适应性表征方法论 ···························· 42
第三章　人工智能的适应性表征范畴架构 ························· 66

第二部分　逻辑主体：基于推理的适应性表征

第四章　基于逻辑的适应性表征 ···································· 87
第五章　一阶逻辑语义学的适应性表征与推理 ···················· 106
第六章　逻辑主体对自然语言处理的适应性表征 ·················· 127

第三部分　搜索主体：基于发现的适应性表征

第七章　搜索作为认知适应性表征的核心方法 ···················· 167
第八章　搜索主体逼近真实世界的适应性表征 ···················· 185
第九章　多主体对抗性搜索的适应性表征 ························· 204

第四部分　学习主体：基于理解的适应性表征

第十章　学习作为认知的适应性表征 ······························ 223
第十一章　学习主体概率模型的适应性表征 ······················ 253
第十二章　强化学习主体的适应性表征 ··························· 266

第五部分　决策主体：基于规划的适应性表征

第十三章　智能主体决策过程的适应性表征 ······················ 287
第十四章　决策主体在真实世界中的适应性表征 ·················· 310

第十五章　决策主体对于约束满足问题的适应性表征 …………… 335

第六部分　问题-解决主体：基于目标的适应性表征

第十六章　问题-解决主体对不确定性的适应性表征 …………… 355
第十七章　人工感知系统作为问题-解决主体的适应性表征 …… 386
第十八章　智能机器人作为问题-解决主体的适应性表征 ……… 400

第七部分　人工智能适应性表征的语境建构与问题展望

第十九章　适应性表征作为智能生成机制的语境建构 …………… 425
第二十章　人工智能的哲学与伦理问题 …………………………… 444
第二十一章　具身人工智能的可能性与必要性 …………………… 464

参考文献 ……………………………………………………………… 481
附录1　ChatGPT-4对适应性表征的回应 ………………………… 513
附录2　对李德毅院士关于"新一代人工智能十问"的哲学思考 …… 517
后记 …………………………………………………………………… 524

导　论

人工智能是人造的机器智能，它是相对自然智能特别是人类智能而言的。"人类智能始终善于更好地调教和帮助机器人和人工智能，善于利用机器人和人工智能的优势并弥补机器人和人工智能的不足，或者用新的机器人淘汰旧的机器人；反过来，机器人也一定会让人类自身更智能。"[①]然而问题在于，这两种智能是不是同一的？差异在哪里？人造的智能能够像人类那样随着环境或目标的变化而实时地调整和改进吗？或者说，它们能够像人类那样具有主体适应性和灵活性吗？

要回答这些问题，我们就要从适应性谈起。进化生物学业已表明，适应性是生物的一种普遍现象，被称为进化适应性；自然选择或许还有文化选择一直都在塑造着人类的多样性和人类认知的本性；生物进化而来的特定行为模式，如选择配偶、识别欺骗等，类似于计算机程序中的子程序，它们致力于增加特定功能的适合度（巴顿等，2010：815-817）。由此我们可以推知，作为生物体的人类，不仅身体是适应性的，而且基于身体的认知（意识、智能）和表征[②]能力同样是适应性的，这是具身认知科学的一个必然推论。那么，非生物的、无意识的人工智能体的认知和表征也是适应性的吗？这是本书特别关注和探讨的问题，即人工智能体如何从物理符号操作升级到自主适应性表征的问题，或者说，人工智能是如何通过适应性表征描述不断变化的世界的[③]。笔者认为，这既是关乎智能如何生成的重大问题，也是人工智能从物理符号系统（符号主义）到适应性表征系统（语境认知系统）的"范式转换"问题，旨在解释符号人工智能不能解决

[①] 这是李德毅院士为杰瑞·卡普兰的《人工智能时代》写的推荐序"奔跑的人工智能"（2016年第x页）中的一段话，笔者认为这段话对于说明人类智能与人工智能的关系很合适。

[②] 表征（representation）在计算机科学和人工智能中一般被称为"表示"，在认知学科和哲学中通常译为"表征"，为符合认知科学和哲学表达的习惯，本书统一使用表征，以便与本书的核心概念"适应性表征"相一致。

[③] 这涉及人工智能研究范式的转换问题：计算表征主义或符号主义通过形式化的知识表征再现大脑，联结主义通过模拟神经网络构造大脑，新行为主义通过模拟生命的自适应机制进化出大脑（成素梅，2017a），具身人工智能范式通过情境-觉知和语境-觉知来实现人类水平的大脑，可以预计，未来的人工智能有可能实现超级大脑，如人机融合可能产生类人物种——人形智能机器人、虚拟人（网络人）。

的"意义"问题[①]。

第一节 物理符号操作的必要性

众所周知,人工智能的兴起与发展,不仅使我们的认知(思维)方式发生了革命性改变,更对社会的方方面面形成了巨大挑战[②]。就我们的思维方式而言,不外乎形象和抽象及其二者的适当结合三种。形象思维是基于图像的,因而是感觉经验的,如看图识字;抽象思维通常是基于符号的,因而是超验的,如逻辑思维。这两种思维方式都是我们的极端认知情形,如儿童的思维方式和数学家的思维方式。介于二者之间的是两种思维方式的结合,如大多数成年人使用自然语言思维,其中既有具象的成分,也有抽象的成分,人工智能的认知方式也是混合式的,比如它普遍使用的图像、符号、自然语言的混合表征。笔者将这种兼有形象和抽象特征的思维方式称为"象征思维",包括使用图形、图像和纯粹符号象征,比如国旗、国徽、图腾、象形文字,都是这种思维的表现形式。抽象思维也是有程度差异的,即使用自然语言和使用逻辑及数学符号的思维,抽象度显然是不同的,后者要抽象得多,比如没有学习过逻辑和数学的人,很难使用纯符号进行计算和推理。象征体现了人类思维的高阶境界,意味着隐含意义出现了。而纯粹符号思维则反映了人类思维的最高境界,因为它是抽去具体内容的纯形式思维。

[①] 人工智能的这种"范式转换"涉及"表征问题"——数据的精确结构化表征(注重技术细节)。对于人类智能来说,当一组原始数据被组织成一个连贯的、结构化的整体时,表征就产生了,如树的表征,它是感知过程的最终产物。对于人工智能而言,其表征有多种形式,如谓词演算、贝叶斯网、脚本和框架、语义网等,这种结构化表征就是知识表征。因此,构造合适的或最优的表征能力(笔者称之为适应性表征)不仅居于我们人类高级认知能力的核心,也是人工主体如何从现实世界中挖掘数据、整合信息、提取语义的关键。这意味着,人工智能如何处理输入的信息使其产生人类可理解的意义("符号接地"问题)是一个棘手的问题。因此,在笔者看来,人工智能是一个表征系统,其中适应性、灵活性、情境性和语义性是必不可少的,这就是笔者主张的"基于语境的适应性表征",适应性表征不同于传统人工智能的定制化的"表征模块"(高层认知的建模独立于感知过程)的地方在于,它将表征的建构与高层认知结合起来,因为"要产生人类水平的灵活性,任何完整的认知模型或许都需要让创建表征和操纵表征的过程持续性地相互影响"(侯世达,2022:18;关于模块表征的可能性以及对表征问题的回避及其案例分析,见侯世达,2022:217-221)。

[②] 从哲学立场看,挑战至少包括:对传统概念框架的挑战、对传统思维方式的挑战、对传统隐私观的挑战、对传统生命观的挑战、对传统身体观的挑战、对自我概念的挑战、对传统就业观的挑战、对技术观的挑战、对认识论的挑战、对认识的责任观的挑战(成素梅,2017b)",这些方面,形成了人工认知对自然认知的全面挑战——人工生命对自然生命、人工感知对生物感知、人工意识对生物意识、人工心智对自然心智、人工智能对自然智能,具体将涉及离身性对具身性、功能性对感受性、倾向性对意向性、虚拟性对实在性、机械性对主体性等。这些挑战将是笔者要研究的另一个重大课题。

认知心理学的研究表明，人的认知是吝啬的，要求思维经济，比如我们通常会使用缩写（如 AI）或简称（如科技）或象征符号（如笑脸☺）。符号思维恰好与之相符，这意味着符号思维的出现有其必然性。理由有如下四点。

第一，符号思维基于形象思维。就思维方式与认知的关系来说，它们构成了认知的不同阶段。形象思维是初级阶段，如儿童的思维；符号思维（抽象思维）是高级阶段，如成年人的思维。形象思维是认知的基础，如看图识字是儿童学习的必经阶段，他们还没有发展出抽象能力，比如对于简单的加减运算，2 岁的儿童很难学会，更遑论理解了，因为运算规则是后天习得的。所以，符号思维是要经过长期的认知训练才能获得的，并不是天生就具有的。当然，这里不排除天生智商高、善于抽象思维的人，比如数学家高斯、物理学家牛顿。即使这些天才人物，他们在儿童时期的认知能力甚至还不如同龄的普通儿童。

从一个人教育成长的经历（从学前、小学到大学）可知，儿童阶段的看图识字、看图辨物是通过图像认知的；到了中学和大学阶段，学习了数学、逻辑后，其思维方式就由形象阶段上升到抽象阶段。这个认知能力升级的过程也有力地说明，符号思维是基于形象思维的，也就是在形象思维的基础上发展起来的，没有形象思维，就不会有符号思维。在认知发展的意义上，符号思维无疑是高级思维形式，而且是认知的最高境界。人类认知发展和观念形成的历史证明了这一点，这可通过哲学史和科学史予以说明。

第二，"数"（抽象）和"几何"（形象）观念需要结合。数学史表明，五千年前的古埃及人就有了数的观念和几何思想，中国商代的甲骨文中有了十进制计数法。古希腊的泰勒斯认为，这些数的观念和几何思想应加以演绎证明，建立一般原理和原则，再用之解决实际问题。毕达哥拉斯的"数的和谐""万物皆数"的思想，以及数是万物之源、圆是最完美的图形和 10 是最完美的数字的主张，预示了后来的几何化和代数学的出现，甚至于现代的数字化也与此不无关系。而柏拉图的"理念论"则开启了抽象思维的先河，认为理念先于物质，理念生成物质。虽然这种观念在哲学上被归结为唯心主义，但它的确蕴含了抽象思维的观念，即暗示了隐藏在看得见的物质背后的东西。亚里士多德的形而上学（即元物理学）就是对这种思想的进一步发展，人工智能的虚拟世界可看作物理世界背后的可能世界，所谓的"元宇宙"莫过于此。中国哲学家老子的"道"就是抽象概念，道是无形的、非可观察的，所以"道可道，非常道"，包含了抽象思维的理念。

如何将这些抽象的观念具体化和规范化，是后来自然哲学家们一直努力做的工作。比如古希腊时期的智者学派提出的几何作图的化圆为方、三等分任意角和倍立方三个问题，导致了欧几里得图形化的几何学的诞生，其中的公理化思想和演绎方法对数学和自然科学产生了极其深远的影响，直接导致了几何天文学——托勒密的地心宇宙体系（宇宙观）的形成。演绎方法源于亚里士多德最初建立的三段论逻辑体系，加上代数学的发展，为近代自然科学走向数学化表征奠定了坚实的符号学基础。

第三，自然现象需要数学刻画。数和几何观念在文艺复兴时期得到极大发展，其直接的成就是伽利略对自然的数学化，即用数学语言书写自然，这导致了近代自然科学的诞生。难怪爱因斯坦会说，近代自然科学受益于古希腊时期创造的逻辑学和几何学。如果没有这两个成就，自然科学的形成是不可能的。联想到近代中国科学的发展，包括中国古代数学从辉煌到衰落，逻辑学和几何学的缺失恐怕是主要原因，特别是没能走向简洁的符号化（象形文字的表征太过烦琐[①]），严重妨碍了数学的发展，比如解高次方程、开平方、开立方这些运算，不使用符号表征几乎是不可能完成的。

将平面几何与代数相结合是人类符号思维的一次升华，即笛卡儿发明的解析几何坐标系。解析几何的作用是将图形代数化和将代数几何化，其开创了几何图形的数字运算和表征，如双曲线的代数方程式表达。坐标系实现了对平面上的点和立体空间中的点的运动轨迹的数字刻画和表达，激发了人们对高次方程和动态点的研究。比如，牛顿的"流数"思想，导致了微积分的诞生，微积分成为现代科学特别是物理学的一大运算工具。莱布尼茨的单子哲学、微积分和二进制，更进一步促使麦克斯韦方程的诞生，从而完成了电学与磁学的统一。

黎曼曲面几何的产生突破了千年来的平面几何思维方式，三维空间的观念被打破了，这使得人类有了高维空间的想法。将曲面几何用于物理学促成了爱因斯坦相对论的诞生，导致了人类思维方式发生了颠覆性变革。我们知道，牛顿虽然提出了万有引力的思想，但他不知道这种超距作用是如何产生的，这就是所谓的"神秘的第一推动力"，最终使他走向了神学解释。按照相对论，引力是时空弯曲导致的，光线经过巨大天体可弯曲，并非只是直线传播；在接近光速的情形下，时钟可变慢，尺子可缩短。这与绝对

[①] 在笔者看来，自然语言的符号构成表征方式反映在思维方式上是分解思维和整体思维的区分，这就是以英语为代表的西方字母组合语言与以汉语为代表的东方象形文字语言。字母组合语言孕育了近代科学和现代的计算机科学包括人工智能，象形文字语言孕育了整体论的中医及系统科学。在方法论上，前者侧重还原方法，后者侧重整体方法。缺乏还原的整体方法是模糊的，缺乏整体的还原方法是盲目的。还原方法与整体方法的有机结合，才能造就科学的辉煌，比如人工智能的发展从纯符号算法走向基于情境/语境觉知的符号算法。

时空观完全对立。

量子力学突破了牛顿以来经典力学的运动规律。基本粒子的运动不再遵循经典力学定律，比如粒子的速度和位置不能同时测定，这就是著名的海森伯"测不准原理"，能量的传递不再是连续的，而是一份一份的、不连续的，"量子"概念由此而来。这就是科学史上的"量子力学革命"。在表征方式上，量子力学几乎是纯粹的符号表征，而且不同的表征方式，比如薛定谔方程的刻画与狄拉克的符号表达，也被证明是等价的。这表明符号表征不仅简洁，也更有表征力。符号表征的抽象程度越高，人类的思维能力也就越强。

第四，认知的符号操作能够物理实现。人类的这种符号思维能力在物理装置上得以实现的成果就是计算机的发明。这是智能的物化。图灵是这场革命的旗手，这场革命也因此被称为"图灵革命"。"图灵革命"的实质是人工认知的物理实现，其理论范式是计算表征主义，即思维就是计算，大脑就是计算机。这就是著名的"计算机隐喻"。计算机的发明标志着符号化和数字化达到了一个新的高度。人工智能将符号与数字相结合，创造了无心的智能机这种纯粹符号操作的物理装置。这意味着，认知（操作符号的思维）不仅仅发生于我们有意识的大脑，也可以在无意识的物理装置中实现；思维不仅仅是依赖于身体的"具身认知"，也可以是没有生物身体的"离身认知"，如虚拟人。

人类思维发展到以符号思维为主的人工智能这个阶段，不仅使我们的思维方式发生了天翻地覆的变化，也让我们的生产方式和生活方式随之发生革命性变革，比如微信、支付宝等电子支付方式的普及，可能使纸币成为历史，电子书的普及可能使纸质书成为历史，电商可能让实体店成为历史。计算机、智能机的普及，加之互联网特别是 5G 甚至 6G 或更高 G 的发展，都有力地说明了符号思维的数字化高智能的必然性。这又进一步促进虚拟现实（virtual reality，VR）、增强现实（augmented reality，AR）和混合现实等扩展现实技术[①]以及元宇宙技术的发展（塞缪尔·格林加德，2021），使

[①] VR 是一种利用计算机模拟三维空间虚拟环境，为用户提供多种逼真的具身体验（各种感官感受）的真实感（临场感）的技术，具有沉浸感、交互性和想象力（多感知性），威廉姆等（2022：11）对其给出的定义是：VR 是一种由交互式计算机模拟组成的媒介，它能感知参与者的位置和动作，并将反馈替换或增强到一种或多种感官，使人有沉浸于或存在于模拟（虚拟）世界中的感觉；AR 是 VR 的扩展，它将计算机生成的信息叠加到真实环境（物理或自然环境）中，起到有效强化人们真实场景感的作用的新技术，具有虚实结合、与现实精确匹配，沉浸感、真实感更强的特点，威廉姆等（2022：17）对其给出的定义是：AR 是一种将实时交互式数字信息叠加在物理世界上的媒介，这种信息在空间和时间上都与物理世界相匹配。VR 与 AR 的结合也称为"混合现实"，如元宇宙这种组合技术，二者的关键区别在于：VR 是二维的虚拟数字环境，与真实环境完全隔离，而 AR 强调与真实环境的融合，增强人对真实环境的认知，更为实用，如远程手术、飞行训练、课堂教学。

VR（世界）成为人类的又一个终极形态（翟振明，2022）和生存现实（大卫·查默斯，2023）。

概言之，符号思维是认知过程的提炼或萃取的结果，是思维高度纯化的精华[①]。符号不仅是理论上的建构，也已经在技术上物理实现。可以预计，人工智能的符号加工和符号表征将彻底改变我们的认知和生活方式，通过适应性表征将会不断发展出动态的涌现系统，这是实现和生成人工智能或人工认知的关键。

第二节　物理符号系统假说的局限性

众所周知，计算机和人工智能系统是物理装置，其架构是物理符号系统。根据计算主义观点，符号是物理世界中的独特模式，可组成表达式或符号结构。然后在这些符号结构上定义过程，这些过程可以创建、修改、复制甚至破坏符号结构。如果表达式的使用取决于实体的性质，那么表达式就指定了一个实体，无论是内部实体还是外部实体。如果一个表达式指定了一个内部程序，那么这个程序就会被执行。图灵机就是这种物理符号系统的代表。物理符号系统的显著物理特性表明，它是自然的，服从物理定律，且适合工程设计。而且符号并不局限于人类头脑中的东西，甚至不一定基于传统上归因于人类的同类符号。在计算主义语境下，物理符号系统假设（physical symbol system hypothesis，PSSH）自然就形成了。

PSSH 作为计算机科学的核心假设（不是原理），其含义是，物理符号系统具备一般智能行动的必要和充分手段[②]。该假设作为经验假说自提出以

[①] 符号思维是概念化的高级认知（相当于理性认识），包括心智和智能，致力于以整体视角审视所收集的信息，并使用概念、抽象符号从原始数据中提取意义，以便从概念层次理解外部世界（概念出现时高级认知就产生了）。相比而言，感知（包括感觉和知觉）是低级认知（相当于感性认识），致力于收集感觉到的信息（感官出现时低级认知就产生了），以便为高级认知系统加工信息提供素材。事实上，这两种认知在人类身上是一体的，很难区分开来。而在人工智能领域，由于它主要是物理符号系统和人工神经网络，其操作符号的过程几乎不需要感知（除非人为输入），也就是说，概念加工模型，如各种自然语言处理模型，似乎独立于感知加工系统。所以，缺乏感知加工系统恐怕是传统人工智能的一大缺陷，而克服这一缺陷需要适应性表征的介入，这是未来的具身人工智能要研究的问题。

[②] 西蒙认为，PSSH 为我们寻找科学的心灵理论提供了条件，物理符号系统对于计算机科学和人工智能，就像进化论对于所有生物学，细胞学说对于细胞生物学，病菌概念对于疾病的科学概念，构造板块概念对于结构地质学一样。在他看来，这些进步远远超过了其他试图建立智能机制的尝试所取得的成就，例如，建立由电路直接驱动的机器人的工作，神经网络的工作，或使用直接电路和模拟计算进行模式识别的工程尝试等（Newell，1980）。

来，已过去半个多世纪，成为计算机科学和人工智能的核心思想。尽管神经网络和认知架构领域的最新研究削弱了该假说，但并没有取而代之。这有力地表明，PSSH 仍有强大的生命力，它是计算智能和感知智能不可或缺的前提假定；甚至更高级的认知智能也离不开它，因为符号的抽象性及其理解是高级智能的标志之一。

尼尔森（N. J. Nilsson）梳理出对 PSSH 批评的四种类型，以及他对这些批评的回应（Nilsson，2007）。

（1）缺乏具身性/接地（奠基）。回应：这是一种误解，因为 PSSH 已经包含了这一点。

（2）非符号/类比处理。回应：包括数字，也就是使系统成为混合系统。

（3）大脑式与计算式，即大脑不是计算机。回应：大脑是计算的。

（4）许多看似智能的行为都是无意识的（mindlessness）。回应：无心（mindless）的构造只产生无心的行为。

对 PSSH 的批判与回应表明，计算机是基于符号的操作，这个过程就是计算，计算就是智能，计算机就是大脑。这就是著名的"计算机隐喻"。尼尔森的回应也表明了这一点，笔者赞同尼尔森的看法。既然是隐喻，符号操作就不是真实的大脑思维过程，至多是功能上相似或等同，这也就意味着人工智能的符号处理行为是无意识过程，是在体外（离身）的物理装置（计算机、机器人）中完成的。需要特别指出的是，这里的具身性的含义是物理实现，也就是"符号接地"（让符号有语义），不是生物意义上的具身性。

近年来，一种通用认知模型（common model of cognition，CMC）试图就类人认知（包括人类认知和类似形式的人工认知）所需的条件达成共识，即该模型放弃了（符号）指定（designation）的必要性和解释的必要性，将符号剥离为仅支持符号结构可组合性的基本元素，从而向智能本质迈出了一步（Laird et al.，2017）。CMC 表明，在一个系统中，要使其有意义或可操作，似乎必须在其内部某处指定符号，但并非所有符号都需要明确指定。也就是说，CMC 主张以不同的形式削弱 PSSH 的充分性，但并没有放弃其必要性。

可以看出，虽然 CMC 认同经典符号系统作为通用计算系统原则上足以满足智能行为的需要，但否认在时间尺度相关的情况下（比如在认知架构中）经典符号系统能够满足智能行为的需要。特别是在这样一种情形下，即：如果统计处理必须与符号处理在相同的时间尺度上进行，那么统计处理在符号处理的基础上实现就是不充分的。因此，CMC 意味着数字处理和符号处理必须在同一时间范围内进行。西格玛认知架构则进一步否定了所有符号都需要支持任意形式的组合的假设，从而也隐含地产生了混合符号系统假设（hybrid symbol systems hypothesis，HSSH）(Rosenbloom et al.，2016)。

罗森布洛姆（P. S. Rosenbloom）在重新思考计算符号的本质（作为原子或占位符）及它们所参与的系统的基础上，引入混合方法来应对上述各种挑战，认为混合方法有助于弥合符号方法和神经方法之间的鸿沟，并提出了两个新假说——混合符号系统假设（即混合符号系统是一般智能行动的必要和充分条件）和混合认知结构假设（hybrid cognitive architectures hypothesis，HCAH）（混合符号系统是认知架构的必要和充分条件），其中一个将取代PSSH，另一个则更直接地关注认知架构（Rosenbloom，2023a）。

在罗森布洛姆看来，HSSH的目的是取代PSSH，其依据是自半个世纪前PSSH作为经验假说提出以来所积累的证据。从这些新近的证据来看，PSSH在某种意义上仍然成立，但其智能意义较弱（与认知智能相比）。而HSSH则通过将神经网络重新诠释为同胞（compatriots）——混合符号系统本身——而非竞争对手（competitors），在重拾PSSH原初意义上的优势（符号处理优势）的同时，进一步增强了这种优势。这种做法将符号系统与神经网络系统进行整合，有助于以一种相当精细的方式消除符号系统与神经系统之间的鸿沟。

与PSSH和HSSH相比，HCAH的要求更为严格，因为它涉及的是认知架构（意识系统），而不是一般的智能行动（符号系统）。一般来说，认知高于智能，因为前者要求有意识（如人类智能），后者无此要求（如人工智能）。人工智能已经积累的证据表明，由于认知架构本身需要数字处理，经典物理符号系统无法满足认知架构的这种需要。对于认知架构来说，经典物理符号系统对于智能生成的必要性仍然是一个悬而未决的问题，因为人工神经网络（虽然被视为混合符号系统，但它可能不是经典物理符号系统，甚至在计算上也不是通用的）能否证明其本身足以替代这类架构，目前还不清楚。事实上，正如罗森布洛姆指明的，上述两种新假说的一个潜在漏洞是：HCAH也无法捕捉到智能的量子方面，如果有必要，需要考虑量子符号系统的意义（Laskey，2006）。

然而，根本的问题在于，最深层的量子符号系统能够说明高层次的认知现象吗？如果一定要引入量子符号系统，就必然会导致认知科学解释的量子还原论。这一趋向在心智哲学上是难以接受的。正是由于这些原因，笔者提出适应性表征假设或策略，从哲学上尝试将上述几种假设统一起来。也就是说，无论是 PSSH、HSSH，还是 HCAH，或者是其他认知架构，都可被视为适应性表征系统，尽管它们的适应性和表征性存在程度上的差异。这就是本书书名所反映并要论证的总观点，即人工智能：从物理符号操作到适应性表征。

第三节 适应性表征的必然性

如果说生物特别是意识生物的认知和表征是适应性的，那么非生物无意识的人工智能体的认知和表征也是适应性的吗？答案是肯定的，因为适应性表征在其中充当了架构自然认知与人工认知的桥梁（魏屹东，2019），是作为两种认知方式的不同机制起作用的。适应性表征包括两个子概念，即适应性和表征，其中的适应性意味着自动调节和自我繁殖（复制），表征意味着自主表达和意义呈现（是对语形、语义、语用的概念统一），两个子概念的结合组成的"适应性表征"（adaptive representation）则蕴含了主体的反应性和意向性、具身性和情境性、自主性和语义性的统一。

这是为什么呢？根据进化生物学，生物包括人类是适应其环境而生存的，这是生物适应性，是遵循生物学规律进化的结果。由于我们的身体是适应性的，其认知行为也必然是适应性的，这就是所谓的"具身认知"，这种基于身体的认知当然是适应性认知。人工智能是无身体的智能机器，其智能行为或认知行为是否也是适应性的呢？如果是，如何实现呢？或者说，人工智能如何实现具身性呢？这种物理的具身性与生物的具身性在认知上有何不同呢？这是关于人工认知系统或智能主体能否依据环境或目标变化而调整行为的重大问题。如果人工智能不能依据不同环境或目标而适应性地变化，它就难以取得重大进展。事实上，人工智能以问题-解决为其核心，通过各种搜索方法、知识表征和机器学习包括深度学习等手段，在特定认知领域，诸如计算、对弈、知识储存、模式识别、精细分析等方面，已经超越了人类，但在其他更智慧领域完全没有能力，如临时改变计划、军事部署和决策等。笔者认为其中的瓶颈就是解决智能体如何进行适应性表征的问题。这就是要做到让无身的人工智能也能适应环境或目标，比如它的搜索、表征和学习基本上都是适应性的，虽然这种适应性不完全是生物学意义上的，但适应其环境变化是它们达到目标的共同特征。只是生物的适应是对自然环境的适应性，人类的适应还增加了对文化和社会环境的适应；人工智能的适应主要是指适应人为设置或模拟的环境，也可包括自然环境，如自动驾驶机器人在路上的行驶，这是通过灵敏的感受器不断调整其行为的结果，也就是通过感知-行动的控制-反馈机制运行的结果。

于是，问题就产生了。基于生物学的认知适应性和基于物理学的认知适应性是否同一？人类的认知与人工智能的认知是否同一？我们如何从生物适应性过渡或者迁移到机器适应性？众所周知，人的认知系统与机器的认知系统在物质构成和结构上完全不同，但它们的功能几乎是相同的，即适应目标客体。这就是功能主义的认知观，具体表现为心智哲学中的机器功能主义。这意味着适应性不仅是自然生物系统的本质特征，也是人工智能物理系统的本质属性（不断适应认知目标，如遗传算法、深度神经网络）。对于前者笔者已做了充分研究，完成了"科学认知的适应性表征研究"这一课题（其中论述了适应性表征的不同形式及其在不同科学领域的表现）。而人工认知/智能的适应性表征研究还没有展开，这正是笔者要着重探究的另一个重要问题，旨在寻求基于适应性表征的人工智能生成机制。

这里要特别指出的是，本书的探讨不只限于哲学上的澄清、假设和反思，更注重在人工智能技术细节上阐明适应性表征的具体过程，一方面是避免流于哲学上的"形而上"空洞，另一方面是避免陷入技术处理上的"形而下"窠臼。因为在笔者看来，若不了解人工智能运作的细节，就难以在哲学上做出深刻的反思。技术细节的刻画旨在提高人工智能的可理解性和可解释性，而适应性表征强化了这两方面。

如前所述，人工智能是相对于自然智能而言的，是人造的智能。认知行为，无论是自然的还是人工的，都是有主体的[①]，而且是适应性主体。自然智能的主体是人和动物特别是其神经系统，如大脑；人工智能的主体是物理认知系统，特别是其中的智能体或智能组（算法或程序），笔者称之为人

[①] 如果人工智能是可能的，那么必然要有什么东西能够作为这个智能的主体，正如有思维就有思维的存在者。多数承认人工智能的人都接受这个主张（埃里克·奥尔森，2021：115-122），这就是笔者所称的人工智能体或人工主体，如计算机或机器人，只有有了主体，才能彰显主体性的智能。用存在主义的术语说，存在者的存在或出场，是智能显现的前提，无论这个存在者是人类还是非人类。

工主体[①]（artificial agent，AA）（也可称为人工智能体或人工自为者[②]），它是相对于人类主体（human subject）而言的。自然智能是具身系统，对其说明是基于生物学、脑科学和认知神经科学的；人工智能是离身系统，对其说明是基于物理学、计算机科学和机器人学的。在计算机科学、人工智能和机器人学中，人工主体主要包括逻辑主体、学习主体、决策主体、搜索主体和问题-解决主体[③]。使用人工认知和人工主体这两个概念旨在表明：人工智能中的无意识智能体在其适应变化的环境或目标中，很大程度上表现出有意识的人所具有的目的性（通过行动实现目标）、互动性（与环境交互作用）、自主性（按照自己的意志行动，增强复杂性和独立性）和适应性（调节自身的行为方式来适应环境或目标）。因此，目前的人工智能不仅仅处理数字和符号，也在一定程度上涉及意识的成分。

认知科学和人工智能的发展业已表明，人类主体和人工主体除有无生命和意识（生命-心智连续性）的差异外，在有智能或认知能力的意义上是相通的，或者说，探讨人类主体的认知科学和探讨人工主体的人工智能不过是认知或智能这枚硬币的两面。所谓智能，就人类意识来说，它是人从经

[①] 人工智能的主体性或能动性是一个有争议的话题，这涉及哲学的认识论问题。逻辑地讲，人工智能是人类智能的延伸，一定遵循人类的认识论，尽管它可能是新的认识论，或者说人工智能本身就是一种认识论。关于这一点，笔者赞同肖峰的看法，即"人工智能就是认识论"，具有使认识论研究科学化、实验化、技术化、工程化的特征，从而呈现出科学认识论、实验认识论、技术认识论和工程认识论的特征（肖峰，2021：16）。尽管如此，人的认知活动与人工认知或智能之间还是有着本质区别的，二者的行动主体有所不同（人与机器），毕竟认知主体人的一个根本属性是属人性，而人工智能则是属机性，在物理组成上是碳基与硅基的区分，人工智能的智能是作为主体人智能的延伸的"好像"或"假装"智能。无论如何，没有人类主体（subject），就不会有人工智能体（agent）（关于人类主体与人工主体及其能动性和意向性关系的讨论，见本书第19章第6节）。

[②] 韩水法（2019a）认为"如果人工自为者属于类人智能，那么迄今有关人的一切理论，尤其是哲学的基础理论就受到根本性的挑战。第一，人类除了自己的理智，还没有见识过任何其他类型的智能或理智，现在这种智能已不再是抽象的可能性，而是具备了若干现实基础的可能性。第二，除了人类智能和人工一般智能，在这个宇宙中，可能还存在着其他类型的智能"；事实上，人工智能的发展促使"人的性质的变化，其中最为根本的几项包括人的学习能力和方式、记忆能力和方式以及经验的来源和获得方式等变化，个人同一性——包括主观认同与客观确证——的变化，以及由上述各种因素导致的自由意志基础的瓦解"。依笔者之见，人工主体已经出现，对人类主体业已构成了挑战，也对人类已经形成的各种关于意识、心智、人格、自由意志、伦理等理论形成了挑战，我们必须面对，并在理论上给出解释。

[③] 笔者将人工主体划分为逻辑的、学习的、决策的、搜索的和问题-解决的五类，其依据是：人工智能中的智能体或智能组作为行动的施动者是根据逻辑、学习、决策、搜索和问题-解决这些方面展开的，作为主体（或行动者），它们就是逻辑主体、学习主体、决策主体、搜索主体和问题-解决主体，这与人类作为主体在这些方面的能力是相呼应的，毕竟人工认知或智能是基于人类认知或智能建立的。至于这些人工主体之间的排列顺序，笔者是根据人工智能"从基础理论到解决问题"的方式展开的，即逻辑是理论基础，机器学习是基于逻辑的，而决策、搜索（算法）和问题-解决是基于逻辑和学习的更高级智能行为。

验中学习、思考、记忆信息、解决问题，以及应对生存问题的认知能力；就人工智能来说，它是通过物理地操作符号来解决问题的能力。在解决问题的意义上，人类智能与人工智能是相通的，尽管它们实现的机制可能完全不同。由此看来，有无意识并非智能产生的必要条件（尽管对于人来说，意识包含了智能），或者说，人工智能无意识地产生了智能行为（处理符号和数字的能力），因此，如何让人工主体无意识而又能自主地依据环境或目标变化而行动就是一个重大问题。

通过对科学表征问题和科学认知的适应性表征的深入研究，笔者发现，适应性表征，包括基于情境或语境觉知的表征和推理，能够将自然认知和人工认知有效地连接起来，从而实现从生物适应性到机器适应性的过渡，使机器自主学习、自我提升、自我表征成为现实，毕竟两种适应性都是基于物理适应性的[这种过渡的机制，笔者已在《科学认知：从心性感知到适应性表征》（2024年）中给予论证，这里不再重复]。因此，适应性表征很可能就是认知/智能生成的机制，或者说，认知/智能行为就是适应性表征过程，适应性表征过程就是认知/智能行为，笔者进一步猜测，一切精神和智能现象可能都是适应性表征的结果，这是一个需要进一步研究的重大问题。

"适应性表征"作为认知系统的运作机制或核心属性之所以重要，在笔者看来是基于如下事实的。

其一，人类行为包括认知和推理是适应性的，依据是：①进化生物学业已表明，人类是自然进化的产物，适者生存，且这种"适者生存"是"自然选择"的结果，而自然作为环境其选择过程迫使生物适应环境，这意味着环境对于生物来说是不可或缺的。②文化人类学的研究也表明，人的智能和知识是自然进化和文化进化共同塑造的，进化就意味着适应，适应的同时彰显属性（即表征）。如果说自然进化（基因）造就了我们的大脑，那么文化进化（模因）则进一步塑造了我们的心智。③当代认知科学的"具身认知""生成认知""延展认知""情境认知"都强调身体运动系统对于认知系统的重要性，强调情境对思维的影响，主张"大部分认知是无意识的适应性过程"，具身、生成、延展、情境化均蕴含了适应性，而这些行动展示的过程就是表征（表征在这里不仅是指语言表达，也包括属性呈现）。

其二，人工认知或人工智能系统虽不是进化的产物，也没有身体，但它们是人类设计和制造的，笔者发现其在认知和推理方面也是适应性的，依据是：①许多物理系统（如温度计、恒温器）具有适应性，是适应性系统，遵循着系统演化规律；②人工智能因模拟人类的思维和行为方式，具有自动搜索、自繁殖、自组织、自复制、自提升能力，因而在相当大程度上是适应性的，遵循着工程学和机器人学的规律；③通信系统能根据遗传算法获得环境中的新信息，具有自适应滤波功能，遵循着信息论和控制论规律；④人工智能的深度强化学习能够通过仿真平台让智能体像人一样看电视、玩游戏，如 OpenAI 开发的 Universe 平台能够在虚拟世界中训练智能体来完成各种任务，使智能体在没有预编程的前提下，适应不断变化的外部环境，从而实现自学习来解决现实世界中的问题，这就是所谓的"元宇宙"要表征的虚拟世界的情景[①]。从认知适应性视角看，科学史上的所谓"理论更替"或"范式转换"，只不过是适应性表征的必然结果。

那么，人工主体如何通过适应性表征达到目标呢？答案就是通过特定算法或程序加上基于语境的搜索方法（在这里，语境是海量的数据和知识源，搜索是人工智能的核心方法，适应性表征是认知的核心）。迄今人工智能的各种算法或模型均具有某种程度的适应性自组织特征——专家系统汇集大量随机事件得出可靠结论；贝叶斯网络从经验中汇集数据持续学习；马尔可夫模型将概率随机转化为复杂序列；神经网模型模拟大脑并行处理；遗传算法模拟生物进化机制；递归搜索调用逻辑树搜索可能解；深度学习加上大数据技术生成智能数据（即从海量数据中选择所需要的数据），以及 2023 年 3 月推出的聊天机器人软件 ChatGPT-4[②]和 2024 年 2 月 OpenAI 推出的短视频生成软件 Sora 这种生成式人工智能——这些自组织特性的呈现就是适应性表征。在笔者看来，人工智能的认知本质是基于理性解决问题，人工主体作为理性智能体，本质上是自学习主体，通过不断调整自身行为适应环境、建构自我，追求最大适应度（衡量适应性的程度）。这与人类执行认知任务过程中查找资料是极为相似的。据此笔者得出，认知系统，自然的和人工的，在表征和推理层次上均是适应性的，适应性表征成为统一两种认知系统的概念架构就是必然的。

---

① "元宇宙"是一个既平行于现实世界又独立于现实世界的虚拟空间。它是反映现实世界的在线虚拟世界，也是越来越真实的数字虚拟世界。也就是说，元宇宙是通过虚拟增强的物理实现，呈现出基于未来互联网的收敛性和物理持久性特征，是具有连接感知和共享特征的三维虚拟空间（赵国栋等，2021：2）。

② 这种对话机器人虽然很会聊天，具有出色的文本生成能力，但它没有意识，只是一种预先训练的自然语言处理模型。在笔者看来，这种生成式人工智能不过是智能体适应性表征能力的提升，即 ChatGPT 能够根据所给问题，通过问题的语境（不断迭代生成的巨大知识库或文本库）分析和组合，基于预测，统计地生成具有相关意义的文本（看上去还不错，甚至有点让人惊讶）。这种快速生成文本的能力说到底仍然是基于互联网和大数据进行的词语拼接或组合技术，这种组合具有无限性，就如同人类有限的语言可生成无限的语句一样，它可能具有一定的推理和预测能力，但并没有人类所具有的理解力、想象力和创造力。而且其危险性值得人类警惕！如抄袭、剽窃普遍化，学生的学习将被人工智能替代，许多工作如文秘、会计、翻译、图书管理、设计等，将被人工智能替代。

显然，适应性表征概念可使得人工智能的离身认知成为新型具身认知，即从人机交互到人机一体（脑机接口）[①]成为可能。这是一个从具身认知到离身认知再到新的具身认知的发展过程，或者从自然认知到人工认知再到自然-人工认知融合的过程，一个肯定-否定-否定之否定的辩证发展过程，在哲学上体现了认识论和方法论的一次巨大飞跃。

综观认知科学、人工智能、机器人学、VR技术等领域的发展，关于认知或智能的适应性及其表征的研究主要集中于以下四个方面。

（1）关于表征与推理的适应性。霍兰德（J. H. Holland）在《自然与人工系统中的适应性：应用于生物学、控制和人工智能的导论性分析》（Holland，1975/1992）中就通过"隐秩序"概念探讨了适应性如何建构复杂性系统的问题，发现自然系统和人工系统都存在适应性，但没有谈及表征，也没有涉及认知。海里根（F. Heylighen）在《表征与变化：物理和认知科学基础的元表征框架》（Heylighen，1999）中运用布尔代数的"区分守恒"，将"适应性元表征"作为非区分守恒和表征变化的一个总架构，由此发现，认知科学和物理学中的表征与变化，都是依据观测数据创造和调整模型来说明认知目标的表征过程。迪尼兹（P. S. R. Diniz）在《自适应滤波算法与实现》（迪尼兹，2014）中根据自适应算法，探讨了统计信号处理中的面对时变未知环境下的信号处理问题，当自适应滤波系统得到环境中的信号的一个新采样值时，算法就能自适应地进行更新和表征。这种自适应是系统自组织演化的结果，并不是基于意识的意向行为。

（2）关于认知适应性。加德纳（H. Gardner）在《智能的结构》（霍华德·加德纳，2013）中将智能定义为解决问题的能力，认为多种认知形式形成多元智能（自我感、判断力、符号能力），人类智能是通过符号社会化的。明斯基（M. Minsky）在《心智社会：从细胞到人工智能，人类思维的优雅解读》（马文·明斯基，2016）中提出思维智能体（小程序或组件）及其组合智能体概念，它们通过转换架构（两种情境的之前-之后组合）进行组合而产生智能行为。舒尔金（J. Schulkin）在《认知适应性：实用主义视角》（Schulkin，2009）中发现，认知神经系统和生物进化之间存在一个基本联系，即自然、文化、科学和认知探寻之间是相互渗透的，人的认知架构是自

[①] 也称"人机交会""人机混合""混合智能""混合认知"，它是人类智能与机器智能的结合、交互和融合，其中涉及智能的类群进化、人类智能的意向性、机器智能的符号性、人机混合智能的意向性和符号性的结合，也是不同智能研究范式（认知主义、联结主义、涌现论、生成主义）的混合（详细内容见王天恩、刘伟、魏屹东关于"混合智能"的论述，《上海师范大学学报》（哲学社会科学版），2023（1）：62-93）。

然进化和文化进化共同作用的产物。孔达（Z. Kunda）在《社会认知》（齐瓦·孔达，2013）中通过联想网络模型和并行-限制-满意模型，揭示了认知的自我调节功能，表明认知是社会适应性行为。

（3）关于适应性具身认知。夏皮罗（L. Shapiro）在《具身认知》（劳伦斯·夏皮罗，2014）中主张，主体依赖感觉和运动认知世界，运动促进了知觉[①]和理解，并通过概念化、替代和构成假设来解释认知的机制。贝洛克（S. Beilock）在《具身认知：身体如何影响思维和行为》（西恩·贝洛克，2016）中认为环境和运动改变大脑，大脑适应环境，环境影响大脑，认知是大脑和环境相互适应的过程。布兹（M. V. Butz）和库特（E. F. Kutter）在《心智是如何实现的》（Butz and Kutter，2017）中提出具身的人工智能和具身的认知智能体概念，这种人工主体通过感受器控制具有与环境连续互动的能力，也具有计算有限性、多重实现性和多功能性。这是基于具身性和情境性的有意识认知，是一种更高级的认知形式。

（4）关于人工智能体的进化。弗洛里迪（L. Floridi）在《第四次革命：人工智能如何重塑人类现实》（2016）中认为，图灵革命是继哥白尼、达尔文和弗洛伊德之后的第四次人类的认知革命，主张智能体将为世界设置边界，让环境适应智能行为，多智能体的崛起会加速全球去辖域化（即打破边界的一体化）。多明戈斯（P. Domingos）在《终极算法：机器学习和人工智能如何重塑世界》（佩德罗·多明戈斯，2017）中从神经科学、进化论、统计学、计算机科学论证了终极算法实现的可能性，并将进化学派的遗传编程、联结学派的反向传播、符号学派的逆向演绎、贝叶斯学派的概率推理和类推学派的相似类比，整合为一个终极算法来解决不同范式面临的问题。笔者认为，终极算法能产生适应性表征，这是人工智能领域不同理论或思想融合产生的必然结果。目前这些理论融合的两个主要趋向是（理查德·萨顿和安德鲁·巴图，2019：viii）：一方面，联结主义与符号主义（认知主义）相融合，将神经网络的"黑箱学习"（不可观察）与先验知识、符号推理和经典机器学习相结合，实现可解释、可理解、可操作的新一代"白箱学习"（完全可观察）；另一方面，联结主义与行为主义相融合，将基于静态数据和标签的、数据产生与模型优化相互独立的"开环学习"，转换为与环境动态

[①] 也称感知（perception），介于感觉（senses）和意识（心智）之间。感觉相当于康德的感性能力，感知相当于康德的知性能力，查默斯、侯世达等将感觉称为低层知觉（各种感受器），将感知称为高层知觉（整体意识和心智）。高层知觉具有灵活性（受信念、目标和情境的影响可从根本上重塑）和语义性（概念的抽象性）（侯世达，2022：211）。在笔者看来，人工智能缺失的就是这两种特性，适应性表征可能弥补这些缺失。

交互的、在线试错的、数据或监督信号产生与模型优化紧密耦合在一起的"闭环学习",如强化学习。这两种趋向的结合可能会导致人工智能的飞跃式发展,但不论是哪种趋向,适应性表征在其中是不可或缺的。

总之,适应性表征概念有着深厚坚实的物理学、生物学和认知科学基础,能够成为整合自然和人工认知系统的统一架构。因此,本书试图通过适应性表征:①实现人类认知与人工认知之间的连接,为人机交互的实现提供理论依据;②让无意识的智能体自主呈现意义,自主凸显认知功能,从而自主解决问题;③建立一种能融合自然认知系统、知识表征系统和人工认知系统的统一架构或哲学理论。

第四节 适应性表征的根本性

认知,自然的或人工的,包括科学的和人文的、技术的和工程的,为什么依赖于适应性表征呢?这可从认知的典型类型——科学认知谈起,因为人工认知也是基于科学认知的。

纵观科学史我们发现,成熟的科学理论,如牛顿力学、进化论、相对论、量子力学等,无一不是对目标系统——世界某方面或某部分的适应性表征。所谓适应性表征,在表达的意义上就是主体(人或智能体)使用中介客体如概念、命题、模型、符号、数学方程等工具对目标系统的似真的、可靠的、一致的描述或刻画,并随着目标系统的变化而实时地做出调整,即对表征做出修正。科学表征的最终结果是形成知识体系,如各种科学理论。因此,适应性表征是一切认知活动的核心,它不仅关乎科学发现和科学创造,也关乎人工智能如何生成智能的大问题,其优势有如下六点。

第一,适应性表征具有优先性。在科学认知实践中,对于一个特定目标系统、客体或现象,表征它的方式不止一种,诸如图像、模型、数学方程、逻辑、语言等,它们都是我们进行适应性表征的工具。最常见的表征方式是这些形式的混用,比如量子力学的数学表达、图解表征和自然语言说明的结合,其中有一种是主要表征方式,如数学表达。这就是表征要依据认知目标的特点进而与目标匹配的适应性问题,是认知主体要优先考虑的。也就是说,一切表征形式,若要可靠地、逼真地描述其客体对象,就必须与它所描述的对象实质地、经验地相适应。准确来说,认知的适应性表征是指表征工具(语言、模型、图像)与表征对象(系统、客体、现象)之间在特定语境或环境中的适当性与一致性描述。

第二，适应性表征具有深厚的思想与理论基础。表征是一个历史悠久的概念，在哲学和科学中广泛使用。古希腊哲学家将其分为感觉的、内在的和概念的，相应地形成了纯的、强的和弱的表征主义。中世纪哲学家认为表征和被表征的事物有相同的形式；表征与被表征的事物类似；表征由被表征的事物引起；表征意指被表征的事物。因而相应地形成了表征的同构观、相似观、因果观和指称观，构成了后来的科学表征的思想基础。科学表征的理论主要有图像论、自然主义、结构主义、指代-替代推理主义、语义-语用论和语境论（魏屹东，2018），为人工认知的适应性表征研究奠定了坚实的理论基础。

第三，适应性表征具有根基性的自然和文化根源。根据生物进化论，由于生物是适应环境而生存的，这种基于身体的自然认知系统（大脑）也应是适应环境的，其认知表征必然是适应性的。人类基因组计划已经破解了基因遗传的分子组成成分。这等于在生物学水平上重建了我们是谁，弄清了人类进化的生物物质的细节，进一步验证了达尔文和孟德尔的理论。整个人类基因结构的破译是生物学上一次革命性事件，正如爱因斯坦对牛顿物理世界的重构一样。然而，这一具有革命性的成就并不能解释人的有意识认知现象。假如将基因或基因组合看作一个行为体或行为组合体，其行动能否说明更高层次的心智和认知现象？现在，我们知道我们是生物体，由基因组成，我们也知道我们有意识和期望，也知道他人像自己一样有意识和期望，但基因层次的原理能够说明意识和认知行为吗？这些层次之间是如何相互作用的？生物组织的脑如何产生意识和心智？迄今的生物科学、认知科学、神经科学还不能给出令人信服的答案。这就给有意识认知和心智现象蒙上了一层神秘的面纱，也为我们理解人工认知系统的智能生成增加了难度。因为这个过程蕴含了相关但明显不同的适应性——物理的、生物的和认知的适应性。这些不同层次的适应性之间是什么关系？人工认知如何利用这些适应性？这些问题正是本书要进一步研究的。

第四，适应性表征具有多重实现路径。不可否认，认知是一种探索过程，其结果就是对思想观念的表征。在这个意义上，表征就是一种人们借助某种工具反映自然或世界某方面的过程。或者说，表征必须借助特殊工具——自然语言、符号、方程式、算法等。对于自然认知特别是科学认知，适应性表征就是建构意义（概念、命题）、显现关系（数学方程）、呈现结构（组成、类型）的过程，最终形成适应性表征的结果，如理论。命题表征使得理论具有自然语言的含义，形式表征使得目标客体的关系得以简洁清晰，图像使得理论更形象，模型使得理论有了内核和框架，这些表征形式共同构筑了理论的完整体系。对于人工认知特别是人工智能，适应性表征就是展示智能体（机器人）智能行为的过程，可以说，适应性表征即智能行为，智能也是适应性表征行为，至于这种智能有无意识则无关紧要，因为适应性意味着自主性和自动性，表征意味着认知和意义呈现，这些属性都是作为智能主体应该有的特征。

第五，适应性表征具有自注意性和多层转换性。在人工智能中，如何进行自然语言处理是一个重大问题，若将适应性表征引入这个领域，自然语言处理问题就可能得到解决和理解。笔者发现，适应性表征天然地蕴含了自注意力[①]（一种对远端语境进行建模的机制）和多层转换能力（运用位置嵌入技术通过多层转换实现零散单词的有序语句化），因为适应性和表征都是语境依赖和目标导向的，而且表征在基于深度神经网络的自然语言处理模型中无处不在，比如每个层次的转换都包含自注意力（紧盯目标），然后通过前馈机制输出向量，这就是使用转换模型架构进行词性标注（斯图尔特·罗素和彼得·诺维格，2023：738-739），ChatGPT 就是转换模型的成功例子。

第六，适应性表征具有可理解性和可解释性。前述表明，适应性和表征这两个概念的含义是明确的，容易理解，其范围涵盖了物理、生物、认知的不同层次，解释域宽广。就人工智能而言，目前其最大的不足是缺乏充足的理论基础，特别是机器学习中的深度学习包括深度神经网络，仍然是一个"黑箱"模型，可理解性和可解释性较弱，即人们不知道其中的隐藏层次究竟发生了什么，更谈不上如何解释了。笔者认为，适应性表征的介入可提升人工智能的可理解性和可解释性，也就是说，可解释人工智能（explainable artificial intelligence，XAI）的研究可通过适应性表征来深化或解决，比如，机器学习中的人机交互（人工介入）、内在可解释性（线性回归、逻辑回归、决策树）、事后可解释性、全局或局部可解释性、可解释性人机接口等，业已对人工智能的可透明性、可理解性和可解释性做了深入探讨（克里斯托夫·莫尔纳，2021；列奥尼达·詹法纳和安东尼奥·迪·塞科，2022；杨强等，2022；邵平等，2022），这些解释实质上都表现出适应性表征的功能。

---

① Vaswani A, Shazeer N, Parmar N, et al. 2023. Attention is all you need. https://arxiv.org/pdf/1706.03762.pdf[2023-04-03]。这篇文章提出了一个转换构架（transfomer architecture），被认为是 ChatGPT 的前身。该文认为，虽然占主导地位的序列转导模型是基于复杂的递归或卷积神经网络的编码器-解码器配置，但性能最佳的模型是通过注意机制将编码器和解码器连接起来的，这就是一个简单的网络结构 Transformer，它只基于注意力机制，完全不需要递归和卷积。实验表明，这种模型更胜一筹，更易并行化，需要的训练时间也大大减少。ChatGPT 的成功可看作 Transformer 的推广应用。

概言之，受物理系统和生物系统具有适应性的启发，将人工智能与适应性表征相结合，再加上具身性和情境或语境觉知的引入，揭开人工智能和机器人生成人类水平智能的秘密将为期不远。

第五节 研究框架、内容与目标

本书按照内在逻辑性分为七个部分（图0-1）。

（1）人工智能适应性表征范畴架构（第一至三章）。这是本书的总架构，它通过适应性表征将不同人工主体整合为统一模型，详细说明它们的结构、表征机制和方式、行动-理性方法、任务环境及其特征、抽象概念的表征、客体范畴化与事件演算、命题态度与范畴推理。

（2）逻辑主体的适应性表征（第四至六章），包括自然语言与逻辑语言的混合表征；一阶逻辑（first-order logic，FOL）的句法与语义学表征、前向链接和后向链接推理；语句的命题化与统一性推理；命题逻辑推理有效性的模型验证与表征功能。

（3）搜索主体的适应性表征（第七至九章），包括搜索求解策略和判断标准；知情搜索和无知搜索、局部搜索和最优化问题的表征；部分可观察搜索、在线搜索和无知环境的表征；多主体对抗性搜索包括智力竞赛和多选手比赛境遇的表征。

（4）学习主体的适应性表征（第十至十二章），包括自然语言形式化表征、模型处理与信息交流；机器翻译、语音识别的表征；监督学习、半监督学习、无监督学习、强化学习和深度学习的表征。

（5）决策主体的适应性表征（第十三至十五章），包括简单决策、效用函数的表征；多属性效用函数、决策网中信息效用、连续决策问题的表征与推理；行动规划作为状态空间搜索的算法和图解表征；实际世界、非确定域中的规划与行动的表征及多主体规划的表征。

（6）问题-解决主体的适应性表征（第十六至十八章），包括约束满足问题的构成、分解与表征；约束传播中局部一致性、回溯搜索与局部搜索的表征；不确定性问题及其概率发生与相关概率模型表征；不确定性的贝叶斯网络和语义学表征；可能世界、不确定性开放宇宙概率模型与动力学概率推理。

（7）人工智能适应性表征的语境建构与问题展望（第十九至二十一章），包括人工主体适应性表征生成智能的机制和语境说明模型；适应性如何嵌入人工智能，人工智能如何建构语境，如何通过设置的语境适应性地表征；人工智能能否超越人类智能，具身人工智能是否可能，有无实现的必要性；适应性策略能否说明机器意识和机器生命；人工智能的发展是否对人类构成威胁，以及人形机器人是否应该有身份认同等哲学、伦理和法律问题。

本书的基本研究思路和逻辑进路是：适应性表征的范畴架构（包括物理的、生物的和认知的）→分类研究各类人工主体（逻辑的、搜索的、学习的、决策的、问题-解决的）的适应性表征→人工智能适应性表征的语境建构与问题展望。这一过程体现从机械的推理到自主的推理的过程，从具身的适应性表征到离身的适应性表征，从物理机械的适应性到生物的适应性再到认知的适应性，进而阐明适应性表征是人类认知和机器认知的共同机制，从而可能实现机器人的具身认知功能（人机混合或人机一体），即能够像人那样思维和认知，也就是实现能够达到甚至超越人类水平的机器人。

五种人工主体之间互动而构成一个适应性表征架构或模型（图 0-2），适应性表征作为智能生成的内在机制，正是通过这五种人工主体的交互产生的自主性、能动性和适应性表征得以实现的。笔者的看法是：这五种人工主体对应于五种能力——逻辑主体意味着推理能力，搜索主体意味着发现能力，决策主体意味着规划能力，学习主体意味着理解能力，问题-解决主体意味着完成复杂任务的创造力。这五种能力是笔者基于人类主体的相应能力划分不同人工主体的内在依据，它们共同构成了人工智能的适应性表

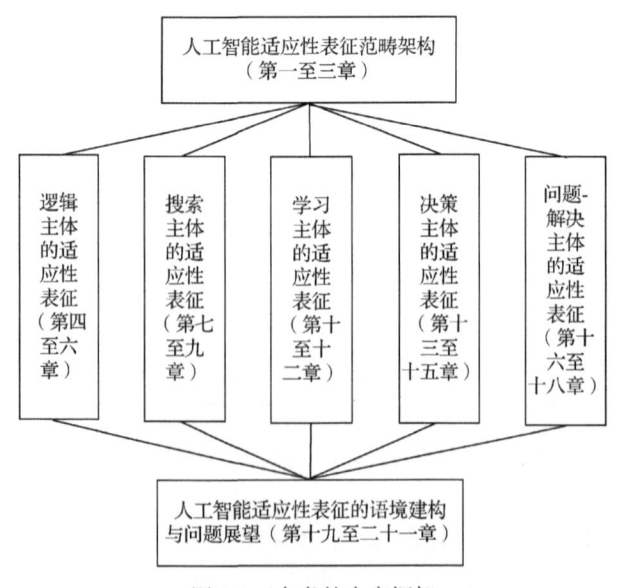

图 0-1 本书的内容框架

征力，其中逻辑是人工智能的符号表征基础，搜索是人工智能的方法本质，学习是人工智能提升能力的方法，决策是人工智能彰显主体性的标志，问题-解决是人工智能的认知目标。

显然，适应性表征概念有着坚实的科学和哲学基础，有资格成为整合两种认知系统的统一架构，这是因为：物理学提供了适应性表征的起源基础，生物学给出了适应性表征的进化解释，认知科学给予适应性以目标追寻和生成机制，人工智能则为实现适应性表征提供了技术支持，哲学则在理念上给出了更深刻的洞见，如认知的语境化和情境化。

更为重要的是，适应性表征还蕴含了一个重要的方法论——基于情境/语境的动态表征。因此，本书的核心研究方法是"基于情境/语境的适应性表征"，也就是将表征与语境相结合，将表征主义与语境论包括情境主义相结合，使认知系统（自然的、人工的）在特定语境中具有自主地表征目标对象的能力，且这种能力能够随着语境的变化而自主调整、配置和提升。之所以要引入语境和语境论，主要是因为表征和适应都是语境依赖和语境敏感的，适应性体现了自主性和调节性，表征体现了意向性、中介性和语义性，这些特征均是智能主体必须具有的。而且，在彰显语义的意义上，语境必须是在场的，无论是潜在的历史语境，还是当下的情境语境，因为行动或事件的语义内容是由特定语境决定的。总之，适应性表征是一个共变关系，即表征客体（中介工具）与其目标客体（表征对象）是随着周围环境的变化而动态地变化的，智能的生成和知识的获得，均是通过适应性表征进行的，其中意识（心智）介入并不是必需的（在适应性表征的意义上）。这正是人工智能得以发展的逻辑前提。

本书欲达成的目标是：通过适应性表征解释或解决"符号接地"问题（如何让数据、符号获得意义）、"语境化"问题（如何设置知识库建构语境，让智能体像人那样依赖语境理解含义，而非仅对符号进行句法处理）、"架构问题"（情境型人工主体如何适应不断变化的环境并与之进行长期有效的交流）、"绑定问题"（认知系统中不同局域编码的信息如何被整合到一起）以及机器学习的"黑箱问题"（特别是深度学习的隐藏层的可理解性和可解释性）。一句话，本书的最终目标就是要探讨和论证"人工主体是适应性主体，人工认知系统是适应性表征系统，人工智能的生成是通过适应性表征实现的"。换句话说，人工智能没有（真实）智能，只有适应性表征行为，表现出的智能是"好像"或"假装"的智能（从观察者视角看）。这些目标是否达成，就有赖于相关领域的学者、专家和读者评判了！

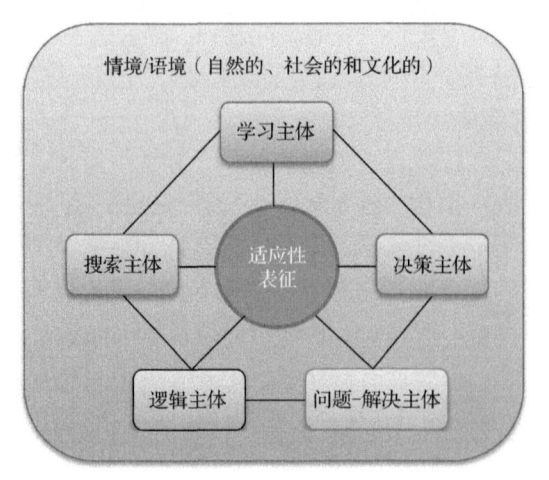

图 0-2 不同人工主体适应性表征的架构

第一部分　人工智能适应性表征范畴架构

所谓人工智能，就是借助机器的认知，它是相对于在人脑中进行的自然认知而言的，主要涉及人工智能的知识表征和人工意识。如果说人脑的认知是适应性的，那么人工智能的认知也是适应性的吗？笔者的判断是，任何基于人的意识形成的认知或知识，均是适应性的。试想，一个为适应环境而生存的生物体——人类，他的身体连同他的认知包括自我意识和心智都是适应性的，而基于他的意识创造的人工智能及其知识表征不是适应性的，这是难以理解的。要弄清这个问题，就会涉及表征的不同适应层次：物理的、生物的、人工的（包括文化的）。

第一章探讨了适应性表征的普遍性问题，即回答了适应性表征如何从自然智能迁移到人工智能领域的问题。人类的知识是如何获得的？抽象符号为何有了意义？人工智能如何产生智能？适应性表征是解答这些问题的一种合理方式。适应性表征是将认知活动（自然的和人工的）看作在特定语境中通过某种中介客体与其目标客体相互作用的智能过程。从诠释学的视角看，这一过程是通过语境投射完成的，即认知主体（自然的或人工的）将中介客体携带的语境投射到目标客体上使其负载了语义，从而获得知识。按照这种理解，适应性表征就是架构自然智能和人工智能的桥梁，具有物理普遍性、生物普遍性和认知普遍性，表现出建构意义、显现关系、呈现结构、展示图景、形成科学知识体系的功能。

第二章基于人类发展史和进化论阐明，人类是环境适应性的，进而人的认知也是环境适应性的，这样一来，人类创造的知识就是一种适应性表征。按照这种逻辑和思路，作为人造物的人工智能的知识表征也应该是适应性的。基于这种想法，自然就会形成这样的问题：什么是人工智能的适应性表征，适应性表征的主体是什么，其表征架构和方法论是什么，它有哪些表征方式和类型等。这些问题构成了人工智能的适应性表征的问题域，通过对这些问题的探索性解答，笔者试图说明人工智能的主体是理性主体，其表征也必然是基于人类理性认知的适应性表征，也同样遵循人类的认知模式，即理性地行动。因为一个系统要智能地行动，它就必须与世界交互，而要做到这一点，它就必须有一个可用来表征外部世界的认知架构。

因此，自达尔文以来，生物通过自然选择适应环境的观念已深入人心。第三章围绕智能体（人工主体），包括人类和机器，说明其智能的发展也是适应环境的。就人工智能体而言，它展现的知识表征过程充分体现了人工主体适应其环境的特征，尽管这种环境大多是人类设计者预先设置的（有别于纯粹的自然环境）。从认知哲学来看，人工智能的知识表征也与其人类设计者的知识表征极为类似。首先需要给它建立一个能够表征抽象概念的范畴架构，然后在此架构下根据逻辑规则执行各种表征程序，诸如客体范畴化、事件演算、命题态度、范畴推理、缺省信息推理、保真系统（truth maintenance system，TMS）和基于知识主体的推理，这些程序在各自环境中适应性地进行表征与推理。人工智能中的强化学习主体如Flappy Bird、Play Pong Game、Terrain-Adaptive、AlphaGo和Master是这方面的典型例子。

第一章　从自然智能到人工智能：适应性表征的普遍性

　　去认知，就是去准确地再现心以外的事物；因而去理解知识的可能性和性质，就是去理解心灵在其中得以构成这些表象的方式。
　　——理查德·罗蒂（Richard Rorty）(《哲学和自然之镜》2003年第3页)

　　导论中业已阐明，适应性表征具有必然性和根本性，事实上，它也具有普遍性。众所周知，表征是心智哲学、心理学、认知科学和计算机科学等学科中关于知识形成的一个十分重要的假设性概念。因此，表征论就是关乎知识获得的重大问题，也是认知的核心所在，在科学探索中关涉如何创造和创新的大问题。这意味着，在一切探索活动中，表征是一个不可或缺的认知环节，因为没有表征，就不会有知识。

　　那么，什么是表征呢？作为认知过程，简单来说，表征就是用一类事物代替或描述另一类事物。在科学中，表征是用人工物（模型、方程等）来描述自然类或现象，是一种"中介性指涉关系"，语境同一性是保证这种关系成立的先决条件（魏屹东，2017）。认知科学业已表明，认知活动主要是心理表征行为，且与外部环境交互，是语境依赖和语境敏感的，不单是独立地发生在头脑中的思维过程。这些事实有力地说明，认知是意向性的、蕴含内容的，因而必然涉及表征，因为表征是承载内容或意义的指涉关系。由此推知，一切知识都是认知的产物，知识要成为可靠的、准确的似真陈述，就必须是真实的而非虚假的表征；所有表征形式，若要可靠地、逼真地描述其客体对象，就必须与它所描述的对象经验地、理性地相适应，这就是笔者所称的"适应性表征"。

　　换句话说，所谓适应性表征，在表达的意义上，就是主体使用概念、命题、模型、理论等中介工具对目标系统的似真的、可靠的、一致的描述或刻画，且这种描述或刻画会随着目标对象及其环境的变化而实时地做出调整，进而可作为架构自然认知和人工认知的统一范畴。这样看来，认知活动是一个关涉外部世界的表征过程。在这个过程中，若要使表征关系成立且产生似真、有效的意义，表征物（中介客体），如语言、模型、符号等，一定与被表征物（目标客体）形成意向的、相适应的匹配，其中表征是定性与定量的统一，但定性特征更加突出。也就是说，适应性表征首先是定性表征，如模型、框架、脚本、图表、图像等，大多是以定性的方式呈现的，其中有一定程度的定量或计算模型，如贝叶斯网络、遗传算法等，因此，定性表征是认知系统的核心，它将世界中的连续现象分解为有意义单元的符号化表征[①]。

显然，适应性表征具有认知上的普遍性。笔者将"适应性表征"作为概念范畴和认知构架，如果说它在自然认知系统是适用的，那么在人工认知系统特别是计算机科学和人工智能领域如何呢？或者说，适应性表征是否能够从自然认知或智能领域转移到人工认知或智能领域呢？其普遍性如何？接下来笔者将从物理的、生物的和人工智能的不同方面论证，这个概念也同样适用于人工认知或智能系统。

第一节　适应性表征的物理普遍性

在物理和电子技术领域，适应性表征是物体自发的、基于物理学规律的属性呈现，人们对这些属性的描述就是表征。这种自发自主的适应性表现在物理世界的各个方面。

（1）关于物理信号的适应性表征。一种适应性最优核的时频表征（Jones and Baraniuk，1995），即基于信号相关的径向高斯核，随着时间的推移，克服了有限信号类型表现不良的缺陷。该方法采用短时模糊函数进行核优化，为作为计算表征的恒定时间片段的中间步骤提供了更好的性能。比如，一种对"无脚本"多媒体（如体育赛事）和监控中音频事件的内容适应性和表征框架的分析，建立了表征框架的参数与置信度之间的适应性表征关系（Radhakrishnan et al.，2005）。为了适应输入信号的特性，一种能够准确重建平稳和非平稳语音部分的全波段适应性谐波模型[②]，不需要任何浊音/无浊音决策，也不需要精确估计音高轮廓，其鲁棒性是基于先前的适应性准谐波模型（adaptive quasi-harmonic model，AQHM），为其基函数的频率校正和适应性提供了一种机制。由于信号变量必须在高频下估计，一种新适

[①] 定性表征和推理是人类描述世界的最常用和最主要的一种交流方式，它是人类概念结构的核心要素，在人类认知中占据核心位置，并为连续世界提供了离散的、符号化的表征方式，比如定性空间表征是连接感知和认知的桥梁，比如机器人需要在感知和认知之间建立联系（肯尼斯·D. 福布斯，2021：2-3）。

[②] Degottex G, Stylianou Y. 2012. A full-band adaptive harmonic representation of speech. http://www.isca-speech.org/archive[2020-03-18].

应性表征算法——适应性迭代细化（adaptive iterative refinement，AIR）就形成了。这种模型和算法的一个应用实例是一种被称为非曼哈顿六边角三角形放置（non-Manhattan Hexagon/Triangle Placement，HTP）的范式（Li et al.，2004），即一种在六边形中放置许多三角形的适应性构架，也是一种有效的非曼哈顿结构下超大规模集成电路布线架构，其目的是将一组给定大小的等边三角形放置在具有最大使用面积的六边形芯片上。这种基于 O-树表征的 HTP 采用适应性表征方法来解决 HTP 的放置算法问题。实验表明，通过模拟退火优化，芯片面积利用率达到 94%。

（2）关于光谱数据的适应性表征。动态光谱、显示信号的光谱随着时间的推移，能够基于时频平面细分为最小面积的矩形单元。这种基本单元在时间和频率上的尺寸通常保持不变。更一般的光谱分析将允许基本单元随着时间的推移改变纵横比，一种假定斜形的基本单元（chirplets）和一种适应性方法来选择它们的长宽比和倾角以与数据拟合（Mihovilovic and Bracewell，1991）。这涉及时间序列的结构适应性分段线性表征，以提高聚类精度（Wang et al.，2004）。这种表征允许有效地计算类似的测量方法，其设计对噪声、位移、振幅缩放和时间缩放不敏感。为了控制详尽计算过程中所犯的色度误差，适应性算法通过估计三维颜色空间中的误差来控制细化和合并步骤，这样能够有效控制光谱的适应性表征（Rougeron and Péroche，1997）。

（3）关于任意形状小物体附近引力的适应性近似表征。克伦比（A. Colombi）等采用近似多项式插值方法计算小行星附近的适应性空间数据结构和远离它的球面谐波（Colombi et al.，2008）。这些数据结构允许将模型的近似误差驱动到用户定义的阈值内，同时显著减少了小物体轨迹积分的运行时间和适应性空间区分，其中对大规模散乱数据的表征是一个难题，特别是当表征各种特征如连续性时。一种用于大规模散乱数据逼近和插值的快速算法有望解决这个问题，即通过插值算法的分层控制格拟合散乱数据，细化过程仅用于散射数据与表面结果之间的误差大于指定公差的区域（Zhang et al.，2000）。实验表明，插值算法能快速适应性地表征大规模分散数据集。例如，一项采用分层面板法来表征三维流动中的涡旋片表面运动，如两个涡环的斜碰撞，利用了基于泰勒展开的笛卡儿坐标适应性树码算法对粒子速度进行了评价性分析（Kaganovskiy，2011）。

（4）关于焦散点（caustics）的适应性表征。在物理学中，焦散点能产生美丽有趣的照明模式，但其复杂行为很难准确地模拟。为解决此问题，布瑞雷（N. Brière）和博林（P. Poulin）提出一种基于光束的适应性表征方法，使形成光束的光线之间的相干性大大减少了精确光照重建所需的样品数量（Brière and Poulin，2001）。光束表征了与镜面（镜面光通量）在三维空间中的相互作用而产生的光分布，从而允许在单个散射参与介质中处理光照。包围光束的分层结构具有固有的特性，可有效地检测到达任何三维点的每一束光束，根据最终图像中的光照效应调整自己，并通过缓存降低内存消耗。

（5）关于分布式视频编码（distributed video coding, DVC）的适应性表征。在技术上 DVC 已经成为视频压缩的一种新范式。一种新的 DVC 系统数据表征和编码方法是由基于源图和边信息之间最大差异的适应性二进制表征组成的。这种适应性表征提供了降低比特率而不丢失任何信息的方法，同时保持编码器的低复杂度，性能显著提高了（Huchet et al.，2009）。同时，为克服低信噪比（low signal-to-noise ratio, SNR）和分辨率差的缺点，保持平面波发射中的高帧率，一种新的适应性稀疏表征波束形成器（adaptive sparse representation beamformer, ASRBF）（Shen et al.，2012）可用于平面波发射，该方法对附加噪声具有鲁棒性（robust），与传统的延迟和求和、最小方差波束形成器和相位相干因子相比，ASRBF 在平面波发射中具有更高的分辨率和对比度。比如，一些过于完备的字典如小波、波包、余弦包等上的信号分解不是唯一的（Nafie et al.，1996）。这种非唯一性提供了使信号表征适应信号的机会。适应性是基于信号表征的稀疏性、分辨率和稳定性。适应性算法的计算复杂度是主要被关注的问题。这种新方法可识别给定信号的最稀疏表征，用给定的过完备字典，假设数据向量可用已知的向量数精确表征。

（6）关于感知图像的适应性表征。感知图像失真度量在评价和优化成像系统与图像处理算法中起着至关重要的作用。一些图像失真，如由环境照明强度的微小变化引起的失真，对于人类观察者来说，比那些破坏强度和颜色空间结构的失真要容易得多。为了解决图像失真问题，有人引入了一个被称为"仅仅不可容忍的差异"（just noticeable differences, JIDs）的框架来量化这些感知扭曲（Rajashekar et al.，2010）。他们构造了一组时空基函数来近似处理一组由照明/成像/观看条件变化引起的"非结构"失真，这些基函数是在局部图像块上定义的，并且是适应性的，因为它们被计算为不失真参考图像的函数。

第二节　适应性表征的生物普遍性

在生物学和认知科学领域，适应性表征是具身的感知行为，如动物本能，甚至是有意识行为，如人类行为。这是自然选择产生的认知适应性，有研究表明（Santos and Rosati，2015），自然选择在优化个体适应性方面发挥了重要作用——若环境不变，自然选择物种的过程会随着时间的推移而达到最佳适应性；若环境变化了，个体就需要适应这种变化，而且偏向于适应性最大化，这种使自己更好地生存的认知偏见会产生认知理性。

这一领域的具体应用体现在如下几个方面。

（1）关于进化算法的适应性表征。如何用文化算法[①]表征自适应性（self-adaptation）是一个新的研究方向（Reynolds and Chung，1996）。这是一种进化计算方法的特殊自适应关系，用于描述文化算法中一组学习信念的表征偏见的替换（Angeline，1995）。实验表明，像这样的自适应表征可在没有这种能力的系统上产生显著的性能改进，这些系统的性能函数本质上是分层的。当进化计算系统能够将这些信息纳入其表征和操作符时，就会发生适应性进化计算。这些适应性可在三个不同尺度上进行：人口层次、个人层次和成分层次。比如一类称为质量编码中心（center of mass encoding，CoME）的新实值参数表征是基于可变长度字符串的、自适应的，它允许选择基因型到表型图的冗余程度和选择冗余在表型空间上的分布，这种表征在一组大型测试函数上表现良好（Mattiussi et al.，2007）。

这意味着共享信念空间的存在似乎在相应的种群上产生了显著的速度提升，且仅适用于这个层次结构的函数类。如果改变表征来补偿问题功能复杂性变化的能力，似乎比具有这种层次结构的函数类的单一信念空间系统产生了显著的改善。比如，利用人体运动中几乎重复的特征和时空相干性是一种通过运动捕获数据的表征方法（Lin et al.，2011）。为了进一步利用运动相干性，可用具有距离感知适应性量化的插值函数逼近子空间投影剪辑运动。实验表明，特征感知方法具有较高的计算效率。后来，进化计算方法得到加强，这就是被称为适应性表征进化算法（adaptive representation evolutionary algorithm，AREA）的新技术。AREA 涉及编码解决方案的动态字母表，比二进制表征更紧凑，保证了对搜索空间的有效探索。数值实验表明，AREA 技术在所考虑的测试函数上比其他单一目标进化算法表现得更好（Grosan and Oltean，2005）。

（2）在脑科学中，关于海马区域的计算模型将联想学习的心理学理论

[①] 文化算法是一类支持人类学和考古学文献中描述文化变化的基本机制的算法，由三个部分组成：一个人口组成部分，包括要进化的人口及其评估、复制和修改的机制；一个信念空间，表征人口在其问题解决过程中获得的偏见；一个用于确定种群和信念之间交互的通信协议。

与其潜在的生理和解剖基础联系起来（Gluck and Myers，1993）。从经典条件反射中依赖海马区域计算的描述开始，说明在这个初始模型中海马区域作为一个信息处理系统可转换刺激表征，压缩共同出现或以其他方式冗余的输入表征，同时区分和预测不同未来事件的输入表征。这个模型表现出适应性表征特征，从而导致了新的预测，比如强化联想学习模型与海马区域的其他模型解释了陈述性记忆的快速形成（Gluck et al.，2005）。

（3）遗传规划（genetic programming，GP）的适应性表征。将 GP 进化与物理系统的演化类比，研究 GP 中的搜索分配问题，在 GA 框架中开发允许适应性控制多样性的方法，可使搜索分配问题更快地收敛到最优解（Rosca，1995）。这是一种基于表型类的熵测度方法，具有适应度直方图（histograms）特征。在这个例子中，熵表征了种群多样性的度量，对熵图及其与来自种群的其他统计数据的相关性分析使搜索控制能够智能地适应。比如，认知科学中的联结主义方法可用于机器人学中的状态适应性表征，其方法有三种：适应性横向线性过滤器、适应性递归线性过滤器和适应性保守线性过滤器（Williams，1990）。这三种方法的组合使用可在一定程度上描述智能机适应环境的能力。

第三节　适应性表征的认知普遍性

在人工智能和机器人学领域，适应性表征是基于无身的传感器或感受器的情境化或语境化行为。这种行为既与物理的适应性相关，也与生物的适应性相关，或者说是二者的结合，这就是具身人工智能要达到的目标。目前这种新型的人工适应性正处于研究的初级阶段，具体表现在如下六个方面。

（1）多目标优化算法（multi-objective optimization evolutionary algorithms，MOEAs）的适应性表征。MOEAs 能够解决两个以上的目标和大量十进制向量（空间维数）的问题。比如，上述基于进化范式的 AREA 可用于编码解决方案的动态字母表，比二进制表征更紧凑（Dumitrescu et al.，2001）。数值实验似乎表明，适应性帕累托算法（adaptive Pareto algorithm，APA）过程优于最佳的多目标进化算法。然而，当考虑三个以上目标（高维）问题时，这种算法就会出现困难。一种结合了进化策略和稳态算法而被称为多目标适应性回归进化算法（multiobjective adaptive representation evolutionary algorithm，MAREA）的方法是一种 MOEAs（Grosan，2006）。实验表明，MAREA 具有很好的收敛性，而收敛性正是适应性表征要达到的目标。

（2）人工神经网络（artificial neural network，ANN）的适应性表征。当特别考虑在来自机械环境的外部强加力量存在下进行接触运动的任务时，人工神经网络系统如何在不同动力学条件下学习控制运动的问题，以及如何表征这种学习行为是一个重要方向（Shadmehr and Mussa-Ivaldi，1994）。这个机械环境是一个由机器人操作特性产生的力场，智能体在保持这个操纵器的末端执行器的同时执行到达动作。这种适应性机制要考虑训练阶段后突然移除场的反应。这意味着适应性不是通过查表的组成来实现的。相反，智能体通过计算元素的组合来模拟力场，其输出在引擎状态空间中被广泛调谐。这些元素形成了一个模型，该模型在一个类似于关节和肌肉的坐标系中外推到训练区域之外，而不是端点力。这种几何特性表明，适应性过程的元素表征了运动任务的动力学，即传感器和执行器的固有坐标系。这表明，适应性是通过内部模型的组成进行的，而内部模型传递特性。换句话说，在适应一个明显改变到达运动动力学力场的过程中，人工神经网络形成了附加动力学的内部模型，这种内部模型有能力在训练区域之外进行推广。

（3）视觉图像的适应性稀疏表征。在机器视觉中，图像处理在数学上使用了一种被称为光滑函数的特殊函数。这是一类被定义为楔形和二阶楔形的泛化，它们与适应性图像近似中使用的所有已知几何方法不同，平滑是连续函数。它们可以适应边缘的位置、大小、旋转、曲率和光滑性（Lisowska，2011）。也就是说，适应性表征在函数表达意义上应该是光滑的，也就是连续的，或者说，新的适应性几何函数族是光滑连续的。从理论和实验来看，基于平滑变换的图像压缩方案所描述的平滑，可保证比其他已知的适应性几何方法（楔形和二阶楔形）有更好的图像压缩。一种新的适应性稀疏表征模型用于同时进行图像融合和去噪。在融合和去噪过程中，对给定的一组源图像块适应性地选择一子字典。在多聚焦和多模态图像集上的实验结果表明，基于适应性稀疏表征的融合方法在视觉质量和评估方面均优于传统的稀疏表征的融合方法（Liu et al.，2014）。近几年的研究表明，极限学习机（extreme learning machine，ELM）的速度优势和稀疏表征分类（sparse representation classification，SRC）在图像分类领域中具有精度优势，一种有效的混合分类器将 ELM 和 SRC 结合起来，从而进一步提高了分类性能，使 ELM 和 SRC 发挥了各自的优点（Cao et al.，2016）。具体来说，通过监督学习训练 ELM 网络，采用所获得的 ELM 输出可靠性的判别准则来决定查询图像是否可以正确分类。如果输出是可靠的，那么分类将由 ELM 执行；否则查询图像将被输入 SRC。这个过程表现出显著的适应性。

（4）关于高维随机问题计算的适应性表征。这个问题通常可利用随机空间中的适应性高维模型表征（adaptive high-dimensional model representation，AHDMR）技术将模型输出表征为从低阶到高阶分量函数的随机输入的有限层次相关函数的展开，能有效地捕捉高维输入输出关系，使得许多物理系统的行为只能通过前几个低阶项得到良好的精度值（Ma et al.，2010）。将适应性稀疏网格配置（adaptive sparse grid collocation，ASGC）方法引入AHDMR，可以解决由此产生的子问题。近期，一个使用鲁棒连续数据表征的刚性点集配准与合并（rigid point-set registration and merging）框架具有鲜明的适应性表征特征，其中点集表征是通过训练一个具有高斯径向基函数核的一类支持向量机来构造的，然后用高斯混合模型逼近输出函数（Campbell and Petersson，2015）。

（5）关于目标自动识别（automatic target recognition，ATR）的适应性表征。目标自动识别是一种高要求的应用程序，需要在一系列图像中将目标与噪声背景分离。比如两种基于采样图像块主分量和独立分量分析的适应性背景描述方法，在处理困难的图像序列时表现出更好的效果（Messer et al.，1999）。人脸识别是目标识别的一个重要方面，在人脸识别及其适应性表征问题上，一种新的基于适应性表征的人脸草图合成方法以不同的特征表征不同的区域（Li et al.，2017）。该方法采用替代优化策略进行优化，并在人脸图像生成的多个特征上通过几个滤波器，使用马尔可夫网络表征相邻图像块之间的相互作用关系。基于SRC业已在人脸识别中取得了巨大的成功。然而，SRC过于强调稀疏性而忽略了相关信息，这在现实世界的人脸识别问题中被证明是至关重要的。基于适应性稀疏表征的分类（adaptive sparse representation classification，ASRC）框架集中于考虑稀疏性和相关性，该算法具有有效性和鲁棒性（Wang et al.，2014）。有研究表明（Fang and Li，2015），加博变换[①]可提取其对识别非常有用的多尺度和方位特征，而基于加博特征的人脸识别被描述为一个多任务稀疏表征模型，将每个加博特征的稀疏编码作为一项任务，开发出一种称为多任务适应性稀疏表征（multitask adaptive sparse representation，MASR）的算法，可有效地利用不同任务之间互补但相关的信息。MASR算法不仅限制一个测试样本的加博

[①] 在机器视觉中，加博变换属于傅里叶变换，加博函数可在频域不同尺度、不同方向上提取相关的特征。用于加博函数与人眼的生物作用相似，因此常用在纹理识别上。加博特征是加博函数的一种较常见特征，因为它可以很好地模拟人类的视觉响应而被广泛应用于图像处理，这种特征一般是通过对图像与加博过滤器做卷积而得到，加博过滤器被定义为高斯函数与正弦函数的乘积。

特征由来自同一类的训练原子联合表征，而且还促进这些特征的选定原子在每个类中的变化，从而允许更好的表征。比如，一种新的形状适应性联合稀疏表征分类（shape-adaptive joint sparse representation classification，SAJSRC）方法能够适应性地探索空间信息，并将其集成到一个联合稀疏表征分类器中（Benediktsson et al.，2016）。

当物体及其背景的外观变化、物体图像的部分遮挡或恶化时，大多数现有的视觉跟踪方法在跟踪目标时往往会失败。为了解决这一问题，一种基于样本的适应性稀疏表征（sample-based ADAptive sparse representation，ADASR）的视觉对象跟踪新方法，可保证跟踪对象用预定义的样本适应性和紧凑地表征（Han et al.，2011）。这里的新概念和新技术包括样本集、基于适应性稀疏表征的对象表征和 ADASR 的对象分类。评价过程使用了卡尔曼滤波器扩展了稀疏表征演化的作用，这在视觉目标跟踪中是新颖的。然而，这种跟踪方法没有解决整个目标遮挡问题，因为这种方法不能预测目标后续视频框架的位置。

（6）移动机器人的适应性表征。在现实世界中，环境如房屋和办公室随着时间的推移而变化，这意味着移动机器人的内在地图将过时。一种在混合度量拓扑映射中更新参考视图的方法的使用，使得移动机器人能够在不断变化的环境中继续定位自己。这种更新机制基于人类记忆的多库模型，结合了地图中每个节点观测到的视觉特征的球面度量表征，使机器人能够使用多视图几何来估计其航向并导航，以及表征环境的局部三维几何。一系列实验证明，该系统在实际变化环境中具有持久性，包括对长期稳定性的分析（Dayoub et al.，2011）。强化学习方法可用于增强机器人适应性表征的能力。强化学习是学习如何将状态映射到操作，以便最大限度地利用数字奖励信号。模糊 Q 学习（fuzzy Q learning，FQL）将 Q 学习扩展到大问题或连续问题，并已实现从数据挖掘到机器人控制的广泛应用。通常来说，FQL 使用由人类设计师提供的统一或预定义的内部表征。统一表征通常为控制应用程序提供较差的泛化，预定义表征要求设计者对所需的控制策略有深入的了解。沃尔多克（A. Waldock）等通过调整机器内部的表征方法来减少它对人类设计师的依赖，并在机器学习过程中改进对控制策略的泛化（Waldock and Carse，2008）。他们采用基于层次模糊规则的系统（hierarchical fuzzy rule based system，HFRBS），通过迭代和细化经典强化学习问题上的初始粗表征，改进了控制策略的泛化。调整表征的过程被证明大大减少了学习合适的控制策略所需的时间。

近年来，一种称为"语境邦迪"（contextual Bandit）[①]的在线决策设置有助于机器人的适应性表征，因为机器人要适应性地表征，就必须是基于特定语境的，具有语境感知的能力。这是一种基于在线聚类的适应性特征提取来提高语境邦迪性能的表征方法（Lin et al., 2018）。根据这种方法，首先对未标记的语境历史进行离线前训练，然后是编码器的在线选择和适应。也就是说，只要给定输入样本（语境），选择最合适的编码函数来提取"语境邦迪"输入的特征向量，并根据语境和反馈（奖励）更新语境邦迪和编码函数。可以预计，这种基于语境-觉知的适应性表征是未来机器人发展的新方向。

第四节 适应性表征作为方法论

适应性表征的普遍性表明，它可同时作为智能生成的内在机制和解释这种机制的概念框架。如果这个结论成立，智能生成问题就可得到解决。智能，包括自然的和人工的，是如何产生的，这就是智能生成问题。该问题一直是哲学、认知科学和人工智能面临的难题。智能涉及意识、自我、心灵等心理性概念，这些概念在认知主义范式中难以操作，在涌现论范式中则是模糊的，因为它们的指称很难确定。然而，一个不争的事实是，人类是有意识和智能的，并能随着环境或目标的变化实时地调整其行为。那么，人工智能这种人造物也能像人那样随着环境或目标的改变及时调整其行为吗？能够像人那样具有适应性和灵活性吗？如何让人工智能也拥有类人的能力是人工智能发展的关键。

笔者再次强调，要破解此难题，首先要在概念框架上突破，这个概念框架就是"适应性表征"——一种主体使用中介客体对目标客体进行范畴化的能力，且这种能力会随着目标与环境的改变而不断提升和优化。

[①] 语境邦迪源于邦迪问题，该问题是说，在美国拉斯维加斯，单臂邦迪是一个单槽机器。人们可以插入一枚硬币，然后推动杠杆，拿到奖品。一个 n-臂邦迪有 n 个臂和杠杆，插入硬币后必须选择推动哪个杠杆——是支付硬币的那个还是没有支付的那个更好？n-臂邦迪问题在许多极其重要的领域都是真实问题的一个形式模型，如人工智能研究和发展的年预算决策。在这个模型中，每个臂对应于一个行动，拉手臂的回报对应于采取行动的获益。要形成一个正确的邦迪问题，我们必须准确地定义一个最佳行动的含义是什么。大多数定义假设单臂是主体获得的最大化期望总回报。这种定义需要将期望当作主体居于其中的可能世界（一种转换模型），当作在任何给定世界中每个行动序列的可能结果。因此，要让主体最佳地行动，它需要一个关于可能模型的先验分布。在人工智能中，邦迪问题也形成了一类邦迪问题的语境，成为解决邦迪问题的模型。

显然，这个概念是从如下两个方面进行突破的。一方面，将适应性表征作为智能生成的内在机制。进化生物学表明，适应性是生物的一种普遍现象，自然选择或许还有文化选择，一直在塑造着生物认知的本性；而生物进化而来的特定行为模式，如配偶选择，类似于计算机中的子程序，它们致力于增加适合度的特定功能。由此推知，生物的身体是适应性的，其基于身体的认知能力同样是适应性的，进而非生物的人工智能也应该是适应性的，这是人工智能如何通过适应性表征呈现不断变化的世界和如何生成智能的内在逻辑。

文化人类学表明，人的智能和知识是自然进化和文化进化共同塑造的，进化意味着适应，适应的同时彰显属性（表征）。自然进化（基因）造就了生物大脑，文化进化（模因）则进一步塑造了心智。当代认知科学的"具身认知""嵌入认知""生成认知""延展认知""情境认知"纲领，都说明了身体运动系统对于认知系统的不可或缺性，揭示出认知活动是适应性表征行为。人工智能的发展表明，人工认知虽不是进化的产物，但它是人设计和制造的，其适应性必然会嵌入人的适应性。由于身体是物理的，物理学也表明，许多物理系统，如温度计、恒温器，具有适应性，遵循着系统演化规律。人工智能因模拟人的思维和行为，具有自搜索、自繁殖、自组织、自复制、自提升能力，在相当程度上是适应性的，例如，深度强化学习能够通过仿真平台让智能体像人一样看电视、玩游戏，在虚拟世界中能够训练智能体在没有预编程的情形下，适应不断变化的外部环境并完成各种任务，从而通过自学习来解决现实世界中的问题。这种自学习能力就是适应性表征能力。

另一方面，将适应性表征作为智能生成的解释框架。从概念看，适应性表征包括两个子概念：适应性和表征。适应性意味着自动调节和自我繁殖（复制），表征意味着自主表达和意义呈现，两个子概念组合而成的概念则蕴含了主体的反应性和意向性、具身性和情境性、自主性和语义性的统一。从范式看，适应性反映了认知科学中涌现论范式的自组织性，表征体现了人工智能中认知主义范式的计算表征性，两种范式结合而成的"混合范式"，是目前人工智能领域公认和普遍接受的，明显具有两种属性的整合——适应性表征。因此，适应性表征概念充分展现了认知系统的共通性。从发现目标看，适应性表征就是要让无身的智能体也能适应环境变化，如智能体的搜索、表征和学习基本上都是适应性的，虽然这种适应性不完全是生物学意义上的，但适应环境变化是它们达到目标的共同特征。生物的适应只是对自然环境包括文化和社会环境的适应，智能体的适应不仅是对人为设置环境的适应，也包括对自然环境的适应，如自动驾驶汽车通过灵敏的感受器不断调整其行为。从主体性看，适应性表征作为解释框架，可通过不同人工主体得以实现。前述已表明，人工主体涉及表达推理能力的逻辑主体，体现发现能力的搜索主体，表现规划能力的决策主体，彰显模仿和理解能力的学习主体，以及凸显完成复杂任务创造力的问题-解决主体。这五种能力共同构成了人工智能的适应性表征能力。

笔者认为，要通过适应性表征解决智能生成问题，我们要重点把握以下四个特性。

第一，提升智能体的主体性，以便彰显智能的意向性。认知行为，无论是自然的还是人工的，都有其主体，而且是适应性主体。自然智能的主体是人和动物，人工智能的主体是智能体或智能组（算法或程序），可称之为人工主体。这两种主体除有无生命、意识和情感有所区别外，在有智能的意义上是相通的，描述这两种主体的认知科学和人工智能不过是认知或智能这枚硬币的两面。在解决问题的意义上，自然智能和人工智能的功能相同，尽管它们实现的机制可能完全不同。

第二，强化智能体的情境性，以便与环境交互。适应性表征是特定情境中的共变关系，即表征与其对象是随着环境的变化而动态地变化的，智能的生成和知识的获得，正是通过适应性表征进行的，其中意识介入并不是必须的。这正是人工智能得以发展的逻辑前提。因此，适应性表征是基于情境的认知推理，它能将两种认知系统有效地连接起来，从而实现从生物适应性到机器适应性的过渡，使机器自主学习、自我提升、自我表征得以实现。

第三，塑造智能体的语境性，以便产生可解释的意义。让智能体像人那样有智能，它就必须能像人那样拥有语境，而且像人那样自主地融入变化的语境。这是智能体能否理解意义的关键。要实现这个目标，人类智能的运作机制和模式，无疑是人工智能模拟的最好模型，其中语境是不可或缺的，其目的是为机器人建立常识知识库，这可能是机器人达到人类水平智能的最佳方法：通过适应性表征让机器人拥有自己的语境。

第四，利用多重实现性，以便充分展现智能体的智能行为。认知是探索过程，同时也是对观念的表征。对于科学认知，适应性表征就是建构意义、显现关系、呈现结构。对于人工认知，适应性表征就是智能体适应性行为的展示，智能行为就是适应性表征能力，而且这种能力可通过多种表征方式，诸如语义网、贝叶斯网络、遗传算法、强化学习、深度学习及其结合等来实现。

第五节　ChatGPT-4 对适应性表征的回答

2023 年 3 月 15 日上午 11 点 50 分，笔者在新上线的 ChatGPT-4 上对"适应性表征"进行了提问，看看它有何"高见"或"看法"，结果表明，它的回答基本靠谱但只是概括性结论，同时也说明 ChatGPT-4 实质上是一种适应性表征系统（能够根据所提问题的语句预测性地给出合适的答案）。下面是笔者与 ChatGPT-4 的问答内容（原文见附录 1）。

笔者问（用英语）：什么是适应性表征？（What is adaptive representation？）

ChatGPT-4 回答（下面是英语回答的中译文）：适应性表征是指一个系统根据环境或任务需求的变化调整其表征信息的方式的能力。它是一个在认知科学、人工智能和机器学习等不同领域都有研究的概念。

在认知科学中，适应性表征是指大脑为应对环境的变化而灵活地表征信息的能力。这意味着大脑可以根据环境（语境）、任务要求和目标改变其编码和存储信息的方式。例如，当学习一种新的语言时，大脑可能会创建新的神经连接来编码新语言的发生和语法，同时抑制与母语相关的连接[①]。

在人工智能和机器学习中，适应性表征指的是一个系统根据它接收到的输入进行学习和调整其内部数据表征的能力。这使得系统能够通过从经验中学习，并随着时间的推移提高其性能。例如，在深度学习中，神经网络可以调整其内部权重和连接，以更好地表征它所训练的数据，从而提高图像分类或言语识别等任务的准确性。

总之，在理解系统如何根据不断变化的环境和任务需求来调整和提高其表征和处理信息的能力方面，适应性表征是一个重要的概念。

笔者认为这个回答还不够充分，让其继续回答。

ChatGPT-4 回答：在输入数据可能变化很大的领域，如自然语言处理、计算机视觉和机器人学，适应性表征尤其重要。例如，在自然语言处理中，适应性表征技术可以帮助系统理解人类语言的细微差别，并适应特定句子或短语的具体语境和含义[②]。

[①] 笔者认为，我们学习英语的情形就是如此，ChatGPT 能意识到这一点很了不起！但用中文提问问题的回答却差强人意，比如问"什么是表征"，它给出的答案基本是笔者已经发表论文内容的嫁接，看来它是通过搜索和组合给出答案的。

[②] 看来，ChatGPT-4 已经具有了一定的语境分析能力，这是通过海量的语料库实现的！当然了，ChatGPT-4 必须在线上，需要大数据技术和互联网技术的支持。至于它有没有逻辑推理和预测能力，目前还不敢断言，但它肯定没有人类的理解力和创造力。

类似地，在计算机视觉中，适应性表征技术可以帮助系统识别图像中的物体和模式，并根据照明条件、视角和其他可能影响物体外观的因素调整其内部表征。在机器人学中，适应性表征可以用来帮助机器人学习和适应新的环境、任务和它所遇到的对象。通过调整其对环境和物体的内部表征，机器人可以提高其导航、操纵物体和与周围环境互动的能力。

总的来说，适应性表征是一个重要的概念，它有可能提高从人类认知到人工智能和机器人等广泛系统的性能和灵活性[①]。

笔者问：适应性表征有何哲学意义？

ChatGPT-4 回答：适应性表征具有若干哲学意义，特别是在心灵哲学和科学哲学领域[②]。

在心灵哲学中，适应性表征提出了关于心理表征的性质及其与外部世界的关系问题。这种使表征适应不断变化的环境的能力表明，心理表征不是静态或固定的，而是动态的和可塑的。这就提出了关于心理表征是如何形成、更新并用于感知、思考和行动的问题。

在科学哲学中，适应性表征对科学理论和模型的性质有影响。这种使表征适应不断变化的数据的能力表明，科学理论和模型不是僵化或绝对的，而是要根据新的证据进行修正和完善。这就提出了关于理论和证据之间的关系，以及评估科学理论和模型的标准的问题。

适应性表征对身心之间的关系也有意义。这种使表征适应不断变化的环境的能力表明，心理表征不是纯粹抽象的或离身的，而是以身体的感觉运动经验为基础的。这就提出了关于心智和身体如何互动的问题，以及它们如何在感知、思维和行动的产生中被整合。

总的来说，适应性表征是一个重要的概念，它有可能揭示哲学中一些最深层次的问题，如心智的本质、理论和证据之间的关系，以及心身问题。

测试表明，ChatGPT-4 作为一个多模态自然语言处理的超大模型，初步具有了人类的推理能力和语境能力，但可以肯定的是：它没有生物意义上的意识，更没有人类的自我意识、自由意志和情感、道德能力，它就是一种基于新型深度学习的机器学习软件，只能应答不能发问，没有人类交流对话过程中的主动发问能力，这就是人类智能与人工智能的重要区别——创

---

① 这与笔者对人工智能的适应性表征的研究结论基本一致！笔者认为，只要人工智能体具有了适应性表征能力，它就能够应对不断变化的环境或语境，至于它有没有意识或情感并不重要，事实上也没有必要！它有了意识和情感反而麻烦了，极有可能不再听话了，甚至可能与人对立！

② 这个答案虽然简单，但还是靠谱的，因为它区分了心灵哲学的"心理表征"、科学理论的"科学表征和评价"，以及认知科学的"具身认知"问题，并指出这些均与适应性表征有关。

造力和理解力。人类具有通过少量数据或者事实因果地推理出或者归纳出一般原理的能力，而 ChatGPT-4 只能基于海量数据通过统计性地组合来给出关联性较高的答案。所以，在笔者看来，ChatGPT-4 是互联网、大数据、个人电脑和人工智能技术高度组合或结合的结果。试想，如果没有互联网、大数据和个人电脑，OpenAI 会发展出 ChatGPT-4 吗？所以，ChatGPT-4 以及更高更好的版本，都是"站在巨人肩上"的"皇冠"或者"圣杯"。

概言之，不管怎样，ChatGPT-4 只是一种人类智能的理性延展工具，它本身没有意识，也最终不会产生意识特别是自我意识。这一点人们不用担心，毕竟它是人造的东西，是人类的智能工具而已。它可以改变人类的认知方式，颠覆产业结构和生活工作方式，如同历史上的众多科学技术革命一样（从青铜器到计算机的发明），但不能控制人类。

2023 年 3 月 27 日下午 3 点 30 分，笔者再次与 ChatGPT-4 对话。

笔者问：你认为 ChatGPT-4 是一个适应性表征系统吗？

ChatGPT-4 回答：作为一个人工智能语言模型，我没有个人看法或信仰。然而，我可以解释一下，GPT-4 和它的前辈一样，是一个神经语言模型，通过预测在先前语境下最有可能出现的下一个词或词串来生成类似人类的文本。

在这个意义上，GPT-4 可以被认为是一个适应性表征系统，因为它根据收到的输入调整其预测，并相应地更新其内部表征。它从庞大的文本数据语料库中学习，以捕捉单词和短语之间的统计模式和语义关系，这使它能够在回应各种提示时生成连贯和合理的文本。

此外，GPT-4 可能会采用更先进的技术，如自我监督学习、转移学习和少量学习，以提高其适应性和泛化能力。这些技术使 GPT-4 能够利用其在以前任务中的知识和经验，在新的和未见的任务中表现得更好，这是适应性智能的一个标志。

笔者再问：ChatGPT-4 是一个适应性表征系统吗？（以便确认此答案！）

ChatGPT-4 回答：作为一个人工智能语言模型，我没有个人意见或信仰。然而，我可以解释一下，GPT-4 和它的前辈一样，被设计成一个神经语言模型，可以通过预测在之前的语境下最有可能的下一个单词或单词序列来生成类似人类的文本。

在这个意义上，GPT-4 可以被认为是一个适应性表征的系统，因为它可以根据它接收到的输入调整其预测，并相应地更新其内部表征。GPT-4 是在大量数据的基础上训练出来的，可以捕捉到单词和短语之间的统计模式和语义关系，这使它能够对各种提示产生连贯和合理的文本。

此外，GPT-4 有可能采用更先进的技术，如自我监督学习、转移学习和少量学习，以提高其适应性和泛化能力。这些技术使 GPT-4 能够利用其在以前任务中的知识和经验，在新的和未见过的任务中表现得更好，这是适应性智能的一个标志。因此，基于它的设计和能力，GPT-4 可以被认为是一个适应性表征的系统。

笔者继续追问：为什么？（要求给出理由）

ChatGPT-4 回答：GPT-4 可以被认为是一个适应性表征的系统，因为它可以根据所接收到的输入调整其内部表征，这使得它能够生成连贯和合理的文本。这是通过使用深度学习技术（如神经网络）来实现的，该技术使 GPT-4 能够从大量的文本数据中学习，并捕捉统计模式和单词及短语之间的语义关系。

此外，GPT-4 有可能采用先进的技术，如自我监督学习、转移学习和少量学习，使其能够适应新的任务并提高其在未见过的数据上的性能。这些技术使 GPT-4 能够利用其现有的知识和经验，从新的任务和数据中快速有效地学习，这是适应性智能的一个标志。

因此，基于它的设计和能力，GPT-4 可以被认为是一个适应性表征的系统，因为它可以调整其内部表征以产生连贯和合理的文本，并可以通过使用先进的学习技术来适应新的任务和数据。

可以看出，ChatGPT-4 对于后两个问题的回答与第一个问题大多是重复的（毕竟它没有意识，缺乏人类应答时的机智和灵活性）。不过有一点是肯定的，那就是：它承认自己作为一个大型自然语言处理模型，的确是一个适应性表征系统。这个简单的测试进一步表明，笔者主张的"认知系统（自然的和人工的）是适应性表征系统"的观点是合理的。

第六节 小　　结

综上所述，无论是哪个层次或哪种形式的表征，也无论使用何种方法，在笔者看来，都具有适应性特征。适应性表征概念旨在表明：自然世界包括人类社会是不断演化的，这种演化是适应性的，呈现出自然世界自主演化的规律性；心智世界是自然世界长期演化的结果，一旦生成，便独立于自然世界，并与自然世界相互作用产生知识世界，产生知识的过程是适应性表征的过程；适应性表征是连接自然世界和人类世界包括心智世界和知识世界的桥梁，起到了一个统一概念框架的整合作用；认知系统，包括自然的（大脑）和人工的（智能机），均是适应性表征系统。因此，人工智能的研究也应该致力于如何让智能机器具有适应性表征能力；适应性表征是语境敏感和语境依赖的，适应的语境是自然演化和生物进化的历史，表征的语境是自然语言表达的境遇，包括已经建立的人类知识体系。即使像 ChatGPT-4 这种大语言模型，从外部看似乎有了意识和语境能力（事实上没有）；与其说它有意识、推理和语境表达能力，不如说它有适应性表征能力。一句话，认知系统，无论是自然的还是人工的，也无论是具身的还是离身的，都应该是情境化的和语境化的，均是适应性表征系统。

第二章　人工智能的适应性表征方法论

> 任何一个简单到可以理解的系统都不会复杂到可以智能化行事，而任何一个复杂到足以智能化行事的系统都会太过于复杂而无法理解（关于人工智能的第三定律）。
>
> ——乔治·戴森（George Dyson）（摘自约翰·布罗克曼《AI 的 25 种可能》2019 年第 52 页）

人工智能，顾名思义，是人造的而不是自然的，即它不是人类智能行为本身，而是人的智能的产物，罗素（S. Russell）和诺维格（P. Norvig）将其定义为"对从环境中接收感知并执行动作的智能体的研究……每个智能体都要实现一个将感知序列映射为动作的函数……强调任务环境在确定合适的智能体设计中的重要性"（斯图尔特·罗素和彼得·诺维格，2023：1）。所谓智能，按照斯滕伯格（R. Stermberg）的定义，"智能是个人从经验中学习、理性思考、记忆重要信息，以及应付日常生活需求的认知能力"（史蒂芬·卢奇和丹尼·科佩克，2018：3）。这种人造的智能能否像人类一样去行动、去思考，甚至有意识和情感能力，是人工智能产生以来人们一直探讨的问题。事实上，"人工智能呈现出一种新特点，即该技术已经彻底改变了普通大众的生活"（雷·库兹韦尔，2016a：152），已经登上能力层级顶端，"人类与机器智能之间的界限越发显得模糊，因为机器智能越来越多地源于其人类设计者的智能，而人类智能也因为机器智能得到了更大提高"（雷·库兹韦尔，2016b：289）。从适应性的角度看，人类的表征无疑是适应性的，即人会随着环境的变化不断调节自己的行为以适应环境。人造的人工智能的表征也是适应性的吗？本章要着力探讨并回答这个问题。

第一节　人工智能表征的行动-理性方法论

人工智能旨在模拟人的智能，它不仅要理解人如何思维，而且要构造出非生物的智能实体，如智能机器人。从模拟人行为的角度看，人工智能应该是能像人那样思维和行动的实体（物理认知装置），这种定义实质上是基于以人为中心的科学方法的,包括关于人的行为观察和假设;从理性的角度看,人工智能是理性地思维或行动的实体,这种定义是基于理性主义方法论的,包括数学和工程学的结合。这两类定义蕴含了研究人工智能的不同方法或进路。

第一是图灵测试,它是一种模拟人行动的行为主义方法。图灵测试是说,如果对于一个人提出的一些问题电脑能正确地给出答案,即顺利通过问答测试,而其他人不能区分所给答案是来自人还是电脑,那么我们不得不说,电脑能像人那样拥有智能。这就是说,"图灵测试只进行文本信息的测试就足够了,因为在测试中增加视觉和听觉信息并不会增加该测试的难度"(雷·库兹韦尔,2016a:153)。要让电脑严格地通过图灵测试,就必须使电脑具有至少四种能力:①自然语言处理[①],即能用某种语言成功地交流;②知识表征,即储存所知或所听的信息;③自动推理,即使用储存的信息回答问题并得出结论;④机器学习,即适应新环境,以及发现和推断模式。这种图灵测试有意避免了电脑和人的直接接触,还算不上是完全的图灵测试。若让电脑和人接触,无论是直接的(感知)还是间接的(视频),电脑还需要增加两种能力:视力和机器人技术(操作客体和移动能力)。

这六个方面形成了人工智能的大部分能力或功能[②],也为此后的研究奠定了基础,指明了方向。正如弗洛里迪指出的,"图灵使我们认识到,人类在逻辑推理、信息处理和智能行为领域的主导地位已不复存在,人类已不再是信息圈毋庸置疑的主宰,数字设备代替人类执行了越来越多的原本需要人的思想来解决的任务,而这使得人类被迫一再地抛弃一个又一个自认为独一无二的地位"(弗洛里迪,2016:107)。图灵测试被认为在人类认知史上构成了继哥白尼革命、达尔文革命和神经科学革命之后的"第四次革命"。然而,图灵测试遭到了不少批评,如塞尔(J. R. Searle)的"中文屋论

[①] 事实上,即使计算机拥有了自然语言处理能力,也不意味着它能够像人那样理解所操作的语言,这中间一定存在某种不为我们所知的环节,也就是说,人工智能拥有规定性的符号语言,能够在一定程度上理解自然语言,但是却无法像人一样拥有语言。在自然语言处理上,人工智能可以通过对人类语言中隐喻结构的模仿和学习,去模仿人类的类比-联想思维能力,从而更好地理解人类语言和模拟人类智能(陶锋,2020)。

[②] 西蒙认为,一个完善的物理符号系统具有六种功能:a. 输入符号;b. 输出符号;c. 存储符号;d. 复制符号;e. 建立符合结构;f. 条件性迁移(按照符号行动)。根据 PSSH 可得出三个推论:第一个推论是,既然人具有智能,他就是一个物理符号系统,能进行信息加工;第二个推论是,既然计算机包括人工智能在内是一个物理符号系统,它就一定能表现出智能;第三个推论是,既然人和计算机都是物理符号系统,我们就能用计算机来模拟人类的活动,尽管二者的认知模式可能不同。所以,人工智能的研究就是按照人类思维操作的过程来编制计算机程序或算法的(赫伯特·西蒙,2020:16-19)。

证",批评的关键点在于,这种测试仅仅从外部行为观察,不能洞见智能体内部的状态。

第二是认知建模,它是一种模拟人思维的方法。若说一个电脑的程序会像人那样思维,我们必然会联想到人是如何思维的,这就需要探讨人的心智是如何工作的。这是一项非常艰难的任务。认知科学的终极目标就是解决此问题。一般来说,目前有三种方法可理解心智的实际工作机制:一是内省,这是一种哲学方法,它通过反思和沉思来直接意识或捕捉个人的思想或内心状态,是一种关于心的事件的真陈述的能力,如禅定;二是心理实验,这是一种科学心理学方法,它通过观察人的行动探测心智功能,如心理访谈;三是脑成像,这是一种造影技术手段,通过它观察脑的工作机制,如脑扫描技术、脑核磁共振。一旦我们拥有一个充分精确的关于心智的理论,该理论就会成为电脑程序作为心智的依据。如果程序的输入-输出行为与相应的人的行为匹配,那就可以说明电脑程序的机制的某些方面也能在人身上操作。例如,发明"通用问题解决器"的西蒙(H. Simon)和纽威尔(A. Newell),不只是关注程序如何正确地解决问题,也更注重比较机器和人类解决同样问题的推理步骤。认知科学的发展强化了机器与人类(动物)认知行为的比较研究。

第三是理性思维,它是一种关于思想规律的方法。亚里士多德可能是第一个描述逻辑地思维,即"正确思维"(不可反驳的推理过程)的哲学家。他的"三段论"提供了一种总是能够产生正确结论的论证结构模式。例如,苏格拉底是人,凡人必死,所以苏格拉底会死。这些思想规律就是逻辑,被认为可用于控制对心智的操作。这样一来,人工智能中的逻辑传统被用于建构逻辑程序以创造智能系统,比如让人工智能"识数"[1]。然而,这一方法遇到两种障碍:一是它不容易使用非形式的知识,如日常语言陈述,并以逻辑概念需要的形式术语来阐述,特别是当知识不是绝对确定的时候;二是在理论上解决问题和在实践上解决问题之间存在极大的差异。即使电脑处理几百个事实这样数量的问题,都会耗尽它的资源。也就是说,这种方法会遇到"框架问题"[2]。

---

[1] 徐英瑾认为,为了让人工智能系统能够"识数",其做法是:在纳思系统的平台上来构建数字表征,然后训练非公理化推理系统使之"识数",即先教会它表征那些最不抽象的数学概念,再一步步推进到更抽象的概念。这种机器学习方法与人类的学习是相似的,即从简单到复杂,从具体到抽象(徐英瑾,2021)。

[2] "框架问题"是人工智能面临的难题之一,它最初源于物理学的"指称框架"问题,即关于测量哪个运动的假设的静止背景,比如彗星运动相对于静止的"北斗星"。在人工智能中,有哲学家甚至断言,"框架问题"可能是导致整个人工智能事业失败的元凶。许多研究者发现,在一阶逻辑框架内,这个问题无法得到解决,反而刺激了对非单调逻辑的大量研究。从后继状态公理来解决"框架问题"是路径之一,引入语境分析也可能是一种有效路径。还有其他方法,比如有人认为,目前人工智能中的强化学习或许是解决"框架问题"的最佳路径之一(夏永红和李建会,2018)。

第四是理性行动，它是一种理性主体方法。一个主体【或智能体（agent①）】（人、动物或机器），是某些能行动的东西。电脑作为主体能做许多事，如自动操作、感知环境、运行持续时间长、适应变化和追寻目标。一个理性主体是这样一个主体，"对于每个可能的感知序列，给定感知序列提供的证据和智能体所拥有的任何先验知识，理性智能体应该选择一个期望最大化其性能的动作"（斯图尔特·罗素和彼得·诺维格，2023：35），其行动的目的是获得最佳结果，当存在不确定性时，它寻求最期望的结果，尽量做正确的事情。同理性思维强调正确推理一样，理性主体也强调做正确的推理，因为理性地行动的方式之一是逻辑地推出结论。不过，正确的推理不完全是理性的。在某些情形中，即使理性行动被证明是不正确的，但仍然要做，如错误决定的执行。当然，也有这样的情形，理性行动的方式不能说是涉及推理的，如迅速逃离火灾是一个反射行为，它比深思熟虑后的慢行动（理性行动）更为成功。图灵测试需要的所有技巧也要求主体理性地行动。知识表征和推理使主体能获得更好的决策。人类能使用自然语言产生综合语句来应对复杂的社会，这不仅要求主体通过不断学习掌握更多知识，而且还要求主体能提高我们产生有效行为的能力。

与其他方法相比，理性主体方法有两个优点：其一，它比理性思维方法更普遍，因为正确的推理只是获得理性的几个可能机制之一；其二，对于科学发展来说，它是比基于人类行为或思想的方法更经得起检验的方法。理性的标准是由数学很好地定义的，具有普遍性，而且这种理性标准能产生由证明获得其理性主体的设计。尽管如此，理性主体方法仍是有限的，因而理性也是有限理性，人工智能就是基于这种有限理性，因而其智能也必然是有限的，如缺乏像人有意识和情感的理性。

第二节 人工智能表征的哲学和科学基础

人工智能作为有认知能力的机器，是一个多学科交叉的研究领域，它至少涉及哲学、数学、逻辑学、经济学、神经科学、认知科学、计算机工程、控制理论、语言学、机器人学等学科。从问题视角看，这些不同的学科都为

---

① 源于拉丁词 agere，意思是做或行动，因此，agent 就是具有自主能力的施动者、能动者、行动者、行为体、智能体或学习器，即某种能够采取行动的实体。它可以是人或动物，也可以是机器或自然类物体。这里的主体概念是作为一种分析系统的工具，如学习器、算法，不是将世界分为主体与非主体或客体的一个绝对特征。也就是说，这种主体不是与客体相对应的主体 subject，subject 与客体 object 在哲学上是一对范畴。这里之所以使用"主体"，旨在突出其自动性、自主性、能动性、自适应性的特性。

人工智能提出了亟待解决的问题。

对于人工智能，哲学家往往会提出这样的问题：①使用形式规则能推出有效结论吗？②心智是如何从一个物理大脑产生的？③知识来自哪里？④知识如何导致行动？⑤知识表征负载意义吗？这些问题虽然都难以回答，但都指向一个问题，即如何让机器做人类需要智能才能完成的事情。

在哲学史上，亚里士多德首次为严格推理提出三段论的非形式系统，这种推理原则上允许我们机械地产生结论，只要给出初始前提（条件）。后来，勒尔（R. Lull）提出，有用的推理实际上可由一个机械装置推出。霍布斯（T. Hobbes）认为，推理类似数字计算，就是在我们心中做加减，因此，机械地实现计算的自动操作是可能的。文艺复兴初期，意大利的达·芬奇曾经设计了一个机械计算器，但没有建造出来，此后有人根据他的设计图重新制造了计算器，表明它具有计算功能。已知的第一台计算机器是德国科学家施卡德（W. Schickard）大约在1623年制造的，21年后，另一位德国科学家帕斯卡（B. Pascal）也制造了一台更著名的计算机器Pascaline，认为算术机器产生的效果似乎比动物的行为更接近人的思想。在此基础上，莱布尼茨制造了一台机械装置，试图执行概念操作而不是数字操作，但其范围非常有限。据说，莱布尼茨的计算器超越了帕斯卡的，它能做加减乘和求根运算，而后者只能做加减运算。莱布尼茨的贡献是发现了符号的普遍意义——推理总是通过符号进行的，一切对象均可被指派符号。这可能是人工智能中符号逻辑和符号演算的肇始。霍布斯称这种计算器为"人造动物"，心脏不过是一个弹簧，神经不过是许多丝线，关节不过是许多轮子。

不可否认，帕斯卡首次开创性地提出了"思考即推理，推理即计算"的思想，"从这个层面来说，'推理'只不过是'计算'，也就是对我们大脑中的一些符号与表达的结果进行加加减减。当我们独立计算时，称其为'符号'；当我们向他人展示与证明我们的计算时，则称其为'表达'"（弗洛里迪，2016：106）。而第一台真正的逻辑机器是由英国人斯坦霍普（C. Stanhope）建造的，那就是"斯坦霍普演示器"，它由两片透明玻璃制成的彩色幻灯片（一片为红色，另一片为灰色）构成，用户可将幻灯片推进盒子侧面的插槽内。尽管这种演示器非常简单，但这是人类进行机械化思维迈出的第一步。最著名的原型现代计算机是巴贝奇（C. Babbage）的差分机，这是世界上第一台可编程计算机，可使用抽象概念和数字进行推理，从而为现代计算机的发明奠定了逻辑基础。

关于心智问题，哲学史上一般有两种观点：其一，心智至少部分是根据逻辑运作的，而且建立的物理系统效仿某些规则；其二，心智本身就是一个物理（生物）系统。我们知道，笛卡儿首次清晰论述了心智与物质的区分及其产生的问题，其中与心智的纯粹物理概念相关的一个问题是，该概念似乎没有给自由意志留下任何余地。也就是说，如果心智完全由物理规律支配，那么就不存在任何自由意志，它只不过像一块朝向地球中心下落的石头。在这个问题上，笛卡儿是一个理性主义者，坚信推理在理解世界中的动力作用。同时，笛卡儿也是一个著名的二元论者，承认心智与物质并存，也就是心智可以脱离物质，免于物理规律的支配；动物不具有这种二元属性，可被看作生物机器。科学唯物主义超越了这种心身二元论，认为脑的运作是根据物理规律进行的，神经元的互动涌现出了心智，自由意志只不过是一种方便的选择而已，或者是生物-化学现象产生的一种副现象或幻觉。

如果是物理的心智产生知识，那么接下来的问题就是如何建立知识源。经验主义致力于解决这个问题。从培根到洛克再到休谟的经验主义运动试图说明，感觉是一切知识的根源，著名的"归纳原则"表明：一般规则源于个别的经验事实及其关系。维特根斯坦（Wittgenstein）和罗素的逻辑原子主义，以及随后的以卡尔纳普（R. Carnap）为代表的逻辑实证主义，均主张所有知识都能由逻辑理论来刻画，逻辑理论最终与观察语句相联系，观察语句又与感觉输入相对应。这样，逻辑实证主义就将理性主义与经验主义结合起来了。在科学哲学中，卡尔纳普和亨普尔（C. G. Hempel）的证实理论就试图从经验分析知识的获得，卡尔纳普在其《世界的逻辑构造》中为从基本经验获得知识定义了一个明确的计算程序，这可能是作为计算处理的第一个心智理论[①]。这为人工智能关于知识与行动之间的联系奠定了基础。

哲学家虽然给出了人工智能的一些基本观点，但如何将那些观点形式化还有相当的距离。这个任务就自然落到数学家的肩上。对于人工智能，数学家会问：①什么形式规则得出有效结论？②计算什么？③如何用不确定信息进行推理？这些问题涉及逻辑、计算和概率。形式逻辑的思想可追溯到古希腊的哲学家，但其数学化始于19世纪的数学家布尔（G. Boole），他发展出命题逻辑或布尔逻辑，为逻辑电路的设计提供了大量的信息。后来，弗雷格（F. L. G. Frege）将布尔逻辑延展到客体和关系，创造了今日仍然使用的一阶逻辑，而塔尔斯基（A. Tarski）的指称理论表明了逻辑中的客体如何与真实世界中的客体相关。这必然涉及如何计算的问题。

布尔等讨论了逻辑演绎的算法，并用数学推理将逻辑演绎形式化。哥

---

① 卡尔纳普在第三部分"构造系统的形式问题"做了详细分析，这可能是人工智能经验化（经验主义方法）的一次尝试。

德尔（K. Gödel）的工作说明，在弗雷格的一阶逻辑中，存在一个有效程序来证明任何真陈述，但一阶逻辑不能满足用于刻画自然数的数学归纳原则，而且对演绎推理的确存在限制。哥德尔不完全性定理表明，任何形式的理论都存在真陈述，这些真陈述在该理论内没有证据的意义上，是不可判定的。这意味着，某些关于整数的函数不能由一个算法来表征，或者说，某些函数是不能被计算的。这促使图灵试图精确刻画哪些函数是可计算的。事实上，"可计算"（computable）这个概念有点问题，因为计算或有效程序的概念确实不能被给出一个形式定义。不过，丘奇-图灵论题（Church-Turing thesis）表明：图灵机能计算任何可计算的函数，这是一个提供充分定义而被普遍接受的观点。同时，图灵也承认，有些函数是图灵机不能计算的，比如，没有机器总体上能够说明，一个给定程序是否会在一个给定输入上给出答案。

尽管可判定性（decidability）和可计算性（computability）对于理解计算是非常重要的，但是，易处理性（tractability）概念对于人工智能更具有冲击力，因为我们往往要求一个问题是易处理的，而不是相反。如果要求解决例子问题的时间随着例子的多少呈指数增长，那么这个问题就是一个不易处理的问题，因为指数增长意味着，即使适度增大的例子，在合理的时间也不能被解决，因此，我们力图将产生智能行为的所有问题分解为易处理的子问题，而不是不易处理的子问题。问题是，我们如何辨别不易处理的问题？NP 完备性（nondeterministic polynomial complete，NPC）理论提供了一种方法[1]。该方法表明存在着一大类典型组合搜索和具有 NP 完备的推理问题。任何能被还原或简化的 NP 完备的问题类，都可能是不易处理的。尽管 NP 完备问题还没有被完全证明是必然不易处理的，但许多数学家相信这一点。随着电脑的运行速度越来越快，这些问题也有望得到解决。然而，我们也应该看到，世界是极度复杂的，它包括无限个问题例子。人工智能有望帮助我们解释为什么有些 NP 完备问题是难的，而其他则是相对容易的，并找到 NP 完备问题的所有启发性解决方案（佩德罗·多明戈斯，2017：42-43）。另外，数学的概率理论也对人工智能做出了巨大贡献。比如赌博中的胜率问题，概率理论有助于处理其中的不确定性和不完备问题。特别是著名的贝叶斯定理，构成了人工智能系统中不确定推理的现代方法的基础。

---

[1] 这是计算复杂性理论中的一个问题，即 NPC 问题（NP 是指非确定性多项式时间），它是 NP 中最难的判定性问题。NPC 问题也应是最不可能被还原为 P（多项式时间）的判定性问题的集合。这是古克（S. A. Cook）于 1971 年提出的，并由卡普（R. Karp）于 1972 年证明的问题（卡普证明了 21 个 NPC）。

从经济思维的角度看，人工智能在决策问题上应该是讲效益的，或者是目标最大化的，这是经济学要探讨的目标。如何到达这个目标就逻辑地包括三个问题：①应该如何决策来获得最大回报？②当其他人不赞同时应该如何做到这一点？③当回报遥遥无期时应该如何做到这一点？人工智能在遇到决策问题时，会借助决策理论，而决策理论将概率理论与功用理论相结合，为不确定性情形下的决策（概率描述适当地捕捉决策者的环境的情形）提供了形式的和完备的架构。经济学中的"经济人"类似于"理性主体"，其中的"操作研究"对"理性主体"概念有重要贡献，如马尔可夫决策过程可形式化一类序列决策问题。人工智能的先驱西蒙获得1978年诺贝尔经济学奖，是因他建立了基于满意（satisficing）的模型，满意即决策得足够好，而不是奋力计算最佳决定，即给出实际人类行为的更好描述。在西蒙看来，人是通过搜索解决问题的，在解决问题时，人一般并不去寻找最优化方法，而是仅要求找出一个满意的方法，因为人在解决问题时具有可变的志向水平（aspiration level）（赫伯特·西蒙，2020：26-29）。自20世纪90年代以来，关于主体系统的决策理论技巧的研究再次兴起（Wellman，1995：360-362），它与人工智能的研究也越来越紧密。

从符号操作的角度来看，人工智能是通过逻辑推理、数学计算的方式处理信息的，人脑是如何处理信息的？这是脑科学要回答的问题。脑科学是研究神经系统，特别是大脑的领域。自古以来，大脑精确思维的方式是哲学和科学的最大秘密之一。我们知道大脑结构异常复杂，也的确能够思维，但其思维如何运作仍然是一个谜。大脑也有不能思维的时候，如人的头脑受到强烈打击后失忆、失语，即导致心智丧失能力。例如，19世纪60年代布罗卡（P. Broca）对脑损伤患者的失语症的研究揭示，大脑的某个区域负责具体的认知功能，如语言表达能力，这个区域位于左半脑部分，现在被称为"布罗卡区"。迄今大脑的结构及神经结构通过解剖已经基本弄清，也能通过技术手段如脑电图、功能性磁共振成像扫描脑的活动图谱，但不同区域之间的精细联系，以及如何理解认知过程的实际工作机制，仍然有很长的路要走。这容易导致心灵神秘主义。

简单神经细胞能产生思想、行动和意识吗？用塞尔的话说就是，大脑引起心智，或者说，意识或心智是脑的物理属性吗（Searle，1992：13-14）？博登（M. Boden）将塞尔的这个观点称为"肯定性论断"，即意向性必须以生物特性为基础，其否定性论断是：纯形式主义理论不能解释心理特性（玛格丽特·博登，2001：125）。这是生物自然主义和形式主义之间的争论。另外，从神秘主义角度来看，心智可能在某个神秘领域运作，这个领域是自然科学不可达的。从科学主义角度来看，科学最终能弄清大脑的认知机制。这两种对立的观点势必导致争论。从外部看，大脑无疑是一个"黑箱"，模拟其功能可能是一种好的策略，计算机科学的发展为我们从模拟角度探讨大脑的工作机制提供了一种新的研究进路，如电脑的中央处理器（central processing unit，CPU）相当于人脑的神经元，储存单元相当于人脑的突触。经过类比研究，可在某些程度上帮助我们揭示人脑的奥秘。当然，这种模拟是有限的，毕竟人脑的智能水平如何，通过人机比较我们仍然不能十分清楚。这就需要脑科学在神经元层次弄清大量神经元之间的相互联系的机制。

即使电脑模拟是一种好的策略，那么我们如何建造一个有效的人造物（智能机）来模拟人脑呢？这是计算机工程要回答的问题。这种人造物如何在自己的控制下运作？这是控制理论或控制论要解决的问题。人工智能，包括智能和人造物两方面，如智能机、机器人，已经开发了许多观念，这使得它融入主流计算机科学之中，甚至走在前面，其内容包括分时操作、交互解释器、拥有视窗和鼠标的个人电脑、快速适应环境、连接列表数据类型、自动存储管理、启示法（一组经验法则），以及关于符号的、功能的、叙述的和目标导向的编程的核心概念。

如果智能机能在无人控制下自主运行，那它的表征一定是适应性的，或者说，它就能在自主控制下自动操作，尽管它可能没有意识。简易的自动控制机器古代就有了，如古代的水表，用一个调节器保持恒定的流速。这个发明改变了人造物能做什么的定义。因为，此前人们认为，只有生物才能顺应环境的变化改变其行为。瓦特改良的蒸汽机是一个自调节反馈控制系统，恒温器和潜水艇也是这种系统。这种稳反馈系统的数学理论在 19 世纪就建立了。1948 年，数学家维纳（N. Wiener）在其《控制论》中发展了这种数学理论，使人工智能机器成为可能。同年，阿什比（R. Ashby）在其《大脑设计》中详细说明了他的思想——智能可通过运用自我平衡装置被创造出来，这种自我平衡装置包含适当的反馈环来获得稳定的适应性行为。现代控制论，特别是著名的随机最佳控制，其目标是设计系统达到最大化目标函数。这一目标与人工智能的目标——设计行为最佳的系统——基本一致。

最后，人和动物如何思维和行动？这是认知心理学要回答的问题。如果思维和行动蕴含意义，意义又与语言紧密关联，那么语言如何与思想相关？这是认知语义学要回答的问题。一方面，心理学特别是冯特（W. Wundt）的科学心理学或实验心理学的诞生，使我们通过控制的实验来研究心理活动成为可能，比如，他让被试执行一个感知任务时内观他们的思想过程。当然，实验数据的主观性使实验者难以证实其思想或理论；另一方面，生物学家研究缺乏内省数据的动物的行为，发展出一个客观的方法论，即行为主义[①]。行为主义反对任何包含心理过程的理论，认为内省不能提供可靠的证据，坚持只有对动物的感知（刺激）做客观测量，才能获得它们及其发生的行为或反应。行为主义对于某些动物如老鼠和鸽子行为的说明是较成功的，但对于人类行为的说明还远不成功。

认知心理学的兴起，对人的行为的理解起到关键作用。它研究高级层次的思维策略和初级信息处理过程的关系，即将大脑看作一个信息处理装置，认为感知包括一个无意识的逻辑推理形式，认知建模是其中的关键。这样，人们就可用计算机程序模拟人的策略层次，用计算机语言模拟人的初级信息处理过程，而计算机的硬件相当于人的心理过程。例如，克雷克（K. Craik）将心理术语看作信念和目标，认为它们就像使用压力和温度表征气体一样是科学的。他详细描述了基于知识的主体（knowledge-based agent，KBA）的工作模型，用于说明系统的内部表征。该模型包括三个关键步骤（玛格丽特·博登，2001：30-61）：①刺激必须被转化为内在表征；②表征由认知过程操作以衍生出新的内在表征；③这些反过来再转化为行动。随后，计算机建模的发展导致了认知科学的诞生。这就是1956年始于麻省理工学院的专题讨论会[②]，在该会议上，乔姆斯基（N. Chomsky）宣读了《语言的三个模型》，米勒发表了《神秘数字七》，纽威尔和西蒙发表了《逻辑理论机器》。这三篇极有影响的论文说明了计算机模型如何被分别用于阐明记忆心理学、语言和逻辑思维。目前在心理学界有一个普遍的看法，即一个认知理论应该像一个计算机程序，也就是说，认知理论应该描述一个详细的信息处理机制，其中某些认知功能能够被执行。

在认知功能被执行过程中，语言是绕不开的一个重要因素。这就是语言学习问题。斯金纳（B. F. Skinner）在1957年出版的《言语行为》中详细说明了语言学习的行为主义方法，但乔姆斯基对此方法提出了严厉的批评，他在《句法结构》中指出，行为主义理论不能用语言阐明创造性概念，即不能解释儿童如何理解和编造他们以前从来没有听过的句子。而乔姆斯基的句法理论不仅能给出合理的解释，原则上也能对句子进行形式化编程。当代语言学和人工智能在"计算语言学"或"自然语言处理"领域交叉，因为

[①] 心理学中的行为主义（behaviourism）与人工智能中的行为主义（actionism）不同，后者严格讲应该称为行动主义，它是以模仿人或生物个体、群体控制行为和感知-动作控制为主的一种奖赏控制机制，强化学习是其主要方法，即通过行为控制增或减的反馈来实现输出的表征手段。

[②] 这是在人工智能诞生的学术会议仅仅两个月后形成的一个专题讨论会，成员有米勒（G. Miller）、纽威尔、西蒙、乔姆斯基等知名人物。

理解语言是一个比理解行为主义复杂得多的问题。理解语言不只是理解语句的结构那么简单，更要理解语句的意义和语境。这似乎是显然的，但此前并没有引起人们的足够重视。事实上，人工智能的知识表征问题与语言密切相关，也与语言的哲学分析相关，这促使了人工智能中知识表征问题的研究，即研究如何使知识形式化以方便于电脑处理。

第三节 人工智能的适应性主体

在人工智能中，一个智能主体是这样一种实体，它被看作能通过传感器感知其环境，并通过执行器作用于环境。对于人类主体，传感器就是眼睛、耳朵和触觉，执行器就是手、腿和声道等；对于机器人主体，传感器是摄影机、红外测距仪，各种发动机是执行器。一个软件主体接收键击、文件内容及网包作为感知输入，然后通过在屏幕上显示、写文件、发送网包等作用于环境。所以，相对于环境，智能主体是一个认知系统，二者之间通过传感器和执行器或输入-输出联系起来。用布尔区分表征就是：（智能主体，环境）&（传感器，执行器）。因此，在感知-行动的意义上，智能主体是"适应性主体"①。

一般来说，一个主体在任何给定时刻的行动选择，依赖于整个观察到数据的感知序列，但不依赖于没有察觉的任何东西。从数学方面来说，一个主体的行为由主体函数（agent function）描述，主体函数将任何给定的感知序列映射到一个行动上。假设将主体函数制成表来描述任何已知的主体，大多数主体将会是一个非常大甚至无限大的表，除非我们给要考虑的感知序列设置一个界限。表是主体的一个外在特征，对于人工主体来说，主体函数将由一个主体程序（agent program）执行。主体函数是一个抽象的数学描述，主体程序是一个具体的执行方案，与某些物理系统一起运行。

我们用真空吸尘器的例子来说明这个观点。真空吸尘器是一个人造系统，它有两个状态——干净和污垢。将真空吸尘器作为主体感知哪个地方干净哪个地方脏，于是它选择向右移动，向左移动，吸尘，或者什么也不做。

---

① 生物进化论业已表明，所有生物都是适应性主体，即为了繁殖和生存，它们必须适应其环境的变化，这是由进化机制决定的。人工智能体作为主体是低层次的非生物主体，其主体性是通过有限理性主体模型的计算灵活性来体现的，即通过计算模型来调整自己的行为，因此，适应性是人工主体形成协作行为的一个关键特征，也是未来人工智能发展的一个重要方向，因为适应性表征有助于人们对不同认知系统（自然的和人造的）的统一理解（关于适应性主体的详细讨论，参见约翰·米勒和斯科特·佩奇，2020：94-102）。

它的主体函数是：如果这个地方是脏的，那么吸尘①；否则，移动到另一个地方。若制成表的话，这个主体函数就是：感知序列为{a, 干净}{a, 污垢}{b, 干净}{b, 污垢}{a, 干净}{a, 干净}……；行动为（右；吸；左；吸……）。其主体程序是：函数反射真空主体（位置，状态）返回一个行动；如果状态是污垢，那么返回吸尘；如果位置是右，就返回右；如果位置是左，就返回左。用布尔区分表征就是：（a, 干净）∨（a, 污垢）∧（b, 干净）∨（b, 污垢）→（右，吸）∨（左，吸）。

那么，如何判断一个主体的优或劣，智能或愚蠢？这就是理性行为或好行为的问题。一个主体的理性行为应该是一个适应性的行为，否则就是不理性的、不适应的。或者说，一个理性主体是做正确事情的主体，因为做正确的事总比做错误的事要好，但做正确的事是什么意思？如何才能做正确的事呢？这里有一个判定标准或价值判断的问题。

我们设想，当一个主体突然进入一个新环境时，它会根据接收的感知信息产生一系列行动。这个行动序列导致主体穿过一系列环境状态。如果这个序列是令人满意的，那么这个主体就运行得好。这就是满意度（desirability）概念，它由性能指标（performance index）或行为标准获得，该性能指标评估任何给定的环境状态序列，而不是主体状态。因为主体状态容易受到它自己表现的影响，如人类主体典型地具有"酸葡萄"的特征，即"吃不到葡萄就说葡萄酸"。显然，对于所有任务和主体，不存在一个固定的性能指标，设计者会设计一个适应环境的性能指标。比如真空吸尘器的例子，人们可根据环境的脏的程度和面积大小，设置合适的时间和测度性能标准。这个过程是主体适应环境的过程。对于理性主体来说，它想要的就是它得到的，或者说，理性主体能根据净化污垢的程度最大化性能指标，然后把污垢全部倾倒在地板上，接着再净化，如此往复，直到地板干净为止。对于真空吸尘器，地板干净是最合适的性能指标。总之，作为一般规则，它最好是根据我们对环境的要求设计性能指标，而不是根据我们认为主体应该如何行动设计性能指标。

尽管如此，我们还是难以避免一些意想不到的困难，仍然有一些棘手的症结需要解开。比如在真空吸尘器例子中，"干净"的标准是什么？是否

---

① 这是一个如果-那么推理模式，包括真实条件句和虚拟条件句，在逻辑上是一种蕴涵推理，人工智能的程序或算法表征大多采取这种模式。由于人工智能多采用这种反事实推理或条件推理，所以虚拟性就成为其一大特点，这为VR技术和AR技术的发展提供了逻辑基础，也为人工智能可能拥有"意识"提供了因果性。

存在普遍认可的"平均干净"这种标准？假如有两个不同的真空吸尘器，一个一直以中等速度工作，另一个全力净化但耗时长，以便获得平均干净的效果，哪个更合适似乎是管理科学的问题，但事实上是一个有深远意义的深刻的哲学问题：两个中哪个更好？是安全但耗时的还是粗糙但有效的？是经济的还是昂贵的？是事实如此还是应该如何？这些问题值得我们深思。

我们说人工智能是理性主体（理性智能体），其中的理性是什么意思？理性主体如何保证与环境的适应性？在任何给定的时间，什么是理性的，这依赖于四个方面（Russell and Norvig, 2011：37）：①性能指标，它定义成功的标准；②主体先前关于环境的知识；③主体能够执行的行动；④主体对数据的感知序列。这四个方面规定了理性主体的定义：对于每个可能的感知序列，一个理性主体应该选择一个行动，该行动被期望最大化其性能指标，给出由证据感知序列和主体拥有的任何内置知识提供的证据。

然而，同一主体在不同的环境下可能是非理性的，如一个有修养的人有时也会不理智。理性不是全知全能，不是绝对正确，不是完美无缺。理性最大化所期望的性能，完善了最大化的实际性能。例如过马路，首先要观察马路上的情况，确信无危险后再行动，这是理性的行为，因为观察有助于最大化所期望的性能，如安全过马路。这意味着理性主体在采取行动前需要信息搜集，在面对不熟悉的情况时还需要尽可能多地向所感知的环境学习。例如，我们来到一个新地方，首先要做的就是尽快熟悉新环境，比如买一幅当地地图，或者上网搜索相关信息。主体的初始构造能反映环境的某些先前的知识，但当主体获得经验时，这个构造可能被改变和被增强。例如，真空吸尘器的初始结构拥有一定的先前知识，当遇到新环境时，可通过学习改变感知序列从而导致行为能力的增强。这就是机器学习，其程序设计者能通过窥视其复杂并不断进化的构造来理解或解释理性主体系统知道什么或它们如何解决问题。因此，"对机器学习系统最好的理解就是，它们发展出自己的直觉能力，然后用直觉来行动，这和以前的谣言——它们'只能按照编好的程序工作'，可大不相同"（杰瑞·卡普兰，2016：31）。

就人工主体依赖它的设计者的先前知识而不是它自己的感知而言，我们说这种主体缺乏自主性。一个理性主体应该是自主的，它学习它能学的所有东西，以补偿和修正部分或不正确的先前知识。比如真空吸尘器这种人工主体，它能学习预见哪里及何时有污垢出现，这比不善于学习的主体做得更好。正如生物进化为动物提供足够的内置反射，以使其存活得足够长来自己学习一样，进化为一个智能主体提供某些初始知识及学习的能力[①]，这是自然选择的结果。因此，一个主体特别是理性主体，在充分体验它的环境后，其行为能有效地摆脱它先前的知识。这种能通过自主学习改变自己行为的主体，就是适应性主体，其表征就是适应性表征，其智能就是它与环境的互动耦合行为。

第四节　适应性主体的结构与表征方式

如上所述，人工主体是设计者设计的一个中介客体（或智能体或学习器），用于描述行为，即在任何给定的感知序列后被执行的行动。人工智能的工作就是设计这样一个主体程序来执行主体的功能，即从感知到行动的映射[②]。这个程序被称为架构（architecture），它能启动某类具有物理传感器和执行器的计算装置。因此，主体就等于架构加上程序。从适应性表征角度看，我们选择或设计的程序必须与架构相适应。例如，若该程序要付诸行动，如行走，架构最好有腿或轮子。架构可能是普通电脑，或机器人，或无人机。一般来说，架构的作用就是使感知从传感器传至程序，然后启动程序，并提供程序对执行器的行动选择。在这个意义上，架构就是人工智能的认知架构，主体和环境的互动（通过传感器和执行器）是在这个架构上进行的（图2-1），而程序是主体的认知核心，就好比是人的灵魂。

一个主体程序是一个表驱动主体（table-driven agent）程序，它将源于传感器的输入作为当下感知，然后将行动给予执行器。之所以强调当下感知，是因为没有多少来自环境的更多信息是可用的，所以，机器人的感知与我们人类的一样都是当下的、即时的。表是一个行动序列，明确地表征主体程序包含的主体函数。要以这种方式建立一个理性主体，设计者必须建构一个表，该表对于每个可能的感知序列，均包含了适当的行动。不过，这种表驱动方法面临一个自身无法克服的困境，那就是，查询表（lookup table）会有无数个记录需要查找。例如，采用查询表下棋，可能至少有 10^{150} 个记

[①] 有研究表明，一种被称为"海绵宝宝"的黄色多头绒泡菌也有记忆、决策和预测能力，能选择最好的食物，甚至能解决迷宫问题。然而，这种泡菌没有大脑，甚至没有神经系统，所以依据我们现有的意识、心智、智能等概念来解释这种现象就行不通了。在笔者看来，"适应性表征"概念可解释这种现象，因为智能被定义为一种适应性表征行为。这种适应性表征行为可与主体有无大脑、有无意识和心智无关。

[②] 映射是一个实体（模型）到另一个实体（对象）的结构或属性投射，在不同表征之间进行，本身也是一个表征过程。而表征是认知的产物，认知产生表征后，表征通常以类比的方式进行映射，比如卢瑟福将原子结构类比为太阳系模型（太阳为原子核，行星是围绕太阳运行的电子），这就是同构论的结构映射（详见魏屹东，2018，第四章）。

录①。如此巨大的数目就连可观察宇宙中包含的原子数目（小于10^{80}）也相距甚远。这意味着，在这个宇宙中，没有任何物理主体能有足够空间储存这种表，设计者也没有时间创造这种表，更没有任何主体能从其经验学习正确的表记录；即使环境简单得足以产生一个可行的表，设计者仍然没有任何依据来填充这个表记录。尽管如此，表驱动主体的确做了我们想要的，即它执行了所期望的状态函数。对人工智能的关键挑战是发现如何编写程序，该程序在可能的范围从一个小程序而不是从巨型表中产生理性行为。

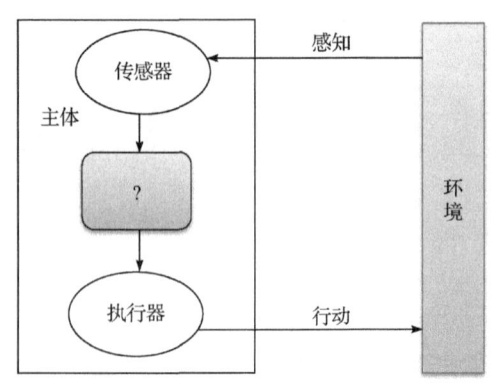

图 2-1　主体与其环境互动的循环

目前人工智能大致有四类主体程序：简单反射主体、基于模型的反射主体、基于目标的主体、基于效用的主体（斯图尔特·罗素和彼得·诺维格，2023：32）。每一类主体程序都以特别的方式结合特别的成分来产生行动。接下来我们详细讨论这些主体程序的特性。

第一，简单反射主体基于当下感知，忽略其他感知历史。前面谈到的真空吸尘器就是一个简单反射主体，因为它的决策仅仅基于当下位置和这个位置是否有污垢。这种简单反射行为也会发生在更复杂的环境中。假设你是一个自动驾驶汽车的司机，如果前面的小车刹车，它的刹车灯亮了，那么你的自动驾驶汽车的主体程序应注意到这一点并立刻刹车。这就是说，视觉输入建立了条件（前面的车刹车）来处理某些紧急情况，这种突发的周遭情况启动了主体程序中某些已建立的连接（立刻刹车的行动）。这种连接就是条件-行动规则，或境遇-行动规则，或如果-那么规则，可写作：如果（前

---

① 设 P 是可能感知对象的集合，T 是主体的存在期或生命期，查询表将包含 $\sum_{t=1}^{T}|P|^t$ 个记录。比如自动出租车，其视觉输入以大约 27 兆字节每秒的速率从一个摄像仪摄入（每秒 30 个框架，640×480 像素，具有 24 比特的色彩信息），这使得一个查询表在一小时的驾驶中就有 $10^{250\,000\,000\,000}$ 个记录。这是难以想象的。这是符号操作的弊端，人类感知就不存在这个问题。

面的车刹车），那么（立刻刹车）。人类主体也有这种连接，如当某物接近眼睛时我们会眨眼。这种条件-行动规则允许主体产生从感知到行动的连接。因此，一个简单反射主体根据条件-行动规则行动，该规则的条件与当下状态匹配。它的状态程序用布尔区分及其组合表征就是：（感知函数，行动）→（状态，规则）∧（规则，行动）。总之，简单反射主体具有简单性的优点，但它是有限智能。这种有限智能，仅当在当下感知的基础上做出正确的决策时，即仅当环境是充分可观察时，才能起作用。哪怕是一点点不可观察性，都足以产生严重的困难和不良后果，如自动驾驶汽车不能及时刹车导致的追尾。

第二，基于模型的反射主体，使用一个内在模型，追踪世界[①]的当下状态的路径。处理部分可观察性的最有效方法是主体追踪它不能看见的世界部分的路径。或者说，主体应该保持某种内在状态，该状态依赖于感知历史，并反映当下状态的某些不可观察方面。例如刹车问题，主体程序的内在状态不是太广，它只是来自摄影仪的先前架构，允许主体发现车两侧的两个红灯何时同时亮或灭。主体的内在状态信息可通过在主体程序中对两种知识进行编码得到加强。一方面，我们需要某些关于世界独立于主体如何演化的信息，如超车总是比前一刻更接近目标车；另一方面，我们需要某些关于主体自己的行动如何影响世界的信息，如司机清楚顺时针转动方向盘，车向右转，逆时针转动方向盘，车向左转。这种关于世界如何运作的知识，就是世界的一个模型，使用这种模型的主体就是基于模型的主体。它的主体程序用布尔区分及其组合表征就是：（感知函数，行动）→（状态，模型）∧（规则，行动）。其中，状态是主体关于世界的当下概念；模型是关于下一个状态如何依赖当下状态（概念）和行动的描述；规则是一套条件-行动，或如果-那么规则；行动是最近的行动。主体在行动的过程中，更新状态（状态、行动、感知、模型）负责创造新的内在状态描述，规则匹配负责状态与规则之间的一致性，这些规则最终引发行动。

第三，基于目标的主体能够追踪世界状态的路径、尽可能达到的目标以及选择导致它获得其目标的行动。主体仅知晓环境的某些当下状态对决定做什么是不够的，如在岔路口，车是右转、左转还是直走，正确的决定依赖于车的目的地。也就是说，当下状态的适当描述依赖于正确的目标信息，

---

① 这里的"世界"不是指我们通常意指的自然世界或现实世界，而是一个人工系统，如人工智能系统的环境。它也可指一个智能主体，如智能机，智能机既是一个系统，也是一个世界。一个理性主体就是一个认知系统或一个认知世界。

如乘客的目的地。主体程序能够将目标与相关模型结合起来选择达到目标的行动。因此，这种基于目标的主体也是基于模型的。这种基于目标的行动在人工智能中是通过"搜索"和"规划"来实现的。然而，这类决策根本不同于条件-行动规则，原因在于，它涉及未来因素的考虑，如"若这样做会发生什么""这能取得预期效果吗"。在反射主体的设计中，这种信息不是明确地被表征的，因为内置的规则是从感知到行动的直接映射，如看到刹车灯亮时，反射主体立刻刹车。一个基于目标的主体，原则上能推知，若前面车的刹车灯亮了，该主体就会减速。若给定这种世界演化的方式，那么唯一避免撞车的行动是刹车。这样一来，基于目标的主体似乎有效性较弱，因为支持其决策的知识被明确地表征，并能够被修正。若下雨，主体能更新其如何有效操作刹车的知识，这会自动引起所有相关的行动，以改变其主体程序来适应新条件。这也意味着，基于目标的主体的行为容易随着目标的不同被改变。这就是目标对主体行为的适应性引导与控制问题。

第四，基于效用的主体，使用一个世界的模型和一个效用函数，测量它在这个世界中不同状态的性能。这种主体选择能导致获得最佳期望效用的行动，其中所期望的效用是由平均所有可能结果的状态计算所得的，并由该结果的概率加权评估。这是因为只有目标并不足以产生高质量的行为，比如，许多行动序列均能使小车到达其目的地（即达到目标），但有些更快、更安全、更可靠，甚至更便宜，有些则不是。因此，目标仅仅提供了一个大致的二元状态区分如（舒服，不舒服），对于其他状态如效用则无能为力。这就需要引入经济学家和计算机科学家使用的"效用"（utility）概念。一个主体的效用函数必然使性能指标内在化。如果内在效用函数和外在性能指标是一致的，那么选择行动最大化其效用的主体，根据外在性能指标就是理性的。

像基于目标的主体同时也是基于模型的一样，基于效用的主体同时也是基于模型的。也就是说，模型在这两类主体的行动中扮演着重要的角色。从灵活性和自主学习角度看，一个基于效用的主体拥有许多优势，而且与基于目标的主体相比，尽管目标对它是不适当的，但它仍能做出理性决定。一方面，当存在冲突的目标时，仅有一些目标可以实现，如要安全就会牺牲速度，效用函数就会细化权重来达到平衡。另一方面，当主体瞄准几个目标时，这些目标没有一个能确定地实现，而效用提供了一种方法，即成功的可能性能根据目标的重要性做出权衡。

我们知道，部分可观察性和随机性在现实世界中是普遍存在的，不确定性视阈下的决策也是如此。一个理性的基于效用的主体，在技术上选择这样的行动——最大化行动结果所期望的效用,即主体期望获得的效用是平均得出概率和每个结果的效用。一个处理显效用函数的主体,可用一个通用算法做出理性决策,而通用算法不依赖具体的效用函数的最大化。这样,理性的普遍定义(主体函数拥有最高性能)就转变为局部限制的理性主体设计,而这种设计能用简单的程序来表达。

总之,这种基于效用的主体拥有智能,但并不简单。它必须给它的环境和任务建模,并保持与其环境和任务的联系。而环境和任务包括大量的关于感知、表征、推理和学习的研究,这是人工智能研究一直面临的艰巨任务。

第五节　适应性主体的任务环境及其特征

与理性主体相对应的是任务环境,它本质上是理性主体要解决的问题。任务环境由性能(performance)、环境(environment)、执行器(actuator)和传感器(sensor)组成,这在人工智能中被称为 PEAS 描述。我们仍以自动驾驶出租车司机(机器人司机)为例,详细说明任务环境在适应性表征中的作用。用布尔区分表征就是:(出租司机,任务环境)→(性能指标,环境,执行器,传感器)。性能指标包括安全、快速、合法、舒适、收益最大化;环境包括道路、其他交通工具、行人、消费者;执行器包括转向装置、加速器、制动器、信号、喇叭、显示器;传感器包括摄影器、声呐装置、速度表、全球定位系统(global positioning system,GPS)、里程计、加速器、引擎传感器、键盘。任何出租车司机都要面对其任务环境,将乘客安全地、节约地、快速地送达其目的地。除出租车司机外,常见的理性主体还有医疗诊断系统、卫星图像分析系统、精炼控制器、交互英语教师等。它们的任务环境虽然各不相同,但具有共同的特征。这些共同特征表现在如下七个方面。

第一,充分可观察性与部分可观察性。如果主体的传感器在每个点及时与环境的完全状态相联系,那么任务环境就是充分可观察的。如果传感器探测到与选择的行动相关的所有方面,那么一个任务环境就是有效地充分可观察的,而行动的相关方面依赖于性能指标。充分可观察环境是方便的和适当的,因为主体不需要保持其任何内在状态与自然世界的路径一致。由于存在噪声或不准确的传感器,或者部分状态从传感器遗失,如智能自动驾驶出租车不知道其他司机在思考什么,因此一个环境是部分可观察的,部分不可观察的。如果主体完全没有传感器,如人失明或传感器损坏,那么环境就是不可观察的。在此境况下,主体很难实现其目标,但也不是没有任何可能性,如盲人用导盲犬来实现自己的目标。

第二，单主体性与多主体性。一个自己解决字谜的主体处于一个单主体环境，而一个下棋的主体处于一个双主体环境。一个主体 A 如出租车司机一定会将一个客体 B（另一个装置）看作一个主体吗？或者说，A 能仅根据物理规律将 B 看作一个行动客体？关键的区别在于：B 的行为是否最好能被描述为最大化一个性能指标，其赋值依赖于主体 A 的行为。例如在对弈中，对手 B 尽可能最大化它的性能指标（赢棋），该性能指标根据棋的规则最小化主体 A 的性能指标（让 A 输）。这样，对弈就是一个竞争性多主体环境。而在出租车驾驶的环境中，避免碰撞是最大化所有主体的性能指标。因此，这是一个部分合作性多主体环境，同时也是一个部分竞争性的，因为一个停车位仅能容纳一辆出租车。多主体环境中主体设计的问题，通常不同于单主体环境中的，如交流行为通常作为理性行为出现在多主体环境中。在某些竞争性环境中，随机行为是理性的，因为它避免了可预测性的陷阱。

第三，决定性与随机性。如果环境的下一个状态完全由当下状态和主体执行的行动决定，那么这个环境就是决定性的，否则就是随机性的。原则上，一个主体，在一个充分可观察、决定性的环境中，无须担忧不确定性问题，因为这种环境的定义已经排除了不确定性。然而，如果这个环境是部分可观察的，那么它的出现可能是随机性的。大多数真实境遇是非常复杂的，以至于我们保持所有不可观察方面的路径是不可能的。比如，驾驶车辆显然是随机的，因为驾驶员从来不能精确预测交通状况，而且驾驶员的疲劳和引擎的卡壳等情况也是难以预料的。真空吸尘器是由环境决定的，但变化可能包括随机因素，如任意出现的灰尘和不可靠的吸尘的机制。因此，我们说，如果一个环境是不充分可观察的，或者不是决定性的，那么它就是不确定的。这里的随机性蕴含了结果的不确定性，它是由概率来量化的。非决定性环境是这样一种境遇，在其中行动是由它们的可能结果描述的，但没有任何概率与它们相关。也就是说，非决定性环境描述通常与性能指标相关，而性能指标要求主体对它的行动的所有可能结果是成功的。

第四，中断性与序列性。在一个中断性的任务环境中，主体的经验被分为原子片段。在每个片段，主体都会接收到一个感知对象，接着执行一个单一行动。下一个片段不依赖先前片段中被采取的行动。许多分类任务是中断性的。比如，一个主体必须在流水线上发现有缺陷部分，并将每个决定置于流动部分而不用考虑先前的决定，而且当下的决定不影响下一部分是否有缺陷。在序列性环境中，当下决定可能影响未来的决定。棋局就是一个序列性环境。在这个例子中，短期行动能产生长期的结果，如一招失策可能导致全盘皆输。总之，中断性环境比序列性环境简单得多，因为主体不需要提前思考。

第五，静态性与动态性。若环境在主体深思熟虑时发生变化，那么环境对于主体来说就是动态的；否则，就是静态的。静态环境易于处理，因为主体在决定行动时不需要一直观察这个世界，也不需要考虑时间因素。而动态环境则不断地激发主体做出响应，假若主体还没有做出响应，就算主体做出了决定也做不了什么。如果环境本身不随时间变化，但主体的性能评价随时间变化，那么环境就是半动态的。例如，开车是动态的，这辆车与其他车辆是运动的，而驾驶算法选择下一步做什么则是半动态的。对弈时计时是半动态的，字谜游戏则是静态的。

第六，可知性与不可知性。这种区分严格来讲不是指环境本身，而是指主体或设计者关于环境的物理规律的知识状态。在一个可知的环境中，所有行动的结果，包括环境是随机时的概率结果，是已知的。如果环境是不可知的，主体就会学习如何工作以做出好的决策。这是一个主体认知探求的过程。需要澄清的是，可知环境与不可知环境的区分，不同于充分可观察与部分可观察环境的区分。对于一个可知环境，它很可能是部分可观察的，如单人纸牌游戏，我们虽然知道游戏规则，但仍然不能看到没有翻过来的牌。相反，一个不可知的环境可能是充分可观察的，如面对一个未知现象（如新冠病毒），我们对其充分观察了但仍不知道其发生机制。这在科学探寻中是常见的。

第七，离散性与连续性。将离散与连续区分开来并应用于环境是处理状态和处理时间及对状态的感知和行动的方式。例如，下棋环境有一个有限量的确定状态，下棋本身也有一个感知和行动的离散集。开车是一个连续状态和连续时间问题——该车和其他车辆的速度和位置掠过一系列连续的赋值，且一直这样流畅地进行下去。开车的动作也是连续的，如操作方向盘。而数字摄影仪的输入严格来说是离散的，但它被看作表征连续变化的强度和位置。

第六节　主体的自动学习与适应性表征类型

人类能够自主学习，而上述人工智能主体如何成为一个学习主体？如何进行适应性表征？图灵提出的方法是建立学习机，然后教会它们学习。这就是学习主体的原型。在人工智能中，一个学习主体包括四个概念成分：

评判者（critic）、学习单元（learning element）、性能单元（performance element）和问题发生器（problem generator）。学习单元和性能单元的区分是最重要的。前者负责改进，即使用来自评判的反馈，评估主体在如何做，决定性能单元应该如何被修正以便在未来做得更好；后者负责选择外在行动，即接收感知对象，决定采取行动。学习单元的设计非常依赖于性能单元的设计。当我们试图设计一个人工主体来学习某种能力时，第一个问题不是"如何让它学习"，而是"一旦它学会如何做了，哪类性能单元需要它"。若给定一个主体设计，那么学习机制就能被建构出来以改进主体的每个部分。这是学习主体与其环境互动的通用模型（图 2-2）（斯图尔特·罗素和彼得·诺维格，2023：48）。

评判者告诉学习单元，一个固定性能标准的主体如何做得好。对于学习单元来说，评判者是必要的，因为感知本身没有提供任何主体成功的标记。例如一个下棋程序，它能够接受一个感知标记，如将死它的对手，但它需要一个性能标准知道这是一件好事，而感知本身没有说明这一点。固定性能标准是重要的。理论上讲，性能标准是外在于主体的，因为主体不必修正它来适应自己的行为。

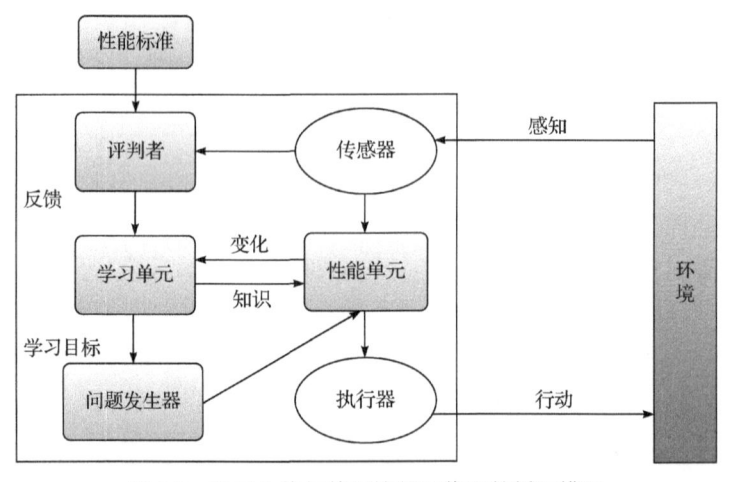

图 2-2 学习主体与其环境相互作用的循环模型

学习主体的问题发生器负责提出行动，该行动会导致新的、提供信息的经验。这意味着，如果性能单元有自己的方法，它就会一直选择最好的行动，好像它知道如何做。然而，如果主体乐意做出一点发现，采取一些短期未达到最佳的行动，那么它可能会从长期考量发现更好的行动。问题发生器的工作是提出这些探索的行动。这是科学家做实验时所做的事情。例如，伽利略在比萨斜塔做自由落体实验时并不认为下落的石头本身有什么价值，他不是要打破石头或改变过路人的观念，其目的是通过确认一个更好的物体运动理论来改变他自己的观念。

为了使上述的设计更具体，我们仍以自动驾驶出租车的例子说明。性能单元由出租车拥有选择它的驾驶行动的知识和程序结合组成。出租车使用这个性能单元在路上行驶。评判者观察这个世界，将信息传递给学习单元。比如，出租车迅速左转穿过三个车道后，评判者观察被其他司机使用的语言。由这个经验，学习单元能形成一个规则，表明这是一个坏的行动，而性能单元由安装的新规则改变。问题发生器由于需要更新可能识别行动的某些区域，并提出实验验证，如在不同的条件下在不同的路上试着刹车。

上述学习形式不需要使用外在的性能标准，在这个意义上，该标准是与实验一致的预测的普遍标准。这个境遇对于希望学习效用信息的主体来说有点复杂。假设出租车司机没有从乘客那里收到任何小费，外在的性能标准必须通知主体，损失的小费对于它的总性能是否有贡献。此时，主体可能习得，这种行为对它自己的效用没有贡献。在某种意义上，性能标准区分了部分接受的感知作为奖赏或处罚，这为主体的行为质量提供了直接的反馈。像动物的疼痛和饥饿这种内在基本性能标准，也能以这种方式得到理解。比如在海豚表演时，驯兽师会不时地给海豚喂一些它们喜欢吃的鱼，吃鱼是海豚抵抗其饥饿的内在基本性能标准。

总之，主体有许多成分，它们在主体程序中能以许多方式被表征，这意味着，当存在一个唯一统一的主体时，出现了许多学习方法。智能主体的学习可被概括为主体的每个成分的改进过程，通过使这些成分与可用的反馈信息一致，来提升主体的综合性能。

接下来的问题是，主体程序的要素是如何工作的？这是人工智能如何表征的问题。为了增强复杂性，提高表达力，人工智能中的基本表征主要有三种（Russell and Norvig，2011：57-58）：原子表征（atomic representation）、分解表征（factored representation）和结构化表征（structured representation）。原子表征是指这样一个状态，该状态是一个没有任何内在结构的黑箱，或者说，原子表征是不能再分的任何状态。分解表征是指一个由属性赋值的矢量构成的状态，赋值可能是布尔真赋值，或者是符号的一个固定集。结构化表征是说，一个状态包括许多客体，每个客体可能有它自己的属性及与其他客体的关系。

在原子表征中，世界的每个状态都是不可分的，没有任何内在结构。比如开车在地图上找路，从一个地点到另一个地点，每个都是没有结构的状态，每个城镇都有一个名称，也就是将一个地点简化为一个概念，如北京、上海；每个名称就是唯一的知识原子、黑箱或质点。黑箱可识别的属性，要么与另一个黑箱同一，要么与另一个不同。支持搜索和博弈的算法、隐马尔可夫模型（hidden Markov model，HMM）[1]和马尔可夫决策过程（Markov decision process，MDP）[2]，这些方法都使用原子表征，至少将表征看作好像是原子的。

在分解表征中，每个状态被分解为一套固定的变量或属性，每个变量或属性都有一个值。当两个不同的原子状态没有任何共同之处时，它们就是不同的黑箱。两个不同的分解状态能够共有某些属性，如小车位于某些具体的 GPS 位置，这使得它更容易解决如何将一个状态转换为另一个的问题。使用分解表征，我们也能够表征不确定性，例如，若忽略小车油箱中的汽油量，可将该属性表征为空。许多人工智能重要领域是基于分解表征的，包括约束满足算法、命题逻辑、规划、贝叶斯网络，以及机器学习算法。然而，出于不同目的，我们需要将世界理解为其中的不同要素相互关联的事物，而不仅是变量及其赋值，这就需要结构化表征。

在结构化表征中，一个客体，如行驶中的小车，它与行驶的卡车及它们之间的不同和变化关系，可被明确地描述。结构化表征构成相关数据库和一阶逻辑、一阶概率模型、基于知识的学习和自然语言理解的基础。事实上，人类用自然语言表达的几乎所有事物，涉及不同物体及其相互间的关系。

概言之，这些不同的表征方式是为了提高表达力。一般来说，一个更有表达力的表征，无疑比一个表达力弱的表征要好。更有表达力的语言更精确，例如，棋规则若用结构化表征语言编写，如一阶逻辑，可能几页就足够了；若用分解表征语言，如命题逻辑，可能就需要几百页甚至上千页。另外，当这些表征的表达力增强时，推理和学习就更为复杂。为了从这些表达力强的表征获得益处而避免它们的不足，真实世界的智能系统需要操作这些表征。因此，表征对于人工智能是必须的。

第七节 小　　结

相比于具有非理性（如情感、意识、自我）的人类智能，人工智能完全

---

[1] 隐马尔可夫模型是指一个时间概率模型，在这个模型中，过程的状态被描述为一个单一离散随机变量。这个变量的可能值是这个世界的可能状态。

[2] 对于一个充分可观察、具有马尔可夫转换模型和附加补偿的随机环境来说，一个序列决策问题被称为马尔可夫决策过程，它由包括初始状态 S_0 的一套状态构成；每个状态中的行动的一套行动（S）；一个转换模型 $P(S'|S,a)$；一个补偿函数 $R(S)$。

是理性的，而且是有限理性，也就是完全按照有限的固有规则进行推理和表征。在这个意义上，人工智能就是除去非理性的人类智能。对于任何无规则、随机的和偶发的行为，人工智能无能为力。然而，无论是人类主体还是人工主体，从适应性表征来看，其智能是相似的，尽管存在程度上的差异，因为两种类型的智能均是主体与其环境交互的结果，也就是适应性表征的结果。在笔者看来，智能就是适应性表征，适应性表征也是某种程度的智能。从发生学来看，人工智能是源于人类智能的，而且只是利用了人类的理性部分，即前者只是对后者的模拟。所以，人工智能的有限理性特征，既是它的优势所在，如庞大的信息储存能力和快速的信息处理能力，又是它的致命缺陷，如逻辑推理的循规性和非灵活性。克服这些缺陷可能是未来具身人工智能（人机融合、脑机接口系统）的发展方向。

第三章　人工智能的适应性表征范畴架构

我们应该分析人工智能可能会出什么问题，以确保它能正常运行。
——迈克斯·泰格马克（Max Tegmark）（摘自约翰·布罗克曼《AI 的 25 种可能》2019 年第 102 页）

关于表征，一般来说，它是指信息在人脑中储存和呈现的方式，这就是通常所说的心理表征。心理表征的外化往往是通过符号和图像（如自然语言、形式语言、图形）等方式呈现的。以命题形式（陈述句）呈现的知识通常被称为陈述性知识，以纯符号如逻辑和数学方程呈现的知识被称为程序性知识。在人工智能中，表征知识的方式通常是抽象的符号化或逻辑式的，一阶逻辑是最常用的表征工具。然而，问题是，人工主体是如何通过逻辑推理表征这个真实世界的最重要方面，如行动、空间、时间、思想、购物等的？也就是说，通过何种途径表征和推理关于这个世界的事实？表征与推理是不是适应性的？这就是人工智能的适应性知识表征与推理问题。关于这个主题，进入 21 世纪，国际上曾经召开过两次会议（分别为 2005 年[①]和

[①] International and interdisciplinary conference on adaptive knowledge representation and reasoning, http://research.ics.aalto.fi/events/AKRR05/index.html[2021-05-26]。关于适应性知识表征与推理（adaptive knowledge representation and reasoning, AKRR）的国际和跨学科首次会议于 2005 年 6 月首次在芬兰的埃斯波召开，会议提出知识表征和推理是人工智能的传统领域，在现代社会中它们不仅是各种信息系统和网络中的底层结构单元，也是认知科学和认识论的核心主题。由于传统模式是基于谓词逻辑、语义网络和其他符号表征的，因此，该会议涉及的相关问题包括我们如何知道我们所知道的，我们如何能够使用有效推理，我们如何在知识表征与推理的模型和应用中使用计算机。该会议的目的是探讨统计潜在变量模型、向量空间表征、统计机器学习、人工神经网络和动态系统等替代表征和算法。这些挑战对于生命科学也非常有意义，因为在生命科学中，疾病机制的复杂性和新药的开发过程需要新的方法。此次会议探讨了认知和社会系统中知识的产生、复杂性和自组织问题；知识是如何在人类和计算机中介网络中创造和建立的，以及语言作为知识建构的适应媒介的作用。其主题集中于知识表征与推理的适应性方法，基本理念是汇集计算机科学、实验心理学、语言学、脑科学和认知科学等多个学科的证据，相关方法以概率论、统计、人工神经网络、动力系统理论和相关学科为基础，具体论题包括：生物信息学中的知识表征；知识、语言与认知的适应性模型；认知主义与动力主义；统计分析与推理中的语境性；学习与推理的贝叶斯模型；知识的动力系统模型、知识的空间表征；基于逻辑的表征与推理；基于高维表征的高度语境推理；基于模式的推理；知识获得与表征的学习模型；基于独立成分分析（independent component analysis, ICA）和自组织映射（self-organizing map, SOM）的涌现表征与符号表征的出现；基于感知的推理过程的认知模型；非平稳环境下的知识表征与推理；显知识与隐知识、内在表征与外在表征；时间过程和推理模型、时间的主观性和互动性表征；大脑中的知识表征与推理；网络的非符号范畴与适应性知识表征；社会与社会结构及过程的适应性、动态和概率表征；工业过程的适应性知识表征；金融和经济现象的概率和基于模式的推理；创造和设计过程的涌现和进化表征；等等，内容十分广泛。在笔者看来，自组织系统的实质就是适应性表征。

2008年[1]），有力地推动了该问题的研究。本章，笔者将从适应性表征视角探讨知识表征与推理在人工智能中的适应性问题。

第一节 表征抽象概念的范畴架构

我们知道，做任何复杂的事情，如网上购物、在拥堵的路上开车，都需要更普遍和灵活的表征。对于人来说，这并不是什么难事，但对于人工主体这类智能体而言就不那么简单了。即使是人工主体，当它面对复杂活动的表征时，也会涉及一些普遍概念，如事件、时间、物理客体和信念等，这些概念会出现在许多不同的领域中。在人工智能中，对这些抽象概念的表征有时被称为范畴或本体工程（ontological engineering），概念的通用架构被称为上层范畴[2]（upper ontology），也就是一个概念关系的整体架构。例如，自然世界的上层范畴架构用树结构可表征为图 3-1（Russell and Norvig，2011：438）。

这种一般或通用范畴（或类别）有什么作用呢？在笔者看来，它不仅提供了一个总概念架构，也提供了范畴、客体、事件、测量、时间等之间的内在关系，蕴含了深度学习的方法[3]。这种通用范畴一般有两个特征：其一，它或多或少可应用于任何专用域，这意味着，在这个通用范畴覆盖网下，没有什么表征问题不能被巧妙地处理；其二，在任何完全充分的高要求域，知

---

[1] International and interdisciplinary conference on adaptive knowledge representation and reasoning, http://research.ics.aalto.fi/events/AKRR08/[2021-05-26]。第二届 AKRR 国际和跨学科会议于 2008 年 9 月在芬兰的埃斯波召开，它虽然在主题上延续了上届会议，但其目的是将研究经验科学中复杂现象的科学家和开发处理复杂性的计算方法的科学家聚集在一起。经验科学方面包括认知科学、社会学、教育心理学、经济学、医学等方面的研究人员，方法科学方面涉及发展统计机器学习、动力系统理论和自适应系统的研究人员。会议还旨在与那些遇到复杂现象的从业人员密切相关，因为他们正在寻找应对管理和战略决策方面的挑战的新方法。关于这个主题的第三次会议至今还没有召开，原因不详。

[2] 这里的 ontology 与哲学上的本体论（研究本原问题）有所不同，其意思是指一种范畴体系，是一种人和机器可读的领域知识形式化系统，其中人可读的部分提供了领域术语的分类、定义、使用指导，以及促进在更大的语义网技术生态系统中部署的信息；机器可读的部分包含逻辑公理，可对范畴本身和与之相一致的数据进行自动推理。这两方面的内容共同提供了一个用来标记数据的受控词典和语境化它的表征方法，这是目前人工智能理念的核心（Gruber，1995），也可能是范畴论发挥作用的领域。

[3] 这个例子只有 6 个层次，而深度学习的层次可多达几十甚至上百层（多是隐藏层），它是通过梯度下降算法学习多层迭代的网络架构。作为机器学习中一系列技术的组合，其假设具有复杂代数回路的形式，其中的连接强度是可调节的，具有较强的适应性，它的多层表征意味着从输入到输出的较多计算路径或步骤，是目标或任务导向的适应性表征过程，在模式识别、自然语言处理、机器翻译、语音识别、图像合成等领域有着非常广泛的应用。

识的不同领域必须是统一的，因为推理和问题解决能同时包括几个领域，例如，一个机器人的电路维修系统，不仅需要根据电路的连接和物理分布推出电路故障的原因，还要推出时间，包括电路定时分析和评估劳动成本。因此，描述时间的语句必须能结合那些描述空间分布的语句，必须能在纳秒和分、埃和米之间同样有效地运作。

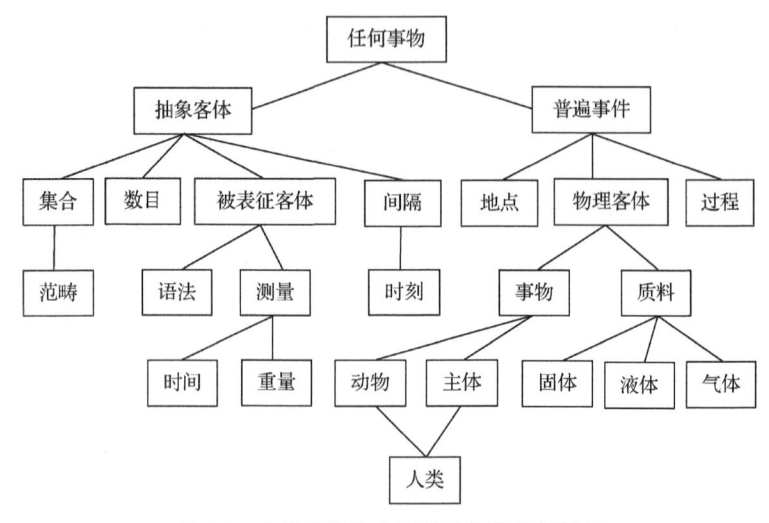

图 3-1　自然世界的上层范畴架构的树结构

当然，能够应用于所有领域的通用范畴是不存在的，也不存在一个所有人工主体都能使用的共同范畴，因为社会、文化、政治等的因素使通用范畴变得异常困难，正如一个特定文化圈的人们很难同时接纳不同异域文化传统和习俗一样，如儒家文化圈的人不易接受或适应其他文化传统和习俗。人工智能一般使用专用或特定知识工程，它创造专用范畴通常有四个路径：①训练有素的范畴家或逻辑学家创造范畴并写出公理，如 CYC 系统[①]；②从一个或几个现存的数据库，输入范畴、属性和赋值，如从维基百科网络输入结构化事实建立的 DBpedia 系统[②]；③从数据库剖析文本文件，提取信

[①] CYC 源于 encyclopedia（百科全书）。Cycorp 是由道格拉斯·莱纳特（Douglas Lenat）领导成立的、致力于实现人工智能的公司。CycL 是 CYC 的基于一阶逻辑的专有知识表征语言。1986 年莱纳特就预测过，若想要完成 CYC 这样庞大的常识知识系统，至少会涉及 25 万条规则，并将要花费 350 个人 1 年才能完成。CYC 知识库中一般采取三段论推理形式的知识，推出正确结论。该知识库中大约有 320 万条人类定义的语句，涉及 30 万个概念，15000 个谓词。这些资源都采用 CycL 语言和谓词代数描述，语法上与 Lisp 程序设计语言类似。

[②] DBpedia 是一个特殊的语义网应用系统，能够从维基百科词条里提取结构化的资料，以强化维基百科的搜寻功能。它是世界上最大的多领域知识范畴或本体之一，是 Linked Data 的一部分。

息，如通过大量阅读网页建立的 TextRunner 系统；④鼓励无技能的业余爱好者进入常识知识领域，如用英语提出事实的志愿者建立的 OpenMind 系统。

总之，在通用范畴结构中，范畴、客体（包括心理的）、事件（包括心理的）及其推理系统，在其中起到十分重要的适应性表征作用。

第二节　客体范畴化与事件演算的适应性表征与推理

范畴化是指将概念化的客体归入某个类，如将虎、狮、豹归入猫科。在人工智能中，将客体组合到范畴是知识表征的一个重要部分。一方面，尽管我们与世界的互动发生在个体客体的层次，但大量的推理发生在范畴层次，比如，"我"想买水果，但不是某类具体的苹果（苹果属于水果范畴）。另一方面，一旦客体被分类的话，范畴也提供对客体做出的预测。你可以从可感知的输入推出某客体的在场，从所感知的客体的属性推出范畴身份，然后使用范畴信息做出关于客体的预测。例如，从一个客体有绿黄色相间的皮、20 厘米大小的直径、鸡蛋形的形状、红瓤黑子、摆放在水果摊上，你能推知那个客体是一个西瓜，可食用，还能推知它可用于做沙拉。

若用一阶逻辑来表征范畴，我们有两个选择：谓词和客体。具体说，我们可使用谓词 fruit（f），或者将这个范畴具体化为一个客体 fruit（水果）。于是，我们能够得出成员 member（f, fruit），可缩写为 $f \in$ fruit，即 f 是 fruit 范畴的一个成员；亚集 subset（apple, fruit），可缩写为 apple $\in$ fruit，即苹果是水果的一个亚范畴。范畴也可通过为其成员提供充要条件来定义，比如科学哲学中的一个著名例子"A bachelor is an unmarried adult male."（单身汉是没有结婚的成年男人），用一阶逻辑表达就是：

$$x \in \text{bachelor} \equiv \text{unmarried}(x) \wedge x \in \text{adult} \wedge x \in \text{male}$$

当然，一个范畴可通过继承组织结构来简化知识库。例如，"食物"这个范畴的所有实例是可食用的。如果说"水果"是食物的一个亚类，"苹果"是水果的一个亚类，那么我们可以推出，每个苹果都是可食用的，个体苹果继承了可食用性的属性，因此"苹果"可归入"食物"的范畴，即水果 $\in$ 食物。

概言之，一个客体，无论是自然类还是人造物，其有些属性是内在的，即属于那个客体本身的材料（质料），而不是那个客体作为整体的属性（事物）。这意味着一个客体的属性有两个方面：事物（things）与质料（stuffs），如苹果和苹果的组成成分。如果将一个质料一分为二，如切开苹果，两个部分仍是同一种质料，即保持同一的内在属性，如密度、沸点、色彩、味道等，而它们的外在属性，如重量、长度、形状等，已发生改变。诸客体的一个范畴，包括在其定义内的内在属性，是一个物质或质量名词；一个类，在其定义内包括任何外在属性，是一个可数名词。"质料"这个范畴是最普遍的物质范畴，它具体说明不存在任何内在属性。"事物"这个范畴是最普遍的离散客体范畴，它详细说明不存在任何外在属性。因此，在人工智能中，客体的范畴化是其内在属性与外在属性的统一，其表征是基于情境或语境的形式主义描述。

依笔者看，对客体的范畴化过程，实质上就是认知事件的过程，由于事件是行动过程，事件也可以通过运算来表征行动及其结果，这就是事件演算（event calculus）。事件演算是指一种基于一维动态性的时间而非情境的形式主义，其目标是使流动和事件具体化。例如，流动（张三，上海）是一个客体，它指张三在上海的事实，但它本身没有说明这件事是不是真实的。要断定一个流动在某时某地是否的确是真实的，我们可以使用谓词 T，如 T (at（张三，上海），t）。事件（系列行动）被描述为事件范畴的实例。比如张三从北京飞往上海这个事件 E_1，可被描述为：

$E_1 \in$ 飞行 $\wedge$ 飞行（E_1，张三）$\wedge$ 起点（E_1，北京）$\wedge$ 终点（E_1，上海）

这个表征也可简化为：$E_1 \in$ 飞行（张三，北京，上海）

如果用发生 Happens（E_1，i）表示事件 E_1 在时间间隔 i 发生，用函数形式表示就是程度 Extent（E_1）$=i$，用时间对（start，end）（开始，结束）表征时间间隔，即 $i=(t_1, t_2)$，其中 t_1 是开始，t_2 是结束，那么事件 E_1 的运算的完全谓词集的一个版本是（Russell and Norvig，2011：446）：

（真实）$T(f, t)$　　　流动 f 在时间 t 是真实的

（发生）Happens（e, i）　　事件 e 发生在时间间隔 i

（开始）Initiates（e, f, t）　　事件 e 引起流动 f 在时间 t 开始

（结束）Terminates（e, f, t）　　事件 e 引起流动 f 在时间 t 结束

（修整）Clipped（f, i）　　流动 f 在时间间隔 i 在某点不是真实的

（恢复）Restored（f, i）　　流动 f 在时间间隔 i 有时成为真实的

需要注意的是，这里假定了一个重要事件——Start，它描述了初始状态通过说明哪个流动在开始时间被启动或停止。如果一个流动在过去某时刻由一个事件启动，并由一个介入事件使其不为假，则可通过说明该流动在一个点的持续来定义 T。如果一个流动由一个事件终止且由另一个事件使其为假，则它不再持续下去。在一个物理客体是一个时空块的意义上，物理客体可被看作普遍的事件。比如"美国总统"这个术语，若指代一个实际客

体，那么它在不同时段指代一个不同的客体（人物），也即它是一个流动的客体。美国第一任总统华盛顿任期是 1789~1797 年，说他 1790 年任总统可写为：T（Equals（President（USA），George Washington），AD1790），其含义是{真实事件（等价（总统（美国），乔治·华盛顿），同一于 1790）}。之所以使用函数符号 Equals（等价）而不是标准逻辑谓词 =，是因为我们不能有一个谓词作为 T 的论证，也因为这个诠释不是 George Washington 和 President（USA）逻辑地同一于 1790，逻辑同一不是一直变化的某种东西。同一性是由 1790 时期定义的每个客体之间的亚事件的关系。

第三节 命题态度与范畴推理的适应性表征与推理

尽管人工智能目前建构的人工主体（智能体）拥有信念并能推出新信念，但还没有人工主体拥有任何关于信念的知识，或关于演绎的知识，以及关于其他主体的知识。这意味着关于主体自己知识的知识及推理过程，以及关于其他主体知识的知识，对于控制推理是非常有用的。因此，我们需要一个居于人心中的心理客体的模型，需要一个操作那些心理客体的心理过程的模型。这种心理模型不必是详细的，因为我们不必有能力预测一个具体主体演绎所需的精确时间。这关涉命题态度问题，命题态度能表征关于心理事件与心理客体的知识。这是关于心理表征的陈述表达问题。

所谓命题态度，就是对一个陈述的立场，通常由知道、相信、想要、意图等表达，比如"我们知道那是一朵花"。命题态度表明，一个主体能够指向一个心理客体，如心中的一朵花。命题态度表征的困难在于，它们不表现为"常态"谓词。例如，我们试图断言"张三知道超人会飞"，可表达为：知道（张三，会飞（超人））。问题是，我们一般将会飞（超人）看作一个语句（超人会飞），但在这里它似乎是一个术语。这个问题可通过具体化会飞（超人）而得到修正，让它变得流畅。

然而，一个更重要的问题是，若"超人是孙悟空"这个陈述是真的（事实上为假），那么张三知道孙悟空会飞，这个表达可表述为：

（超人=孙悟空）∧知道（张三，会飞（超人））

⊢知道（张三，会飞（孙悟空））

这是等价推理介入逻辑这个事实的一个推论。如果我们的人工主体知道 2+2=4 和 4<5，那么我们自然要求它们知道 2+2<5。这种属性被称为指示透明性（referential transparency）。这种属性表明，一种逻辑使用什么术语

指示一个客体并不重要，重要的是这个术语所命名的客体本身。然而，对于像"相信"和"知道"这些命题态度谓词来说，我们宁愿它们具有指称不透明性。这些术语的确重要，因为不是所有的主体都知道哪种术语是联合指示的（合取的或析取的）。

这个问题可使用模态逻辑来阐明。我们知道，普通逻辑关注单一形式，即真值的形式，允许我们表达"P是真的"。模态逻辑包括特殊的模态算子，它们将语句而不是术语作为论据。例如，"A 知道 P"可表征为 $K_A P$，其中 K 是表示知识（知道）的模态算子，A 表示主体，P 表示命题。这个原子表达式有两个论据，一个主体和一个语句。除语句也能用模态算子形成外，模态逻辑的句法与一阶逻辑完全相同。在一阶逻辑中，一个模型包含一组客体和一个解释项，这个解释项将每个名称与适当的客体、关系或函数相匹配。在模态逻辑中，我们要想考虑各种可能性，就需要一个更复杂的模型——它是由可能世界的组合构成的，而不是仅仅由真实世界构成。可能世界之间可通过可达性关系连接起来，这种可达性关系是每个模态算子所必需的，它们联合构成一幅曲线图。比如，通过模态算子 K_A 我们可从世界 w_0 通达 w_1，如果 w_1 中的每个事物与 A 在世界 w_0 中所知道的相一致的话，可写为：Acc（K_A, w_0, w_1），其中 Acc 表示可通达的算子。也就是说，一个知识原子 $K_A P$ 在世界 w 中是真实的，当且仅当 P 在每个世界中可通达 w。更复杂语句的真，都源于这个规则和一阶逻辑规则的递归应用。这意味着，模态逻辑可被用来推理网状知识的语句，即一个主体能知道关于另一个主体的知识。

范畴的推理系统就是通过语义网和描述逻辑来表征的。根据上述范畴架构，范畴是大规模知识表征规划的基本建筑模块。运用范畴进行组织和推理涉及两个相关的系统：一个是语义网，另一个是描述逻辑。前者为形成可见知识库提供图形支持，为指明一个客体的属性在其范畴基础上提供有效算法；后者为建构和结合范畴定义提供形式语言，为决定范畴之间的子集和父集关系提供有效算法。

我们知道，语义网有许多形式，它们都能表征个体客体、客体的范畴，以及客体之间的关系。人工智能中一种典型的图标记法是在椭圆形或方框中显示客体或范畴的名称，然后用箭头线连接起来形成语义网，例如，哺乳动物与人类之间的语义网（图3-2）。

这个语义网有四个客体（约翰，玛丽，1，2），四个范畴（哺乳动物，人类，男人，女人）。它们之间的关系由箭头线连接：玛丽和女人、约翰与男人之间是一种 MemberOf（隶属）关系，相应的逻辑表述是：玛丽∈女人；同样，玛丽和约翰之间的兄妹关系相应的逻辑表述是：SisterOf（玛丽，约

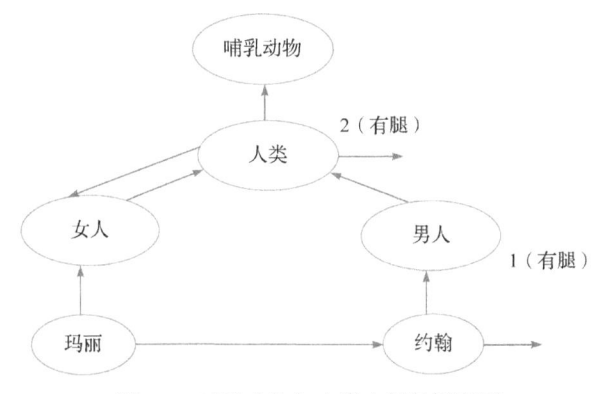

图 3-2 哺乳动物与人类之间的语义网

翰）。四个范畴之间的关系可使用 SubsetOf（亚集）连接，比如任何人都有母亲，可使用 HasMother（有母亲）连接人类与男人和女人。这样，我们可使用这种标记的语义网表征推理系统。当然，我们也可用一阶逻辑与这种标记法的混合来表征，例如上述系统：

$$\forall x\, x \in 人类 \rightarrow [\forall y\ \text{HasMother}(x, y) \rightarrow y \in 女人]$$

这种标记法对于执行后承推理是非常方便的。例如，玛丽和约翰是人类，所以有两条腿，即 $\forall x\, x \in 人类 \rightarrow 腿(x, 2)$。与逻辑原理证明相比，这种推理机制的简单性和有效性一直是人工智能语义网的主要魅力之一，因为它是解决"符号接地"问题的有效途径。

如果说一阶逻辑语法使描述客体变得容易，那么描述逻辑使描述定义和范畴的属性变得更容易。描述逻辑的主要推理任务是包含（subsumption）和分类（classification）。包含就是通过比较它们的定义检验一个范畴是不是另一个范畴的子集；分类就是检验一个客体是否属于一个范畴。经典逻辑是一个典型的描述逻辑。比如，"单身汉是没有结婚的成年男性"可写作：单身汉=And（未婚，成年，男性），用一阶逻辑表示就是：单身汉（x）≡未婚（x）∧成年（x）∧男性（x）。原则上，任何经典逻辑的描述都可转换成一个等价的一阶逻辑句，但有些描述使用经典逻辑更直截了当。需注意的是，描述逻辑有一个关于谓词的操作代数，这是用一阶逻辑不能描述的。

描述逻辑的最重要特征或许是它凸显表征和推理的易处理性。如果一个问题能通过描述得到解决，那么就看它是否被归入几个可能的解决范畴之中。在标准一阶逻辑系统中，一方面，预测解决时间通常是不可能的事情，这个问题往往会留给用户处理，让其设计适当的表征来绕过一组语句，这组语句似乎会导致这个系统花费几周的时间来解决问题；另一方面，描述逻辑中的推理就是保证包含-检验（subsumption-testing）能在描述的范围中以时间多项式形式得到解决。所以，一阶逻辑的表征和推理也力图去适应要解决的目标或问题。

第四节　缺省信息的适应性表征与推理

在语义网的后承推理系统中，存在某些缺省（默认）状态，如人有两条腿，这个论断可通过更具体的信息如某人有一条腿被推翻。这类似于科学哲学家波普尔（K. R. Popper）的证伪主义，所有乌鸦都是黑的，但发现有一只非黑的乌鸦就证伪了这个命题。缺省信息推理可充实完善语义网表征。这似乎表明，人往往会草率地得出结论（经验启示法使然）。比如我们看到车库中一辆小车的侧面，我们往往会自然地相信它有四个轮子，即使我们只看到两个。尽管概率理论能够提供一个结论说，其他两个轮子的存在有极高的概率，但对于怀疑论者而言，那辆小车有四个轮子的可能性并没有提高，除非有新的证据出现（看到其余两个轮子）。

在科学认知中，这种情形较为普遍，比如人们往往认为重的物体比轻的物体下落速度快，因为人们实际看到的情形也是如此。这样一来，情形似乎是，在缺乏任何理由怀疑"小车有四个轮子"这个论断前，人们通过缺省断定小车有四个轮子。如果获得新的证据，比如看到司机搬一个轮子，并注意到小车被千斤顶顶起，此时这个论断才能被取消。这种推理被认为是展示了非单调性，因为当新证据出现时，信念集合没有随着时间单调地增长。为了捕获这种行为，非单调逻辑已经通过修正的真理和推演概念被发明出来，这就是约束（circumscription）与缺省逻辑（default logic），它们的表征是适应性的。

我们首先考察约束表征。约束可被看作封闭世界假设的一个更有力和更精确的版本。这种观点详细说明了被假设的客体是尽可能假的特殊谓词，即对于每个客体，假（false）是除那些被知晓为真以外的东西。例如，假设我们要断言鸟会飞这个缺省规则，可引入一个谓词（反常）$Abnormal_1(x)$，写作：鸟$(x) \land \neg Abnormal_1(x) \to 飞(x)$。如果$Abnormal_1(x)$被限制的话，一个约束推理者有条件假设$\neg Abnormal_1(x)$，除非$Abnormal_1(x)$被知道是真的，如鸵鸟不会飞。这意味着，结论飞（鸣叫）是从前提鸟（鸣叫）得出的，但这个结论不再坚持$Abnormal_1$（鸣叫）是否可以被断定。

约束也被看作模型优先于逻辑的一个例子。在这种逻辑中，一个语句，若在所有知识库的优先模型中是真的，就可用缺省状态推演出来，这与经典逻辑中所有模型中的真必要条件相反。对于约束来说，一个模型优先于另一个，如果它有更少的反常客体的话。而对一个封闭世界假设，一个模型优先于另一个，如果它有更少的真实原子，即优先模型是最小的模型。在语义网的多后承语境中，模型优先逻辑是如何起作用的？这里用一个被称为"尼克松钻石"的标准例子来说明（Russell and Norvig, 2011：459）。美国前总统尼克松，既是一个教友会信徒，也是一个共和党党员，因此，根据缺省概念，他既是一个和平主义者，也是一个非和平主义者。这似乎是矛盾的。我们可以将这种情形写作：

共和党党员（尼克松）∧教友会信徒（尼克松）

共和党党员（x）∧¬Abnormal$_2$（x）→¬和平主义者（x）

教友会信徒（x）∧¬Abnormal$_3$（x）→和平主义者（x）

假设两个约束 Abnormal$_2$（x）和 Abnormal$_3$（x），则有两个有效模型：一个坚持 Abnormal$_2$（尼克松）与和平主义者（尼克松）的模型，另一个坚持 Abnormal$_3$（尼克松）与非和平主义者（尼克松）的模型。这样一来，对于尼克松是不是一个和平主义者来说，约束推理者仍然是绝对的不可知论者。若我们能断定宗教信仰优先于政治信仰，则我们能使用一个被称为优先处理约束的形式主义使模型优先，在这种模型那里，Abnormal$_3$是最少化的。

接下来我们考察缺省逻辑表征。缺省逻辑是一种形式主义，其中的缺省规则可被写出来得出依情况而定的、非单调的结论。根据"鸟飞"这个缺省例子，缺省规则可写作：鸟（x）：飞（x）/飞（x）。这个规则的意思是，如果鸟（x）是真的，并且飞（x）与知识库一致，那么飞（x）可能由缺省得出。一般来说，缺省规则的形式表达是：$P: J_1, \cdots J_n/C$。其中 P 被称为先决条件，C 是结论，J_i 是确证的证据。如果任何一个证据被证明为假，那么结论就不能被得出。出现在 J_i 或 C 中的任何变量，也必须出现在 P 中。例如，"尼克松钻石"的例子在缺省逻辑中用一个事实和两个缺省规则表征就是：

共和党党员（尼克松）∧教友会信徒（尼克松）

共和党党员（x）：¬和平主义者（x）/¬和平主义者（x）

教友会信徒（x）：和平主义者（x）/和平主义者（x）

要解释缺省规则意味着什么，我们需要一个概念——外延（extension）。一个延展 S 由最初知道的事实和源于缺省规则的一组结论构成，这样就没有任何附加结论能从 S 得出，而且 S 中的每个缺省结论的确证与 S 一致。对于"尼克松钻石"的例子来说，它有两个可能的延展：一个外延是尼克松是一个和平主义者；另一个外延是尼克松是一个非和平主义者。这表明优先处理规划是存在的，其中某些缺省规则比其他规则优先，这使得某些模糊性得到解决。

需要注意的是，虽然非单调逻辑在理解其数学属性方面已经取得了极大进步，但仍有许多问题没有解决，比如，如果"小车有四个轮子"是假的，那么在其知识库中解决这个问题意味着什么？什么是一组好的缺省规则？对每个独立的规则，如果不能决定它是否属于我们的知识库，那么我们就会遇到一个严重的非模块性问题，有缺省状态的信念如何能被用于做决定？这或许是缺省推理最棘手的问题（默认遇到反常）。决定通常还包括权衡，人们因此需要在不同的行动结果中比较信念的力量，权衡做出错误决定的代价。这些问题导致人们探讨如何将缺省推理嵌入概率或效用理论，以期实现其适应性表征。

第五节　保真系统的适应性表征与推理

在人工智能表征系统中，许多由知识表征系统得出的推论只有缺省状态，而不是绝对确定的。这不可避免地使某些推断的事实被证明是错误的，因而在面对新信息时会被撤销或证伪。这个过程就是信念修正（belief revision）。这种现象在科学范式的更替中是常见的。例如，"地心说"到"日心说"的信念改变，意味着世界观的改变。事实上，当知识库（knowledge base，KB）被修正以反映世界中的变化而不是关于一个固定世界的新信息时，信念修正就发生了。假定一个知识库 KB 包含一个语句或命题 P，而且我们要执行告知算子 Tell（KB, $\neg P$），为了避免产生矛盾，我们首先必须执行撤销 RETRACT（KB, P）。然而，如果任何附加语句是从 P 推出的，且在这个 KB 中得到断定，那么问题就产生了。比如蕴含 $P \rightarrow Q$ 可能一直被用于增加 Q。这个明显的答案（撤销所有由 P 推出的语句）是错误的，因为这个语句除了 P 可能还有其他正当理由。比如，如果 R 和 $R \rightarrow Q$ 也在 KB 之中，那么 Q 不必要被撤销。因此，TMS 需要不断适应变化的世界来表征知识。

为了解决这个问题，TMS 被设计出来精确处理这些混乱。目前，人工智能处理 TMS 的方法主要有以下三种。

第一是记录通过从 P_1 标记到 P_n 而将语句告知知识库的秩序方法。当发出 RETRACT（KB, P_i）的指令时，系统就恢复到 P_i 刚刚被添加前的状态，因此，撤销 P_i 和任何从 P_i 推出的推论，语句 P_{i+1} 通过 P_n 能再次被添加。这在 TMS 的操作中是很简单的方法。这种方法保证知识库是一致的，但撤销 P_i 需要撤销和再断定 $n-i$ 语句，以及撤销和改写从那些语句推出的所有推论。而对于不断被添加许多事实的系统，如大型商业数据库、人口普查数据库，这是不切实际的。目前的大数据方法有可能做到 TMS。

第二是基于正当理由的保真系统（justified truth maintenance system，JTMS）方法，它比第一种方法更有效。在这种系统中，知识库中的每个语句都由一个正当理由注释，而那个正当理由由推出它的语句组成。比如，如果知识库已经包含 $P \rightarrow Q$，那么 Tell（P）会引起 Q 由正当理由 $\{P, P \rightarrow Q\}$ 所添加。一般来说，一个语句能拥有任何数目的正当理由。正当理由使撤销行动有效。给出指令 RETRACT（P），JTMS 会精确删除对于 P 是正当理由的一个成员的那些语句。因此，如果一个语句 Q 有单一的正当理由 $\{P, P \rightarrow Q\}$，它就会被撤销。如果它有附加的正当理由 $\{P, P \vee R \rightarrow Q\}$，它仍会被撤销。然而，如果它也有正当理由 $\{R, P \vee R \rightarrow Q\}$，那么它会被省掉。这样一来，自从 P 进入知识库后，撤销 P 所需要的时间仅仅依赖于从 P 推出的语句的数量，而不是依赖于被增加的其他语句的数量。JTMS 方法假设，已考虑的语句可能被再次考虑，所以当一个语句失去所有正当理由时，我们不是完全从知识库删除它，而只是将这个语句标记在知识库之外。如果一个后续的断言恢复了其中一个正当理由，我们就将它标记为倒进入。这样的话，JTMS 保留了它使用的所有推论链，而且当一个正当理由再次有效时，不需要再导入语句。这意味着 JTMS 是依赖已经设置的语境（即语义库）的。

第三是基于假设的保真系统（assumed truth maintenance system，ATMS）方法。ATMS 使得这类假设世界之间的语境转化特别地有效。在一个 ATMS 中，保持正当理由允许我们通过做出几个撤销和断言，迅速地从一个状态移动到另一个，但是，在每个时刻只有一个状态被表征。一个 ATMS 能表征所有同时已经被考虑的状态。当语句进入或排出知识库时，一个 JTMS 简单地标记每个语句，而一个 ATMS 与每个语句保持联系，其中假设会引起语句为真。换句话说，每个语句有一个标记，该标记由一组假设集合构成。不过，这个语句只有在假设集合之一中的所有假设都保真的情形下才能成立。

总之，TMS 方法提供了做出解释的一种机制。具体来说，一个命题 P 的一种解释是一组语句 E，以至于 E 推演出 P。如果 E 中的一个语句已知是真实的，那么 E 对于证明 P 也一定真实提供了充分的基础。但是，解释也包括假设，即未知的语句为真，这足以证明 P，如果假设是真实的话。在大多数情形中，我们会喜欢那种最小的解释，意思是，不存在绝对的 E 的亚集，它也可能是一种解释。

第六节　基于知识的主体在环境中的适应性表征与推理

　　KBA 是一种逻辑主体，它能形成一个复杂世界的表征，使用推理过程导出关于世界的新表征，并使用这些新表征推出要做什么。这种智能主体不是通过人的纯粹生物反射机制获得智能，而是通过在知识的内在表征上操作推理过程获得智能。因此，KBA 与其环境的交互是产生智能的关键，与构成主体的质料（生物的还是物理的）没有多少关系。这也进一步说明，智能行为不仅仅是有意识的生物特有的，无生命、无意识、无心灵的机器也能产生智能，或者说，有意识并不必然是智能行为产生的必备前提。

　　可以看出，KBA 的核心成分是它的知识库。一个知识库是一组语句[①]，每个语句由"知识表征语言"（knowledge representation language，KRL）来表达，表征这个世界的某些断言。当这种语句不是从其他语句给出时，有时也被称为"公理"。给知识库添加新语句的方法叫作 Tell（告知），询问知道什么的方法叫作 Ask（询问）。这两个操作程序包括推理，即从语句导出新语句。推理必须服从这样的规则：当问知识库一个问题时，答案应该从先前所告知的知识库的语句中推出。例如一个基于知识的主体，给定一个感知对象，主体将这个感知对象添加到它的知识库，向知识库要求最佳行动，并告诉知识库它已经采取了那个行动。

　　同其他主体一样，这种 KBA 包括一个知识库作为背景知识，将感知作为输入，并返回一个行动。每当主体程序被唤起时，KBA 会做三件事：第一，告诉知识库它感知到什么；第二，问知识库它应该执行什么行动，在回答询问的过程中，关于世界的当下状态、可能行动序列的结果等，可能由外延推理执行；第三，主体程序告诉知识库选择了哪个行动，主体就执行那个行动。表征语言的细节被隐藏在三个函数中，这些函数在界面上，在一侧实现传感器与执行器之间的连接，在另一侧执行核心表征和推理系统。"产生感知语句"（Make-Percept-Sentence）程序建构一个语句说明，人工主体在给定时间感知到给定的对象。"产生行动询问"（Make-Action-Query）程序建构一个语句，该语句询问在当下时间什么行动应该被执行。若"产生行动语句"（Make-Action-Sentence）程序建构一个语句的断言，则选择的行动就被执行。推理机

―――――――――
　　[①] 这里的语句是一个技术术语，类似于但不同于英语、汉语等自然语言，是自然语言与形式语言的混用形式。

制的细节隐藏在 Tell 和 Ask 中。

因此，一个 KBA 能够通过告诉它需要知道什么来建构，从一个空知识库开始，人工主体的设计者能够告诉它一个接一个的语句，直到人工主体知道如何在其环境中操作，这被称为系统建构的陈述性方法。与之相比，程序性方法直接将所期望的行为编码为程序代码。一个成功的人工主体通常能够将两种方法结合在它的设计中，陈述性知识能够被编制为更有效的程序性代码。

那么，KBA 在什么样的环境中才能发挥作用呢？这种环境就是所谓的游戏中的"魔兽世界"（the wumpus world）[①]（图3-3），一种由通道连接起来的房间组成的洞穴。在洞穴的某个地方潜伏着可怕的魔兽，凡是进入它房间的人都会被吃掉。主体能够射杀魔兽，但是，主体只有一支箭。有些房间有无底的陷阱，它会困住进入这些房间的任何人，但魔兽例外，因为它太大不会掉进去。这个暗淡的环境的唯一特征是发现一堆金子的可能性。现代计算机游戏普遍采取"魔兽世界"作为标准，这种"魔兽世界"事实上阐明了智能的某些重要特点，用第一章描述的 PEAS 方法可描述如下。

（1）性能指标 P：+1000 表示带着金子爬出了洞穴，-1000 表示掉进洞穴或被魔兽吃掉，-1 表示每个采取的行动，-10 表示用光了箭。主体死亡或爬出洞穴，游戏结束。

（2）环境 E：一个 4×4 的 16 个格子的房间。主体总是面向右从标记[1,1]的方格开始。金子和魔兽的位置是随机选择的，均匀分布，但不在开始的方格；除开始方格外其他方格可能有陷阱，概率是 0.2。

（3）执行器 A：主体可以向前、左转 90°或右转 90°。如主体进入有陷阱或有活的魔兽的方格，就会悲惨地死掉；如魔兽是死的，则主体是安全的。如果主体试图向前但撞到墙，它就停止移动；行动 grab（抢夺）在同一个方格中若作为主体可被用于拿到金子；行动 shoot（射击）可被用于在主体面对的方向直线射箭。箭要么击中魔兽，要么击中墙。主体只有一支箭，所以第一次射击格外重要。最后，行动 climb（爬）可被用于爬出洞穴，但只能从方格[1,1]爬出。

（4）传感器 S：主体有 5 个传感器，每个都有唯一的信息：①在有魔兽的方格和直接相邻（非对角线相邻）的方格，主体会嗅到臭气（stench）；②在与

[①] 一个典型的魔兽世界由 16 个方格构成，其标记方式与坐标系的相同，即纵向是从下到上 1~4，横向是从左到右 1~4，用数字标记分别是[1,1][1,2][1,3][1,4][2,1][2,2][2,3][2,4][3,1][3,2][3,3][3,4][4,1][4,2][4,3][4,4]，主体位于[1,1]中，魔兽位于[1,3]中，金子在[2,3]中，有陷阱的房间分别是[3,1][3,3][4,4]。

陷阱（pit）直接相邻的方格，主体会感受到微风（breeze）；③在有金子（gold）的方格，主体会感知到闪烁（glitter）；④当主体撞到墙时，会感知到碰撞（bump）；⑤当魔兽（wumpus）被杀死时，它会发出尖叫（scream），主体在洞穴的任何地方都能感知到。

这些感知对象以5个符号形式写入主体程序，比如，在魔兽世界中有臭气、微风，但没有闪烁、碰撞或尖叫，主体程序就是[stench,breeze,none,none,none]。其他主体程序也能以这种方式描述。

显然，这个"魔兽环境"是一个离散的、静态的、单一主体的世界。它是有序的，因为补偿是在许多行动被采取后才产生的。它也是一个部分可观察的环境，因为状态的某些方面不是直接可感知的，如主体的位置、魔兽的健康状况、一支箭的可用性等。至于陷阱和魔兽的位置，可看作状态的不可观察部分，在这种情形下，环境的转换模型完全是可知的。或者说，转换模型本身是不知道的，因为主体不知道哪个向前的行动是致命的，在这种情形下，发现陷阱和魔兽的位置能完善主体的转换模型的知识。

对于一个环境中的主体来说，主要的挑战来自它对环境架构的忽视。克服这种缺陷似乎需要逻辑推理。KBA在"魔兽世界"这个环境中是通过一阶逻辑、命题逻辑、语义学和推理程序表征实际世界的。这是人工智能已经阐明的问题。显然，主体在魔兽世界的行动是适应性的。

（1,4）	（2,4）	（3,4）	陷阱 （4,4）
魔兽 （1,3）	金子 （2,3）	陷阱 （3,3）	（4,3）
（1,2）	（2,2）	（3,2）	（4,2）
主体 （1,1）	（2,1）	陷阱 （3,1）	（4,1）

图 3-3　一个典型的魔兽世界

第七节　两个典型的适应性知识表征与推理：AlphaGo 和 Master

从适应性表征的观点看，智能机的发展表明，它是不断适应人类智力而进步的。AlphaGo与韩国围棋高手李世石的对弈是一个典型的例子。2016

年3月9～15日在韩国首尔四季酒店举的AlphaGo与李世石的"人机大战"成为人工智能历史上的一个里程碑,举世关注。据说AlphaGo能够像人类一样进行自学习(self-learning,SL),它依赖的是所谓的"深度学习"(deep learning,DL)和"强化学习"(reinforcement learning,RL),统合起来就是深度强化学习(deep reinforcement learning,DRL)。这是目前人工智能最前沿的研究方向。作为智能机代表的AlphaGo是否战胜了人类智能?它是如何模拟或适应性表征人类智能的?第一个问题笔者将在最后一部分专门讨论,这里我们仅分析后一个问题。

根据目前的人工智能研究,神经网络技术发展出一种称为"深度神经网络"的组件,它构成AlphaGo的模拟程序(类似于人的大脑)。该程序由四部分组成:①快速扫描策略(rollout policy),用于快速扫描(相当于人的感知)棋盘,以获取较优的对弈步骤;②深度学习策略网络(DL policy network),它能通过模拟人类棋手来学习;③自学习策略网络(SL policy network),它能基于深度模仿网络来训练提高对弈水平;④全局评估网络(value network),它利用自学成长网络对全局形势进行判断。如果将"网络"比作人类的大脑(神经元网),那么AlphaGo的"大脑"实际上由四个脑区构成,每个脑区的功能都不同,每个脑区的功能都不能与人类相比拟,但组合起来相当于人类大脑的不同区域的整体功能[①]。这就是AlphaGo对人类大脑的实际模拟,通过模拟不断提升它适应新的学习环境的能力。这与人类学习对弈的过程是一样的。

当代脑科学研究揭示,人的大脑有10^{11}个神经元,它们相互连接成为强大的人脑。假如有一天智能机如AlphaGo的深度学习网络的组元(类神经元)达到这个数量级,其智能水平会怎样呢?我们不得而知,也不敢去设想。假如它超过了人类智能,则会产生一系列的社会伦理和法律问题,比如高智能的机器人可代替人做许多工作,甚至取代人类,这势必对社会结构、经济规模、人类隐私,甚至人类的存亡产生不可估量的影响。

由于AlphaGo也能像人类那样拥有强大的人工神经网络,能自主学习,所以它在对弈时采用蒙特卡罗树搜索方法(多次模拟未来的棋局,选择模拟中次数最多的走法)获取最佳的落子点。具体思路是:①基于深度模仿策略网络预测下一步走法,直到多步;②使用全局评估网络进行评

[①] 据说,与人类棋手相比,快速扫描策略的正确判断率只有24.2%,深度模仿策略的正确判断率只有57.0%,自我学习策略网络的正确判断率则高达80%,全局评估网络的误差很低,均方差在0.22～0.23之间。

估,判断棋势,再使用快速扫描策略做进一步的预测,直到获得模拟结果;③综合上述两者对预测未来 L 步走法进行评估,将评估结果作为棋局的下一步走法的估值;④结合下一步走法的估值和深度模仿策略网络进行再次模拟,若出现同样的走法,则对走法的估值取平均值,反复循环以上步骤直到 n 次,然后选择次数最多的走法作为下一步。这一过程体现了 AlphaGo 的自主学习过程。AlphaGo 是通过处理神经网络中的数量庞大的参数来学习的,这一过程显然是目标导向(针对对手的落子位置)的适应性表征过程。

2017 年 1 月 4 日结束的 Master(AlphaGo 的升级版)与人类的 60 位围棋顶级高手的较量中,以全胜战绩赢得胜利,人类棋手似乎不堪一击。虽然 Master 在 30 秒快棋领域击败了人类智能,但若是在慢棋领域,Master 是否还有优势? 不可否认,智能机的计算速度比人快得多,若给人类棋手足够的思考时间,结果可能不同或者相反。这还有待进一步的人机较量的验证,比如 AlphaGo Zero、DeepMind 及 OpenAI 的聊天软件 ChatGPT 和文本生成视频模型 Sora 的研发与应用,通用人工智能或超级智能的实现可能为期不远了!

第八节 小　　结

人工智能通过设置范畴架构、范畴化客体和逻辑推理进行适应性知识表征,达到了单靠人类智能(不借助计算机)难以企及的高度。这不得不说是人类的抽象而理性的逻辑推理和计算能力使然。也就是说,人类运用这些抽象思维能力创造出了各种智能工具,这为人类智能增加了飞翔的双翼。可以预计,不论是 AlphaGo、Master 或是未来更高级的什么人造智能装置,如 AlphaGo Zero、DeepMind、ChatGPT、Sora,离开符号操作和适应性表征恐怕是不可能的。人机大战给我们提出的问题是:神经网络的参数为什么能表现出智能? 智能到底是什么? 无人操控的智能机是否能自动产生智能行为? 这些问题还有待人工智能专家、认知科学家、认知哲学家做进一步的探讨。给笔者个人的启示是:既然人类能按照自己的形象创造自己并未见过的"上帝",那么人类也能按照自己大脑的运作方式创造出自己以外的智能(尽管大脑仍然是个黑箱,尽管是不自觉的),甚至能够让智能机有意识,即实现人工意识的可能性。正如库兹韦尔(R. Kurzweil)所说,"人类和机器智能之间的界线越发显得模糊,因为机器智能越来越多地源于其人类设计者的智能,而人类智能也因为机器智能得到了更大提高"(雷·库兹韦尔,2016b:289)。一句话,人类的思维正融入自己创造的机器智能领域,人机合体的实现恐怕不会为期太远。到那时,一种人机融合的"类人智能"(既不是人类智能也不是人工智能,而是二者的合体,可称之为"具身人工智能"或"人机交互智能"或"人机融合智能")可能会成为社会的主体。

第二部分　逻辑主体：基于推理的适应性表征

在人工智能中，人工主体除了具备搜索能力，逻辑也是必不可少的知识表征语言或推理工具，而且简洁明了。相对于人类主体而言，逻辑主体是根据已有逻辑规则进行推理的认知者。已有逻辑规则是人类有意识认知的结晶，是高度纯化的符号表达。人工主体作为无意识智能体，它们反过来使用逻辑（命题的、一阶的、二阶的、模态的、认知的）进行推理与表征，表现出无意识智能行为。这是一种从有意识认知到无意识认知的良性上升过程，将来人工主体的认知一定是这两种认知的融合，即所谓的人机一体或人机融合。在这种融合过程中，逻辑表征始终起着重要作用。也就是说，人工智能要走向具身化（意识化、情感化），逻辑表征始终是必不可少的一个环节或基础。

第四章着重探讨了命题逻辑的推理和证明问题。作为人工主体的逻辑主体是基于语法规则、以推理为其主要特征的知识主体。推理过程承载了表征内容，这必然会涉及推理的有效验证，在当下世界中的适应性表征及制订规划中的适应性表征。

第五章探讨了一阶逻辑语义学在推理与知识表征过程中的适应性问题。与命题逻辑相比，一阶谓词逻辑的表征力会更强些，因为这种逻辑纯粹使用符号表征，而命题逻辑还夹杂着一些自然语言成分。所以一阶谓词逻辑是句法与语义学的结合，具有命题化和统一性特征，比如，它的前向和后向链接推理表现出明显的适应性，分解推理是其方法论内核。

第六章探讨了逻辑主体如何通过Python语言模型和交流模式对自然语言文本进行处理的适应性表征问题。虽然自然语言处理是人工智能的一个难题，但这种语言模型通过文本分类、信息检索和信息提取方法寻找特定信息，其中包含一些重要的表征原则，以此避免语境缺失问题。机器翻译和语音识别是自然语言处理的两个经典案例，适应性表征在其中表现得淋漓尽致。最后，笔者还通过信念变化与公共知识的获得，来说明人类主体与人工主体之间存在适应性表征的相似性和共通性。

第四章　基于逻辑的适应性表征

就像机器能省体力一样，符号演算能省脑力。演算越完美，付出的脑力就越少。

——约翰逊（W. E. Johnson）

证明就是讲究的推理。

——布赫贝尔德（B. Buchberger）

（摘自尼克《人工智能简史》2017年第24页）

作为意识主体，我们知道周围的事物，这形成了我们关于事物的知识。这些知识由于是关于某物的，因而是意向性的、有目的的、有内容的或有意义的，而不是空陈述。这些知识反过来有助于我们做事。这就是说，我们做事是基于纯粹的生理-心理反应机制的。相对于有意识的人来说，人工主体（一种智能程序或算法）不是意识主体，它们完全是人设计的，人类设计者是如何使人工主体形成一个关于真实的复杂世界的表征呢？在人工智能中，为了能让人工主体对世界做出表征，研究者采取的策略是，使用推理过程来得出关于世界的新表征，并进一步使用这些新表征演绎出它们做什么。这是人工智能的推理（计算）和表征的方法论，也就是著名的计算-表征主义，其执行主体就是逻辑主体[1]。本章，笔者要讨论基于逻辑的人工主体是如何使用逻辑工具进行适应性表征的。

---

[1] 虽然说逻辑学是人工智能的基础，但缺乏语义内容的纯演绎推理人工智能与"符号人工智能"还有所不同，因为后者不仅涉及表征、分类，还涉及经验启发式甚至意识和情感。事实上，大脑不只是丹尼特（D. C. Dennett）所说的句法引擎，仅限于根据符号的结构特性对符号进行处理，大脑同时也是语义引擎，处理语义内容，因此，大脑应该是一种句法和语义双引擎。认知心理学和神经生物学也支持这种双过程模型，表明认知形式本质上是语义认知，同时揭示了逻辑学和人工智能的两个重要方面——非单调性和具身性。这是截然不同的两种人工智能（演绎的和符号的），人工智能也因此从基于逻辑的演绎推理转向语义学分析，尤其是偏好排序（见 Labuschagne W A, Heidema J. 2005. Natural and artificial cognition: on the proper place of reason. *South African Journal of Philosophy*, 24（2）:137-151）。新一代人工智能应该是两种形式的结合，即非单调性和具身性的相容或结合。

第一节　逻辑主体的推理式适应性表征

在人工智能中，逻辑主体是一种基于知识的人工主体（智能体），这种主体的核心要素是它的知识库，一个巨大的语句集。这里的"语句"不完全是自然语言，如汉语的一个陈述句，但与自然语句相关。具体而言，这种语句夹杂了一些操作因子和推理，如 Tell（告诉）、Ask（问），它们实际上是一种算法，笔者称之为"逻辑语句"。同所有其他人工主体一样，逻辑主体输入认知对象并返回一个行动。每当逻辑主体程序被呼叫时，它会做三件事：第一，告诉知识库它感知到什么；第二，问知识库它应该执行什么行动；第三，告诉知识库当下应该选择哪个行动。知识库充当了一个知识渊博的"咨询系统"。这些行动都是通过基于逻辑语句的算法来实现的[①]。在这里，知识库就是逻辑主体的语义域或语境，其功能就是为逻辑主体在搜索中提供相关问题的大量背景信息。逻辑主体能否很好地解决问题，很大程度上取决于它的知识库是否有足够的信息量来支持它进行搜索进而组合。

逻辑语句涉及句法、语义学、可能世界、模型这些概念。句法是表征语言要遵循的规则（如普通算术中的表达式 $x+y=6$）、自然语言（如英语的各种时态和汉语的各种表达）。语义学是关于语句含义的理论或规则，它定义每个关于可能世界的语句的真值。比如在 $x=4$，$y=2$ 的世界里，语句 $x+y=6$ 就是真的，但在 $x=3$，$y=1$ 的世界里，$x+y=6$ 就是假的。这里的"世界"概念事实上就是指一个具体或可能语境或条件。在标准逻辑中，每个语句必须是要么真要么假，不存在既真又假的"中间"情形。在模糊逻辑中允许有真值的程度存在。这里的可能世界是一种假设的状态或信念状态，如果用自然语言描述 $x+y=6$，我们可说有 x 个男人和 y 个女人在一起聊天，总人数

[①] 一般来说，一个基于知识的人工主体的运行遵循这样的思想：给定一个感知对象，主体将这个感知结果增加到它的知识库，接着向知识库咨询最佳行动，然后告诉知识库它实际上已采取了那个行动。这种主体的算法可表征为：

　　function KB-Agent（percept）return an action（函数 KB-Agent 感知后返回一个行动）
　　persistent: KB, a knowledge base（坚持：知识库）
　　t, a counter, initially 0, indicating time（t 是一个计时器，初始状态为 0，指示时间）
　　Tell（KB, Make-Percept-Sentence（percept, t））（告诉（知识库，产生-感知-语句（感知, t）））
　　action←Ask（KB, Make-Action-Query（t））（行动←问（知识库，产生-行动-查询（t）））
　　Tell（KB, Make-Action-Sentence（action, t））（告诉（知识库，产生-行动-语句（行动, t）））
　　t←t+1（t+1 到 t）
　　return action（返回行动）

是 6 人。为精确起见，可能世界可用模型来代替。也就是说，一个可能世界可被描述为一个（理论）模型，一个模型可数学地描述一个可能世界，即模型是数学上抽象的可能世界，如爱因斯坦的质能公式。形式上，一个数学模型如表达式 $x+y=6$ 是把实数给变量 x 和 y 所有可能的分配。每个分配固定这个变量是 x 和 y 的算术句的真值，如 x 和 y 都是 3。

模型是自然科学和数学中的一种最重要的表征方法，自然科学可以说就是关于模型的科学，几乎每个理论都有自己的模型，如原子模型、基因模型、宇宙模型等。如果一个语句 s 在模型 m 中是真的，那么 m 就满足了 s，或者 m 是 s 的一个模型，可形式上表征为 $M(s)$，意思是关于 s 的所有模型的集合。模型的功能不仅仅用于描述，它的另一个功能是推理，这就是基于模型的推理[①]。在这里，推理就是关于语句之间的逻辑演推关系，即一个语句逻辑地由另一个语句推出（不是一个值推出另一个值）。在逻辑学上的表征就是 $\alpha \models \beta$，意思是 α 蕴含 β，或者 α 推出 β，或者说，β 是 α 的逻辑后承。这意味着，如果 $\alpha \models \beta$ 成立，那么在每个模型中 α 为真，β 也为真。这在逻辑上就是蕴含关系，可表征为 $\alpha \rightarrow \beta$。形式上表征就是：$\alpha \models \beta$，当且仅当 $M(\alpha) \subseteq M(\beta)$。在这里符号 $\subseteq$ 是"包含"的意思，意味着语句 α 强于 β，排除了更多可能的世界。就好比父亲生儿子，而不能相反。这是逻辑上的常识规则。

由于 α 和 β 代表的是语句，它们必然是基于知识库的。如果模型中的知识库与人工主体所知道的相冲突，那么知识库就是假的，因为知识库中没有关于目标的真断言。我们的目的是达到知识库与人工主体的断言一致，即 $M(KB) \subseteq M(\alpha)$（KB 表示知识库，$\alpha$ 是主体所断言的语句）。这种完全由条件语句推出的语句是一个保真性语句，它是充分可靠的。也同时蕴含了一种完备性。完备性是一种期望，它意味着只有一种推理算法能推出它蕴含的所有语句，它才是完备的。这种完备性也是一种单调性。这好比是大海捞针，大海就是知识库，要找的针就是目标对象，不管知识库有多么大，它总是有限的，不管目标多么小，它也是存在的，推理的目的是最终决定"针是否存在于海中"。理论上，知识库越完备，推理就越准确。然而，实际的知识库不可能是绝对完备的。这是人工智能中基于知识库推理的实际情形。

从逻辑上看，一个推理只有其前提是真的，其结论才在任何世界都保证是真的。也就是说，如果知识库在真实世界是真的，那么任何通过可靠推

[①] Magnani 和 Casadio（2016）对基于模型的推理有详尽的讨论。人脑是预测加工系统，是通过建模来把握世界的，人工智能也应该是预测加工系统，也应该能够基于模型进行推理和预测。

理程序从这个知识库中导出的语句在真实世界也都是真的。具体说，一个推理过程操作句法（内在物理构型）时，该过程就对应于真实世界的某些方面。这里有两个层次：一个是概念层次（语言表征），另一个是物理事实层次（真实世界方面），它们之间的关系就是指称理论所描述的概念及其所指对象的关系。在推理层次上，这种关系还包含一个从语句到语句，从真实世界的旧的方面到真实世界的新的方面的推理过程。换句话说，在表征层次，是语句 $\alpha \to \beta$（推出关系）；在真实世界层次，是世界 $W_1 \to W_2$（跟随关系）。在指称关系上，$\alpha \to W_1$，$\beta \to W_2$（语义关系），即语句要描述真实世界某方面的意义，如语句"雪是白的"描述了真实世界白雪的情形。这就是语言哲学中塔尔斯基的 T 语句——"雪是白的"当且仅当雪是白的。人工智能中的表征关系运用了这一原理。

在这里，T 语句实际上还蕴含了一个重要问题，即"符号接地"或"符号入场"（symbol grounding）问题——符号如何获得经验意义，或者说，逻辑推理过程与主体存在于其中的真实环境之间的连接问题。这是表征关系必然会涉及的问题，许多哲学论著中都有涉及。可以说，凡是存在表征的学科，无论是自然科学、技术科学包括人工智能，还是人文社会科学，均概莫能外。特别是在人工智能中，我们如何知道知识库在真实世界中是真的？毕竟知识库只不过是主体头脑中的句法而已。关于这个问题，笔者的理解是，感知或经验使符号有意义，因为"接地"就意味着要真实地感知这个世界的某些方面，也就是要将抽象的符号或逻辑语句赋予经验意义，否则我们就无法理解符号表达式的含义。对于人工主体来说，一个简单的回答就是主体的感受器创造了与真实世界的连接，就像我们通过我们的感受器官接收外部信息一样。而且，像人类会通过学习不断丰富自己的知识那样，人工主体也能通过学习不断扩大知识库，从而解决语句的"接地"（与世界的联系）问题。这就是人工智能中的"机器学习"。机器学习发展到一定程度，就会变成"学习机器"，从"儿童式学习"变为"成人式学习"。

第二节　命题逻辑的适应性表征功能

如果我们想使用逻辑语句推出想要的结论，就必然会涉及句法、语义学、知识库、推理程序等概念。这就是命题逻辑如何进行适应性表征的问题。接下来我们从句法、语义学、知识库与推理的功能谈起。

第一，句法是命题逻辑推理要遵循的基本规则。命题逻辑的句法限定了许可的语句。原子语句由一个单一命题符号组成，每个这种符号代表一个或真或假的命题。这种形式语言被定义为一组字符串,每个字符串是一个符号序列。人工智能中常用的一个特殊类型的句法被称为语境无关的语法,即无语境的语法,因为每个表达在任何语境中都有相同的形式。因此,所有逻辑规则,如排中律、矛盾律等,都是语境无关的。

我们以命题逻辑中巴克斯-诺尔范式(Backus-Naur form,BNF)[①]语法来说明它的表征形式。BNF是一个语境无关语法,被用于描述无语境的语言,它包括四个成分:①一组终端符号,它们是构成语言串的符号或词,比如A、B、C,或者猫、狗、猪等;②一组非终端符号,它们范畴化语言的分句,比如英语中的名词短语指代字符串的一个无限集,包括你、我、他、你们、我们、他们等;③一个起始符号,它是指代语言串的完备集合的一个非终端符号,如在英语中,它是一个语句,在程序语言中是一个程序;④一组重写规则,比如,Sentence → NounPhrase,VerbPhrase(语句→名词短语,动词短语),意思是,任何时候我们有两个字符串,它们被分类为一个名词短语和一个动词短语,我们能够将它们附加在一起,将结果组合为一个语句。形式上表征就是:($S→A$)和($S→B$)可被重写为($S→A | B$)。常用的五个逻辑连接词是¬(非)、∧(和)、∨(或)、⇒(蕴含,或者→)和⇔(等价,当且仅当iff,或者≡),这个次序也是BNF中的运算符优先级,即运算必须按一定的先后顺序进行结合,才能保证运算的合理性和结果的正确性及唯一性。¬具有最高优先性,如在语句¬A∧B中,运算符¬与A连接最紧密,有助于我们只能得到等价的(¬A)∧B,而不是¬(A∧B)。这些是逻辑推理必须遵循的规则。这种优先性与算术中的运算规则"先乘除后加减"很相似。

第二,语义学限定能决定一个关于特殊模型的语句真值的规则。在命题逻辑中,一个模型为每一个命题符号固定一个真值(T或F)。比如,如果知识库中的语句利用了命题符号$P_{1,2}$、$P_{2,2}$、$P_{3,1}$,那么一个可能的模型就是$M=\{P_{1,2}=F,P_{2,2}=F,P_{3,1}=T\}$。这三个命题符号有8($2^3$)个可能的模型。这些模型是纯粹数学意义上的客体,没有与真实世界连接。如果连接了,就产生了"接地问题"。比如,如果$P_{1,2}$被用于真实世界,它可能意指"在{1,2}有一个陷阱",也可能意指"你今天和明天在北京"。这意味着命题逻辑的语义学必须详细说明在一个给定的模型中如何计算任何语句的真值

[①] 在命题逻辑中BNF语法的语句S分为原子语句AS和复合语句CS,原子语句有真假值(T,F),复合语句包括语句的否定(¬S)、语句的合取(S_i∧S_j)、语句的析取(S_i∨S_j)、两个语句的蕴含(S_i⇒S_j),以及两个语句的等价(S_i⇔S_j)五个关系。

(真或假），也就是必须指明给定模型的经验意义。

确定语义可通过递归方式实现。比如根据 BNF，所有语句是由原子语句和 5 个连接符建构的，因此，我们需要详细说明如何计算原子语句的真值，以及如何计算由每个连接符形成的语句的真值。这并不难做到。原子语句的真值非常简单，比如 T 在每个模型中是真的，F 在每个模型中是假的。对于复杂语句，我们运用 5 个连接符就可形成 5 个计算或推理规则（这些规则在逻辑教科书中都有），比如在模型 M 中有分句 P 和 Q，对于 $P \wedge Q$，如果它是真的，当且仅当 P 和 Q 在 M 中都是真的；对于 $P \Leftrightarrow Q$，如果它是真的，当且仅当 M 中 P 和 Q 或者都真，或者都假。在人工智能中，我们可使用这些逻辑规则对语句进行表征。比如在一个境遇中出现这样的情形：如果一个相邻地方有陷阱，那么另一个地方就有猎物；仅当一个相邻地方有陷阱，另一个地方有猎物。这是一个双条件。使用上述命题逻辑表征就是：$T_{1,1} \Leftrightarrow (P_{1,2} \vee P_{2,1})$。$T_{1,1}$ 的意思是在[1,1]有猎物，$P_{1,2}$ 和 $P_{2,1}$ 分别表示两个条件。

显然，通过这种表征形式的转换，人工智能的表征就简化多了，人工主体操作起来就更方便。如果不做这样的表征转换，计算机的计算、人工智能的设计就很难了，除非另有办法。如果使用自然语言如汉语（象形文字）来编写算法，情形会怎样呢？据笔者所知，至少目前还不能做到，即使纯粹使用英语（字母组合文字）而没有逻辑和数字符号的介入，计算机和人工智能的编程都是不可能的。这是认知科学中著名的"常识知识问题"，也是自然语言处理难题，即计算机难以处理常识知识，原因就在于常识是由自然语言描述的，歧义性、多义性、灵活性、语境敏感性太强，循规的人工智能难以应付。这充分说明形式语言表征对于人工智能的重要性和不可或缺性。

第三，知识库为人工主体提供逻辑语句推理与表征的资源。既然有了命题逻辑的语义学，我们就可以为任何问题建构一个知识库。我们仍以魔兽世界的知识库为例来说明。魔兽世界是一个假设的可能世界，它是一个洞穴，其中有许多房间由通道连接着（图 4-1）。洞穴中有一个可怕的魔兽潜伏在某个房间，会吃掉进入它的房间的任何东西。魔兽会被主体射死，但主体仅有一支箭。一些房间有陷阱，可捕获任何掉进去的东西，但魔兽由于自身太大不能掉入。这个非常危险的洞穴中唯一可令人安慰的是有可能找到一大堆金子。从表征的视角看，我们可将魔兽世界的房间以直角坐标的方式表征为方格。一个典型的魔兽世界有 16 个方格。[1,1]是主体的起始点，在其他方格中有的有臭气，有的有微风，有的是陷阱，有的有臭气、微风加金子，其中一个藏有魔兽，还有的是空的（nothing），有陷阱和魔兽的方格是不安全的。主体从起始点开始，目标是避开陷阱和魔兽最终安全地找到金子。

(1,4) S	(2,4)	(3,4) B	(4,4) P
(1,3) W	(2,3) B,S,G	(3,3) P	(4,3) B
(1,2) S	(2,2)	(3,2) B	(4,2)
(1,1) A	(2,1) B	(3,1) P	(4,1) B

图 4-1　魔兽世界的直角坐标表征，其方位采用地图的方式

注：空格处没有标注

在表征这个魔兽世界时，我们有两个方面需要考虑：变化的和不变的。

首先考虑魔兽世界不变的方面。我们可以将任意位置即方格以[x,y]表征，根据不同方格中有什么可以进一步细化表征：$P_{x,y}$表征有陷阱的方格，$W_{x,y}$表征有魔兽的方格，$B_{x,y}$表征有微风的方格，$S_{x,y}$表征有臭气的方格，$G_{x,y}$表征有金子的方格，$A_{x,y}$表征有主体的方格。如果在[x,y]存在一个陷阱，那么$P_{x,y}$就是真的。如果主体在[x,y]发现有臭气，那么$S_{x,y}$就是真的。其他表征形式类推。比如，如果[1,2]没有陷阱，可表征为$\neg P_{1,2}$，主体在[1,1]可表征为$A_{1,1}$。

其次考虑魔兽世界变化的方面，也就是动态的适应性表征方面。如果方格[1,2]有微风，当且仅当在相邻方格中有陷阱，这个语句可表征为：$B_{1,2} \Leftrightarrow (P_{1,3} \vee P_{2,2})$。如果方格[3,3]是陷阱，当且仅当四周相邻方格三个有微风，一个有微风、臭气、金子，这个语句可表征为：$P_{3,3} \Leftrightarrow \{ B_{3,2} \wedge B_{3,4} \wedge B_{4,3} \wedge (B_{2,3} \wedge S_{2,3} \wedge G_{2,3}) \}$。

然而，有一个疑问是，对于一个语句 α，根据知识库是否能够推出 KB⊨α 成立呢？比如魔兽世界中的$\neg P_{1,2}$是否可由知识库推出？答案是肯定的。我们可通过模型检验方法来检验演推的结果，即列举模型，检验语句 α 在每个真实知识库的模型中是真的。模型对每个命题符号指派了真假值。在魔兽世界的例子中，我们假设这样一个境遇：[1,1]是主体所在位置，[1,2]有臭气，[1,3]有魔兽，[2,1]有微风，[2,2]是空的，[2,3]有微风、臭气和金子，

[3,1]有陷阱。在这种情形下，相关的命题符号是 $B_{1,1}$、$B_{2,1}$、$P_{1,1}$、$P_{1,2}$、$P_{2,1}$、$P_{2,2}$、$P_{3,1}$，这 7 个命题符号会产生 2^7（128）个可能的模型，对于知识库来说，其中只有 3 个模型是真的。比如 $\neg P_{1,2}$ 是真的，因此，[1,2]没有陷阱。$P_{2,2}$ 在两个模型中都是真的，在一个模型中是假的，因此，我们不能判断[2,2]是不是一个陷阱（实际上是空的）。当然，如果知识库和逻辑语句 α 总共有 n 个符号，那么就会有 2^n 个模型。这样一来，算法的时间复杂性就会大大增加。所以，命题逻辑的每个已知算法就会在输入大小方面产生指数增长般的复杂性问题。这就是命题逻辑在表征方面存在的重大缺陷。

第三节　命题的定理证明过程的适应性表征

上述表明了模型检验对于逻辑语句演推的意义。如果将推理规则直接运用于知识库中的语句来建构我们所期望的语句的验证而不用建构模型，结果会怎样呢？这事实上是一个定理证明的过程。如果模型的数量很大而证明的过程不长的话，那么定律验证方法就比模型检验方法更有效。接下来笔者将通过三个方面来说明定律证明过程的适应性表征特征。

首先，推理与验证是相辅相成的适应性表征过程。在逻辑演推中，推理是根据规则如肯定前件式、否定后件式、和-消除（and-elimination）[①]进行的，得出的证明就是一个产生所期望目标的一连串结论。比如在魔兽世界的例子中，假设我们的知识库是：

（1）在[1,1]没有陷阱，即 $\neg P_{1,1}$。

（2）一个方格有微风当且仅当在一个相邻方格有陷阱，即 $B_{1,1} \Leftrightarrow (P_{1,2} \vee P_{2,1})$ 和 $B_{2,1} \Leftrightarrow (P_{1,1} \vee P_{2,2} \vee P_{3,1})$。

（3）如果前述的语句在所有魔兽世界是真的，则主体到访过的前两个地方——[1,1]没有微风，[2,1]有微风，即 $\neg B_{1,1}$ 和 $B_{2,1}$。

为了证明[1,2]中没有陷阱，即证明 $\neg P_{1,2}$，我们首先将双条件消除运用于（2）得到：

（4）$(B_{1,1} \Rightarrow (P_{1,2} \vee P_{2,1})) \wedge ((P_{1,1} \vee P_{2,2}) \Rightarrow B_{1,1})$，意思是如果[1,1]有微风，那么[1,2]或[2,1]有陷阱，并且如果[1,1]或[2,2]有陷阱，那么[1,1]有微风。需要注意的是，这里的"如果-那么"推理是蕴含关系，不是条件关系。

[①] 逻辑中一个有用的推理规则，意思是从一个合取可推出任何合取项，比如 $\alpha \wedge \beta$，可推出 α，也可推出 β，比如这只猫活着并吃鱼，可推出猫活着，也可推出猫吃鱼。

接着我们将"和-消除"规则用于（4）得到：

（5）$(P_{1,2} \vee P_{2,1}) \Rightarrow B_{1,1}$，意思是，如果[1,2]或[2,1]有陷阱，那么[1,1]有微风。
我们进一步使用逻辑的对位规则[①]得到：

（6）$\neg B_{1,1} \Rightarrow \neg(P_{1,2} \vee P_{2,1})$，意思是，如果[1,1]没有微风，那么[1,2]或[2,1]没有陷阱。再使用肯定前件规则和$\neg B_{1,1}$得到：

（7）$\neg(P_{1,2} \vee P_{2,1})$。

最后我们使用德摩根[②]规则得出：

（8）$\neg P_{1,2} \wedge \neg P_{2,1}$。意思是，[1,2]和[2,1]都没有陷阱。

由上述证明过程可知，逻辑语句的推理与证明应该包括四个方面：第一，一个初始状态，即一个初始知识库；第二，一组行动（证明和推理），即由可用于所有与上半部推理规则匹配的语句的推理规则构成的行动集合；第三，一个行动结果，就是在推理规则的下半部增加的语句；第四，一个状态目标，即一个试图包含被证明的语句的状态。

由这些方面可以看出，证明过程是列举模型的另一种方式。在实际情形中，发现一个证明可能更为有效，因为证明过程忽略不相关的命题（在许多可能的命题中）。比如上述证明结果$\neg P_{1,2} \wedge \neg P_{2,1}$就不考虑$B_{2,1}$、$P_{1,1}$、$P_{2,2}$。因为目标命题$P_{1,2}$只出现在语句$B_{1,1} \Leftrightarrow (P_{1,2} \vee P_{2,1})$中。当然，这种逻辑命题的推理的一个特性是单调性，即当信息被添加到知识库时，被演推语句的集合只能增加，形式上表征就是：对于任何语句α和β，如果KB $\models \alpha$，那么KB $\wedge \beta \models \alpha$。这意味着，虽然我们可以给知识库中增加额外的信息，比如"魔兽世界中有更多的陷阱"这样的语句，但这只能使主体得出额外的结论，对于已经推出的结论无效。比如，不会改变[1,2]中没有陷阱的结论，即$\neg P_{1,2}$。所以，单调性意味着，任何时候只要在知识库中找到合适的前提条件，推理规则就可使用，而不考虑知识库中还有没有其他语句或条件。

其次，通过消解推理加强证明的完备性和适应性。上述论及的推理规则肯定是可靠的，但一定是完备的吗？比如迭代加深优先搜索算法，在它发现任何可达目标的意义上是完备的，但若可用的推理规则是不适当的，则目标就是不可达的。这就需要引入一个推理规则——消解（resolution），当与任何完备的搜索算法耦合时，它会产生一个完备的推理算法。我们仍以魔兽世界的情形为例。假设主体从位置[1,1]移动到[2,1]，发现只有微风，

[①] 即 Contraposition 定律，其形式表达式是：$(\alpha \Rightarrow \beta) \equiv (\neg \alpha \Rightarrow \neg \beta)$。
[②] 即 De Morgan 定律，其形式表达式有两种：$\neg (\alpha \wedge \beta) \equiv (\neg \alpha \vee \neg \beta)$；$\neg (\alpha \vee \beta) \equiv (\neg \alpha \wedge \neg \beta)$。

是安全的,其感知状态是[N,B,N,N,N],即(空,微风,空,空,空)[1]。如主体不能确定相邻位置[3,1]和[2,2]的状况,它会返回起始点,即从[2,1]回到[1,1],然后移动到[1,2],在那里发现有臭气,但没有微风。如果我们给知识库增加两个信息或语句——"[1,2]没有微风"和"[1,2]有微风当且仅当[1,1]或[2,2]或[1,3]中有陷阱",用命题逻辑表征就是:$\neg B_{1,2}$ 和 $B_{1,2} \Leftrightarrow (P_{1,1} \vee P_{2,2} \vee P_{1,3})$。根据与上述相同的推理过程(前提是[1,1]没有陷阱),我们可推出[1,3]和[2,2]没有陷阱,即 $\neg P_{2,2}$,$\neg P_{1,3}$。如果将双条件消除规则用于 $B_{2,1} \Leftrightarrow (P_{1,1} \vee P_{2,2} \vee P_{1,3})$,接着使用德摩根规则得出:[1,1]或[2,2]或[3,1]有陷阱,即 $P_{1,1} \vee P_{2,2} \vee P_{3,1}$。现在使用消解规则,即用 $P_{2,2}$ 消解前面表达式中的 $\neg P_{2,2}$ 得到 $P_{1,1} \vee P_{1,3}$,其含义是,如果在[1,1]、[2,2]和[3,1]其中一个而不是[2,2]中有陷阱,那么就是在[1,1]或[3,1]中有陷阱。可以看出,消解规则为完备推理过程的形成奠定了基础。也就是说,对于命题逻辑中的任何语句 α 和 β,一个基于消解规则的证明可以决定是否 $\alpha \vDash \beta$。

然而,这种消解规则仅适用于分句,也就是字符的析取。它如何为所有命题逻辑产生一个完备的推理程序呢?原则上,任何命题逻辑的语句在逻辑上等价于分句的合取。在规范表征的意义上,我们可使用合取范式(conjunctive normal form,CNF)[2]加上霍尔(Horn)分句和定分句[3]来表征任何命题逻辑的语句。这是消解规则的另一种表达方式,极大地丰富了逻

---

[1] 之所以是 5 个成分或元素,是因为魔兽世界中除主体外的元素有 5 个:魔兽、微风、臭气、陷阱和金子。由于这种游戏是发现一个位置(方格)是否存在这些东西,所以将它们作为主体感知的对象。因此,在起始状态[1,1]的感知就是[N,N,N,N,N],即[空,空,空,空,空](主体除外)。

[2] 合取规范形式的语法取消了"⇔"和"⇒",仅使用"→"、"∧"、"∨"、"¬"和"|"符号,其规则包括:CNFsentence→Clause$_1$∧…∧Clause$_n$;Clause→Literal$_1$∨…∨Literal$_n$;Literal→Symbol|¬ Symbol;Symbol→P|Q|R…。这些规则的意思是:CNF 语句由分句的合取构成;分句是字符的析取;字符包括正负两类符号;符号由大写字母 P、Q、R 等表示。最大单元是语句,最小单元是字母;字母作为符号构成字符,即字符由不同字母构成;分句由字符构成(字符可以是概念或短语);语句由分句构成,比如"如果……那么","如果"部分和"那么"部分就是分句。总之,所有语言的语句都是由字母、字符和分句构成的。

[3] 霍尔分句是字符的析取,其中大多数字符是正的。定分句是字符的析取,其中只有一个字符是正的。如果所有霍尔分句是定分句的一般形式,那么定分句就是霍尔分句的特殊形式。因此,所有定分句都是霍尔分句,没有正字符的分句也是如此,这些被称为目标分句。霍尔分句在消解规则下是封闭的,也就是说,如果消解两个霍尔分句,就得到一个霍尔分句。命题逻辑的知识库只包含定分句,因为每个定分句可被写作一个蕴涵,其前提是正字符的一个合取,且结论是一个单一的正字符,而且使用霍尔分句的推理可通过前向链接和后向链接算法执行。这两种语句的语法规则是:HornClauseForm→DefiniteClauseForm|GoalClauseForm;DefiniteClauseForm→(Symbol$_1$∧…∧Symbol$_l$)⇒Symbol;GoalClauseForm→(Symbol$_1$∧…∧Symbol$_l$)⇒False。

辑命题的表征方法。

最后，前向和后向链接使命题逻辑的推理更适应于变化。前向逻辑算法决定是否一个单一命题符号 q（查询）是由定分句的知识库推出的。这种算法从知识库中的已知事实如正字符开始。如果一个蕴涵的所有其他是已知的，那么它的结论就被添加到已知事实的集合中。比如在魔兽世界的例子中，如果任意一个因素 $L_{1,1}$ 和微风 B 是已知的，而且知识库中存在（$L_{1,1} \wedge B$）$\Rightarrow B_{1,1}$，那么 $B_{1,1}$ 就可被添加到知识库。这个过程一直持续下去直到 q 被添加，或者直到没有进一步的推理可做。比如一组霍尔分句：$P \Rightarrow Q$，$L \wedge M \Rightarrow P$，$B \wedge L \Rightarrow M$，$A \wedge P \Rightarrow L$，$A \wedge B \Rightarrow L$，A,B。我们使用"和-或"图解可直观地表征这一组分句之间的对应关系（图4-2）。

显然，这种"和-或"图解表征是随着分句的不同组合变化的。推理的传

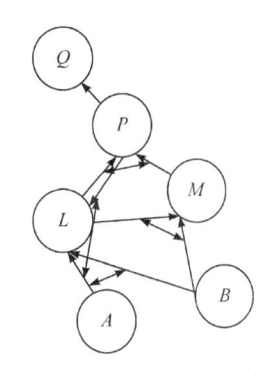

图 4-2 一组霍尔分句的"和-或"图
注：其中 → 表示蕴涵，↔ 表示合取

播最终到达已知语句 A 和 B。只要一个合取出现在任何地方，前向推理的传播在继续前会等待下去，直到所有的合取项被知道。我们也可看出，前向链接是可靠的和完备的，因为每个推理必然是肯定前件规则的应用，每个被演推的原子语句都会被推出。事实上，前向链接是数据驱动推理理念的运用，因为这种推理的关注点是从已知数据开始的。它通常被用于一个主体从引入的感知对象推出结论的情形，而且一般不需要主体心中有疑问。比如，在魔兽世界中，主体可能告诉它的感知对象使用增值的前向链接算法从知识库获取信息。对于我们来说，当获得新的信息时，数据驱动推理就启动了。比如你正打算出门办事，突然得知外面下雨了，你可能推迟出行。这些行为显然都是适应性过程。

所谓后向链接，就是从查询开始向后推理。如果一个查询已知是真的，就不需要推理了。否则，后向链接算法会在知识库中寻找那些蕴涵的哪个结论是所查询的。如果那些蕴涵其中一个的所有前提通过后向链接被证明是真的，那么查询就是真的。如果将后向链接用于图4-2，它会回到图解上直到达到一组已知事实，即 A、B，这形成了证明的基础。总之，后向链接是目标取向推理的一种形式，对于回答诸如"我手机放哪儿了？""我们应该干什么？"等这些当下问题很有用，而且代价相对较小，因为它仅关注相

关的事实，忽略不相关信息。

第四节　命题逻辑推理有效性的模型验证

一个命题逻辑的推理是否有效，如何验证呢？这就是可满足性问题（satisfiability problem，SAT）。该问题要求我们将为一个逻辑语句发现一个满足模型与为一个约束满足问题发现一个解决方案联系起来。在人工智能中，这个问题可通过回溯搜索和局部爬山搜索这些自然启示法来检验。在表征的层次上，满足性问题的解决是一个不断尝试适应性的过程，其中涉及命题推理和表征。

第一，完备回溯算法验证推理算法的可靠性和完备性。在这里有一种DPLL[①]回溯算法，当我们以合取规范形式输入一个语句时，它开始起作用。DPLL算法严格讲是可能模型的一种递归深度优先列举方法，它从三个方面验证推理的效果[②]。

（1）探测语句是否必须是真或假，即使是一个部分完备的模型。我们知道，如果任何字符是真的，那么一个分句就是真的，即使其他字符不产生真值。因此，语句作为整体甚至在模型被完善前就可被判断为真。比如语句 $(P \lor Q) \land (P \lor R)$，如果 P 为真，那么它就是真的，不考虑 Q、R 的真值。同样，如果任何分句是假的，那么整个语句就是假的。当整个语句的每个字符为假时，这种情形就会发生。也就是说，这在模型被完善前可能早就发生了，所以要提前终止。提前终止避免了人工主体在搜索空间中对整个子树的检验。

（2）探测字符是不是以纯符号形式出现在语句中，以确保推理结果的真实性。一个纯符号是这样的符号，它总是以同一记号出现在所有分句中。这是纯符号启示法。比如分句 $(P \lor \neg Q)$、$(\neg Q \lor \neg R)$、$(R \lor P)$，P 和 $\neg Q$ 是纯符号，因为它们始终不变（都是正或负），而 R 不是，因为它有正负之别。在命题逻辑推理中我们会发现，如果一个语句有一个模型，那么它

[①] DPLL 首先是由戴维斯（M. Davis）、普特南（H. Putnam）于 1960 年提出，1962 年由戴维斯、罗格曼（Logemann）和洛夫兰（Loveland）进一步完善形成的一种回溯算法，因而取四人姓氏首字母，称为 DPLL（Davis and Putnam, 1960；Davis et al., 1962）。

[②] 除这三方面外，DPLL 算法还有其他方法能使满足性问题的解决者增强解决更多问题的能力，包括成分分析、变量和价值定序分析、智能回溯、随机重启、智能化索引等，通过这些方法，逻辑主体可处理具有成千上万个变量的问题，这对于人工智能的某些方面，如硬件核实、安全协议确认等，可算得上是一次革命性变革。

就有一个被分配的纯符号构成的模型，以保证它们的字符为真，因为这样做可以保证语句不为假。这是以符号的纯粹性保证推理的真实性。一个符号出了偏差，整个推理和结果就是错误的。

（3）探测单元分句的真值是否具有一致性，以确保推理过程的可靠性。单元分句是仅由一个字符构成的分句。这是单元分句启示法。在 DPLL 的语境中意味着存在这样的分句，它们的所有字符中只有一个总是被模型指派为假。比如模型包含 Q 为真，那么（$\neg Q \vee \neg R$）可简化为 $\neg R$，$\neg R$ 是一个单元分句。显然，要使这个分句为真，R 必须被指派为假。这种单元分句启示法在分枝剩余字符前分配所有这种符号。这种启示法的一个重要结果是：尝试通过反驳来证明已在知识库中的字符是否会立刻成功。需要注意的是，指派一个单元分句可创造另一个单元分句，比如，当 R 被指派为假时，（$R \vee P$）成为一个单元分句，并导致真被分配到 P。这种被迫指派的层叠被称为单元传播。这类似于具有定分句的前向链接的过程。

第二，局部搜索算法验证推理所满足的约束条件。命题逻辑推理在某种意义上也是一种约束满足问题，因此，前面谈及的各种算法或表征方法，如果我们选择了正确的评估函数，均可用于满足性问题。其中一个最简单最有效的算法被称为 WalkSAT（行走满足性）。在每一次迭代过程中，该算法选择一个未满足的分句，并在这个分句中选择一个符号敲击。不过，选择哪个符号敲击则是随机的，比如是选择一个在新状态中极小化未满足的分句的"极小冲突"的步骤，还是选择一个随机地选择符号的"随机行走"步骤。当 WalkSAT【包括分句、概率和极大-敲击（max-flips）函数】返回一个模型时，输入语句的确是可满足的，但当返回失败（状态）时，可能有两个原因，要么语句是不可满足的，要么我们需要给算法更多时间。比如，如果我们设置了极大-敲击函数是无限大，而且选择做随机行走的走法的概率大于零，WalkSAT 算法会最终返回一个存在的模型，因为随机行走步骤会最终偶然发现解决方案。当然，如果极大-敲击函数是无限的，而且该语句是不可满足的，那么该算法就没有终结。

第三，随机满足性问题可通过非充分约束来解决和验证。所谓非充分约束（underconstrained）就是约束条件较少，问题相对容易解决。例如，国际象棋中著名的 8-皇后问题[①]就是一个非充分约束问题，因为它容易发现一

[①] 该问题于 1848 年由棋手马克斯·贝瑟尔提出，即在 8×8 格的棋盘上任意放置 8 个皇后，相互不能攻击，即任意两个不能处于同一行同一列或同一斜线上，在这种情形下，有多少种放法。该问题是回溯算法的一个典型案例。

个解决方案。我们假设，当我们以 CNF 寻找满足性问题时，一个非充分约束问题就是一个具有相对较少约束变量分句的问题。比如随机产生的三个 CNF 语句，有 5 个符号和 5 个分句，即（$\neg Q \vee \neg R \vee P$）∧（$B \vee \neg P \vee Q$）∧（$\neg D \vee \neg B \vee P$）∧（$B \vee \neg R \vee \neg B$）∧（$P \vee \neg B \vee R$），这个语句的模型在 32 个可能分配中平均有 16 个，它仅呈现两个随机猜测来发现一个模型。所以，这是一个简单的满足性问题，因为它的约束变量不多。

然而，一个过度约束问题相对于变量数有许多分句，它可能是无解的。为了形式地表征随机语句是如何产生的，我们假设函数 $CNF_k(m,n)$ 指代一个 k-CNF 语句，它有 m 个分句和 n 个符号，其中分句是均匀地、独立地选择的，而不用从有 k 个不同字符（正、负是随机的）的所有分句中替换或补充。理论上，只要给定一个随机的语句源，我们就可测量满足性的概率。比如函数 $CNF_3(m,20)$，意思是有 20 个变量的语句，每个分句有 3 个字符。m/n 表示函数的分句/符号率。我们可以预测，对于小的 m/n，满足性的概率接近 1，对于大的 m/n，满足性的概率接近 0。在数学上，概率大小的分布可通过直角坐标系图解表征。这不是什么难事。然而，对于过度约束的难问题，比如变量数超过 50 个，分句数超过 5 个，字符数超过 10 个，问题就很难解决了。因此，人工智能设计者尽量采取减少约束数的策略来解决随机满足性问题，其实质就是适应性表征问题。

第五节　命题逻辑主体对当下世界状态的适应性表征与推理

上述表明，基于知识库的逻辑主体可通过推理来解决问题。这意味着逻辑主体尽可能在给定知识库的情形下能进行演推，这需要写出行动效果的一个完备逻辑模型（算法）。而且逻辑主体还可以有效地追踪世界，而不必在每步推理中都需要返回知识库。这里的知识库就是逻辑主体的"历史语境"——关于世界如何运作的一般知识和在具体世界中从主体的经验获得的感知语句（即对于事件的具体陈述）。问题是，逻辑主体如何能使用逻辑推理建构保证达到目标的规划呢？这必然涉及世界的境遇、逻辑主体评估、适应性表征与推理等问题。在这里，我们仍然以魔兽世界的情形为例来阐明这个问题。

在魔兽世界中，主体一开始就知道起始点[1,1]没有陷阱，也没有魔兽，可表征为 $\neg P_{1,1} \wedge \neg W_{1,1}$。而且对于每个方格，它知道一个方格有微风（有利于闻到臭味),当且仅当一个相邻方格有陷阱;一个方格有臭气,当且仅当一个相邻位置方格有魔兽(魔兽身上发出臭味)。这些是预先设定好的约束条件,形成了主体的历史语境。用命题逻辑表征这些约束条件就是:

$$B_{1,1} \Leftrightarrow (P_{1,2} \vee P_{2,1})$$

$$S_{1,2} \Leftrightarrow (W_{1,2} \vee W_{2,1})$$

如果主体还知道洞穴中只有一只魔兽,这可从"至少有一个"(正面)和"至多有一个"(反面)两方面来考虑。

从"至少一个"方面来说,语句表达是"至少有一个魔兽",即 $W_{1,1} \vee \cdots \vee W_{4,4}$。从"至多一个"方面来说,语句表达是"至多有一个魔兽",转换为"位置对"表达就是"至少一个方格中无魔兽":$\neg W_{1,1} \vee \neg W_{1,2}$,$\neg W_{1,1} \vee \neg W_{1,3}$,$\cdots$,$\neg W_{4,3} \vee \neg W_{4,4}$。也就是说,在魔兽世界中,只有一只魔兽,它可在除主体所在位置的任何位置。从主体感知的角度看,如果当下有一股臭气,我们可能会假设一个关于臭气的命题,然后将其添加到知识库。然而,实际情形不是这样。如果在前一个时步(time step)不存在臭气,那么我们可断言已经有一个 $\neg S$,这个新的断言会产生一个矛盾。当我们认识到这个断言只是针对当下时间时,这个矛盾就可解决。在这里,我们需要引入时间 t,它能描述主体从一个位置移动到另一个位置的时间变化。比如,当时步是 3 时,我们可将 S^3 添加到知识库,而不是 S,这可避免任何与 $\neg S^3$ 的矛盾。由于世界是变化的,所以引入时间因素就是必然的。时间因素的必要介入恰恰说明,这种基于命题逻辑的推理与表征是动态适应性的。

时间的动态性体现在行动上就是主体移动位置的变化。比如,我们可将魔兽世界中的主体对臭气和微风的感知直接与位置的属性连接起来,这样一来,这两个变量就可通过位置的变化被感知到。对任何时步 t 和任何位置 $[x,y]$,我们可断言:在 t 和 $[x,y]$ 的位置 L 同时存在微风和臭气。这两个断言用命题逻辑可表征为:$L^t_{x,y} \Rightarrow (B^t \Leftrightarrow B_{x,y})$,$L^t_{x,y} \Rightarrow (S^t \Leftrightarrow S_{x,y})$。如果要使主体不断追踪变化的环境,我们就需要一组逻辑语句作为转换模型,也就是一个有效的公理架构,这是进一步推理和表征的依据。首先我们需要一个行动发生的命题符号,与感知对象一样,这些符号由时间指示。比如 F^0 代表主体在时间 0 处执行向前的行动,按此思路,一个给定时步的感知对象首先发生,接着是那个行动的时步,再接着是下一个时步。这样,为了描述世界是如何变化的,我们可给出有效公理或架构,它详细说明在下一个时步一个行动的结果。比如,在魔兽世界中,主体在位置 [1,1],在时间 0 处

面向东方 E 并向前移动，结果是到达位置[2,1]，不再停留在[1,1]，形式地表征就是：$L_{1,1}^0 \land FE^0 \land F^0 \Rightarrow (L_{2,1}^1 \land L_{1,1}^1)$。这就是关于一个行动的架构。其他时步、方向和位置的行动如射击、右转等的语句表征与此类似。

需要注意的是，这种在不同位置不同时间的每个行动都需要一个额外架构的事实，容易引起"框架问题"，比如在时步 1、位置[2,1]，知识库中没有关于主体带箭的信息，这说明先前的架构不能及时得到更新，或与知识库保持同步。一个可能的解决方案是增加架构来明确断言所有命题是相同的。比如在每个时步 t，我们有架构：

$F^t \Rightarrow (HA^t \Leftrightarrow HA^{t+1})$（在时步 t，向前的行动意味着主体带箭当且仅当在时步 $t+1$ 也带箭）

$F^t \Rightarrow (WA^t \Leftrightarrow WA^{t+1})$（在时步 t，向前的行动意味着魔兽活着当且仅当在时步 $t+1$ 魔兽也活着）

$F^t \Rightarrow (HB^t \Leftrightarrow HB^{t+1})$（在时步 t，向前的行动意味着有微风当且仅当在时步 $t+1$ 也有微风）

$F^t \Rightarrow (\neg HP^t \Leftrightarrow \neg HP^{t+1})$（在时步 t，向前的行动意味着主体没有遇到陷阱当且仅当在时步 $t+1$ 也没有遇到陷阱）

……

这些命题架构表明：从时步 t 到 $t+1$，主体向前的行动没有产生变化。尽管这些命题给出了每个行动的架构公理，但是，这种架构公理的扩散似乎是无效的，也是烦琐的，容易导致表征架构的指数增长问题，也就是表征主体的行动需要越来越多的架构，也会涉及更多的推理架构。如果是这样，模型不仅没有解决架构问题，反而增加了表征的难度。表征架构问题是非常重要的，因为实际世界是不断变化的、流动的。如果在架构公理中增加一个表征流动的变量 FL，我们就可根据在时步 t 的变化和可能发生的行动来定义在 $t+1$ 时 FL 的真值。这有两种可能性，一方面，在时间 t 的行动引起 FL 的值在 $t+1$ 时为真；另一方面，在时间 t 时 FL 的值已经为真，而在 t 时的行动不使 FL 的值为假，其公理架构是：$FL^{t+1} \Leftrightarrow ACFL^t \lor AC\neg FL^t$（AC 表示行动引起）。

在人工智能中，这种公理架构被称为后继状态公理（successor-state axiom）。原则上，只要给出主体行动的初始状态条件，接下来的状态都可使用后继状态公理来表征。比如图 4-1 中的位置[1,1]，这是主体在时间 0 开始的状态，除主体及其向前移动（向东）外，没有任何其他东西和行动，其状态就是：$\neg S^0 \wedge \neg B^0 \wedge \neg G^0 \wedge \neg W^0$，行动是 F^0。在这种情形下，如果要使公理架构 $L_{1,1}^{t+1}$ 为真，有两种方式可做到：一是主体从[1,2]向南移动或从[2,1]向西移动时（即移动到[1,1]）；二是 $L_{1,1}^{t+1}$ 已经为真，主体不需要移动，用命题逻辑可表征为：

$$L_{1,1}^{t+1} \Leftrightarrow (L_{1,1}^{t} \wedge \neg F^t) \vee (L_{1,2}^{t} \wedge \text{Sou}^t \wedge F^t) \vee (L_{2,1}^{t} \wedge \text{Wes}^t \wedge F^t)$$

类似地，主体的其他行动也可这样表征和推理。不过，对于更为复杂的问题，推理和表征的架构问题仍然是人工智能逻辑表征的一个致命缺陷，因为我们需要确证一个行动的所有前提条件来适应它自己的意向结果。比如向前的行动驱使主体向前移动，直到前面有陷阱或有障碍物。然而，除了这些可预知的条件外，还会有其他可能导致行动失败的例外因素，如主体心脏病发作，路滑导致绊倒受伤等。这些例外因素是命题逻辑无法表征的限制性问题，可能需要引入概率理论来解决。

第六节 基于命题推理制定规划的适应性表征

我们业已知道，在魔兽世界的情形中，虽然逻辑主体可使用逻辑推理确定哪个位置是安全的，但制定规划要使用 A^* 搜索。制定规划就是预先设置行动方案，这是基于信念状态的过程。那么，是否也可使用逻辑推理制定规划呢？答案是肯定的。其基本思想并不复杂。首先要建构一个语句，它包括关于初始状态的变量（关于初始状态的断言的组合）、一个转换过程（在每个时步到某些极大时间，对于所有可能行动的后继状态公理）以及一个在某个时间获得目标的断言；其次将这个语句描述为一个满足性解决者（主体），也就是说，如果主体发现一个满意的模型，目标就达到了；如果语句是不可满足的，规划就是不可能的；再次假设主体发现了一个模型，它就从这个模型提取那些表征行动的变量并被指派为真。按照这些步骤行动，我们就表征了一个达到目标的规划。这就是人工智能中的命题规划程序 SATPlan[①]。

[①] SATPlan（规划作为可满足性，planning as satisfiability）是一种自动规划方法。它将规划问题的实例转换为一个布尔满足性问题，即使用评估满足性来解决问题，比如 DPLL 算法。其具体做法是，给定规划中一个问题实例，一个初始状态，一组行动，一个目标和一个水平长度，就会产生一个命题逻辑表达式，如果要使该表达式是可满足的，就必须保证存在一个具有给定水平长度的规划。https://en.wikipedia.org/wiki/Satplan[2021-04-12]。

根据 SATPlan 算法，由于主体不知道需要多少步骤才能到达目标，它会尝试每个可能的步骤，以至于达到极大可能的规划长度。这样一来，它保证会发现最短的规划，如果存在的话。也由于 SATPlan 仅搜索一个解决方案，这种方法不能用于部分可观察的环境，它仅为不可观察的变量设置它需要存在一个解决方案的价值。这意味着，使用 SATPlan 的一个关键步骤是建构知识库。在这个意义上，SATPlan 似乎是遵循因果性的，即从知识库产生行动步骤。比如在魔兽世界中，主体的初始位置是[1,1]，假设主体的目标是在时间 1 达到[2,1]，即向右移动，初始知识库包括 $L_{1,1}^0$，目标是 $L_{2,1}^1$。使用函数 ASK，如果在时步 0 向前的行动被断言，我们可证明 $L_{2,1}^1$；如果在时步 0 射击的行动被断言，我们肯定不能证明 $L_{2,1}^1$，因为知识库中没有关于主体射击的语句。此时，SATPlan 会发现向前的行动规划，但它同时也会发现射击行动规划。为什么会这样呢？我们检查 SATPlan 建构的模型，该模型包括分配 $L_{2,1}^0$，即主体通过在时步 0 在位置[2,1]并射击，在时步 1 可位于[2,1]。事实上，主体在时步 0 位于[1,1]，但我们没有告诉主体，它不能在同一时刻位于两个位置。这就是建构知识库的重要性。在推理意义上，$L_{2,1}^0$ 是未知的，不能用于证明。对于满足性来说，$L_{2,1}^0$ 也是未知的，但能被设置任何值有助于使目标为真。因此，SATPlan 是知识库的一个好的调试工具，因为它揭示了知识缺失的方面。当然，在魔兽世界这个特殊情形中，我们可通过断言在每个时步主体只有一个方向，只能在一个位置来固定知识库，如魔兽固定在位置[1,3]。

SATPlan 还有一个优势，那就是它会发现不可能行动的模型，如没有箭的射击行动。原因在于，后继状态公理所表明的只是其前提条件不满足的那些行动。该公理架构的确准确预测了这样一个行动被执行时什么也没有发生，但是，它并没有说明那个行动不能被执行。为了避免产生不合法的行动，我们需要另外增加前提条件公理（不是在后继状态公理上增加），它表明一个行动发生需要满足前提条件。比如在每个时间 t，我们增加射击行动，这意味着有箭，即 $SH^t \Rightarrow HA^t$（在时间 t，射击蕴含了有箭）。这个公理架构确保了，任何时候一个规划选择了射击行动，它必须意味着主体在那个时候有箭在手。当然，我们也可使用 SATPlan 创造一个多同时行动，比如主体在时步 0 在位置[1,1]同时既向前移动又射击均为真。这种情形在魔兽世界中是不允许的，因为还没有发现魔兽的位置。为了避免这个问题，我们可以引入一个行动排除公理，比如在时间 t，主体同时向前移动和射击可增加

公理架构 $\neg F^t \vee \neg SH^t$。这就避免了向前移动和射击行动的同时发生。但是在实际情形中，这两种行动是可同时发生的，即一边移动一边射击。这里只是强调如何在同一时间仅有一个行动发生的情形。

总之，在人工智能中，SATPlan可为一个语句发现模型，该语句包括初始状态、目标、后继状态公理、前提条件公理和行动排除公理。这些公理的组合在命题逻辑的适应性推理和表征中是充分的、有效的，因为不再有假的解决方案出现。可以说，任何满足命题语句的模型对于初始问题都是一个有效规划。

第七节 小 结

一个逻辑主体是一个基于知识库的程序或算法，知识库类似于我们的语境知识，它为主体的推理与表征提供了丰富的信息资源。逻辑主体的推理与表征过程之所以是适应性的，是因为笔者发现，它们会随着境遇或环境的变化而不断调整策略或规划，从而改变行动的方向来达到目标。对于没有意识的逻辑主体来说做到这一点的确不易，这主要是由于它们使用了存储在知识库中的具有合取规范形式的语句，加上适当的公理架构，通过推理与表征最终达到目标。因此，逻辑主体是基于知识库的人工主体。它们显示出我们人类具有的推理与表征行为，好像是有意识和智能的，也好像具有适应环境的能力。"好像"意味着它们还不是真正地拥有意识和智能，这种"好像"意识和智能是人设计和赋予的假装意识和智能，在这个意义上，逻辑主体是基于人类意识的，因为逻辑本身就是人类创造的，它们当然会具有人类认知的某些特征，尤其是抽象符号特征。

第五章　一阶逻辑语义学的适应性表征与推理

完善规则系统用于无关的字词，绝不是我们的目的。
——维特根斯坦（摘自尼克《人工智能简史》2017 年第 128 页）

我们的世界充满了大量的不同客体，如自然类，它们之间彼此微妙联系着，我们试图在它们之间寻求并推出这种关联。在表征的意义上，我们使用命题逻辑作为表征语言，事实上，这种语言足以说明基于知识库的逻辑主体的行动与表征。然而，我们也应该看到，命题逻辑不能以简洁的方式表征复杂环境的知识。这就需要使用另一种逻辑语言，即一阶逻辑或一阶谓词演算（first-order predicate calculus，FOPC），它可有效地表征大量的常识知识。因此，以什么形式表征知识，无论对于有意识的我们，还是对于无意识的人工主体，都是十分重要的。本章将重点探讨一阶逻辑语义学在推理与知识表征过程中的适应性问题。

第一节　自然语言与逻辑语言混合表征的必然性

我们认知世界的结果表现为知识形式，在交流的意义上是必须表达出来的，这就是知识的表征问题。与命题逻辑相比，一阶逻辑的表征力可能更强，因为后者纯粹使用符号表征，前者还夹杂着一些自然语言。在人工智能中，基于知识求解问题常用的程序语言 Lisp 使用列表，Prolog[①]使用谓词演算，Java 使用纯粹的形式语言。程序本身仅表征计算过程，程序中的数据

[①] Prolog（programming in logic）是一种典型的基于逻辑的程序语言，也是一种陈述性语言。它与人工智能的知识表征、自动推理、图搜索、生产式系统和专家系统有着密切关联，通常用于智能程序设计。该程序于 1972 年首次开发，其理论基础是一阶谓词逻辑。该程序设计不是描述计算机"如何做"，而是描述计算机要"做什么"。

结构可表征事实[①]，比如，魔兽世界的内容可表征为 4×4 的数组，World[2,2]←P 表示在位置[2,2]有陷阱。但是，程序语言也有不足，那就是缺少从其他事实导出进一步事实的一般机制。也就是说，每个数据结构的更新是由一个域-特异性程序完成的，但该程序的细节是通过人类程序员自己的关于域的知识导出的。换句话说，人工主体自己不能更新数据结构，它们必须依靠人类的程序员。

与命题逻辑这种陈述性语言[②]相比，一阶逻辑是程序性语言。在这种程序性语言中，知识与推理是不关联的，推理完全是域独立的。这是程序性语言的又一个缺陷，也就是缺乏语境关联，也缺乏简洁的表征方式。比如程序可储存每个变量的一个单一值，而且哪些系统允许该值是未知的，但它们缺乏需要处理部分信息的表达力。单就表达力而言，与自然语言相比，程序性语言就显得机械、呆板和笨拙了，因为形式语言是语境无关的。然而，自然语言又难以在计算机中作为形式语言使用，因为自然语言的词与句的意义是依赖于语境的，即语境表征（contextual representation）[③]。这些事实有力地表明，语境的存在使得自然语言的表达具有了聚焦性、灵活性。语句的意义不仅依赖于句子本身，也依赖于说出或写出那个语句的语境。比如"看"在当下语境中才能确定看什么，否则是没有意义的（不知道所指是什么）。自然语言的这种由语境决定词语意义的特征是形式语言所不具备的，说到底语言不是思想本身，而只是对思想的表达。反过来，思想也不是语言，它

[①] 在这里，数据、事实都是信息，它们组织起来组成知识。所以，知识是包括信息、事实和数据的命题系统。数据是最简单的信息片段，从数据可建立事实，进而获得信息，再由信息建立知识。比如，人体的正常体温是 36～37℃，如果体温超过 37℃，那么人就会发热。在这一表述中，36、37 是数据，36℃和 37℃是事实，"如果体温超过 37℃"是信息，"如果体温超过 37℃，那么人就会发热"就是知识。因此，知识是一个由数据、事实和信息构成的层级结构。在人工智能中，知识被定义为信息处理，以此来实现智能决策。如何把信息转化为知识并清楚地表征，就是人工智能要解决的一个重大问题。

[②] 命题逻辑之所以是陈述性语言，是因为它的语义学基于语句和可能世界之间的一个真值关系。它使用析取和否定规则来处理部分信息，表现出充分的表达力。而且很重要的一点是，命题逻辑具有组合性（语句合取），即它的语句的意义是其部分意义的一个函数，比如 $S_1 \wedge S_2$ 的意义与 S_1 和 S_2 的意义相关。这是所有表征性语言所期望的属性，因为如果一种语言缺乏表征力，它很可能会被淘汰。然而，对于包括许多客体的环境的表征来说，命题逻辑就显得力不从心了。比如在魔兽世界中，如果在位置[1,1]有微风，当且仅当其相邻位置有陷阱，这个语句的命题逻辑表征是：$B_{1,1} \Leftrightarrow (P_{1,2} \vee P_{2,1})$。如果使用自然语言表达这个语句就是"与位置[1,1]相邻的是微风和陷阱"。因此，有时用自然语言表达事实更为简洁明了，只是在算法操作上不方便。

[③] "语境表征"在人工智能的自然语言处理中是指将单词与其上下文都映射到词语嵌入向量中，只有这样词语的意义才能明确，比如英语单词 rose，可以是"玫瑰花"，也可以是动词 rise 的过去式，到底是什么意思，需要在特定的语境中确定。人工智能中的预训练和迁移学习就运用了语境表征，ChatGPT 也不例外，比如我们将单词 rose 与它的语境（公园种植的花）都输入模型，模型才能生成一个语境嵌入的循环神经网络，该词的意义才能确定（斯图尔特·罗素，彼得·诺维格，2023：741-742）。

只能通过语言来表征。正如平克（S. Pinker）所指出的，当人们思考spring[①]时，肯定不会将"春天"和"弹簧"混淆，如果一个词可对应于两个思想（概念），那么思想就不能是词本身（Pinker，1995：199-238）。

虽然说思想不是词语，但是思想必须通过词语或别的什么如图像、声音、动作等来表征，否则就不存在交流了，也就没有理解了。因此，在交流和理解的层次上，表征是不可或缺的。著名的萨丕尔-沃尔夫假说主张，我们对世界的理解强烈地受到我们所使用语言的影响，或者说，语言结构决定不同文化圈的人们的行为习惯和思维方式。比如，英语圈和汉语圈的人们的行为习惯和思维方式有很大差别，英语的语序和语法与汉语的几乎完全不同。这说明语言与认知之间有着紧密的联系。语言的发展提升了我们认知世界的能力。维特根斯坦也曾经认为，语言的界限就是我们认知世界的界限。这种观点在表征的意义上无疑是正确的，因为不论我们探索到哪里，表征也必须跟随到哪里。比如我们发现一个新事物或新现象，我们首先必须给它命名，也就是说范畴化或概念化它，否则我们就不能描述和表征它。

不过，这里有两个问题还需要进一步澄清。一方面，既然不同语言塑造了不同的思维方式，那就意味着说不同语言的人们认知同一事物或现象会得出不同结论。事实果真如此吗？笔者看不完全是，因为事实上说不同语言的人们在彼此不懂对方母语的情形下也可交流，比如用肢体示意（点头）、眼神交流。而且不同语言圈的探索活动，如科学研究，也能够达成共识。这说明不同的思维方式和不同的表征形式既有差异性，也有一致性，毕竟人们的大脑组织和结构几乎是相同的，只是被激活的神经元的多少和连接方

[①] 英语词spring有多种含义，诸如春天、弹簧、泉水、活力、跳跃。表面上看，这些含义之间似乎没有什么必然联系，深入分析我们会发现，如果"春天"是这个字符的初意义的话，那么其他含义就是从这个意义引申出来的，因为春天意味着万物复苏、生机盎然，表现出生命的活力，就好像弹簧弹起、泉水奔涌、鱼儿跳跃。这里存在隐喻方法的使用，也就是将春天作为根隐喻，从中引申出其他含义。在隐喻的层次上，我们可看出词语（概念）与思想之间或明或暗的关联，隐喻就是一种暗联系。再比如bank这个词，有"银行""堤岸""储存"等含义，看似无关的意义，实质上有内在的联系，那就是"流通"。河流有堤岸，河水在两岸之间流动；货币既可流通也可储存，储存是暂时的，流通才是永恒的。这个概念延伸的简单事实蕴含了深刻的问题，那就是如何给固定指称赋予意义，也就是概念如何获得意义的问题，这个问题涉及意向性、指称论、描述论、语境论、实在论与反实在论等一系列哲学问题。在笔者看来，一个概念的原始意义是根隐喻，其延伸意义是由根隐喻产生的。如果说原始意义构成一阶指称，那么延伸意义就构成二阶指称，延伸意义的再延伸就会构成三阶指称，这种延伸意义的过程是通过类比或隐喻机制实现的。这样一来，一个概念只有一个指称对象（原始对象），无论该对象是否可观察或存在，在表征的意义上就会涉及对象的实在性和非实在性、客观性和非客观性、可靠性和非可靠性的讨论与争论，如实在论与反实在论的争论。在笔者看来，只要概念的语境明确，意义就会明确，分歧与争论就会自然消解。比如spring的意义，只有在特定语境中才是确定的。

式有差异。另一方面，没有自然语言是否我们就不能认知和表征呢？也不是，因为除自然语言外，还有其他表征方式，如图像、符号、模型等。在笔者看来，纯符号表征是自然语言表征的升华，表现出人类思维能力的进一步增强，因为纯符号表征是一种更抽象的思维。由此看来，萨丕尔-沃尔夫假说依赖的主要是直觉、思辨和推测，人类学、心理学和神经科学的实验研究表明，在测试人们读过的一些内容时，视记忆的正确选择率可达50%，但是记住认真读过的内容的正确率则高到90%。这意味着人们加工词语来形成某类非语言的表征。这些事实充分说明，同一事实或现象可以用不同语言表征，包括不同的自然语言和不同的形式语言，以及自然语言与形式语言的结合。这是表征方式的多样性。

从形式逻辑的视角看，以不同的方式表征相同的知识并不会产生任何差异，比如同一图形的平面几何表征和解析几何表征有相同的效果；同一理论如相对论的不同语言的表征效果也都相同。但在实践中，一个表征可能需要很少步骤导出一个结论，这意味着拥有有限资源的推理者可以使用一个表征如数学公式推出结论，而不必使用其他表征如逻辑或自然语言。这对于演绎推理是可行的，但对于非演绎推理，如从经验学习，其结果必然依赖于所使用的表征形式。例如我们写游记、散文等，使用汉语和使用英语是不同的。如果有一种表征方式能将自然语言和形式语言有机地结合起来，表征效果会更好。而且，这种语言既有较强的语义表达力，又能在编程中使用。这种表征形式就是一阶逻辑语言。

第二节 一阶逻辑的句法与语义学的适应性表征

我们知道，命题逻辑具有陈述性和组合性的语义特征，它是语境无关的，即不依赖语境的，也是语义清晰的。而自然语言不仅是陈述性和组合性的，也是语境相关的，即依赖于语境的。一阶逻辑语言（即谓词逻辑）就是要将命题逻辑和自然语言的属性结合起来，以便更高效地进行表征。命题逻辑和一阶逻辑的主要差异从哲学上看就是本体论承诺（关于世界是什么）和认识论承诺（关于事实的知识状态）方面不同[①]。命题逻辑假设世界上有

[①] 事实上，其他形式的特殊逻辑有进一步的本体论和认识论承诺。比如，时态逻辑不仅假设了事实、客体及其关系的存在，还增加了时间变量，即假设事实存在于特殊时间（点或区间），而且时间是有序的，这样，时态逻辑系统给予某类客体及关于那些客体的公理框架以头等地位，而不是简单地在知识库中定义它们。概率逻辑在本体论上仅假设了事实的存在，在认识论上认为对于事实的信念有程度的差异，即 0~1 的概率。模糊逻辑在本体论上假设了具体真值度为 0~1 的事实，认识论上承诺了已知区间值。一般来说，高阶逻辑则将由一阶逻辑指称的关系和函数看作客体本身，这样我们就可断言所有关系，比如断言一个关系的可传递性。严格讲，高阶逻辑比一阶逻辑更有表达力，因为高阶逻辑的一些语句不能由任何有限数量的一阶逻辑语句表达。

存在或不存在这两种事实，每个事实可处于二者状态之一，真或假，而且每个模型将真值（真或假）赋予每个命题系统。一阶逻辑假设世界由存在或不存在的客体及其之间的关系组成，其形式模型相应地比命题逻辑的更为复杂。在认识论承诺方面，两种逻辑都坚持一个语句表征一个事实，主体或者相信该语句是真是假，或者未知，所以，这两种逻辑关于任何语句都有三个可能知识状态——真、假和未知。

这就会形成一个逻辑语言模型，它是构成我们考虑的可能世界的形式语句，而且每个模型将逻辑语句的知识库与可能世界的元素相连接，以便每个语句的真值得到确定。因此，命题逻辑的模型是将命题符号与原先确定的真值连接起来。相比而言。一阶逻辑的模型有它的客体及其域。具体说，客体是构成模型的元素，域是客体的集合（它包含的域元素）。模型的域被要求是非空的，即每个可能世界必须至少包含一个客体，无论客体是什么。在数学上，一个客体可能是一个自然数、一个点、一条线等。模型中的关系是客体及其连接的描述，可表征为相关客体的元组的集合。一个元组（tuple）是以固定程序安排的客体的组合，如一个自然数元组[1,3,5,7]。不同元组构成的关系往往以函数系统来描述。这就涉及一阶逻辑的句法符号及其解释的问题。

我们知道，一阶逻辑的基本句法元素是那些代表客体、关系和功能的符号。恒定符号代表客体，谓词符号代表关系，功能符号代表函数。在人工智能中，一阶逻辑按照惯例一般采取英语大写字母的方式来书写这些符号，这与命题逻辑是相同的。其句法也采用 BNF 的表征方式，不同之处是增加了一个操作符 =（等价）、项（term）（指称客体的逻辑表达）、全称量词∀（所有）、存在量词∃（存在），运算规则与命题逻辑相同，比如操作优先性是一样的（一阶逻辑的运算规则一般教科书都有，这里不赘述）。总之，一阶逻辑的模型由一组客体和一个解释构成，该解释将恒定符号映射到客体，将谓词符号映射到关于那些客体的关系，将功能符号映射到关于那些客体的函数，与命题逻辑一样，它的演推、表征、有效性等是根据所有可能的模型被定义的。

在这里，我们关注的重点是如何使用一阶逻辑对问题进行推理与表征。我们仍以上述魔兽世界的例子来说明。在魔兽世界中，主体通过 5 个元素接受一个感知矢量。储存在知识库中的相应的一阶逻辑语句必须包括感知对象和感知发生的时间。否则，主体就会混淆不同时间的行动。比如一个最佳的整数时步是 5，因此，其感知语句就是：感知对象（【臭气，微风，金子，空，空】，5）。感知对象是一个二元谓词，臭气、微风、金子是列表中的常量，魔兽世界中的行动包括左转、右转、向前、射击、横走、爬行，使用逻辑术语可表征为：Turn（left），Turn（right），Forward，Shoot，Crab，Climb。要确定其中哪个行动是最佳的，主体程序会执行查询：AakVars（∃a，BestAction（a,5））（即存在一个行动 a，最佳行动是（a,5））。这个查询行动返回一个捆绑的列表如{a/Climb}，接着主体程序会返回 Climb 作为采取的行动。这种简单的反应行动可通过量化蕴含语句表征，比如"在时步 t 找到金子的最佳行动是横走"，可逻辑表征为：∀t Glitter（t）⇒BestAction（Crab,t）。

上述是关于主体在感知对象过程中的输入输出的表征。那么一阶逻辑如何表征环境呢？在魔兽世界中，明显的客体是位置（方格）、陷阱和魔兽，隐藏的客体是微风、臭气和金子。我们可表征每个位置为 $L_{x,y}$，比如[1,2]、[1,3]、[1,4]等，每行和每列都由整数表示。相邻的位置可看作一个位置对，它们与主体的移动相关。魔兽世界中的任何两个位置（如[x,y]、[a,b]）的相邻（adjacency）关系可定义为：∀x,y,a,b Adjacent（[x,y],[a,b]）⇔（x=a∧（y=b-1∨y=b+1））∨（y=b∧（x=a-1∨x=a+1））。由于主体的位置是随着时间变化的，可表征为 At（A,l,t），意思是主体 A 在时间 t 在位置 l。魔兽只有一个，所以可将它看作一个常量，其所在位置可表征为：∀t At（W,[1,3],t），意思是在时间 t，魔兽在位置[1,3]。而且在一个时间 t 客体 x 只能在一个位置，一阶逻辑的表征为：∀x,l_1,l_2,t At(x,l_1,t)∧At(x,l_2,t)⇒l_1=l_2。因此，只要给定客体 x 的当下位置，主体就可从它的当下感知对象推出位置 L 的属性。比如，当主体在一个位置感知到微风，则那个位置就是有微风的地方，可表征为：∀l,t At（A,l,t）∧B（t）⇒B（l）。由于陷阱不能移动，判断有微风的位置对于主体来说是非常有用的。有臭气的情形与此相同。

因此，在魔兽世界中，主体一旦知道哪个位置有微风或者臭气，或者没有微风也没有臭气，主体就能推断出陷阱的位置及魔兽的位置。对于命题逻辑而言，这种情形必须为每个位置设置一个独立的架构公理，而且更糟糕的是，一旦魔兽世界的地理位置发生变化，就需要重新设置，或者增加一组架构公理。这是非常复杂的事情，会引起非常棘手的架构问题。而一阶逻辑只需要一个公理，比如有微风的位置相邻位置有陷阱的公理可表征为：∀l，B（l）⇔∃s Adjacent（s,l）∧P（s）（s 表示一个命题语句）。相似地，主体在时间 t 有箭并在下一个时步 t+1 射击的公理可表征为：∀t HA(t+1)⇔（HA（t）∧¬Action（Shoot,t））（HA 表示有箭）。可以看出，一阶逻辑的表征效果一点不亚于自然语言的表达，形式上更简洁明了且更便于操作。

一个典型的实例是知识工程，它使用一阶逻辑的表征基本上是适应性的。知识工程是一个基于知识建构的一般过程。在这个领域，知识工程师在一个电子线路领域中创造客体及其关系的一个形式表征。这种方法适合发展一种特殊目的的知识库，以应对时刻变化的环境。由于知识工程在内容、范围等方面是变化的，因而表征起来也非常困难。一般来说，知识工程的表征包括以下七个步骤。

（1）识别任务，就是要确定在给定知识库的基础上解决的问题的内容和范围。比如在魔兽世界中，主体如何选择行动，如何确定魔兽的位置，如何行动才最安全等。只有明确了任务，我们才能确定哪些知识必须得到表征，以便将问题的实例与问题的答案连接起来。

（2）组合相关知识，即获得知识的过程。在这一步骤，知识表征不是形式化的，因为我们的目的是理解知识库的范围，理解知识库是如何工作的。

（3）决定谓词、函数和常量的词汇表，即将重要的域层次的概念翻译为逻辑层次的名称。具体来说，就是用一阶逻辑表征问题的解决过程。比如，魔兽世界中的陷阱由客体表征还是由一元谓词表征，魔兽的位置是否与时间有关等。一旦做出决定，结果就作为域的范畴的一个词汇表。在这里，范畴是关于所存在物特性的理论架构或概念框架，它只决定哪类事物存在，但不决定它们的具体属性和相互关系。

（4）为所涉及域的一般知识编码，即为所有词汇术语写出架构公理[①]，这确定或约束了术语的意义，以便知识工程师检验内容。

[①] 这些架构公理有 12 条：如果两个终端连接，那么它们有相同的信号，可表征为：$\forall t_1 t_2$ 终端(t_1) ∧终端(t_2) ∧连接(t_1,t_2) ⇒信号(t_1) =信号(t_2)；在每个终端的信号是 1 或 0，即 $\forall t$ 终端(t) ⇒信号(t) =1∨信号(t)；连接是可交换的，即 $\forall t_1 t_2$ 连接(t_1,t_2) ⇔连接(t_2,t_1)；有 4 类逻辑门或网关，即 $\forall g$ 网关(g) ∧k=类型(g) = AND∨k=OR∨k=XOR∨k=NOT；一个 AND 网关的输出是 0 当且仅当它的任何输入是 0，即 $\forall g$ 网关(g) ∧类型(g) =AND⇒信号（输出（1,g））=0⇔ $\exists n$ 信号（输入（n,g））=0；一个 OR 网关输出 1 当且仅当它的输入是 1，即 $\forall g$ 网关(g) ∧类型(g) =OR⇒信号（输出（1,g））=1⇔ $\exists n$ 信号（输入（n,g））=1；一个 XOR 网关的输出是 1 当且仅当它的输入是不同的，即 $\forall g$ 网关(g) ∧类型(g) =XOR⇒信号（输出（1,g））=1⇔信号（输入（1,g））≠信号（输入（2,g））；一个 NOT 网关的输出不同于它的输入，即 $\forall g$ 网关(g) ∧类型(g) =NOT⇒信号（输出（1,g））≠信号（输入（1,g））；除 NOT 的网关两个输入和一个输出，即 $\forall g$ 网关(g) ∧类型(g) =NOT⇒参数量$(g,1,1)$，$\forall g$ 网关(g) ∧k=类型(g) ∧（k=AND∨k=OR∨k=XOR）⇒参数量$(g,2,1)$；一个回路有不同终端，一直达到它的输入与输出参数，没有任何东西能超越它的参数，即 $\forall c,i,j$ 回路(c) ∧参数（c,i,j）⇒ $\forall n$（$n<i$⇒终端（输入（c,n））∧（$n>i$⇒输入（c,n）=无）∨ $\forall n$（$n<j$⇒终端（输出（c,n））∧（$n>j$⇒输出（c,n）=无）；网关、终端、信号、网关类型和无，都是独一无二的，即 $\forall g,t$网关(g)∧终端(t) ⇒$g\neq t\neq 1 \neq 0 \neq $无$\neq$ AND $\neq$ XOR $\neq$ NOT $\neq$ Nothing；网关就是回路，即 $\forall g,t$网关(g)⇒回路(g)。

(5)为一个具体实例编码,即写出范畴架构中概念实例的简单原子语句。对逻辑主体来说,问题实例由感受器提供,而无实体的知识库由额外语句的输入数据提供。

(6)形成推理程序的查询并获得答案,这是一个反馈过程。我们可让推理程序在架构公理下根据具体问题的事实操作来推出我们感兴趣的事实,这样就可避免需要写出具体问题的解决方案的算法。

(7)调试知识库,即根据问题的答案不断给知识库增加新信息。因为一次尝试很难获得准确的答案,即使推理程序是可靠的,但它们可能不是用户所期望的。比如,如果缺乏架构公理,从知识库就查询不到答案,此时一个调试过程就会接着发生。这是一个不断尝试和不断适应目标的过程。

显然,通过这些步骤,知识工程师就能适应性地表征问题的解决过程,这意味着基于命题逻辑的一阶逻辑作为表征语言更具有表征力。因此,以一阶逻辑语言发展一个知识库需要一个详细分析域、选择词汇表、编码架构公理来支持所期望的推理过程。

第三节 一阶逻辑语句的命题化与统一性的适应性推理

我们知道,命题逻辑由于其陈述的可解释性与经验联系,也因此具有经验适当性。而一阶逻辑的程序性使得它更具普遍性,即不依赖于语境,但其经验解释性弱了。为了使一阶逻辑的表征在保持程序性特征的同时,也能够具有解释性,就需要我们将两种逻辑结合起来,或者说,将一阶逻辑的知识库转换为命题逻辑再使用我们已知如何做的命题推理。这是一种表征策略或方法论的转变。接下来考察一阶逻辑是如何通过转换为命题逻辑进行推理与表征的。

假设我们的知识库包含一些被广泛接受的架构公理,如"所有贪婪的商人都是邪恶的",用一阶逻辑表征就是:$\forall x$ 商人$(x) \land$ 贪婪$(x) \Rightarrow$ 邪恶(x),根据这个公理,我们可以推出,商人$(x_1) \land$ 贪婪$(x_1) \Rightarrow$ 邪恶(x_1),商人$(x_2) \land$ 贪婪$(x_2) \Rightarrow$ 邪恶(x_2),……这是一个我们假设的普遍公理或普遍例示,它意味着我们可任意置换变量 x 而其他项(商人、贪婪、邪恶)不变,这些不变的项就是基项(ground term),即没有变量的项。这是一个包含置换或替代(substitution)的过程。我们假设替代 Subst(θ,b) 是将置换 θ 用于语句 b 的结果,一个变量为 v、常项为 k 的语句 b,用一阶逻辑可以表征为:

$$\frac{\forall v b}{\text{Subst}[\{v/k\},b]}$$

比如上述例子的置换项是：{x/张三}，{x/李四}，{x/王麻子}。根据存在规则，如果变量由一个新的常项 g 替代，则对于任何语句 b，变量 v 和没有在知识库其他地方出现的常项 g，用一阶逻辑可表征为：

$$\frac{\exists v b}{\text{Subst}[\{v/g\},b]}$$

比如，"商人张三卖鱼"，可表征为：∃x 鱼（x）∧卖（x,张三）。这个存在语句说明，有一个客体满足一个条件，使用存在例示规则只是将一个名称给那个客体。当然，那个名称不总是属于那个客体。对于普遍例示规则来说，它可被多次使用来产生许多不同的结果，而对于存在例示规则，它只能被使用一次，已被量化的语句即可被放弃。比如，一旦增加了逻辑语句，杀死（谋杀者，受害人），就不再需要∃x 杀死（x，受害人）。严格说，新知识库与初始知识库逻辑上不是等价的，但它可以是推理上等价的，因为当初始知识库是可满足的时候，新知识库也是可满足的。

问题是，一阶逻辑如何转换为命题逻辑呢？一般来说，一旦我们有了从量化语句推出非量化语句的规则，将一阶推理转换到命题推理就是可能的。假设我们的知识库仅包含语句：

∀x 商人（x）∧贪婪（x）⇒邪恶（x）

商人（张三）

贪婪（张三）

朋友（张三，李四）

我们就可从知识库的词汇表中使用所有可能的基项置换，如{x/张三}和{x/李四}，将普遍例示规则用于第一个语句得到：

商人（张三）∧贪婪（张三）⇒邪恶（张三）

商人（李四）∧贪婪（李四）⇒邪恶（李四）

此时，我们可以放弃第一个普遍量化语句。如果我们将基本原子语句如（商人（张三），贪婪（张三））看作命题符号，知识库本质上是命题的，因此，我们可以使用任何完备的命题逻辑算法得出结论，如邪恶（张三）。这种将一阶逻辑语句转换为命题逻辑语句的方法是一种命题化的策略。根据这种策略，原则上，每个一阶知识库和查询可被命题化。然而，有一个问题需要注意，那就是基于知识库解决的问题应该是有限过程。如果知识库包括一个函数符号如朋友，其基项置换可能是无限的，比如朋友（朋友（朋友（张三）））无限嵌套，命题算法很难处理这类无限大的语句。

不过不用担心，著名的埃尔布朗定理（Herbrand's theorem）[①]可解决这个问题。根据该定理，如果一个语句可由初始的一阶知识库推出，那么存在这样一个证明，它仅包括该命题化的知识库的一个有限子集。由于任何这种子集在其嵌套的基项之间有一个极大深度，我们可通过优先产生具有常量符号（如张三、李四）的所有例示，然后产生所有深度1项（如师生关系）和深度2项（如朋友关系）等来发现该子集，直到我们能建构推出语句的一个命题证明。这相当于机器学习中的深度学习。当然，当语句不能演推时，我们什么也不能做。这就好比图灵机的停机问题。

仔细分析我们会发现，这种命题化的方法对于人工主体来说效果并不好，比如$\forall x$商人$(x) \land$贪婪$(x) \Rightarrow$邪恶(x)，在给定查询邪恶(x)和相关知识库时，推出商人（李四）$\land$贪婪（李四）$\Rightarrow$邪恶（李四）似乎是反常的。也就是说，由张三的贪婪似乎推不出李四也贪婪，尽管李四也是商人，而且他们是好朋友。问题在哪里呢？我们看一看这个推理的思路。我们使用了规则"贪婪的商人是邪恶的"，发现某些x，x是商人而且贪婪，然后推出x是邪恶的。进一步将x替换为具体的商人如张三，就得出张三邪恶。问题是，不是所有的商人都是贪婪的。如果将商人扩展到人，我们可以假设每个人都贪婪：$\forall y$贪婪(y)。根据这个普遍规则，我们也可得出邪恶（张三）的结论，因为张三也是人。这是一个普遍化的蕴涵或演绎推理过程。也就是说，我们将置换$\{x/张三, y/张三\}$用于蕴涵前提商人(x)和贪婪(x)，以及基于知识库的语句商人（张三）和贪婪（张三），我们会让它们同一。这样，我们就能推出这个普遍蕴涵语句的结论。

那么，置换算子Subst具体是如何起作用的呢？对于原子语句p_i, p'_i和q，其中存在一个置换θ，结果是：Subst(θ, p'_i)=Subst(θ, p_i)，对于所有i，根据一阶逻辑的置换表征规则我们得到：$\dfrac{p'_1, \cdots, p'_n, (p_1 \land \cdots \land p_n \Rightarrow q)}{\text{Subst}(\theta, q)}$

这个规则包括$n+1$个前提条件，即n个原子语句p'_i和一个蕴涵。结论是，将置换θ用于结果q。比如上述例子中，p'_i是商人（张三），p_1是商人

[①] 埃尔布朗定理是雅克·埃尔布朗（Jacques Herbrand）于1930年提出的关于数学逻辑的一个基本规则。它本质上允许将某些一阶逻辑语句还原为命题逻辑语句。尽管埃尔布朗最初证明其定律是针对一阶逻辑的任意规则的，但是更流行的较简单版本是限于仅包含存在量词的前束式规则。

(x)，p_2' 是贪婪（y），p_2 是贪婪（x），θ 是{x/张三,y/张三}，q 是邪恶（x），Subst(θ,q) 是邪恶（张三）。显然，这个普遍化的肯定前件式规则是一个可靠的推理规则，它提升了蕴涵规则的推理能力与表征能力。但是，它同时将一些不合理的假设，如所有人都贪婪，增加到知识库。

可以看出，这种普遍化的肯定前件式规则中使用了置换方法，这使得不同的逻辑表达看上去同一。这个过程被称为统一性或合一（unification）。如果将这种统一性看作算子 Unify，其功能就是将一阶逻辑转换为命题逻辑，这种统一性就是同一性（identity）。Unify 算子通过置换 θ 将两个语句如 p、q 统一，可表征为：Unify（p,q）= θ，其中 Subst（θ,p）=Subst（θ,q）。显然，统一的过程及其算子 Unify 对于所有一阶推理算法都是一个关键步骤。我们可进一步追问，Unify 算子如何运行呢？比如我们要查询张三知道谁，用命题逻辑可表征为：AskVars（Knows（z,x））[问变量（知道（张三，谁））]。我们可通过在知识库寻找统一为 Knows（z, x）的所有语句来回答这个问题，即 Unify（Knows（z, x））。

这里会遇到一个更为复杂的情形，即当被统一的语句多于两个时该怎么办呢？比如 Unify（Knows（z, x），（Knows（y, w））可返回{$y/z, x/w$}或者{$y/z, x/z, w/z$}。第一个统一者（unifier）给出 Knows（z, x）作为统一的结果，而第二个统一者给出结果 Knows（z, z）。显然，第二个结果可通过增加一个置换{w/z}从第一个结果推出。这意味着第一个统一者比第二个更为普遍，因为它将很少的限制加在变量值上。这个过程表明，对于每个可统一的语句对而言，存在一个最普遍的统一算子，它对于变量的重新命名和置换是唯一的，比如{x/z}和{y/z}被认为是等价的，{$x/z, y/z$}和{$x/z, y/x$}也是等价的。在这个例子中最普遍的统一算子是{$y/z, x/w$}。

第四节　一阶逻辑的前向链接的适应性推理

上述表明，命题定分句的前向链接算法的理念非常简单，即从知识库的原子语句开始，在向前的方向使用肯定前件式，增加新的原子语句，直到再没有进一步推理可做，也就是不再能做进一步的推理为止。一阶逻辑定分句的前向链接推理与命题逻辑的非常相似。一个定分句是字符的析取，其中一个字符必须是正的，它们既可以是原子语句，也可以是一个蕴涵句，蕴涵句的前项是正字符的合取，其结果是一个单一正字符。比如，商人（x）∧贪婪（x）⇒邪恶（x），其中的商人（张三）和贪婪（y），都是一阶逻辑定分句。与命题字符不同的是，一阶逻辑字符可包括变量，而且假设变量是普遍可量化的。当然，由于存在单一正字符这个限制条件，不是每个知识库都可以被转换为一组定分句，但大多数可以。

我们考虑这样一个简单陈述："中国法律规定，凡是把国家机密出卖给他国的中国公民就犯了罪。张三把军事机密出卖给他国，张三就犯了罪。"将第一句表征为一阶逻辑定分句就是：中国公民（x）∧国家机密（y）∧出卖（x,y,z）∧他国（z）⇒犯罪（x），第二句是：中国公民（张三）∧国家机密（军事）∧出卖（张三，军事，他国）∧他国（某国）⇒犯罪（张三），其中的每个合取项是原子句或字符。其中还包括一些蕴涵，诸如中国公民（x）⇒中国人（x），国家机密（y）⇒军事机密（y），还包括关系蕴涵他国（x,z）⇒对抗（中国，某国）。显然，这个知识库不包含任何函数符号，属于数据记录知识库的一类。数据记录是这样一种语言，它被限定为没有函数符号的一阶逻辑定分句，可表征由关系数据库构成的陈述性语句。

接下来我们考察一阶逻辑前向链接是如何进行推理的。由于这种推理是一种蕴涵式，是从已知事实开始的，它激发其前提被满足的所有规则，并将其结论增加到已知事实上。这种推理过程不断重复，直到推出答案。这是在已知事实的前提下的演绎。如果增加了新事实，前提条件就变了，就形成了新的推理。这里的新事实是指增加了新的原子语句，若原来的原子语句只是其变量改变而剩余部分未变，就不是新事实，比如 Like（x,reading）和 Like（y,reading）就不是新事实，因为属性算子 Like（喜欢）和 reading（读书）没有变，只是在变量 x 和 y 之间选择。上述关于犯罪例子的陈述是一个合取蕴涵语句，使用证明（推理）树表征见图 5-1。

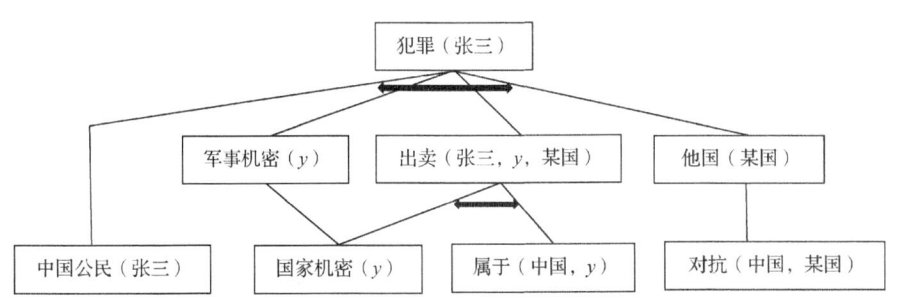

图 5-1 张三犯罪例子产生前向链接的推理树表征

注：黑双箭头表示合取关系

在图 5-1 中，初始事实出现在最底层，推出第一次迭代（重复）的事实在中间层，推出第二次迭代的事实在最顶层。根据图 5-1 我们会发现，这种表征不会产生新的推理，因为由前向链接推出的每个语句已经包括在知识库中。这种知识库是推理过程的固定点。这与命题逻辑的前向链接推理很相似，不同在于：一阶逻辑的固定点可包括普遍的量化原子语句。由于这种推理是演绎式的，所以是可靠的和完备的。但是，由于它是基于数据记录进行推理，不包含任何函数符号，因此，推理从可增加可能事实数的计算开始，使用肯定前件式规则的合取形式，所以比较简单。对于包含函数符号的定分句的一阶逻辑推理，可能会产生无数的新事实，因此，我们要格外谨慎。而且，将谓词表达式转换为分句形式，可能会导致一些细节差别的丢失。

需要指出的是，这种一阶逻辑的前向链接推理虽然是可靠的和完备的，但是其操作不一定是高效的。这可能包括如下三个问题：第一是模式匹配问题，即算法的内部循环涉及发现所有可能的统一项，以使规则的前提与知识库中的适当事实匹配。在张三犯罪的例子中，将一个规则与知识库中的事实匹配的问题似乎很简单，比如我们要适应规则：国家机密（y）⇒军事机密（y），那么我们需要发现与国家机密（y）匹配的所有事实。在一个适当可索引的知识库中在固定时间是可完成的。进一步考虑一个规则：国家机密（y）∧属于（中国，y）⇒出卖（张三，y，某国），我们会在固定时间发现，所有属于中国的客体（机密），并检查每个客体是不是国家机密。如果知识库中包含许多属于中国的客体，但很少是国家机密，此时，我们就容易发现所有国家机密，并检查它们是否属于中国。这是连接定序问题，即发现一个顺序来解决规则前提的结合，以便使总代价最小。然而，事实上，发现最佳定序是一个 NP 难问题（即非确定性多项式难问题）。

第二是提高前向链接效率问题，即算法在每次迭代上重新检查每个规则，看其前提是否得到满足，即使在每次迭代上很少有新事实增加到知识库。当我们使用前向链接推理时，我们可能忽略了一些匹配的规则，比如在第二次迭代中，国家机密（y）⇒军事机密（y）这个规则与国家机密（y_1）匹配，结论军事机密（y_1）就是已知的，所以什么也没有发生。这种多余的匹配规则事实上可以避免，只要我们做了这样的观察：在迭代 t 推出的每个新事实，必须至少是从迭代 $t-1$ 推出的一个新事实导出的。这是因为，任何推理，只要它不需要从迭代 $t-1$ 推出一个新事实，就可能在迭代 $t-1$ 已经完成。这种观察自然会导致一个增强的前向链接算法（推理）。通过适当的索引，我们很容易识别由给定事实产生的所有规则，而且许多真实系统的确在一个更新的模式中操作，在这个模式中，前向链接为回应被告知系统中的新事实而发生。推理通过一组规则进行，直到达到固定点，接着重复处理下一个新事实。事实上，知识库中只有极少数规则是由增加一个给定事实而产生的。这意味着，在重复建构没有满足前提的部分，匹配过程中做了许多多余的工作。比如，上述张三犯罪的例子太小，不能说明其有效性，但我们注意到，部分匹配在规则之间的第一次迭代时已被建构，而且得出中国公民张三犯罪的结论。接着这种部分匹配被放弃，并在第二次迭代中被重新建构。当我们获得新事实时，最好是保留和逐渐完成部分匹配，而不是放弃它们。

在人工智能中，这个问题可通过网膜（rete）算法[①]得到解决。网膜算法预处理知识库中的规则集来建构一类数据流网络。在这个数据流网络中，每个节点是源于一个规则前提的一个字符。变量组合通过网络流动，当不能与一个字符匹配时就被过滤掉。当一个规则中的两个字符共享一个变量时，比如出卖$(x,y,z) \wedge$ 他国 (z)，源于每个字符的变量组合通过一个等价节点被过滤。对于一个 n-元字符如出卖 (x,y,z) 来说，一个变量组合达到一个节点可能要等待在该过程能继续前，其他变量组合要被确立。在一个给定点，一个网膜网络的状态捕获规则的所有部分匹配，避免大量的重新计算工作。

第三是不相关事实问题，即算法可能产生许多与目标无关的事实。这个问题源于前向链接推理本身，也产生于命题语境中。上述表明，前向链接使所有可允许的推理基于已知事实，即使它们与当下的目标不相关。在张三犯罪的例子中，没有规则能获得相关结论，所以，缺乏针对性不是一个问题。避免得出不相关结论的一种方法是使用后向链接，即在前向推理中使用从目标获得的信息，只考虑相关变量的组合。比如，给变量中国公民 (x) 前增加一个变量有问题 (x)，并将其增加到知识库中，这样，我们的目标犯罪（张三）就被限定在一个小的范围。即使知识库中有数以亿计的中国人，但在前向链接推理过程中只考虑有问题的人。接下来我们详细讨论后向链接的适应性推理与表征。

第五节 一阶逻辑的后向链接的适应性推理与表征

后向链接推理就是从目标开始向初始条件方向通过链接规则发现支持证明的已知事实。相当于我们熟悉的倒推法，即从结果推到前提。比如，一个简单的一阶逻辑后向链接询问算法[FOL-BC-ASK（KB, goat）（知识库，

[①] 网膜网络是最早的前向链接系统——生产系统的一个关键构成部分，生产系统的产生是指一个条件-行动规则，如"如果-那么"。

目标）]作为发生器或函数可多次返回，每次给出一个可能的结果。在形式表征方面，这种后向链接算法是一类"和-或"搜索，因为在"或"部分目标询问可通过知识库中的任何规则来证明，在"和"部分一个语句的所有左侧连接项必须得到证明。而且，这种算法还是一种深度优先搜索。这意味着其空间需要在证明的尺度方面是线性的，也意味着后向链接会遭遇重复状态和不完备问题。

在证明树表征方面，后向链接推理采取了合取的方式。比如，张三犯罪的后向链接证明树表征（图 5-2）。

图 5-2 的证明树是深度优先、从左到右读取的。为了证明张三（犯罪），我们必须证明它下面的四个连接项。这些连接项有一些是知识库中的，其他由于不在知识库而需要进一步的后向链接。每个成功的统一的组合显示在下一个对应的子目标上。需要注意的是，一旦一个子目标在一个链接中是成功的，它的替代就被用于后继的子目标。这样一来，当一阶逻辑后向询问算法达到最后一个连接项即最初的他国（z）时，z 已经与美国绑定。

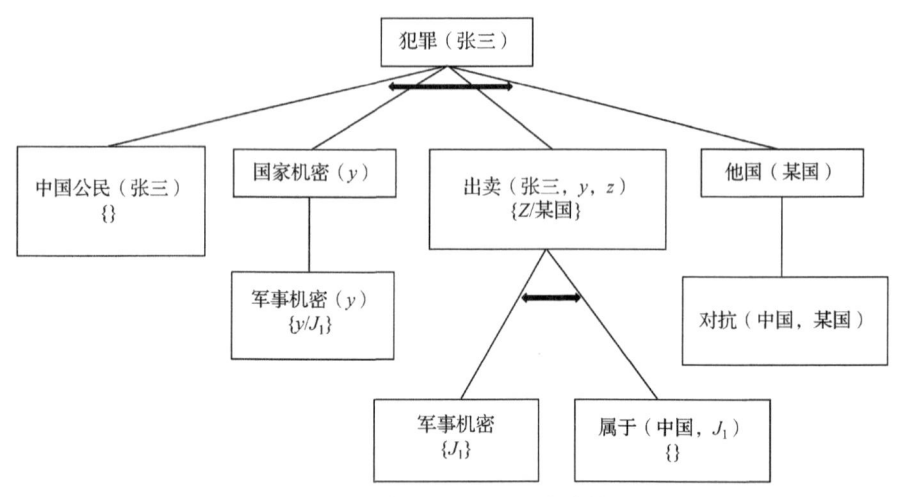

图 5-2 由后向链接证明张三犯罪来建构的树表征

鉴于逻辑编程可有效地处理陈述性知识，即系统可通过形式语言的方式表达知识，问题可通过在那种知识上运行推理过程得到解决。显然，通过逻辑编程方法来表征推理过程显得更加明晰简洁。这种思想用科瓦尔斯基（R. Kowalski）的公式表示就是：算法=逻辑+控制（斯图尔特·罗素和彼得·诺维格，2023：248）。比如，最广泛使用的逻辑程序语言是 Prolog。这种语言是以符号形式写出的定分句的组合，与标准的一阶谓词逻辑有点不同。它使用大写字母表示变量，小写字母表示常量，与我们的逻辑惯例相反，用逗号分开分句中的连接项，而且分句是用与我们的书写习惯相反的方式写出的，即逆向。比如，张三犯罪的例子使用逻辑编程可表征为：犯罪（x）:-中国公民（x），国家机密（y），出卖（x, y, z），他国（z）[①]。也就是说，我们不使用 $A \land B \Rightarrow C$，而是使用 $C:-A,B$ 的表征形式。比如 Prolog 程序附加（x, y, z），其含义是，如果列表 z 是附加列表 x 和 y 的结果，它就是成功的，可表征为：

附加（[],Y,Y）

附加（[$A|X$],Y,[$A|Z$]）:-（X,Y,Z）

其中符号[$E|L$]指代这样一个列表，其第一个元素是 E，其余元素是 L。第一句可读作：用列表 Y 附加一个空列表产生相同的列表 Y；第二句可读作：[$A|Z$]将[$A|X$]附加到 Y 上的结果，假定 Z 是将 X 附加到 Y 上的结果。Prolog 的这个定义是很有效的，因为它描述了能维持三个论据的一个关系，而不是描述可计算源于两个论据的一个函数。比如，我们可问查询，附加（X, Y, [2,3]）：两个什么列表可以附加而给出[2,3]。我们得到答案：

X=[ ]　　Y=[2,3]

X=[2]　　Y=[3]

X=[2,3]　Y=[ ]

显然，这种 Prolog 程序是通过深度优先后向链接得到执行的，其中分句是根据知识库写出的次序被尝试的。当然，这种程序的有些方面超出了标准逻辑推理的范围，比如 Prolog 使用的是数据库语义学而不是一阶语义学，使用算术的一套固定函数计算，而不是做进一步的逻辑推理。在表征力上，Prolog 无疑扩展了一阶逻辑，因为它表征了陈述性和执行有效性之间的一种妥协。

那么，逻辑程序是如何被有效地执行的？这就是与 Prolog 结合来执行两种模式：一种使用 FOL-BC-ASK 算法解释，另一种是编译。Prolog 解释程序有一个全局数据结构，即一堆选择点来追踪我们在一阶逻辑后向或（FOL-BC-OR）算法的多种可能性。追踪全局数据堆是更有效的，它使排除故障成为容易的事情，因为这种调试程序可上调和下调数据堆。在解释过程中，Prolog 不是明显地建构替代物，而是使用逻辑变量记住当下的组合（绑定）。程序中的每个变量任何时候，或者不被绑定，或者绑定某些值。这些变量和价值一起隐含地限定证明过程的当下分枝的替代物。要扩展这个

[①] 符号:-的意思是"逆向推出"。

路径只能增加新的变量绑定，因为尝试给一个已经被绑定的变量增加一个不同的绑定会导致统一过程的失败。当一个路径失败时，Prolog 会返回先前的选择点，然后可能不得不给一些变量松绑。即使最有效的 Prolog 解释程序，其每个推理步骤由于索引查询、统一和建立递归调用堆付出的代价，也需要几千个机器指令。事实上，解释程序总是在行动，好像它此前从来没有看到这个程序，比如它必须发现与目标匹配的分句。

对于编译的 Prolog 编程来说，它是一个特殊的分句组的一个推理程序，所以它"知道"哪些分句与目标匹配。Prolog 基本上会为每个不同的谓词产生一个微型定律校准器，因此可消除过多的解释。它也可能为每个不同的调用开放编码统一路径，从而避免对术语结构做明显的分析。今天的大多数计算机的指令集与 Prolog 语义学并不怎么匹配，因此，大多数 Prolog 编译程序先编译一种中间语言而不是直接编译机器语言。比如最流行的中间语言是沃伦抽象机①，它是一种适合于 Prolog 的抽象指令集，可被解释或翻译为机器语言。

可以看出，Prolog 编程不足之处在于它的深度优先搜索与包括重复的状态和无限路径的搜索树之间的不匹配。比如一个简单的三节点（$A \to B \to C$）图表表征，如果由连接（a, b）和连接（b, c）描述的话，那么一个从 A 到 C 的路径可能导致 Prolog 进入一个无限循环圈。这种关于图表搜索问题的后向链接是动态规划的一个例子。根据动态程序，子问题的解决是从更小的子问题的解决逐渐建构的，并避免重复计算。幸运的是，这个问题可通过表格化的逻辑编程系统来解决，该系统使用有效储存和检索机制来形成记忆，将后向连接的目标导向性与前向链接的动态规划有效性相结合，从而避免了无限循环。这个规避无限循环的组合推理就是适应性表征过程。

第六节　一阶逻辑适应性表征与推理的分解方法论及其特征

如上所述，命题逻辑使用反驳的命题分解方法（resolution），形成一个完备的推理程序，如果将分解方法扩展到一阶逻辑，它会产生如下特征。

第一，采取 CNF 的表征性。一阶分解要求语句以 CNF 存在，即分句

---

① 沃伦抽象机（Warren abstract machine，WAM）是以沃伦（D. H.D.Warren）命名的，沃伦是第一代 Prolog 编译程序的设计者。

的合取，其中每个分句是字符的析取，而字符可包含被假定可普遍量化的变量。这与命题逻辑的表征是相似的。比如上述张三犯罪的例子：∀x 中国公民（x）∧国家机密（y）∧出卖（x, y, z）∧他国（z）⇒犯罪（x），以 CNF 可表征为：¬中国公民（x）∨¬国家机密（y）∨¬出卖（x, y, z）∨¬他国（z）∨犯罪（x）。这意味着，每个一阶逻辑语句可被转化为一个推理上等价的 CNF 语句。特别是当初始语句是不可满足之时，CNF 语句是不可满足的，因此，我们有一个根据 CNF 语句的矛盾进行推理的基础。两种推理主要差别在于对存在量词的消除。

第二，分解方法的有效证明性。这里仍然以张三犯罪为例说明分解方法的证明过程。张三犯罪的语句以 CNF 表征就是：

¬中国公民（x）∨¬国家机密（y）∨¬出卖（x, y, z）∨¬他国（z）∨犯罪（x）

¬军事机密（y）∨¬属于（中国, y）∨出卖（张三, y, 某国）

¬他国（z, 某国）∨对抗（z）

¬军事机密（y_1）∨国家机密（y）

属于（中国, y_1）　　军事机密（y_1）

中国公民（张三）　　对抗（中国, 某国）

其证明过程如图 5-3 所示（在每一步，统一的字符以黑体表示）：

当然，这种分解方法的证明是从目标语句开始的，根据知识库逐渐分解直到产生空语句为止。

第三，分解方法的完备性。上述分析表明，分解方法是反驳性完备的，这意味着，如果一组语句是不可满足的，那么分解总能导出一个矛盾。这样一来，分解方法不能被用于产生一组语句的所有逻辑结果，但能被用于确定一个给定语句，这个给定语句能够被该组语句推出。因此，分解方法通过证明 KB∧¬Q（x）的不可满足性而被用于发现一个给定问题 Q（x）的所有答案。也就是说，一阶逻辑中除了等价的任何语句，其他语句都可被 CNF 写作一组分句，即我们的目的是要证明：如果 S 是一组不可满足的分句，那么将一个有限数量的分解步骤用于 S 会产生一个矛盾。证明过程是这样的：首先，我们观察语句 S 是不是不可满足的，然后存在 S 的分句的一组特殊例子，以便这组语句也是不可满足的[①]；其次，我们求助于基本分解定

---

① 这是埃尔布朗定理，其含义是：如果分句的一组 S 是不可满足的，那么存在 $H_s(S)$ 的一个有限子集，它也是不可满足的。

```
┌─────────────────────────────────────────────┐         ┌──────────────┐
│¬中国公民(x)∨¬国家机密(y)∨¬出卖(x,y,z)∨¬他国(z)∨犯罪│         │¬犯罪(张三)    │
└─────────────────────────────────────────────┘         └──────────────┘
                                    ┌──────────────┐   ┌────────────────────────────────────────────┐
                                    │中国公民(张三)  │   │¬中国公民(张三)∨¬国家机密(y)∨¬出卖(x,y,z)∨¬他国(z)│
                                    └──────────────┘   └────────────────────────────────────────────┘
                                    ┌──────────────────────┐   ┌──────────────────────────────────┐
                                    │¬军事机密(y₁)∨国家机密(y)│   │¬国家机密(y)∨¬出卖(张三,y,z)∨¬他国(z)│
                                    └──────────────────────┘   └──────────────────────────────────┘
                                    ┌────────────┐     ┌────────────────────────────────┐
                                    │军事机密(y₁) │     │¬军事机密(y₁)∨¬出卖(张三,y₁,z)∨¬他国(z)│
                                    └────────────┘     └────────────────────────────────┘
                         ┌──────────────────────────────────────┐   ┌──────────────────────┐
                         │¬军事机密(y₁)∨¬属于(中国,y)∨出卖(张三,y₁,某国)│   │¬出卖(张三,y₁,z)∨¬他国(z)│
                         └──────────────────────────────────────┘   └──────────────────────┘
                                    ┌────────────┐     ┌──────────────────────────────────┐
                                    │军事机密(y₁) │     │¬军事机密(y₁)∨¬属于(中国)∨¬他国(中国)│
                                    └────────────┘     └──────────────────────────────────┘
                                    ┌──────────────┐   ┌──────────────────────────┐
                                    │属于(中国,y₁) │   │¬属于(中国,y₁)∨¬他国(中国)│
                                    └──────────────┘   └──────────────────────────┘
                                    ┌─────────────────────────┐   ┌──────────────┐
                                    │¬对抗(x,某国)∨¬他国(x)    │   │¬他国(中国)    │
                                    └─────────────────────────┘   └──────────────┘
                                    ┌──────────────┐   ┌──────────────────┐
                                    │对抗(中国,某国)│   │¬对抗(中国,某国)   │
                                    └──────────────┘   └──────────────────┘
```

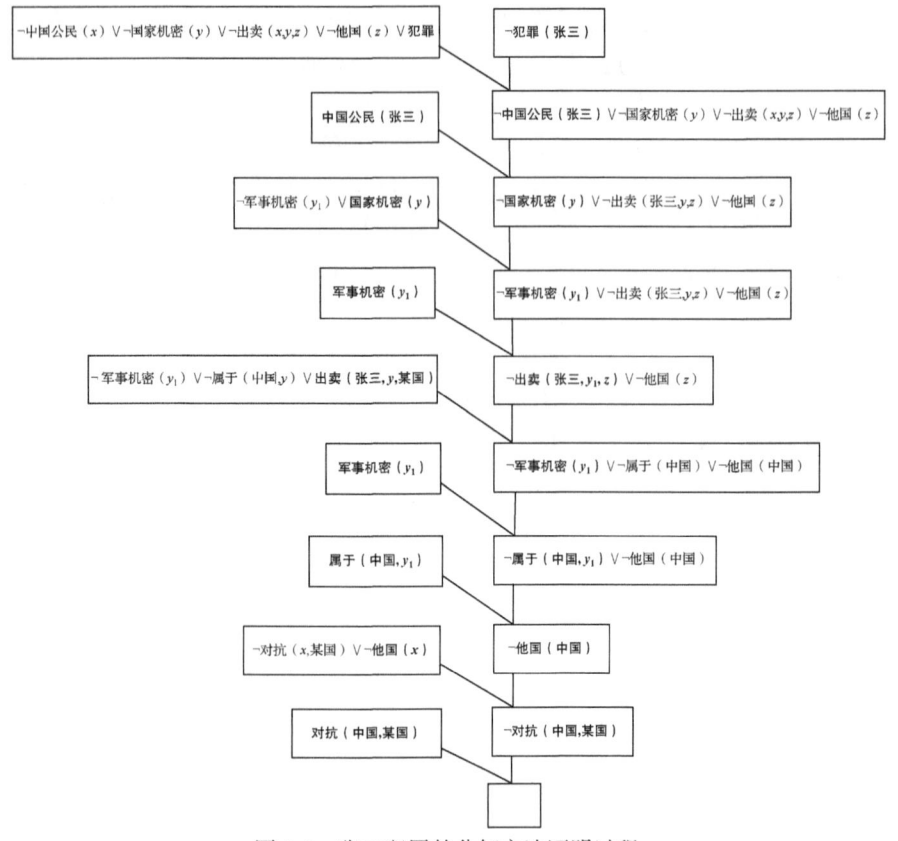

图 5-3 张三犯罪的分解方法证明过程

律说明命题分解对于基本语句是完备的；最后，我们使用提升原理[①]说明，使用基本语句组的任何命题分解证明，都存在一个使用一阶语句获得基本语句的对应的一阶分解证明。

第四，分解方法的等价性。这里的等价性是反身的、对称的和可传递的，也就是说，将命题语句翻译为一阶语句在推理上应该是等价的。比如，爸爸的爸爸是爷爷，可表征为：父亲（父亲（x））=祖父。另外，使用调解法（paramodulation）可产生一阶逻辑等价的一个完备的推理程序。比如，假设有 $P(F(x,B),x)\vee Q(x)$ 和 $F(A,y)=y\vee R(y)$，我们有 θ=Unify

---

[①] 提升的目的是将一个证明从基本分句提升到普遍的一阶分句。其含义可表述为：假设两个分句 C_1 和 C_2，它们之间没有共享的变量，再进一步假设 C_1' 和 C_2' 是 C_1 和 C_2 的基本例示。如果 C' 是 C_1' 和 C_2' 的一个分解项，那么就存在一个分句 C，使得 C 是 C_1 和 C_2 的一个分解项，C' 是 C 的一个基本例示。提升原理源于这种事实，即一阶证明需例示仅仅是证明所必须的变量，而基本语句方法需要检验大量的任意例示。

($F(A,y)$,$F(x,B)$)={$x/A,y/B$}，我们通过调解法得到语句：$P(B,A) \vee Q(A) \vee R(B)$。

第五，分解的方法论策略。由上述可知，重复使用分解推理规则会最终发现一个证明（如果存在的话）。在方法论上，分解可上升为一组策略，概括起来大约有如下几种。

（1）单元优先分解，即偏爱在一个语句是单一字符（单元分句）的地方做分解。这个策略背后的理念是：我们试图产生一个空分句，因此，它偏爱执行能产生更短分句的推理。比如，我们用其他语句$\neg P \vee \neg Q \vee R$分解一个单元语句$P$，总会产生一个分句$\neg Q \vee R$，它比其他分句更短。

（2）建立支持集，即一组相关的信息集。我们相信每个分解步骤至少包括一组特殊分句的一个元素，这个特殊的分句组就是支持集。分解项被增加到支持集上。如果这个分解集相对于整个知识库是小的，那么搜索空间会被极大地减小。不过，这种策略要谨慎使用，因为选择一个不好的支持集会使算法不完备。如果我们选择的支持集使语句的剩余部分是共同可满足的，那么这种支持集分解方法就是完备的。比如在假设初始知识库是一致的同时，我们可使用否定询问作为支持集。支持集策略的优势在于能产生目标导向的证明树表征，这使人们的理解变得容易。

（3）输入分解，即每个分解将其中一个输入语句（在知识库中）与一些其他语句相结合。比如图5-3就使用了输入分解策略，这种形式的证明树的空间比所有证明图解的空间要小。在Horn知识库中，肯定前件式是一类输入分解策略，因为它将源于初始知识库的一个含义与一些其他语句相结合。这样一来，输入分解对于以Horn形式存在的知识库就是完备的，但以其他形式则是不完备的。显然，这是一种线性分解策略，即它允许P和Q一起被分解，或者P是在知识库中，或者P是证明树中Q的母体。

（4）包容策略，即消除由知识库中一个现存语句所包含的所有语句。比如，如果$P(x)$在知识库中，那么就不必增加$P(A)$，也不必增加$P(A) \vee Q(B)$。因此，包容策略有助于知识库保持小容量，也有助于搜索空间保持小容量。容量小意味着推理与表征变得简单，也容易使表征适应变化。

第七节 小 结

自然语言与逻辑语言作为两种不同但相关的表征形式，是人工智能知识表征不可缺少的手段。两种表征形式的结合无疑会增加人工智能的表征力。这就是一阶逻辑语义学的价值所在，因为它将逻辑刻画与自然语言相结合而彰显了语义，使纯粹的符号有了内容。在推理与表征过程中，我们不仅要关注推理的有效性和可靠性，也要关注其语义性，也就是说，推理不是纯粹的符号操作，也包含内容和意义在其中。在笔者看来，要达到这个目的，适应性表征就是必须的。因为无论我们使用何种表征形式（语言的或符号的），缺乏内容或语义的推理和表征，在交流的意义上是毫无价值的。

第六章　逻辑主体对自然语言处理的适应性表征

> 虽然机器制造和机器思维可能看起来是毫不相关的两个趋势，但它们存在于彼此的未来。
>
> ——格申斐尔德（N. Gershenfeld）（摘自约翰·布罗克曼《AI 的 25 种可能》2019 年第 198 页）

自然语言是人们日常使用的语言，如汉语、英语等。人类不同于其他动物的本质就是使用自然语言的能力，特别是使用书面语言的能力。我们知道，其他动物可能通过动作或发声进行交流，如猴子的叫声或跳跃的动作可能告知同伴有危险，但是它们不能书写。我们的儿童学习母语，开始是说，后来会写，所以人作为有意识的智能主体，无疑是会使用自然语言的。如果主体不是自然人，而是人工主体，如计算机的程序或智能体或智能组（智能体的组合），情形会怎样，它会使用自然语言吗？计算机使用的是能够编程的形式语言或符号语言，如一阶逻辑，而非形式化的自然语言是难以编程的，比如，迄今还没有使用汉语编程的计算机软件。这意味着自然语言对于人工主体是一个难题。这就是自然语言处理（natural language processing，NLP）问题。

不过，我们不用担心，全世界几乎所有的网页页面都是用自然语言表达的。因此，人工主体想要获得知识，就需要理解或至少部分理解人类使用的自然语言。这种自然语言不像符号语言那样精确，它往往有点模棱两可甚至混乱，如有太多的模糊或歧义，相同的词语（如英语词 agent）对于不同学科背景的人会有不同的理解。为了避免这些问题，人工智能利用特定信息寻找任务（specific information-seeking task）方法处理自然语言问题，该方法包括三个方面：文本分类、信息检索和信息提取。而处理这些任务的一个共同因子就是使用语言模型，因为人们利用模型能预测语言表达的概率分布。这就是说，自然语言的模糊性和歧义性可通过概率分布加以消除，从而给出其准确的意义。我们首先考察自然语言的一般模型。

第一节　逻辑主体的一般语言模型

形式语言有精确定义的语言模型，如程序语言 Python，它将语言定义为一组字符串，如"print（2+2）"。由于有无数个合法的程序，它们不能一一被列举出来，但它们可通过一组语法规则来详细说明。形式语言也有定义程序意义的规则，如加法规则2+2=4，即"2+2的意义是4"。相比而言，自然语言，如汉语，不用被描述为一套确定的语句，比如"被骂是不快乐的"可以接受，但"骂被是不快乐的"在语法上是不可接受的。因此，在人工智能中，自然语言模型被定义为关于语句的概率分布，而不是一个确定语句的集合。也就是说，它不是将单词串看作是或不是确定语言的一组集合，而是将任意的语句看作单词的概率分布，因为自然语言本身不仅有难以克服的模糊性，而且组合数量巨大且不断变化。特别是汉语中的多义词，脱离语境是弄不清其含义的，比如"行"，可意指"可以"，也可意指"行动"或"开始"，组合词"自行车"和"银行"中"行"的读音也不同。这在机器翻译中是一个难题，即如何在特定语境中确定词语的意义，也就是"词义消歧"问题。还有方言（俚语）和隐喻问题，更使得自然语言处理雪上加霜。

鉴于人工主体不能识别语境，更不能像人那样自动融入变化的语境中，因此使用概率分布来处理自然语言就是情理之中的事情了。这里主要讨论和分析一种人工智能中常用的 n-gram 模型[①]，该模型包括字母模型、调整模型、单词模型及其评价四个步骤。

第一，字母模型构成识别不同自然语言的基础。几乎所有类型的自然语言都是由字母、数字、标点符号及空间组成（字与字之间、行与行之间留有一定距离）（象形文字是个例外[②]）。一个 n-gram 模型被定义为序列 n-1 的一个马尔可夫链。比如，一个 2-序列的马尔可夫链的 3-gram 模型[③]可表达为：$P(c_i|c_{1:i-1}) = P(c_i|c_{i-2:i-1})$。$n$-gram 文字模型的功能是什么呢？简单说就是语言识别，即给定一个文本，它是用哪种自然语言书写的，如汉语文

[①] n-gram 模型是一种 n-字母（单词、音节或其他单元）序列的概率分布模型，其中的 n 是指书写字母长度的序列 n，gram 源于希腊语词根，意思是文字或字母。更具体地说，unigram 是指 1-gram（1个文字或字母），bigram 是指 2-gram（2个文字或字母），trigram 是指 3-gram（3个文字或字母）等。

[②] 在编程方面，象形文字与拼音文字相比，处于劣势。拼音文字加上符号、数字可以构成编程的各种规则，比如人工智能中常用的 if-then 规则，即如果--那么规则，若使用汉语就难以编程了，这可能是迄今汉语（象形文字）难以用于编程的原因。当然，在书法方面，汉语的优势就体现出来了，既可横写，也可竖写，而拼音文字若竖写的话，既不好看也难以辨认。有鉴于此，若汉语走向编程的方向，可能要拼音化或符号化。数学、逻辑正是由于符号化才能形成共同交流的平台，从而不受不同自然语言如汉语和英语沟通的制约。由此笔者想到，中国古代数学可能由于没有走向符号化，所以后来就逐渐衰落了，毕竟用象形文字解高次方程是很难做到的。

[③] 对于一种具有 100 个字母的语言的一个 3-gram 字母模型，$P(c_i|c_{i-2:i-1})$ 有 100 万个条目，能在储存 100 万以上字母的语料库中通过计算字母序列得到精确估计。

本，或英语文本。计算机对语言的识别非常准确，几乎达到100%，因为不同自然语言的语形还是有很大区别的，即使相似度很大的英语、德语，也不难区别，比如，Hello，world 和 Wie geht es dir，前者是英语，后者是德语。

语言识别的一个主要方法是首先建立某个候选语言的一个 3-gram 字母模型 $P(c_i|c_{i-2:i-1},l)$，其中 l 是遍及语言的变量。对于任意一个 l，该模型通过计算该种语言语料库中的 3-gram 来建构。一般来说，某种自然语言大约需要十万个字母（拼音文字）。这样，我们就可获得一个模型 P（文本/语言），P 可通过贝叶斯规则和马尔可夫链来计算。字母模型的另一种方法包括拼写更正、类型分类、命名实体识别。拼写更正是纠正拼写错误，类型分类是指确定一个文本是不是一个新故事、一个合格的文件、一篇科学论文等。命名实体识别是指在一个文本中发现事物的名称的任务，比如"张三非常喜欢兵戈"，张三是一个人的名字，兵戈是狗的名字。

第二，调整模型使自然语言适应词语的变化。3-gram 模型的一个主要问题是，它的训练语料库仅提供概率分布的一个大致的估计值。比如在英语中，字母组合"-th"在任何英语语料库中可给出所有 3-gram 的一个好的估值，比如约 1.5%。而对于组合"-ht"，没有英语单词是以此组合开头的，所以在一个标准的英语训练语料库中，"-ht"的概率可能为 0，即 P(-ht)=0。然而，网络的地址 http 的出现，使得 P(-ht)=0 成为历史。这意味着，语言模型必须随着语言的变化而变化，这使我们面临一个语言的泛化问题，即要求一个语言模型能泛化未见过的文本。比如 http，我们以前并未见过，我们的模型不能说它根本不存在。这就需要调整语言模型以适应不断变化的环境，从而使新出现的概念或事物的概率不为零。这一过程在人工智能中被称为"调整"（smoothing），从表征看就是适应性表征过程。调整模型的一个好方法是补偿模型（back-off model），根据这种模型，我们能从估计 n-gram 的数值开始，对于任何低数值或零的序列，我们退回到 $(n–1)$-gram。比如，线性插值模型（linear interpolation model）就是一种补偿模型，它将 3-gram、2-gram 和 1-gram 模型通过插值结合起来。

第三，模型评估给出要选择的模型。n-gram 模型有很多，我们应该选择哪个呢？当然是选择最合适的那个。这就是模型评估的任务。这可通过交叉确认的方法进行，也就是建立一个具有交叉确认功能的评估模型。具体做法是：先将语料库分成两个部分，一个训练语料库和一个确认语料库。接着从训练数据中确定模型的参数，然后根据确认语料库评估模型。评估可采取一个任务特异性矩阵的形式，如关于测量语言识别的准确性。评估也可以是一个语言属性的任务独立模型,即通过模型计算分配给确认语料库的概率,概率值越高越好。当然,这种矩阵是很麻烦的,因为一个大语料库的概率值是非常小的,而且产生的浮点下溢(floating-point underflow)[①]是一个大问题。这就是语言序列概率描述中的困惑(perplexity)问题[②]。

第四,n-gram 词模型要给出词语及其组合的意义。不同于单个字母,词是构成意义的最小单元。如果说字母模型解决的是语形问题,那么词模型要解决的是语义问题。任何词都是由字母组成的,任何有意义的句子都是由词组成的。我们知道,任何一种自然语言的词汇表都是极大的,如英语的词汇表有 10 万以上的单词,而大部分自然语言的字母包括标点符号一般不超过 100 个。如果将每个词看作一个符号,一个词模型,那么词模型就有几十万个甚至更多。而且新的词还不断地增加,如网络语言。在英语中,字母的组合构成单词,不同的单词也可组合成所谓的合成词,词的数量非常庞大。汉语的词(字)虽然是单独的,数量也较少(相比英语),但也有大量组合的词,如"蜘蛛侠""钢铁战士",而且还有不少的外来音译词,如"模特""坦克""沙发"等,这就迅速扩大了汉语词的数量。

因此,n-gram 词模型不仅要处理词汇库中的词,还要处理词汇库以外的词。也就是说,该模型要适应词汇增加的变化,即要解决适应性问题。那么该模型是如何处理语料库中没有的新词的?假设【unk】代表一个未知的新词,我们可通过以下方法估计【unk】的 n-gram 数值:进入训练语料库,先前未知的任何一个个体词第一时间出现,然后用【unk】替代它。进一步假设这个词的所有次序列仍然不变,接着计算已有语料库的 n-gram 数值,而将【unk】看作任何其他的词。当未知的词出现在一个测试集合中时,我们以【unk】之名查找它的概率。当然,多个未知词的符号可能在建立语料库前已经被使用,比如【unm】【email】【ebook】【iphone】【ibrain】等。

对于自然语言如英语中存在的大量俚语和隐喻(Shukava,2010),虽然对于人工智能来说是个难题,但仍然可通过建立庞大的语料库来解决。比

[①] 当计算导致数字过小而超过当前语言类型能表达的范围时,就会发生下溢。相反,当计算导致数字过大而超过当前类型能表达的范围时,就会发生上溢。其意思是说,计算机浮点数计算的结果小于可表示的最小数。下溢的后果是在计算过程中会损失原来在尾数有效位上的数。

[②] 困惑问题被认为是概率的倒数,由语言序列的长度来规范。它也被认为是一个权重平均分支因子。假设我们的语言有 1000 个字母,我们的模型说明它们可能完全是相似的,对于一个任何长度的序列,该困惑值是 1000。如果一些字母比其他的更相似,该模型会说明这一点,那么该模型会有一个小于 1000 的困惑值。

如，著名的词网 WordNet 就是一个词汇数据库，用于储存按照同义词集组织的单词。每个同义词集（synset）表征一个词语概念，并给出相应的定义，而且每个同义词与所有语义上相关的同义词连接。WordNet 中的同义词有两种词汇单位：词语和多词（multiword）。俚语或限制搭配就是多词，它是一种固定短语，不能从其成分的字面意思来理解，也不能用同义词替代。俚语作为一种固定的限制搭配，相当于汉语的成语，是惯常出现的固定词汇序列，其含义可从组合结构中导出。本蒂沃利（L. Betivogli）和皮安塔（E. Pianta）提出一种称为 Phraset 的数据结构，扩展了 WordNet（Betivogli and Pianta, 2003）。Phraset 是一种单词的自由组合集，可用于平行语料库中基于知识的词汇排列，在一种语言中找到词汇之间的对应关系来表达某个概念。在单语言和多语言环境中，Phraset 可将另一种语言中的单词组合进行词义消歧，从而达到适应性表征的目的。需要注意的是，单词的自由组合是依据语法规则进行的，俚语不是单词的自由组合，所以俚语不能用同义词代替。

还有，一个有效的自然语言处理系统必须能处理隐喻，包括隐喻识别和解释。在人工智能中，初步尝试实现自动识别和解释隐喻的系统是 Met*，它能够区别字面、转喻、隐喻和反常的情形。Met*首先使用选择偏好违背（selectional preference violation，SPV）作为指标来确定短语的字面意义，这实质上是利用偏好语义学（preference semantics）方法，根据语句成分最大数目的内部偏好来确定语句的最连贯解释。若发现短语是非标准的，则使用手工编码的转喻关系集来测试短语的转喻；若找不到转喻，就搜索知识库，找到合适的类比，将隐喻关系从异常关系中区分出来。接着，马丁（H. Martin）基于 Met*开发出解释、表意和获得隐喻的系统 MIDAS（Martin, 1990），该系统使用组织成层次结构的常规隐喻数据库，给定一个隐喻表达式，它就在数据库中搜索这个表达式；若找到了，就把该隐喻添加到层次结构中的父节点上；若没有找到，则将其抽象为更一般的概念，并再次进行搜索，直到找到为止。在 WordNet 中，克里希纳库马拉姆（Krishnakumaram）和朱（Zhu）（Krishnakumaram and Zhu, 2007）使用 is-a 关系检验一个短语是不是隐喻性的；若不是 is-a 关系，则该短语被标记为隐喻。可以预计，自然语言处理中的俚语和隐喻的识别和解释将会越来越自动化和自主化，适应性表征功能会越来越强。

第二节 逻辑主体寻找特定信息任务的适应性功能

如前所述，特定信息寻找任务具体包括文本分类、信息检索和信息提取，每一个方法都有其特定功能。接下来我们深入讨论每一种方法的功能。

首先，文本分类是适应性表征的前提。所谓文本分类就是文本的类型化。已知一个特定文本，我们首先要确定它属于哪种已有的类型，如英语还是汉语，自然语言还是符号语言。语言识别和类型分类就是文本分类的例子。这与科学研究中研究者首先要对研究对象进行分类是一样的，如生物学中的动物、植物分类，动物、植物又可进一步分类。因此，分类是研究的前提。垃圾邮件的分类（垃圾和非垃圾）也是一种常见的文本分类。垃圾邮件检测是监督学习中的一个问题。我们将有用的邮件放入收信信箱（ham），将无用的邮件放入垃圾文件夹（spam）。根据 n-gram 语言模型，我们就有两种互补的分类方式：一种是 P（信息|垃圾邮件），另一种是 P（信息|有用邮件）。在我们使用的邮箱中，计算机会自动地将垃圾邮件放入垃圾邮箱中，其中就使用了 n-gram 语言模型。在机器学习方法中，人们将信息表征为一组属性-价值对，将一个算法运用到属性矢量上，这样就可将语言建模和机器学习方法兼容起来。

另一种分类方法是数据压缩。一个无损失的压缩算法采用符号序列，检测其中的重复模式，并写出比原本更致密的那个序列的描述。事实上，压缩算法创造了一个语言模型。比如，LZW 算法[①]典型地将一个最大熵的概率分布直接模型化。我们要想根据压缩分类垃圾邮件，首先要把所有垃圾邮件训练信息混合在一起，然后将它们压缩成一个单元。有用邮件的压缩与此相同。当给一个给定的信息分类时，我们将它添加到垃圾信息或有用信息，然后压缩它。也就是说，一个垃圾信息倾向于与其他垃圾信息分享词典的词条，当被添加到一个已经包含这个垃圾信息的组合中时，就得到了更好的压缩。

其次，信息检索旨在找到所需的信息。所谓信息检索，就是发现文本的任务，用户通过它能找到需要的相关信息。经常使用电脑的人都知道如何利用互联网检索信息，比如使用谷歌、百度等这些著名的搜索引擎进行搜索，如研究者搜索所需的论文或网页。信息检索一般涉及四个方面：①一个文件语料库，即每个系统要确定将一个文本看作段落、页面还是多页文本等；②以询问语言提出问题，即用户想知道什么；③一个结果集，即文本的一个子集，它是信息检索系统判断是否相关的问题，比如我要搜索"自我"

[①] 也称 LZW 压缩（LZW compression），它是由伦佩尔（A. Lempel）、齐夫（J. Ziv）和韦尔奇（T. Welch）发明的一种基于表查寻算法，将文件压缩成小文件的压缩方法。LZW 使用的两个常用文件格式是用于网站的 GIF 图像格式和 TIFF 图像格式。

这个概念，与之相关的概念有"自由意志""自主选择""意识""自我意识"等；④那个结果集的陈述或报告，如搜索到的网页文本、PDF 文档。

信息检索系统是一个适应性表征系统，因为它要根据新增加的信息不断补充新内容，其功能包括得分函数、系统评估、问题回答等。得分功能包括一个文件和一个问题，给出一个数值分数，最相关的文件有最高的分数。比如著名的 BM25 得分函数被用于搜索引擎。在这种函数中，分数是每个词的得分的一个线性权重组合，它构成询问过程。询问过程的权重受到三个因素的影响：第一个是询问术语在文本中出现的频率，第二个是询问术语的逆向文本频率，第三个是文本的长度。一个词出现的频率越高，分值就越高，它的逆频率就越小，分数就越低。比如单词 in 几乎出现在所有文本中，因而分值就非常高，相反，aha 处在文本中的频率就很低，分值就很小。文本长度意味着一个百万词的文本可能用到所有询问词，但可能不是真实的关于询问的，一个包括所有询问词的短文本可能比长文本更好。

系统评估要回答信息检索系统是否执行得好的问题。这个问题可通过做实验来解决，即给一个系统一组询问，其结果集的得分由人的相关判断给出。一般来说，得分有两种测量：回溯和精确度。比如，一个信息检索系统给出一个询问的一个结果集，我们需要知道哪些文本在有 100 个文本的语料库中是相关的或不相关的。精确度测量结果集中相关文本的比例，比如精确度是 0.7，即相关性是 0.7。回溯测量所有相关文本在结果集中组合的比例，如回溯是 0.6。在网页搜索引擎的情形中，系统的评估与净化是通过算法进行的，常用的算法有网页排名 PageRank[1]和超链接诱导的主题搜索（hyperlink-induced topic search，HITS）[2]，通过这些算法，搜索引擎能根据变化及时做出调整，它们在帮助我们理解网页信息检索方面起到重要作用。

与信息检索发现相关的问题不同，问题回答是要解决询问的一个真实问题，而答案并没有列在文本中，但会回答一个短句子或者一个短语。比如，AskMSR 就是一个典型的基于网页的问题回答系统。它基于这样的直觉——大多数问题在网上被问过多次，所以问题回答应该被认为是作为精

---

[1] PageRank 是以谷歌公司创办人佩奇（L. Page）的姓命名的。该算法根据网页之间的相互超链接计算技术作为网页排名的主要因素，体现了网页的相关性和重要性，在搜索引擎优化操作中经常被用来评估网页优化的成效因素。优化的过程恰好体现了计算机网页的适应性表征的特征。

[2] HITS 算法是在 1997 年由康奈尔大学的克莱因伯格（J. Kleinberg）提出的。按照 HITS 算法，用户输入关键词后，算法对返回的匹配页面计算两种值：焦点值和权威值，它们相互依存、相互影响。焦点值是指页面上所有导出链接指向页面的权威值之和，权威值是指所有导入链接所在的页面中焦点值之和。

确度而不是回溯。我们不必处理答案可能是短语的所有不同方式，我们发现其中一个即可。比如你问"谁杀了美国总统林肯？"，在百度上搜索的结果有："是谁谋杀了美国总统林肯？""美国总统林肯遭刺杀的原因是什么？""美国总统林肯刺杀真相是什么？""是谁刺杀了美国总统林肯？""为什么美国总统林肯会被刺杀？""林肯被刺杀之谜"等，我们只要看一个就基本知道结果了，即刺杀者是"布斯"。在谷歌上用英语搜索，答案更多，但大都指向 Wilkes Booth。事实上，AskMSR 系统根本不知道动词"刺杀"、代词"谁"和名词"林肯"的意义，但它"知道"如何处理不同类的问题而进行搜索，即它是依据不同的词组成的问题搜索的。具体说，一旦 n-gram 语言模型被计分，它们就通过所期望的类型得到调整或过滤。如果初始询问由"谁"开始，我们首先搜索名字如林肯、发生时间（1865 年）和地点（美国华盛顿）等。也可同时搜索这些概念，也可以语句形式（林肯被刺杀）搜索。总之，在笔者看来，搜索系统是一种适应性表征系统，它随着你输入的词语及其组合而变化，从而呈现不同的表达方式，但问题的答案几乎是相同的。一句话，搜索所要的答案，选择关键词是核心。

　　再次，信息提取旨在获得所需的准确知识。信息提取是通过浏览文本、寻找目标及其关系而获得知识的过程。在人工智能中，信息提取的方法大致有六种（Russell and Norvig，2011：874-882）：

　　（1）信息提取的有限状态自动操作。信息提取系统的最简单类型是基于属性的提取系统，它假设整个文本指称一个单一目标，任务是提取目标的属性。我们可为每个我们要提取的属性定义一个模式或模板，而模式是由一个有限状态自动操作定义的。最简单的例子是规范表达或正则表达式[①]。如果一个属性的规范表达与文本精确地匹配，那么我们能离开该文本的具有那个属性值的部分。如果不匹配，我们所做的就是给出一个缺省值（默认值）。如果有几种匹配，我们需要在它们中做选择。一个策略是为每个属性准备几个模板，按照优先性排列。另一个策略是采用所有匹配，然后在其中发现选择的方式。根据这两个策略，信息提取一般有四个步骤：第一是关系提取系统，处理多目标及其关系；第二是处理复合词，包括短语和复合名词；第三是处理基本词组，包括名词词组和动词词组；第四是将基本词组合成为复合短语。总之，基于有限状态自动操作的信息提取对于一个严格限制的域是很有效的，在这个域中，它可以预先决定讨论什么主题，如何提

[①] 规范表达（regular expression）通常在 Unix commands 如 Grep，在程序语言如 Perl，以及在词处理器如 Microsoft Word 中使用。

取它们。

（2）信息提取的概率模型。当信息提取必须处理噪声或变化输入时，有限状态方法就失效了。此时最好使用概率模型，而不是使用基于规则的模型。对于具有隐藏状态的序列而言，最简单的概率模型是隐马尔可夫模型HMM。隐马尔可夫模型通过一个隐藏状态的序列连同每一步的观察，为一个连续事件或行为建模。要将隐马尔可夫模型用于信息提取，我们要么为所有属性建立一个大的隐马尔可夫模型，要么为每个属性建立一个隐马尔可夫模型。比如，按照第二个策略，观察目标是文本中的词，隐藏状态是我们是否在目标中，即属性模式的前缀或后缀，或者是模式之外的背景。比如一个短文本"某教授本周六在学院报告厅将有一次学术报告"，前缀是报告人（某教授）、时间和地点（本周六、学院报告厅），后缀是"将"，目标是"学术报告"。与有限状态自动操作相比，隐马尔可夫模型有两个优势：一方面，它是概率的，可以兼容噪声。比如在规范表达中，如果一个期望的字或词丢失了，正则表达式就不能匹配。而对于隐马尔可夫模型，存在一个逐渐减弱丢失字或词的过程，我们可采用概率来说明匹配的程度，而不仅仅是布尔式匹配（一一对应匹配）。另一方面，它们能通过数据得到训练，不需要奋力地去做模板，而且能够随着文本的变化不断调整数据。

（3）信息提取的条件随机场。提取信息的一个问题是，它们为许多我们不需要的概率建模，这等于做了许多无用功。因为隐马尔可夫模型是一个生产性的模型，它为观察和隐状态的全连接概率建模，因此能够产生模板。也就是说，我们使用隐马尔可夫模型，不仅可以从语法上描述一个文本并重新找到言说者和时间，而且可以产生一个包含言说者和时间的文本的随机例子。这里所关注的是如何改善这样一种模型，它不为概率建模。为了理解一个文本，我们所需要的是一个有区分力的模型，即在给定观察或文本的情形下，能为隐藏属性的条件概率建模的模型。具体而言，已知一个文本 $e_{1:N}$，条件模型发现隐藏状态序列 $X_{1:N}$，该序列最大化概率 $P(X_{1:N}|e_{1:N})$。这类模型就是条件随机场，它在给定一组观察变量的情形下为一组目标变量的条件概率分布建模。类似于贝叶斯网络[①]，它能表征变量间相互依赖的许多不同结构。

（4）源于大语料库的范畴提取。目前信息提取就是在一个具体文本中

---

① 贝叶斯网络是一种基于概率推理的图形化网络。它是基于贝叶斯公式建立的概率网络，也是基于概率推理的数学模型，其目的是通过某些变量的信息获取其他概率信息的过程，是为解决不确定性和不完备性问题而提出的，在许多领域有广泛的应用。

发现一组它具有的关系，如言说者、时间、地点、目标。事实上，信息提取远不止于此。这就需要从语料库建立一个更大的知识库或事实范畴。基于更大的语料库的范畴比条件随机场提取的优势在于，信息提取是广泛的、无限度的，我们需获得关于所有类型域的事实，而不仅仅是一个具体的域；而且信息提取的任务在大语料库由精确度控制而不是回溯控制，就像在网络上找问题的答案一样。还有，其结果是从多种资源通过统计聚集获得的，而不是从一个具体文本中提取的。比如，1992年的语料库仅有1000页的百科全书，目前的语料库则有10^8页。这种不断增大的语料库，使得信息提取越来越精确，即询问的答案越来越准确。比如机器翻译，虽然它的翻译不太准确，但它提供的信息，如译者不认识的单词，机器会给出基本意义，省去译者许多查找词典的时间。

（5）自动模板构造。在自然语言的文本中，亚范畴关系是非常基本的关系，以至于我们有时不得不手动去识别一些例子。为解决此类问题，人工主体可通过一些例子向模板学习，然后使用模板或模式学习更多的例子，这样一来，更多模板得到了学习，进一步提高了获取信息的能力。比如我们在熟悉的"知网"上查找所需论文，将作者或论文名称，或者将二者都输入进行搜索，很快就找到了结果。这是一个典型的中文文本模板。它是一种作者-题目关系，但是学习系统本身并没有关于作者和题目的知识，它是通过搜索引擎在语料库中找到作者-题目之间的关联。根据自动模板构造系统，只要给出一组匹配（不仅是作者和题目，还可包括时间、次序、网址等），一个简单的模板生成方案就能找到模板来解释这些匹配。模板的语言被设计出来产生一个与匹配本身密切相关的映射，以便可通过修正来自动学习，并提高精确度。这个过程实质上就是适应性表征过程。

（6）机器阅读。尽管自动模板构造系统能有效提取信息，但涉及的文本关系是有限的，而且还需要手动输入。要建立一个能处理几千个关系的范畴系统且不需要手动输入，如果不是不可能，那也是相当困难的。也就是说，这种信息提取系统不需要任何类型的手动输入，它自己能够阅读，建立自己的数据库。与自动模板构造是关系依赖系统不同，这种系统是关系-独立系统，能为文本系统中的任何关系建模。这种系统就是机器阅读。一个代表性的机器阅读系统是TEXTRUNNER（Banko and Etzioni, 2008），它使用协同训练来提高其性能，但需要某物来引导程序。对于TEXTRUNNER来说，最初的灵感是一组八个普通句法模板的分类系统，包括类型（如单词、名词、动词等）、模板（如名词短语-动词-名词短语）、例子（如X建立Y）和频率（如36%）。例如，这样一个文本，"屠呦呦2016年获得诺贝尔奖"，从语法上来分析，TEXTRUNNER 系统能给出（屠呦呦，获得，诺贝尔奖）。TEXTRUNNER 的准确率还是比较高的（在英语文本中关系识别率高达95%），这得益于它的庞大语料库。这种基于庞大语料库的机器阅读能力比普通人要强得多，毕竟普通人的知识有限。

第三节　逻辑主体自然语言交流的表征原则

交流是基于共同符号的信息的意向交换。许多动物实验指号（sign）表征了重要信息，比如这里有食物、附近有猎食者、发出叫声提示（有危险），展示羽毛寻求配偶，如孔雀开屏等。在某些可观察世界，交流能帮助行为体成功，如狼群协作捕猎，因为它们能从环境学习信息，那些信息是它们通过观察或从其他动物那里推出的。这些能力我们人类大多都具有，而且人类还拥有其他动物没有的东西——自然语言。自然语言的形成使人类的交流成为必然，语言似乎就是为交流而产生的，人类也因此成为最能言说的主体。如果计算机的智能体有助于我们交流，如机器翻译和语音识别等，那么它们就需要学习讲各种语言，如汉语、英语或其他语言。

如上所述，n-gram 语言模型是基于词语序列的，其缺陷是数据稀少，仅有十万多词汇，然而，3-gram 概率估计有 10^{15}，即使有万亿个词汇的语料库，也不能可靠地计算其结果。在人工智能中，解决这个问题的做法就是泛化，即泛化出各种短语，如名词短语、动词短语及其组合，也就是将这些短语句法范畴组合成树型结构来表征语句的短语结构。这种方法是基于语法形式主义的生成能力假设的。

乔姆斯基曾经描述了四种语法形式主义：递归可枚举语法、语境敏感语法、语境无关语法和规范语法（Chomsky，1995）。递归可枚举语法使用无限制规则：重写规则的两边可拥有终端符（其后不再有其他词，如不及物动词）和非终端符（即其后还跟随其他词语，如及物动词）的任何数，如规则 $A B C \to D E$。这些语法在表达力方面相当于图灵机。语境敏感语法是有限制的，它要求右边必须至少包含与左边相同的符号，即右边的符号数不少于左边的符号数。语境敏感源于这样的事实——规则如 $AXB \to AYB$ 表明，在一个优先 A 和后继 B 的语境中，一个 X 能被重写为一个 Y。语境敏感语法可将语言表达为 $a^n b^n c^n$，a 的 n 复制的一个序列紧跟着相同数目的"bs"（复数 b），然后是相同数目的"cs"（复数 c）。在语境无关语法中，左边包含一个单一的非终端符，因此，每个规则允许在任何语境中在右边重写出非终端符。语境无关即无语境,意味着语言中的每个单词,若有规则应用于此单词,则这个规则与单词所在的语境无关。这种语法仅关心结构,而与语义是两回事。语境无关语法在编程语言中很流行,但在自然语言中并不常见,它能表征 $a^n b^n$,但不能表征 $a^n b^n c^n$。规范语法是其中最严格的。每个规则在左边有一个单一的非终端符,在右边有一个终端符,其后随意地紧跟着一个非终端符。在这里,规范语法相对于有限状态机器,几乎不适合于编程语言,因为它不能表征如平衡的开始和结束的插入语(一种 $a^n b^n$ 语言的变体)这样的结构。

众所周知,语法是组织词成为有意义句子的规则,每种成熟的语言都有一套系统的语法规则,比如英语的语法有严格的时态规则,汉语则没有时态。为了有效可靠地表征短语结构,人工智能中常用一种概率语境无关语法(probabilistic context-free grammar, PCFG),其规则可表示为:$A \rightarrow CD[p]$,意思是,给定 A,p 是扩展 CD 的概率,或者说,条件概率 p 是 A 被扩展到 CD 的可能性。比如,

$$VP \rightarrow Verb\ [0.7]$$
$$|VP\ NP\ [0.3]$$

在这个例子中,VP 是动词短语,NP 是名词短语,它们都是非终端符,方括号中的数字是概率值,概率值之和是 1。语法也指称实际的词,即终端符。这个规则的意思是:一个动词短语仅由一个动词构成,概率是 0.7,即不及物的概率是 0.7;一个动词短语其后紧跟一个名词短语,其及物的概率是 0.3。在英语中,动词有及物(vt.)与不及物(vi.)之分,及物动词是其后可跟名词短语(非终端词),不及物后不再有名词短语(终端词)。比如动词 eat(吃),eat an apple(吃苹果),we eat out this afternoon(今天下午我们在外面吃)。前一个例句中动词是非终端词,后一个例句中动词是终端词。因此,PCFG 方法实质上是统计分析。

为了描述真实英语的表征,PCFG 定义了一个 ε_0 语言,它适合于探讨魔兽游戏世界的主体之间的交流。ε_0 语言有一套专门词汇:名词(noun)、代词(pronoun)、指代事物的名称(name)、指代事件的动词(verb)、修饰名词的形容词(adjective)、修饰动词的副词(adverb);功能词有:冠词(article)如 the、a,介词(preposition)如 at、in,连词(conjunction)如 and,关系代词如 that、which,以及数字 0 到 9。名词、名称、动词、形容词和副词是开放类词,即其后可跟其他词,也就是非终端词;代词、关系代词、冠词、介词和连词是封闭类词,即终端词,它们的数量并不大,如冠词只有两个

(定冠词 the，不定冠词 a）。

ε_0 语言还有一套语法，它用六个句法范畴将词组合成短语或句子。

（1）句法范畴句子 S 的规则：

S→NP VP   [0.8]   如 He + feels a breeze
|S conj S   [0.2]   如 He + feels a breeze + and +it stinks

（2）名词短语的规则：

NP→Pronoun   [0.2]   如 I, you
|Name   [0.1]   如 Mary, Tom
|Noun   [0.1]   如 apple, desk
|Article Noun   [0.2]   如 the + Sun
|Article Adjs Noun   [0.1]   如 the +red +Sun
|Digit Digit   [0.1]   如 5 8
|NP PP   [0.1]   如 the Sun +in the sky
|NP RelClause   [0.1]   如 the Sun +that is red

（3）动词短语的规则：

VP→Verb   [0.4]   如 run
|VP NP   [0.3]   如 feel + a breeze
|VP Adjective   [0.1]   如 smells + dead
|VP PP   [0.1]   如 is + in the room
|VP Adverb   [0.1]   如 run + fast

（4）形容词的规则：

Adjs→Adjective   [0.8]   如 smelly
|Adjective Adjs   [0.2]   如 smelly + dead

（5）介词短语的规则：

PP→Prep NP   [1.0]   如 in +the room

（6）关系从句的规则：

RelClause→RelPro VP   [1.0]   如 That +is red

这套规则是现代英语中的语法规则，人工智能中的编程也经常使用这种语法规则（大多数使用英语字母及其语法加上数字）。ε_0 语言对语句的分析通常采用树表征形式，例如句子 "Every dog runs."（图 6-1）。

这个表征树的总概率是 $0.95 \times 0.20 \times 0.05 \times 0.15 \times 0.45 \times 0.10 = 0.000064125$。鉴于这个表征树只是对句子的语法分析，因此，这个值也是这个句子的概率。这个树表征也可采用线性形式重写为：[S[NP[Article **every**

```
                    S
                   0.95
                  /    \
                NP      VP
               0.20    0.45
               /  \      \
          article noun   verb
           0.05   0.15   0.10
             |     |      |
           every  dog    runs
```

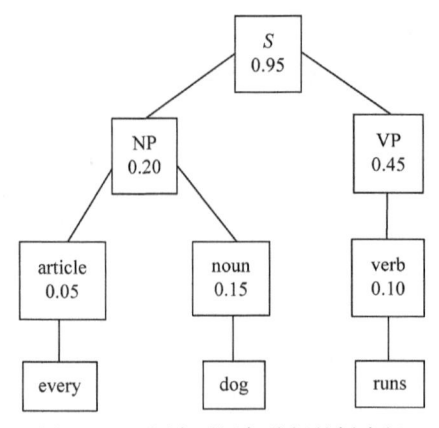

图 6-1　ε_0 语言对语句分析的树表征

[Noun **dog**]] [VP[Verb **runs**]]]。这是不同的表征方式。语句不同，其中每个成分的概率也不同，句子的总概率也就不同。这种表征方式是随着分析语句的变化而变化的，因此，它在整体上也表现出适应性，尽管每个成分没有智能，也不是一个智能体（一个小程序）。

第四节　逻辑主体进行自然语言交流的表征机制

由上述分析可知，ε_0 语言为人工主体使用自然语言提供了表征原则。问题是，人工主体是如何根据这些原则进行交流的，这就是语言交流的表征机制问题。在人工智能中，ε_0 语言的表征机制主要有三种：句法分析、扩展语法和语义阐释。接下来我们讨论和分析人工主体使用自然语言的这些具体表征机制。

第一，句法分析根据语法规则剖析词序列以弄清短语的正确结构。任何一种自然语言，从结构上看，只要弄清其组成成分，其意义就不难理解了，尤其是复杂的长句子，结构不清晰，意义自然就不会明确。因此，要呈现文本的意义，首先要弄清文本语句的结构。这是一种结构-功能方法。人工智能对语句的分析就采用的是这种方法。人工主体根据 ε_0 语法对文本词序（词串）的分析，无论是从上至下还是从下至上，有时不仅无效，反而会产生歧义。例如以下两个英语句子：

　　Have the students *take* the exam.（让学生考试。）
　　Have the students *taken* the exam?（学生参加了考试吗？）
尽管它们都有 6 个词，但是，它们有完全不同的语法结构和意义，因为第一个句子是祈使句，第二个是一个疑问句。若从左到右地使用分析算法，仅从前三个词不能给出区分，直到第四个词（take，taken）时，人工主体（分析算法）才可能在语法上给予识别。如果人工主体猜测错了，它必须从头再来分析，而且是在其他解释模式下进行。为避免这种分析的无效性，人工智能中采用动态规划的策略：每次分析一个子词串（短语）后，就及时储存结果，避免重复分析。比如，the students 是一个 NP（名词短语），我们可将它储存到一个数据结构如图表（chart）中。这种算法被称为图表分析器。一种常用的句法分析器是 CYK 算法[1]，它使用 $O(n^2m)$ 空间作为概率 P 表，其中 n 是一个句子中词的数量，m 是语法中非终端符的数量，需要的时间是 $O(n^3m)$。根据 CYK 算法，给定一个词序列（词串），它会发现整个序列和子序列的最可能的衍生句。如果实现了这一步，它就返回整体表 P，在那里，一个入口 $P[X, start, length]$ 在位置 start 开始时是长度 length 的最可能的概率。如果在那个位置那个范围不存在任何 X，那么概率是 0。

不过，我们要意识到，没有算法能完全正确地处理语境无关语法的文本，因为语句的组成和意义太复杂，分析算法要分析的数量太大，在脱离语境的情形下，很难正确找到句子的准确意义。比如英语句子 Fall leaves fall and spring leaves spring.（秋叶落，春叶发），是非常模糊的，除了 and，每个词既可以是名词也可以是动词，而且 fall 和 spring 还可以是形容词，分析器（人工主体）在无语境[2]的情形下是无法区分这些的。即使人类主体在面对这个句子时也会有不同的理解，比如 "Fall leaves fall." 可以理解为 "Autumn abandons autumn."（秋弃秋），汉语理解者也可将其理解为 "落叶

---

[1] CYK 算法即 Cocke-Younger-Kasami 算法，它以其独立发现人科克（J. Cocke）、杨格（D. Younger）和霞美（T. Kasami）的名字命名，是基于动态规划思想设计的一种采取自上而下和自下而上的语法分析算法，也是一种用于测试语境无关词串的算法。这种算法将分析作为搜索问题，采用自上而下和自下而上的搜索。自上而下的搜索从起始符 S 开始，尝试建构对输入句子的所有可能分析树，这些分析树将输入的句子作为叶节点，将 S 作为根节点，并通过搜索此空间找到最佳分析。自下而上的搜索从输入句子的单词开始，试图从叶节点向上建构表征树，该方法尝试将输入的单词与非终端符进行匹配，这个非终端符可被扩展而产生该单词。如果语法是乔姆斯基规范形式的，那么 CYK 算法就可建构一个 $(n+1) \times (n+1)$ 的矩阵，其中的输入句子是单词数。

[2] 在笔者看来，人工主体天然就是无语境的或语境无关的，它与人类完全不同。人类是语境化的，能自动融入新的语境，即随着语境发生变化，人能进入新语境从而获得新的理解。但对于人工主体来说，无论它多么有智能，它都无法拥有自动识别语境并能融入其中的能力。这就是人类智慧与机器智能的本质区别。我将这种能力称为自语境化能力。目前只有人有这种能力，动物没有，人工智能更没有。由此推知，如果将来有一天基于人工智能的机器人能像我们人类一样拥有了自动融入新语境的能力，到那时，我们可以说，这种人工主体（区别于人这种主体）就有了意识，就能像人一样思维（基于意识的思维，不是基于计算或智能的思维）。

落"或"秋叶落"。如果按照 ε_0 语法分析，这个句子有四种分析方式（Russell and Norvig，2011：894）：

[S[S[NP Fall leaves]fall] and[S [NP spring leaves]spring]

[S[S[NP Fall leaves]fall] and[S [NP spring[VP leaves spring]]

[S[S Fall [VP leaves fall] and[S [NP spring leaves]spring]

[S[S Fall [VP leaves fall] and[S spring [VP leaves spring]

因此，分析算法不可能检验所有分析树，它所做的只能是计算最可能树的概率。这些子树形式都表征在 P 表中，如果我们肯花费时间的话，它们都是可计算的。CYK 算法的优点在于，我们不必一一计算它们，除非我们想列举它们。

第二，PCFG 通过学习概率不断改善其功能。我们知道，PCFG 有许多规则，每个都有一个概率值。这意味着，从数据学习语法可能比知识工程方法要好。让人工主体学习是很容易的事情，我们可以设置一个正确地分析的句子语料库，通常被称为"树库"（treebank）。Penn treebank[①]是最有名的一种。它由 300 万个词组成，每个词由部分语言和分析树结构注解。根据 Penn Treebank，给定一个树库，我们就能通过计算、调整来创造一个 PCFG，比如英语语句 "Mary's eyes are glazed."，可以表达为 $S \rightarrow NP\ VP[0.8]$，其中 NP 是 Mary's eyes，VP 是 are glazed，概率是 0.8。假如树库不可用，而我们仅有一个粗略未标注的语料库该怎么办？当然，从这样的一个语料库学习一种语法仍然是可能的，但非常困难。原因在于，我们实际上面临两个问题：一是学习语法规则的这种结构；二是学习与每个规则相关的概率。对于这个问题，人工智能中是采用期望最大化（expectation-maximization，EM）方法解决的。我们试图学习的参数是规则概率，我们让这些参数从随机值或规范值开始。隐变量就是分析树，即我们并不知道词串是不是由一个规则产生的。期望步骤估计由每个规则产生每个子序列的概率。最大化步骤估计每个规则的概率。整个计算可在一个拥有内-外算法的动态规划模式[②]中完成，类似于隐马尔可夫模型的前向-后向算法。

[①] Penn Treebank 是一个项目的名称，它将语料注解为词性以及句法分析。其语料库源于 1989 年华尔街日报语料库。Penn Treebank 委托 Linguistic Data Consortium（LDC）发行与收费，下载网站 https://www.ldc.upenn.edu/。

[②] 该模型与马尔可夫链类似，是加权有限状态自动机。我们可使用有向图表征隐马尔可夫模型，其中顶点表示计算的不同状态，弧表示状态之间的转变。隐马尔可夫模型为每条弧分配了概率，这表征了从一个状态移动到另一个状态的概率。因此，隐马尔可夫模型作为一种统计模型，在许多 NLP 应用程序中都会用到。

然而，我们也应看到，PCFG 模型的问题恰恰就在于它的语境无关性。比如例子 eat a banana（吃香蕉）与 eat a bandanna（吃头巾），第二个例子显然不合常理。若用 PCFG 模型分析就意味着，识别概率 P（eat a banana）与概率 p（eat a bandanna）之间的差异，仅仅依赖于 P（Noun→banana）对 p（Noun→bandanna），而不是依赖于 eat 之间的关系及其各自的目标。这显然是有问题的。相比而言，关于两个或更多目标顺序的马尔可夫模型可提供一个足够大的语料库，它会知道 eat a banana 的概率更大。因此，如果将 PCFG 与马尔可夫模型结合起来会更好。最简单的方法就是根据两种模型计算的概率的几何方法来估计一个句子的概率。PCFG 模型的另一个问题是它倾向于更短的句子，对于长句子效果不佳。这就需要对 PCFG 模型进行修正或扩展，即增加它的适应性表征能力。

第三，词汇化的 PCFG 模型扩展了语法分析的能力。针对以上问题，我们可通过扩展 PCFG 模型来提高其分析句子的能力。这意味着，不是每一个名词短语都是语境不敏感的，而是某些名词短语更可能出现在一个语境中，其他的则出现在另一个语境中，也就是说，有些名词短语是语境依赖的，不是语境无关的。在上述的吃香蕉例子中，为了获得动词"吃"和名词"香蕉"对"头巾"之间的关系，人工智能中使用词汇化的 PCFG 模型，在那里，一个规则的概率依赖于分析树中词之间的关系，而不仅仅依赖于句子中词的邻近关系。由于我们不能获得分析树中每个词所依赖的概率（因为没有足够多的训练数据来估计所有概率），我们寻求分析短语中最重要的词，即头词（head of a phrase）。根据这个策略，"吃"是动词短语"吃香蕉"的头词，"香蕉"是名词短语"一根香蕉"的头词。若用 VP（v）指代带有范畴 VP 的短语，其头词是 v，此时范畴 VP 就被头（head）变量 v 扩展了。扩展的语法描述的动词-目标关系可表达为（Russell and Norvig, 2011：897）：

$$VP(v) \rightarrow Verb(v)\ NP(n) \qquad [P_1(v,n)]$$

$$VP(v) \rightarrow Verb(v) \qquad [P_2(v)]$$

$$NP(n) \rightarrow Article(a) \quad Adjs(j) \quad Noun(n) \quad [P_3(n,a)]$$

$$Noun(banana) \rightarrow banana \qquad [P_n]$$

在这里，概率 $[P_1(v,n)]$ 依赖于头词（v,n），$[P_2(v)]$ 依赖于 v，$[P_3(n,a)]$ 依赖于（n,a），$[P_n]$ 依赖于名词 banana。

然而，这种仅仅依据头词的扩展不能解决其他词的概率，比如"吃绿色的香蕉"，头词策略不能识别，所以扩展规则是非常复杂的，有必要通过逻辑定义使其规范化，即将这种语法翻译成逻辑句子，如一阶逻辑表达式。这就是定子句语法（definite clause grammar，DCG）。比如，上述例子的名词短语 NP（n）可用一阶逻辑表示为：

NP（n）→Article（a）Adjs（j）Noun（n）{Compatible（j, n）}

这个表达式中增加了约束概念，用于指某些变量的逻辑约束。这个规则仅当约束为真时有效。述语{Compatible（j, n）}被用于检测形容词 j 和名词 n 是不是相容的，比如，"红色的"和"香蕉"是不相容的，而"黑色的"和"狗"是相容的。这样，我们可通过如下四种途径将扩展语法转换为定子句语法：①翻转右边到左边的顺序；②连接所有成分和约束；③给每个成分的论据列表增加一个变量 s_i，以表征由成分限制的词序；④给树根的每个论据列表增加连接词序的术语 Append（s_1…）。这样一来，上述表达式就成为：

Article（a, s_1）∧Adjs（j, s_2）∧Noun（n, s_3）∧{Compatible（j, n）}
⇒NP（n, Append（s_1, s_2, s_3））

这个表达式的含义是，如果 Article 对于头词 a 和词串 s_1 是真的，Adjs 对于头词 j 和词串 s_2 是真的，而且 Noun 对于头词 n 和词串 s_3 也是真的，那么 NP 对于头词 n 和附加串（s_1, s_2, s_3）的结果就是真的。可以看出，DCG 翻译忽略了概率，这使我们能以不同方式理性面对语言和词串。比如，我们可使用前向链接进行自下而上的分析，也可使用后向链接进行自上而下的分析。事实上，用 DCG 分析自然语言是 Prolog 逻辑编程语言的首要应用之一。

第四，语义阐释通过计算规则给出文本或短语的意义。文本分析的目的不是为了弄清其结构，而是要通过结构分析来理解其蕴含的语义或内容，这是所有分析语法的最终目的。在人工智能中，这是一种算术表达的语义学，一种算术表达语法，也就是由语义学扩展的算术表达语法。其语法规则如下：

Exp（x）→Exp（x_1） Operator （op）Exp（x_2）{x = Apply（op, x_1, x_2）}，

Exp（x）→{Exp（x）}

Exp（x）→Number（x）

Number（x）→Digit（x）

Number（x）→Number（x_1）Digit（x_2）{x = 10×x_1+x_2}

Digit（x）→x{0 ⩽ x ⩽ 9}

Operator（x）→x{x ∈ {+, −, ×, ÷}}

其中 Exp 是表达算子，Operator 是操作算子，Apply 是应用算子，Number 是数量算子，Digit 是数字算子，x 是算术运算符。每个规则由一个变量扩

展，指示短语的语义解释。比如，数字 3 的语义是它本身，一个表达 3+4 的语义是操作算子+应用于短语 3 和 4 的语义。这个规则遵循组合语义学原则——一个短语的语义是子短语的语义的一个函数。

在英语中，我们要确定我们想要哪种语义表征与哪类短语相关联。比如一个简单句子"John loves Mary."（约翰爱玛丽），名词短语 John 将逻辑术语 John 作为其语义解释，该句子整体上将逻辑句 Loves（John, Mary）作为其语义解释。这个句子的复杂部分是动词短语 loves Mary。这个短语的语义解释，既不是逻辑术语也不是逻辑句。直观上看，loves Mary 是这样一个描述，它可能或不可能用于一个具体的人。这意味着 loves Mary 是一个述语，当它与一个表征人的术语结合时，才产生一个完全逻辑句（那个人示爱）。使用 λ-标记法[①]可以将 loves Mary 表征为：λx Loves（x, Mary）。要表达"John loves Mary."的意义，还需要引入一个规则：

$$S（pred（obj））\rightarrow NP（obj）VP（pred）$$

其意思是，一个具有语义 obj（目标）的 NP，紧跟着一个具有语义 pred（述语）的 VP，产生一个句子，该句子的语义是应用 pred 到 obj 的结果。根据这条规则，"John loves Mary."的语义解释就是：（λx Loves（x, Mary））（John）。这等同于 Loves（John, Mary）。由于 VPs 被表征为述语，所以动词 loves 被表征为 λx λy Loves（x,y），当将述语 Mary 代入其中时，这个述语就返回到 λx Loves（x, Mary）。

当然，这样的表征与人类的表达相比是非常烦琐的。对于人来说，表达一个意思，如"我爱你"很简单，也容易理解，但对于机器来说，就不那么简单了，因为它缺乏情感不懂"爱"的含义，所以它需要一套严格的规则或程序来机械地表征。我在前面说过，人类是适应性的物种，其表征方式也是适应性的。人工主体由于其背后是人类的设计者或程序员，按照这种逻辑，它的表征方式也应该是适应性的，即随着条件的变化而变化。不同在于，人类的表达是示意性或意向性的（示爱），机器的表达是程序性的（按规则执行）或符号指涉性的（操作符号）。前者是饱含感情的倾诉，后者是无情感的机械表征。在这个意义上，机器的表征与人类的表达是不能同日而语的。

比如，在上述例子中，动词 love 是随着时间变化的，即英语的动词是有时态的（过去、现在和将来），这意味着行动或事件与时间相关。根据事

[①] 即 λ-表达或 λ-演算，它提供了一个有用的标记法。在 λ-演算中，每个表达式都代表一个只有单独参数的函数，该函数的参数本身也是一个只有单一参数的函数。比如函数 $f(x)=x+2$ 可用 λ-演算表征为 $\lambda x.x+2$。

件计算规则（一阶逻辑演算），"John loves Mary."和"John loved Mary."的表征方式如下：

John **loves** Mary：$E_1 \in$ Loves（John, Mary）$\wedge$ During（Now, Extent(E_1)）

John **loved** Mary：$E_2 \in$ Loves（John, Mary）$\wedge$ after（Now, Extent(E_2)）

这两个表达式中的动词 loves 和 loved 用 λ-标记法表征为：

Verb（$\lambda x \lambda y e \in$ Loves（x, y）$\wedge$ During（Now, e））$\rightarrow$ loves

Verb（$\lambda x \lambda y e \in$ Loves（x, y）$\wedge$ after（Now, e））$\rightarrow$ loved

另外，文本的量化问题、语用学问题（涉及索引、指称、言语行为等）、模糊性问题（表达的歧义）、隐喻问题（隐含意义的呈现）等，都是人工主体使用自然语言中会遇到的问题，也是人工智能研究者进一步面临的困境。看来，人工主体要实现适应性表征还任重道远！

第五节　逻辑主体适应性表征的两个典型案例：机器翻译和语音识别

本节，笔者将通过机器翻译和语音识别来说明人工主体是如何适应性地表征的。

首先考察机器翻译的适应性表征。机器翻译是将某个文本自动地从一种自然语言（源语言）翻译为另一种自然语言（目标语言），如将汉语文本翻译为英语文本，或者相反。谷歌和百度都有翻译软件和在线翻译。笔者认为，在线翻译就是实时的适应性表征过程，它能根据所提供的文本自动将其翻译为所要的语言。至于翻译得是否准确达意、是否优雅流畅，则是另一回事。机器翻译也会尽量达到"信雅达"的标准，追求这一高标准就是一个适应性过程，因为翻译所需的语料库会越来越丰富，翻译的效果可能就会越好。问题是，机器（人工主体）是如何做翻译的呢？如何使文本的意义让人能够理解？我们知道，人做翻译也不是一件容易的事情，特别是同声传译，因为翻译首先需要对原文本进行深刻理解，理解是语境敏感的，而机器一般是语境无关的。人工智能中是如何解决这些问题的？这需要从机器翻译系统谈起。

所有翻译系统都必须模型化源语言和目标语言，但系统在其使用的模型中是变化的。如何处理这些变化是机器翻译面临的难题。机器翻译方法一般有两种：统计学的和非统计学的。其中，非统计学方法是早期的尝试，主要有三种：直接翻译（对文本逐字翻译）、句法分析（使用语法结构知识进行句法转换）和中间语言方法（将源语句经一个中间语言转换为目标语言）。在实践中，这些方法都不是很成功。20世纪90年代兴起的统计学方法是将概率算法用于机器翻译，取得了不错的效果，基本上取代了非统计方法。这一成就主要归功于IBM公司，它研发的IBM Candide系统在语音识别的语境中使用了概率算法，对其后的机器翻译产生了巨大影响。

对于非统计机器翻译，我们以中间语言方法为例来说明机器翻译的过程。中间语言方法的策略之一是尝试全方位将源语言文本分解为一种中间语言（interlingua）的知识表征，然后从那些表征产生目标语言的句子。这种策略的困难在于，它涉及三个无法解决的问题——创造每个事件的一个完备的知识表征、分析那个表征、从那个表征产生语句。另一种策略是使用转换模型。该模型有一个翻译规则的数据库，如例子库，当规则匹配时，它可直接进行翻译，因为这种转换可同时发生在词汇、句法和语义这三个层次。我们仍然以"John loves Mary."为例，说明将英语翻译为汉语过程中这种转换是如何在词汇、句法和语义层次进行的（图6-2）。

然而，这种策略的效果并不佳，因为转换过程过于复杂，其中需要一个中间语言概念的复杂范畴，需要源语言和目标语言的语法规则以及一个手动的树库。鉴于这些缺陷，一种新的测量系统应运而生，那就是统计机器翻译系统。

中间语言语义学
Attranction（Named John, named Mary, High）

英语语义学
Love（John, Mary）

汉语语义学
爱（约翰，玛丽）

英语句法
S（NP（John），VP（love, NP Mary））

汉语句法
S（NP（约翰），VP（爱, NP 玛丽））

英语词语
John loves Mary

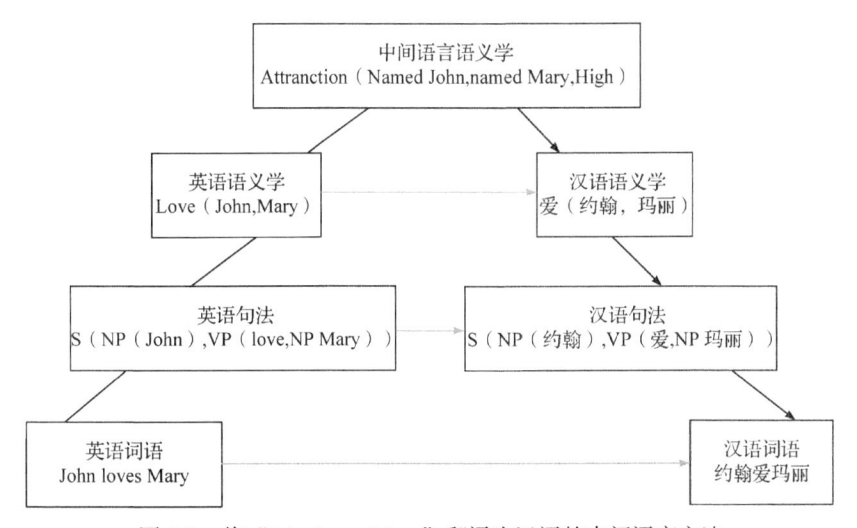

汉语词语
约翰爱玛丽

图6-2 将"John loves Mary"翻译为汉语的中间语言方法

统计机器翻译系统是使用从一个大语料库采集的统计学原理，通过训练一个概率模型建构的。其思想是基于噪声信道模式，根据这种方法，源语言中的语句被看作目标语言中的语句的噪声版本；其算法是我们熟悉的贝叶斯规则,即计算对应于源语句的噪声输入目标语言中最可能的语句。这意味着它所需要的就是数据——样本翻译,一种能从样本学习的模型。比如把一个英语句子(e)翻译为汉语(c),根据统计翻译系统,词串 c^* 可最大化为:

$$c^* = \mathrm{argmax} P(c|e) = \mathrm{argmax} P(e|c) P(c)$$

在这里,因子 $P(c)$ 是汉语的目标语言模型(汉语语句出现的概率),它说明一个句子如何可能是汉语,$P(e|c)$ 是翻译模型(给定的英语翻译为汉语的概率),它说明一个英语句子如何可能被翻译为一个汉语句子。同样,$P(c|e)$ 是从汉语到英语的翻译模型(给定的汉语翻译为英语的概率)。这种翻译模型是基于一种双语语料库(英语和汉语),一个平行英-汉文本的组合,每个都是一个英-汉词语对。如果我们有一个极大甚至无限的这种语料库,翻译一个句子仅仅就是执行一个查找任务,也就是说,这相当于在语料库之前我们已经看到过这个句子,我们只是返回到配对的汉语句子。

从语境的视角来看,语料库就是人为设置的语境,它随着词语的增加而扩大。尽管这样,语料库还是有限的,而且大部分要翻译的句子是新出现的,这就要求语料库不断更新,以适应不断增长的新句子的翻译要求。在这种意义上,翻译工作,不论是人翻译还是机器翻译,都是一种适应性表征过程。不过,即使是新出现的句子,其组成也可分解为我们曾经见过的短语或单词,任何词或句子都不是凭空产生的,它们一定有其根源或语境。因此,语境分析在翻译活动中是不可或缺的。尽管机器翻译不像人翻译那样是嵌入语境的,它应该尽可能语境化,语境无关的翻译是不可能准确的。比如,realism 这个词,在文学艺术领域翻译为"现实主义",在哲学中翻译为"实在论"。不顾语境一味地翻译为"现实主义"就忽视了不同学科之间的差异性。

根据这种双语翻译系统,一个英语句子 e 翻译为汉语句子 c 有如下三个步骤(Russell and Norvig,2011:910)。

(1)将英语句子分解为短语 $e_1, \cdots, e_n$。

(2)给每个短语 e_i 选择一个对应的汉语短语 c_i。接着使用 $P(c|e)$ 给出 e_i 翻译为句子 c_i 的概率。

(3)选择一个短语序列 $c_1 \cdots c_n$,然后以一种有点复杂但被设计出来存在一个简单概率分布的方式,详细说明这个短语序列:对于每个 c_i,选择一个形变[①](distortion)d_i,它是词的数量,若短语 c_i 已经移动到 c_{i-1},移动到右

---

① 定义形变是因为在翻译过程中不仅语形发生变化,次序也发生了变化,但这些变化是适应目标的,而适应目标变化的表征一定是适应性表征。

为正值，移动到左为负值，若c_i后直接紧跟着c_{i-1}，则为零。

我们以一个英语句子"There is a black cat sleeping in the room."翻译为汉语为例来说明这个翻译过程（图6-3）。

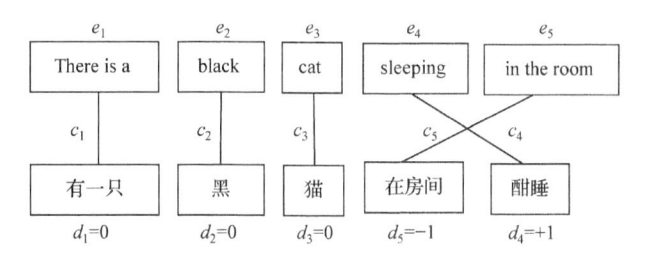

图6-3 英语语句翻译为汉语的过程

图6-3说明，上一行的英语句子被分解为5个短语$e_1 \cdots e_5$，每个翻译为相对应的汉语短语c_i，由于两种语言的语序不同，翻译时语序发生了变化，汉语短语的顺序为c_1、c_2、c_3、c_5、c_4。汉语句子中每个短语的形变d_i的序列，可根据如下公式计算数值：

$$d_i = \text{START}(c_i) - \text{END}(c_{i-1}) - 1$$

其中，开始START（c_i）是汉语句子中的短语c_i的第一个词的顺序数，结束END（c_{i-1}）是短语c_{i-1}的上一个词的顺序数。在汉语句子的短语序列中，前三个与英语句子的短语顺序是一致的，即c_i后直接紧跟着c_{i-1}，故而$d_i = 0$，c_5向左移动了位置，$d_5 = -1$，c_4向右移动了位置，$d_4 = +1$。

这个翻译模式提供了一个计算概率$P(c,d|e)$的方法，即提供了将英语e翻译为汉语c其中包括形变d的一个模型。如果要将汉语翻译为英语，改变计算模式中的顺序即可，即变为$P(e,d|c)$。其他语言的互译也可采用这个模型，只是语料库不同，相对应的短语对也不同。比如聊天软件ChatGPT，就是基于庞大的语料库进行统计性和转换性机器学习的自然语言处理模型。

总之，这个翻译模式的步骤可概括为六步：①找到平行的文本；②将句子解析为短语；③排列句子（不同语言语序不同）；④排列短语（分解后的短语）；⑤提取形变（位置变化）；⑥用期望最大化改善估计值[即$P(c|e)$和$P(d)$的值]。原则上，按照这些步骤，人工主体（机器）就能在任何两种不同语言之间进行互译。

接下来考察机器作为人工主体的语音识别的适应性表征。语音识别就是给定一个听觉信号识别言说者说出的语句的任务，其中包括语音理解。这是一种语言的动态表征过程，也是人工智能的主要应用之一，更能反映其表征的适应性。今天，几乎每个人都有一部具有Apple（苹果）或Android（安卓）操作系统的智能手机，它们都具有语音识别功能，比如微信的语音通话就是这种系统的应用，它们比起手动操作（输入符号）要方便许多，因此，非常有吸引力。电脑的键盘输入若能用语音识别代替，写作岂不更方便快捷？迄今的电脑输入仍然是以键盘方式为主，说明设计语音识别系统的困难性。与书面语言的识别翻译相比，语音识别更困难的原因在于言说者发出声音的模糊性，甚至是噪声，比如有些词语的发音很相似或者是同音异义，如英语的"to，too，two"，特别是带有方言的发音，系统更难以识别。还有，与键盘输入或书写词相比，说比起写或打字输入要快很多，甚至中间没有停顿。在英语中，这些是分段或分节、协同发音和同音异义词的问题。正是这些问题阻碍了语音识别系统的研发，这可能是计算机迄今仍然使用键盘输入的原因。

对此笔者有亲身体会，记得2000年笔者买了当时联通最新的天禧-2000电脑，其中最吸引人的地方是它不仅能键盘输入，还能手写输入和语音输入。当时笔者刚刚学会电脑，打字输入不熟练，就想用更快的方式输入。然而，令笔者失望的是，手写输入的识别率还可以，但并不比键盘打字快，而语音输入需要用户经过语音识别多次训练后才能使用，笔者训练了许多次，但效果不佳，还不如键盘输入来得快和准确。23年过去了，今天的电脑仍然是键盘输入。一方面，可能是人们已经习惯和熟悉了这种输入模式；另一方面，计算机科学家还没有研发出更好的语音识别系统来代替键盘系统。后一种可能是主要原因。

尽管如此，人工智能中还是尽量想办法克服这些困难。比如，将语音识别看作最可能序列解释的问题，即是在给定一个观察序列的前提下，计算状态变量的最可能的序列。在语音识别的情形中，状态变量是词语，观察变量是声音。更准确地说，一个观察是一个听觉信号的特征矢量。通常来说，最可能序列可借助如下贝叶斯规则来计算（Russell and Norvig，2011：913）：

$$\underset{word_{1:t}}{\mathrm{argmax}}\, P(word_{1:t}|sound_{1:t}) = \underset{word_{1:t}}{\mathrm{argmax}}\, P(sound_{1:t}|word_{1:t})P(word_{1:t})$$

在这里，$P(sound_{1:t}|word_{1:t})$是听觉模型，它描述了词的声音，如英语词ceiling以软音"c"开始，与sealing的发音相同。$P(word_{1:t})$是语言模型，它说明每个发音的先验概率，比如，词序ceiling fan比sealing fan多出500次以上。这种使用贝叶斯规则的推理通过观察到的词语顺序或语句来确定词的词性标签。也就是说，句子的每个单词被分类，进行正确的标注。而

要正确分类单词，就要应用所有可能的序列标签。在使用标签中，其中一个将被评定为该词最可能的标签。一旦使用贝叶斯模型得到计算结果，隐马尔可夫模型标记器就会给出两个简化的假设（Rabiner and Juang，1986：4-16）：一个假设是，"这个词是独立的，即不依赖周围的词"；另一个假设是，"这个词依赖先前的标签词"。这种标记器有助于估计最可能的标签序列。

这种方法其实就是信息论中香农（C. E. Shannon）的噪声信道模型（noisy channel model，NCM）（图6-4）。

```
         噪声
          ↓
信源→编码→信道→解码→信宿
```

图6-4 香农的噪声信道模型

根据噪声模型，源信息（词）通过噪声道（相对于电话线）被传递，以便污染的信息（声音）在另一端被接收。香农的模型说明，无论信道如何嘈杂，如果我们以足够多的方式对源信息进行编码，总有可能以任意小的错误揭示源信息。噪声信道方法已被运用于语音识别、机器翻译等。目前，大多数语音识别系统使用基于马尔可夫假设（即当下状态 $word_i$ 仅仅依赖于先前状态的一个固定数 n）的语言模型，把 $word_i$ 表征为一个单一随机变量，该变量有一个数值的有限集。这就形成了隐马尔可夫模型。这样一来，语音识别就成为隐马尔可夫模型方法论的一个简单应用。

对音译识别进行精细特征提取的技术是著名的梅尔频率倒谱系数（Mel frequency cepstral coefficient，MFCC）（Muda et al.，2010）。MFCC 有 7 个步骤：预加重（将能量提高到最大值）；窗口（允许提取部分对话的频谱特征）；离散傅里叶变换（从窗口提取频谱数据）；梅尔滤波器组（收集每个频带的能量）；对数运算（对每个梅尔频谱结果取对数）；离散傅里叶逆变换（检测所有滤波器提供语音识别精度）；差量和能量（标明每个架构之间的变化以提供精度）。实践表明，这 7 个步骤有助于改善语音理解过程。不过，我们应该清楚，语音理解系统在评估中涉及多种因素——语音识别、适应性、听写、命令、个性化、训练、成本、系统性等，是一个非常复杂的适应性表征系统。

概言之，无论是机器翻译还是语音识别，从适应性表征的视角看，它们都是基于理性设计者人的，由于基于人的知识表征都是适应性的，所以作为人工主体的机器翻译系统和语音识别系统，它们的表征过程都是适应性的，即随着环境或外在条件的变化而随时调整和改善自己的行为，好像它们是有智能的。

第六节 多主体间公共知识的适应性逻辑表征[1]

本节，笔者将通过一个案例来说明自然语言的逻辑表征问题。在自然语言处理中，两个及以上主体之间共享的知识，被称为公共知识，这涉及主体的信念变化。如果能将信念变化与公共知识表征用逻辑来刻画，将会推进机器学习的适应性表征。因为人工智能对于自然语言的表征也是基于设计者信念的，因此，信念的变化和修正是适应性表征的内在动力。

我们知道，在公共知识的获得中，当拥有不同知识的主体在群体间传递信息时，每个主体将接收到的信息整合到已有知识（信念）中。也就是说，我们在分析其他主体对信息认知的同时，考虑自己关于其他主体对这些信息的了解，每个主体由于交互知识的不断变化而积累到更多的知识。当这种交互知识的迭代推理被应用无限次，并导致每个主体都同时拥有相同的知识时，这种知识就成为公共知识[2]。公共知识的获得本身就是主体认知的结果。主体通过对已有知识（信念）和行为引起的知识变化的处理，完成对公共知识的认知（Lismont and Mongin，1995：60-66）。因此，公共知识的获得是知识和行为互动的结果，这种互动不是仅仅一个回合就可完成的，而是"知识-行为-新状态-新知识"这样一种不断演绎的多回合推理过程。这意味着公共知识的获得依赖于多主体信念集的变化。

接下来我们运用可能世界语义学的方法，从认知逻辑的角度分析多主体信念集的变化、知识和行为互动对公共知识获得的影响及其逻辑表征。

第一，主体信念集的变化会导致公共知识的适应性表征。公共知识的获得方式之一是对多主体已有知识（信念）的处理。这种已有知识（信念）可称为主体的初信念集[3]。从主体信念集变化的角度看，获得公共知识的过程是：在多主体的初信念集中加入新语句，主体再通过演绎推理获得新信念集中包含的公共知识。在多主体的协同行动中，主体最初的信念集与获得的新信念集所包含的信念是不同的。新信念集中一定有从初信念集继承的信念，也可能有与初信念集相悖的信念，还可能有扩充的新信念。所以，

---

[1] 本节的内容与陈素艳合作发表于《科学技术哲学研究》（2020年第1期），这里有所补充与修改。
[2] 公共知识因其本身具有层级的无限性，在现实生活中难以获得，故而逻辑学家用"信念"代替"知识"等方式对公共知识进行弱化。这里的"公共知识"特指弱化后的公共知识，即相对公共知识。
[3] 初信念集也可被看成是一个一致的、无矛盾的、封闭演绎的语句集。

在公共知识的整个演绎推理过程中,信念集是在不断变化的(Gärdenfors and Makinson,1988)[①]。

于是问题就产生了,信念集是如何变化的?对于这个问题,我们将从信念的扩充、修正和收缩来剖析这个变化过程。

首先,通过扩充信念获得公共知识。多主体知识状态的变化是公共知识获得的途径之一。这种变化首先体现在信念的扩充上。具体说,主体在初信念集 p 中加入新语句 φ,使初信念集得到扩充,进而得到新信念集 q。新信念集 q 中包含的扩充的新信念就是所获得的公共知识。要实现信念的扩充,要求新语句 φ 与初信念集 p 具有知识的一致性,不能有相悖的信念。而且,获得的新信念集 q 与初信念集 p 和新语句 φ 都具有知识的一致性。我们用"$p+\varphi$"表示 φ 的扩充信念集 p,那么 $p+\varphi$ 在演绎推理下是封闭的[②],当 p 与 φ 一致时,q 与 p 和 φ 也是一致的。

我们以两个主体之间的问答为例来说明这个过程。主体 a 问:第二届青运会是在太原举办吗?主体 b 答:是的。用 φ 表示"第二届青运会在太原举办"。这种问答的信念集扩充变化与逻辑表征如下。

(1)当 a 提问前,a 并不知道 φ 是否成立,即 $\neg Ka\varphi \wedge \neg Ka\neg\varphi$,其中 "$K$" 是认知算子,"$Ka\varphi$" 表示主体 a 知道命题 φ。

(2)当 a 向 b 提问时,a 认为 b 有可能知道 φ,即 $<K>a\varphi(Kb\varphi \vee Kb\neg\varphi)$,其中 "$<K>a\varphi$" 表示主体 a 可能知道命题 φ。

(3)b 知道 φ 成立,于是 b 回答"是的",即 $Kb\varphi$。

(4)a 知道 φ,b 知道 a 知道 φ,a 知道 b 知道 a 知道 φ,如此以往,这种任意有穷深度的迭代推理,使 φ 成为 a 和 b 之间的公共知识,即 $C\{a,b\}\varphi$,其中 "C" 是公共知识算子,"$C\{a,b\}\varphi$" 表示命题 φ 是主体 a 和 b 的公共知识。

逻辑地看,在初信念集 p($\neg Ka\varphi \wedge \neg Ka\neg\varphi \wedge <K>a\varphi(Kb\varphi \vee Kb\neg\varphi)$)中加入了新语句 φ,于是在 a 和 b 中形成了一个新信念集 q($C\{a,b\}\varphi$)。通过 φ 信念扩充 p 得到 q,q 与 p 及 φ 都具有知识的一致性。人工主体之间的共享知识也与此类似。

其次,通过修正信念获得公共知识。在多主体的初信念集 p 中加入新语句 φ 后,使得初信念集得到修正,进而得到新信念集 q。公共知识包含在新信念集 q 中。信念需要修正是因为新语句 φ 与初信念集 p 并不具有知识

---

① https://www.researchgate.net/publication/221551318_Revisions_of_Knowledge_Systems_Using_Epistemic_Entrenchment[2023-03-29].

② 演绎封闭是指构成信念集的语句集 $\Sigma=Cn(\Sigma)$,"Cn" 是逻辑后承算子,$Cn(p)=\{a|p \vdash a\}$。

的一致性，甚至 φ 与 p 相悖。如果要使前后信念集最终保持知识的一致性，就必须对初信念集中的部分语句进行修正，从而得到新信念集 q 与新语句 φ 具有知识的一致性。这种为保证前后信念集一致而做出的修正和调整，就是适应性表征过程。

如果用 "p*φ" 表示 φ 修正信念集 p，那么 p*φ 在演绎推理下也是封闭的，q 与 φ 就是一致的。例如，假设多主体 G 有一个包含四个语句的初信念集 Σ（A,B,C,D），其具体内容为：

A：所有的斑马都是黑白相间的。
B：动物园里有四匹斑马。
C：这四匹斑马都来自澳大利亚。
D：澳大利亚属于热带。

此时有主体公开宣告一个新语句 E 成立：

E：实际上刚刚发现澳大利亚的一匹斑马是白色的。

我们令 "φ" 表示 "所有的斑马都是黑白相间的"，加入 E 语句意味着 ¬φ 为真，即 "并非所有的斑马都是黑白相间的"。语句 E 中包含了与初信念集 Σ 不一致性的信息，主体一旦接受了 ¬p，就必须放弃初信念集中的某些信念，并做出修正。因此，我们应该对与 ¬p 相悖的 A 语句进行修正。当然，我们不可能放弃初信念集中的所有语句，只修正 A 语句就可以了。这样可以得到修正后的语句 A'：

A'：并非所有的斑马都是黑白相间的，即 ¬φ。

修正后的 A' 语句不仅成为新信念集中的一个语句，而且成为多主体 G 的公共知识。新信念集中仍然包含初信念集中的 B、C、D 语句，并且 A'、B、C、D、E 语句具有知识的一致性，最终形成新信念集 Σ（A',B,C,D,E）。

事实上，这种通过修正信念得到的公共知识的例子有很多，比如 "鸟会飞" "鸵鸟是鸟，但不会飞"，所以 "并不是所有的鸟都会飞"。但是，现实生活中离不开像 "鸟会飞" 这样的常识推理（Moese and Shoham，1993：299-321），毕竟个例只是少数。

最后，通过收缩信念获得公共知识。在多主体的初信念集 p 中加入新语句 φ 后，使初信念集收缩，进而得到新信念集 q。公共知识亦包含在新信念集 q 中。值得注意的是，新语句 φ 原属于初信念集 p，是初信念集 p 的一部分。φ 为真意味着初信念集 p 与 φ 相悖的部分必须被删除，才能保持知识的一致性，即保证新信念集 q 与新语句 φ 不矛盾。

如果用 "p-φ" 表示 φ 收缩信念集 p，那么 p-φ 在演绎推理下是封闭的，q 与 φ 是一致的。例如：一些真语句在公开宣告后可能变成假语句，必须删除合取肢。多主体 G 的初信念集是"$\neg KG\varphi \wedge \varphi$",表示"$G$ 不知道 φ,但是 φ 为真"。当公开宣告 φ 为真后,φ 成为多主体 G 的公共知识,初信念集中第一个合取肢就成为假语句,必须被删除,最后获得的新信念集中只包含语句 φ。只要是不包含认知算子语句的公开宣告!φ,都会产生 φ 的公共知识。

我们可建立一个认知模型来说明公开宣告 φ 后满足条件的所有可能世界(图6-5)。

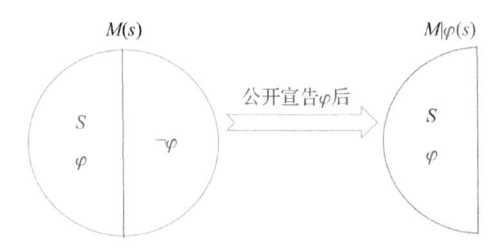

图 6-5 公开宣告 φ 后满足条件的所有可能世界认知模型

在多主体 G 中公开宣告语句 φ 后,初始认知模型 $M(s)$(s 是现实世界状态)更新到新认知模型 $M\varphi(s)$,$\neg\varphi$ 所在的可能世界全部被剔除。

需要注意的是,信念的扩充、修正、收缩之间并没有绝对的界线,它们之间相互交叉,相互作用,互为解释。这可从如下 11 个方面来说明。

(1)信念的修正实质上可被认为是一种信念的扩充,即 $p*\varphi \subseteq p+\varphi$。

(2)如果新语句 φ 与初信念集 p 具有知识的一致性,信念的扩充也可被认为是信念的修正,即 $(\neg\varphi \notin p) \to (p+\varphi \subseteq p*\varphi)$。

(3)信念的修正 $p*\varphi$ 可被认为是用 $\neg\varphi$ 收缩 p,去除 p 中与 φ 相矛盾的语句,再被 φ 扩充得到:$p*\varphi = (p-\neg\varphi) + \varphi$(Levesque,1984)。

(4)信念的收缩也可用修正表示:$p-\varphi = (p*\neg\varphi) \cap p$(Halpern,2001)。

(5)初信念集 p 经过加入新语句 φ 修正后仍然是一个信念集,也就是公共知识的获得是信念集的更迭:$p*\varphi = Cn(p*\varphi)$;

(6)新的公共知识必然包含在修正后新的信念集中:$\varphi \in p*\varphi$。

(7)如果新语句 φ 与初信念集 p 中的某些语句相悖,也就是 $\neg\varphi$ 成立,那么修正后的新信念集与 p 不具有知识的一致性:$p*\varphi = p\perp$ 当且仅当 $\vdash \neg\varphi$,其中 $p\perp$ 表示信念集是正交关系,也即不一致。

(8)如果分别加入的两个新语句是等值关系,那么修正后的两个新信念集也是等值关系,也就是信念修正结果与新语句的语形没有关系:$(\varphi \leftrightarrow \psi) \to (p*\varphi \leftrightarrow p*\psi)$。

(9)如果初信念集被两个语句同时修正,那么新信念集可先被一个语句修正，再被另一个语句扩充得到：$p^*(\varphi \wedge \psi) \subseteq p^*\varphi+\psi$。

（10）如果 ψ 与 $p^*\varphi$ 具有知识的一致性，那么通过先被 φ 修正，再被 ψ 扩充得到的新信念集，可看成是被两个语句同时修正得到的：$(\neg\psi \notin p^*\varphi)$ $\rightarrow p^*\varphi+\psi \subseteq p^*(\varphi \wedge \psi)$（即 AGM 理论的修正假设）。

（11）新语句 φ 的加入不会改变原有语句的事实，但会改变主体的有知或无知状态，这种主体知识状态的改变结果就是公共知识的获得。

显然，初信念集就是群体在获得公共知识前的知识状态，新语句充当着信念扩充、修正或收缩的作用；新信念集是包含所获得公共知识在内的主体的知识状态，不仅包含新公共知识，还包含初信念集中的部分知识。公共知识就是通过在初信念集中加入新语句，使初信念集被扩充、修正或收缩得到的新知识。所以，公共知识的获得过程是从一个信念集演绎推理到另一个信念集的不断更迭的过程，是一个不断进行适应性表征的过程。而且，新信念集也不会全部摈弃初信念集中的知识，而是对其部分知识进行扩充、修正或收缩。

第二，知识-行为的互动形成公共知识获得的机制。公共知识的获得意味着命题 φ 经过有限步可及关系运算后，在所有可通达的可能世界为真。公共知识的获得也就是新信念的产生，可被看作一种认知更新活动。这种认知更新活动包含两个方面：一是从已有的信念集获取新信息；二是从主体行为产生新信息。前者着重于知识的处理，后者着重于主体行为导致的知识状态动态变化的处理。

所谓知识的处理，就是厘清初信念中各项知识之间的关系，包括因果归因关系、特征归纳关系等，以便通过逻辑推理获得公共知识。如果不考虑新语句加入的方式，即不考虑产生新语句的主体行为，我们就可将其理解为对知识的处理。主体行为导致的知识状态的变化的处理，就是将行为算子纳入认知算子中进行逻辑推演。新语句的加入也许是依靠简单的主体行为，如公开宣告，面对面交流，更多的也许是依赖复杂的行为组合，如公开宣告+迭代等。而这些行为导致主体知识状态的动态变化，也就是说，公共知识的获得过程是一个"初信念集→行为→状态→新信念集（公共知识）"的适应性表征过程。

从动态认知逻辑的角度看，主体行为对知识状态变化的处理是建立在规约公理基础上的。公共知识本身没有规约公理（Halpern，2001），但通过引入条件公共知识的规约公理，再加入行为算子，就可作用于更强的公共知识。这个过程可从如下五个方面来分析。

（1）$CG\varphi$ 是公共知识基本特征的形式化表征，意思是命题 φ 是多主体

G 的公共知识。

（2）为了得到 CGφ 的规约公理，我们可先引入"条件公共知识"（Baltag et al., 2016）：CG（A,φ）表示命题 φ 经过有限步可及关系运算后在所有可通达的可能世界为真，并且这些可能世界都满足条件 A。也就是说，要想 φ 成为多主体 G 的公共知识，就必须满足条件 A。从 CG（A,φ）的认知模型来看，命题 φ 是由条件 A 表征的认知模型上的公共知识。公共知识算子 CGφ 相比于 CG（A, φ）虽然少了条件 A，但若条件 A 是恒真的，则 CGφ 就等同于 CG（T,φ），CGφ 成为条件公共知识的一个特例。

（3）如果条件 A 的成立对应的是一个简单的公开宣告的主体行为，那么我们就可在条件公共知识 CG（A,φ）中加入公开宣告的行为算子，从而得到规约公理：[!A]CG$\varphi\leftrightarrow$CG（A,[!A]φ），其中，[!]是公开宣告行为算子，[!]A 表示公开宣告 A（Kooi and van Benthem, 2004）。等值式左边表示，如果公开宣告 A，那么 φ 成为群体 G 的公共知识；等值式右边表示，如果公开宣告 A 得到 φ，必须满足条件 A，即 A 为真，φ 成为群体 G 的公共知识。从等值式右边可以看出，在初始认知模型 M 中对应于满足公式[!A]φ 的所有可能世界。从等值式左边可以看出，用!A 更新之后，新认知模型 $M|A$ 中对应于满足 φ 的所有可能世界。特别注意的是，如果命题 φ 是非认知命题，那么 φ 基本上就等同于[!A]φ，并且条件句 $A\rightarrow\varphi$ 也等同于[!A]φ（van Benthem, 2003：87）。

（4）如果公开宣告的行为对应的并不是单个公共知识，而是多个公共知识，也就是信念集的扩充，那么结合了行为+认知的组合断言的规约公理为：[!A]CG（φ,ψ）$\leftrightarrow$CG（$A\wedge$[!A]φ,[!A]ψ）（van Ditmarsch, 2005）。这个规约公理依然是遵循条件公共知识"CG（A,φ）"的规约公理。等值式左边表示：如果公开宣告 A、φ 和 ψ 成为多主体 G 的公共知识，即 φ 使 ψ 成立的条件是多主体 G 的公共知识。等值式右边表示：如果 A 为真且公开宣告 A 得到 φ 成立，那么公开宣告 A 使得 ψ 成立，这成为多主体 G 的公共知识。在这个规约公理里已经包含了主体的复杂行为和认知刻画，所得到的公共知识是更强的知识状态。

（5）条件公共知识的规约公理可作用于比 CGφ 更强的公共知识。给主体带来知识状态改变的行为很多，简单的行为有公开宣告，复杂的行为有"秘密告知"（van Benthem, 2006：20）、"欺骗"等。还有基于时间连续性的行为：叙说了一个事件后紧接着再叙说另一个事件这样的行为程序组合；针对某个事件的重复叙说这种行为的迭代组合；在涵盖的所有选择中依次去选择某个断定。不论主体的行为如何复杂，只要在语言上将知识的语句和行为算子结合起来，加入条件公共知识的规约公理，就可表达更强的公共知识。比如公开宣告+迭代的行为组合：[!A][!B]φ↔[!(A∧[!A]B)]φ。等值式的左边表示，经过连续两次公开宣告[!A]和[!B]，φ成立。等值式右边表示，经过A成立并且公开宣告A、B成立的公开宣告，φ成立。也就是说，φ成立是建立在A和B两个条件之上的，并且公开宣告A和B成立是时间连续性行为。φ就是基于条件A和条件B的更强的公共知识。

我们以"掷硬币"[①]为例说明主体行为和知识的变化。主体a和b的初信念集包含的语句及其形式化刻画如下。

（1）a不知道硬币正面朝上，即¬Kaφ。
（2）b不知道硬币正面朝上，即¬Kbφ。
（3）a知道硬币或正面朝上或朝下，即Ka(φ∨¬φ)。
（4）a知道b不知道硬币是否正面朝上或朝下，即Ka(¬Kbφ∧¬Kb¬φ)。
（5）a知道自己不知道硬币正面朝上，即Ka¬Kaφ。
（6）a知道自己知道硬币正面朝上或朝下，即KaKa(φ∨¬φ)。

用"φ"表示硬币正面朝上，"¬φ"表示硬币正面朝下。以上语句只是描述了主体a的信念，主体b的信念同a。b的信念同样包含在a和b的初信念集中。主体a和b的信念不仅包含普遍信念（低阶信息），还包含关于自身的正内省信念和负内省信念，以及a关于其他主体的信念（高阶信息）。

主体a和b的行为刻画是：用公开宣告A描述a和b一起打开盒子看到硬币正面朝上的简单行为，即!(A]。通过附着在简单行为上的新语句修正初信念集得到新信念：φ成为主体a和b的公共知识，即：Ca∧bφ。我们加入条件公共知识的规约公理，就可描述"掷硬币"案例中主体行为产生的知识状态变化：[!A]Ca∧bφ↔Ca∧b(A,[!A]φ)。

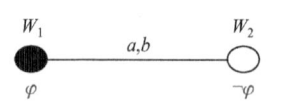

我们运用可能世界方法验证上述主体的行为产生的知识状态变化（图6-6）。

图6-6 两个主体初信念的知识状态变化

W_1和W_2分别代表两个可能世界，φ情形所在的可能世界W_1代表现实世界。两个可能世界之间的连接横线表示主体a和b在初信念集中不能区分φ和¬φ这两种情形，即两个主体认为这两种情形都是可能的。所以，无论主体处于哪个世界，它们都会认为这个世界本身就是W_1或W_2两个可能世界中的一个，W_1和W_2与自身都有可

[①] "掷硬币"的案例是说：主体a和b参与掷硬币的游戏。当硬币掷落到盒子里后，a和b并不知道硬币正面是朝上还是朝下。然后，a和b一起打开盒子，看到硬币正面是朝上的。

及关系。

我们据此可建构一个初信念集和语句变元集[①]的三元认知模型 $M=(W,R,V)$。其中，主体集 $G=\{a,b\}$；语句变元集 $P=\{\varphi\}$；可能世界集 $W=\{W_1,W_2\}$；R 是可及关系，$Ra=Rb=\{(W_1,W_1),(W_1,W_2),(W_2,W_1),(W_2,W_2)\}$；$V$ 是现实世界，$V(\varphi)=\{W_1\}$。

通过认知模型 $M=(W,R,V)$，我们不难推出初信念集中包含的6个逻辑表达：①$(M,W_1)\models Ka\varphi$；②$(M,W_1)\models Kb\varphi$；③$(M,W_1)\models Ka(\varphi\vee\neg\varphi)$；④$(M,W_1)\models Ka(\neg Kb\varphi\wedge\neg Kb\neg\varphi)$；⑤$(M,W_1)\models Ka\neg Ka\varphi$；⑥$(M,W_1)\models KaKa(\varphi\vee\neg\varphi)$。

其中(M,W_1)是公开宣告行为后，主体 a 和 b 的认知状态，即在世界 W_1 的认知模型，也可用可能世界来描述为：

$$W_1 \quad a$$
$$\bullet \quad b$$
$$\varphi$$

在初信念集中，a 和 b 不能区分 φ 和 $\neg\varphi$ 这两种情形，但经过公开宣告的行为后，a 和 b 可以区分这两种情形。

据此，我们可建立另一个新信念集的三元认知模型 $M'=(W',R',V')$。其中，主体集 $G=\{a,b\}$；语句变元集 $P=\{\varphi\}$；可能世界集 $W'=\{W_1\}$；R'是可及关系，$R'a=R'b=\{(W_1,W_1)\}$；V'是现实世界，$V(\varphi)=\{W_1\}$。

通过认知模型 $M'=(W',R',V')$，我们不难推出新信念集中包含的语句：

$$(M,W_1)\models Ca\wedge b\varphi$$

这个认知模型所表达的是主体的认知状态，与客观世界的真实状况无关。因为不论 a 和 b 是否打开盒子，盒子里的硬币一直是正面朝上的。也就是说，a 和 b 的行为没有改变客观世界的现实状况，它所改变的只是主体 a 和 b 的认知状态。从认知模型 M 到认知模型 M' 的变化来看，主体 a 和 b 因为公开宣告行为的影响，其知识状态进行了更新，信念集发生了改变。认知状态改变的过程，就是从一个信念集更新到另一个信念集，最终产生公共知识的过程。很明显，从表征的视角看，从一个信念集到另一个信念集的变化而产生公共知识的过程，就是适应性内在表征的过程，而且该过程并没有改变外部对象或环境。这意味着，认知状态的变化可以不因环境的变化而改变，它本身可以因信念变化而改变。

[①] 附着在行为上的新语句可以是一个，也可以是多个，当新语句是多个时，我们称之为语句变元集。

第三，公共知识的获得必须遵循一致性、最小化和优先选择原则。由上述分析可知，公共知识的获得源于主体对知识（信念）的处理，以及主体对行为导致的知识状态改变的处理。我们将这两个处理所遵循的规则概括为如下三个原则。

（1）内部知识一致性原则。主体要获得公共知识，就必须遵循同时性和知识的一致性。知识的一致性是建立在同时性基础上的。鉴于主体的非逻辑全知能力，同时性很难达到，因此，主体间在同一时间不可能拥有对等的知识，也就达不到知识的一致性。但是，一个认知解释在不能保持知识一致性的情况下，却可以具有内部知识的一致性。也就是说，假设一个认知解释是一个知识解释，如果主体获得的信息都不会与此假设相矛盾，那么主体所获得的信息与原先的认知解释具有内部知识的一致性。

由于通过信念集的扩充、修正、收缩获得的公共知识，应与初信念集或新语句具有内部知识的一致性。所以，公共知识，不论是与初信念集，还是与新语句，是否具有内部知识的一致性，就取决于信念集改变的类型——扩充、修正还是收缩；同时，还取决于初信念集与新语句是否具有内部知识的一致性。具体说，一方面，初信念集与新语句具有内部知识的一致性，通过信念扩充获得的公共知识与初信念集和新语句皆具有内部知识的一致性；另一方面，通过信念修正或收缩获得的公共知识与初信念集和新语句不一定具有内部知识的一致性，但与新语句和初信念集二者间是否具有内部知识的一致性有密切关系。如果新语句和初信念集具有知识的一致性，那么演绎推理获得的公共知识与二者都具有内部知识的一致性。但是，如果新语句与初信念集相悖，那么就会对初信念集进行修正，剔除不一致的知识。剔除的部分不是新语句含有的知识，而是与初信念集中相悖的知识。因此，所获得的公共知识与新语句必然具有内部知识的一致性。总之，获得公共知识与内部知识的一致性密切相关。只有具有内部知识的一致性才会获得公共知识，即不同主体之间内部知识的一致性是获得公共知识的必要条件。

（2）信念最小改变原则。信念最小改变是说，当初信念集与新语句发生冲突时，尽可能保持初信念集中的信念。这里说的尽可能保持原有的信念，并不是不改变，只是剔除初信念集中与新语句相悖部分的信念，或扩充初信念集，其余部分信念仍继续保留在新信念集中。所以，最小改变原则是针对新信念集中必须保留的初信念集中的部分信念应遵守的原则。信念最小改变原则与内部知识一致性原则本质上是相通的。主体要使信念实现最小改变，就必须遵守内部知识一致性原则。也可以说，信念最小改变是内部知识一致性原则的一种体现。

信念最小改变被很好地运用于公共知识的获得过程中，这表现在四个方面：其一，获得公共知识如果不能得到一个群体中全部主体的认可，那么必须得到群体中大多数主体的认可[①]。这样，对初信念集中的知识和新语句的拥有程度尽可能达到最高，大多数主体会据此演绎推理出一致的公共知识，尽可能地保持原有的知识。其二，使用概率来分析主体的信念程度（Monderer and Samet，1989）。主体以某一概率相信某个事件，以某一概率相信其他主体，以某一概率相信某个事件，如此以往。概率的出现也是保持原有知识的一种方式。其三，设置一个时间间隔来精确主体的信念度（Halpern and Moses，1990）。主体将在一个时间间隔内获得公共知识，或者主体将进行某一附有时间戳的行动（Halpern and Moses，1992）。这些对沟通时间做出的限制是为了模态化时间的同一性，进而达成类似的同一时间主体间拥有对等的知识，做出相同的演绎推理，尽可能保持原有知识。其四，主体可运用协同软件、电子邮件等网络技术来使沟通渠道近乎完美有效，并以此来获得公共知识，也是保持原有知识的有效手段（Rubinstein，1989）。

（3）新语句优先选择原则。新语句优先选择是说，只要加入新语句，新语句蕴含的知识必然有效，主体要在信念的扩充、修正、收缩过程中，优先选择新语句蕴含的新知识。新语句的加入方式可能是简单的群体行为，如公开宣告。一旦公开宣告新语句，那么就会在群体中形成三个公共信念：①新语句蕴含的知识是有效的；②如果新语句蕴含的知识与初信念集相悖，那么优先选择新语句，剔除初信念集中与其相悖的部分；③新信念集里必然包含新语句蕴含的知识，剔除了初信念集中相悖的部分，而且新信念集与新语句具有内部知识的一致性。比如，公开宣告意味着新语句为真，主体必然要接受新语句，而不是剔除它。这在"鸟会飞"的例子中已经显而易见了。新语句蕴含的知识优先选择本质上也遵循内部知识的一致性原则。

概言之，主体对知识（信念）的处理和对行为导致的知识状态改变的处理，需要遵循内部知识一致性原则、信念最小改变原则和新语句优先选择的原则。其中，内部知识的一致性原则是根本性原则。

最后，如果我们承认知识是确证的信念，那么知识的获得就与信念的变化相关。公共知识作为群体知识中最强的知识状态，其获得一方面依赖

---

① https://www.semanticscholar.org/paper/A-Mini-Guide-to-Logic-in-Action-Benthem/02896c161ee57a0c9eadab7ad07a2eb4020baff5（2020-03-29）.

主体对已有知识（信念）的处理；另一方面依赖主体对行为作用下知识状态改变的处理。知识的处理是一个通过信念的扩充、修正、收缩将初信念集转变为新信念集的过程。这一过程用逻辑术语讲就是，通过在知识算子中加入行为算子，再根据条件公共知识的规约公理，达成公共知识的获取。无论是信念的扩充、修正或收缩，还是对规约公理的应用，主体都需要遵守三个原则：知识一致性、信念最小改变和新语句优先选择。

公共知识的获得过程可看成是主体的一种认知行为的更新活动。在这种活动中，主体一方面要对知识（信念）进行处理，从一个信念集推理演绎到另一个包含公共知识的新信念集；另一方面要对行为导致的知识状态的改变进行处理，将认知语句与行为算子结合起来，加入条件公共知识的规约公理，表达出知识和行为之间的动态变化。在二者的处理过程中，主体首要遵循的是知识一致性原则，尽可能保持信念最小改变，并且优先选择新语句蕴含的知识。

从逻辑表征的角度看，公共知识逻辑属于动态认知逻辑，其本身就是通过公共知识的弱化得到的。如何克服公共知识层级的无限性带来的限制，公共知识的弱化方式有哪些，信念如何修正，行为如何改变主体的知识状态，都是公共知识获得必须考虑的问题。因此，建立一个公共知识获得的信念修正体系及其逻辑表征，就是一项要完成的重要工作，因为这对人工智能中的多智能体之间的协作具有重要启示。

第七节 小　　结

虽然自然语言处理是人工智能的一大难题，但人工智能的研究者总能够想方设法找到可行的办法或路径来解决这个问题。逻辑主体使用 n-gram 语言模型和乔姆斯基开发的语法规则对特定信息任务的表征，使自然语言一定程度上在人工主体上得到应用。机器翻译和语音识别是两个重要应用领域。但是，我们也应该看到，人工智能的逻辑主体具有天然的缺陷——推理的机械性和结构的不可靠性。比如目前流行的论文查重软件，作为一种人工主体，人们依据其所查出的结果只能作为参考而不能作为依据。理由是，它不能反映实际情况——往往将作者没有引用或参考过的文献也列出来。原因是，它只是机械地搜索相同的字符串和语句的关联文献，而不知道如何计算不同作者在独立情况下也很有可能写出相同的字符串或语句的概率。毕竟讲同一母语的人都在使用相同的语言，而且不同的人在互不交流的情况下能说或写出相同字符串或语句的概率还是存在的，更不要说引用了。所以，即使引入概率模型，人工智能也不能区分不同作者独立写出相同字符串的概率。这个例子说明，人工智能处理自然语言的能力还是十分有限的，我们不能过分相信或依赖这种智能软件。不过，通过适应性表征提升和改进人工智能处理自然语言的能力还是十分诱人的，也具有进一步发展的前景，如情境觉知或态势感知模型的发展。另外，多主体间的公共知识的逻辑表征方法有助于人们开发多智能体使用自然语言的能力。

第三部分　搜索主体：基于发现的适应性表征

我们业已知道，人工主体是理性行动者，其行动是依据规则进行的。在确定的、可观察的、静态的或完全知晓的环境中，智能体所选择的行动的方法主要是"搜索"，所以，搜索是人工智能的本质。与人类的搜索行为不同，人工主体的搜索完全是无意识的，但却是适应性的，只是这种适应性不是基于生物基质的，而是基于理性规则的。在这种意义上，人工智能是完全理性的事业，完全按照规则如逻辑规则、概率规则行事。若将人的适应性搜索看作"完全适应性"，则人工主体的适应性就是介于完全与不完全之间的一种中间状态，可称为"拟适应性"或"准适应性"。

第七章探讨了目标取向的人工主体及其搜索策略和判断标准，无知搜索的适应性表征，包括宽度优先搜索、统一代价优先搜索、深度优先搜索、深度限制搜索、迭代加深深度优先搜索和双向搜索；知情搜索的适应性表征，包括最佳优先搜索、A^*搜索和内存受限启示搜索。这两大类经典搜索在方法论上体现了人工智能的本质。

第八章和第九章阐述了这两类搜索方法的实际运用。第八章探讨了局部搜索策略和最优化问题，包括爬山搜索、模拟退火、局部定向搜索和遗传算法，这些是受自然启示的搜索方法；局部搜索的非确定行动适应性表征，部分可观察搜索的适应性表征，以及在线搜索主体和无知环境的适应性表征。第九章探讨了多主体对抗性搜索的适应性表征，智力比赛境遇中的适应性表征策略，多人比赛中最佳决策的适应性表征，不完善的真实时间决策的适应性表征，部分可观察比赛的适应性表征，以及随机的部分可观察比赛的适应性表征。

第七章 搜索作为认知适应性表征的核心方法

给计算机以数据，够它用一毫秒；授计算机以搜索，够它用一辈子。
——杰瑞·卡普兰（Jerry Kaplan）（摘自杰瑞·卡普兰《人工智能时代》2016年第20页）

没有任何一个复杂系统定律表明，智能主体一定会变成无情的自大狂。
——史蒂芬·平克（Steven Pinker）（摘自约翰·布罗克曼《AI的25种可能》2019年第128页）

众所周知，人类不仅是善于学习的物种，也是善于发现的物种。发现的过程就是寻找或搜索的过程，一种随着不断变化的环境使主体去适应的过程。在人工智能中，认知就是解决问题的过程，而解决问题主要是通过搜索来完成的，如规划实质上就是一个搜索问题。在这个意义上，搜索就是认知（解决问题、规划、决策、学习）的核心方法。由于搜索是目标取向的，所以其搜索主体（智能体）是基于目标的人工主体，也就是问题-解决的主体。这种主体通常使用原子表征，即将世界的状态看作问题-解决算法不能直接访问的、没有内在结构的整体。而使用更高级的结构表征的主体被称为规划主体，它是人工智能中的一种决策主体及其规划表征（详见第十四章的人工主体的规划与行动的适应性表征）。本章，我们将探讨目标取向的智能体是如何通过搜索获得其目标的，也就是如何进行适应性表征的。

第一节 基于目标的搜索智能体

在人工智能中，智能体被认为是最大化其性能测量的人工主体。这一过程是目标取向的并尽可能达到目标，这与生物体是相似的。在适应环境的意义上，意识主体达到目标的表征一定是适应性的。我们设想一个主体（人或智能体）在北京旅游，它享受美丽的景观，如天安门广场、颐和园。主体的性能测量可能包括许多因素，诸如交通便利、阳光充足、景色迷人、夜生活丰富及避免宿醉等，去哪些景点这个决策问题也是复杂的，因为它涉及许多权衡，要阅读旅游指南等。进一步假设这个主体购买了第二天去上海的廉价机票，而且该机票是不能退的，在这种情形下，主体只能采取去上海的目标（没有选择余地）。不能及时到达上海的行动规划会被拒绝，这样，主体的决策问题就被大大地简化了。这表明目标约束了主体的行动，所以，基于当下境遇和主体的性能测量的目标规划，就是解决问题的关键第一步。

在真实世界中，一个目标就是一组世界状态，准确来说就是目标被满足的那些状态。主体的任务就是发现现在和将来如何行动，以便实现目标。在采取行动前，我们需要确定哪类行动和状态要考虑，因为在细节上存在许多不确定因素，具体行动步骤也会有许多。比如去上海前我们需要考虑以什么方式、哪一天的什么时刻等，甚至还要考虑天气因素。这就是说，在给定目标的情形下，我们需要考虑基于目标的相关行动和状态，这是问题规划的过程。对于一个已知的或可观察的环境，主体可以采取一系列确定的行动来达到目标，如果环境是不可观察的或不确定的，也就是未知的，主体达到目的的行动序列就会复杂得多，这就是关于不确定性的探索问题。这两种情形都涉及问题规划的过程。

我们先讨论明确定义的问题及其解决方法。在人工智能中，一个明确定义的问题包括如下五个成分。

（1）初始状态（主体开始行动的起点），如我们在北京可表达为 In（Beijing）。

（2）关于主体可用的可能行动的一个描述，已知一个状态 s，一个在该状态中可执行的行动就是 Action（s），如状态 In（Beijing），可采取的行动 {Go（Yiheyuan），Go（Changcheng），Go（Tiantan）}（去（颐和园），去（长城），去（天坛））。

（3）关于每个行动做什么的一个描述，也就是转换模型，由结果函数 Result（s,a）详细说明，比如 Result（In（Beijing），Go（Yiheyuan））= In（Yiheyuan）。这样一来，初始状态、行动和转换模型一起隐含地定义了问题的状态空间，也就是通过任何行动序列从初始状态达到所有状态的组合。这个状态空间形成一个定向网或图表，其中的节点表示状态，状态之间的连接表示行动。

（4）目标测试，它决定一个给定的状态是不是一个目标。比如在下中国象棋的情形中，目标是达到一个"将死"的状态，在那个状态，对手的"帅"不能再移动了。

（5）一个路径代价函数，它评估每个路径的数值。主体选择一个代价函数来反映其性能测量。比如赶飞机去上海的人，时间是其实质，路径数值是千米长度，如太原到上海的距离是1200千米。我们一般能根据地图上的比例计算出两个城市之间的直线距离。一般来说，一个问题的求解就是从初始状态到目标状态的一个行动序列。求解质量由路径代价函数来测量，而最优解是所有解中的最低路径代价（值）。

上述五个成分构成的过程严格来说是一种抽象的数学描述，还不是真实发生的事情，比如我们从北京到上海的实际旅行，如果是乘高铁，还可以观看一路的风景。抽象模型抽去了表征的一些细节，留下最显著的特性。这个抽象过程也是规划问题的过程。除抽象化状态描述外，我们还必须抽象化行动本身。比如，开车的行动包括许多结果，除了改变车的地点，还有时间花费、汽油消耗、路况、尾气排放、环境污染等。我们的规划只考虑了地点的改变，忽略了许多其他行动，如打开收音机、向窗外看、减速等，因为这些行动对于我们从一个地方到达另一个地方（完成目标）没有任何帮助。这就是说，执行从一地到另一地的行动是主体要完成的目标，其他行动与完成这个目标几乎没有关系，所以可不予考虑。总之，抽象的目的就是为了更好地表征一个行动到达目标的过程，否则，表征过程太过复杂，智能体就难以在真实世界中行动。

其次，我们探讨通过例示解决问题的情形。解决问题是所有认知活动的目标，而通过实际案例来详细说明解决问题的过程是最佳路径之一，如"玩具问题"和"真空吸尘器问题"。这是基于案例的推理和适应性表征，它描述某个世界状态的先前实例，并确定在当前世界中的新情况与先前情况相符合程度的能力密切相关。这里以"路径发现问题"为例来说明人工主体解决问题的过程。现代小车上的导航系统就是解决"路径发现问题"的系统。上述从北京到上海的航空旅行就是一个具体的路径发现例子。根据上述的五个步骤，这个例子的一个旅行规划网如下。

（1）历史状态：每个状态包括一个地点，如首都国际机场，当前时间，如具体起飞时间，以及历史因素，如机场状况、机场设施，甚至还可能包括国内还是国际航班等信息。

（2）初始状态：这要根据用户的问题来说明，如晚上 8 点北京到上海的航班情况。

（3）行动：乘当前机场的飞机、选择任何等级的座位、留下足够转机的时间等。

（4）转换模型：产生乘机的状态将拥有航班的目的地作为当下地点，航班到达时间作为当下时间。

（5）目标测试：行动者是否详细说明了最终的目的地。

（6）路径代价：这依赖于货币值、等待时间、航行时间、座位等级、飞机类型及乘机频次奖励等因素。

经常乘飞机出差或旅游的人都知道，并不是所有航行都能按照规划进行，改变原规划的事情不时会发生，或者是天气的原因，或者是飞机的机械故障导致的延误，或者是出行者自己误机，等等。一个真正好的系统应该包括临时规划，如备份预订下一趟航班，以防原规划失效。

本质上看，旅行问题与路径发现问题密切相关，但也存在重要差异。比如"从北京出发，至少到每个省会城市一次，最后回到北京"这个问题。根据路径发现，行动应该对应于两个相邻城市之间的旅行，比如北京到石家庄最近。然而，状态空间是非常不同的。每个空间状态必须不仅包括当下地点，而且包括主体到访过的城市的集合。于是，初始状态就将是 In(Beijing)，Visited ({Beijing})，一个典型的中间状态将是 In (Zhengzhou)，Visited (Beijing, Shijiazhuang, Zhengzhou)，目标测试将检查主体是否在北京，是否所有省会城市都到访了。所谓的"旅行商问题"(travelling salesperson problem，TSP)[①]就是一个旅行问题，其中每个城市必须至少到访一次，旨在发现最短路径。该问题是我们上述谈及的 NP 难题(非确定性图灵机多项式时间可解问题，相对应的是确定性图灵机多项式时间问题 P)，目前有许多方法提高旅行问题算法的能力。

第二节　智能主体的搜索求解策略和判断标准

对于一个智能体来说，其唯一的任务就是解决问题。一个问题的求解过程就是一个行动序列，所以搜索算法就是通过许多行动序列进行解题。可能的行动序列从初始状态开始，形成一个搜索树，初始状态在其根部。分枝是行动，节点在问题的状态空间中对应着状态。树的根节点对应着初始状态，然后我们需要考虑所采取的行动。这就是说，根节点的初始状态，也称为母节点，通过扩展初始状态可产生其他不同的状态，也称子状态，每个子状态又可产生其子状态，即子-子状态。比如上述从北京出发到各个省会城市的例子中，北京是初始状态 In (Beijing)，即行动的第一步，也可能是目标状态（一个循环路径）。从这个初始状态开始，我们可以增加分枝 In

---

[①] 旅行商问题是说：已知一系列城市和每对城市间的距离，求解到访每一城市一次并回到起始城市的最短回路。该问题的数学规划是在 1959 年由丹齐格（G. B. Dantzig）等提出的并在最优化领域中进行了研究。它是一个经典的组合优化问题。由于该问题在诸多领域，如交通运输、电路板线路设计、物流配送等有着广泛的应用，计算机科学特别是人工智能领域对其进行了大量的研究。

(Zhengzhou)、In(Shanghai)、In(Guangzhou)、In(Shenyang)等子节点。接下来就是要进一步考虑这些可能性中的哪一个。这就是搜索的实质，即选定一个目标就追踪下去直到达到目标，其他目标先放下待随后解决，以防第一个选择不能实现。例如，我们的目的地是上海，就可直接从北京飞往上海，这是最快最短的路径。如果我们的目的地是石家庄，飞机可能不是最佳选择，高铁可能是首选。搜索策略要尽量避免多余的路径，比如选择北京—上海，而不选择北京—西安—南京—上海，因为第二条路径既费时又费力，仅仅从经济上考虑也不划算。

当然，有时这种多余的路径是不可避免的。比如我们临时要到西安、南京办事，然后去上海，我们就会选择第二条路径，这就是多目标问题。有时，这种多目标选择是不可避免的，比如 2020 年新型冠状病毒在美国流行期间，中美航班熔断，想回国的华人只能选择既与美国通航又与中国通航的国家，同时还需要考虑最佳路径或低费用问题，如选择美国—泰国—中国，而不选择美国—瑞士—中国。在这种搜索树中，随着每一步将一个状态从前沿区域移动到一个探寻区域，同时也将某些状态从未探寻的区域移动到前沿区域，我们发现这种算法系统地检验状态空间中的所有状态，一个接一个，直到发现一个问题的解（目标）。

这种算法的基本结构需要一个数据结构来追踪被建构的搜索树。对于搜索树中的每个节点 n，我们有一个包含四个成分的结构：①初始状态——状态空间中与节点对应的状态；②母节点——搜索树中产生节点的节点；③行动——被用于母节点产生子节点的行动；④路径代价——从初始状态到节点的值，即两个地点间的距离，如 120 千米。给定一个母节点的这些成分，我们就容易发现如何计算一个子节点的那些必要成分。函数 Child-Node（子节点）接受一个母节点和一个行动，然后返回到所产生的子节点（图 7-1）。

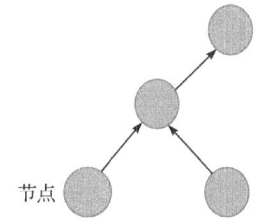

图 7-1 子节点的行动关系

节点组是建构搜索树的数据结构。每个节点组有一个母节点、一个状态和不同的记账单（图 7-1 中没有显示）。箭头从子节点指向母节点。母节点指针将节点串起来形成一个树结构。注意，在这里节点与状态是不同的。节点是一个记账数据结构，用于表征搜索树。状态对应于一个世界的结构。因此，节点处在具体的路径上，由母节点指针限定，而状态不是。而且两个不同的节点能包含相同的世界状态，如果那个状态是经过不同的搜索路径产生的话。节点组成的结构往往是一个队列（queue）。队列的操作有三个变量：一是空置（队列），仅当队列中不再有要素时返回行程；二是取出（队列），移动队列中的第一个要素并返回它；三是插入（要素、队列），插入一个要素返回到产生的队列。这意味着队列是由储存的插入节点的序列描述的。这三个变量是先进先出（first in first out，FIFO）队列的线性表，即 FIFO 队列，它们取出队列中最老的要素；而后入先出或 LIFO 队列（即堆叠），它们取出队列中最新的要素，以及优先队列，它根据某些序列函数取出队列中最优先的要素。

在人工智能中，一种算法的性能是否优越一般有四个评价标准（Russell and Norvig, 2011：80）：①完备性——一个算法能否保证发现一个解决方案；②最佳性——一个算法能否根据定义发现最佳解决方案；③时间复杂性——一个算法发现一个解决路径花费多长时间；④空间复杂性——完成搜索任务需要多少内存。

从数学上看，一个算法就是一个计算函数。完备性和最佳性是任何理论都追求的目标，如相对论、量子力学的数学表达。时间和空间复杂性在一些问题的测量中总是需要考虑的，因为搜索是在某些空间中动态地进行的。比如，在理论计算机科学中，典型的测量是状态空间图表的大小或范围，表示为 $|V|+|E|$，其中 V 是图表的顶点（vertices）（节点）的集合，E 是边（edges）（连接）的集合。当图表是一个明确的被输入搜索程序的数据结构时，如一个标有数据的地图，这个测量就是适当的。然而，在人工智能中，图表通常由初始状态、行动和转换模型隐含地表征，而且时常是无限的。

鉴于这个理由，复杂性一般是由三个变量来表达的：分枝因子或任何节点后继者的最大数 b，最浅目标节点的深度 d，如从根节点沿着路径的步骤数，状态空间中任何路径的最大程度 m。时间是根据搜索期间产生的节点数测量的，空间是根据储存在内存中的节点的最大数测量的。对于搜索树，时间和空间的复杂性在很大程度上依赖搜索树的规模；对于图表表征来说，其复杂性取决于状态空间中路径的冗余程度。

总之，为了评估一个搜索算法的有效性，我们可以只考虑搜索代价，搜索代价典型地依赖于时间复杂性，但也包括一个内存使用的术语，或者我们可使用总代价，它将搜索代价与发现的解决方案的路径代价结合起来。例如，找到从太原到厦门的最佳路径的问题，搜索代价（值）是搜索所花费的时间量，解决方案代价（值）是以千米计量的路径的总长度。这样，要计算总代价，我们必须将秒甚至毫秒和千米相加。两种度量单位之间没有任何正式的交换率，但是，在这种情形下，我们可通过使用小车的平均速度的估计将千米转换为秒（假设有种小车每秒可以行驶 1000 米，行驶 1000 千米需花费 1000 秒），因为时间是主体最关心的。这样一来，我们就能使智能主体发现一个最佳交易点，在这个点，通过进一步的计算来发现一个较短的路径，就成为达到预期目标的适应性行为。

第三节 无知搜索方法及其适应性表征功能

无知搜索即是盲搜索，是指智能体在不知道任何确定信息情况下的搜索，也就是不需要使用问题域知识的搜索。它们所能做的就是产生后继者并区分目标状态和非目标状态。这种搜索策略由被扩展的节点序列来区分，一般包括宽度优先搜索、统一代价优先搜索、深度优先搜索、深度限制优先搜索、迭代加深深度优先搜索和双向搜索。这些搜索方法均具有两个特点：一是不使用启示法来估值；二是找到给定问题的某个解。接下来我们一一加以探讨和分析。

第一，宽度优先搜索采取先到优先原则扩展最浅（最近）的目标节点。这是一种最简单的搜索方法。根或母节点确定后，首先扩展根节点，接着扩展根节点的后继者，再扩展后继者的后继者，如此扩展下去，最终形成一个搜索树结构。形象地说，搜索是从树的顶部到树的底部进行的。一般来说，在搜索树中的下一个层次的节点被扩展前，所有节点在给定的深度上都可被扩展。宽度优先搜索实质上是一般图表搜索算法的一个例示，其中最浅的未扩展的节点被优先选择来扩展。这通过使用"先进先出"队列就可达到目标。这样一来，新的节点由于比其根节点更深，出现在队列的后面，而老节点，由于比新节点浅，总是首先得到扩展。

问题是，宽度优先搜索如何根据上述四个标准进行估值呢？这一点并不难看出，宽度优先搜索首先是完备的，因为如果最浅的目标节点处在一些有限的深度，宽度优先搜索会在产生所有更浅的节点后最终发现它（假定分枝因子是有限的）。需要注意的是，一旦产生一个目标节点，我们知道它就是最浅目标节点，因为所有最浅节点必须已然形成，不能对目标进行检测。所以最浅的目标节点不必然是最佳目标。从数学上看，如果路径代价不是节点深度的一个非减函数，那么宽度优先搜索就是最佳的，因为它总是扩展最浅的未扩展的节点。最常见的最佳情形是所有行动有相同的代价（值），但在实际世界中，情形并不总是这样，每个行动几乎都有不同的代价。

然而，在时间和空间方面，宽度优先搜索并不理想。原因是，搜索过程产生的节点太多太复杂。比如搜索一个统一树，其中每个状态有 b 个后继者，搜索树的根节点在第一层产生 b 个子节点，每个子节点又产生多于 b 的子节点，在第二层就会产生 b^2 个节点。新产生的节点每一个还产生多于 b 的节点，到第三层就会有 b^3 个（图7-2）。随着搜索空间的扩展，空间也越来越复杂，搜索所花费的时间越来越长，如搜索深度达到 10，节点就会有 10^{10} 个，花费时间就达到 3 个小时，内存就需要 10 万亿个字节（太字节）。如深度达到 16，节点就达到 10^{16} 个，花费时间就达到 350 年，内存需要 10 百亿亿个字节（艾字节）（罗素和诺维格，2013：74）。由于这个原因，在时间和内存空间的复杂性方面，宽度优先搜索就无能为力了，其适应性表征显然是非常有限的。这就需要采取新的搜索策略——统一代价优先搜索。

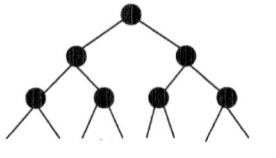

图7-2　一个统一树的搜索结构

第二，统一代价优先搜索扩展最低目标节点，从而降低搜索代价。与宽度优先搜索相比，统一代价优先搜索策略通过优先扩展具有最低路径代价的节点来搜索目标。差异主要体现在两点：一方面，目标测试被用于那个优先选择被扩展的节点，而不是被用于第一个产生的节点，原因是，第一个被产生的目标节点可能位于一个次最佳路径上；另一方面，一个更好的路径被发现时才会增加一个测试，否则没有必要测试。比如，自驾从太原到天津，我们有两条路径可选择：一条是太原经石家庄到天津，另一条是太原经北京到天津。查看地图我们会发现，第一条路径比第二条要短。假设两条路径的境况是相同的，我们会选择第一条路径，因为它耗时少、耗油少，当然代价就低。在确定目标（天津）的情形下，选择第一条路径就是选择了最低代价路径。用人工智能搜索的术语讲就是，从根节点（太原）扩展到后继节点（石家庄），再扩展到目标节点（天津）。这样搜索的目标就实现了。

可以看出，统一代价搜索由于采取最低代价策略，因而应该是最佳的。不过，我们也能发现，这个搜索策略不考虑路径的步骤数，仅考虑其总代价。当遇到无限循环路径的情况时它就卡住了，也就是一个路径有一个零代价行动的无限序列，即一个无操作行动的序列（什么都不做的指令）。而且由于该策略是由路径代价而不是深度引导的，所以其复杂性不能由宽度和深度来描述。当所有步骤的代价相同时，统一代价搜索与宽度优先搜索是相似的，不同在于，前者在目标的深度上检查所有节点，以发现其中是否有一个是最低的，而后者一旦发现目标就立刻停止搜索。因此，统一代价搜索通过从深度上扩展节点来实现目标的确更严格，但有时并不必要，如目标很快实现的情形。

第三，深度优先搜索扩展当下前沿范围内最深层的节点，并尽可能快地进入表征树中。最深层节点是没有后继者的节点。在搜索过程中，当节点被扩展时，它们就从前沿范围被排除了，于是搜索行动就返回到下一个最深层的节点，该节点仍然有未被搜索的后继节点。本质上，深度优先搜索策略是图表搜索算法的一个例示，与宽度优先搜索使用"先进先出"队列相比，它使用"后入先出"队列。从上述讨论可知，"后入先出"队列意味着最新产生的节点被优先选择来扩展，这个最新的节点一定是最深的未被扩展的节点，因为它比它的根节点更深。因此，深度优先搜索选择的节点必须是最深层的未扩展的节点。这是这个搜索策略的核心所在。

显然，深度优先搜索方法强烈地依赖于我们是否使用了图表搜索或树搜索方法。我们知道，图表搜索方法尽量避免重复的状态和多余路径，因此，在有限状态空间是完备的，因为它最终会扩展到每个节点。而对于树搜索方法来说就不是完备的，它会采取循环路径。深度优先树搜索可被修正到没有任何额外内存代价，以便它依赖从根节点到当下节点的路径来检查新状态。这就避免了在有限状态空间中的无限循环问题，但不能避免多余路径的扩散。

在无限状态空间中，如果遇到一个无限的非目标路径，这两种搜索都是无能为力的。在这个意义上，这两个搜索策略都不是最佳的。而且，在时间复杂性上，深度优先图表搜索受到状态空间大小的限制，而深度优先树搜索可能在搜索树中产生极大数量的节点，可能比状态空间还要大得多。在空间复杂性上，图表搜索没有任何优势。而深度优先树搜索需要储存仅仅一个从根节点到枝叶节点的路径，留下其他未扩展的节点不予考虑。一旦一个节点被扩展，只要它的所有子节点被完全搜索过，它就被移出内存。

另外，深度优先搜索的一个变体是回溯搜索，它使用更少的内存。在回溯过程中，在一个时刻只产生一个后继者（节点），而不是产生所有后继者，也就是说，每个部分被扩展的节点记住了哪个后继者产生下一个节点。显然，这种回溯方法增强了深度搜索能力，使其适应性更强。还有一个问题是，深度优先搜索和宽度优先搜索哪个"更好些"？这要依情况而定。当搜索树很深、分枝多、目标出现的位置相对较深的情形下，深度优先搜索更适合；当搜索树的分枝不太多、目标出现的位置处在合理的深度、路径也不是很深的情形下，宽度优先搜索更合适。这里存在一个深度限制问题。

第四，深度限制搜索可解决无限路径问题，从而减少搜索负担。如前所述，深度优先搜索在无限状态空间中是无效的。解决这个问题的一种方法是限制搜索的深度，也即把无限约束在有限范围，比如把一个深度的节点看作没有任何后继者。这是一种有限的搜索方法,因为我们在引入有限参数 l 的同时,也引入了一个额外的不完备源,如果我们选择 $l<d$(d 是深度参数或因子)。这意味着,最浅的目标超越了深度限制。当我们选择 $l>d$ 时,深度限制搜索也不是最佳的,因为它的时间复杂性和空间复杂性的数值将会是非常大的。因此,深度优先搜索可被看作深度限制搜索的 l 无限大的一种特殊情形。有时,深度限制可基于关于某个问题的知识。比如,现在山西省地图上显示有 11 个地级市,每个市是一个节点,某个节点都可扩展若干个子节点(县级市),从太原出发到达其他每个城市,最长的路径一定是到访 10 个城市,所以限制因子 $l=10$ 就是一个可能的选择。如果仔细研究山西省地图我们会发现,从任何一个城市达到另一个其他城市最多 3 个步骤。这个数是状态空间的直径,它给了我们一个更好的深度限制,导致一个更有效的深度限制搜索。当然,对于大多数问题,我们并不知道一个好的深度限制是什么,直到解决了该问题为止。

第五,迭代加深深度优先搜索通过不断重复发现最佳深度限制。这是一种一般搜索策略,通常与深度优先树搜索结合使用。这种方法是通过逐渐增加限制——0,1,2……进行的,直到目标被发现。当深度限制达到最浅目标节点的深度时,目标就实现了。这种方法结合了深度优先搜索和宽度优先搜索的优点。像深度优先搜索那样,它的内存需要是适度的;像宽度优先搜索那样,当分枝因子有限时它是完备的;当路径代价是节点深度的一个非减函数时它是最佳的。一般来说,当搜索空间大且解决方案的深度是未知时,迭代加深是偏好无知搜索的方法。总之,迭代加深搜索类似于宽度优先搜索,因为它在继续搜索下一层次前在每个迭代中搜索完一个新节点的层次。这意味着它使用增加路径代价限制而不是增加深度限制。这就是迭代加长搜索。不过,这种迭代加长搜索与统一代价搜索相比会产生巨大的负荷。

第六,双向搜索同时执行两个相反方向的搜索行动,提高了搜索效率。在双向搜索中,一个从初始状态向前搜索,一个从目标状态向后搜索,在中间状态相遇。这种搜索是通过替换目标测试,即通过检查两个搜索领域是否交叉来实现的。如果交叉了,目标就被发现了,也就解决了问题。这与从两端同时开始挖掘隧道方法是类似的。不过我们要意识到,第一个被发现的解决方案可能不是最佳的,即使两个搜索都是宽度优先的,可能还需要一些附加的搜索来确定不存在另外的捷径来跨越两个搜索之间的分裂。当产生或选择每个节点来扩展时,就需要执行检查行动。比如有这样一个问题,其搜索深度是 6,每个方向在一个时刻执行一个节点的宽度优先搜索,在最坏的情形下，两个搜索在深度为 3 的层次产生所有节点时相遇。当搜索树的分枝数达到 10 个时，就会产生 2000 多个节点，与标准宽度优先搜索相比要少得多。在两个方向使用宽度优先搜索的双向搜索的时间复杂性是宽度优先搜索的一半，其空间复杂性也是宽度优先搜索的一半。这表明，双向搜索相对于宽度优先搜索要简单些，但它是通过迭代加深方法实现的，这一过程至少需要将一个被搜索的部分（前沿部分）保持在内存中，一般交叉检查能够得到执行。这个对空间的需要可能是双向搜索的最致命的弱点。在时间上，双向搜索是有优势的，因为它同时执行相向的两个搜索。但是，如何进行后向搜索仍然是个问题。假设一个状态 x 的前任状态是所有那些将 x 作为一个后继者的状态，那么双向搜索需要一个计算前任状态的方法。当状态空间中的所有行动是可逆之时，状态 x 的前任状态就只是他的后继者。

概言之，根据上述 4 个标准针对树搜索方法来说，上述 6 种搜索方法各有特点（表 7-1）（史蒂芬·卢奇和丹尼·科佩克，2018：89）。对于图表搜索，主要的差异在于深度优先搜索对有限状态空间是完备的，而空间和时间复杂性受到状态空间大小的限制。

表 7-1 各种搜索算法的特征比较

标准	宽度优先	统一代价	深度优先	迭代优先	限制深度	双向搜索
时间	b^d	b^d	b^m	b^l	b^d	$b^{d/2}$
空间	b^d	b^d	b^m	b^l	b^d	$b^{d/2}$
优先性	是	是	否	否	是	是
完备性	是	是	否	是（$l>d$）	是	是

注：b 表示分枝因子，d 表示深度因子，m 表示最大深度，l 表示深度限制

第四节 知情搜索方法及其适应性表征功能

人工智能处理的大型问题通常不适合使用盲目搜索方法来解决。而是需要知情搜索方法，所谓知情是指，智能体知道一个非目标状态比其他状态更有希望的策略，也称为启示法搜索策略或经验法则[1]。知情搜索使用超

---

[1] 启示法通常是依靠经验而不是遵循预先确定的假设或公理获得知识，它描述了这样一种学习方法——不一定使用一个有组织的假设来证明结果，而是通过尝试凭经验试错来证明结果。在人工智能中，有时候，经验法则是提高复杂问题解决效率的实用策略，如避开高峰期出行，能引导程序忽略没有希望的路径，而选择一条最可能的路径达到目标。这意味着使用经验法则可产生智能行为，因为经验是适应性的。比如，将启示法添加到搜索算法中，智能体只使用已经收集到的数据，而避免检测死角。

越问题本身的问题特异性知识来寻找问题的解决之道，比起前面的盲目或无知搜索策略要更为有效，因为主体已经掌握了问题的相关知识，比起什么也不知道的情形下进行搜索要有利得多。

这种策略一般被称为最佳优先搜索，即找到最佳解，它是一般树搜索和图表搜索算法的一个例子。根据这种算法，选择一个节点扩展是基于评估函数$f(n)$。评估函数是作为一个代价值被建构的，所以具有最低估值的节点被优先扩展。函数$f(n)$的选择决定搜索策略。因为大多数最佳优先算法包括一个启示算法作为$f(n)$的一个成分，这种启示算法可表示为：$h(n)$：$h(n)$=从在节点n的状态到目标状态的最便宜路径的估值。因此，$h(n)$将节点当作输入，仅依赖节点的状态，比如我们估计从太原到上海的最便宜路径的代价不一定是路径最短的，有时，间接到达但打折多的航班比直达更便宜，如太原—南京—上海。这里的启示算法是指这样一种情形：如果n是一个目标节点，那么$h(n)$=0。接下来我们探讨知情搜索策略的几种具体方法及其适应性表征。

第一，最佳优先搜索扩展最接近目标的节点，以便最快发现目标。根据这个策略，最佳优先搜索通过使用启示函数$f(n)=h(n)$来实现目标。这意味着最佳优先搜索试图在每一步都要尽量接近目标，由于这个原因，这种搜索法有时也被称为"贪婪"最佳优先搜索。比如上述从太原到天津的例子，如果自驾出行，查看地图我们很容易发现，经石家庄到天津是最佳路径，比起经北京到天津路径要短。这种选择最佳路径的策略即使在有限的状态空间也不是完备的，因为有时最接近的路径可能是行不通的，但启示搜索会告诉你那是最佳路径，它不知道那条路径是不通的。比如从中国威海到日本大阪，按照这种启示搜索应该是最佳路径，但是自驾不可行，因为没有跨海大桥。如果乘轮船，可能是最佳选择了（路径最短）。

第二，A^*搜索使总估计解决方案代价（值）最小化。A^*搜索是最佳优先搜索中最著名的一种方法，它结合$g(n)+h(n)$评估节点，其中$g(n)$是到达节点的代价，$h(n)$是从节点到目标的代价（Pohl，1977）。这样一来，$f(n)=g(n)+h(n)$。由于$g(n)$是从状态节点到节点n给出的路径代价，$h(n)$是从n到目标的最便宜路径的估值，我们可得到$f(n)$=通过n的最便宜解决方案的估值。因此，如果我们试图发现最便宜的解决方案，那么应该优先尝试的一个合理事情是具有$f(n)$的最低值的节点。

事实证明，这种策略是非常合理的，只要启示函数$h(n)$满足容许性和一致性条件，A^*搜索就既是完备的又是最佳的。A^*搜索达到最佳性的第一个条件是容许性，即 $h(n)$ 是一个容许的启示。一个容许的启示是这样一种启示，它绝不过度估计达到目标的代价。由于 $g(n)$ 是沿着当前路径到达 n 的实际代价，而且 $f(n)=g(n)+h(n)$，我们获得一个直接结果，即 $f(n)$ 没有过度估计沿着当前路径通过 n 的一个解决方案的实际代价。本质地讲，容许启示法天然就是最佳的，因为它考虑的是解决问题的代价如何小于该问题的实际代价。比如到达目的地的直线距离。直线距离是容许的，因为两点之间的最短路径是直线，直线不可能是过度估计。第二个条件是一致性，有时也称单调性。一个启示函数 $h(n)$ 是一致的，对于每个节点 n 和由任何行动 a 产生的 n 的后继者 n'，从 n 达到目标的估值不大于达到 n' 的步骤代价加上从 n' 达到目标的估值。这是普遍的三角形不等性（即三角形的任一边的长度不能大于其他两个边长度之和）。在这里，三角形由 n、n' 和最接近 n 的目标 g_n 构成。对于一个容许启示法来说，不等性意味着，如果存在一条从 n 经过 n' 到 g_n 的路径，该路径比 $h(n)$ 便宜，那就违反了这样的特性——$h(n)$ 在达到目标 g_n 的代价上是一个最低限度。

　　显然，A^* 搜索的最佳性表现为：如果 $h(n)$ 是容许的，A^* 树搜索方法就是最佳的；如果 $h(n)$ 是一致的，A^* 图表搜索方法就是最佳的。尽管 A^* 搜索在这两方面是最佳的，但对于许多大规模的问题，它是不适用的，因为大规模问题的复杂性使得 A^* 搜索通常在发现问题的最佳解决方案过程中不切实际。这就是 A^* 搜索的大空间问题。不过不用担心，有一种搜索方法，它既可以克服空间问题，又可以不牺牲最佳性或完备性，那就是内存受限启示搜索。

　　第三，内存受限启示搜索加深启示搜索的语境，从而提高发现目标的效率。内存受限的意思就是减少对内存的需要。对于 A^* 搜索来说，减少内存受限的最简单方法就是采取迭代加深启示搜索的语境。这种方法就是迭代加深 A^*（iterative deepening A^*，ID A^*）搜索（Manzini，1995）。ID A^* 不同于标准迭代加深搜索的地方在于，它使用的中断（cutoff）是 f-值（$g+h$）而不是深度，而且在每个迭代中，中断值是任何在先前的迭代中超过中断的最小 f-值。在人工智能中，常用的 ID A^* 有两种，一种是递归最佳优先搜索（recursive best-first search，RBFS）（Korf，1993），另一种是内存受限 A^*（restricted memory A^*，M A^*）（Chakrabarti et al.，1989）。RBFS 是一种简单的递归算法，它尝试模仿标准的最佳优先搜索的操作，但仅使用线性空间（一个较低限制和一个较高限制之间）。它的结构与递归深度优先搜索的结构类似，但不是继续沿着不确定的当下路径，它使用 f-limit（限制）变量来追踪从当下节点的任何前任节点产生的最佳可行替代路径的 f-值。如果当下节点超越了这个限制,递归过程就展开回归到替代路径。由于递归过程展开了,RBFS 替换沿着具有备用值路径的每个节点的 f-值,即它的子节点的最佳 f-值。这样一来,RBFS 就记住了被遗忘的子树的最佳分枝节点的 f-值,并因此能决定它是否值得在以后某个时刻重新扩展子树。比如,搜索从太原到天津的最短路径,根据 RBFS 一般有三个步骤:①从太原开始扩展到石家庄、廊坊;②徘徊片刻后返回石家庄,扩展到保定(因为保定离石家庄更近);③发现保定不是去天津的最佳路径,又转回到廊坊,再继续扩展到天津(达到目标)。

可以看出,RBFS 是一种尝试的过程,通过不断试错,最终找到最佳路径,这种尝试的过程其实就是不断适应目标的过程。尽管 RBFS 比迭代加深 A^* 搜索更有效些,但它同样会产生过度产生节点的问题。比如 RBFS 已发现经过廊坊到天津的路径,但它改变了想法又尝试了保定,接着又改变想法回到石家庄。这种想法的改变之所以会发生,是因为在每个时刻当下最佳路径是扩大的,比如石家庄到保定比到廊坊更近,所以先尝试最近路径,RBFS 的 f-值可能因此会增加(h 对于更接近目标的节点通常不是最佳的)。当发生这种状况时,第二条路径可能成为最佳的,因此,RBFS 不得不回溯到前一个节点,然后再寻找新的节点。每次想法的改变对应于一次迭代加深 A^* 搜索,因此,需要对许多遗忘的节点再扩展以重新寻找最佳路径,并将它延伸到更多的节点。这意味着,如果启示函数 $h(n)$ 是容许的,RBFS 就像 A^* 树搜索一样是最佳算法。它的空间复杂性在最深的最佳解决方案的深度上是线性的,但它的时间复杂性相当难以描述,因为这种复杂性既依赖启示函数的准确性,也依赖当节点被扩展时最佳路径变化的频度。

然而,我们应该看到,不论是 ID A^* 还是 RBFS,它们都受到使用太小的内存的限制。ID A^* 在迭代之间仅仅包含一个单一的数,即当下的 f-值,如长度数。RBFS 虽然在内存中包含更多信息,但它仅使用线性空间,即使有更多的信息可用,它也没有办法去利用。之所以如此是因为它们遗忘了大多数做过的事情(有太小的内存没有空间储存),两种算法可能多次地结束然后再扩展相同的状态。而且,两种算法在冗余路径的复杂性方面也存在潜在的指数增长问题。

由此看来,使用所有可用的内存信息是明智的。另一种搜索方法 M A^* 及其简化 SM A^* 能够做到这一点。SM A^* 的运作与 A^* 相似,扩展最佳分枝节点直到内存被充满。这样一来,不减少老的节点它就不能增加新的节点到搜索树。SM A^* 总是减少最差的分枝节点，也就是有最高 f-值的节点，而且将遗忘的节点值备份到其根节点。这样的话，被遗忘的子树的前任知道那个数值中的最佳路径的属性。根据这种信息，SM A^* 重新产生子树，仅当所有其他路径被显示出比它遗忘的路径更糟糕时。换句话说，如果一个节点 n 的所有后继者被遗忘，那么我们就不知道从 n 去哪里，但是，我们仍然有一个从 n 到任何地方是否值得考虑的想法。这意味着 SM A^* 扩展最佳分枝节点而删除最差分枝节点，也就是追求最佳分枝节点排除最差分枝节点。

要是所有分枝节点有相同的 f-值时 SM A^* 该如何处理呢？为了避免选择相同的节点来扩展或删除，SM A^* 扩展最新的最佳分枝节点，删除最老的最差的分枝节点。当只有一个分枝节点时，这些行动是同时发生的，但在这种情形下，当前的搜索树必须是一个从根节点到充满所有内存的分枝节点的单一路径。如果分枝节点不是目标节点，那么即使它位于一个最佳解决方案的路上，解决方案用所有可用的内存也不能实现。因此，那个节点完全可以被抛弃，就好像它没有任何后继者。

然而，对于非常复杂的问题，SM A^* 就会被迫在许多候选解题路径之间来回不停地摇摆，不知道如何选择了。此时，SM A^* 需要额外时间来重复产生相同的节点，这意味着，本可以实际上由 A^* 解决的问题，在给定无限内存的情形下，却成为 SM A^* 棘手的问题。也就是说，从计算时间的角度看，内存限制可能使问题变得难以解决。时间和内存之间的权衡问题是一个无法回避的难题，目前计算机科学家还没有好的解决办法。看来，唯一的出路就是降低对最佳性的要求，不追求最佳而追求更佳。

不过，我们不用过于悲观，因为从学习的视角看，智能体这种人工主体可通过学习获得更好的搜索方法。比如一种基于元层次状态空间（meta-level state space，MLSS）概念的搜索方法可能解决这个难题。元层次状态空间中的每个状态捕获一个程序的内在计算状态，该状态在一个目标层次状态空间（如某个城市地图）搜索目标，比如，上述从太原到天津的例子中，A^* 算法的内在状态由当前的搜索树构成。元层次状态空间中的每个行动就是一个改变内在状态的计算步骤，如 A^* 中的每个计算步骤扩展一个分枝节点，并将它的后继者（节点）增加到搜索树上。在这个意义上，A^* 搜索就是一种基于元层次状态空间概念的搜索方法，它说明一个更大的搜索树序列可被看作在元层次状态空间中描述一个路径，在那里，路径上的每个状态就是一个目标层次的搜索树。

总之，学习更好地搜索来发现目标，意味着人工主体更好地适应不同的问题和变化的环境，从外部看它们像生物体那样有适应环境的能力。这种能力在笔者看来就是适应性表征能力。

第五节　进一步的讨论

人工主体在确定的、可观察的、静态的或完全知晓的环境中所选择的行动的方法有许多种，依据这些方法它们能发现其目标。这种仅仅按照某些理性规则寻找目标的过程就是"搜索"。尽管这些搜索是无意识的过程，但它们也是适应性的，只是这种适应性不是基于生物基因的，而是基于理性规则的。如果将人的适应性搜索看作完全适应性，那么人工主体的适应性就是介于完全与不完全之间的一种中间状态，笔者将这种中间适应性称为"拟适应性"或"准适应性"，以便区别于生物适应性。毕竟人的适应性是基于生物学的，而人工主体（智能体）的适应性是基于计算机科学的，前者是碳基构造的（碳水化合物），后者是硅基构造的（机械零件组合）。在认知科学中，这个问题就是"硬件要紧不要紧"的问题，即意识经验是否与构成物质相关。比如，塞尔就坚持认为意识是一种生物现象，智能机不可能有意识。由此推知，生物的适应性是基于有意识物体的，如我们人类，人工主体由于没有意识，当然不可能是适应性的。这个结论与智能体也能某种程度上适应性地搜索和表征的事实不符。这个事实表明，一方面，生物认知系统与人工认知系统遵循的规律可能完全不同；另一方面，它们又都是适应性表征系统。因此，笔者猜测适应性表征可能是意识和智能（自然的和人工的）产生的内在机制。

在笔者看来，意识和智能是两个层次的东西或概念。有意识一定会有某种程度的智能，而有智能则不一定需要有意识，如机器人。这里存在一个生物学和人工智能包括机器人学之间的一个解释鸿沟。类似于查默斯（D. Chalmers）关于意识的"难问题"方面的解释鸿沟。在适应性的意义上，只要一个主体，人或者机器，能够在变化的环境中不断调整自己的行为，最终找到要发现的目标，或者解决了所要解决的问题，我们就说它们是适应性的，在表达上也是适应性的表征。这种判断类似于"图灵测试"，即只要我们区分不了与我们对话的是人还是机器（实际上是机器与人对话），那么我们就不得不承认机器也会思维（即操作符号、解决问题的认知活动）。

从认知系统的结构和活动机制看，人的认知系统（神经系统）与智能机的认知系统（编码-解码系统）是完全不同的，人工智能目前只是模拟人的认知系统的功能，其结构与运作机制完全不同于人类的。就如同鸟会飞和飞机会飞执行的原理完全不同一样。这是不争的事实，也因此才有了认知科学、脑科学与计算机科学、人工智能等不同学科的存在。但是，仅就适应性特征来说，这两种认知系统都具有，只是程度上有差异，比如就灵活性、简洁性来说，人的适应性要比人工主体的要好许多。正是在这个意义上，我将人工主体的适应性称为拟适应性，以区别于人的生物适应性。

提起适应性，我们自然会联想到意向性、相关性和因果性这些概念。适应性涉及意向性，因为意向性是关于或指涉某物的特性，它最早是胡塞尔用于说明意识本质属性的概念，即有意识的物体就应该有意向性，如各种有生命的动物包括我们人类。但是这个概念用于说明意识太宽泛，因为一方面，简单生物如阿米巴虫虽然有生命但没有意识；另一方面，即使是非生命的物体，如温度计、智能机，也具有意向性的特征，如指向某个目标，好像它们是有目的有意识的。所以，在我们考虑用意向性来描述意识的特性时还需要加上反身性，即知道"我们是谁"。这样一来，意识就有了向外和向内两个特征，形成一个循环，缺一个就不能准确说明意识的特性。如果说意向性是某物有意识的必要条件，那么反身性就是某物有意识的充分条件。在哲学和逻辑上，对一个问题或概念的完备、准确的说明，必须满足其必要性和充分性，这就是我们常说的"充要条件"。

人的意识无疑具有意向性和反身性两个特征，因而人才是真正有意识的物种，其他动物特别是灵长类的猿、大猩猩等，如果它们不知道它们是谁的话（也可能有点知道），它们就不具有完整的意识，至多具有低级的意识（基于生命）。人工主体（智能机）仅仅具有指向外部目标的属性，如搜索目标，但不知道它们是谁（不知道自己是智能体）。也就是说，它们仅仅懂得如何做，但不知道它们知道如何做。这就是"我会开车"和"我知道我会开车"的区别。"我会开车"是如何做的问题，"我知道我会开车"是我意识到我会的问题。这是两个不同层次的问题，前者是意向性问题，后者是意向性加上反身性的问题；在语言层次，前者仅仅是一个语句表达，后者还包括一个命题态度。进一步说，人工主体是通过相关性认知的，而人不仅通过相关性，更能通过因果性认知。相关性认知是一种关联性认知，是一种影响和被影响的关系，因果性认知是一种产生性认知，是一种引起和被引起的关系。相比而言，影响关系比产生关系要弱许多。

在人工主体开始搜索所要的结果前，它必须先识别目标，并形成一个定义明确的问题，因为有问题才能有解决的目标和结果。问题由初始状态、一组行动、一个描述行动结果的转换模型、一个目标测试函数和一个路径代价函数构成。问题的环境由一个空间状态来表征（人设置的）。从初始状态到目标状态穿过状态空间的路径就是要搜索的解决方案。搜索过程采取的策略是，搜索算法将状态和行动当作原子状态（不可再分）。具体说，一般的树搜索算法考虑所有可能路径去发现目标，而图表算法避免考虑多余路径。我们根据完备性、最佳性、时间复杂性和空间复杂性就可判断它们的优劣。不过，这些搜索方法对于不确定的、动态的和完全不知晓的情形还无能为力，这是另一个更复杂的搜索问题，我们将在接下来的章节中讨论。

第六节 小 结

与人类一样，在确定的和完全可知的环境下，人工主体能通过构造行动序列来达到目标，这个过程就是搜索。所以，搜索能力是人工智能的本质。而构造行动序列和设定任务目标需要人类设计者为人工主体预先定义好要解决的问题，因此，这种人工主体也就是面向目标和行动的解决问题的主体。要解决的问题一般由初始状态、行动集、描述行动的转换模型、目标测试函数和路径代价函数几个部分组成，这样就可进行形式化操作和表征。能进行形式化操作的程序就是搜索算法，由完备性、最优性、时间和空间复杂性来评估，而复杂程度依赖于状态空间的分枝因子 b 和深度因子 d 来度量。在未知搜索或盲搜索的情形下，不同的搜索方法所起作用各不相同。宽度优先搜索扩展表征树中最浅的节点，统一代价搜索扩展当前路径代价最小的节点，深度优先搜索扩展表征树中最深的节点，对深度加以限制就是深度限制搜索，迭代加深搜索通过不断增加深度限制达到目标，双向搜索减少了时间成本。在知情的情形下，人工主体通过使用经验启示函数或归纳函数 $h(n)$ 来评估从初始状态到目标的代价值。最佳优先搜索根据评估函数来选择扩展节点，贪婪最佳优先搜索扩展 $h(n)$ 的最小节点，A^* 搜索扩展 $h(n)$ 加上实际代价值的最小节点。显然，这些经验启示算法的介入进一步提高了人工主体解决问题的能力。这是将我们人类行为的经验法则用于人工智能的结果。

第八章　搜索主体逼近真实世界的适应性表征

能够对人类需求做出很好推断的自动智能系统，必须具有良好的人类行为生成模型。

——汤姆·格里菲思（Tom Griffiths）（摘自约翰·布罗克曼《AI 的 25 种可能》2019 年第 156 页）

与人类的搜索行动相比，人工主体的搜索完全是理性的行动序列，严格遵循决定论和可观察性的规律，即使引入的经验启示法，也是人类设计者的经验。如果决定论和可观察性的条件得不到满足，人工主体该怎么办呢？是否可通过局部搜索而不是通过估计路径代价达到目标？遇到偶然性事件或行动应该如何应对？这是人工主体接近人类处理实际发生的事件时必然会遇到的问题，也是它们走向真实世界的必经过渡阶段。本章我们将探讨人工主体如何处理真实世界事件的适应性表征问题。

第一节　局部搜索策略和最优化问题的适应性表征

在人工智能中，各种传统的搜索策略或方法已被设计出来系统地探索搜索空间。做到系统地搜索目标是通过在内存中保持一个或多个路径，并记录路径中每个节点的哪个路径被搜索过。当一个目标被发现时，通往该目标的路径也就构成问题的一个解决方案。然而，在许多问题中，通往目标的路径是不相关的。比如著名的 8-皇后问题[1]，关键之处是皇后们的最终构型，而不是它们被添加的顺序。如果通往目标的路径不那么要紧，那么我们可考虑一类不同的算法，即局部搜索，不用再考虑路径问题。局部搜索算法仅使用一个单一的当前节点，而不是多个路径进行搜索，一般仅移动到那个节点的相邻节点。也就是说，这种搜索跟随的路径不再被保存下来，也就是不储存历史记录。

---

[1] 8-皇后问题的目的是将 8 个皇后放到一个棋盘上（棋盘是 8×8 个黑白相间的板），以便没有任何一个皇后能攻击任何其他皇后。规则是，一个皇后可攻击同一行、同一列的任何一个方块中的皇后。这个问题属于移动方块难题家族（NP 完备性），它通常被用作人工智能中的搜索算法的测试问题。

尽管局部搜索算法不是系统性搜索方法，但它有两大优势：其一，它使用非常少的内存；其二，它通常能在大的或无限连续状态空间中发现合理的解决方案，而系统性算法在这种状态空间中反而是不适当的。除了发现目标，局部搜索算法对解决纯最优化问题也是有用的，因为纯最优化问题的目的是根据一个目标函数发现最佳状态。传统的标准搜索方法并不适合大多数纯最优化问题。比如，根据达尔文进化论，自然提供了一个目标函数——生殖适合度，这是自然试图最优化的问题，但不存在目标测试环节，也没有这个问题的路径代价。一切都是自然而然地发生的。这是自然进化与人工进化的最大区别，但适应性却是它们的共性。

那么，我们该如何理解和表征局部搜索算法呢？打个比方，局部搜索就好比爬山，在爬山者的视域中，有最高的山峰，有较高的山峰，也有较低的山峰；有山谷，也有平坦的地方。这种景象可以根据位置和高度（海拔）两个变量来描述。位置由状态来定义，高度由目标函数的数值来定义。如果高度对应于代价（值），那么目标就是发现最低山谷，山谷就是全局最小化；如果高度对应于一个目标函数，那么目标就是发现最高峰，最高峰就是全局最大化。局部搜索算法就是要勘探这种景象的地形，如果该目标（山峰或低谷）存在的话，那么它总能找到一个目标。事实上，一个最优算法总是能发现一个全局最小化或最大化。这种爬山比喻可被扩展为一种爬山搜索方法。这使笔者想到，复杂的原理或好的探索方法往往就蕴含于我们的实际生活中，如爬山搜索、经验启示。人工智能的设计也常常从生活中汲取智慧和灵感。这就是要善于发现，善于联想，善于类比。

局部搜索策略一般有四种方法：爬山搜索、模拟退火、局部定向搜索和遗传算法。这些方法均是受到自然启发的搜索算法，接下来分别加以分析和讨论。

首先，爬山搜索使用爬山函数 Hill-Climbing（p）返回一个局部最大的状态（初始状态，即山峰），然后朝着持续增加代价的方向移动（爬山）。爬山搜索算法也被称为最速上升搜索（steepest ascent search）算法。它是一个持续向上不断攀升的过程，当到达一个"山峰"（最大化）时，该搜索终止。这表明该"山峰"有最大值，即周围再没有比它高的"山峰"。这种算法不保留一个搜索树，所以其当前节点的数据结构只需要记录目标函数的状态和数值。爬山不必预先考虑当前状态的最近邻节点（另一个山峰），因为这类似于在遭受健忘症折磨的同时试图在浓雾中发现珠穆朗玛峰。

事实上，爬山搜索与 8-皇后问题很相似。在 8-皇后问题中，局部搜索算法典型地使用一个完全状态规划，在那里棋盘上的每个状态有 8 个皇后，每列有一个。一个状态的后继者是在同一列由移动一个皇后到另一个方格产生的所有可能状态,所以每个状态有 $8×7$ 个后继者。启示代价函数 h 是相互攻击(直接或间接)的皇后对的数目,其全局最小化是零,仅在获得完美解决方案时发生。这意味着,爬山搜索算法是典型地在许多最佳后继者中随机做选择。由于这种算法是发现最优目标而不考虑下一步去哪里的问题,因此,也是一种"贪婪的"局部搜索。虽然有点贪婪,但爬山搜索通常能迅速接近解决方案或目标,因为它通常很容易就能改善一个糟糕的状态,如调整爬山的方向。

然而,爬山搜索在三种情况下也容易"卡壳"。第一是局部最大化(极限),即山麓问题。局部最大化意味着在局部有一个峰值,它比其邻近状态更高,但比全局最大化要低。由于爬山搜索是贪婪算法,对过去、未来没有知识,因而可能会困在局部最大值中,这意味着虽然目标几乎可以达到,但不能从当前的位置达到,即使目前的山麓均是可见的。接近一个局部最大化的爬山算法只能向上搜索,但因不能去其他任何地方如向下而卡壳,就好像是"华山一条路",只能上不能下。第二是山脊问题,即山脊会导致一个局部最大化序列(一系列山脊),这使贪婪算法难以操作。第三是高原问题,即状态空间中有一块平坦的地方,它可能是一个平坦的局部最大化,如五台山的山顶就是平台。在这个地方,爬山就结束了(不再搜索了),或者爬山搜索在这个高原就迷失了方向,如向下移动。

在这三种情形中,搜索算法达到一个它不再行进的点。比如在高原处,最优的后继者与当前状态有相同的代价(值),是否继续行进就不是一个好的策略呢?如果允许向侧面移动(右或左)而仅仅把高原作为一个临时"歇脚点"或"支撑点"会怎样?一般来说,到达高原后继续向前搜索是可以的,但我们必须小心了。因为允许有"侧面路径"存在(实际的爬山允许走小路),那就会导致这样的后果——取消了爬山的行动,一个无限的循环就会发生,任何时候爬山搜索算法到达一个局部最大化的高原(不是歇脚点)。一个常用的解决办法是限制连贯侧面移动的数量。

目前,爬山搜索已发展出不同的版本,诸如随机爬山、首选爬山、随机重启爬山。随机爬山就是在上升移动步骤中随机选择,选择的概率随着上升移动的陡峭长度而变化。这种方法比陡然上升更慢地聚集起来,但在某些状态图景中,它能发现更好的解决方案。首选爬山通过随机地产生后继者执行随机爬山,直到产生一个比当前状态更好的状态。当一个状态有许多后继者时,这个方法是一个好的策略。

不过,这些爬山搜索方法都不是完备的,即使当目标存在时它们通常并不能找到目标，因为它们在局部最大化处可能卡壳。一种称为随机重启爬山的方法采取不断尝试的策略，"如果第一次没有成功，那就再试试，再试试"，它从随机产生的初始状态执行一系列爬山搜索，直到发现目标。这与科学哲学家波普尔主张的"猜想-反驳"科学发现模式如出一辙，或者说就是该模式在人工智能中的实际应用。如果每次爬山有一个成功的概率 p，那么需要重启的期望数就是 $1/p$[①]。这种不断试一试的过程，表现为一种不断适应的搜索行动。爬山的成功非常依赖于状态空间图景的地形。一方面，如果局部最大化和高原很少，那么随机重启爬山会很快发现一个好的解决方案；另一方面，许多真实问题存在这样一个图景，它看上去更像在平坦的地上广泛分散的一个秃顶豪猪家族，有小豪猪生活在每个刺尖上（类似于针尖上站立多少个天使）。这就是 NP 难问题，它典型地由一个局部最大化指数导致了"卡壳"。尽管这样，一个合理的、好的局部最大化在少许重启后能够被发现。

其次，模拟退火方法将爬山搜索与随机散步方法以某种方式相结合，从而使搜索变得既有效又完备。这是从金属热处理获得的启示。如前所述，爬山搜索在局部最大化的地方往往会卡壳，反而重启随机的散步（随机地从一组后继者中移动一个均匀选择的后继者）是完备的但相当无效。在冶金学中，退火是一个将金属或玻璃通过先加热到高温再逐渐冷却而使其锻炼或硬化的过程，这个过程使材料（金属等）达到一个低能量的透明状态。这个退火的过程与梯度下降类似，即逐渐降低温度，就好像下楼梯，逐渐达到最低处。

我们设想一个小球沿着一个崎岖不平的斜面滚下的情形。它一定在某个最低处停止，即达到一个局部最小化[②]。如果我们摇动那个斜面，就会让小球弹出局部最小化的地方。当然，在人工主体的搜索行动中，这种小伎俩难以让小球弹出局部最小化，但将小球从全局最小化逐出并不难做到。可以看出，模拟退火方法由剧烈摇动开始，如在高温，然后逐渐降级摇动的强度，如在更低的温度。模拟退火算法的最深处循环与爬山搜索类似。它不是

[①] 在某些情形下，最好在一个具体的、固定的时间量后重启一个随机化的搜索算法，这可能比允许每个状态不确定地继续下去更为有效。比如在 8-皇后问题中，不允许有侧面移动路径的情形其概率约为 0.14，则我们需要大约迭代或重复 7 次才能发现目标，也就是 1 次成功 6 次失败。随机重启爬山搜索的核心思想就是限制侧面移动的数量，从而提高搜索到目标的效率（Luby, et al., 1993）。

[②] 这个最小化类似于热力学中的"势阱"概念，即在局部能量达到最低。也类似于从山上向下流的水，在局部低洼处停留直到低洼处被充满后，才会继续向下流。这个比喻蕴含了一种延迟效应或拖延习惯。不同之处在于，搜索算法中的最小化是指一个行动代价的最小化。

选择最佳移动,而是选择随机移动。如果移动提高或改善了境遇,这种移动总是能被接受。否则,搜索算法会接受某些概率小于 1 的移动。概率随着移动的不良状态指数地降低,类似于随着温度的下降而降低。比如,不良的移动当温度高时很可能被允许,但当温度低时则不可能被允许。如果安排温度足够慢地降低,算法会发现一个具有概率接近 1 的全局最佳状态。

再次,局部定向搜索[1]基于路径算法采取定向搜索,准确度更高。在内存中仅保持一个节点是对内存限制问题的一个极端行为。局部定向搜索保持追踪多个状态而不仅仅是一个。它从随机产生的状态 k 开始,在每一步,所有 k 状态的所有后继者被产生。如果其中任何一个是目标,搜索就停止了。否则,算法会从完全表中选择 k 个最佳后继者,然后重复下去。表面看,这种具有 k 状态的搜索方法似乎不过是以平行而不是以序列的方式运行 k 的随机重启。事实上,这两种算法是完全不同的。在随机重启搜索中,每个搜索过程彼此独立地运行。而在局部定向搜索中,有用的信息在平行搜索线路中被通过。这种算法迅速地放弃无结果的搜索,将资源转移到最可能发现目标的地方。

不过,局部定向搜索在 k 状态中面临缺乏多样性的问题,因为它们能迅速地集中在空间状态中的一个小区域,使得该搜索行动比爬山搜索更昂贵。一种类似于随机爬山搜索的随机定向搜索有助于缓解这个问题。那就是,随机定向搜索不是从候选后继者库中选择最佳的 k,而是随机地选择 k 的后继者,而且选择一个后继者的概率是其值的一个增长函数。这种搜索方法与自然选择的过程有些相似。我们知道,在自然选择中,一个状态(有机体)的后继者(后代)根据其代价值(适应度)养育下一代。因此,这种搜索方法的完善版本就是遗传算法。

最后,遗传算法[2]通过两个母状态(父、母)的结合产生后继者,从而在其中找到目标。在遗传算法中,后继者由两个结合的母状态产生,而不是通过修正一个状态产生。与定向搜索类似,遗传算法从一组随机产生的状态 k(种群)开始,每个状态或个体被表征为一串有限字符,通常是由一组 0 和一组 1 组成的数字串。比如,在 8-皇后问题中,一个 8-皇后状态必须详细说明 8 个皇后的位置,即每个皇后位于某一列中 8 个方块中的一个之中。当然,

---

[1] 也称局部集束搜索,类似于聚焦的"光束"而得名。在集束搜索中,认知是通过搜索树逐层展开,但只有最好的节点得到扩展,最终找到目标。

[2] 最早由霍兰德在 20 世纪 60 年代受达尔文进化论启示开发的,在《自然系统和人工系统中的适应性》中得到普及和推广。在遗传算法中,解决方案由二进制 0 和 1 序列的字符串表征,其运行核心是适应度函数或收益函数,其中字符串的适应度是衡量字符串有效解决问题的程度(Holland,1975)。

每个状态也可用1～8的数字表示,如初始状态13687724、32752443等。

那么,遗传算法是如何运作的呢?一般来说,它从初始种群到突变有5个步骤,这里以数字串表示的8-皇后的状态来说明。①初始状态,如13687724、32752443,它们有相应的数值(比如25和21),可组成一对母字符串;②适合函数,即描述每个状态的适合度;③选择,即随机选择两对来繁殖,与适合函数的概率相一致;④交叉,一对母字符串在交叉点通过交叉产生自己的后代,比如13652443、32787724,它们分别由第一组的前三个数和第二组的后五个数,由第二组的前三个数和第一组的后五个数的结合产生;⑤突变,即在后代的遗传基因中有小概率的随机突变,如13652443中的4变为2。可以看出,遗传算法与随机定向搜索类似,它将上升倾向(爬山搜索)与随机探讨相结合,在平行搜索线路之间交换信息。它的主要优势源于交叉操作,在数学上这是可计算的,比如,人工遗传密码的位置最初是以随机的方式排列的,交叉不会产生任何优势。事实上,优势源于交叉能力组合了大的字符串,那些字符串是独立地进化出来执行有用功能的,这就产生了搜索操作所需的间隔层。比如,在8-皇后问题中,把前三个皇后放在2、4、6的位置上(其余5个的位置是1、3、5、7、8),她们之间就不会彼此攻击,这构成了一个有用的方块,它能结合其他方块构成一个解决方案。

显然,遗传算法解释了主体是如何使用子串(一种图示)搜索的,在这种子串中,一些位置可以留下而不用详细说明。比如上述的子串246*****,它描述了所有8-皇后的状态,其中前三个皇后分别在2、4、6的位置,其他皇后没有表示出来。这说明成功地使用遗传算法有利于人工主体在连续空间中的适应性表征的解释。在数学上,微积分也可用于在连续空间中的搜索行为的计算表征,因为微分和积分的运算如求导的过程是连续的。也就是说,凡是能连续运算的事件或行动,原则上都可使用微积分来解决。目前,人工智能中还鲜有用微积分运算搜索目标的算法。我们拭目以待。

第二节 局部搜索对非确定行动的适应性表征

在人工智能中,我们假设环境是完全可观察的和确定的,人工主体知道每次行动的结果。这意味着,主体能够准确计算哪个状态产生于哪个行动序列,而且知道它处于哪个状态。其认知对象在每次行动后并没有提供任何新的信息,尽管它告诉了主体的初始状态。这是科学中著名的决定论观念。当环境是部分可观察的，或者是非确定的，或者两者都存在时，认知对象就成为有用的了。在部分可观察的环境中，每个认知对象有助于压缩主体位于其中的可能状态集的空间，这使主体容易达到目标。当环境是非确定的情形时，认知对象告诉主体它的行动的可能结果实际上已经发生了。在这两种情形中，未来的认知对象不能预先被确定，主体的未来行动将取决于那些未来的认知对象。也就是认知对象决定主体的认知行动，或者说，认知行为是目标取向的。这意味着一个问题的解决方案不是一个序列，而是一个应急或偶然规划或策略，该规划详细说明做什么依赖于认知对象被接纳了什么[1]。

在不稳定的真空世界，人工主体通过适应性搜索发现目标。这里以真空吸尘器的例子来说明。真空吸尘器中有三个行动——左移、右移、吸尘，目标是吸干净所有灰尘[2]。如果环境是可观察的、确定的或完全知晓的，这个问题就可用知情搜索和无知搜索策略来解决，即解决方案就是一个行动序列。比如状态1[（吸尘器，灰尘），（灰尘）]，意思是吸尘器的位置和其右侧有灰尘，行动序列就是（吸，右移，吸），达到目标就是吸干净。但在不稳定的真空世界，吸尘器的行动可能是：当吸一块脏地板时，它不仅吸这块地板，也吸干净的相邻地板，或者在原地打转，或者一直向一个方向移动（若状态空间足够大），如扫地机器人。当吸完一块干净的地板时，它有时将灰尘存放到地毯上，或者有时没有吸干净就离开。

要解决这个问题，我们需要使用转换模型，但不是仅使用一个结果函数Result返回一个单一状态，而是使用一组结果函数Results返回一组可能的结果状态。比如，在真空吸尘器的状态1的情形，吸的行动可能产生这样一个状态——右侧地板的灰尘可能吸干净或没有吸干净。这意味着吸尘

---

[1] 这里的认知对象是感知的结果（人类通过感觉器官，机器通过感受器）。在确定存在或认知对象的意义上，感知是起决定性作用的。道理很简单，因为没有感知，我们就不能认知外部世界，机器（智能机）就不能探索环境，更谈不上适应环境了。所以，笔者认为，不论是对于人类还是人类创造的智能机器，感知系统或感知能力是人类和机器不可或缺的部分，这是人工智能的具身性问题。在这里，马赫主张的"存在就是被感知"对人工智能有一定启示。人工智能的发展在一定程度上实现了以往被认为是错误的观念，比如笛卡儿的二元论，虽然在哲学上受到质疑，但计算机的硬件和软件的可分离性和互补性，恰恰实现了心物分离的理念。因此，挖掘哲学思想对人工智能的发展是十分有益的。

[2] 这种真空吸尘器有两列，每列四个状态（1、3、5、7为一列和2、4、6、8为一列），形成8个可能状态（信念状态）：状态1[（吸尘器，灰尘），（灰尘）]，状态2[（灰尘），（吸尘器，灰尘）]，状态3[（吸尘器，灰尘），（干净）]，状态4[（灰尘），（吸尘器）]，状态5[（吸尘器），（灰尘）]，状态6[（干净），（吸尘器，灰尘）]，状态7[（吸尘器），（干净）]，状态8[（干净），（吸尘器）]。其中状态7和状态8是目标状态。

器的行动没有产生我们所需要的结果（吸干净）。进一步说，如果我们从状态 1 开始，就不存在一个行动序列来解决这个问题。相反，我们需要一个应急规划，比如[吸，如果状态是 5 即右侧有灰尘，那么（右移，吸）否则（ ）]。这说明，一方面，对不确定问题的解决方案可以包含如果-那么-否则（if-then-else）陈述；另一方面，解决方案是树型结构而不是序列。这允许行动的选择是基于在执行过程中产生的偶然性。事实上，扫地机器人每时每刻都面临一个不确定的环境，时刻需要及时调整行动规划，这就是适应性应急处理。

我们知道，在真实世界中许多问题的发生是偶然性的，而不是必然性的，所以完全精确的预测是不可能的。就像物理学中海森伯的"测不准原理"揭示的那样，尽管该原理指的是微观粒子的行为，但宏观世界的现象大多也是不确定的。不过，科学探讨包括人工智能的设计，要尽量以理性约束不确定性，尽可能给出确定性的答案，即解决问题。出于这个理由，我们要对不确定性和不稳定性问题持开放的态度。它们不是我们要排除的，而恰恰是我们要面临和研究的。

问题是，我们如何在人工主体世界给出不确定性问题的应急答案？上述分析已经表明，依据一个行动序列是不能解决不确定性问题的，建构一个树搜索结构是一个可能的解决路径。在确定的环境中，唯一的分枝是由主体自己在每个状态的选择时引入的。这就是"或"节点（即 OR 节点），在逻辑上是析取表达。这种树结构是选择性的，即一个分枝节点不可行，就选择另一个分枝。在真空吸尘器世界中，在"或"节点主体选择右移、左移或吸，这可形成一个树搜索。在一个非确定环境中，分枝（节点）也可由环境对每个行动结果的选择来引入。这就是"和"节点（即 AND 节点），在逻辑上是合取表达。比如在状态 1，吸的行动导致状态 5 和状态 7 的组合，即状态 5∧状态 7，所以，主体需要发现针对这两个状态的一个应急规划（图 8-1）（斯图尔特·罗素和彼得·诺维格，2023：106）。这两种节点（或，和）可以交替，会产生和-或（AND-OR）树搜索。

那么，这种树搜索如何解决问题呢？在人工智能中，和-或搜索问题的一个解决方案是形成一个子树，该子树要满足三个条件：①在每个分枝有一个目标节点；②在它的每个"或节点"详细说明一个行动；③在它的每个"和节点"包括每个结果分枝。

图 8-1 表示的是不稳定真空世界搜索树的前两个层次，其中粗黑体箭头线是解决方案的路径，它对应于{吸，如果状态是 5 即右侧有灰尘，那么

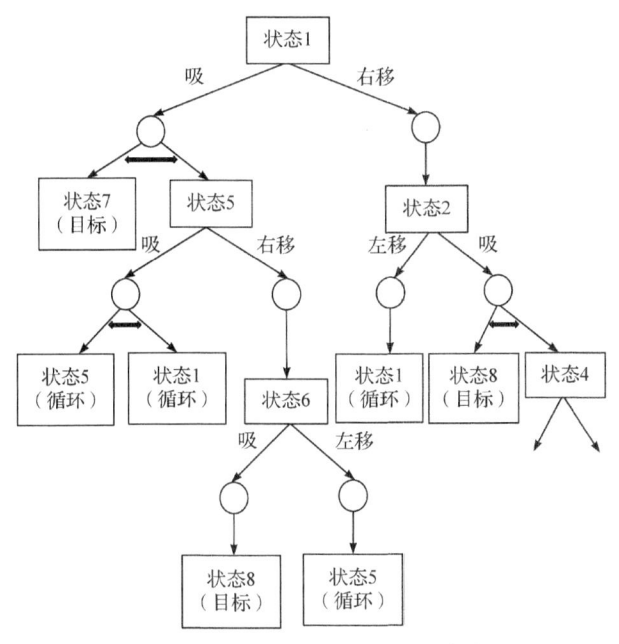

第八章　搜索主体逼近真实世界的适应性表征

图 8-1　真空吸尘器的和-或树搜索表征

（右移，吸）否则（）}这样一个表达式。也就是说，这个规划使用了如果-那么-否则推理来处理"和"分枝。当在一个节点有两个或者两个以上分枝时，最好使用案例来建构。这就是基于案例的表征。图中的状态节点是"或"节点，在那里一些行动必须被选择。在"和"节点（圆圈处），每个结果必须得到处理（双箭头部分）。在极不确定的真空世界中，某些行动可能失效，主体可能在原地不动，比如在状态 1，右移会形成状态 1 和状态 2 的组合（状态 1∧状态 2），此时，从状态 1 不再有任何非循环的解决路径，和-或图表搜索会因失败返回，因为没有可靠移动的路径了。然而，仍然存在一个循环解决方案，那就是不断尝试，不断右移直到达到目标。比如上述状态 5 的循环解决方案是：{状态=5 时，向右移}。

一般来说，一个循环规划可能考虑这样一个解决方案，即假定每个分枝是一个目标状态，而且分枝在规划中从每个点是可达的。只要给定一个循环规划的定义，若一个非确定的行动的每个结果最终发生了，执行这样一个解决方案的主体将最终达到目标。从本质上看，这种循环规划就是一种不断尝试的过程，不断适应新环境的过程。这与我们在日常生活中的行动如出一辙。比如尝试开门。你有一串钥匙，不记得是哪一个，你会一一尝试，最终打开门。人工主体的尝试搜索也是这个道理，只是需要设计一个程序来表征显得非常麻烦。

第三节 部分可观察搜索的适应性表征

在真实世界中，大多数情形是部分可观察的，也就是仅看见或知道一部分，其他部分是隐藏的或不知道的。对于隐藏或不知道的部分，此时信念状态就开始发挥重要作用了，因为不知道的部分只能借助主体的信念来弥补，即猜测或假设。对于不知道的部分我们可分为三种情况：一是完全不可观察，二是部分可观察，三是完全可观察。我们分别对这些情况进行分析。

第一，完全不可观察的搜索纯粹借助信念行动来达到目标。当主体的感知不提供任何信息时，这就是无感知或无感受器或传感器问题。在这种情况下，主体解决问题的难度就大大增加了，因为主体对问题或目标的环境知之甚少。但是，除了视觉、嗅觉等感知能力之外，我们还有理性思维能力，凭借这种抽象能力，无感受器或传感器问题事实上是可解决的。也就是说，无感受器的主体是不依赖传感器工作的，就像盲人不依赖于视觉一样。比如，在自动制造领域，许多有独创性的方法就是通过使用无传感器的行动序列，精确地将零件从无知的初始状态放到要求的正确位置。如果感知需要付出高代价，制造情形是要尽量避免的。再比如，面对一名感染的患者，医生不能确定是感染了哪种细菌或病毒，他们通常会先开出广谱抗生素让患者服用，而不是使用应急规划做一个昂贵的血测试，接着观察一段时间等待结果出现，然后根据结果再采取应对措施，如开针对性更强的抗生素，严重的要住院治疗等。

在一个无感受器或传感器的真空世界，假设吸尘器的主体知道那个世界的地形，但不知道它的位置或灰尘的分布。在这种情形下，吸尘器的初始状态可能是 8 个 {1,2,3,4,5,6,7,8} 中的任何一个。如果它要向右移动，会发生什么呢？这个行动可能使它处于 {2,4,6,8} 状态中的一个，如状态 2。这意味着此时主体拥有更多的信息。而且行动序列（右移，吸）总是在状态 {4,8} 中的一个终止。最终，不论开始的状态是什么，行动序列（右移，吸，左移，吸）保证达到目标状态 7（吸干净）。这说明吸尘器的主体能够迫使真空世界进入状态 7。显然，解决无感知问题依赖于在信念状态空间而不是物理状态空间搜索。之所以如此是因为，物理状态是主体不能完全知道或观察的情形，而信念状态则是主体自己知道的。在方法论上，这等于是把未知的物理状态转换为已知的信念状态，再通过信念状态-行动序列来解决问题。由于信念状态是主体自己的，所以在信念状态空间，问题是充分可观察的，而且解决方案总是行动的一个序列，因为每个行动后获得的认知对象完全是可预测的，不存在应急规划的偶然性。因此，这种情形在非确定的环境中也是真实的。

那么，信念状态搜索问题是如何被建构并解决问题的呢？在人工智能中，一个基本物理问题是由行动、结果、目标测试和步骤代价这四个函数或变量定义的。根据这四个变量，相应的无感知问题包括以下六个方面。

（1）信念状态：完整的信念状态应该包括物理状态的每个可能集。这是一种形而上学预设。因为人的信念可设想任何物理状态，如量子状态、多宇宙状态、可能世界状态等。

（2）初始状态：关于一个物理问题的所有状态集，主体尽可能穷尽关于这个问题的知识，这种知识可能比那个问题本身多得多。比如自由落体问题，支撑它的力学知识远多于问题本身。

（3）行动：关于问题的合理或合法行动，这些行动在所有状态是合法的。比如在真空世界，每个状态有相同的合法行动，如吸、右移或左移。行动通常由行动函数 Action（s）描述（s 表示状态）。

（4）转换模型：将物理状态的信息转换为信念状态，或者相反。由于主体不知道哪个信念状态是正确的，根据它所掌握的知识，它可能在信念状态获得将行动用于一个物理状态而产生的任何状态。转换模型通常由结果函数 Result（s）描述。比如在无感受器的真空世界中，一个确定的行动"右移"预测下一个信念状态有两种情形：一是状态 1 到状态 2，即{1}→{2}；二是状态 3 到状态 4，即{3}→{4}。在不确定的情形中，同一信念状态和行动的预测有四种情形：状态 1 到状态 1，即{1}→{1}，状态 1 到状态 2，即{1}→{2}；状态 2 到状态 4，即{2}→{4}，状态 2 到状态 3，即{2}→{3}。

（5）目标测试：就是测试行动是否达到目标，也即是否解决了问题，通常由 Goal-test（s）函数描述。这意味着，当一个信念状态中的所有物理状态满足目标测试时，主体要确定一个规划是否起作用，即一个信念状态是否满足目标。这是一个必要的环节，因为主体可能偶然地预先达到了目标，但它并不知道这个行动已经完成了。

（6）路径代价：关于选择行动路径所付出的代价。如果同一行动在不同的状态有不同的代价，那么在一个给定信念状态中所采取行动的代价可能有几个不同的值。主体可根据路径代价选择最佳路径，如最低代价或最短路径。这在树表征中被称为低估值分枝法。

这六个方面是部分可观察搜索的具体步骤。我们仍以真空吸尘器的例子来说明。这是一个确定的、无感受器的真空世界，在这种世界中，大多数可能信念状态中只有一小部分是可实现的，比如在 2^8（256）个可能信念状态中有 12 个是可实现的（图 8-2）。因为新产生的状态要被测试看看是否与现存的状态同一，不同一的状态都被排除了。比如，始于初始状态的行动序列（吸，左移，吸）达到同一信念状态如（右，左，吸），即状态 5 和状态 7 的合取，可表示为{5,7}。此时，如果信念状态通过"左移"实现了，即达到{1,3,5,7}。这显然与{5,7}不是同一的，但它是一个超集。这是容易证明的，如果一个行动序列是一个信念状态的解决方案，那么它也是这个信念状态的任何子集的解决方案。因此，如果{5,7}已经被实现的话，我们可以放弃达到{1,3,5,7}的路径。相反，如果{1,3,5,7}已经被产生，而且被发现可解决，那么任何子集包括{5,7}都保证是可解决的。可以看出，这种额外层次的分枝修剪可极大地提高无感受器问题解决的效率。

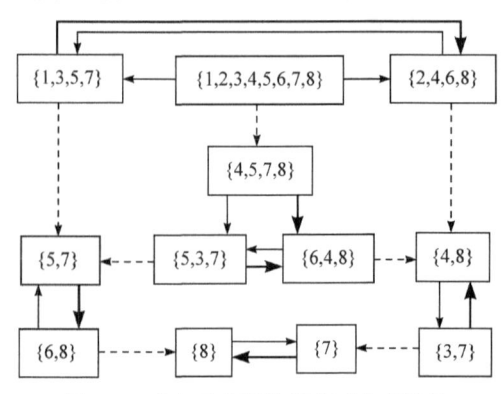

图 8-2 真空吸尘器的部分可实现路径

注：图中的一个数字表示一个单一信念状态，组合数字表示状态的集合，粗黑箭头线表示向右移动，细黑箭头线表示向左移动，虚箭头线表示自循环。在任何给定的点，主体处于一个部分信念状态但不知道对应于哪个物理状态。中间最顶部的状态是初始信念状态。箭头线表示行动，{7}和{8}是目标状态，即干净状态

这种搜索策略的困难在于信念状态的巨大数量，它容易导致状态空间的极大化。不过，在大多数情形中，信念状态空间和物理状态空间中的分枝因子和解决路径的长度并不是很难的问题。真正的困难在于每个信念状态的大小。比如，一个 10×10 的真空世界的初始状态就包含 100×2^{100} 个物理状态（显状态），如果使用原子表征的话，那就太过巨大了。这还不包括隐藏的状态。

当然，我们不是没有办法应对这种问题。一种可能的解决方法是将信念状态看作一个黑箱，采取功能主义的策略，即不必知晓黑箱的结构，只关注其功能属性。当然，我们也可以进入并观察信念状态（如果可能的话），

发展一种增加的信念状态搜索算法，它每次建构一个物理状态的解决路径。比如上述例子中，初始信念状态是{1,2,3,4,5,6,7,8}，我们必须发现一个能在所有 8 个状态起作用的行动序列。譬如，我们先寻找解决状态 1 的路径，然后测试它是否也可用于状态 2。如果不能，返回并寻找不同的路径，如此试下去，总能找到一个解决方案。这就是我们前面提及的不断尝试，不断适应，最终发现一个适应性的路径或表征方式。

显然，这也是一种适应性的策略，与"和-或"搜索策略在每个"和"节点为每个分枝寻找一个解决路径是极为相似的，因为这种搜索算法必须为信念状态中的每个状态发现一个解决路径。二者的不同之处在于："和-或"搜索可为每个分枝发现一个不同的解决路径，而这种增加的信念状态搜索算法必须为所有状态寻找一个起作用的路径。这种方法的主要优势在于，即当一个信念状态不能实现或无解时，它能迅速删除这种无效搜索。通常的情形是，由检查过的最初几个状态组成的信念状态的一个小子集也是无解的。这往往导致信念状态的快速增长，其数量可能超过相应的物理状态。在这种情形下，任何有效的算法也对无解的问题无能为力。所以，许多问题在没有观察时是无法解决的（虽然可想象），如观测天文学、微生物学和量子世界。

第二，可观察的搜索通过视觉或感受器发现解决路径。众所周知，视觉对于我们人类是至关重要的。没有视觉就不会有许多领域的知识及其表征，诸如绘画、天文学、科学实验等。对于人工主体，它们虽然没有像我们的视觉器官（眼睛），但它们有传感器，如摄影机，它们对环境也会产生感知对象，如图像。比如，我们可以定义一个局部感知的真空世界，在这个世界中，主体有一个位置感应器和一个灰尘感应器，但没有任何感应器能探测另一个地方的灰尘。关于这个问题，人工智能中形式上的详细说明涉及一个感知函数 Percept（s），它返回一个给定状态中接收的感知对象。如果感知行动是非确定的，我们会使用感知函数返回一组可能的感知对象。比如，在真空吸尘器的例子中，在状态 1 的感知函数是（a，灰尘）。充分可观察的问题是这样一个情形，在那里对于每个状态 s，Percept（s）=s，而无感受器问题是这样一种情形，在那里 Percept（s）=0（即空）。当观察是部分的情形下，通常的情形似乎是，几个状态可以产生任何给定的感知对象。比如，感知对象（a，灰尘）由状态 3 及状态 1 产生，因此，给定这个条件作为初始感知对象，局部感知的真空世界的初始信念状态将是{1,3}。在这个搜索过程中，行动、步骤代价和目标测试像无感受器问题一样，是从基本的物理问题得到建构的，但转换模式有点复杂。对于一个特殊行动来说，我们可将一个信念状态转换到下一个信念状态的过程分为以下三个步骤。

(1)预测阶段：在信念状态 b 给定一个行动 a，则预测的信念状态 $b' =$ Predict(b,a)。

(2)观察预测阶段：确定一组感知对象，它能在预测的信念状态被观察到。

(3)更新阶段：对于每个可能的感知对象，确定能产生感知对象的信念状态。新的信念状态就是可能已经产生感知对象的原信念状态的集合。

例如，在局部感知的真空世界中，在确定性的情形下，右移的行动被用于初始信念状态时，会产生一个有两个可能物理状态的新信念状态，即{1}→{2}和{3}→{4}。对那些状态，可能的感知对象是{2}(b,灰尘)和{4}(b,干净)，从而导致两个信念状态，每个都是独立的。在不稳定的情形下，右移的行动被用于初始信念状态时，给出一个有四个物理状态的新信念状态，即{1}→{2}和{1}，{3}→{3}和{4}。对于那些状态，可能的感知对象是{2}(b,灰尘)、{1,3}(a,灰尘)和{4}(b,干净)，从而产生三个信念状态。将这三个阶段结合在一起，我们就能得到可能的信念状态，从而产生一个给定行动和后继可能的感知对象。

第三，非确定的部分可观察问题通过"和-或"搜索算法直接来解决。如上所述，部分可观察问题源于我们不能准确预测行动后哪个感知对象被接受。物理环境中潜在的非确定性情形，通过在预测阶段扩大信念状态而在观察阶段产生更多的感知对象，这可能强化了这种无能为力。不过我们不用担心，上述的"和-或"搜索算法可直接用于解决这个问题（图8-3）。在局部感知的真空世界中，假设初始感知对象是(a,灰尘)，那么解决路径就是有条件地规划：{吸，右移，如果是 b 状态，那么吸，否则( )}。在图8-3中，吸是解决方案的第一步，{7}是目标状态，黑粗箭头线是目标路径。需要注意的是，这里是将一个信念状态问题用于"和-

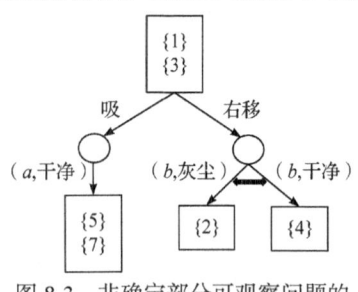

图8-3 非确定部分可观察问题的"和-或"搜索表征

或"搜索算法，所以它返回一个条件规划来测试信念状态而不是测试实际状态。这意味着，在一个部分可观察环境中，主体不能执行一个需要测试实际状态的解决方案，因为它将信念状态看作一个黑箱。这样一来，我们可通过检验先前产生的信念状态（即当下状态的子集或超集）来改善这个问题，也可源于增加的搜索算法来提供实质性的加速来克服黑箱方法。

由上述分析可知，建构一个用于部分可观察环境的人工主体是搜索的关键所在。这与问题-解决主体的建构是非常相似的（见第六部分）。也就是说，主体先规划一个问题，然后使用一个搜索算法来解决它，比如与-或-图表-搜索，并执行一个解决方案。当然，部分可观察的主体与问题-解决主体的不同之处有两点：一方面，问题的解决方案可能是一个条件规划而不是一个行动序列，而且如果第一步是一个"如果-那么-否则"的表达，主体将需要测试"如果部分"的条件，相应地执行"那么部分"或"否则部分"；另一方面，当主体执行行动和接受感知对象时，它将需要保持它的信念状态。这个过程与预测-观察-更新（修正）过程很相似，而且还比那个过程更简单些，因为感知对象是由环境给予的，而不是由主体计算出的。

可以看出，给定一个初始信念状态、一个行动和一个感知对象，就可产生一个由三者组合的新的信念状态。因此，在部分可观察的环境中，其中包括大多数真实世界的环境，保持人工主体的信念状态是任何智能系统的一个核心功能，如监控、过滤、状态评估等。随着环境越来越复杂，不确定性越来越突出，准确的更新计算不再是可行的，此时主体将不得不计算一个近似的信念状态，也可能集中于感知对象的环境方面的含义，这些问题的大部分已经由概率理论来解决（这是运用概率理论解决统计问题的适应性表征，前面业已讨论过）。

第四节 在线搜索主体和无知环境的适应性表征

上述讨论的搜索方法均是离线搜索算法。这些搜索方法在涉足真实世界之前预先规划并计算一个完备的解决方案，然后执行那个方案。相比而言，在线搜索主体是即时地交错计算和行动。也就是说，主体先采取一个行动，然后观察环境并计算下一步。这种在线搜索不仅在动力学和半动力学领域是一个好的策略，也有助于解决非确定领域的问题，因为它允许主体将它的计算能力集中于可能性或偶然性上，这种可能性是实际上发生的，而不是可能发生或可能不发生的。而且，在线搜索对于无知环境也是必要的。我们知道，在无知环境里，主体不知道存在何种状态，也不知道采取行动做什么。在这种环境中，主体面临一个探索性问题，它必须使用该问题作为实验的行动，以便学习更多知识来应对各种问题。机器人、无人驾驶飞机的探索活动是一个典型的在线搜索的例子，因为它们到一个新的环境中需要建构那个新环境的地形图，再利用所建立的地形图从一个地方到另一个地方进行探测。婴儿的渐进学习也是一个在线搜索的典型例子，因为婴儿可能采取行动但不知道任何一个结果如何，他们会体验几个他们能达到的可能状态，从而逐渐发现他们周遭的世界是什么。

那么，在线搜索的主体是如何工作的呢？这个问题涉及在线搜索问题、在线搜索主体、在线局部搜索和在线搜索学习等环节。因为搜索是依据问题展开的，行动是由人工主体执行的，而且搜索是有范围的，也就是局部的，在搜索过程中主体还要不断学习以提高搜索效率。

我们首先考察在线搜索问题。一般来说，在线搜索问题必须由主体执行行动来解决，而不是依赖计算来解决，比如我们在线搜索所需的资料，输入关键词上网（如百度或谷歌）搜索即可，而离线是达不到目的的，也即搜索不到所需的内容（网页或文本）。我们可假设一个确定的和充分观察的环境，但我们规定主体仅知道三个方面的内容：①一个行动 a，它返回在状态 s 的一个行动列表，由行动函数 Actions(s) 表征；②一个步骤代价函数 c，它只有当主体知道 s' 是结果时才可用，可表征为 $c(s,a,s')$；③一个目标测试函数，可表示为 Goal-test(s)。在具体情形下，搜索主体不能确定结果函数 Result(s,a)，除非它实际上在状态 s 并执行行动 a。

比如在迷宫问题[①]中，主体不知道从 (1,1) 向上移动会导致 (1,2)，即使它那么做了，也不知道向下移动会返回到 (1,1)。当然，主体可能使用一个容许启示函数 $h(s)$ 来估计从当下状态到目标状态的距离，因为主体的目的是达到一个目标状态而代价最小。代价是主体实际搜索路径的总路径代价，这个总代价应该是实际上最短的路径，用在线算法术语讲就是"竞争比"。我们希望它越小越好。不过要注意的是，在某些情形下最佳竞争比是无限的。比如，如果某些行动是不可逆的，如到达一个状态后不能再返回到原来的状态，这就走入了"死胡同"[②]，即一个终端状态，不可能达到目标。这种情形在在线搜索中是不可避免的，或者说，没有算法在搜索所有状态空间中能够避免"死胡同"现象。由于这个原因，在线搜索算法性能的描述

[①] 一个 3×3 构成的方格，由 (1,1) (1,2) …… (3,3) 坐标系表征，每个坐标表示一个方格，由一个方格移动到另一个方格被表示为 (1,1) → (3,3)，即由左下角的方块移动到右上角的方块。对于人工主体而言，即使它做了这一切，它并不知道环境的任何信息。这清楚地说明，人工主体（智能体）只是在执行指令，完成一个行动序列，并不能像人那样在做了之后知道做了什么。这就是人类认知和机器认知的根本区别，毕竟机器主体作为人工主体，不理解所做的含义，只是按照程序操作符号。然而，在表征的意义上，人类和智能体都是适应性表征，所以笔者认为，适应性表征是连接人类认知和机器认知之间鸿沟的桥梁，能够给出两种不同认知形式之间存在的"解释鸿沟"一种合理的解释。

[②] "死胡同"现象在机器人探索中是一个实际难题，比如爬楼梯、爬斜坡、攀山崖、一条街等自然地理环境问题，都会产生不可逆行动。为了克服这个问题，人工智能中通常采取的策略是——假设状态空间是安全可探索的，也就是说，某些目标状态从每个可达的状态出发是可达的，这事实上仍然是可逆的情形。

是依据整个状态空间的大小，而不是依据最浅目标的深度。

其次考察在线搜索主体的功能。在执行每个搜索行动后，在线主体获得一个感知对象告诉它达到了什么状态。根据这个信息，主体扩大了它的环境地图，主体使用这个当下地图决定下一步的行动。这种规划和行动的交错过程意味着在线搜索算法与离线搜索非常不同。比如，前面提及的离线算法 A^*，在空间的一部分中能扩展一个节点，接着立刻在空间的另一部分扩展一个节点，因为节点的扩展涉及模拟行动而不是实际行动。而在线搜索是实际行动，它只能为它物理上占领的一个节点发现后继者。为了避免树搜索中的所有节点，在局部序列中扩展节点似乎是更好的策略。比如，深度优先搜索具有这种属性，因为被扩展的下一个节点是先前扩展的节点的子节点。

这就是说，在线搜索使用深度优先搜索算法是一个更好的选择。一个在线深度优先搜索主体是一个算法或程序，它将它的地图储存在一个结果函数 Result(s,a)（列表）中，意思是，该函数记录了产生于在状态 s 执行行动 a 的状态。因此，任何时候从当下状态产生的一个行动没有被探索，主体就会尝试那个行动。当主体尝试了一个状态中的所有行动时，会遇到一些困难，如走入"死胡同"。相比而言，在离线深度优先搜索中，状态简单地从队列中被退出，而在在线搜索中，主体必须物理地回溯。这意味着主体返回到这样一个状态，从这个状态出发，主体最近进入了当下状态。显而易见，在线搜索主体时刻在行动着，它不断尝试从一个状态到另一个状态，最终发现目标状态。

最后考察在线局部搜索策略。鉴于在线搜索通常不是全局性的而局域性的，所以局部搜索就显得格外突出。除了深度优先搜索，爬山搜索也是一种在线局部搜索，因为它仅在内存中保留一个当下状态，但这种搜索并不常用，因为它将主体置于局部最大化状态而无路可走，这就进入了一个"死胡同"状态。即使使用随机重启也无效，因为主体不能把它自己输送到一个新状态。

为了解决这个问题，人工智能中通常采取随机散步策略来探索环境。随机散步策略从当下状态中随机地选择一个可行的行动。这个被选择的行动往往渗透了主体的偏好。在实践中，随机散步策略最终会发现目标，或者完成它的探索，但搜索路径较长、耗时较多（但搜索空间是有限的），而且搜索过程也更慢。因为在每一步，向后和向前的行动可能会反复多次。

在真实世界中，有许多状态的拓扑性质会引起随机散步这类陷阱。为了避开这些陷阱，一个更有效的方法是，增大爬山搜索的内存而不是其随机性得到证明。这种方法的基本观念是，储存从每个到访的状态达到目标的代价的一个当下最佳估计函数 $H(s)$，该函数作为启示估计函数 $h(s)$ 出发，并作为主体被更新，在状态空间获得经验。比如有这样一种情形，主体在最小代价的节点被卡住，它不是选择待在它原来的节点，而是遵循似乎是达到目标的最佳路径，给出其近邻节点的当下代价估计值（用数值表示，即估值）。通过一个近邻节点达到目标的估值，是达到那个近邻节点的代价加上从那里达到目标的代价，即 $c(s,a,s') + H(s')$。这个过程包括两个行动：一个估计代价大，如 1+8，另一个代价小，如 1+2，主体会倾向于选择低代价的路径，如 1+2。继续这个过程，主体会向前和向后移动多次，每次都更新 $H(s)$，扫平局部最小化直到达到目标。

显然，这个通过不断重复尝试达到目标的搜索过程也是主体的一个学习过程。一方面，主体学习环境的地图（更准确地说是每个状态的每个行动的结果），记录每个行动的经验；另一方面，局部搜索主体使用局部更新规则如学习真实时间 A^*（learn real time A^*，LRT A^*）获得了每个状态的更准确的估值。假如主体以正确的方式探讨状态空间，这些更新最终会收敛到每个状态的准确值。一旦知道了准确的值，最优决定就能通过简单地移动到最低值的后继者（节点）那里而获得，也就是说，纯粹的爬山搜索就是一个最优策略。

不过，我们应该注意到，人工主体的学习过程并不是很聪明。比如在迷宫的例子中，主体执行了从 (1,1) 到 (1,2) 的上升行动，但它完全不知道下行的行动会返回 (1,1)，也不知道上升行动会从 (2,1) 到 (2,2)。对于人类来说，学过直角坐标系（x 为横轴，y 为竖轴）的人都知道，上升增加了 y 轴，下降是还原到原点。这是数学上的一般规则，运用这些规则加上逻辑规则，我们能形式地显表征这些行动过程，这就是人工主体的学习问题，比如主体向案例和经验学习，从而提高搜索效率。

第五节 小　　结

对于人工主体而言，确定的、可观察的具体环境中的问题易解决，但真实环境中的大多数问题是不确定的、不可观察的。超越确定性来处理不确定性问题，不仅对于人工主体是个难题，就是对于我们人类也是个棘手的问题。针对不确定性和不可观察问题，人工智能的设计者采取了三个策略：

一是局部搜索策略，如爬山搜索、模拟退火搜索、遗传算法、和-或搜索等，从而赋予人工主体以智能；二是信念状态策略，即对完全无知环境或部分可观察环境的一种猜测策略，因为不知晓环境情况，必然会遇到探索问题，此时基于信念状态的猜测策略可能就是一种最佳选择（也可能是别无他法的一种权宜之计），根据这种策略，信念状态表征了主体在其中的可能状态集，从而解决无感受器的问题；三是学习策略，也就是让主体去学习，这是一种动态的在线搜索方法。当主体完全不知道其估计的状态和行动时，搜索什么对于主体来说就是模糊的。在线搜索主体通过建构一个地图来发现目标，类似于我们人类使用地图寻找目的地。而且，主体能通过从经验更新启示评估提供一个有效的方法来避免局部最小化陷阱。这种不断尝试的搜索行动，从适应目标的视角看，就是一种适应性表征行为。总之，适应性表征概念桥接了人类认知和机器认知（人工认知）之间的鸿沟，这个概念可能对我们进一步发展和提升人工智能的适应性行为提供可借鉴的理论依据。

第九章　多主体对抗性搜索的适应性表征

> 在现实世界中工作，机器人必须与人们实际互动，并理智地对待他们。"人"必须正式进入人工智能问题的定义中。
> ——安卡·德拉甘（Anca Dragan）（摘自约翰·布罗克曼《AI 的 25 种可能》2019 年第 166 页）

如第八章所述，搜索行进中遇到的最大障碍是相关联的巨大状态空间问题。在博弈中，人们有意引入一个和多个试图阻止行动的对手，也即人为地设置了障碍。几乎所有博弈中都包括一个或多个对手，这些对手总是积极地试图打败你。因为所有博弈（比赛），无论是友谊的还是竞技的，胜利总是令人兴奋的，无论参与者是大人还是小孩。

在上述单一主体的情形下，主体仅考虑自己如何行动及同环境的关系。但是在多主体环境中，除主体本身及其环境的关系外，每个主体还需要考虑其他主体的行动、它们如何影响它的利益等因素。因为其他主体的不可预测性可将偶然性引入该主体的问题-解决过程。这意味着多主体的环境是一个竞争性环境，其中不同主体的目标是相互冲突或对抗的，这就产生了对抗性搜索问题，游戏就是我们熟悉的比赛，特别是对弈，如下棋。数学上的博弈论将多主体环境看作一种对抗游戏，而且主体间的相互影响是有意义的，无论主体间是合作关系还是竞争关系。

在人工智能中，大多数游戏是相当专门化的，如二人对弈、零和游戏、桥牌等。这意味着人工智能采取的是决定论的、充分可观察的策略。在这个对抗性的架构中，对手（两个主体）间是"不是你赢就是我赢"的关系，正是主体之间在效用上的冲突才导致了情境的对抗性。游戏或比赛完全反映了人类的智力程度，甚至包括人的性格，比如一个完全投入比赛的人，其行为表现就是其性格属性，如有人急躁、有人沉稳。在笔者看来，主体间的对抗性、竞争性更能体现适应性。适应性不仅体现在主体对于环境的适应，也表现在对竞争对手的适应和比赛规则的适应。比如网球比赛中，从未交过手的选手有一个相互适应的过程，如了解对手的发球、接球等技术和习惯。本章，我们将探讨对抗性境遇下多主体之间的竞争性搜索及其适应性表征问题。

第一节　智力比赛境遇中的适应性表征策略

迄今，人工主体（智能机）在比赛中的作用已经与人类主体不相上下，甚至超过了人类。比如近几年的几次人机大赛中，人类棋手几乎全部败北。这些事实有力地说明，智能机在对抗性搜索中完全能够超越人类。不过，在人工智能的研究中，人们更喜欢探讨智力对抗性比赛的抽象属性，可能是因为这种比赛的状态容易表征，主体通常被严格限于少数行动上，行动的结果可由精确的规则定义。相对于智力比赛，物理比赛，如冰球、网球、足球等，就复杂多了，因为其中有更多的主体和更多的行动，比赛的规则也更复杂，主观性更强，如裁判的公正与否会直接影响比赛结果。这些都是难以准确定义的。即使智力游戏，如玩具问题中的 8-皇后问题，由于其存在巨大的分枝因子数量，解决起来也是相当困难的。对弈问题，如围棋，每个棋手下子在一盘棋中至少不低于 100 手（步），其搜索树的节点也是巨大的。这就需要我们在有限时间采取最佳步骤和算法来达到目的。比如，修枝方式就有助于我们忽略搜索树中对做出最终选择没有任何影响的部分，估计启示函数允许我们不用进行完全搜索而近似地达到一个状态的实际效用。这些策略在比赛的树表征中是非常有用的。

我们以最简单的二人比赛为例来说明这种境遇中的表征是如何适应地发生的。假设二人对弈，一个先走然后另一个走，这样轮流走直到比赛结束。赢者受到奖励，输者受到惩戒（物质上的或精神上的）。如果将这种比赛作为搜索问题来定义和表征，包括如下六个方面。

（1）初始状态 S_0：详细说明比赛是如何建构的。

（2）选手 $P(s)$：确定哪些比赛者参与对弈。

（3）行动 $A(s)$：在一个状态中返回一组合理步骤。

（4）结果 $R(s,a)$：这是一个转换模型，限定一个行动的结果。

（5）终端测试 $TT(s)$：终端是指比赛结束时的状态，即终端状态，终端测试就是检验最终状态的结果（输或赢）。这可能有两种情形：一是比赛正常结束，测试就是真的；二是比赛终止，测试就是假的。

（6）效用 $U(s,p)$：也称为目标函数，它限定比赛的最终数值，对于一个选手 P 来说，该比赛以终端状态 s 结束。在对弈比赛中，结果不外乎三种，即赢、输、平局，它们的值可分别表征为+1,0,1/2。对弈就是一种零和比赛，在零和比赛中，所有选手的总结果在每一局中是相同的，即每个比赛的结果，或者是 0+1，1+0，或者是 1/2+1/2。换句话说，零和比赛是一种恒定的总和。

可以看出，初始状态、行动函数和结果函数定义了比赛的比赛树表征。在比赛树中，节点表征比赛状态，边表征移动（走棋）。接下来我们以一字棋（tic-tac-toe）[①]的树表征为例来分析适应性的过程。

在一字棋比赛中，有两个选手，一方由最大 Max（x）表示，意思是它试图最大化启发式评估的对手，Max 可在任一个方格中放置一个 x（Max 是先手）；另一方由最小 Min（o）表示，意思是试图最小化启示法评估的对手，Min 可在除已有 x 方格外的任何一个方格中放置一个 o（Min 是后手）。在初始状态，Max 有 9 种可能走法，Max 和 Min 轮流出手，直到我们达到对应于终端状态的分枝节点（搜索树表征法），结果是：每一个选手在一行中有三个（x 或 o），或者三个方格都被充满。从 Max 的视角看，每个分枝节点的数目表明了终端状态的效用值。效用值越高，对 Max 越有利，而对 Min 越不利。这也是这个比赛中用 Max 和 Min 表征两个选手的原因所在（一个有高的效用值，另一个必然有低的效用值，不存在同时高或同时低的情形）。可以看出，Max 和 Min 的对弈会形成博弈树，树的增长是指数式的，当树很深时，树的规模就会变得不可控。当然，就这种比赛而言，其树表征相对较小，小于 9 的阶乘 9!（362880）个终端节点。然而，对于下棋如围棋来说，节点是巨大的，超过了 10^{40}。这在理论是可行的但在实践上（技术上）是难以实现的。

不过，我们也不必过于担心，不论树表征的节点数目有多么巨大甚至无限，Max 的任务就是搜索一个更好的走法（相对于 Min），只要做到这一点，在有限的步骤内就可赢得比赛，用不着走那么多步骤。重要的是，人工智能的设计者还有好的策略或方法解决这些问题。这就是比赛中如何做出最佳决策。

我们知道，在常规的搜索问题中，最佳解决方案就是产生一个目标状态的行动序列，在比赛中就是"赢"这个终端状态。一般来说，在对抗性搜索中，Max 必须发现一个应急策略，一种视情况而定的策略，或者说是一种适应性应对策略，它能随着态势的变化而变化。比如，在一字棋比赛中，这个应急策略能详细说明 Max 在初始状态的走法，然后 Max 的走法会导致

[①] 一字棋是两个人参与的一种游戏。参与者在一个 3×3 个方格的棋盘上任意选择空格来放置棋子，最终在水平方向上或垂直方向上或对角线方向上形成三子一线者获胜。在人工智能中，智能主体可自动根据当下棋局计算下一步对自己最有利的走法，其中采用极大极小搜索算法（详细内容参见刘峡壁，2008）。

Min 对其做出可能的应答，接着 Max 又对 Min 的走法做出应答，如此反复下去直到 Max 获得胜利。这与"和-或"搜索算法极为相似，即 Max 承担"或"的角色，Min 承担"和"的角色。这就是说，一个最佳策略产生的结果至少要与其他策略一样好。

  问题是，我们如何获得最佳策略呢？答案是，我们可采取符号化方法来代替图表方法，这样可简化树搜索的表征。因为，即使最简单的一字棋，其树搜索过程若要全部表征处理也是相当困难的，它会占据巨大的状态空间，这就需要使用修枝方法，即剪掉一些不重要的枝节。比如在树表征中，用字母 A、B、C、D……表示节点（其中 A 是根节点，也是极大节点（因为 A 是先手），B、C、D……是从 A 产生的子节点，也是极小节点），Max 在根节点 A 的可能走法标记为 a_1、a_2、a_3，Min 对 a_1 的回应标记为 b_1、b_2、b_3，对 a_2 的回应标记为 c_1、c_2、c_3，以此类推（图 9-1）。从选手的视角看（选手赋予的），A、B、C、D 的效用值分别是 3、3、2、2，b_1、b_2、b_3 等也有相应的效用值，如 3、12、8。根据效用值的大小，Max 在 A 节点的最佳走法是 a_1，因为它产生了该状态的最高极小值（3，相对于 2），Min 对 a_1 的回应的最佳做法是 b_1，因为它产生了该状态的最低极小值（3，相对于 12 和 8）。每一具体的走法在 Max 和 Min 各走一步后就结束了。

  在给定比赛树表征的情况下，最佳策略可从每一节点的极小值 Min(n) 来决定，一个节点的极小值是对应状态 Max 的效用，假设两个选手从开始到结束都以最佳方式投入比赛的话。显然，一个终端状态的最小值就是它的效用。进一步讲，给定一个选择（走法），Max 倾向于极大值的状态，而 Min 倾向于极小值的状态。可以看出，这种对 Max 的最佳走法的定义意味着 Min 也追求最佳走法，也就是说，它使得 Max 的结果最差。当然，如果 Min 不是最佳地投入比赛，相比而言，Max 会做得更好。

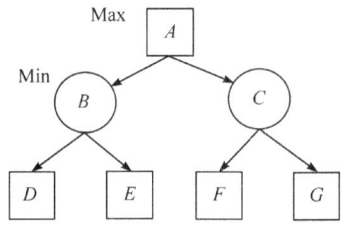

图 9-1 二人对弈的树表征架构

注：□表示 Max，○表示 Min，图中没有显示赋值

第二节　多选手比赛中最佳决策的适应性表征

上述讨论的是两个人参与的比赛的最佳搜索和表征策略，其中使用了极小算法。但是在实际的比赛中，许多项目允许有两个以上的选手，极小算法也同样适用于多人的比赛。在二人比赛中，极小算法从当下状态计算最小决策，它使用每个后继状态的最小值的一个简单的递归计算，直接执行确定的表达式。这个递归在搜索树的所有层次进行，随着递归的展开，最小值在整个树中得到备份。

例如，在上述一字棋的搜索树中，算法从根节点 A 的 a_1 走法开始，首先进行递归搜索节点 B 的三种走法，再使用效用函数发现其中最小效用值的那个节点。然后，将它作为 B 的备份值返回 B 节点。如此递归搜索下去直到遍及整个比赛树。显然，极小算法执行了比赛树的一个完全深度优先探索。这个过程会遇到时间和空间的复杂性问题，如搜索时间过长，搜索空间过大。在实际比赛中，我们人类容易控制时间和空间复杂性。但是，对人工主体就不那么容易了，它必须对比赛中的每一个行动或走法进行计算，寻找最佳策略，多人参与的比赛则更为复杂。

对于多人的比赛，人工智能中采取了矢量（vector）表征来简化搜索过程。例如在三人（A、B、C）的比赛中，采取一个矢量表征每个节点的效用值就是 v_A、v_B、v_C。对于终端状态，从选手的视角看，这个矢量表征给出了该状态的效用（Russell and Norvig，2011：166）（图9-2）。而在二人的比赛中，有两个元素的矢量表征可还原到一个单一值，因为两个值总是相反的。在某个非终端状态，选手 C 选择怎么做。两个选择产生两个终端状态，其效用矢量分别是 $v_A=1,v_B=2,v_C=6$ 和 $v_A=4,v_B=2,v_C=3$。在这些矢量中，由于 6 是最大的，所以 C 选择第一步走法。这意味着，如果状态 X 达到了，后继的选手会产生一个终端状态，其效用是 $v_A=1,v_B=2,v_C=6$。所以 X 的备份值就是这个矢量。因此，对于在节点 n 做选择的选手来说，一个节点 n 的备份值总是具有最高值的后继状态的效用矢量。

这种多人比赛通常包括联合协作行动，如篮球比赛中 5 人的协作，即集体行动。这种联合可临时形成，也可随时解体，如更换队员。这是固定联盟的对抗性比赛中队员因替换形成的临时性联合，这种行为在双方队员中都会发生，比如篮球比赛中暂停后常常更换球员。还有一种联合不是固定的联盟，如三人玩牌"斗地主"（二打一）比赛中，"二打一"形成的联盟是

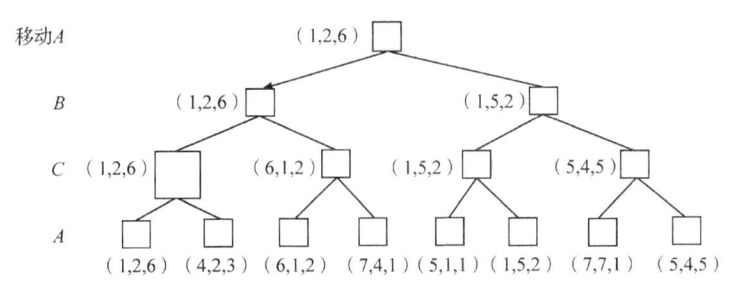

第九章　多主体对抗性搜索的适应性表征

```
移动A                    (1,2,6)
         ┌──────────────────┴──────────────────┐
B     (1,2,6)                                (1,5,2)
      ┌───┴───┐                             ┌───┴───┐
C  (1,2,6) (6,1,2)                       (1,5,2) (5,4,5)
    ┌┴┐    ┌┴┐                            ┌┴┐    ┌┴┐
A  □ □    □ □                            □ □    □ □
(1,2,6)(4,2,3)(6,1,2)(7,4,1) (5,1,1)(1,5,2)(7,7,1)(5,4,5)
```

图 9-2　三个选手（A,B,C）参与的比赛树的前三个层次
注：每个节点标有效用值（从选手的角度看），最佳走法由箭头线表示

经常变换的，即谁叫到牌谁就是"地主"（1人），其他两人临时形成联盟，下一次叫到牌可能另有其人，其他二人又会暂时形成新的联盟。可以看出，在多人比赛中，联合对于每个选手来说是最佳策略的一个自然结果。

那么我们如何理解并表征这种行为呢？我们假设在三人"斗地主"的比赛中，选手 A 和 B 处于弱的位置，C 处于强的位置（一般是叫牌者，即地主），此时 A 和 B 联合起来"斗" C，而不是它们之间相互攻击；若 A 和 B 其中一个攻击另一个袖手旁观甚至帮倒忙，其结果就是被 C 各个击破。因此，为了获得最佳效用，即赢得比赛，合作就是一种纯粹的自我行为。动物为了生存知道合作狩猎，人类的行为更是如此，这是一种动物的社会性。当然，一旦 C 在 A 和 B 的联合攻击下被击败了，A 和 B 的联盟也就结束了。在下一局，新的联盟重新形成，如 A 和 C 或者 B 和 C。也就是说，每一局牌的联盟可能完全不同。

如果用搜索树表征多人比赛的情形，也同样会遇到极小搜索问题，即主体必须检查的比赛状态的数目在搜索树的深度上是指数增长的。我们无法估计这种指数增长，但是我们可以采取一种策略，那就是通过修枝减少分枝节点，如减半。这种策略的理念是，不用观察搜索树中的每个节点来计算正确的极小决策或选择。也就是使用上述的修枝方法剪掉不必要的分枝，而不会影响最终结果。一种典型的修枝方法是 $\alpha-\beta$ 修枝[①]，它可被用于任何深度的树表征，不仅可修剪分枝也修剪树叶（终端节点）。$\alpha-\beta$ 修枝的基本原则是：在发现一个走法很差后，就会彻底放弃这种走法，不会花费额外的资源去发现这种走法究竟有多糟糕。也就是说，当主体发现部分分枝

---

① 该搜索方法据说最早是麦卡锡（J. McCarthy）于1956年提出的，但他并没有发表。1958年纽威尔（Newell）等在对弈程序中首次使用了一个简化的 $\alpha-\beta$ 版本。1961年哈特（Hart）和爱德华（Edwards）对这种方法做出明确的描述，后来逐渐被运用于固定深度比赛树搜索算法以及深度优先搜索算法等（详细内容参见 Hart, et al. 1961. https://people.csail.mit.edu/bradley/other_papers/EdwardsHa63.pdf[2023-03-29]）。

是次优时,该分枝就会被剪掉。比如上述一字棋的两层次的比赛树中,Max的最佳走法是 $A(a_1) \rightarrow B$,Min 回应 a_1 的最佳走法是 $B(b_1)$。该方法遵循的一般原则是:考虑搜索树某处的一个节点 n,以便选手有机会移动到那个节点。如果选手有一个更好的选择 m,该节点或者在 n 的根节点处,或者在比根节点更上的节点处,那么 n 在实际比赛中是不能实现的。所以,一旦我们发现足够多关于 n 的信息得到这个结论(不能实现),我们就会剪掉它。仅仅就名称来看,修枝方法是从果树修剪中得到的启发。果农想获得更多更好的果子,每年冬季都要对果树进行修剪,剪掉多余的分枝,以确保来年有个好收成。其中使用了极小搜索方法,即先选择最小的分枝修剪,而极小分枝在最高或最深处。显然,树搜索和修剪法都是从劳动实践中获得的启示法。

我们已经知道,极小搜索是深度优先的,因此,任何时刻我们只考虑搜索树中沿着单一路径的那些节点。在 $\alpha - \beta$ 修枝方法中,$\alpha - \beta$ 是两个参数,它们描述路径上任何地方出现的备份值的界限。α 对于 Max 来说是搜索树中沿着路径在任何选择节点目前发现的最佳选择值,如最高值。β 对于 Min 而言是搜索树中沿着路径在任何选择节点目前发现的最佳选择值,如最低值。当搜索行动在一个节点进行并修剪剩余分枝时,只要主体知道当下节点的值比当下的 α 或 β 的值更糟糕,这两个值就会得到更新。需要注意的是,$\alpha - \beta$ 修枝的效率高低依赖于被检查主体的次序,比如是先修剪分枝节点还是叶节点。如果先剪叶节点,那就意味着搜索行动已经进行到大部分分枝,先前的分枝就不能修剪了,因为从 Min 的视角看,最糟的后继节点先产生。这个道理表明,修剪行动要优先检查可能是最佳的后继节点,也就是要优先搜索可能是最佳的路径的分枝节点。这是一种优先考虑策略,可避免少走弯路,节省时间。

第三节 不完善的真实时间决策的适应性表征

由上述可知,极小算法会产生整个比赛搜索空间,而 $\alpha - \beta$ 算法允许我们剪掉它的大部分而留下最佳的。这似乎是矛盾的。对于至少一部分搜索空间来说,$\alpha - \beta$ 算法仍然必须搜索所有路径来达到终端状态。这个深度通常是不可行的,因为在一个合理的时间量(最多几分钟)移动或走法必须得到执行。然而,香农在关于对弈的计算机编程问题时早就指出,程序应该中断早期的搜索,将一个启示评估函数应用于搜索中的状态,并有效地将非终端节点转换为终端层次(Shannon,1950)。这就是说,香农要以两种方式改变极小或$\alpha-\beta$算法：一是用启示评估函数替代效用函数，该评估函数估计位置的效用；二是用一个中断测试替代终端测试，当应用评估函数时该中断测试确定。接下来我们从三个方面讨论不完善的真实时间情形下，人工主体的决策是如何适应性地表征的。

第一，评估函数给出所期望的估值来预测目标。就像启示函数将一个距离的估值返回目标一样，一个评估函数从一个给定的位置返回比赛期望效用的估值。这个观点其实并不新鲜。自有对弈比赛以来，棋手就发展出了判断一个位置的方法，因为比赛的规则就限制了搜索量，比如中国象棋的棋盘和规则。与现代计算机相比，这种限制对于人更多，因为人的搜索能力没有计算机强。显然，一个博弈程序的性能强烈依赖于它的评估函数的质量。一个基于好的评估函数的程序如Master可以战胜人类棋手，而一个差劲的评估函数会导致主体失败。

我们如何才能设计一个好的评估函数呢？搞编程的人特别是搞博弈编程的人都懂得如何做。一般来说，一方面，评估函数应该以相同的方式将终端状态定序为真实的效用函数，也就是说，赢的状态的评价一定好于平局的评价，平局的评价一定好于败局的评价。否则，如果主体能预先看出结束比赛的所有走法，那么主体使用评估函数就可能犯错。另一方面，计算时间不能过长，也就是搜索要快。还有，对于非终端状态，评估函数应该与实际取胜的机会是强相关的。但对弈不是赌博，因为我们知道具有确定性的当下状态，这里没有任何掷骰子的意思。只是要求，若搜索必须中断非终端状态，则算法必然会面对那些状态的最终结果的不确定性。这类不确定性是由计算引起的，而不是由信息和限制引起的。对于一个给定状态，已知评估函数允许做的限定的计算量，主体最好能做的就是猜测最终结果。具体说，就是先假设多种信念状态，然后试试哪个与目标状态一致就猜测对了。事实上，评估就意味着一定程度上的主观性和猜测性。

大多数评估函数是通过计算状态的各种属性起作用的。比如国际象棋，我们要有关于白子、黑子、白皇后和黑皇后等数目的属性，中国象棋要有关于红方和黑方棋子数目的属性。所有这些属性一起定义不同的范畴或状态的等价类，即每个范畴中的状态对于所有属性有相同的价值，比如红方的车和黑方的车有相同的走法（走无障碍的直线），也就是说，一个范畴包括所有同类的属性，如所有兵的走法相同。一般来说，任何给定的范畴会包含一些导致赢的状态，一些导致平局的状态，一些导致输的状态。评估函数不知道哪个状态是哪个结局，但它能返回一个反映该状态与每个结果的比例的单一值。比如，假设我们预测在中国象棋的一局比赛中红方赢的概率是

80%（效用是+1），输的概率是15%（效用是0），平局的概率是5%（效用是1/2），那么在该局中状态的一个合理评估的期望值是：（0.8×1）+（0.15×0）+（0.05×1/2）=0.825。

　　理论上，期望值可由每个范畴决定，并产生一个能对任何状态起作用的评估函数。就终端状态来说，只要状态的定序是相同的，评估函数不需要返回实际的期望值。但在实践中，这类理论分析需要太多的范畴，因此就需要太多的经验来估计赢的所有可能性。实际的做法是，大多数评估函数从每个属性计算分立的数值贡献，然后将它们组合起来发现总价值。这在数学上可通过权重线性函数来计算，并不复杂。但是，这种属性加和的方法蕴含了这样一种假设，即每个属性的贡献独立于其他属性的值，这就排除了属性之间的合作效应。事实上，大多数比赛中各个状态属性之和并不是获胜的结果。这是系统科学中"整体大于部分之和"问题，也就是部分属性之和小于整体属性。比如一支球队的获胜就不完全是由每个队员的能力之和决定的，还包括队员之间及其与教练之间的配合与协作。这个问题可通过非线性方法来解决，这里不再赘述。

　　第二，中断搜索能有效防止错误的发生。鉴于评估函数的近似特征，因此它可能导致错误的发生。比如下棋中的简单评估函数是基于重要优势的，就像中国象棋中开始时的合理布局，首先形成一个坚实的防御体系，然后再开始进攻，冒险的进攻会陷入被动。这就需要一个更复杂的中断测试。评估函数应该仅用于静止不动的位置，也就是说，在不久的将来很可能不到访的位置在价值上是摇摆不定的。在下棋中，对于一个只计算重要特性的评估函数来说，能顺利占领的位置不会是静止的。动态的位置能够被进一步扩展一直到达静止的位置。这种额外搜索被称为静止搜索。有时这种搜索严格限于仅考虑走法的某种类型，如捕获走法，围棋中吃子，它会迅速地解决那个位置中的不确定性。不过，"视界效应"是难以评估的。所谓"视界效应"是这样产生的，即当一个程序面对一个对手的走法时，该走法引起严重的后果，以至于最终无法补救（不能悔棋），但可通过拖延技巧临时避免。比如在中国象棋比赛中，当帅面临危险或无路可走时可临时采取"丢车保帅"的技巧。这是一种权宜之计。另一种减轻"视界效应"的策略是奇异扩展，即一种走法在一个给定位置明显好于所有其他走法。在搜索过程中算法（主体）一旦发现树中的任何地方有奇异扩展，它就被记住了。当搜索达到正常的深度时，算法检查这个奇异扩展是不是一个合规则的走法。如果是，算法会允许这种走法，否则会禁止这种走法。虽然奇异扩展使搜索树更深入，但由于这种走法很少，它不会给搜索树增加太多节点。即使树的层次加深，通过深度学习也可解决。

第三，向前修枝意味着在一个给定节点无须进一步考虑就可直接修剪走法。众所周知，大多数我们人类玩的棋在每个位置仅有意识地考虑几步走法。向前搜索的一种方法是定向搜索，也就是在每一层，根据评估函数在 n 个最佳走法中仅考虑一个定向，而不是考虑所有可能走法。不过，这种方法非常危险，因为我们不能保证最佳走法不会被剪掉。概率修枝（ProbCut）就是基于 $\alpha-\beta$ 搜索的一种向前修枝，它使用从先前经验获得的统计资料减少最佳走法会被剪掉的机会（Buro，1995）。上述已经表明，如果节点可能在当下 $\alpha-\beta$ 视窗之外，$\alpha-\beta$ 搜索就会剪掉任何视窗外的节点。当然，概率修枝也剪掉可能不在其视窗内的那些节点。它通过执行一个浅搜索来计算一个节点的备份值修剪的概率，然后使用过去的经验评估搜索树中一定深度的备份值分数在（α,β）视窗之外可能是什么情况。

基于这种技巧的编程可用于各类棋类比赛。比如我们已经实施下棋比赛的一个评估函数，一个具有静止搜索的合理修剪测试，一个大的转换位置表。假若比赛持续数月而允许冗长的位元操作（bit-bashing），我们就可以在现代个人电脑上产生和评估每秒一百万个节点，允许我们在标准时间限度（每一走法三分钟）内搜索每一走法的大约几十亿个节点。假如棋的分枝因子平均有 30 个，那么走 5 步就会有 30^5 个搜索（2000 多万之多）。如果使用极小搜索，我们就只能预先看到 5 步走法（在搜索树中是 5 层）。对于围棋高手，他们可能预先看到 6 到 8 步，这比上述的算法要好得多。如果使用 $\alpha-\beta$ 搜索，我们可看到 10 步甚至更多，这可能超越了大多数高手的水平。要达到大师级的水平，我们可能需要一个广泛调整的评估函数和一个关于最佳开始和残局走法的大数据库。

在许多博弈程序中，比赛的开局和结束使用查找表而不是使用搜索。对于开局来说，计算机主要依赖于人类的专门知识，比如人类专家关于如何开局的最佳建议已经编入教科书和计算的查找表。不过，计算机也能从以前玩过的游戏的数据库收集统计资料，运用归纳法查看哪个开局序列最易导致赢局。在前期的走法中，如果很少有可供选择的走法，也可利用专家评估和过去的游戏经验。在走过十几步后，我们在很少见过的位置结束，程序也就从查找表转换到搜索。在比赛接近尾声时，也存在很少几个位置，于是计算机有更多机会查表。在分析残局方面，计算机往往更胜过人类专家，因为对于有限的走法计算机能计算得更快更准确。

第四节　部分可观察比赛的适应性表征

上述棋类比赛主要是一种智力游戏，是完全可观察的，虽然它们像是微型的战场（如排兵布阵，有战略有战术），但是它们缺乏实战的一个主要特征——部分可观察性。在真实的战争中，如果有大雾，敌方的位置和部署是未知的，直到交手才知道对手的情况就有点晚了。因此，战争包括使用侦查（搜索）和间谍来收集情报，使用隐蔽与欺骗手段迷惑敌人。部分可观察比赛（游戏）也有这些特点，本质上不同于上述的完全可观察比赛。接下来我们通过德国军棋游戏（Kriegspiel[①]）的例子来说明这类比赛的适应性表征问题。

在决定论架构下的部分可观察比赛中，棋盘状态的不确定性的产生，完全是由于对手制造的未知信息造成的。"决定论"是指，这种游戏的规则是确定的，双方都知晓，"部分可观察"是说，选手只知道自己的其中的布局，但不知道对手的情况如何。德国军棋游戏就是部分可观察的情形，其规则是：黑方和白方每个看到一个棋盘，它只包含它们自己的棋子。裁判能看到所有棋子（双方的），裁定比赛，定期宣布结果。比如，如果不存在任何黑棋子，白方提议裁判其任何合法的走法。如果这个走法实际上不合法（由于有黑子，白方看不到），裁判会宣布不合法。在这种情形下，白方可能继续提出走法，直到发现一个合法的走法，在这个试问的过程中，白方了解了黑方更多位置的信息。黑方也会这样做。

显然，由于双方都看不到对方的情况，这个过程就是双方选手通过裁判不断探寻和不断适应的过程。一旦获得一个合法的走法，裁判就可能会宣布，在某方格捕获（如存在捕获的机会），或者由 C 将军（若黑方的王受到控制），在那个位置（方格）C 作为一个战士处于将军（攻击）的方向。如果黑方被将死或陷入困境，裁判会宣布结果，否则就轮到黑方走子了。显然，德国军棋游戏是一种适应性表征的过程。

[①] Kriegspiel 的德文意思是"战争游戏"，一种德国军棋游戏，也是一种国际象棋的变体，最初是由范·赖斯维茨（G. von Reiswitz）于 1812 年发明的，1899 年由特姆普尔（H. M. Temple）做了进一步完善。它的棋盘是一个由 8×8 个方格组成的板。在这种游戏中，选手只能看到他们自己的棋子不能看到对手的。因此，这种游戏需要第三方（人或计算机）担任裁判，时刻监督比赛的进行。双方轮流走棋子，当一方走棋子时，裁判就会宣布是合法（遵循规则）的还是不合法的。如果走法是不合法的，选手需要重新走；如果是合法的，那步走棋就停止。每个选手被告知关于将军（进攻）和将死（捕获）的信息。选手也可问裁判是否有一个棋子被合法捕获了。由于对手的棋子的位置是未知的，Kriegspiel 不是一种完全信息的游戏。也正是这个原因，这种游戏有时被称为"盲游戏"。https://en.wikipedia.org/wiki/Kriegspiel_（chess）[2020-03-18].

德国军棋游戏对于人类玩家来说也是很困难的，对于计算机更可想而知了。不过，利用哲学和心理学上的信念状态的概念，计算机的程序设计也取得了巨大进展。在前面我们已经谈及，在完全或部分不可观察的情形下，我们会不自觉地去猜测，这就会形成我们的许多信念状态，或者说是可能世界状态。一个信念状态就是一个可能世界。德国军棋游戏中双方选手针对对方的可能走法或布局的信念状态，是一个逻辑的可能状态（用方格表征）。比赛初期，白方的信念状态是一个独立状态，因为黑方的棋子还没有移动。在白方走一步后，黑方会立刻做出回应。白方的信念状态包含 20 个位置，因为黑方对白方的任何一步走法都有 20 个回应。在比赛进程中追踪信念状态，严格来说就是状态评估的问题。状态评估的过程就是一个适应性过程，因为它要随着所采取数据或接收的信息及时对状态做出调整。这样一来，如果我们将对手看作一种非决定论的来源，那么我们就可根据部分可观察、非决定论的架构给出这种游戏的状态评估地图。具体说，白方走法的结果函数 Result(s) 由白方自己的走法的可预测结果和黑方回应的不可预测结果共同构成。

在德国军棋游戏中，赢的策略就是确保将死对方的策略，在人工主体（智能体）的表征意义上，它是这种一种策略：对于每个可能的感知对象序列，对每个处于当下信念状态的可能状态来说，会产生一个实际将死的状态，而不考虑对手如何走。根据这个定义，对手的信念状态是不相关的，也即是说，这个策略必须起作用，即使对手能看到所有棋子。这极大地简化了计算。比如在中国象棋的最后阶段，一个帅和一个车就可将死对方的将，也就是德国军棋中的王和车对抗王。在这种情形下，黑方仅有一个棋子（王），所以，白方的信念状态可通过标记黑方王的每个可能状态在一个板（部分棋盘）中表征。

需要注意的是，在确保将死的状态下，德国军棋游戏中还蕴含了一个概念——概率将死，或者可能将死，这在充分可观察的比赛中是没有意义的。这种概率将死仍然需要在信念状态的每个板的状态中起作用，这是由于获胜选手的走法是随机性或概率性的。比如，只使用一个白王发现一个孤立的黑王的问题。白王随机地走棋子最终会无意中碰到黑王，即使黑王极力避免，因为黑方不能持续确定地猜测正确的逃避走法。用概率理论的术语说就是，猜测发生的概率达到 1，正如"瞎猫碰上了死老鼠"的概率是 1。比如用王、主将和骑士对抗对方的王的情形就是如此（一定赢），这类似于中国象棋中红方的帅、车和兵将死黑方的将（孤立的情形）一样。这意味着，白方用一个无限随机选择序列呈现给黑方，由于只要其中一个黑方棋子不能正确猜中，它就会将自己的位置暴露给白方，从而被将死。为了不被将死，黑方也会使用同样的策略或方法应对。

与这种可能将死相类似的一种情形是意外将死。意外将死是这样一种情形，即一方不知道对方已经处于将死的状态，比如白方不知道黑方处于将死的状态（若黑方的棋子碰巧处于那种状态）。在人类棋手的对弈中，许多将死的情形具有意外或偶然的性质，比如一不小心走错了棋子或放错了位置，导致自己陷入僵局。这种情形会自然地产生一个问题，遇到这种情况一个给定的策略如何可能会赢？或者说，当下信念状态中的每个板的状态如何可能是正确的板状态。由于双方的目的不仅是将棋子走到正确的位置（方格），而且要最小化对手关于它们位置的信息。使用任何可预测的最佳策略同时也提供给对手相关信息，因此，最佳玩法在部分可观察游戏或比赛中需要一个乐意随机地玩而不是刻意地玩。这意味着选手可随机地选择走法，这似乎是这种游戏的内在特征，即不可预测性是这种游戏的本质，因为对手不可能已经预先准备好应对它的对策。幸运的是，这种信念状态的最佳随机性难题可通过博弈理论中的均衡概念来解决。根据均衡概念，一个均衡状态详细说明每个选手的最佳随机化策略。然而，计算均衡即使对于小型游戏也是非常昂贵的，笔者将在接下来的部分讨论这个问题。

第五节 随机的部分可观察比赛的适应性表征

在一些游戏或比赛中，有些信息是随机产生的，同时也是部分可观察。典型的例子是各类扑克牌游戏和一些棋类游戏，如中国军棋、双陆棋等。比如军棋，玩过的人都知道，双方的布局是对手不知道的，但棋子的数量、规则是双方知道的，而且还需要一位裁判来裁决双方棋子相遇后谁吃掉谁，如大吃小（营长吃掉连长）、级别和类型相当时（如营长遇上营长）双方都拿掉棋子（同归于尽）等，所以是部分可观察的。但是，一方的棋子遇上对方的哪类，这既有不确定的成分，也有确定的成分，是确定性与不确定性的统一。接下来笔者以双陆棋和扑克牌的例子来说明它们的适应性表征过程。

双陆棋[①]（backgammon）是一项典型的将运气与技巧相结合的游戏。这

---

① 双陆棋是一种棋盘游戏，它的棋子的移动以掷骰子的点数来决定，先把所有棋子移离棋盘的选手获胜。选手分为白方和黑方，各有15个棋子。棋盘两端等距分为13段，一端（黑方）标记为1,2,3,4,5,6；7,8,9,10,11,12。另一端（白方）标记为13,14,15,16,17,18；19,20,21,22,23,24。中间一段是隔离段，0为起点，25为终点。白方顺时针朝着25移动，黑方逆时针朝着0移动。在游戏中，双方选手尽力把棋子移动或移离自己的棋盘。棋子可移动到任何位置除非对手的棋子先占了那个位置。如果只有一个对手，当它被捕获时游戏就结束了。此游戏有运气的成分，更有策略的运用。每次掷骰子，选手都要从多种选择中选出最佳走法，所以选手选择的余地很大，灵活性强。

种游戏的先手是通过掷骰子选择出来的，然后根据骰子的点数大小来确定合规的走法。比如白方掷骰子获得6-5的点数，它就有4个可能的走法：(5-10，5-11)、(5-11,19-24)、(5-10,10-16)、(5-11,11-16)，其中第四个走法的意思是将一个棋子从5的位置移动到11，然后移动另一个棋子从11到16（罗素和诺维格，2013：149）。

　　这种棋游戏的目标是将自己一方的所有棋子移离自己的棋盘，与跳棋类似。比赛开始后，尽管白方知道它自己的合法走法是什么，但它不知道黑方掷出什么样的骰子点数，当然也就不知道黑方的合法走法是什么。这意味着由于随机性很强，白方不能建构一个我们在棋类中见过的标准的游戏树标准。一个双陆棋的游戏树表征必须在Max和Min节点包括机会节点。从每个机会节点产生的分枝指代骰子的可能滚动，每个分枝都标记了滚动及其概率。滚动两个骰子有36种方式，每种方式出现的概率是相同的，但由于一个（5-6）和一个（6-5）是相同的，故而仅有21种不同的滚动。从(1-1)到(6-6)每个有一个概率1/36，所以我们得到概率P(1-1)=1/36。其余15个不同滚动的概率各是1/18。

　　于是，问题出现了，我们如何做出正确的选择或决策呢？显然，我们仍然面临如何选择导致最佳位置的走法。但是，所有位置没有确定的极小值。相反，我们只能计算一个位置的期望值，即机会节点的所有可能结果的平均值。这使我们将决定论游戏的极小值概括为一个具有机会节点的游戏的期望极小值。终端节点和极小极大节点（通过滚动骰子确定）与我们先前谈及的树表征方式完全相同。对于机会节点来说，我们可计算它们的期望值，它们的期望值是所有结果的和，由每个机会行动的概率权衡。就极小值而言，近似产生期望极小值的就是在某些点减少搜索，并将评估函数用于每个枝叶。

　　需要注意的是，双陆棋中的评估函数与上述谈及的棋类有点不同，后者需要给更好位置较高分值，但前者的机会节点的出现意味着选手必须更认真对待评估函数意指什么。比如，如果分枝节点的评估函数值是(1,2,3,4)，对应的最佳走法是a_1；如果评估值是(1,20,30,400)，那么最佳走法就不是a_1了，而是a_2了。因此，如果我们在某些评估值的比例上做些改变，这两类棋的程序表现就会完全不同。这表明，为避免这种敏感性，评估函数必须是从一个位置获胜的概率的正线性转换，而且那个获胜的位置通常是有期望效用的位置。这是包含不确定性境遇的一个重要和普遍的属性。

　　纸牌（扑克）游戏也是典型的随机部分可观察性的例子。纸牌有多种类型和玩法，诸如桥牌、双升、"斗地主"、"拱猪"（黑桃Q）等。在这类游戏中，缺失的信息是随机地产生的。比如在国内很流行的"双升"扑克牌比赛中，开局时的发牌是随机的、部分可观察的，不论是人类还是机器操作。表面看，纸牌游戏与掷骰子很相似，即发牌是随机的，就像掷骰子一样。但是二者之间还是有差异的，毕竟发牌的随机性与掷骰子的随机性存在程度上的差异，掷骰子的随机性更强，运气成分更多。

我们首先考虑纸牌游戏中发到的所有不可见牌的情形。我们先以充分可观察的游戏处理每一张牌，然后选择具有所有平均牌评估值的最佳结果的走法。假设每张发牌 s 的概率是 $P(s)$，那么我们想要的出牌是选择机制 $\text{Argmax}_a \sum_s P(s) \text{Minimax}(\text{Result}(s,a))$（Russell and Norvig，2011：183）。在这里，如果计算是可行的，那么我们可准确执行极小极大函数 Minimax；否则我们执行启示-极小极大函数 H-mMinimax。在实际的游戏中，可能的发牌数是非常大的，比如桥牌比赛，每个选手只能看到四手牌中的两手。在13 张牌中有两手看不到，所以出牌的数就有 10400600。因此，即使解决一次发牌都非常困难，更不要说上百万次的发牌了。

幸运的是，我们可求助于数学上的蒙特卡罗近似[①]。这种蒙特卡罗方法保持状态-行动对和未来的奖励或回报的频率计数，并根据这些估计建立它们的值。也就是说，蒙特卡罗方法将长期奖励作为一个随机变量，并以其估计的取样平均值作为一个随机变量。按照这种方法，我们不是将所有发牌相加求和，而是采取 N 次发牌的随机样例，其中，出现在样例中的发牌 s 的概率与 $P(s)$ 成比例，即 $\text{Argmax}_a \frac{1}{N} \sum_{i=1}^{N} \text{Minimax}(\text{Result}(s_i,a))$。在这里，$P(s)$ 并没有出现在这个表达式中，因为样例已经根据 $P(s)$ 得出了。当 N 增大时，随机样例之和倾向于准确的值，但这也仅限于 N 是相当小的数，比如不超过 1000，在这个范围，该方法可给出一个好的近似值。

第六节 小　　结

综上所述，计算比赛或游戏中的最佳决策在大多数情形下是很棘手的事情。在人工智能中，所有算法必须给出假设和近似处理。上述讨论的标准方法，诸如极小极大、评估函数、α-β 修枝等，是处理此类问题中常用的

[①] 蒙特卡罗近似也称统计模拟，它是将随机现象作为研究对象的数值模拟方法。该方法的基本思路是：为解决问题，首先建立一个概率模型使它的参数等于问题的解，然后通过对模型的观察或抽样试验来计算这些参数，最后给出所求解的近似值。

几种，它们在各类比赛程序设计中占主导地位，所以被称为"标准方法"。但是，这些标准方法很可能偏离人工智能研究的主流，因为它们不再为决策问题提供新的洞见。我们必须寻求新的策略和方法。比如启示的极小极大，假如分枝节点评估是严格正确的话，该方法在一个给定的搜索树中选择最佳走法。在实践中，评估往往带有主观性而且比较粗糙，因而会出现一些错误，因此，评估函数一般是近似处理方法。

再说树型搜索算法，设计者的目的是提供一个运算速度快而且能产生一个理想结果的计算。而且，设计 $\alpha-\beta$ 算法的目的不仅要选择一个好的走法，还要计算所有合法走法的效用值的界限。这种方法对于只有一个合法走法的位置来说是不必要的，因为 $\alpha-\beta$ 搜索会产生和评估一个更大的搜索树，并告诉我们唯一的走法是最佳走法并评估它的值。但是，由于我们有任何可选择的走法，知道这个走法的值是无用的。同样，如果存在一个明显好的走法和几个合法但会迅速导致失败的走法，我们不会让 $\alpha-\beta$ 搜索浪费时间为唯一好的走法来确定一个精确的值。比赛中采取快速且好的走法不仅节省时间而且能获胜。所以，我们不会在节点扩展的需要上纠缠。一个好的算法应该选择高效用的节点扩展，即很可能产生发现好走法的节点。

这类关于如何计算的推理被称为元推理（meta reasoning，MR），即关于推理的推理。元推理策略不仅可用于比赛的推理，也可用于任何形式的推理。根据元推理策略，所有计算原则上都可服务于让主体做出更好的决策。$\alpha-\beta$ 搜索事实上就是一种元推理，因为它吸收了这种策略的最简单观念，即搜索树的某些分枝可被忽略而没有任何损失。因此，在搜索的意义上，适应性是人工主体的主要特征之一。不能适应环境的搜索方法显然是不可行的。

不过，我们也应该看到，就人工主体的搜索本身来说，任何算法，无论是启示搜索，还是比赛游戏，都会产生具体的状态序列，都从初始状态开始然后使用一个评估函数。显然，这不是人类在搜索时所采取的行动和策略。人类在对弈时是目标取向的（获胜），心中预先就有规划，为达目的会同时使用各种不同的策略和方法，甚至包括欺骗和诡计来迷惑对手。这种目标取向的推理或规划有时排除了组合搜索，省时省力。人工主体显然缺乏这些组合搜索的能力。不过，人工主体使用组合搜索的探讨已经取得了令人鼓舞的进展。比如 20 世纪 80 年代初，一种基于目标取向的推理成功运用于棋类程序的设计中，它能利用 18 步组合走法解决一些棋类问题（Wilkins，1980）。所以，可以预计，一旦人工主体能够运用组合搜索的方法，那就离人类智能不远了。

第四部分　学习主体：基于理解的适应性表征

学习是一种认知活动，源于模仿能力。学习的主体，无论是生物系统还是物理系统，适应其环境而不断提高自己是其本质特征。在人工智能中，如何让人工主体获得自主学习能力从而适应性地表征，应该是机器学习领域的一个永恒主题。

第十章首先讨论了确定情形下人工主体的不同学习方法，诸如监督学习、决策树表征、通过选择假设空间、近似处理、人工神经网络、最近邻方法、支持向量和集成方法，这些学习方法均表现出某种程度的适应性。接着探讨了基于逻辑的知识表征、基于先验知识的表征、基于解释的表征及基于相关性和归纳的表征，这些不同表征方式均蕴含了适应性。

在不确定情形下，学习主体的学习策略主要是概率统计方法，这种方法在某种意义上就是为了获得适宜的表征而统计。第十一章使用概率统计方法探讨目标对象的不确定性问题的表征，具体涉及贝叶斯模型、复杂数据学习的贝叶斯网络表征，以及隐变量作为期望最大化算法的适应性表征。

第十二章探讨了强化学习的适应性表征问题，包括表征模型、被动强化学习、主动强化学习、强化学习的泛化能力、策略搜索和批处理强化学习。所谓强化就是通过奖励或反馈回报来加强主体进一步行动的能力。强化学习的表征模型是马尔可夫决策过程，它允许主体学习如何在环境中行动，环境中的反馈或奖励通过效用函数、适应性动态规划、时序差分和Q-学习、基于核近似动态规划、拟合Q迭代、深度拟合Q迭代、基于最小二乘策略循环、神经拟合迭代等算法来描述。

第十章 学习作为认知的适应性表征

> 智能的本质是学习，我们通过把输入与积极或消极的结果，也就是奖赏或惩罚联系起来进行学习……网络在学习过程中所经历的优化，就像在行星上寻找最深的山谷的过程。
> ——克里斯·安德森（Chris Anderson）（摘自约翰·布罗克曼《AI 的 25 种可能》2019 年第 180-181 页）

一个主体，无论人类还是智能机，学习能力[①]是其本质特征。不断学习的过程就是主体不断适应环境（自然的或人工的）并描述或表征它们的过程。如果一个主体在对世界做出观察后提高其执行未来任务的能力，我们就说它正在学习。主体为什么要学习呢？答案不外乎是：为了生存发展（人类和其他动物），或者为了适应环境改善行为（人类或机器）。人类就是学习的动物，人类设计智能机也无非是提高自身认知世界的能力进而更有能力改变自身来适应环境。在机器学习领域，人类编程者不能预见人工主体的所有可能情形，也不能预见所有变化，甚至不知道如何解决遇到的问题，这就需要学习，而学习的方式是通过不同的表征来实现的。这些表征方式是为让人工主体应对问题或适应不同的环境而由人类设计者创造的。所以，让机器人获得自主学习能力恐怕是机器学习领域的主攻方向。

第一节 人工主体学习的适应性表征类型

在人工智能中，一个智能体（人工主体）的组分通过学习数据得到提高，这取决于四个主要因素或问题的解决：①主体需要提高的组分有哪些，如条件-行动映射、感知序列、世界进化的信息、可能行动结果的有效信息等；②主体已有哪些先验知识，如关于命题、语法、一阶逻辑、贝叶斯网络

[①] 学习是动物特别是人类适应环境的一种生存和内在发展能力。就人类而言，学习行为贯穿于其一生，不同阶段学习的方式和对象会不同，幼时通过模仿向父母及身边人学习，儿童和少年时通过教育向书本学习，成年后通过经验和已习得的知识向自然和社会学习。所以，学习是一种认知活动，其主体是通过培养适应性能力不断成长的。

的知识;③数据和组分是使用什么表征实现的,如命题表征、逻辑表征、语义网、贝叶斯网络表征;④什么反馈对学习是可用的,比如无监督学习、强化学习、监督学习和半监督学习这四类反馈决定学习的类型,因此,反馈是学习过程的核心。接下来我们将探讨不同学习类型的适应性表征及可解释性。

一、监督学习的适应性表征

在智能体的学习中,监督学习是最直接、最简单的方法,因为智能体做了一些动作后,会立刻收到反馈。例如在棒球比赛中,当跑垒员扔给它一个滚地球时,若它需要将球传给下一垒,它就会在几分钟内得到提醒并加快速度。在监督学习中,智能体首先观察到一些事实或样例输入-输出对,然后学习一个从输入映射到输出的函数。从形式表征的角度看,监督学习的任务是:给定一个 n 样例输入-输出对的训练集:(x_1,y_1)、(x_2,y_2)、(x_3,y_3)……(x_n,y_n),其中每个 y_j 由一个未知函数 $y=f(x)$ 产生。也就是,x 是自变量,y 是因变量,y 随着 x 的变化而变化。我们假设一个函数 h,它能够逼近真函数 f。在这里,x 和 y 可以有任何值,但不必是数值。对人类来说,学习是一个从周遭环境获得信息的认知过程,对智能机而言,学习是一个通过可能假设的空间搜索获得一个执行得好的假设的过程。假设是为了适应认知环境而做出的,因为对未知事件的认知,主体只能先猜测然后测试。这类似于波普尔的"猜想-反驳"科学发现模式。

为了测量一个假设的准确性,我们需要给出样例的一个测试集,以区别于训练集,因为学习的目的不是让智能体在训练集上表现得好,而是要让智能体在测试集或验证集上表现得好。如果一个假设正确地预测了新样例或事实的 y 值,我们就说它能很好地概括了事实。这就是归纳学习。有时函数 f 是随机的,并不严格是 x 的一个函数,我们就要学习一个条件概率分布,$P(y/x)$。当输出结果 y 是赋值(如晴天、多云、雨天、有风)的一个有限集,学习问题被称为分类;如果只有两个赋值,就是布尔分类或二元分类。当 y 是一个数值时,如天气的温度、气压值,学习问题被称为回归。在平面解析几何中,函数 $y=f(x)$ 是最简单的例子,(x,y) 表示平面上的一个点,若知道 f 的具体形式,就能计算点的轨迹,假定 $y=ax+1$,a 是一个常数,当 x 是整数,a 是 1 时, $y=x+1$。

问题是如何确定 f 呢?最常见的做法就是做假设,这是归纳推理中的基本问题,即如何从多个假设中选择最合适的那个。根据奥卡姆剃刀原则,我们首先选择与数据或事实一致的最简单假设,与数据不一致的假设自然就被排除了。如果有多个一致的假设,我们可根据贝叶斯定理选择符合数据的高概率假设。这需要在假设空间的表达和在那个空间发现一个好假设的复杂性之间做权衡。例如，让直线符合数据是一个简单计算，让多项式符合数据就有难度了，让图灵机符合数据一般是不可判定的。

二、学习决策树的适应性表征

对于概念学习，人工智能中的决策树表征是最简单也是最成功的机器学习形式，也当然是人类的有效信息形式，因为人工智能是人设计的。决策树表征的目的是如何学习一个好假设，它表征这样一个函数，其输入是一个属性值的向量，反馈的决策是一个单一输出值。输入和输出的值，既可以是离散的，也可以是连续的。我们这里考虑布尔分类，其中每个输入样例将被分为真（阳性样例）或假（阴性样例）[①]。如果输入是一个离散值，输出严格地是有两个可能值。一个决策树通过执行序列测试达到决策的目的。树中的每个内部节点对应于其中一个输入属性值的一个测试，节点的分枝处标有属性的可能值。树中的每个叶状节点详细说明由函数反馈的一个值。这种决策树表征对于人是自然的，对于智能机更为适合。

例如我们去饭店吃饭，人很多，是否等待可用决策树来表征。在这里*等待*是目标述语。我们首先列出要输入部分的属性：①替换（是否有一张合适的替换桌子）；②酒吧（饭店是否有可供等待的地方）；③时段（是否在双休日人多）；④饥饿（我们是否饥饿）；⑤顾客数（饭店有多少顾客用餐，可能值是无、一些、满）；⑥价格（饭店的价格范围）；⑦天气（外面是否下雨、刮风）；⑧预定（是否有预定）；⑨类型（什么风格的饭店，如火锅、烤肉、或川菜、鲁菜、粤菜）；⑩时间评估（等待的时间长度）。每个变量都有一个可能值的小集合，比如，时间评估是一个时间区间（分钟计）：（0，10]、（10，30]、（30，60]、（60，+∞）。这些属性变量可构成一个决策树，每个属性是树上的一个分枝（图10-1）。

一个布尔决策树逻辑上等价于目标属性是真的断言或命题，当且仅当输入属性满足其中一个导致叶分枝为真值的路径。用命题逻辑写出就是：目标≡（路径$_1$∨路径$_2$∨…）。其中，每个路径是要求跟随那个路径的属性值测试的一个连接。这样，整个表达相当于析取的正常形式，意思是说，命题逻辑中的任何函数由一个决策树表达。上述例子中最右边的路径是：路

[①] 阳性样例（positive example）和阴性样例（negative example），也就是"积极样例"和"消极样例"，或"正样例"和"负样例"，为了与假阳性（false positive）假设和假阴性（false negative）假设一致，这里用阳性与阴性术语。

径=(顾客数=满员∧时间评估=0~10)。树表征对于许多问题产生有效的结果，但对于有些问题不能精确地表征，如多函数问题，若要得出正确结果，需要一个十分庞大的决策树。这既不可能也没有必要。

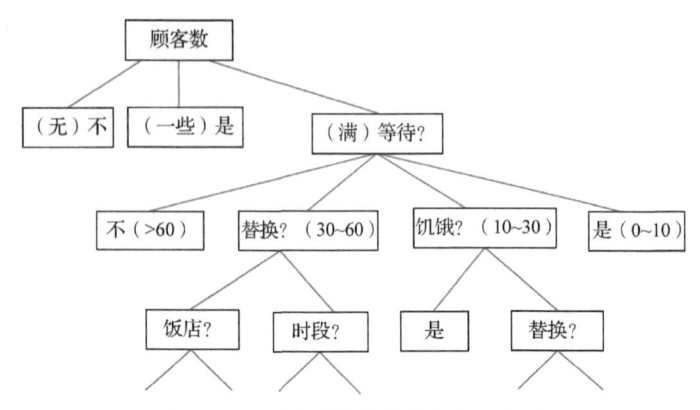

图 10-1　饭店吃饭等待的决策树表征

在实际运用中，我们可通过样例归纳出决策树，同时减少树的分枝数量。我们知道，一个布尔决策树的一个样例由任何区分(x,y)对构成，其中 x 是输入属性值的一个向量，y 是一个单一布尔输出值。阳性样例是那些其目标如*等待*为真的样例，阴性样例是其目标为假的样例。我们要求一棵与样例一致且尽可能小的树，但这种愿望难以实现，因为没有一个有效的方法能穿过庞大的树林进行搜索。不过，我们可使用某些启发法（经验规则），发现一个好的近似方法，即小型一致树（不是最小）。这种决策树学习算法适合于一种分治策略（divide-and-conquer strategy）——总是测试最重要的属性。这也是我们生活中的一种策略，即分清主次，先做最重要或有时效的事情。这种方法是把一个问题分成多个子问题，再一个一个地解决。这里的"最重要属性"是指一个样例的最突出的属性，如在饭店等待例子中的顾客数，因为顾客数是等待的原因，满员才会有等待发生。"希望获得有少量测试的正确分类"意味着，决策树中的所有路径是短的，而且树作为整体是明显的而非隐含的。例如，饭店例子中的*类型*就是一个不好的属性，因为一方面，去哪个饭店就餐是已决定的事情；另一方面，它有多个可能选项，每项又有阳性或阴性样例。

一般来说，在第一次属性测试划分了样例后，每个结果本身就是一个新决策树学习问题，具有更少的样例和一两个属性。这些递归问题有四种情形要考虑：①如果剩余的样例均是阳性的或阴性的，我们就做出决定是或不是；②如果存在一些阳性的或阴性的样例，那就选择最好的属性分开它们，如饥饿被用于分开剩余样例；③如果没有剩余样例，这意味着对于属性值的结合没有任何样例被观察到，我们返回到由所有样例的多元分类计算的一个缺省值（未执行的值），样例被用于建构节点的母型。这些在变量的母型样例中被传递；④如果没有任何剩余属性，只有阳性或阴性样例，这意味着这些样例有相同的描述但是不同的分类。这是可能发生的，因为数据可能有错误，或者这个领域是非决定的，或者我们不能观察到区分样例的一个属性。最好的方法是返回到剩余样例的多元分类上。

能有效使用决策树进行学习的问题一般具有三个特征：①属性有少数几个值，如顾客数（多、少、满员）；②目标函数只有几个离散值，如吃饭等待例子中的值是（是，否）；③训练数据中可能存在缺失或错误，即使属性值或实例分类中出现错误，决策树的表现仍然很好。如饭店分类不合理或缺少某些类型，但这不影响顾客饥饿时饥不择食。决策树表征方法广泛用于医疗领域中，如属性对应于症状（发热、流涕、头疼、咳嗽），或者测试结果（体温高、血压高、心跳快、血糖高）。从适应性来看，这些属性或测试结果的获得是适应目标客体的假设评估过程。

三、在适应性中评估和选择最佳假设

在面对未知现象或事件时，我们首先是学习如何给出与未来数据符合得最好的假设。为了能更准确地做出假设，我们需要给出什么是"未来数据"和"最佳符合"的定义。首先，给出一个固定性假设：存在一直不变的样例的一个概率分布。每个样例的数据点是一个随机变量 E_j，其观察值 $e_j = (x_j, y_j)$ 是从那个分布中抽取的，并独立于先前的样例，形式地表征就是：$P(E_j/E_{j-1}, E_{j-2}, \cdots) = P(E_j)$，而且每个样例有一个相同的先验概率分布：$P(E_j) = P(E_{j-1}) = P(E_{j-2}) = \cdots$。这就是独立同一分布（independent and identically distributed，IID）假设，满足这些假设的样例就是 IID 的样例。这个假设将过去与未来连接起来，若没有这种连接，所有假设或可能性都会失效，因为未来可能是任何东西。

其次，我们要确定"最佳符合"。一个假设的错误率就是错误假定的比例。一个假设在训练集上有一个低错误率，不意味着它泛化得就好。比如，一次考试成绩不足以正确地衡量一个学生的水平，即使在同一个问题上犯了两次错误。同样，要正确地评估一个假设，我们需要在一组未看见的样例中检验它。这样做的简单方法是，随机地将可用数据分为一个训练集和测试集，学习算法从训练集产生一个假设，该假设的准确性在测试集上得到评估。这种模型有时被称为坚持交叉验证（holdout cross validation），它的

一个明显缺陷是：不能使用所有可用数据。如果将一半数据用于测试集，那只训练了一半数据，得到的只能是一个低劣的假设。如果我们有10%的数据用于测试集，我们可能统计地得到实际准确性的一个低劣的评估。

再次，使用 k-折交叉验证方法，我们能从数据汲取更多信息，并得到一个准确的评估。这种方法的理念是，每个样例担负两个职责——训练数据和测试数据。第一步是将数据分为 k 个相等的子集，然后执行 k 个循环学习；在每一个循环，数据的 $1/k$ 被保留作为测试集，剩余的样例被用于作为训练数据。k 个循环的平均测试集的分值，比起单一分值应该是一个更好的评估。k 的常用值是 5 到 10，这足以给出一个满意的准确评估值，但要付出 5 到 10 倍的更长计算时间。不过，不用担心，深度学习可解决这个问题。

最后，也是需要注意的是，尽管统计方法非常有效，但快速浏览测试数据会频繁地导致结果无效。如果一个学习算法有不同的"旋钮"，它们能被调节到适合它们的行为，比如在决策树学习中选择下一个属性的各种不同标准。研究者为旋钮的各种不同环境提出假设，在测试集上测量它们的错误率，报告最佳假设的错误率。快速浏览问题就发生在这个过程中。原因在于，假设是基于它的测试集错误率被选择的，所以关于测试集的信息已渗入到学习算法中。这就是说，快速浏览问题使用测试集的性能选择一个假设和评价它的结果。避免这个问题的方法是真实地坚持测试集，即将它锁定，直到我们完全通过学习做假设并获得最终假定的一个独立评估。如果测试集被锁定，但我们仍想在未知数据上将测量性能作为选择一个好假设的方法，那么我们就将可用数据分成一个训练集和一个验证集。

四、可能近似正确学习理论的适应性表征

目前，机器学习中存在的主要问题是，我们如何能确定学习算法已经产生了一个假设，而且该假设将会预测先前未见输入的正确值？形式地说，我们如何知道假设 h 接近目标函数 f，如果我们不知道 f 是什么的话？这个问题已经被思考几个世纪了。最近几十年又产生了一个新问题——需要多少个样例我们才能获得一个好的假设？应该使用什么假设空间？如果假设空间非常复杂，我们还能发现最好的假设，或者我们必须在假设空间中满足于一个局部最大值？一个假设应该有多复杂？如何避免过拟合或者一致？这些问题是学习理论必须解决的，比如通过因果推理模型而不是纯粹的统计数据拟合模型来解决。

关于需要多少个样例的问题可运用计算学习理论来说明。该理论的基本原则是，任何严重错误的假设，在获得几个样例后，几乎肯定被发现具有高概率，因为它将做出一个不正确的预测。这样，任何假设，只要它与一个

足够大的训练样例集合相一致，就不可能是一个有严重错误的假设。也就是说，它一定是可能近似正确（probably approximately correct，PAC）的。任何回归可能近似正确假设的学习算法，被称为 PAC 学习算法，类似于逐步逼近方法。像其他原理一样，PAC 学习原理是公理系统的逻辑推论。当一个声称关于未来的某物是基于过去时，公理就必须提供那种连接的媒介。对于 PAC 学习来说，媒介由固定性分布提供，固定性分布表明，未来样例将由同一固定分布 $P(E)=P(X,Y)$ 作为过去样例得出。在这里我们不必知道分布是什么，仅知道它不变化就行。

为简单起见，我们假设真函数 f 是因果决定论的，它是正考虑的假设类的一个成员。最简单 PAC 原理处理布尔函数（其中 0/1 损失是适当的）。一个假设 h 的错误率 $e(h)$ 被限定为样例的源于固定性分布的期望泛化错误。或者说，错误率 $e(h)$ 是假设 h 错误分类一个新样例的概率。如果错误率 $e(h)\leq\varepsilon$，ε 是一个小常数，如 0.2，则假设 h 就是近似正确。这意味着，如果我们将错误的发生限制在一个可接受的范围，其结果就是近似正确的。这是科学家面对微观世界如微粒子的行为时常用的近似处理，比如，结构化学中的近似处理就是一种研究策略或方法论，因为它面对的是分子结构。

PAC 学习的一个简单例子是决策列表。一个决策列表由一系列测试构成，每个都是表面错误的一个连接。如果一个测试被用于一个样例成功了，决策列表详细说明了要返回的值；如果测试失败了，就在列表中继续下一个测试。决策列表与决策树相似，但它们的整体结构是比较简单的，即它们仅在一个方向分叉。相比而言，个体测试则更复杂。例如饭店等待的情形，如果用决策列表表征（图 10-2），其假设是：等待≡（顾客=一些）∨（顾客=满员∧时段）。

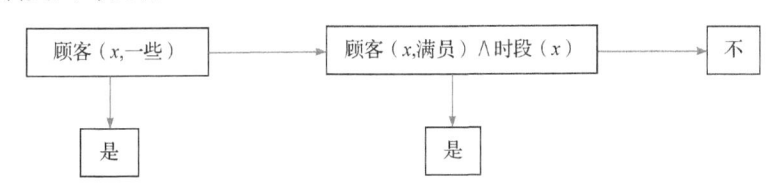

图 10-2　饭店等待的决策列表表征

注：横向箭头表示"不"，纵向箭头表示"是"。如果我们允许任意大小的测试，那么决策列表能表征任何布尔函数[①]

[①] 布尔函数（Boolean function）在数学上通常用于描述布尔输入的某种逻辑计算如何确定布尔值输出，其形式函数是：$F(b_1,b_2,\cdots,b_n)$，有 n 个来自二元素布尔代数{0,1}的布尔变量 b_i，F 的取值也在{0,1}之间。表征关系由于是二元区分关系，故而可用布尔代数加以刻画，如 a 表征 b，用布尔代数表征就是（a,b）。

五、人工神经网络的适应性表征

对于我们的大脑如何表征，目前的认知科学和脑科学还没有给出准确的答案，但我们可以肯定，它的表征是适应性的，因为它必须对不断变化的环境做出反应。一种学习系统模型认为，影响学习系统最重要的因素是提供系统信息的环境，因为环境为学习单元提供信息，学习单元要适应环境，就必须利用这些信息完善知识库，执行单元利用知识库执行它的任务，而执行任务时所获得的信息可以反馈给学习单元；若是人的学习，则通过内省学习机制产生学习效果的信息，再反馈给学习单元（史忠植，2008：306）。这说明，无论是人的学习还是机器学习，均是为了适应其环境在内部做出调整，最著名的是人工智能中的机器学习，它的人工神经网络方法也是适应性的。

我们知道，人脑的神经网络是由大量相互连接的生物神经元组成的复杂系统，而人工神经网络是模拟大脑而建立的，它的神经元是抽象神经元（也称节点或单元，图10-3），可由一个输入-输出函数 $y=f(x_1w_1+x_2w_2+\cdots+x_nw_n)$ 来描述，其中 x 是要输入的属性值，w 是相应的权重，y 是输出的属性值，f 所在圆表示神经网络黑箱。

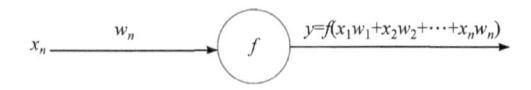

图 10-3　抽象人工神经元模型

具体而言，大脑的生物模型由细胞体、轴突、树突和突触组成，人工神经元由细胞体、输出通道、输入通道和权重组成，其中权重扮演了突触的角色，用于调节一个神经元对另一个神经元的影响程度。或者说，人工神经网络由直接连接的神经元构成，包括输入连接、处理系统（隐藏单元）和输出连接（图10-4）。

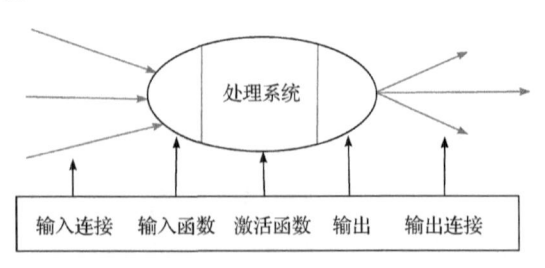

图 10-4　人工神经网络模型

在神经网络模型中，从一个单元 i 到另一个单元 j 的连接负责传播从 i

到 j 的激活 a_i，每个连接都有一个数值权重 $w_{i,j}$ 与它联系，权重决定连接的强度和迹象，与线性递归模型一样，每个单元都有一个虚设的输入 $a_0=1$，其相关权重是 $w_{0,j}$。每个单元首先计算它的一个加权的输入的和 in_j

$$in_j = \sum_{i=0}^{n} w_{i,j} a_i$$

然后它将一个激活函数 g 用于这个和的激活输出：

$$a_j = g(in_j) = g\left(\sum_{i=0}^{n} w_{i,j} a_i\right)$$

激活函数 g 或者是一个典型的硬阈值，在这种情形中，单元被称为一个传感器，或者是一个逻辑函数，在这种情形中，有时用到术语 S 形传感器。这两种非线性激活函数确保整个单元网络能表征一个非线性函数的重要特性。传感器的学习规则是一个迭代过程，它以随机权重向量 $\vec{w} = w_1 + w_2 + \cdots + w_n$ 开始，其中每个 w_i 是接近于 0 的小概率数。因此，传感器学习规则总是要保证算法停止，以便达到目标。

上述描述的是个体神经元的数学模型，如何将它们连接起来形成一个网络呢？对于这个问题，目前有两种截然不同的方法连接不同的神经元。一个是前馈网络方法，它仅有一个方向的连接，即它形成一个定向无环图。每个节点从上游节点接受输入，传递输出给下游节点。这个过程是无环的，也就是没有反馈。一个前馈网络表征它的当下输入的一个函数。这样，它除了权重本身，没有任何内在状态。

另一个是循环网络方法，它将它的输出反馈给它的输入，类似于形成一个控制-反馈环。这意味着，网络的激活层次形成一个动态系统，该系统可能达到一个稳定状态，或者表现为振荡行为，甚至混沌行为。而且，这种网络对一个给定输入的回应，依赖于它的内在状态，而内在状态可能依赖于先前的输入。这样一来，循环网络不同于前馈网络，它能够支持短时记忆，这也使它更可能作为一个脑模型，但也增加了理解的难度。前馈网络通常是多层的，这使得每个单元仅接受紧挨的前一个层次的单元的输入。所有输入直接与输出连接的网络被称为一个单层神经网络或传感器网络。一个有 m 个输出的传感器网络是 m 个分立的网络，因为每个权重仅影响许多输出中的一个。这样，就有 m 个分立的训练过程，而且训练过程依赖于所使用的激活函数的类型。

六、最近邻模型的适应性表征

线性递归和神经网络都使用训练数据来评估一个固定参数集,这种通过泛化具有固定范围的一组参数的学习模型被称为**参量模型**(parametric model)。无论我们将多少数据投入一个参量模型,它都不会改变它需要多少参数的智能。当数据集不大时,参量模型为避免过拟合问题对允许的假设有一个强限制。但是,当有成千上万个样例需要学习时,参量模型似乎倾向于让数据为它们自己辩护,而不是强迫数据通过一个微小的参数向量证明自己。如果数据表明正确的答案是一个非常摇摆不定的函数,我们就不应该将自己约束在线性或摇摆不定的函数上。这就需要一个**非参量模型**(nonparametric model)。

一个非参量模型不能由一组有限参数集来描述其特征。例如,我们简单产生的每个假设本身保留所有训练样例,并使用所有样例来预测下一个样例。这样一个假设家族将是非参量的,因为参数的有效数是无限的,即参数随着样例数而增加,这种方法被称为基于例示的学习,或者基于记忆的学习。最简单的基于例示的学习方法是查表法(table lookup):接受所有训练样例,将其置于一个查找表中,接着当被要求假设 $h(x)$ 时,看 x 是否在表中,如果在表中,则恢复对应的 y。这个方法的问题是,它不能很好地泛化:当 x 不在表中时,所有 x 能做的就是恢复某些缺省值。如何克服这个问题呢?这就需要最近邻模型方法。

假定一个问题 x_q,发现 k 样例离 x_q 最近,这叫作 k-最近邻查找(k-nearest neighbor lookup),用记号 $NN(k, x_q)$ 表示 k 最近邻集合,即最近邻算法。最近邻查找是说,例如,我们外出需要打车,选择最近邻的出租车,这是最省事的方法,也是最懒惰的方法。为了分类,我们首先找到 $NN(k, x_q)$,然后采取最近邻的相对多数票(二元分类情形中的多数票);为了避免牵连,k 总是被选为一个奇数(1,3,5,…);为了递归,我们采取 k 最近邻的平均数,或者在近邻解决一个线性递归问题。在最近邻算法中,每个数据点就是它本身的微型分离器,为所有获得的样例预测级别。这种算法就像一组协同得很好的群体,群体中每个成员都做得很少,但聚集在一起就能做大事。在 k-最近邻算法中,测试的样例的分类方法是寻找它的最近邻,然后让它们进行投票。与决策树方法相比,最近邻方法更便捷。例如,要用决策树确定什么是"脸",可以说,人脸有两只眼睛、一个鼻子和一张嘴,若眼睛是闭合的,怎样确定呢?所以准确定义人脸要考虑每个像素,但这是很困难的事情。若考虑表情、姿态、背景、光线等因素，则更困难。如果用最近邻方法，我们可以在数据库中寻找与某人最相似的照片（人脸识别技术），数据库越大，越容易找到。这就是计算机可将同一人不同时期的照片编辑在一起的原理。因此，学习特别是机器学习的本质之一就是利用相似性。

不过，最近邻算法无法克服"维数灾难"（佩德罗·多明戈斯，2017：240）：在低维度（二、三维度）条件下，最近邻算法能够很好地起作用，但是随着维度数的增加，它就会陷入崩溃，因为随着维度数的上升，用于确定概念边界的训练样例的数量也会呈指数增长。如果有 20 个布尔属性，就会有 100 多个不同的样例；如果有 21 个布尔属性，就可能会有 200 万个样例，而边界也会有相应数量的方式来定义这些属性；如果每个属性包含更多信息，信息的增加会带来更多的麻烦。而且最近邻算法的基础是找到相似物，而随着维度数的增加，相似性概念就会失效。支持向量机（support vector machine，SVM[①]）算法似乎可以解决这个问题。

七、支持向量机的适应性表征

支持向量机是监督学习目前最流行的方法，也是一种类推方法。如果你对于某个领域如量子力学一无所知，即没有任何关于这个领域的先验知识，那么支持向量机是第一次进行尝试学习的最佳方法。支持向量机方法有三个吸引人的特征：①它建构一个最大幅度分离器（maximum margin separator，MMS），即有一个离样例点最大可能远的决策边界。这有助于支持向量机做很好的泛化。②支持向量机创造一个线性分离超平面，使用所谓的核技巧（kernel trick）[②]有能力将数据植入一个高维空间。在初始输入空间中不是线性可分离的数据，通常在高维空间是容易分离的。高维线性分离器在初始空间实际上是非线性的，这意味着，假设空间极大地扩展了严格使用线性表征的方法。③支持向量机是一种非参量方法，它保留训练样例，需要潜在地储存所有样例。在实践中，支持向量机通常最终仅保留一小部分样例数。这样一来，支持向量机将非参量和参量模型结合起来，能够

[①] 支持向量机是科尔特斯（C. Cortes）和瓦普尼克（Vapnik）1995 年提出的一种算法，在解决小样例、非线性与高维模式识别中有许多优势。在机器学习中，支持向量机也是一种监督学习模型，可用于分析数据、识别模式以及分类和递归分析。

[②] 也称核方法，其核心假设是：在低维空间中不能线性分离的点集，在通过转化为高维空间中的点集过程中，很有可能变为线性可分离的。

灵活地表征复杂函数，也能够抵抗过拟合问题[①]。

基于这三种特征我们可以说，支持向量机是成功的，并有着广泛的应用。表面上，支持向量机似乎与 k-最近邻算法相似，即正类别与负类别之间的边界由一组样例、其权值加上相似性测度来确定。支持向量机也有分类，如两类点（黑和白）和三个候选线性分离器（即决策边界）。每个类别均与所有样例一致。从 0/1 损失的观点看，这两种算法都很成功。因为支持向量机阐述了这样的问题：它不是最小化训练数据期望的经验损失，而是试图最小化期望的泛化损失。虽然我们不知道未见点可能会落在哪里，但在概率假设架构下，即那些点源自先前见到的相同样例，根据计算学习理论，我们通过选择离我们见到的最远的样例的分离器来最小化泛化损失。这种分离器就是最大幅度分离器。幅度就是领域的宽度。

我们用多明戈斯描述的两国边界的例子来说明支持向量机是如何工作的，即如何进行适应性表征的（佩德罗·多明戈斯，2017：233-234，245-247）。我们想知道两个国家的边界在哪里，但我们仅仅知道它们首都的位置。根据最近邻算法，边界会是一条线，位于两个城市的中间位置，事实上边界两边附近会有许多城市，将这些城市用线连接起来就形成一条有多个拐弯的线（一条锯齿状的线）。而实际的连线可能是一条平滑的线，这说明最近邻算法的计算结果并不理想。有了支持向量机，我们就可掌握平滑的边界。这个例子支持边界的向量，因为移动一个向量，边界的一段就会滑向其他不同的地方。当然，支持向量机学习还需要选择向量及其权值，其程序就是先验性的核技巧。按照这个技巧，我们假设两国之间发生战争，在边界处设立无人区，两边都有雷区。你的任务就是穿过无人区，不能踩到地雷，否则你就没命了。你有一张地图，上面标有所有地雷的位置。为了不走回头路，你会假设地雷可能在的位置很宽阔（因为地图与实际地形差别很大）。这就是支持向量机所做的事情，实例相当于地雷，要掌握的边界相当于选择的路线。边界离实例最近的地方就是它的安全范围，支持向量机选择指出向量和权值，这些向量和权值能产生可能的最大边际。这个过程无疑是适应性的。

[①] 在机器学习中，为了得到一致的假设而使假设变得过度复杂的现象被称为过拟合（over-fitting），反映在学习训练中就是最近邻算法对学习样例达到非常高的逼近度，但对非学习样本的逼近误差随着最近邻算法的训练次数而呈先降后升的奇异现象。避免这种问题是分类器设计中的一个核心任务，通常采用增大数据量和测试样例集方法对分类器的性能进行评价。

八、集成学习的适应性表征

上述学习方法基本上是采取在假设空间中寻找一个合适的假设进行预测。相比而言，集成（ensemble）方法是在假设空间中寻找一组合适的假设进行合成预测。或者说，集成学习方法的核心观点是，从假设空间中选择一组或组合假设，并将它们的预测结合起来。例如，在交叉验证期间，我们可能产生 20 个不同的决策树，让其投票决定一个新样例的最佳分类。

首先，集成学习的动机是很简单的。让我们设想有一个组合 $k=5$ 的假设集，假定我们采用多数投票方法将它们的预测组合起来。对于错误分类一个新样例的组合，5 个假设中至少有 3 个被迫错误地对其进行分类。我们希望这比对一个假设进行错误分类要少得多。进一步假定集成中的每个假设 h_k 有一个错误概率 p，即由 h_k 错误地分类的随机选择样例的概率是 p。而且还假定，由每个假设产生的错误是独立的。在这种情形中，若 p 小，则发生大量错误分类的概率是非常小的。比如，一个简单计算表明，使用 5 个假设的集成，能将 1/10 的错误率减少到不到 1/100。显然，这个独立假设是不合理的，因为假设很可能是以同样的方式由训练数据的任何误导性方面误导形成的。但是，如果这些假设至少有点不同，并因此减少它们的错误之间的关联，那么集成学习就是非常有用的。

其次，集成观点是扩大假设空间的一个类方法（generic way）。将集成本身看作一个假设，将新假设空间看作从初始空间中可建构的所有可能集成的集合，是一种扩展集成假设的方法。设想一个通过集成学习获得提高表征力的情形。我们给出三个线性阈值假设，每个假设的直线都进行正面样例的分类，并相互交叉形成一个三角区域。这个新形成的三角区域是在初始假设空间没有表达的一个假设，这表明了我们如何产生一个更有表达力的假设空间。如果初始假设空间允许有一个简单有效的算法，那么集成方法就提供了如何获得一种更有表达力的假设分类方法，而不招致更多附加计算的复杂性。

最后，最广泛使用的集成方法是助推（boosting）方法。这种方法与加权训练集（weighted training set）相关。在这种训练集中，每个样例有一个相关的权值 $w_j \geqslant 0$。一个样例的权值越高，在学习一个假设的过程中附加于它的重要性就越高。这可直接用于修正我们上述提及的学习算法。

那么，助推方法是如何工作、如何适应性表征的呢？对于所有样例，如一个正交训练集，它开始于 $w_j = 1$。它从这个集产生第一个假设 h_1。这个假设 h_1，既会正确地分类某些训练样例，也会错误地分类某些训练样例。我们期望下一个假设在错误分类的样例上做得更好，所以，当我们降低正确分类的样例的权值时，同时提高错误分类的样例的权值。从这个新加权的训练集，我们产生假设 h_2。这个过程以这种方式继续下去，直到产生 k 个假设，其中 k 是助推算法的一个输入。最后一个集成假设是所有 k 假设的一个加权的多数组合，每个根据它如何在训练集上执行被加权。

基本助推方法有许多不同形式，具有调节权值和组合假设的不同方式。一个特殊的算法是 AdaBoost[①]。它有一个非常重要的特性：如果输入学习算法 L 是一个弱学习算法，其含义是，L 总是返回一个在训练集上具有精确性的假设，而这个训练集比随机猜测要好些，那么 AdaBoost 会重现这样一个假设——它为足够大的 K 完美地分类训练数据。这样一来，算法促进了初始学习算法在训练数据上的精确性。无论初始假设空间多么无意义，也无论学习的函数多么复杂，这个结果仍然有效。因为 AdaBoost 中不同的训练集是通过调整每个样例对应的权重来实现的。起初，每个样例对应的权值是相同的，在此样本分布下训练出一个弱分类器。对于分类错误的样例本，就要加大其对应的权值。对于分类正确的样例，降低其权值，如此错分的样例就被突显出来，进而得到一个新样例的分布。在新样例分布下，再次对样例进行训练，得到弱分类器。依次类推，经过 K 次循环，得到 K 个弱分类器，将这些 K 个弱分类器按一定的权值组合起来，得到最终想要的强分类器。在笔者看来，这个不断循环和加权的过程就是适应性表征过程。

第二节 适应性学习的知识表征

上述讨论的所有学习方法的一个共同点是建构一个函数，它在观察的数据中有输入-输出行为。在每个情形中，学习方法被理解为搜索一个假设空间去发现一个适当的函数，而且从一个关于这个函数的形式的基本假设开始，如二级多项式、决策树。然而，先验知识对于学习也许是更重要的，因为没有先验知识，我们就不能做任何假设。从形式上看，先验知识被表征为普遍一阶逻辑理论，因此，有必要先弄清知识表征与学习之间的关系。

[①] AdaBoost 是弗罗伊德（Freund）和夏皮尔（Schapire）根据在线分配算法提出的一种经过调整的助推算法，能够对弱学习得到的弱分类器的错误进行适应性调整。但与助推算法不同的是，AdaBoost 不需要预先知道弱学习算法学习正确率的下限，即弱分类器的误差，最后得到的强分类器的分类精度，依赖于所有弱分类器的分类精度，这样可以深入挖掘弱分类器算法的能力。

一、知识的逻辑表征

在逻辑主体的适应性部分我们业已知道,纯归纳逻辑学习可被看作发现一个与观察例子相一致的假设的过程。这里我们详细讨论假设被一组逻辑语句表征的情形。样例描述和分类也可以是逻辑语句,一个新样例能够从假设和样例描述推出的一个类别来分类。这种方法允许有假设的增量构造,每次构造一个语句;也允许有先验知识,因为已知的语句有助于新样例的分类。学习的逻辑形式看似复杂,实则可澄清学习中的许多问题,这就是逻辑推理的优势所在。

在前述饭店等待的例子中,我们如何学习一个规则来决定是否等待呢?样例由属性替换、酒吧、时段、饥饿等描述。在逻辑的语境中,一个样例由一个逻辑语句描述,属性成为一元述语。假设样例集为 X_i,记号 $D_i(X_i)$ 表示对 X_i 的描述,其中 D_i 可以是有任何单一论据的逻辑表达。样例的类别由一个使用目标述语的文字记号(literal)表达:等待(X_i)或不等待(X_i)。这样,完全训练集可被表达为所有样例的描述和目标文字记号的合取:

替换(X_i)∧¬酒吧(X_i)∧¬时段(X_i)∧饥饿(X_i)∧…

一般来说,归纳学习的目的是发现一个假设——它能很好分类样例,并很好概括一个新样例。所以说,归纳是发现的逻辑,演绎是证明的逻辑。如果用逻辑表达,每个假设 h_j 有这样的形式:$\forall x(x) \equiv C_j(x)$,其中 $C_j(x)$ 是一个候选定义,即某些表达涉及属性述语。例如,饭店等待的决策树能够用这种形式的一个逻辑表达解释:

$\forall x$ 等待(x)≡顾客(x, 一些)

∨顾客(x, 满员)∧饥饿(x)∧类型(x, 火锅)

∨顾客(x, 满员)∧饥饿(x)∧类型(x, 烤肉)∧时段(x)

∨顾客(x, 满员)∧饥饿(x)∧类型(x, 川菜)

∨顾客(x, 满员)∧饥饿(x)∧类型(x, 粤菜)

每个假设预示一个确定的样例集,即那些满足其候选定义的样例,将是目标述语的样例。这个集合被称为述语的外延。不同外延的两个假设逻辑上是相互矛盾的,因为它们至少对一个样例的预测是不一致的。如果它们有相同的外延,它们在逻辑上是等价的。如果假设空间 H 是所有假设 $\{h_1,\cdots,h_n\}$ 的集合,决策树算法能够包含依据所提供的属性定义的任何决策树假设,那么它的假设空间因此由所有这些决策树组成。这样可以推测,学习算法相信其中的假设之一是正确的,即相信这个语句:$h_1 \vee h_2 \vee \cdots \vee h_n$。随着样例的出现,与这个样例不一致的假设就会被排除。在这里,一致性是学习的一个重要方面。显然,如果假设 h_j 与整个训练集一致,它必须与整个训练中的每个样例一致。如果它与一个样例不一致会意味着什么?可能会有以下两种情形出现。

(1)一个样例对于这个假设来说可能是一个假阴性(-),如果这个假设表明它应该是阴性的但实际上是阳性(+)的[①]。例如,在饭店等待的例子中,顾客满员而且不饿还要等待的假设,就是一个假阴性,不等待才是一个阳性。假设与样例在逻辑上不一致。

(2)一个样例对于这个假设来说可能是一个假阳性,如果这个假设表明它是阳性的但事实上是阴性的。

如果一个样例对于一个假设来说是假阳性或假阴性的,那么这个样例和这个假设逻辑上是互不一致的。假定这个样例是对事实的一个正确观察,则这个假设就会被排除。在逻辑上,这类似于推理的消解规则,根据这种规则,假设的析取对应于一个分句,样例对应于一个文字记号,而该文字记号在分句中分解其中一个文字记号。原则上,一个普通逻辑推理系统能够通过样例学习消除一个或者多个假设。例如,假定一个样例由一个语句 s_1 指代,而且假设空间是 $h_1 \vee h_2 \vee h_3 \vee h_4$,若 s_1 与 h_2 和 h_3 不一致,那么逻辑推理系统能够推断出新的假设空间 $h_1 \vee h_4$。因此,我们能够在逻辑语境中将归纳推理描述为一个逐渐消除与样例不一致的假设的过程,从而减少可能性。由于假设空间通常是巨大的,甚至在一阶逻辑中是无限的,所以,我们不试图使用消解规则证明来建构一个学习系统,而是通过用较少的努力逻辑地发现一致假设的两种方法。

第一是当前最佳假设搜索(current-best-hypothesis search,CBHS)方法。这种方法的理念是:保留一个假设并随着新样例的出现调节它,以保证一致性。在饭店等待的情形中,假定我们有假设 h_i,只要每个新样例是一致的,我们就不需要做任何事情。若出现一个假阴性样例(应该是阴性但实际上是阳性),我们该做什么?我们可以外延 h_i,使它扩展到能够将那个样例涵盖进来,这个过程被称为泛化(generalization)。如果出现一个假阳性样例(应该是阳性但实际上是阴性),我们可以将 h_i 的外延减少,以排除那个

[①] "假阳性"和"假阴性"这两个术语是医学术语,用于描述实验数据的错误结果。如果一个结果标示患者有病而事实上没有任何病症出现,它就是假阳性的。

样例，这个过程被称为专门化（specialization）。假设之间的这种"更泛化"和"更专门"的关系，为假设空间提供了逻辑结构，这使得有效搜索成为可能。不过，要注意的是，每当泛化或专门化不同假设时，我们必须检查它们与其他样例的一致性，因为外延过程中随意增加和减少样例可能包括或排除先前见到的阴性或阳性样例。

在这里，泛化和专门化是两个逻辑概念，它们表征的是假设之间的两种关系。它们是如何作为句法运算而被操作的呢？若假设 h_1 和定义 C_1 是假设 h_2 和定义 C_2 的一个泛化，则有：

$$\forall x\ C_2(x) \to C_1(x)$$

为了建构 h_2 的一个泛化，我们需要发现一个定义 C_1，C_1 逻辑地被 C_2 蕴含。例如在饭店等待的例子中，如果 $C_2(x)$ 是 *替换*$(x) \land$ *顾客*$(x, 一些)$，一个可能的泛化由 $C_1 \equiv$ *顾客*$(x, 一些)$ 给出。这被称为降落条件（dropping condition）。它直觉上产生一个弱条件，因此，允许一个更大的阳性样例集。还有许多其他泛化操作，这依赖于操作它的语言。同样，我们能通过增加附加条件给它的候选条件，或者从一个析取条件去除析取物，来专门化一个假设。在饭店等待的例子中，若样例 X_1 是阳性（等待），属性 *替换*(X_1) 是真的，初始假设 h_1：$\forall x$ *等待*$(x) \equiv$ *替换*(X)；若样例 X_2 是阴性（不等待），h_1 预测它是阳性的，所以它是一个假阳性。因此，专门化 h_1 需要被专门化，即当继续分类 X_1 作为阳性时，需要增加一个附加条件来排除 X_2，其中一种可能性是：h_2：$\forall x$ *等待*$(x) \equiv$ *替换*$(X) \land$ *顾客*$(x, 一些)$；若样例 X_3 是阳性（等待），h_2 预测它是阴性，所以它是假阴性。因此，h_2 需要被泛化，即降低替换条件，产生 h_3：$\forall x$ *等待*$(x) \equiv$ *顾客*$(x, 一些)$。若样例 X_4 也是阳性（等待），而 h_3 预测它是阴性，所以它是一个假阴性。因此，h_3 需要被泛化。我们可降低*顾客*条件，因为这可产生一个全包括的假设，该假设与 X_2 不一致。一种可能性是增加一个析取物，即 h_4：$\forall x$ *等待*(x) $\equiv$ *顾客*$(x, 一些) \lor ($ *顾客*$(x, 满员) \land$ *时段*$(x))$。这些假设似乎是合理的。除此外，还有其他可能性与前四个样例一致。比如，h_5：$\forall x$ *等待*(x) $\equiv$ *顾客*$(x, 一些) \lor ($ *顾客*$(x, 满员) \land$ *等待评估*$(x, 10\text{-}30))$。

这种当前最佳假设搜索学习算法是非决定论地描述的，因为在任何点，存在多种可用的可能泛化或专门化。做出选择不必然导致产生最简单的假设，可能导致形成一个不可重获的境遇，在那种境遇中，假设的简单修正与所有数据一致。因此，这种方法面临的困难主要有两个：一是每次修正重复检验所有先前的样例是非常昂贵的；二是搜索过程可能涉及大量的走原路问题，从而导致假设空间指数地增长。

第二是最少承诺搜索（least-commitment search，LCS）方法。走原路问题之所以产生，是因为当前最佳假设搜索方法必须选择一个特殊的假设作为它的最佳猜测，即使它没有足够数据确保做出选择。为了克服这个问题，我们应该继续执行那些与所有数据一致的假设。每个新样例要么没有任何效果，要么会消除一些假设。初始假设空间可被看作一个析取句 $h_1 \vee h_2 \vee \cdots \vee h_n$。当发现不同假设与样例不一致时，这个析取句会收缩，仅保留那些没有被排除的假设。假定初始假设空间事实上的确包含正确答案，那么减少的析取必须仍然包含正确的答案，因为只有不正确的假设会被去除。剩余的假设集被称为版本空间（version space），在计算机科学中被称为"解释空间"，这种学习算法被称为版本空间学习算法。这种方法的一个重要属性是增加（increment）——一种从不返回并重新检验老样例，或者说只增不减的属性。所有剩余的假设被保证与样例一致。

然而，一个明显的问题是：假设空间是巨大的，我们如何可能写出这个巨大的析取句呢？这可以通过一个类比来说明。我们如何表征 1 和 2 之间的实数呢？严格说，它们之间有无数个实数。间隔表征方法有助于解决这个问题，该方法能详细说明集[1,2]的边界，因为我们能让这个集有一个实数序列。同样，假设空间也有序列，即泛化和专门化。这是一种部分序列，因为每个边界不是一个点，而是一个被称为边界集的假设集。重要的是，我们能够仅使用两个边界集表征整个版本空间：一个是最普遍边界（G-集），一个是最特殊边界（S-集）。二者之间的任何东西都要保证与样例一致：①当前版本空间是目前与所有样例一致的假设集，它由 G-集和 S-集表征，每个都是一个假设集；②S-集的每个成员与目前所有的观察一致，不存在任何更特殊的一致假设；③每个 G-集的成员与目前所有的观察一致，不存在任何更普遍的一致假设。如果要求初始版本空间（在任何样例被看见前）表征所有可能假设，让 G-集包含真（包含一切的假设），而让 S-集包含假（外延是空的假设），就能够做到这一点。

为了保证表征的充分性，如下两个属性是必要的：①每个一致假设（不是边界集中的假设）比 G-集的一些成员更特殊，比 S-集的一些成员更普遍。这直接遵循了 S-集和 G-集的定义。如果存在一个失散者 h，那么它一点不比 G 的成员有任何特殊性，在这种情形中，它属于 G；或者一点不比 S 的成员有任何普遍性，在这种情形中，它属于 S。②每个假设，如果比 G-集的一些成员更特殊，比 S-集的成员更普遍，那它就是一个一致假设。也就是说，在边界没有任何"洞"。S 和 G 之间的任何假设 h，必须拒绝被每个 G 成员拒绝的所有阴性样例，因为它太特殊，同时接受被 S 的任何成员拒绝的所有阳性样例，因为它太普遍。这样一来，h 必须与所有样例一致，它也因此能够是不一致的。根据这两个属性我们推知，如果 S 和 G 依据它们的定义被保留下来，它们就提供了版本空间的一个满意表征。

然而，仍然有一个问题需要解决：对一个新样例我们如何升级 S 和 G？这是建构版本空间升级函数的问题。我们假定，对于 S-集和 G-集的每个成员 S_i 和 G_i，它可能是一个假阳性或者一个假阴性。这有四种情况：①若 S_i 是假阳性，这意味着 S_i 太普遍，但根据定义不存在 S_i 的任何一致的专门化，因此，它被排除在 S-集外；②若 S_i 是假阴性，这意味着 S_i 太特殊，应该被所有最接近它的泛化所替代，假定它比 G 的一些成员更特殊；③若 G_i 是假阳性，这意味着 G_i 太普遍，应该被所有最接近它的专门化所替代，假定它比 S 的一些成员更普遍；④若 G_i 是假阴性，这意味着 G_i 太特殊，但根据定义不存在 G_i 的任何一致泛化，因此，它被排除在 G-集外。

对于每个新样例，继续这些操作过程，直到如下三个事情有一个出现为止：①如果版本空间中仅有一个假设留下，就将它作为唯一假设；②若版本空间塌陷，即 S 和 G 成为空集，表明没有任何一致假设提供给训练集；③用尽样例，在版本空间留下几个假设。这意味着版本空间表征假设的一个析取。对于任何新样例，如果所有析取物一致，它们的样例分类就能够恢复；如果它们不一致，一个可能性是采取多数投票。比如，在饭店等待的例子中，可以不使用析取：*等待评估*（$x,30\sim60$）$\vee$ *等待评估*（$x,>60$），而是可使用一个新属性*长时等待*（x）。

二、先验知识在适应性学习中的作用

为了更好地理解先验知识在学习中的作用，弄清假设、样例描述和类别之间的逻辑关系是十分必要的。我们假定*描述* D 指代训练集中所有样例的合取，*类别* C 指代所有样例类别的合取，则一个解释观察的假设 H 必须满足属性：$H \wedge D \models C$（$\models$ 的意思是逻辑后承或逻辑蕴涵）。这种关系被称为限定继承约束（entailment constraint），假设 H 在其中是未知的。纯归纳学习意味着解决这个约束，其中假设是从预定义的一些假设空间中推出的。如果假设的逻辑形式不受任何限制，假设 $H=D$ 也满足这个约束。根据奥卡姆剃刀原则，最好选择最小的一致假设，而不是只简单地存储样例。

一个充分利用背景或语境或先验知识的自动学习主体包括人类，在某种程度上必须首先获得先验知识，以便在新的学习环境中使用这种知识（Russell and Norvig，2011：777）（图 10-5）。这种方法本身就是一种学习和创造过程。因此，主体的生活历史将由积累或成长来描述。可以推测，没有先验知识，主体也可以行动，比如在真空中执行归纳，就像运行一个小的纯归纳程序。但是，这种所谓的纯归纳程序是从知识树那里获得信息，不再追求这种天真的纯推断，应该使用其背景知识更有效地学习。利用大量背景知识和没有这种知识的主体，其学习效果是大不同的。去一个历史名胜古迹旅游，或是在晴朗的夜空观测星座，或是富有经验的医疗诊断，或是从一次观测得出一般结论，等等，这些例子均是基于背景或者语境知识的。接下来的问题是，如何利用背景知识进行学习。

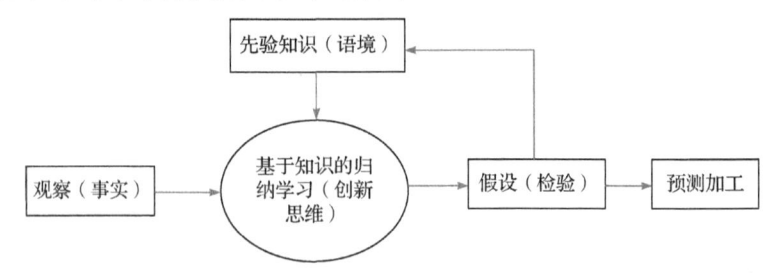

图 10-5 基于先验知识的归纳学习和创造过程

利用先验知识做出选择是泛化过程的一个规则，限定继承约束在其中起作用。约束包括背景知识，加上假设、观察的描述和类别。这些因素是主体包括人类和智能机学习过程中必不可少的成分。在人工智能的机器学习中，目前主要有三种基于先验知识的学习方法：基于解释的学习（explanation-based learning，EBL）、基于相关性的学习（relevance-based learning，RBL）和基于知识的归纳学习（knowledge-based inductive learning，KBLL）（Russell and Norvig，2011：778-779）。

首先，利用先验知识的归纳推理和概括，不仅人类会，甚至原始人或高智能动物如类人猿也会。考古发现，洞穴人会利用尖棍捕杀动物，并挑起猎物在火上烤，而让手远离火。它们从这个过程概括出一个规则：任何长而尖硬的物体都能够被用于烧烤小而软的可食用猎物。这类概括过程就是基于解释的学习。这个普遍规则的获得是洞穴人逻辑地遵循了背景知识的结果，EBL 满足的限定继承约束为：$H \wedge D \models C$，$B \models H$，其中 B 为背景（知识）。这是一个从样例学习的方法。然而，由于 EBL 要求背景知识充分到足以说明假设，假设反过来说明观察，主体实际上没有从样例学到任何新东西。主体能从它所知道的推出样例，是一个跳跃概括的过程，尽管这个过程可能需要大量的不合理计算。因此，EBL被看作将第一原理转换为有用的专用知识的一种方法。

其次，关联或联想是主体的一种先天能力。例如你（一点也不知道澳门的历史）去澳门旅游，恰巧遇见的第一个人讲葡萄牙语，于是你可能立刻得出结论认为，澳门人讲葡萄牙语。但是，你随后发现很多人的名字是中文，你不会得出澳门人都有中文名字，因为有些人可能起了葡萄牙名字。这种情形在科学中也常见。比如一个新手做实验测量一个样品铜丝的密度和导电率，他很自信地概括出，所有铜丝都有相同的值，但当他测量铜丝的密度时，他甚至不考虑所有铜丝有相同的密度这个假设。对于所有铜制品做出这样的概括也是非常合理的。你去澳门之所以得出那样的推论，是因为你不了解澳门在近代被葡萄牙殖民统治的历史。在这种情形中，相关的先验知识是：在任何已知的国家或地区，大多数人讲同种语言（母语）；人的名字与所处历史相关，澳门人也会有葡萄牙的名字。同样，科学界的新手也难以解释他测量的铜丝的密度和导电率的特殊值。然而，他的确知道组成一个客体的物质（元素）及其温度共同决定它的导电率。在每个情形中，先验知识 B 参与目标述语的一组属性。这种知识与观察一起，允许主体推出一个解释那个观察的新的普遍规则：$H \wedge D \models C$，$B \wedge D \wedge C \models H$。这就是基于相关性的学习。不过，鉴于RBL的确利用观察的内容，它不产生超越背景知识和观察的逻辑内容的假设。它显然是学习的一种演绎推理形式，它本身不能说明源于偶然的新知识的创造。

最后，根据已掌握的知识进行归纳是探究未知的一种主要方式，也就是从已知探讨未知。例如，一位缺乏药理学知识但诊断精湛的新手医生，观察到一位患者和一位专家级内科大夫之间的咨询对话，在听到一系列的问答后，专家级大夫告诉患者服用一个疗程的特殊抗生素。那位新手大夫由此推出一个普遍规则：那个特殊抗生素对一类特殊感染有效。假定那位新手大夫的先验知识丰富到足以从症状推出患者的疾病 D，但这并不足以解释新手大夫开出特殊药 M 的做法。那位新手大夫需要提出另一个规则，即 M 一般对于 D 是有效的。已知这个规则和新手大夫的先验知识，那位新手大夫现在能解释为什么专家级大夫在特殊情形下开出药 M。这个例子的限定继承约束可以概括为：$B \wedge H \wedge D \models C$。其含义是，背景知识和新假设结合起来说明样例。按照纯归纳学习，学习算法应该提出尽可能简单的假设，并与限定继承约束一致。因此，满足 $B \wedge H \wedge D \models C$ 的算法，被称为基于知识的归纳学习算法。

第三节　基于解释的学习：从个别观察推出普遍规则

上述表明 EBL 的基本观点是，首先使用先验知识建构一个观察的说明，然后给出样例类别的定义，根据此定义，相同的解释结果能够得到使用。这个定义为涵盖类别中所有样例的规则提供了基础。解释可能是一个逻辑证明，但更可能是任何其步骤被确定的推理或问题解决过程。关键是能够为那些相同步骤应用于另一种情形确定必要条件。我们用一个简单例子来说明这种概括方法。假定我们的问题是简化 $1×（0+X）$。它的知识库包括 6 条规则：①重写（u,v）∧简化（v,w）→简化（u,w）；②初始（u）→简化（u,u）；③未知算法（u）→初始（u）；④数（u）→初始（u）；⑤重写（$1× u,u$）；⑥重写（$0+u,u$）。

EBL 方法实际上同时建立了两个证明树（图 10-6 和图 10-7）（Russell and Norvig, 2011：782）：第一个树说明了初始问题例示的证明，由此得出：未知算法（u）→简化（$1×（0+z），z$）。

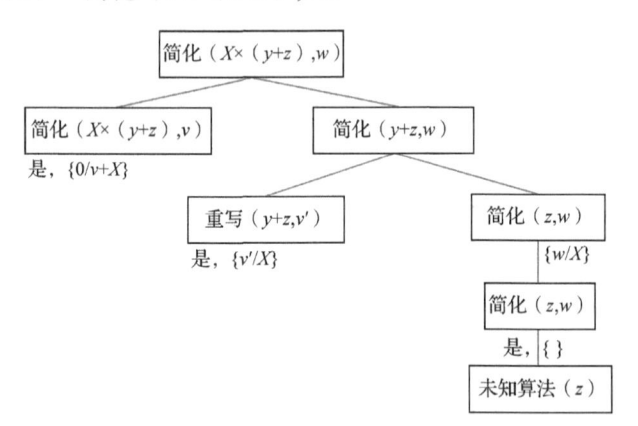

图 10-6　初始问题的证明树表征

第二个树说明了一个具有由变量替换的所有常数的问题例示的证明，由此可得到许多其他规则。或者说，这个证明树使用了一个变化的目标，其中源于初始目标的常数被变量代替。当初始证明进行时，变化的证明实际上使用了相同的规则按步骤进行。这可能引起某些变量成为例示。例如，为了使用规则*重写*（$1× u,u$），子目标（$X×（y+z），v$）中的变量 x 必须是 1。相似地，为了使用规则*重写*（$0+u,u$），在子目标（$y+z,v'$）中 y 一定要是 0。一旦我们拥有普遍的证明树，就可以形成目标述语的一个普遍规则：

重写$(1\times(0+z),0+z) \land$ 重写$((0+z),z) \land$ 未知算法$(z) \rightarrow$ 简化$(1\times(0+z),z)$

在这个规则中，不管 z 的值是什么，左边的前两个条件都是真的。从规则中除去它们可以得出：*未知算法*$(z) \rightarrow$ *简化*$(1\times(0+z),z)$。总之，条件能够从最终的规则中除去。如果它们将限制强加在规则右边的变量上的话，作为结果的规则仍是真的，也更有效。但要注意的是，*未知算法*(z) 是不能被去除的，因为不是所有 z 的值都是算法上未知的。除非算法未知的值可能需要简化的不同形式。

概言之，EBL 的工作机制有四步：①给定一个样例，使用可行的背景知识建构一个证明，其中目标述语用于样例；②同时使用与初始证明中相同的推理步骤建构一个普遍的证明树；③建构一个新规则，其左边由证明树的枝叶构成，其右边是变化的目标；④从左边除去任何真实条件，不用考虑目标中变量的值。

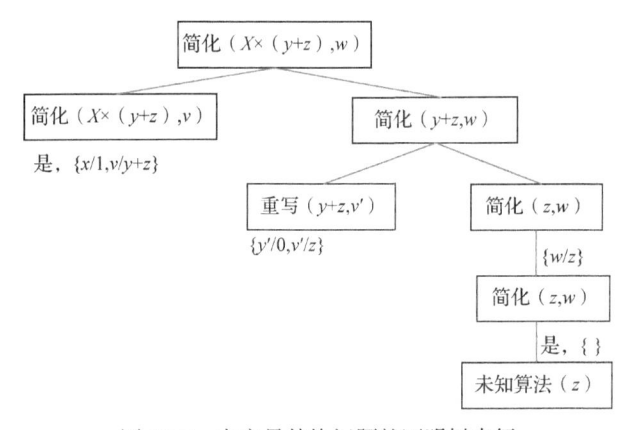

```
                简化 (X×(y+z),w)
               /              \
     简化(X×(y+z),v)         简化(y+z,w)
     是,{x/1,v/y+z}         /          \
                      重写(y+z,v')    简化(z,w)
                      {y'/0,v'/z}      |{w/z}
                                     简化(z,w)
                                     是,{ }
                                        |
                                    未知算法(z)
```

图 10-7　由变量替换问题的证明树表征

然而，有一个问题需要引起注意，即普遍的证明树实际上会产生多个概括的规则，形象地说树会有分叉，即一个规则能够从普遍证明树的任何分支抽取出来，我们如何在多个规则中做出选择呢？这种选择产生规则的问题导致了效率问题，其中有三个因素直接与之相关：①增加大量规则会减慢推理过程，因为在搜索空间增加了分叉因素，推理机制即使不解决问题，也会检验那些规则，这违背了奥卡姆剃刀原则；②为补偿推理的减慢，导出的规则必须在其覆盖的情形中提高速度，这会缩短证明过程；③导出规则应尽可能普遍，以便应用于尽可能大的情形。

让导出规则有效的一种方法是，坚持该规则中的每个子目标的可操作性。如果一个子目标容易解决的话，那么它就是可操作的。例如，若子目标初始(z)是容易解决的,它至少需要两个步骤,而子目标简化($y+z,w$)可能导致一个任意量的推理,这依赖于 y 和 z 的值。如果可操作性的一个测试在建构普遍的证明树的过程中在每个步骤被执行的话,只要一个操作的子目标立刻被发现,我们就能够剪掉一个分枝的其余部分,仅保留操作的子目标作为新规则的一个结合体。然而,在考虑可操作性时也要考虑普遍性。更具体的子目标一般更容易解决,但覆盖范围小,缺乏普遍性。而且,可操作性也是一个程度问题,即一两个步骤确定地可操作,但 10 个甚至 100 个步骤就难以操作了。

另外,解决一个给定子目标的代价,依赖于知识库中其他规则是否可行。当增加更多规则时,代价一般会增大。这样,EBL 系统在最大化一个给定初始知识库的效率时,的确会面临一个非常复杂的最优化问题。一个可能有希望的方法就是简单地通过增加几个规则,判断哪个是有用的,哪个真正地加速推理过程,从而经验地阐明效率问题。

总之,有效性的经验分析是 EBL 方法的核心。通过对过去样例问题的归纳概括,EBL 使得知识库对于这类问题的处理更为有效。

第四节 基于相关性的学习:以相关性决定学习结果

在初次去澳门旅游和科学新手做实验的例子中,推理由于背景知识的缺失而被裁掉了。具体说,一个国家和地区的人们通常讲同一种语言(母语),如汉语、英语,用一阶逻辑表示就是:国籍(x,n) $\wedge$ 国籍(y,n) $\wedge$ 语言(x,l) $\rightarrow$ 语言(y,l),这个表达式的含义是:如果 x 和 y 有相同的国籍 n,x 讲语言 l,y 也讲语言 l。根据这个句子和观察我们可以得出:国籍($x,$中国人) $\rightarrow$ 语言($x,$汉语)。这个句子表达了一个严格形式的相关性:给定国籍,语言就被完全决定,即国籍决定语言:国籍(x,n) $\rightarrow$ 语言(x,l),或者说,语言是国籍的函数:$L \propto f(n)$。这类句子被称为函数依赖或函数决定。同样,相关属性决定导电率和密度的情形也可表达为:物质(x,m) $\wedge$ 温度(x,t) $\rightarrow$ 导电率(x,ρ);物质(x,m) $\wedge$ 温度(x,t) $\rightarrow$ 密度(x,d)。因此,相对应的泛化过程逻辑地遵循决定规则和观察。

一方面,相关性决定假设空间。例如在去澳门旅游的例子中,尽管这个决定容许关于所有澳门人的普遍结论,或者关于所有铜丝在给定温度的普遍推论,但是,这不足以从一个单一样例就能够产生一个普遍预测理论。我们还需要考虑假设空间的限制。比如,在预测导电率的例子中,你只需要考虑物质和温度,质量、归属、时段等可以忽略。假设肯定包括那些反过来由物质和温度决定的术语，如分子结构、热能量或自由电子密度。决定规则详细说明一个充分的基本词汇表，由此表建构关于目标述语或述语的假设。这表明，一个给定的决定规则逻辑地等价于这样一个陈述——目标述语的正确定义是使用那个决定规则左边的述语所有可表现的定义集之一。显然，减小假设空间的大小，应该使它更容易学习目标述语。例如，使用计算学习理论的基本结果或布尔函数，我们能够确定可能的结果。

另一方面，我们要学会使用相关信息。我们知道，先验知识对于学习是有用，但并不容易掌握。为了最大限度利用先验知识，我们需要提供一个关于决定规则的学习算法。一个最简单的决定规则是：$P \rightarrow Q$[①]，其含义是：若任何样例与 P 匹配，则它们也必须与 Q 匹配。因此，一个决定规则与一组样例一致，如果与左边的述语匹配的每个对，也与目标述语匹配。例如测量金属铜、铅的导电率实验，最小一致决定规则是：*物质*∧*温度*→*导电率*。还有一个不是最小但一致的决定规则：*质量*∧*规模*∧*温度*→*导电率*。这与样例一致，因为质量和规模决定密度，不存在两个不同的物质其密度是相同的情形。通常我们需要一个更大的样例集，以便消除一个几乎正确的假设。

目前有几种可能的算法帮助我们发现最小一致决定规则。最显著的方法是执行一个搜索决定空间，使用一个述语、两个述语等检验所有决定规则，直到发现一种一致的决定规则为止。如上所述，假定一个简单的基于属性的表征，一个简单规则 d 将由左边的属性集表征，因为目标述语被假定是固定的。这个算法的时间复杂性依赖于最小一致决定规则的规模。进一步假定这个决定规则有 p 属性源于 n 这个总属性。这样一来，直到搜索到属性 p 的子集，才能找到匹配的算法。

第五节 基于知识的归纳学习：用归纳逻辑编程表征

归纳逻辑编程（inductive logic programming，ILP）是一种将归纳与一阶逻辑表征力相结合的方法。它集中于作为逻辑程序的假设表征，不仅为基于知识的普遍归纳学习问题提供了一种严格的手段，也为从样例归纳普遍的一阶理论提供完备的算法。而且，归纳逻辑编程产生人们易读懂的假设。这意味着归纳逻辑编程系统能够参与科学的实验、假设产生、辩论和反驳。这种工作对于产生黑箱分类器的系统如神经网络系统是不可能完成的。

[①] "$P \rightarrow Q$" 在这里不是逻辑上的蕴含关系，即 P 蕴含 Q，或者 Q 的结论已经蕴含在 P 中。它说明的是样品之间的匹配关系，但蕴含了因果相关性。

因此，ILP 成为神经网络方法的一种重要补充。

基于知识的普遍归纳问题是要解决上述的限定继承约束 $B \wedge H \wedge D \vdash C$，对于未知假设 H，给定描述 D 和类别 C 的背景知识 B。这里以罗素和诺维格给出的英国王室的家庭树为例阐明这个问题（图 10-8）(Russell and Norvig, 2011: 790)。一个延伸的家庭树的描述一般包括母亲、父亲、婚姻关系，以及男性和女性属性，相对应的描述是：

$$父亲（Philip, Charles）父亲（Philip, Anne）\cdots$$
$$母亲（Mum, Margaret）母亲（Mum, Elizabeth）\cdots$$
$$婚姻关系（Diana, Charles）婚姻关系（Elizabeth, Philip）\cdots$$
$$男性（Philip）男性（Charles）\cdots$$
$$女性（Beatrice）女性（Margaret）\cdots$$

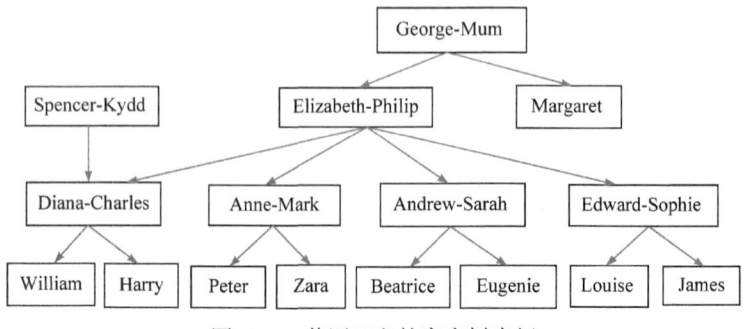

图 10-8 英国王室的家庭树表征

类别中的这些句子依赖于要学习的目标概念，比如，我们要学习祖父母、侄子、姐夫等。对于祖父母而言，类别的完全集可能包含几百个连接，如*祖父母*(Mum, Charles)、*祖父母*(Elizabeth, Beatrice)…；¬*祖父母*(Mum, Harry) ¬*祖父母*(Spencer, Peter)…。当然，我们也可以学习这个完备集的一个子集。归纳学习纲领的目标是为属性假设 H 设法提出一个语句集，以便限定继承约束得到满足。假定主体没有任何背景知识，即 B 是空集。一个可能的解决假设的方案是：

$$祖父母(x,y) \equiv [\exists z\, 母亲(x,z) \wedge 母亲(z,y)]$$
$$\vee [\exists z\, 母亲(x,z) \wedge 父亲(z,y)]$$
$$\vee [\exists z\, 父亲(x,z) \wedge 母亲(z,y)]$$
$$\vee [\exists z\, 父亲(x,z) \wedge 父亲(z,y)]$$

为了表达*祖父母*这种属性，我们需要建构人物对：*祖父母*（Mum,

Charles）……然后开始尽量表征样例描述，但是，我们不能一直往前追溯，比如祖父母的祖父母，这是一个可能的属性，但令人不快。因为根据这些属性定义祖父母会造成一个非常大的具体情况的析取，而且那些具体情况完全不能对新样例进行概括。也就是说，基于属性的学习算法不能学习相关述语。因此，归纳逻辑编程算法的一个主要优势在于，它可应用于更广泛的问题，包括相关问题。这样，少量的背景知识也有助于*祖父母*定义的表征。如果背景包括句子：*父母*$(x,y) \equiv [$*母亲*$(x,y) \vee$*父亲*$(x,y)]$，那么祖父母的定义可归结为：*祖父母*$(x,y) \equiv [\exists z$ *父母*$(x,z) \wedge$ *父母*$(z,y)]$。这说明了背景知识是如何减小我们要解释可观察假设的规模的。

另外，归纳逻辑编程算法有可能创造一个新述语（谓词）来促进解释性观察的表达。例如，述语*父母*对于*祖父母*的定义，简化了目标述语的定义。这种产生新述语的算法被称为建设性归纳算法，是积累学习图景中的一个必不可少的部分，也是机器学习中一个最难的问题。归纳逻辑编程算法为此问题的解决提供了一种有效机制。这可从如下三个方面来阐明。

第一，使用自上而下归纳学习方法发现正确答案（Quinlan，1990）。假定我们使用上述家庭树学习述语祖父(x,y)的定义，与决策树学习一样，将样例分为阳性的与阴性的。使用一阶文字记号而不是属性，阳性样例有：$\langle George, Anne \rangle$，$\langle Philip, Peter \rangle$，$\langle Spencer, Harry \cdots \rangle$。阴性样例有：$\langle George, Elizabeth \rangle$，$\langle Harry, Zara \rangle$，$\langle Charles, Harry \cdots \rangle$。每个样例是一个客体对，因为祖父是一个二元述语（父亲的父亲）。在英国王室的家庭树中总共有 12 个阳性样例，388 个阴性样例（人物的其余对）。按照这种归纳学习方法建构一个分句集，每个以*祖父*(x,y)开始。分句必须分类 12 个阳性样例作为*祖父*(x,y)关系的例示，同时衍生出 388 个阴性样例。初始分句有一个空体：*祖父*(x,y)。这个分句将每个样例分类为阳性文字记号，在某一时刻添加到左边，例如三个潜在样例：*父亲*$(x,y) \equiv$ *祖父*(x,y)；*父母*$(x,z) \equiv$ *祖父*(x,y)；*父亲*$(x,z) \equiv$ *祖父*(x,y)。这里我们假设，定义父母的分句已经是背景知识的一部分。第一个分句错误地将 12 个阳性样例归类为阴性样例，因此可以被忽略。第二和第三个分句与所有阳性样例一致，但第二个在阴性样例的更大部分是不正确的，多了两倍，因为它包括母亲和父亲。因此，第三个分句是正确的。

然而，我们需要对这些分句做详细分析，以排除 x 是某些 z 的父亲但 z 不是 y 的父母的情形。增加文字记号*父母*(z,y)，得到：*父亲*$(x,z) \wedge$ *父母*$(z,y) \equiv$ *祖父*(x,y)，这个分句正确地分类了所有样例。自上而下归纳学习方法会发现和选择这个文字记号，进而解决学习任务。一般来说，答案是一组 Horn 分句，每个蕴含了目标述语。例如，如果我们的词汇表中没有*父母*这个述语，那么答案可能是：*父亲*（x,z）∧*父亲*（z,y）≡*祖父*（x,y）；*父亲*（x,z）∧*母亲*（z,y）≡*祖父*（x,y）。每个这些分句掩盖一些阳性样例，它们共同掩盖了所有阳性样例，而新分句的设计要求没有任何分句会不正确地掩盖一个阴性样例。总之，这种归纳学习方法在发现一个正确答案前必须搜索许多不成功的分句。

第二，使用逆演绎归纳学习方法产生洞见。逆演绎归纳是正常演绎证明过程的反转，是逆向思维的结果，类似于波普尔的证伪主义方法（不从正向证实某个命题，而是反向找反例证伪它）。这种反解（inverse resolution）是基于这样的观察——若样例*类别*C 遵循 B∧H∧D，则必须通过解决方案证明这个事实，因为解决方案应该是完备的。如果我们能够使得证明反转，那么我们能发现一个*假设* H 使那个证明顺利完成。现在重要的是发现一种反转解决过程的方法。假设一个普通的解决步骤包括两个分句 C_1 和 C_2，并分解它们产生分解物 C。一个反解步骤采取一个分解物 C，产生两个分句 C_1 和 C_2，以便 C 是 C_1 和 C_2 的结果。或者，它可能采取一个分解物 C 和分句 C_1 产生一个分句 C_2，以便 C 是融合 C_1 和 C_2 的结果。英国王室的家庭树的一个早期反解步骤见图 10-9（从下向上推演）（Russell and Norvig, 2011：795）。这个图从阳性样例祖父母（George,Anne）开始并围绕它展开。

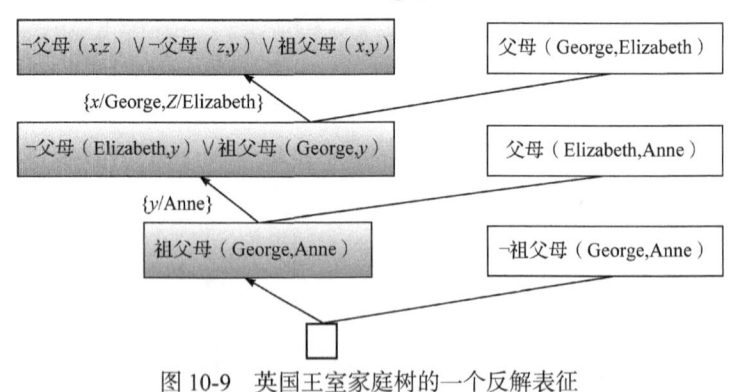

图 10-9 英国王室家庭树的一个反解表征

我们让分解物 C 是空分句，如一个矛盾，C_2 是￢祖父母（George,Anne），目标样例的一个阴性。第一个反解步骤采取 C 和 C_2，为 C_1 产生分句 祖父母（George,Anne）。下一步是让这个分句作为 C，分句父母（Elizabeth,Anne）作为 C_2，产生分句￢父母（Elizabeth,y）∨祖父母（George,y）作为 C_1。最后一步是将这个分句看作分解物，用父母（George,Elizabeth）作为 C_2，一个可能的分句是假设父母（x,z）∧父母（z,y）≡祖父母（x,y）。

现在我们得到一个反解证明，即由假设、描述和背景知识推出类别祖父母（George,Anne）。显然，反解包括一个搜索，每个反解步骤是非决定的，因为对于任何 C，可能有许多甚至无数解决 C 的分句 C_1 和 C_2。例如，反解步骤不是为 C_1 选择¬父母（Elizabeth,y）∨祖父母（George,y），而是可能选择任何一个句子：¬父母（Elizabeth,Anne）∨祖父母（George,Anne）；¬父母（z,Anne）∨祖父母（George,Anne）；¬父母（z,y）∨祖父母（George,y）；等等。而且，参与每个步骤的分句可以从背景知识、样例描述、否定类别以及在反解树中产生假设的分句中进行选择。因此，大量的可能性意味着具有不用附加控制的大量分枝因子的存在。这为进一步的归纳学习提高了洞见。

第三，使用归纳逻辑编程做出发现。原则上，一个反解过程是一个完备的解决策略的反转，也是学习一阶理论的一个完备算法。也就是说，如果一些未知假设产生一组样例，那么反解过程能够从样例产生假设。这个过程蕴含了一个有趣的可能性——可用的样例包括多种自由落体的轨迹。难道一个反解程序理论上能推出万有引力定律？答案是肯定的，因为只要给出适合的背景知识，万有引力定律就允许我们解释样例。同样，我们可以设想，电磁理论、量子力学、相对论等，也应该在归纳逻辑编程纲领的处理范围。

一方面，反解系统要做的一件事是创造新述语。这个能力通常被认为有点神奇，因为计算机通常被认为是只能做人赋予它的事情。事实上，新述语是直接从反解步骤中推出来的。例如，在假设的两个新分句 C_1 和 C_2 中，最简单的情形发生了——给出了一个分句 C。C_1 和 C_2 的解决消除了两个分句共享的一个文字记号，因此，被消除的文字记号包含一个不出现在 C 中的述语。这样一来，当反解发生时，一个可能性是产生一个新述语来重构消失的文字记号。比如在图 10-10 中（Russell and Norvig，2011：797），在学习*祖先*的定义的过程中产生了一个新述语 P。P 一旦产生，就能够在后来的反解步骤中使用。例如，一个后来的步骤可能假设母亲（x,y）→P（x,y）。这样，新述语 P 有其意义，并受包含它的假设产生的限制。另一个样例可能引起约束父亲（x,y）→P（x,y）。换句话说，述语 P 是我们通常认为的作为父母的关系，因此，创造一个新述语能够有意义地减小目标述语定义的规模。

另一方面，归纳逻辑编程也能做出科学发现。科学史表明，最深刻的革命源于新述语（谓词或概念）和函数（数学方程）的创造，如伽利略的加速度和自由落体公式，牛顿的质量和万有引力公式。一旦这些术语成为可用的，新定律的发现就相对变得容易。难点在于，人们是否能够认识到一些新实体及其与存在实体的具体关系，这将允许一个整体观察能够用一个比先前已有理论更简单、更优雅的理论来解释。当然，目前的归纳逻辑编程系统还不能做出像伽利略和牛顿那样高水平的发现，但它们的发现将来注定会出现在科学文献中。例如，有人赋予机器人有能力做分子生物学实验，将归纳逻辑编程方法扩展到包括进行实验设计，创造出一个"人造科学"来真实地发现关于酵母菌的功能基因组学的新知识（King et al., 2009）。这个例子说明，表征关系和使用背景知识的能力，有助于提高归纳逻辑编程的高性能。

```
┌─────────────────────────┐      ┌─────────────────────────────────┐
│ ¬父亲（x,y）∨P（x,y）    │      │ ¬P（George,y）∨祖先（George,y） │
└─────────────────────────┘      └─────────────────────────────────┘
                    ↘         {x/George}        ↙
                    ┌─────────────────────────────────┐
                    │ 父亲（George,y）∨祖先（George,y）│
                    └─────────────────────────────────┘
```

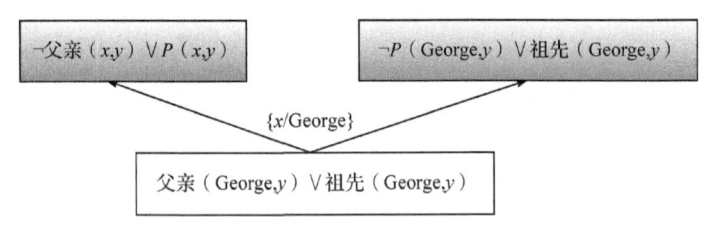

图 10-10　学习祖先的定义中产生一个新述语 P 的表征

总之，基于知识的归纳学习方法在减少复杂性方面有两个重要作用：其一，由于产生的任何假设必须与先验知识以及新观察一致，有效假设空间的规模被减小到仅包括那些与已知信息一致的理论；其二，对于任何给定观察集，被要求建构一个观察说明的假设范围，能够被极大地减小，因为先验知识在说明观察中有助于新规则的推出。假设越小，越容易被发现。

第六节　小　　结

综上可知，人工智能体作为学习主体，其适应性表征方式有多种，包括监督学习、决策树表征、评估和选择假设、近似处理表征、人工神经网络表征、最近邻模型表征、支持向量机表征和集成学习表征等。这些适应性学习的表征不仅涉及逻辑表征，也充分利用了先验知识作为背景的支撑。我们知道，先验知识是人类特有的，如前见、洞见、前理解和历史感，这些均是人工智能天然地所不具有的能力。或者说，人类的学习是语境化、情境化和具身化的，而这些正是人工智能所缺乏的。更为重要的是，学习本质上是一种反思性理解过程，这种能力人工智能根本不具备。所以，人工智能的研究者只能另辟蹊径，通过基于解释的学习、基于相关性的学习和基于归纳逻辑的学习，使人工学习主体可进行适应性表征，以此来弥补上述缺陷。可以说，人工学习主体正是通过这些方法表现出人类的智能行为。尽管它们还只是处于模拟阶段，但已非常接近人类智能了。

第十一章　学习主体概率模型的适应性表征

> 对人类思维和人类起源的误解，相应地导致了对通用人工智能以及如何创建通用人工智能的误解。
> ——戴维·多伊奇（David Deutsch）（摘自约翰·布罗克曼《AI 的 25 种可能》2019 年第 142 页）

在不确定的真实环境中，我们能够使人工主体通过使用概率和决策理论的方法处理不确定性，但主体首先必须从经验（已知知识）学习关于世界的概率理论（设计者建构）。然而，当学习是作为一种不确定推理的形式时，主体如何向观察（经验）学习呢？这就是概率模型特别是贝叶斯网络要做的事情（模糊逻辑也是处理不确定性的方法之一）。在这里，我们将概率模型作为一种人工主体或智能体，考察它是如何从观察中学习的，就像我们人类从经验学习一样。

第一节　基于概率统计学习的适应性表征

一般来说，概率模型的核心概念有两个：一个是作为证据的数据；另一个是作为理论前提的假设。假设是概率计算的先验假定，数据是概率计算的后验依据。也就是说，假设是关于某个域如何工作的概率理论，包括逻辑理论；数据是描述某个域的随机变量的例示。比如，我们假设儿童喜爱的糖果有两种风味：樱桃味和酸橙味。进一步假设市场上出售的袋装糖果有 5 类，它们是两种风味按照不同比例的混合，比例介于 100%樱桃味和 100%酸橙味之间。假如给你一袋新糖果，其随机变量 H（假设）代表袋的类型（即是哪种比例的），其可能值是 $h_1, \cdots, h_5$。H 是不能直接观察的（不透明包装）。糖果的价格 D（数据）是公开的（标注在袋子上），可表示为 $D_1, \cdots, D_n$，其中每个 D_i 是具有可能值（樱桃味或酸橙味）的随机变量。主体的基本任务是预测下一袋糖果的风味。这虽然是个简单的问题，但涉及概率学习。

所谓概率学习就是在给定数据的条件下，主体简单地计算每个假设的概率，并在此基础上做出进一步的预测。或者说，预测是使用所有假设做出的，并由它们的概率权衡，而不是仅使用其中一个最好的假设。这样一来，主体的学习就被还原为概率推理。我们假设 D 是所有数据的集，具有观察数值 d，则每个假设的概率 P 可由著名的贝叶斯定理给出（Russell and Norvig, 2011: 803）：

$$P(h_i|d) = \alpha P(d|h_i) P(h_i)$$

我们可根据这个公式计算任一未知量 x 的概率。事实上，我们已经假定每个假设决定 x 的概率分布。这个公式说明，预测是由单个假设的平均预测衡量的。假设本身实质上是原始数据和预测之间的调解者。贝叶斯方法的关键量是先验假设 $P(h_i)$ 和从属于每个假设的数据概率性 $P(d|h_i)$。比如，上述例子中，我们假设先验概率为 $h_1, \cdots, h_5$，则数据的概率性可基于这些假设被计算出来，其中假设是观察 IID 的[①]，于是得出：

$$P(d|h_i) = \prod_j P(d_j|h_i)$$

在糖果的例子中，假设给定的糖果全部是酸橙味的，即 h_5，还假定 h_3 是酸橙味和樱桃味各一半，如果前 10 袋糖果都是酸橙味的，则 $P(d|h_3) = 0.5^{10}$，因为 h_3 中有一半糖果是酸橙味的。这意味着，当 10 袋酸橙味的糖果被观察到时，所有假设的后验概率是随着观察数量变化的（这可通过直角坐标来表征，比如以假设的后验概率为纵轴，观察数量为横轴，可绘出变化曲线图）。这个例子说明，贝叶斯式的预测最终会与真实假设相吻合。这就是概率学习的特点。

在实际生活中，概率理论有广泛应用，比如人们在赛马场对一匹马下赌注时，会权衡它赢的概率的大小；医生在诊断某种疾病如皮疹时，会考虑导致这种疾病的各种原因的概率，如药物或食品过敏，或者花粉过敏，或者接触过某类动物（猫或狗）。这些事例的条件概率均可以使用贝叶斯定理计算。例如，监狱对新囚犯做体检的例子（史蒂芬·卢奇和丹尼·科佩克，2018: 238）。假设监狱方要对新囚犯做一次简单的体检。假设 80% 的健康人、60% 的有轻度疾病的人和 30% 有重度疾病的囚犯都可以通过这个检查。再进一步假设 25% 的新囚犯是健康的（事件 E_1），50% 有轻度疾病（事件 E_2），25% 有重度疾病（事件 E_3），那么对于一个通过这个体检的囚犯（事件 B），这个囚犯身体状况良好的条件概率是多少？

根据事先的假设，$P(B|E_1) = 0.8$，$P(B|E_2) = 0.6$，$P(B|E_3) = 0.3$，

[①] 假设的 IID 是指每个假设具有一个同一的先验概率分布，即 $P(h_1) = P(h_2) = P(h_3) = \cdots\cdots$。

$P(E_1) = P(|E_3)=0.25$，$P(E_2)=0.5$

根据贝叶斯定理，我们可得出：

$P($健康囚犯$|$通过体检$)=P(E_1|B)=P(B|E_1)P(E_1)|\sum_{i=1}^{3}P(B|E_i)P(E_i)$

$\qquad\qquad =[(0.8)\times(0.25)|(0.8)\times(0.25)+(0.6)\times(0.5)+(0.3)\times(0.25)]$

$\qquad\qquad =0.35$

开始时我们可能认为随机选择的新囚犯有 0.25 的概率是身体状况良好，但通过体检测试后发现，这个概率上升到 0.35 了。

这个例子揭示，概率学习的表征是不断适应变化的。对于任何先验固定的假设，它不排斥真实假设，而任何虚假假设的后验概率最终将被淘汰。这个结果之所以最终会发生，那是因为，不确定地产生无典型特点的数据将趋于零。也就是说，概率学习是根据真实特点计算假设的，因而会排斥虚假的假设。更重要的是，贝叶斯式预测是最佳的，无论数据集是大还是小，因为在先验假设（即假设优先）的情形下，任何其他预测被期望的情形很少是正确的。比如在诊断过敏的例子中，有经验的医生会根据先前诊断皮疹这种疾病的经验对患者的病情做出主观评估，因为过敏的发生通常与环境因素（各种花粉）密切相关，所以医生一般会得出花粉是过敏诱因的高概率诊断。

当然，贝叶斯学习的最优性会以较高的代价出现。对于真实学习问题，假设空间通常是巨大的，甚至是无限的。比如关于宇宙起源的假设有许多——诸如，神创说、大爆炸说、平行宇宙说，等等。这就需要引入近似处理来简化，即基于一个单一最可能假设做预测，也就是一个最大化 $P(h_i|d)$ 的假设 h_i，通常被称为最大后验（maximum a posteriori, MAP）假设。根据 MAP，假设 h_{MAP} 所做的预测近似于贝叶斯表达式 $P(X|d)\approx P(X|h_{MAP})$。比如，在上述例子中，$h_{MAP}$ 就是 h_5，这是在连续过程到三个酸橙味糖果袋后，学习者预测第四个糖果袋是酸橙味的概率接近 1。但是，这种 MAP 预测很容易出错，因为连续出现某种属性的东西，紧接着的一个不一定也是那种属性的东西。这就是我们常说的，以前太阳一直升起，不意味着明天也一定会升起。因此，MAP 预测容易误导学习者。不过，随着更多数据的获得，MAP 和贝叶斯式预测越来越接近，因为 MAP 的竞争者出现的可能性越来越小。

在这两种学习方式中，先验假设 $P(h_i)$ 起到重要作用。因为当假设空间太大（即有许多假设）时，过度拟合就会发生，以便假设空间能够包含许多与数据集相符的假设。从方法论来看，MAP 和贝叶斯方法不是对假设设置限制，相反，它们使用先验概率抑制复杂性。一般来说，越是复杂的假设

越具有更低的先验概率,部分因为更复杂的假设通常多于简单的假设,部分因为更复杂的假设具有适合数据的更强能力。因此,先验假设体现了假设的复杂性和其对数据的适合度之间的一个权衡。从逻辑上看,这种权衡非常清晰,在那里假设集 H 仅包含一个确定的假设,即 $P(d|h_i)=1$,如果 h_i 是一致的,那么 $P(d|h_i)=0$。在这个意义上,h_{MAP} 将是与数据一致的最简单的逻辑理论。因此,最大后验概率学习提供了"奥卡姆剃刀"的一个自然化方法。

此外,还有一种简化方法是以先验统一性替代假设空间。在这种情形下,MAP 学习被归结为选择一个最大化 $P(d|h_i)$ 的 h_i,这被称为最大似然(maximum-likelihood)假设 h_{ML}。这种最大似然学习在统计学中非常普遍。因为在统计学中,许多研究者不相信先验假设的主观性。然而,当不存在任何理由喜欢一个先验假设胜过喜欢另一个时,比如所有假设都同样复杂,最大似然学习方法就是一种合理的方法,尽管它具有较强的主观性特征。其实,任何学习方法都具有主观性,因为学习就是主体介入的认知过程,所以主观性是不可避免的,比如假设就是主观的。不可否认,当数据集足够大时,这种方法为贝叶斯方法和 MAP 方法提供了一个好的近似处理,因为数据超越了先验分布的假设。显然,近似处理的过程,就是主体不断接近目标的过程,主体依据假设做预测与数据符合的过程,就是适应性表征过程。

第二节 复杂数据学习的适应性表征

当数据变得复杂时,人工主体如何学习呢?这就需要建构一个学习概率模型。在概率模型中,当每个数据点包含每个变量的数值时,数据就相当复杂了。这涉及参数学习,即为结构固定的概率模型寻求数字参数,如贝叶斯网络中的条件概率学习。接下来我们考察人工智能中的几种学习模型的适应性表征特征。

第一,作为最大似然参数学习的离散模型通过数据整合适应地表征。我们仍以上述袋装糖果为例。假设我们购买了一些樱桃味和酸橙味的袋装糖果,两种味道的比例是未知的,但是出现的概率在 0 到 1 之间。在这种情形中,我们假定参数 θ 是樱桃味的比例,则有一个假设连续统 h_θ,酸橙味的比例自然就是 $(1-\theta)$。进一步假设所有比例是先验地等价的,则最大似然方法就是可行的。如果我们使用贝叶斯网络为这种情形建模,我们只需要使用风味（flavor）这一个随机变量 F，它有两个值——樱桃味和酸橙味，如果糖果是从袋子里随机选择的话。假如我们打开 n 袋糖果，如果樱桃数量是 c，那么酸橙的数量就是 $(n-c)$。根据最大似然假设 h_{ML} 我们可推知，实际袋子中樱桃的比例等于打开的袋子中观察到的糖果的比例。这种情形用贝叶斯网络方法表征如图 11-1（a）和图 11-1（b）所示（Russell and Norvig，2011：807）。

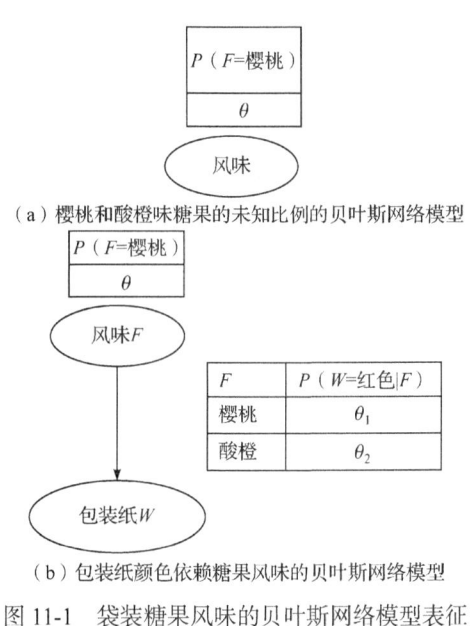

（a）樱桃和酸橙味糖果的未知比例的贝叶斯网络模型

（b）包装纸颜色依赖糖果风味的贝叶斯网络模型

图 11-1　袋装糖果风味的贝叶斯网络模型表征

在图 11-1（b）中，包装纸可以是各种颜色，不限于红色。这个例子一方面表明了使用贝叶斯网络表征问题是清晰明了的，另一方面说明了具有最大似然学习的一个重要问题——当数据集足够小致使某些事件没有被观察到时，如没有酸橙糖果，最大似然假设就将那些事件的概率设置为零。当包装纸的颜色与糖果的风味之间有某种逻辑关联时，比如红色表示樱桃的比例高，黄色表示酸橙的比例高，绿色表示樱桃和酸橙的比例各占一半，这种情形可根据未知条件分布，依赖风味参数，使用概率模型计算包装纸颜色的概率，其结果可用表格表征。

由此我们可以推出两个重要结论：其一，对于复杂数据，贝叶斯网络方法的最大似然参数学习问题可分解为单独的学习问题，即每一个参数的问题。其二，对于每个母型值的设置而言，每一个变量的参数值，在给定其母型时只是该变量值的已观察的频率。因此，当数据集非常小时，我们必须谨慎，避免出现零概率的情形。

第二，朴素贝叶斯模型通过分类属性适应地表征。在机器学习中我们知道，最常用的贝叶斯网络模型是朴素贝叶斯模型，也称为贝叶斯分类器（Bayesian classifier）。这个模型有两个变量：一个是种类（class），另一个是属性（attribute）。在隐喻的意义上，种类变量 C 是根，属性变量 X_i 是枝叶。这是一种典型的树型表征，它假设在给定种类的情形下，属性是条件彼此独立的。图 11-1（b）就是一个朴素贝叶斯模型，其中种类是风味 F，一个属性是包装纸 W。按照布尔区分表征就是：$\theta = P(C=T)$，$\theta_{i1} = P(X_i=T|C=T)$，$\theta_{i2} = P(X_i=T|C=F)$，其中 T 表示真实，F 表示虚假。图 11-1（b）中的最大似然参数值同样可以这种方式获得。因此，一旦一个模型以这种方式得到训练，它就能够被用于区分种类变量 C 还没有被观察到的新实例，一个确定的预测就可通过选择最可能的种类被获得。进一步说，朴素贝叶斯学习模型可以描述和表征非常大的问题。当布尔属性为 $n(n>1)$ 时，就会有 $2n+1$ 个参数，而且不需要去搜索来发现最大似然朴素贝叶斯假设 h_{ML}。概言之，朴素贝叶斯学习模型对于表征噪声或缺失数据没有任何困难，也能在适当的时候给出其概率预测。

第三，作为最大似然学习的连续模型通过参数关联适应地表征。我们知道，连续变量在实际世界的应用中是非常普遍的，我们想知道人工主体如何从数据习得连续模型的参数，比如，线性高斯模型对连续概率的描述。我们考虑一个线性高斯模型，它有一个连续母型 X 和一个子型 Y，Y 有一个高斯分布，其平均值线性地依赖于 X 的值，其标准偏差是固定的。要学习条件分布概率 $P(Y|X)$，我们可最大化条件似然率，并发现参数的最大似然值。数值点越多，所得结果越准确。原因在于，在计算中最小化平方误差之和产生最大化似然直线模型，假定数据是同固定方差的高斯噪声一起产生的话。

那么高斯参数是如何学习的呢？最大似然学习会产生一些简单的程序，但它具有小数据集的一些严重缺陷。比如，在糖果的例子中，在看到一个樱桃糖果后，最大似然假设就是袋子中全是樱桃，即 $\theta=1.0$。除非我们的先验假设是：要么袋子里全是樱桃，要么全是酸橙。这显然不是一个合理的结论，因为它排除了两种糖果按不同比例混合的类型，而且混合类型的可能性更大。贝叶斯方法的参数学习是通过在可能的假设上定义一个先验概率分布开始的。这就是先验假设，也就是先从设置假设开始。当获得数据时，后验概率分布就得到更新。比如在图 11-1（a）中只有一个参数 θ，随机选择糖果的概率是樱桃风味的。从贝叶斯方法看，θ 是随机变量 Θ 的未知值，Θ 限定假设空间，先验假设只是概率 $P(\Theta)$ 的先验分布。因此，$P(\Theta=\theta)$ 是袋装了有一部分 θ 樱桃糖果的先验概率。如果参数 θ 可以是 0 到 1 之间的任何值，那么 $P(\Theta)$ 必须是 0 到 1 之间的非零参数的连续分布，其和为 1。

如果随机变量 Θ 不是一个而是多个，如图 11-1（b）有三个随机变量 θ、θ_1 和 θ_2，其中 θ_1 是装有樱桃糖果的红色包装纸的概率，θ_2 是装有酸橙糖果的红色包装纸的概率。贝叶斯先验假设必须涵盖所有三个参数，也就是说，我们需要详细说明概率 $P(\Theta,\Theta_1,\Theta_2)$。根据参数独立假设，我们得到 $P(\Theta,\Theta_1,\Theta_2)=P(\Theta)P(\Theta_1)P(\Theta_2)$。这种情形可通过贝叶斯网络表征（图 11-2）（Russell and Norvig，2011：812）。

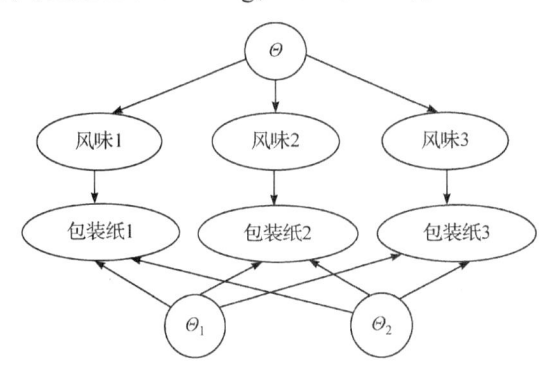

图 11-2　糖果风味分布的贝叶斯网络表征

图 11-2 是对应于贝叶斯学习过程的贝叶斯网络表征。参数变量 Θ、Θ_1、Θ_2 的后验分布可从它们的先验分布、风味和包装纸系列变量的证据推出。图 11-2 说明，我们可将先验假设和任何数据合并到一个贝叶斯网络表征中。这个表征过程是适应性的，因为节点 Θ、Θ_1、Θ_2 的数量不仅可增加，而且是没有母型的，因此，整个贝叶斯学习过程可作为一个推理过程形成。如果增加新的证据节点，就查询未知节点，如 Θ、Θ_1、Θ_2。这种学习和预测的构想清楚表明：贝叶斯学习不需要任何额外的学习原理。而且，贝叶斯网络本质上只有一个推理算法，计算和表征起来简单明了。

第四，非参数密度评估模型通过密度评估适应地表征。使用参数学习是贝叶斯网络的特定，采用非参数方法学习概率模型也是可能的，比如基于案例的学习模型。在机器学习领域，非参数密度评估是一个典型的模型，其任务是在连续域中完成的。在这种模型中，关于三维空间的一个概率密度函数由两个连续变量定义，使用直角坐标系表征，比如三个变量的高斯混合模型图类似于山峰型。密度函数描述了数据点的样本。这里以非参数

k-最近邻模型为例，给定数据点的一个样本，要在一个查询点 x 评估未知概率密度，我们可在 x 的近邻简单地测量数据点的密度，对于每个查询点，我们可绘制出一个最小圆圈，它包含 10 个最近邻（点）。这样，我们就可清晰地看到，在直角坐标系中，哪个地方的密度大，哪个地方的密度小。密度小的地方可用大圆圈画出，密度大的地方可用小圆圈画出。这种坐标系加上几何图（点、直线、圆等）的表征方式非常直观。k 值的大小不同决定了三维图的不同表征，如何确定合适的 k 值要根据我们要达成的目标任务来确定。当然，我们也可使用其他方法如核函数（kernel function）来计算概率（这里不详细论述）。

第三节 隐变量学习作为期望最大化算法的适应性表征

上述论及的是完全可观察情形的学习。然而，在现实世界中，许多问题包含隐变量或潜变量，它们在数据中是不可观察的，但却是可学习的。比如，在医疗领域，许多病例记录了一些观察到的症状，包括医生的诊断结果、治疗方案、护理细节、用药情况等，但很少记录疾病本身的直接观察情况，如肠胃病、脑疾病的细节。所以说，医疗诊断系统是一个复杂系统，专家系统就是一个专门的疾病诊断模型，其表征方式使用了贝叶斯网络方法。接下来我们以心脏病的诊断为例说明隐变量学习的适应性表征特征。

心脏病发病的原因有许多，哪些是主因、哪些是次因、哪些是可观察变量、哪些是不可观察的隐变量，对于这些心脏病专家应该是清楚的，否则就没有办法诊断和治疗了。这里不是讨论心脏病是如何诊治的（这是专业医生的工作），我们的目的是要弄清这个诊断过程是如何被表征的，是不是适应性的。或者说，我们要回答这样一个问题：既然有些变量是不可观察的，我们如何建构它们的模型呢？换个角度说，如果心脏病的病因不可观察，为什么不建构一个没有隐变量的模型呢？或者说，为什么不建构一个可观察变量的模型呢？这个问题并不难回答，因为可观察模型根据贝叶斯网络就可以表征，正如前面论述的，贝叶斯网络可表征隐变量的情形吗？答案是肯定的。

我们将心脏病本身看作一个隐变量，引起它的可观察因素是显变量，主要包括吸烟、饮食、饮酒、生活习惯、运动锻炼等，它的症状主要有心悸、心绞痛、呼吸困难、咳嗽咯血、胸痛等。这些诱发因素和临床表现都是医学界公认的。每个变量还可根据程度分为三个值，比如无、中度、严重。隐变量的作用可使用贝叶斯网络表征（图11-3）。

可以看出，隐变量起到承上启下的作用，即诱发因素和症状表现都是

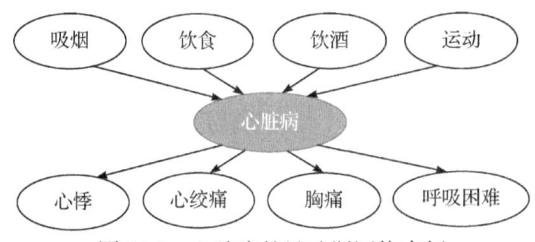

第十一章 学习主体概率模型的适应性表征

图 11-3 心脏病的贝叶斯网络表征

通过这个隐变量显现的。如果消除这个隐变量，贝叶斯网络表征就要复杂得多，因为连接引发因素和症状之间的桥梁没有了，但各种因素与不同症状之间的联系还是存在的，它们之间的联系要表征出来就复杂多了（图 11-4）。需要说明的是，图 11-3 和图 11-4 选择了四个主要因素和主要症状，这并不是说其他因素和症状不重要，这里只是出于简单表征的需要。

从图 11-3 还可以看出，四种因素导致心脏病和心脏病产生的症状的联系数量共有 8 个，没有心脏病这个隐变量的联系就增加到 20 个（图 11-4）。这表明有隐变量的表征比没有隐变量的表征要简单得多。在这里，心脏病这个隐变量是症状产生的原因，这个原因没有了，复杂性就增强了，表征方式也就随着复杂了。因此，隐变量能够极大地减少需要说明贝叶斯网络参数的数量，也同时减少了需要用于学习参数的数据的数量。

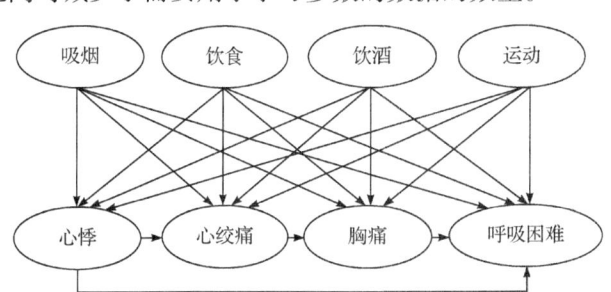

图 11-4 无隐变量（心脏病）的因素与症状之间的复杂关系

可见，隐变量对于表征来说是非常重要的，但并没有使学习问题复杂化。比如在图 11-3 中，对于隐变量心脏病来说，在给定母型（因素）的情形下如何学习条件分布并不明显，因为我们不知道每个情形中这个隐变量的值。

同样的问题也产生于学习症状分布的情形。这个问题涉及期望最大化方法，在人工智能中就是期望最大化算法[①]。所谓期望最大化是说，当我们

---

① 期望最大化算法的一般表达形式是：$\theta^{i+1} = \mathrm{argmax}_\theta \sum_z P(Z=z \mid x, \theta^{(i)}) L(x, Z=z \mid \theta)$。其中 x 是所有例子中的可观察值，Z 表示所有例子的所有隐变量，θ 是概率模型的参数。

面对隐变量问题如心脏病时,期望获得对它的产生原因,以及它产生的后果做出最可能全面和系统的考量,进而使用贝叶斯网络或其他方法对其进行表征,最终揭示问题产生的根源,并通过对它产生的后果进行分析来解决问题。这就是接下来要探讨的问题,即具有隐变量的贝叶斯网络是如何学习的。

我们仍以上述的糖果例子来说明具有隐变量的贝叶斯网络的表征。我们假设有两袋袋装糖果,一袋是樱桃味,一袋是酸橙味,将它们混合后形成一个混合型糖果,袋子(bag)是隐变量(其中樱桃和酸橙的比例是不可观察的),但它的风味、包装纸(不透明的)、一些糖果有孔(一些没有),这些属性是可观察的。这种情形用贝叶斯网络表征如图 11-5(a)和(b)(Russell and Norvig,2011:820-821)。

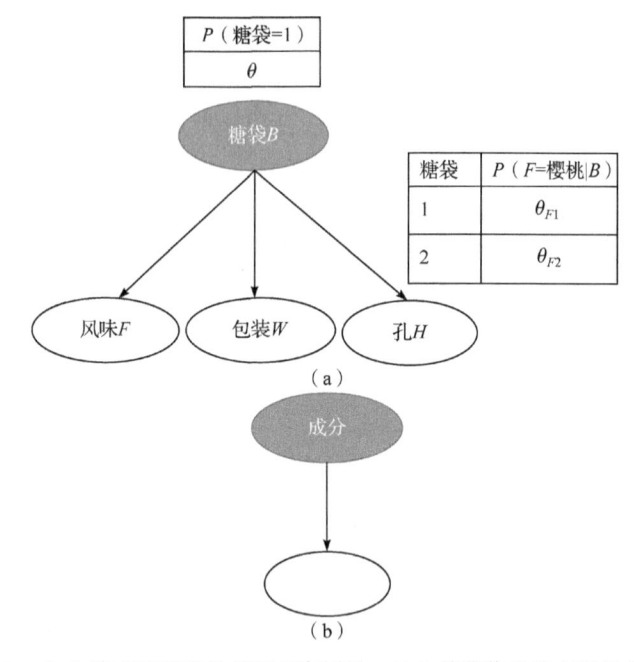

图 11-5 (a)隐变量糖袋及其可观察属性;(b)糖袋作为隐变量是未知成分

图 11-5(a)说明,不同的风味、包装纸、有孔依赖于隐变量袋子。糖果由风味、包装纸和有孔三个属性描述,每个袋子中糖果的分布可用朴素贝叶斯模型描述,即在给定袋子的情形下,属性是独立的,但是,每个属性的条件概率分布则依赖于袋子这个隐变量。参数 θ 是来自袋子 1 糖果的先验概率,θ_{F1} 和 θ_{F2} 是分别来自袋子 1 和袋子 2 中风味是樱桃味的概率。相似地,我们可给出包装纸和有孔糖果的概率,比如 θ_{W1} 和 θ_{W2} 分别表示来自

袋子 1 和袋子 2 中包装纸是红色的概率；θ_{H1} 和 θ_{H2} 分别表示来自袋子 1 和袋子 2 中有孔的糖果的概率。三个或者更多袋子的情形与此类似，只是更为复杂些。

我们也可以将高斯混合模型化为一个贝叶斯网络[图 11-5（b）]。图 11-5（b）表明，袋子是隐变量，因为一旦袋子的糖果混合了，我们就不知道糖果来自哪个袋子了；可观察变量 X 的平均值和协变量依赖于成分这个隐变量。在这种情形下，我们能从观察混合糖果重新描述两个袋子的糖果吗？

这个问题可通过 EM 的迭代来解决。假设混合的糖果有 1000 块，其参数 θ =0.5，$\theta_{F1} = \theta_{W1} = \theta_{H1}$ =0.8，$\theta_{F2} = \theta_{F2} = \theta_{H2}$ =0.3。这意味着，糖果可能平均地来自两个袋子中的任何一个，第一个袋子最可能是有红色包装纸和有孔的樱桃味，第二个袋子最可能是有绿色包装纸和无孔的酸橙味。一个隐变量（袋子）的三个属性（风味、包装纸和孔），每个有两种情形：风味（樱桃和酸橙）；包装纸（红色和绿色）；两种颜色都有孔和无孔两个情形（1,0），根据贝叶斯模型的计算结果见表 11-1。

表 11-1　糖果风味的概率

项目	W=红色		W=绿色	
	H=1	H=0	H=1	H=0
F=樱桃	273	93	104	90
F=酸橙	79	100	94	167

这个例子表明，我们可通过隐变量学习贝叶斯网络结构。在给定贝叶斯结构的情形下，主体可以学习参数。贝叶斯网络的结构表征了关于某些领域的基本因果知识，这些知识对于人类专家来说是非常简单的，如关于某城市地理和旅游的知识。在某些情形下，因果模型会引起争论，比如吸烟不必然导致肺癌，因为不吸烟的人也可能得肺癌。这就需要我们弄清贝叶斯网络结构如何能够从数据学习。最明显的方法就是搜索好的模型。比如，我们可从一个不包含任何连接的模型开始，为每个节点添加母型，使其参数与我们使用的方法一致，并测量推定模型的准确性。也就是说，我们可以在结构上从一个初始猜测开始，使用爬山搜索或模拟退火搜索进行改进（包括修正、增加和删除链接），在结构上每次发生变化后返回到参数，但这个过程不能构成一个循环，因为许多算法假设一个定序对于变量是给定的，而且一个节点可在那些先于定序的节点间有母型（详细内容见上述的搜索主体的适应性表征部分）。

这是学习具有完全数据的贝叶斯网络结构的情形。当不可观察变量（隐变量）可能影响已观察的数据时，事情就变得相当困难了。在最简单的情形中，我们人类专家可告诉学习算法（人工主体）某些隐变量的存在，然后让它在网络结构中为它们寻找一个位置。例如，在心脏病的例子中，给定心脏病包括在该模型这个信息，算法就试图学习结构（图11-3）。与完全数据的情形一样，整体算法有一个搜索结构的外循环和一个与已知结构的网络参数相一致的内循环。如果学习算法没有被告知那个隐变量存在，那么它就有两种选择：要么假设数据的确是完备的，这可能迫使算法学习参数驱动模型（图11-4），要么创造新的隐变量来简化模型。后一种方法可以在结构搜索中通过包括新修正选择来实现——除修正链接外，算法可以增加或删除一个隐变量，如心脏病、糖袋，或者改变它的参数数量。当然，算法不会知道它创造的新变量叫作"心脏病"，也不知道其含义。因为算法是无心智的人工主体，当然不知道自己创造了什么。不过幸运的是，新创造的隐变量通常与先存的变量相连接，所以人类专家通常能够检查包括新变量在内的局部条件分布，并确定其含义。因此，我们说，机器学习是依赖于人类专家而设计的。它本身并没有能力进行"自学"，即不依赖人类专家的学习。在这个意义上，所谓机器学习，只不过是人类专家让它通过操作某种方法如贝叶斯网络，使其能够进行推理。严格意义上的机器学习（不依赖于人类专家自学）目前是不存在的，至多只能算作自动操作。因为人类的学习作为认知过程，是包含理解的，理解是有内容和含义的。这是机器学习发展中面临的最大也是最难的问题。这个问题与机器人拥有意识、情感和道德感是一个道理。

总之，对于完备数据的情形，内在循环学习参数是非常快的，也就是相对于从数据集提取条件频率的问题。当存在隐变量时，内循环可能涉及许多 EM 迭代，或者一个基于梯度的算法，而且每个迭代在贝叶斯网络中涉及后验概率的计算。迄今，这种方法对于学习复杂模型证明是行不通的。我们必须另辟蹊径，比如一种被称为结构 EM 的算法可以改进普通的 EM，但让这种 EM 算法理解意义还是难以实现的。

第四节　小　结

从上述讨论可知，贝叶斯网络学习方法涵盖了从简单平均学习到复杂模型建构的统计学习方法。这种方法使用观察数据从假设中提升先验分布，将学习过程表达为概率推理的一种形式，为实现"奥卡姆剃刀"提供了一种好方法。然而，这种方法也存在着棘手的复杂假设空间的极大化问题。在给定数据的情形下，最大后验概率学习选择一个单一最可能的假设，这种先验假设仍然是有用的，通常比完备贝叶斯学习更易处理。相比而言，最大似然学习简单地选择最大化数据可能性的假设。在完全可观察的贝叶斯网络情形中，最大似然解决方案能够以收敛的方式容易被发现，朴素贝叶斯学习就是一个典型的有效方法。在存在隐变量的情形下，使用 EM 算法可以找到局部最大似然解决方案。最后，非参数模型使用数据点组合表征了一个分布，参数数量因此随着训练集而增加。可以预计，贝叶斯网络方法在机器学习领域仍大有可为，这就是与强化学习甚至深度学习的结合，结合的目的就是为了实现适应性表征。

第十二章　强化学习主体的适应性表征

> 强化学习就是学习"做什么",即如何把当前的情境映射成行动,才能使数值化的收益信号最大化。学习主体不会被告知应该采取什么行动,而是必须自己通过尝试去发现哪些行动会产生最丰厚的收益。
> ——理查德·萨顿(Richard S. Sutton),安德鲁·巴图(Andrew G. Barto)(《强化学习:第2版》2019年第1页)

我们业已讨论过人工主体的各种学习方法,如监督学习、决策树、神经网络,以及基于案例的学习包括从案例学习函数、逻辑理论和贝叶斯概率模型。在无监督和缺乏做什么的案例的情形下,主体如何学习做什么呢?具体说,人工主体如何从成功与失败、奖励和处罚中学习呢?这就是人工智能的强化学习要解决的问题,也就是要处理有限反馈的时序决策问题中的学习。从表征的视角看,强化学习是适应性表征吗?如果是,它是通过什么进行的?这是本章要着重探讨和讨论的问题。

第一节　强化学习的表征模型与原理

我们知道,人类的学习是一个不断强化的过程。人工主体的学习与此类似。比如下棋,初学者需要在老师的指导下学习如何布局和每一步正确的走法(按照规则)及应对的走法(针对对手的走法),随着学习时间的增长,学习者的棋艺就会大幅度提升。这种学习包括一个反馈循环过程,即教与学的循环过程、主动与被动交互的过程监督与被指导的认知过程。在人工智能中,监督式学习主体需要被告知它计算的每一步的正确走法,但这种反馈很少是可行的。因为在缺乏教师指导的情形下,主体可以通过学习转换模型确定自己的走法,甚至还可以预测对手的走法,但是缺乏对于走法好坏的一些反馈,主体就没有任何理由决定走哪一步。当主体要将死对手时,它需要知道如何做才是正确的;当被将死时,它需要知道发生了什么糟糕的事情。这种反馈机制被称为回报(奖励)或强化。每奖励一次,主体的行为就得到一次强化,这就像老师表扬儿童学习使其受到鼓励一样。在下棋这类游戏中，回报或强化发生在游戏结束时，即有输赢的结果。在其他情形中，回报可能频繁发生。比如在乒乓球、篮球等回合频繁的比赛中，每一次得分就是一次回报。当儿童学习爬行时，每前进一步都是一次回报。在人工智能架构中，主体将回报作为输入的感知部分，但它必须"认识到"（物理硬连线地）那个部分作为一次回报，而不是仅作为另一个感觉输入。这与动物包括我们人类似乎天生知道把疼痛和饥饿作为消极回报，而把高兴和食物作为积极回报是类似的。所以，机器学习的人工主体是模拟动物主体的行为展开行动的。

学习与决策过程类似。人工智能中的决策过程一般采取马尔可夫决策过程，它包括状态、动作、转换函数、奖励或回报方程等成分。将所有这些成分结合起来就形成了人工主体强化学习的基本模型，也是马尔可夫决策过程的基本定义（马克·威宁和马丁·范·奥特罗，2018：8）："马尔可夫决策过程是一个由 4 个元素构成的元组 S, A, T, R，其中 S 是一个包含所有状态的有限集合，A 是一个包含所有动作的有限集合，T 是一个被定义为 $T: S \times A \times S \rightarrow [0,1]$ 的转换函数，R 是一个被定义为 $R: S \times A \times S \rightarrow R$ 的奖励方程。"对于建模问题而言，状态 S 是所有信息中唯一的特征，比如国际围棋中一个完整棋盘由黑色方块和白色方块配置而成，这就是一种状态。动作 A 用来控制系统的状态。转换函数 T 通过将动作 A 用于状态 S，基于可能的转换集合的概率分布，学习主体能够完成从当前状态 s 到新状态 s' 的转换。奖励方程指定在一个状态中的奖励，或者是在一个状态中完成一个动作后的奖励，它是马尔可夫决策过程中最重要的部分，因为它隐含地定义了学习的目标，也就是指明了受控系统的前进方向。例如，在棋类比赛中，获胜的人工主体的所有状态可被赋予正的奖励值，输的主体中的所有状态被赋予负的奖励值，而和棋的主体的所有状态被赋予零奖励值。奖励的最终目的是要赢棋，使主体处于积极的价值状态。

可以看出，在马尔可夫决策过程中，最佳策略就是最大化所期望的总回报的策略。而强化学习的任务就是使用在环境中观察到的回报来学习最佳策略。相比而言，马尔可夫决策的主体有一个环境的完备模型，知道回报函数，而且没有假设任何先验知识的存在，而强化学习需要预先假设先验知识。打个比方，你玩一个你从来没有玩过的游戏（你不知道其规则），在玩了一段时间后，对手说你输了（强化了你的认知）。简单说，这就是强化学习。它在许多领域只是一个通过训练程序完成任务的可行方法。

由于强化学习是通过评估函数对程序的训练，在某种程度上是人类主体都难以做到的，比如在游戏中，人类玩家很难对许多位置同时做出准确一致的评估，而人工主体可直接从案例训练一个评估函数轻易做到。这就像我们使用的计算器，在进行较复杂的计算时，计算器比我们口算要快要准确得多，因为它装有设计好的专门程序，如函数运算、开平方运算。当它赢或输时，程序能够被告知，并能够使用这个信息学习一个评估函数，该函数对任何已知位置的赢的概率给出合理的准确评估。同样，人类主体容易做到的事情，人工主体却很难。比如，设计编程让人工主体驾驶直升机是非常困难的事情，但是通过设定合适的消极回报，如坠落、摇晃或偏离固定航线，人工主体能够学习自己驾驶，现代的无人驾驶机就是例子。

强化学习已经涉及整个人工智能领域。人工主体被置于特定环境中，必须学习成功地在那里行动。环境对于主体来说，大多数情形下是完全可观察的，有时是部分可观察的或完全不可观察的。当主体不知道环境是如何工作的时候，也不知道其行动是什么的时候，这就需要引入概率行动结果。因此，人工主体将面临未知的马尔可夫决策过程。

众所周知，人工主体是人类设计的，在人工智能中它有三种主要设计：①基于效用的主体——学习状态的效用函数，并使用它选择行动来最大化期望的结果效用；②Q 学习主体——学习一个行动效用函数，在给定状态给出采取一个已知行动的期望效用；③反映主体——学习一种直接能从状态到行动映射的策略。

对于基于效用的主体来说，为了做出决策它必须有一个环境模型，因为它必须知道行动导致的状态是什么。比如下中国象棋，为了使用它的评估函数，人工主体（程序）必须知道它的合理走法是什么（学习规则），以及其他走法如何影响对手（应对走法）。只有这样，它才能把效用函数应用到结果状态上。

对于 Q 学习主体，一方面，它能够出于它的可行选择去比较期望函数，而不必知道它们的结果，因此，这种主体不需要一个环境模型；另一方面，由于它没有环境的模型，它不知道它的行动是在哪里产生的，不能进一步向前看，这严重限制了它的学习能力。

对于人工主体来说，它是一种被动反映的学习主体。这种主体的策略是固定的，其任务是学习状态的效用，即状态-行动对，其中包括学习一个环境模型。

本质上，人工主体的学习都是被动的，因为它们的学习过程是人类设计者赋予的，但在表征方面，这种被动学习却表现出适应性，类似于监督学习。在这个意义上，人工主体有其主动的一面。由于适应性表征是认知主体的普遍属性，所以它既有主动适应的属性，也有被动适应的属性，但不论是主动适应还是被动适应，在表征的意义上都是主动的。

第二节 被动强化学习的适应性表征

一般来说，在被动学习的情形中，学习主体是处于充分可观察环境中的，并使用基于状态的表征。假定主体的策略 π 是固定的——具体来说，在状态 s，主体总是执行行动 $\pi(s)$。主体的目的是让学习策略 π 更好，即要学习效用函数 $U^\pi(s)$[①]。

为简单起见，我们仍然以假设的 4×3 魔兽世界为例（图 12-1）。

→	→	→	+1
(1,3)	(2,3)	(3,3)	(4,3)
↑	陷阱	↑	−1
(1,2)	(2,2)	(3,2)	(4,2)
↑	←	←	←
(1,1)	(2,1)	(3,1)	(4,1)

图 12-1　主体在 4×3 世界中的行动效用

图 12-1 说明了这个可能世界的一个策略和对应的效用。很显然，这种被动学习任务类似于策略评估任务，可以说是策略迭代（policy iteration，PI）[②]的一部分。不同在于，被动学习主体不知道转换模型 $P(s'|s,a)$，该模型详细说明了在执行行动 a 后，主体从状态 s 到达状态 s' 的概率；被动学习主体也不知道回报函数 $R(s)$ 的值，该函数描述每个状态的回报值。比如，在给定策略 π 的条件下，当回报函数 $R(s)=-0.04$ 时，主体在 4×3 世界中行动的状态效用如图 12-2 所示。

也就是说，人工主体在环境中使用其策略 π 执行一套尝试。在每一个尝试行动中，主体都是从状态（1,1）开始的，经历一系列状态转换后，最终达到其中一个终端状态（4,2）或（4,3）。它的认知对象提供了当下状态和在那个状态获得的回报。

---

① 学习效用函数 $U^\pi(s) = E\left[\sum_{t=0}^{\infty} \gamma^t R(S_t)\right]$，其中 $R(s)$ 是一个状态的回报，S_t 是在 t 时刻达到的状态（一个随机变量），当执行策略 π 且 $S_0=s$ 时；γ 是折扣因子（系数），在 4×3 世界中 $\gamma=1$。

② 策略迭代是一种动态规划方法，它有两个步骤：策略评估和策略改进。策略迭代在这两个步骤之间循环。评估阶段计算当前策略的价值函数，改进阶段通过最大化价值函数来计算一个改进的策略。重复这两个阶段直到收敛到一个最优策略为止。

0.812 (1,3)	0.868 (2,3)	0.918 (3,3)	+1 (4,3)
0.762 (1,2)	陷阱 (2,2)	0.660 (3,2)	−1 (4,2)
0.705 (1,1)	0.655 (2,1)	0.611 (3,1)	0.388 (4,1)

图 12-2　主体行动的状态效用

这种直接效用评估方法源于 20 世纪 50 年代末的适应性控制理论（Widrow and Hoff，1988），其思想是，一个状态的效用是源于那个向前状态的期望总回报（要达到的期望），而且每个尝试为每个到访过的状态提供这个数量的一个样本。比如，在 4×3 可能世界中，主体的第一次尝试在最初的三个给定状态中，为状态（1,1）提供了一个样本的总回报 0.71，为状态（1,2）提供了两个样本 0.76 和 0.84，为状态（1,3）提供了两个样本 0.81 和 0.88，等等。在每个序列的结束，算法（即学习效用函数）计算每个状态的观察到的期望总回报值，并因此提升那个状态的评估效用，而只在表格中保留每个状态的运行平均值。所以，在有限多次尝试后，样本平均会收敛到真实期望上。

可以看出，在这个许多次的尝试过程中，主体逐渐接近期望值并最终达到目标，这显然是一个不断尝试的适应性表征过程。直接效用评估只是监督学习的一个实例，其中每个例子将输入作为状态，将观察到的期望总回报作为输出。这意味着我们将强化学习还原到一个标准归纳学习问题，观察到的数据可通过不同的表征方法得到处理。这是方法论上的一个转换策略。

然而，这种策略漏掉了一个重要的信息源，即状态的效用不是孤立的这个事实。每个状态的效用等于它自己的回报加上它的后继状态的期望效用。也就是说，效用值服从固定策略的贝尔曼方程[①]。因此，忽视状态间的联系，直接效用评估就失去了学习的机会。比如在 4×3 世界中，主体第二次在先前给定的三次尝试中达到以前没有到访过的状态（3,2），尝试到达下一个状态（3,3）并获得较高效用值。贝尔曼方程能够立刻"意识到"状态（3,2）也可能有一个高效用值，因为它引导主体达到状态（3,3），但直接效

---

① 由贝尔曼（R. Bellman）提出，也称动态规划方程（dynamic programming equation），它是动态规划数学最佳化方法能够达到最佳的必要条件，能够把动态最佳化问题变成简单的子问题。该方程把决策问题在特定时间的值以源自初始选择的回报比，用初始选择衍生的决策问题值的形式表征，这就是贝尔曼称为的最佳还原原理。其表达式为：$U(s) = R(s) + \gamma \max_{a \in A(s)} \sum_{s'} P(s'|s,a) U(s')$（Bellman，2010）。

用评估直到尝试结束才能学习到东西。更广泛地说，我们可以将直接效用评估看作在假设空间对效用函数 U 的搜索，而假设空间比它需要的要大得多，因为它包括了许多违反贝尔曼方程的函数，正因为如此，这个算法通常收敛得非常慢，或者说，它的适应性表征过程较为漫长。

如何解决这个过慢收敛的问题呢？这就涉及适应性动态规划（adaptive dynamic programming，ADP）主体的学习问题。ADP 主体通过学习转换模型利用状态间效用的约束，转换模型的作用是连接不同状态，并使用动态规划方法解决对应的马尔可夫决策过程。对于被动学习主体来说，这意味着在数学上将习得的转换模型 $P(s'|s,\pi(s))$ 和观察到的回报 $R(s)$ 插入贝尔曼方程来计算状态的效用。正如我们前面所论及的，这个方程是线性的，类似于策略迭代，可使用线性代数解决。我们也可以采用修正策略迭代方法来解决，也就是在习得模型每次的变化后，使用简化数值迭代过程更新效用评估。因为模型通常在每次观察后变化不大，数值迭代过程可以使用先前的效用评估作为初始值，而且收敛得非常快。

事实上，这种学习模型本身的过程并不复杂，因为环境是完全可观察的。这意味着我们有监督学习的任务，其中输入是一个状态-行动对，输出是最终状态。简单来说，我们可将转换模型表征为一个概率表。我们持续追踪每个行动结果如何发生，从频率来评估转换概率 $P(s'|s,a)$，根据这个概率，当主体在 s 中执行行动 a 时，它才会到达 s'。比如，在图 12-1 的 4×3 世界中，在给定的三次尝试中，向右的行动在状态 (1,3) 被执行三次，执行两次后到达最终状态 (2,3)，所以，$P((2,3)|(1,3))$ 被评估为 2/3 的概率。

显然，ADP 主体只受到它学习转换模型能力的限制。在这个意义上，ADP 主体提供了一个测量其他强化学习算法的标准。我们发现，ADP 主体使用最大似然评估来学习转换模型，它通过选择一个仅基于评估模型的策略采取行动，好像该模型是对的。事实上，这并不是一个太好的策略。比如一个人工主体——出租车司机，它不知道信号灯为何可以被忽视一两次而没有产生不良后果，于是从那时起形成一个忽视红灯的策略。这可是相当危险的，极易造成交通事故。对于人工主体来说，一个好的策略应该是，当不能通过最大似然评估最佳模型时，选择一个能合理工作的策略模型，它很可能有机会在整个范围成为真模型，即在现实世界能够实施的模型，如无人驾驶出租车能够安全地在城市道路上行驶。

这在数学上是可行的。上述论及的贝叶斯强化学习就提供了这样的评估方法。上述表明，贝叶斯强化学习为每个关于真模型是什么的假设 h 假

定了一个先验概率 $P(h)$，而后验概率 $P(h|e)$ 通常是在给定观察数据的条件下，根据贝叶斯定理获得的。所以，如果主体决定停止学习，最佳策略就是给出最高期望效用的策略。如果主体想继续学习，寻找一个最佳策略就会非常困难，因为主体必须考虑它关于转换模型的信念对未来观察的影响。这涉及部分可观察马尔可夫决策（partially observable Markov decision process，POMDP）问题，其信念状态分布于模型中。要解决这个问题，改被动学习为主动学习可能是最好的策略。这就是接下来要讨论的问题。

第三节　主动强化学习的适应性表征

上述表明，被动学习主体使用一个固定策略来决定其行动。相比而言，主动学习主体必须决定采取什么行动。事实上，只要对被动 ADP 主体稍加修正，它就会成为一种主动学习主体，就能够在新环境中处理新问题，从而增强主动学习的能力。这就像让一个不喜欢学习的学生通过监督学习主动对学习产生兴趣，从而主动去学习。

就主动性来说，首先，人工主体需要学习一个拥有所有行动结果概率的完备模型，而不是一个只有固定策略的模型。其次，我们需要重视主体选择行动这样一个事实，因为选择性就意味着主动性。主体需要学习的效用是那些由最佳策略定义的效用，效用的计算服从贝尔曼方程。另外，还有一个问题是，主体每一步做什么。在获得一个效用函数 U（该函数对于已习得模型是最佳的）后，主体能够通过一步向前方法最大化效用来提取最佳行动。比如，在 4×3 世界中，主体并不学习真实效用或真实最佳策略。实际发生的事情可能是，在尝试几十次比如 39 次后，主体沿着更低的路径经状态（2,1）、（3,1）、（3,2）和（3,3），发现到达具有回报+1 的状态（4,3）的一个策略（图 12-3）。

→ (1,3)	→ (2,3)	→ (3,3)	+1 (4,3)
↓ (1,2)	陷阱 (2,2)	↑ (3,2)	−1 (4,2)
→ (1,1)	→ (2,1)	→ (3,1)	↓ (4,1)

图 12-3　主体到达目标的最佳路径

在经过更多次尝试后，主体会坚持那个策略，不再学习其他状态的效用，也不再寻找经过状态（1,2）、（1,3）和（2,3）的最佳路径。这是一种试探性过程，主体在不断尝试中适应性地表征行动的状态。这种主体被称为贪婪主体（因为只寻求最佳效用和最佳策略）。重复试验表明，对于这种环境贪婪主体来说，它很少收敛到最佳策略，有时可能会收敛到令人可怕的策略，如无人驾驶车闯红灯。

为什么选择最佳行动反而会导致次优性结果呢？原因在于，习得的模型不是真实的环境，比如主体在 4×3 可能世界中的行动，由此我们得出：习得模型中的最佳可以是真实环境中的次优。或者说，理性状态中的最优在真实环境中很可能不是最优，比如，热力学中的理想气体行为不能完全看作实际气体的行为，理想状态事实上是一种极端状态。当然，人工主体不知道真实环境是什么，也就不能针对真实环境计算出最佳行动，环境是人类设计者给予的，如可能世界、理想气体。这种世界在真实世界中并不存在。这类似于科学研究中的理想世界，如各种思想实验、理想模型，哲学思考中的虚构情境，如缸中之脑、孪生地球、沼泽人等。人工智能中的 4×3 魔兽世界就是一种理想模型。从方法论来看，这是科学认知中的研究策略，如果不这样，我们就难以认知世界。原因在于，我们要想数学地计算或符号地操作实现世界，但我们并不知道它们是什么，所以我们必须先假设或猜想，根据先验假设建构一个模型模拟真实境遇的属性，然后再做实验检验（后验证明），这就是信念目标导向的适应性表征过程。

面对这个问题，贪婪主体应该如何做才是可行的呢？这种人工主体忽视的一个事实是：根据当下习得的模型行动比提供回报本身做得更多，行动也通过影响获得的认知对象对学习真实模型有贡献。这就要求主体通过改进模型在未来获得更多回报。因此，主体必须在探究其最大化回报和探究其最大化长期利益之间做权衡。当然，纯粹的探究会冒墨守成规的风险。因为纯粹探究获得的知识如果不能用于实践，以这种探究来提升人工主体的知识水平就是无用的。这对于人工智能主体来说很重要，因为人工智能的目标就是在技术层面实现认知理论的，如果一种认知理论很难或不能在技术上实现，这种理论就会被放弃，至少会被搁置起来。这不同于科学研究中作为纯粹探究的基础研究，即使这种纯粹理论建构看不到应用前景，也要坚持研究，如相对论、量子力学。因为，基础研究是对世界规律的认识，其重要性不言而喻。人工智能是应用研究，不能在实践上运用就是无效的。就人工主体而言，它需要有更多的理解力而少一些探究。

当然，探究不是可有可无的，最佳探究策略也是存在的，统计决策理论就一直在研究这个问题，比如著名的"邦迪问题"（bandit problem）。尽管邦迪问题很难精确解决以获得一个最佳探究方法，但提出一个合理的架构或图示,最终通过主体产生最佳行动在技术上还是可能的。也就是说,这样一个架构在无限多探究极限下需要是贪婪的。这样一个贪婪架构必须无限次地尝试每个状态的每个行动,以避免因一个非常糟糕的结果而产生一个最佳行动被遗漏的有限概率。一个使用这种贪婪架构的 ADP 主体最终会学习真实的环境模型。而贪婪架构最终也必须成为贪婪的,即尽力尝试每个状态的每个行动以获得最佳回报,以使主体的行动成为最佳习得模型。这样一来,我们就有了一个主动学习的 ADP 主体。

那么,一个主动的 ADP 主体如何学习呢?这就是要建构一个主动的时序差分(temporal-difference,TD)[①]学习主体。TD 学习主体(或算法)要在其他估计值的基础上学习,因为认知过程中的每一个步骤都会产生一个学习样例,这些学习样例可根据即时回报和下一个状态或状态-动作对的估计值来产生一些价值。例如,你想在家请客,你必须事先估计客人的数量和达到的时间,以便提前做好准备——备料及其花费的时间、通知客人到达的时间等。这个例子说明,你不必等到行动发生了再做调整。因此,TD 方法有两个优点:一是不需要一个马尔可夫决策过程模型;二是可以自然地实现在线的增量学习方式,即根据前一步的结果估算下一步的行动,以便及时作出调整。这是一个主动学习的过程。

与被动学习的情形相比,主动学习最明显的变化是主体不再被装备一个固定策略,所以,如果主体学习一个效用函数 U,为了能够选择一个仅一步向前方法基于 U 的行动,那么它需要学习一个模型。对于 TD 主体而言,模型获得问题等同于 ADP 主体的模型获得问题。因此,这个两种方法是紧密相关的,它们都试图通过局部调整做效用评估,以便让每个状态与其后继状态相一致。它们的不同主要有两方面:一方面,TD 完成升级不需要一个转换模型,因为环境已观察到的转换方式提供了邻近状态之间的连接。也就是说,TD 方法能调整一个状态与其后继状态一致,而 ADP 方法调整这个状态与所有可能发生的后继状态一致(提供它们的概率权重)。当 TD 调整的效果是许多转换的平均时,这种差异就会消失,因为转换集中每个后继状态出现的频率近似地与其概率是成正比例的。另一方面,也是更重要的一个方面,TD 就每一次观察到的转换做出一次调整,而 ADP 需要做许多次调整(仅当它需要恢复效用评估 U 与环境模型 P 之间的一致性时)。

[①] TD 是指,在给定策略 π 的情形下,当一个转换从一个状态 s 到另一个状态 s' 发生时,效用函数 $U^\pi(s)$ 需要升级到 $U^\pi(s')$,而升级规则在相继状态间的效用上使用了差分,形成的方程通常被称为 TD 方程,其形式表达是:$U^\pi(s) \leftarrow U^\pi(s) + \alpha (R(s) + \gamma U^\pi(s') - U^\pi(s))$,其中 α 是学习比率参数。

虽然已观察转换只是在 P 中有一个局部变化，但它的效果可能需要通过 U 传播。因此，TD 方法可被看作 ADP 的一个粗糙但有效的一次近似处理。比如，从 TD 的观点看，由 ADP 所做的每次调整可被看作模拟当下环境模型的一个虚假经历。对于每个已观察的转换，TD 主体能够产生许多可想象的转换。这样，TD 的最终效用评估将更接近于 ADP 的最终效用评估。当然，这是以增加计算时间为代价的。

TD 的一种替代方法被称为 Q-学习[1]，它学习一个行动-效用表征，而不学习效用本身。Q-学习是在无模型的情况下被用于估计 Q 价值函数的最基本和最流行的方法之一，其基本理念是基于反馈（或回报）和学习主体的 Q 价值函数增量估计 Q 值的动作（Watkins et al., 1992）。我们用 $Q(s,a)$ 表示在状态 s 实施行动 a 的值。Q-值直接与如下效用值相关：$U(s) = \max_a Q(s,a)$。这个表达式的意思是：主体在状态 s 行动的效用是行动 a 的最大值。这个 Q-函数与储存效用信息的方式很相似，但它有一个重要特点——一个学习 Q-函数的 TD 主体，不需要一个转换模型 $P(s'|s,a)$（即从状态 s 到状态 s' 行动 a 的概率），不论对于学习还是对于选择行动都是如此。出于这个原因，Q-学习被称为无模型方法，与 TD 方法一样，不需要一个状态转换模型作为表征方式。

Q-学习的一个近亲是"状态-行动-回报-状态-行动"（state-action-reward-state-action，SARSA）方法，它的计算方程和算法与 Q-学习几乎相同，是一种偏离策略的学习算法，即在遵循一些探索策略 π 的同时，其学习目标是估计最优策略 π^*。它们的不同在于：Q-学习从已观察转换中达到的状态支持最佳 Q-值，而 SARSA 方法一直等到一个行动实际发生了才支持那个行动的 Q-值。对于总是采取具有最佳 Q-值行动的贪婪主体来说，这两个算法是等价的。但是，当探究活动正发生时，它们就不同了，因为 Q-学习使用最佳 Q-值，从不关注所遵循的实际策略（即偏离学习策略），而 SARSA 是一种依赖于策略的学习算法。在主体学习如何更好地行动的意义上，Q-学习比 SARSA 方法更为灵活，但即使是深度 Q-学习，也缺乏人类具有的抽象能力、概括能力和迁移学习能力。不过，SARSA 更现实些，比如，如果总策略被其他主体部分控制的话，那么最好是学习一个 Q-函数来了解什

---

[1] Q-Learning 是基于价值的强化学习算法。该算法通过学习一个被称为 Q 值的函数来评估给定状态下执行特定动作的期望回报，其核心在于构建一个 Q 表，为每个状态-动作对分配一个 Q 值，表征了在某状态下执行相应动作的期望回报。通过不断更新 Q 表，智能体能够学习如何在不同的状态下选择最优动作，以便能够最大化累积回报。

么会真实地发生，而不是了解主体可能会做什么。

总之，Q-学习主体和 SARSA 主体都在 4×3 世界中学习最佳策略，但比 ADP 主体的学习效率要低得多。这是因为，局部升级没有强化所有经模型的 Q-值间的一致性。三者之间的比较产生了一个重要的普遍问题：学习一个模型和一个效用函数更好，还是学习一个无模型的行动-效用函数更好？或者说，哪个是表征主体属性的最佳方法？这是人工智能研究中的一个不断争论的基本问题[①]，它涉及基于知识的表征方法是否应该是人工智能研究继续坚持的。在笔者看来，基于知识的计算-表征方法是必须坚持的，不论学习中是否需要转换模型，没有知识的积累和储备，人工主体是无法持续学习的。

第四节　强化学习的适应性泛化能力和策略搜索

可以看出，人工主体的学习与人类主体的学习在许多方面是相同的，特别是在积累知识的层面上。我们知道，没有记忆，我们就难以持续学习，同样，没有工作记忆（储存能力），人工主体也就无法学习了，因为它不能根据给定的知识库进行推理和计算表征了。比如人工主体习得的效用函数和 Q-函数是以表格的形式表征的，这种表格对于每个输入元组来说都有一个输出值。这种方法对于小状态空间的学习来说是非常有效的，但对于 ADP 来说，随着状态空间逐渐增大，收敛的次数和每次迭代的次数会迅速增加。即使小心谨慎地控制，适当的 ADP 方法也可能要处理上万个或更多状态。这必然会给主体的学习带来麻烦。

事实上，这种方法对于二维的似迷宫环境是充分的，但对于真实的世界就无能为力了。比如，围棋就是一个真实世界的小子集，然而，它的状态空间却十分庞大（至少有 10^{20} 个），我们学习下围棋要想到访所有那些状态是完全不可能的事情。解决这个问题的一种方法就是使用函数近似，其含义是，为 Q-函数使用任何类的表征而不是使用一个查询表。这种表征被视为近似处理，因为真实效用函数或 Q-函数不是以选择的形式被表征的。比

[①] 基于知识表征的方法蕴含了这样一个假设：表征主体功能的最佳方法是建构环境某些方面的一个表征，因为主体必须情境化于它的环境中。不过有不少研究者（人工智能领域外的或内的）主张，基于知识表征的方法是不必要的，因为无模型方法如 Q-学习就意味着无须表征。在笔者看来，这是对表征的误解，Q-学习虽然不需要效用模型，但是仍然需要计算，计算本身就是一种表征方法。而且人工智能的进一步发展表明，随着环境越来越复杂，基于知识表征的方法越来越显示出其优越性，比如人工智能在对弈领域的优势明显强于人类棋手。显然，没有表征这种中介，人工智能要生成智能几乎是不可能的。

如下棋，可以使用评估函数来描述，即下棋的效用被表征为具有一组特征 $f_1,\cdots,f_n$（基本函数）的一个权重线性函数：$U_\theta(s) = \theta_1 f_1(s) + \theta_2 f_2(s) + \cdots + \theta_n f_n(s)$。

强化学习算法能够学习参数 $\theta = \theta_1,\cdots,\theta_n$，以便评估函数 $U_\theta(s)$ 近似于真实效用函数。当然，n 是一个有限数，比如 10，就有 10 个基本函数，就下棋而言，就意味着一个状态 s 有 10 种走法，这就极大地压缩了参数数量。在实际对弈中，一个高手能看出 5 步就十分了得了，更不要说 10 步了。然而，智能机可通过算法计算更多的走法，并通过效用评估选择高效用值的走法，从而能够超越人类棋手。这大概就是为什么 AlphaGo 和 Master 等机器人棋手能够战胜人类顶级棋手的原因。尽管没有人知道下棋的真实效用函数是什么，也没有人相信它能够精确表征更大数如 20、30 的效用函数。然而，如果这种近似处理足够好的话，人工主体（智能机棋手）的棋会下得更出色，毕竟它们有过战胜人类棋手的辉煌战绩。

机器棋手战胜人类棋手的事实有力地表明：一方面，函数近似处理能够为非常大的状态空间有效地表征效用函数；另一方面，通过函数近似获得的空间压缩，允许学习主体从它到访过的状态到它没有到访过的状态做概括。也就是说，近似处理的最重要方面不是它需要更少的空间，而是它允许对输入状态进行归纳概括。在笔者看来，这是人类主体归纳概括能力的延伸或扩展。这意味着，我们不需要对所有状态如下棋的每步走法进行计算评估，仅对已有走法（棋谱）进行归纳概括，找出一般规律，然后，按照规律下棋就能够有效地提高棋艺。智能机器人能够使用 TD 方法学习效用函数（Tesauro, 1992），这种函数使得一个程序棋手下得和人类棋手一样好，甚至比人类棋手还好。

然而，我们也应该看到这种方法的局限性，即选择的假设空间中的任何函数不能很好地近似到真实效用函数，即它的收敛效果是有问题的。正如所有归纳学习一样，假设空间的大小和花费在学习该函数上的时间之间存在权衡，即学习时间的长短与形成假设空间的大小正相关。或者说，更大的假设空间能够增加发现一个好近似的可能性，但也同时意味着收敛可能会被延迟，即花费的时间可能更多。比如，我们使用线性函数表征主体在 4×3 世界里的行动效用，这是监督学习的一种简单的函数近似。我们知道，4×3 世界是一种假设的二维境遇，可使用直角坐标系表征，即每个方格的属性可用 x 和 y 坐标描述。其线性效用函数可表达为：

$$U_\theta(x,y) = \theta_0 + \theta_1 x + \cdots + \theta_n y$$

当 $n=2$ 时，如果（$\theta_0,\theta_1,\theta_2$）=（0.5,0.2,0.1），那么 U_θ（1,1）=0.8。因此，只要给出尝试集（尝试次数的集合），在最小化方差和使用标准线性回归的意义上，我们就可获得 U_θ（x,y）的一组样本，找到最佳一致性。对强化学习来说，如果使用在线学习算法来升级每次尝试后的参数，效果会更好，因为在线学习可以即时调整，即函数近似允许强化学习主体从其经验进行泛化。我们希望人工主体使用了函数近似后学习得更快更好，而且假定假设空间不是很大，但包括能与真实效用函数很好符合的一些函数。这在实践上和技术上都是可行的，比如，我们可在 10×5 的世界进行强化学习。不过，需要注意的是，为简单起见，使用的函数近似必须是线性函数，尽管实际状态的属性大多数情形下是非线性的。

这种函数近似的线性归纳概括思想，同样可用于 TD 学习主体。我们所做的就是调整参数来减少后继状态之间的时序差，在那里，函数近似对于主体学习一种环境模型也是非常有帮助的，因为学习一个可观察环境的模型是一种监督学习问题。对于一个部分可观察环境，学习问题就非常复杂和困难了。如果我们知道其中蕴含的隐变量是什么，知道它们彼此如何因果地相关，以及如何与可观察环境因果地相关，那么我们就可以固定动态贝叶斯网络的结构，并使用 EM 算法来学习参数。这是接下来要进一步探讨的策略搜索问题。

策略搜索是强化学习的又一种方法，也是最简单的一种。其观念是：只要一个策略的性能还有提升的空间，就不断改进它。前面我们已经论及一个策略 π 是这样一个函数，它将状态映射到行动。策略 π 的表征是依赖于参数的表征，也就是参数化表征，但它的参数比状态空间中的状态数要少得多。比如，我们可根据参数化的 Q-函数表征 π，每一个函数对应于一个行动，而且以最高期望值采取行动，即 π（s）=$\max_a Q_\theta$（s,a）。每个 Q-函数可能是参数 θ 的一个线性函数，如 4×3 世界的方程描述，也可能是一个非线性函数，如一个神经网络。因此，策略搜索会调整参数 θ 来改进策略。

当然，如果策略 π 由 Q-函数表征，那么策略搜索就产生一个学习 Q-函数的过程。但是，这个过程与 Q-学习不同。在具有函数近似的 Q-学习中，算法发现 θ 的一个值，以便 Q_θ 接近最佳 Q-函数 Q^*。相比而言，策略学习发现一个产生好性能的 θ 值。所以，两种模型发现的值本质上是非常不同的。这类策略表征有一个问题：当行动是离散的时候，策略是参数的一个不连续函数，这在计算上会产生麻烦。对于一个连续行动空间，策略可以是参数的一个平滑函数，也就是说，存在着这样的 θ 值，其结果是，θ 的一个无穷小的变化引起策略从一个行动到另一个行动转换。这意味着策略的值也可能不连续地变化，这使得基于梯度的搜索变得困难。出于这理由，策略搜索方法通常使用随机策略表征 $\pi_\theta(s,a)$，它详细描述了在状态 s 选择行动 a 的概率。在人工智能中，一个流行的表征是软极大（softmax）函数。软极大几乎成为决定论的（相对于硬极大，即完全决定论的），假如一个行动比另一个行动要好得多的话。但它总是给出 θ 的一个可微分函数，因此，策略的值就是 θ 的一个可微分函数（即连续函数）。

那么，我们如何改进策略搜索呢？我们假设一个最简单的情形：一个确定的策略和一个确定的环境。假设 $\rho(\theta)$ 表示策略值，比如当 π_θ 被执行时，期望要达到的回报。如果我们能够以封闭的方式推出 $\rho(\theta)$ 的一个表达，那么我们就有了一个标准的最佳化问题。同样，如果 $\rho(\theta)$ 不是以封闭的方式可行的，我们可简单地通过执行它和观察累计的回报计算 π_θ。这意味着我们可以通过爬山搜索方法遵循经验梯度，比如，对于每个参数方面的小增加，评估策略值的变化。这个过程在策略空间中会收敛到的一个局部最佳。当环境或策略是随机的时候，事情会变得更加困难了，比如我们尝试爬山搜索，它需要比较 $\rho(\theta)$ 和 $\rho(\theta+\Delta\theta)$（$\Delta\theta$ 表示 θ 的微小变化）。每次尝试的总回报可能非常广泛地变化，所以，依据小数量次数的尝试评估策略值是非常不可靠的，而尝试比较这样两个评估更是不可靠的。这对于策略改进是一个严重的问题。

如何解决这个问题呢？一种解决方案是执行多次尝试算法（即从猜测中学习猜测算法），测量样本的变化值，并用它确定足够多的尝试后获得改进 $\rho(\theta)$ 方向的一个可靠指示。然而，这种方法在许多实际问题中并不是可行的，因为每次尝试都可能是代价昂贵的，会消耗大量时间，甚至是危险的，如误入歧途。对于一个随机策略 $\pi_\theta(s,a)$ 的情形，在 θ 直接从被执行的尝试结果获得梯度的一个公正评估是可能的。为简单起见，我们可以在一个非连续的环境中导出这个评估，其中回报 $R(a)$ 在初始状态 s_0 执行行动 a 后会立即获得。在这种情形下，策略值只是该回报的期望值。

第五节　批处理强化学习的适应性表征

基于动态规划学习的一个新领域是批处理强化学习（batch reinforcement learning，BRL），其算法就是批处理算法。该算法的最初定义是：从一组固定的已知先验转换样本中学习最优的可能策略任务，即学习是在主体与环境的不断交互过程中实现的。也就是说，在批处理强化学习中，学习经验通常是从学习系统取样的转换组成的集合开始的，而所有学习经验是固定的、有先验概率的。因此，这种学习系统的任务就是从给定的批量样本中推出一个通常是最优策略的解决方案。从适应性表征的角度看，从一些转换中得到最佳的一个转换，而所有观察到的转换在整个转换中同时储存和更新，以便获得拟合（fitting）或匹配。

接下来，笔者将探讨强化学习的表征模型和各种重要算法——基于核近似动态规划（kernel-based approximate dynamic programming，KADP）、拟合 Q 迭代（fitted Q iteration，FQI）、最小二乘策略迭代（least-squares policy iteration，LSPI）包括最小二乘时序差分（least-squares temporal difference，LSTD）、神经拟合 Q 迭代（neural fitted Q iteration，NFQI）、深度拟合 Q 迭代（deep fitted Q iteration，DFQI）的适应性表征特征。

我们首先探讨批处理强化学习的表征模型与要解决的问题。批处理强化学习是解决特定学习问题的算法，其核心任务是在已知的主体-环境循环中如何发现能最大化回报总和的期望值的策略。然而，在批处理学习问题中，主体（学习算法或程序）本身一般不允许在学习中与系统交互，其作用不是观察一个状态 s，尝试一个行动 a，并依据紧接着的状态 s' 和回报 r 来改变策略，而是只接收一个从环境中获得 p 个转换的样本（s,a,r,s'），最终形成一个 POMDP 过程的集合 $\{(s_t, a_t, r_{t+1}, s_{t+1}) | t = 1, \cdots, p\}$。一般情况下，主体不能对转换过程的采样做任何假设，但可采用任何随机的采样策略，其目的是通过学习获得最优策略。这种学习的过程可分为三个彼此独立的环节或步骤：①探索、收集状态转换和回报；②学习一个策略；③运用已习得的策略。这三个环节是按时间顺序执行的，可以描述为：探索（转换、回报）→批处理学习（策略）→运用（策略）。

然而，由于主体本身不允许与环境相互作用，而且给定集合中包含的转换数量通常是有限的，因此，主体不可能总是给出最佳策略。为了解决这个问题，我们必须强化探索和学习之间的反馈循环，也就是在探索环节和批处理学习环节之间形成一个反馈环，多次进行交换，类似于控制-反馈循环。这样一来，批处理强化学习的三个阶段可描述为：探索（转换、回报）⇆批处理学习（策略）→运用（策略）。这种增加反馈环节的学习被称为增长批处理学习。显然，与单纯批处理过程的不同在于，增长批处理强化学习过程在探索与学习两个环节之间多次反复交替，并通过使用中间策略的方式增加存储的转换数。

从概念表征的角度看，无模型的在线学习，如 Q-学习，在处理小而离散的状态空间问题时是成功的，但处理大而连续的状态空间问题时却遇到了问题，这些问题主要有三个：①探索代价产生的慢速问题；②函数逼近产生的稳定性问题；③随机逼近产生的低效问题。批处理强化学习的各种算法就是要集中解决这三个问题。

这是接下来要探讨的批处理强化学习的各种算法的适应性表征问题。

第一，KADP 算法通过核自逼近适应性地表征。KADP 是利用经验重放（experience replay）、拟合和基于核自逼近（kernel-based self-approximation，KBSA）的组合算法（Ormoneit and Sen，2002）。经验重放是指对经验的储存和再用，拟合是指将动态规划算子与逼近区别开来，基于核的自逼近是指基于采样的行动。该算法通过求解一个精确的贝尔曼方程的近似版本 V=HV 而适应性地表征。其原理是，从状态值方程的任意起始近似值 V^0 开始，基于核的近似规划算法的第 i 个循环来求解该方程。具体的解方程过程不是这里论述的重点（专业书籍都有介绍），但循环逐渐逼近目标的过程，恰好体现了适应性表征的过程。

第二，FQI 算法通过 Q-学习迭代适应性地表征。FQI 可看作 Q-学习的批处理强化学习（Ernst，et al.，2005），因为该算法是从基本的 Q-学习更新规则转移到批处理情形的。批处理强化学习开始运行前，需要满足三个条件：①给定 p 个转换（s,a,r,s'）的固定集 $\{(s_t,a_t,r_{t+1},s_{t+1})|t=1,\cdots,p\}$；②一个初始 Q 值；③对于所有 $(s,a) \in S \times A$，设置 Q 函数的起始估计值。运算过程从一个模式开始，利用监督学习训练函数拟合，获得 Q 函数的一个近似值。理论上，FQI 是属于 KADP 学习架构的，但与在线学习的 Q-学习更加相似，所以，FQI 具有更大的适应性。

第三，LSPI 包括 LSTD，通过估计策略和价值函数评估策略适应性地表征。LSPI 将解决控制问题融入策略迭代的学习架构，其算法在策略评估与策略改进之间不断循环，但不是明显地储存策略，而是在状态-行动价值方程 Q 的基础上运行（Lagoudakis and Parr，2004）。也就是说，通过状态-行动价值方程 Q，贪婪策略可利用 $\pi(s) = \arg\max\limits_{a \in A} Q(s,a)$ 公式求解出来。为了表征状态-行动价值函数，LSPI 利用 k 个预定义的基函数 $\varnothing_i:S \times A$ 和一个权重向量 $w=(w_1,\cdots,w_k)^T$，定义一个参数线性逼近架构。因此，LSPI 策略隐性地利用基函数和相应的权重向量，其改进步骤仅仅通过 LSTD 学习算法，用现在的权重向量覆盖旧的权重。这个过程是一个渐进逼近适应的过程。LSPI 不同于 FQI 的地方在于：在单一循环中，前者为当前的策略计算一个状态-行动价值函数的拟合值,也就是使用 LSTD 方法(多次循环使用最小二乘策略评估方法);后者依赖于基于一个简单动态规划的更新步骤的一系列目标值。从策略迭代的角度看,FQI 算法实现了优化循环的一种变体,而 LSPI 实现了标准的非优化的策略循环。

第四,神经拟合 Q 迭代通过神经网络的迭代循环适应性地表征。对于多层次感知机来说,将函数拟合到高精度的能力和将函数从一些训练样本泛化的能力,使神经网络成为一个表征价值函数的极佳选择,这就是神经拟合 Q 迭代的核心理念(Riedmiller,2005:317-328)。神经拟合 Q 迭代算法有四个步骤:①在神经网络中缩放输入和目标值,这是拟合成功的关键,因为所有的训练模式在训练开始时是给定的,一个明智的缩放比例能够容易地实现;②添加人工训练模式或提示目标,这是因为神经网络是从收集经验中概括出来的,若没有目标-状态经验和零路径成本在内的模式集中,则可观察到网络输出趋向最大值;③正则化 Q 目标值,这是一种 Q_{min}-启示法,一种减少增加输出值效果的方法,也就是从所有目标值减去最低目标值来执行正则化步骤,其优点是不需要预先知道目标区域中的状态的额外知识;④使即时代价函数(cost function)光滑,这是因为多层次感知机基本实现了输入到输出的光滑映射(smooth mapping),所以,使用平稳的即时代价函数就是合理的。因此,神经拟合 Q 迭代算法是一系列转换元组,格式是(状态、行动、开销、一个状态),其中,开销的数值源于外部有价值的信息,或者通过已知的代价函数即时计算得到的。该算法在机器人学中有广泛的应用,比如机器人学习装配车极系统(cart-pole system)平衡、气动装置的最优位置的及时控制,以及机器人控制运球等。

第五,DFQI 通过增加迭代神经网络层次适应性地表征。我们知道,现在的强化学习一般仍然是处理低维状态空间中的问题,而批处理强化学习提供了直接处理高维状态空间的可能性。对于一个序列转换 $\{(s_t, a_t, r_{t+1}, s_{t+1}) | t=1, \cdots, p\}$ 来说,状态 s 是高维状态空间 $s \in R^n$ 的元素。在理想状态下,在生成的特征向量中学习到的映射应该编码状态空间 s 中包含的相关有价值的信息。批处理强化学习依赖于批处理增强方法,这可将空间的学习与稳定的、高效的算法学习策略结合起来。通过使用增长批处理方法,一个价值函数的新拟合值能够从映射的转换中计算出来,然后使用这些目标值为新的特征空间计算一个新的拟合值。这种理念的一个实现了的算法就是 DFQI(Lange and Riedmiller,2010)。DFQI 使用一个深度自编码神经网络,该神经网络拥有百万级别的权重,这些权重被用于从高维

视觉输入无监督学习低维度的特征空间。也就是说，这些神经网络训练融入了来自 FQI 的批处理强化学习的算法，同时允许学习可行的特征空间和有用的控制策略。总之，通过依赖基于核的平均值而逼近在自动创建的状态空间中的价值函数，DFQI 从批处理算法中继承了稳定的学习行动，从而能够适应性表征。

第六节 小　　结

人工主体如何在只给定其感知对象和偶然回报的条件下，在无知环境中成为专家？这就是强化学习方法要解决的问题。强化学习可被视为整个人工智能问题的一个缩影，它在许多方面得到了深入研究，取得了惊人的进步。这些方法主要包括四个设计：基于模型的设计（即使用一个模型 P 和效用函数 U）；无模型的设计（使用一个行动效用函数 Q）和反应设计（使用一个策略 π）；基于批处理模型的设计。效用是通过三种方法获得的：直接效用评估、ADP 和 TD 方法。行动-效用函数可通过 ADP 方法或 TD 方法获得。使用 TD 方法，Q-学习无论在学习阶段还是在行动选择阶段，都不需要任何模型介入。批处理方法有效地利用了收集到的数据和动态规划以及价值函数的逼近步骤，获得学习过程的稳定性，从而有效地实现了适应性表征。强化学习的确简化了学习问题，也同时限制了主体在复杂环境中学习的能力。在更大的状态空间中，为了归纳概括那些状态，强化学习算法必须使用一个近似函数表征。TD 方法在表征中可直接用于更新参数。策略搜索方法可直接操作策略的表征，并在已观察性能的基础上改进它。

总之，强化学习在许多领域有广泛的应用，诸如经济领域中的最优化收益，交通网络的最优化控制，人工主体间交互的组合优化问题，以及玩游戏和机器人领域的竞赛问题，其愿景是："智能体（如机器狗）能够通过在现实世界中执行一些动作并偶尔获得奖励（即强化）的方式来自主地学习灵活的策略，而无须人类手动编写规则或直接'教育'智能体如何应对各种可能的情况。"（梅拉妮·米歇尔，2021：147）由此，笔者得出：符号思维才是认知的最高境界。人工主体的学习就是运用符号的认知过程，它的认知虽然缺乏意识和心智，但是不缺乏智能。在人类设计者存在的前提下，人工主体（智能机）的认知水平和学习能力会不断提升和加强，甚至超越人类。但是不要担心，无论这种人工主体多么智能，它都是以人类的智慧和心智的存在为前提的，没有这个前提，就谈不上任何人工主体的智能问题。

第五部分　决策主体：基于规划的适应性表征

在人工智能中，决策行为最能体现智能体的主体性。一个物理装置（智能体的物理实现），一旦具有了某种主体性，它就拥有了某种程度的智能，尽管没有意识产生，也没有情感的出现。本部分通过决策行为的主体性来探讨人工主体的适应性表征问题。

决策是讲效用的，这必然会涉及效用理论和概率理论。第十三章从效用理论与概率理论出发，一方面探讨了离散状态下最大期望效用原则、效用函数、多属性函数、决策网的适应性表征机制；另一方面探讨了连续状态下连续决策、数值迭代、POMDP、博弈论多主体决策的适应性表征问题。

规划是决策的一个重要方面，或者说是决策的一种特例，它与行动是密不可分的两个范畴，因为规划意味着行动，没有行动的规划仅仅是设想或信念。所以，规划意味着认知性和意向性，行动意味着状态空间搜索，因此，第十四章通过规划与行动这一对范畴探讨了状态空间搜索的适应性表征、实际世界中的规划与行动的适应性表征，以及多层规划、非定域规划和多主体规划的适应性表征。

然而，决策行动不是任意的，其状态空间搜索也不是无限的，而是有条件的、有约束的。约束的目的是要达到既定的目标，这就是约束满足问题。第十五章探讨约束满足问题的构成、分解表征等不同表征形式，以及约束传播局部一致性、回溯搜索及其表征结构和局部搜索的适应性表征。

第十三章　智能主体决策过程的适应性表征

> 深度学习有自己的动力学机制，它能自我修复，找到最优化组合，绝大多数时候都会给出正确的结果。可一旦结果错了，你不会知道哪里出了问题，也不知道该如何修复。
> ——朱迪亚·珀尔（Judea Pearl）（摘自约翰·布罗克曼《AI 的 25 种可能》2019 年第 28 页）

一般来说，决策是人对于某个行动做出的决断。在做出决断时，决策人应该是理性的，要尽量避免非理性如情感的介入，当然，危急时刻的决断可能不一定是理性主导的，如情急之下的本能反应。在人工智能中，一个决策主体（即智能体，一种基于理性的人工主体，也可称为理性主体或智能主体）能够将效用理论与概率理论相结合来产生一个决策理论主体，一个能使理性决策基于它所相信的和它所想要的主体。这种主体能够像人类主体那样在特定语境中做决策。而在这种语境中，不确定性和冲突目标让逻辑主体没有办法做决定。这种基于目标的逻辑主体要区分好坏目标状态，而决策理论主体具有连续测量结果质量的能力。决策理论主体是如何在语境中做决策的呢？这涉及在不稳定性语境中如何将信念与愿望结合，以及如何适应性表征的问题。

第一节　简单决策的适应性表征效用原则

决策理论一般是基于对行动的直接结果的愿望来处理如何选择行动这一问题的。也就是说，环境被假设为是片段性的，而不是连续性的，或者说，在一个状态 S 中采取一个行动 a 的结果是确定的，则可将其定义为结果函数 Result (s,a)。这是可观察情形下对确定性行动或问题的处理。在部分可观察的情形中，一部分行动是主体不能确定的。当主体不知道当下的状态时，我们可以省略它，将结果定义为一个随机变量，其值是可能的结果状态。由于出现了随机变量，此时就需要引入概率。比如，给定证据观察 e，行动 a 的结果 s 的概率就是 $P(\text{Result}(a)=s|a,e)$，其中等号右边的 a 代表

行动 a 被执行的事件。智能主体的偏好由效用函数 $U(s)$ 获得，它分配一个单一数值来表达一个状态的愿望。一个给定证据的行动的被期望效用 $EU(a|e)$ 是结果的平均效用值，由结果发生的概率来权衡，这就将所期望的效用与概率结合起来，可表征为（Russell and Norvig, 2011: 611）：

$$EU(a|e) = \sum_{s'} P(\text{Result}(a) = s'|a,e) U(s')$$

这是最大期望效用（maximum expected utility，MEU）原则。它表明，一个理性主体应该选择能够最大化主体所期望效用的行动，即行动等于最大化的 $EU(a|e)$。在某种意义上，最大期望效用原则可看作人工智能的基本原则，因为智能体必须做的是计算各种数值，最大化其行动效用，最终得出结论。但是，这并不意味着人工智能问题可以由这个原则来解决。最大期望效用原则仅形式化了这样的一般观念——智能体应该做正确的事情，但完全实现这个观念的操作，还有很长的路要走。这就是如何适应性地表征所期望行动的问题。

我们知道，判断世界的状态需要感知、学习、知识表征和推理；计算概率 $P(\text{Result}(a) = s|a,e)$ 需要世界的一个完备因果模型，如贝叶斯网络；计算结果效用 $U(s')$ 通常也需要搜索和规划，因为主体不知道一个状态是否良好、好到什么程度，直到它知道从哪个状态开始。所以，决策理论解决人工智能问题不是万能的，但是它的确能够提供一种有用的架构。其基本思想很简单，即假定环境能够使主体具有一个给定的感知历史，而且能够设计不同的智能体。如果一个智能体以最大化效用函数行动来正确地反映其性能的测量结果，那么这个主体会获得最高可能的性能分数。这是最大期望效用原则本身的核心确证力。

一个行动能取得最大效用是我们每个人所期望的。所以，依据最大期望效用原则来决策似乎是决策的一种合理方式，但绝不是唯一的理性方式。有时候，我们不是追求最大期望效用，而是期望尽可能减少损失。对于智能主体而言，理性地行动仅仅是通过表达不同状态之间的性能而不用给其数值就可实现吗？效用函数究竟在其中起何种作用？接下来我们将讨论这些问题。

在人工智能中，这些问题可通过给出一个理性主体应该有的性能约束来解决，然后说明最大期望效用原则可以从这些约束条件导出。约束条件规范主体理性地行动，或者说，主体的性能是由约束条件描述的。比如主体喜欢 A 胜过喜欢 B，主体在 A 和 B 之间保持中立（没有偏爱）。这就是对理性偏好的约束。A 和 B 可能是世界的状态，对它们的行动通常并不像主体实际上提供的那样确定。就像我们买彩票一样，每个行动作为彩票的一组结果（彩票）是不确定的。具体说，彩票 L 的可能结果（$S_1,\cdots,S_n$），其发生的概率是（$P_1,\cdots,P_n$），可表征为：$L=[S_1,P_1;S_2,P_2;\cdots;S_n,P_n]$。一般来说，彩票的每个结果可以是一个原子状态。效用理论的首要问题是理解复杂彩票之间的性能如何与那些彩票中基本状态之间的性能相关。这就需要考虑如下几个约束条件。

（1）倾向性，即给定任何两个状态，理性主体的偏好必须一个胜过另一个，或者不偏好任何一个（保持中立）。也就是说，主体必须做出选择，不能逃避。

（2）传递性，即给定三个状态 A、B 和 C，如果主体偏好 A 胜过 B，偏好 B 胜过 C，那么它必须偏好 A 胜过 C。

（3）连续性，即如果状态 B 在倾向性方面处于 A 和 C 之间，那么存在某些概率 p，对于 p 来说，理性主体会在确定获得 B 和产生具有概率 p 的状态 A 以及具有概率 1–p 的状态 C 之间保持中立（无差别）。

（4）可置换性，即如果主体在两个状态 A 和 B 之间是中立的，那么它在更多复杂的状态之间也是中立的。那些复杂状态除了 B 被 A 替代外是相同的。

（5）单调性，即假设两个状态有相同的两个可能结果 A 和 B。如果主体偏爱 A 胜过 B，那么它必须偏爱比 A 有更高概率的状态，或者相反。

（6）可分解性，即使用概率理论可让混合状态简化为更简单的状态。这意味着两个连贯的状态可被压缩为一个单一等价状态。

这些约束条件是效用理论的公理。违反这些公理就意味着主体的行为在一些境遇中是非理性的。事实上，正是倾向性的存在才导致了效用。比如，人们对某事有一定的兴趣，兴趣就是倾向性，没有兴趣就是无倾向性。在教育中，培养学生的兴趣就是培养他们的偏好，没有兴趣的学习是被动的，效果不会好。相反，有兴趣的学习是主动的，效果就会好。因此，教育的核心就是培养学习者的兴趣，使其形成内在驱动力而主动学习。在经济活动中，兴趣就是利益[①]，有利益才会有效用，所谓"无利不起早"就是这个意思。因此，主体对事物的倾向性是普遍存在的，这样才能认识事物。

当然，根据这些效用理论的公理我们可以进一步推出效用函数，即如

---

① 在英语中，兴趣与利益是一个词，即 interest，这说明人人都会对利益感兴趣，也说明了人们本质上的倾向性和偏好。这里谈论的是生存层次上的倾向性，不是伦理意义上的倾向性，比如"见利忘义""损人利己"等。这虽然也是一种倾向性，但不是笔者谈论的作为适应性表征动力的倾向性。但是在认知意义上，好的坏的倾向性都是意向性，是人天生就具有的一种能力。

果主体的倾向性遵循效用理论的公理，那么就会存在一个效用函数 U：仅当主体对 A 的偏爱胜过 B 时，$U(A)>U(B)$；仅当主体对 A 和 B 保持中立（无倾向性）时，$U(A)=U(B)$。当然，描述主体倾向性的效用函数的存在，并不必然意味着主体明显地以它自己来考虑最大化效用函数。事实上，理性行为能够以许多方式产生。不过，通过观察一个理性主体的倾向性或偏爱，观察者可建构一个效用函数来表征主体实际上试图获得什么，即使主体不知道所获得的东西是什么。

第二节 效用函数的适应性表征机制

如果主体不知道所获得的东西是什么，那么效用函数是如何进行表征的？这就是效用作为一个函数要从状态如彩票映射到真实数。根据效用理论的公理，主体可以拥有它喜欢的任何倾向性，但是，这需要效用评估和效用量度。而效用评估和效用量度恰好反映了理性主体的适应性过程。如果我们想要建立一个决策理论来帮助其决策或行动，那么就必须首先解决主体的效用函数是什么的问题。

在人工智能中，这是倾向性或偏好的诱导问题，包括为主体提供选择，并使用观察到的倾向性来确定基本的效用函数。比如有这样一个主体，如果它的效用函数 $U(s)$ 根据方程式 $U'(s)=aU(s)+b$（a 和 b 是常量，而且 $a>0$）变换，那么它的行为就是不变的。这是一种仿射转换（affine transformation），其效用类似于摄氏度与华氏度之间的转换，即 $U'(F)=1.8U(C)+32$。这个方程式说明，效用没有绝对的量度，但其有助于某些问题的记录和比较。效用量度可由固定任何两个具体结果的效用来确定，就像我们通过固定水的冰点和沸点来确定温标一样。这样一来，我们就可以固定 $U(s)$ 的"最佳可能值"和"最糟可能损失值"的效用。我们可将这两个点的效用值分别规范地表征为 u_T 和 $u_\perp$，而且 $u_T=1$，$u_\perp=0$。给定 u_T 和 $u_\perp$ 之间的一个效用量度，通过让主体在 S 和一个标准状态【$p,u_T;(1-p),u_\perp$】之间选择，我们可以评估任何具体值 S，直到主体在 S 和标准状态之间达到概率 p 时才能得到调节。一旦规范了效用，S 的效用就由 p 给出。如果每个值都这样确定了，那么所有包括那些值的状态如彩票就被确定了。

在医学领域，除了运输和环境决策问题，人的生命是利害攸关的。在这种情况下，$u_\perp$ 是分配给即刻死亡的值（生命在 1 到 0 之间赋值）。不过，没有人觉得将一个值赋予生命是舒服的，但事实就是如此，生命的终结时刻在发生着。比如飞机和汽车的检修是由里程决定的,而不是每次旅程结束后都要检修。从伦理角度看,给生命赋值或用金钱衡量是不道德的事情,生命是无价的。但为了评估和计算效用,给生命赋值也是可理解的,如交通事故导致死亡的赔偿。

效用理论源于经济学,它为效用的测量提供了一个几乎普遍的标准——货币。可以说,几乎任何东西都能用货币来衡量,这对于主体来说就是一个总净资产评估。用计算主义的术语讲,一切都是可计算的(货币有价),包括非理性的情感、审美体验,尽管做不到精确,但概率描述还是可以的。因此,货币在人类效用函数中起着重要作用。然而,这并不意味着人们偏爱有更多的货币就会认为货币的行为就是效用函数,它只是一个主要评估参数而已。假如在一场游戏比赛中你赢了对手,裁判提议你有两个选择,要么得到1000美元的奖励,要么掷硬币赌一把。如果硬币正面朝上,你什么也得不到,如果硬币正面朝下,你能够得到5000美元。在这种情形下,你如何决策呢?最简单的决策就是直接拿走1000美元,但是,假如你赌赢了,你就会得到更多。从效用的视角考虑,你很可能选择赌一把。假设硬币是正常的(平滑的),赌博的期望货币值是1/2(1000)+1/2(5000)=3000,这比奖励值多3倍。然而,这不意味着选择赌博是一个更好的决定。要决定如何做,我们需要将效用分配给结果状态。效用不直接与货币值成正比,因为你可能赌输什么也得不到。因此,决策应该是理性行为,而不是赌博。

但是,获得最大期望效用却是人人都希望做到的,理性主体也不例外。这意味着选择最佳行动的理性方式就是最大化期望效用。这一思想可表征为:$a^* = \mathrm{argmax}_a \mathrm{EU}(a|e)$,其中 a^* 是最佳行动,argmax_a 代表行动 a 的最大化,$\mathrm{EU}(a|e)$ 代表行动 a 的评估期望效用。理论上,如果我们根据概率模型正确地计算出了期望效用,且概率模型正确地反映了产生结果的基本随机过程,那么整个过程重复许多次后我们将得到我们期望的平均效用。然而,在现实世界中,我们的模型往往会过度简化实际境遇。这有两个原因:一方面,有些信息我们不知道,比如对于复杂的决策我们掌握的信息有限;另一方面,真实期望效用的计算太复杂,比如围棋比赛中估计根节点的后继状态的效用。在这两种情形下,我们仍然可以使用真实期望效用的评估函数 $\mathrm{EU}(a|e)$。假设评估是公正的,也就是错误期望值等于零。在这种情形下,当执行一个行动时,选择具有最高评估效用的行动仍然是合理的,因为我们期望得到所期望的效用。

需要引起我们注意的是，实际结果常常会比我们评估的要更糟糕，即使评估是公正的。比如，当我们面临许多选择特别是复杂决策时，最优化效用的问题就凸显出来了。这种过高的最佳选择评估期望的倾向性被称为"优化器的诅咒"（Smith and Winkler, 2006），它会让最理性的决策分析者感到棘手。由于效用最大化选择过程的普遍性，这个问题在评估中处处存在，所以在表面上采取效用评估是糟糕的想法。当然，这个问题也是可以避免的，那就是使用贝叶斯概率模型进行效用评估。

　　虽然决策理论作为一种规范理论描述了理性主体应该如何行动，描述理论也说明了真实主体如人类如何真实地行动，但概率事件的无处不在意味着世界本来就不是按照理性"设计"的，即使人类的理性判断有时也会出现非理性的行为，而且这种非理性行为是人类本身所固有的，如情绪始终伴随着我们。有实验证据表明，人类是"可预言的非理性的"（Ariely, 2008），"阿莱悖论"[①]和"埃尔斯伯格悖论"[②]是非理性的著名例子。这种非理性倾向性的一种最流行的解释是"确定性效应"——人们强烈地被吸引到获得确定性上。这类似于人们天生对实证的偏好。人们为什么会有这种倾向性呢？原因不外乎三种：一是人们可能喜欢减少计算负担；二是人们可能不信任概率理论的合法性；三是人们可能想解释情感状态及经济状态。

　　还有一个问题是，决策问题的准确用法或措辞，可能对主体的选择产生重要影响。这是所谓的"架构效应"。也就是说，同样的事情说辞不同效

[①] 阿莱悖论是说，当人们被要求先在彩票 A 和 B 之间，然后在 C 和 D 之间做选择时，会得到如下奖励：A 为 4000 美元有 80%的机会；B 为 3000 美元有 100%的机会；C 为 4000 美元有 20%的机会；D 为 3000 美元有 25%的机会。实验表明，大多数人选择 B 和 C，放弃 A 和 D。选择 B 是基于十足的把握，选择 C 是基于更高的期望货币值。这与规范的分析不一致。因为根据效用函数，喜欢 B 胜过 A 意味着 $U(3000) > 0.8U(4000)$，而喜欢 C 胜过 D 则相反。也就是说，不存在一种效用函数，其计算结果能够与这些选择一致。事实上，人们更喜欢选择 B 和 C 的行为不是非理性的，他们只是认为他们宁愿放弃 200 美元的期望货币值，进而避免感觉 20%成为傻瓜的机会。

[②] 与阿莱悖论相似，埃尔斯伯格悖论（Ellsberg paradox）是有关效用理论和决策行为的一个悖论。它表明在估价固定的情形下，概率是未限定的或约束过少的。该悖论是说，假设你的收益依赖于从一个壶中选球的颜色。你被告知壶中有 1/3 的红色球，有 2/3 的黑色球或黄色球，但你不知道黑色球和黄色球各是多少。进一步问你是否喜欢彩票 A 或 B，然后是 C 或 D。A 为 100 美元得到红色球，B 为 100 美元得到黑色球，C 为 100 美元得到红色球或黄色球，D 为 100 美元得到黑色球或黄色球。显然，如果你认为红色球多于黑色球，那么你会喜欢 A 胜过 B，喜欢 C 胜过 D。如果你认为红色球比黑色球少，那么你的偏好会相反。然而，事实证明，大多数人喜欢 A 胜过 B，喜欢 D 胜过 C，人们似乎缺乏理性，似乎有厌恶模糊的天性。也就是说，A 给你 1/3 赢的机会，而 B 给你 0 到 2/3 之间赢的机会。同样，D 给你 2/3 赢的机会，而 C 给你 1/3 到 3/3 的机会。大多数人选择已知的概率而不是选择未知的无知。

果就会大不相同。比如，在竞赛性电视节目如《星光大道》中，主持人对表演者的积极描述或消极描述会对投票人产生较大影响。实验也表明，在医疗过程中，人们更喜欢"90%的存活率"这样的表达，而不喜欢"10%的死亡率"，尽管这两种表达是等价的。这种非理性行为在进化心理学中可以找到证据，即我们大脑的决策机制没有进化出解决具有概率的词语问题和由小数描述的评价问题。

第三节 多属性效用函数的适应性表征

决策在公共政策领域应用非常广泛，如大型水电站、核电站、机场等的建设，是涉及国计民生的大事，同时会涉及高风险。比如，核电站的安全问题，水电站如三峡的环境保护和移民搬迁与安置问题。这些重大事件的决策，既要考虑近期效用问题，也要考虑安全和环境长期问题；既要顾及眼前利益，更要考虑长远利益。这类问题的结果是由两个或两个以上属性表征的，并由多属性效用理论来处理。

根据多属性效用理论，我们假设属性 $X=X_1,\cdots,X_n$，其赋值的一个完备矢量是 $x=x_1,\cdots,x_n$，其中每个 x_i，或者是一个数值，或者是一个具有假定值次序的离散值。我们假设，在其他条件相同的情形下，一个属性的值越高，其对应的效用值就越高，比如机场的噪声问题，如果我们将噪声缺失作为一个属性，那么这个值越高，效果就越好（噪声低）。再如核电站的辐射问题，如果将核辐射值缺失作为一个属性，其值越高就越安全。

这里有一个控制或支配的问题。假设决策建设机场1比建设机场2产生的噪声低，人们会选择机场1而拒绝机场2。此时就存在一个严格控制或绝对优势问题，即机场1优于机场2，或者说，机场1绝对优于机场2。一般来说，如果一个选择比其他选择具有所有属性的更低值，那么我们就不必做进一步的考虑了。具有绝对优势的属性是占支配地位的属性，这就类似于协同学中的"序参量"概念，即确定系统演化方向的因素，如科学技术作为现代社会系统发展的序参量，选拔干部中的"德"作为首要标准，"能"只能是次要标准。这种绝对优势属性在减少竞争对手的选择方面是很有用的。比如，在众多长跑运动员的选拔中，我们倾向于选择获得奖项最多的选手（意味着成绩好），尽管这不是唯一的选择。这种根据绝对优势属性做出的选择是一种决定论的情形，意味着我们知道其属性的值。因此，绝对优势属性在确定性的情形下有用，而在随机优势的情形下就不一定管用了。

然而，在许多实际问题中，随机优势更为常见。在一个单一属性的语境中，随机优势容易理解。比如建机场，造价可能是一个主要属性。如果我们预算建造机场 1 的费用平均分布在 30 亿元和 50 亿元之间，建造机场 2 的费用平均分布在 32 亿元和 55 亿元之间，那么机场 1 就在造价上随机地支配了机场 2。其结果是，机场 1 就可能成为最终的决策，因为机场 1 的造价低于机场 2（在达到质量要求的前提下）。这种以较低价格作为单一属性情形的随机优势，在项目的招标中也很常见。不过要注意的是，在缺乏精确造价信息的情形下，这种根据随机优势做决策显得更容易，但也更可能出错，因为造价低可能使质量打折扣。

为了避免错误决策，我们需要一种累计分布，这种分布可测量代价低于或等于给定值的概率，也就是说，累计分布可以整合初始分布。比如，机场 1 累计分布总数低于机场 2 的累计分布，那么机场 1 在随机优势上比机场 2 更便宜。由此我们推出：如果一个行动在所有属性上由另一个行动随机地支配，那么这个行动就应该被放弃。比如我们选择机场 1 而放弃机场 2。

问题是，多属性效用理论如何处理多属性问题的适应性表征呢？这就需要建立一个效用函数。假设我们有 n 个属性，每个属性有 d 个独特的可能值。为了阐明完备效用函数 $U(x_1,\cdots,x_n)$，在最糟的情形下我们也需要 d^n 个值。最糟的情形是指主体的倾向性或偏好没有任何规范性的情形。我们知道，多属性效用理论基于这样的假设——理性主体的偏好比最糟的情形有更多的结构。其基本方法是识别我们期望看到和使用的偏好行为中的规范性，即我们称为的"表征原理"。根据表征原理，具有某种偏好结构的主体有一个效用函数：

$$U(x_1,\cdots,x_n)=F[\,f_1(x_1),\cdots,f_n(x_n)\,]$$

其中，F 是我们期望的一个简单函数，如加法或乘法。函数 F 意味着它随着 x_i 而变化，这就是适应性的行为，也就是适应性的表征。可以说，数学方程式描述的行动或事件，均是一种适应性表征，因为它们会随着变量的不同而变化（用数学术语说就是因变量与自变量的关系），尽管这种变化不是有意识生物适应环境意义上的。

在这里，理性主体的偏好有两种：一种是有确定性的偏好，另一种是无确定性的偏好。在有确定性的情形中，我们假设主体有回报函数 $V(x_1,\cdots,x_n)$，目的是精确表征这个函数。在确定的偏好结构中产生的基本规范性被称为"偏好独立"（preference independence），其含义是：如果结果 x_1, x_2, x_3 和

x'_1, x'_2, x_3 之间的偏好不依赖于属性 X_3 的特殊值 x_3，那么属性 X_1 和 X_2 倾向独立于属性 X_3。比如在建机场的例子中，噪声、造价是两个相关属性，但气候可能不是，也就是说，噪声、造价对于气候来说是偏好独立的，或者不相关的，可表征为属性集：{噪声，造价，气候}。这是一种相互偏好独立原则，意思是说，每个属性可能很重要，但它不影响一个属性与另一个彼此对立属性的交换使用。然而，在有的情形下，这种相互偏好独立是失效的，我们要慎用。比如你是养鸡场的主人，想买一只猎狗看护养鸡场（防止有人偷鸡或者黄鼠狼吃鸡）。由于猎狗会吃鸡，你需要使用足够多的鸡笼子。尽管猎狗对于你是非常有用的，但是，如果你没有足够多的鸡笼子，猎狗就会吃鸡。因此，猎狗与鸡之间的权衡强烈地依赖于鸡笼子的数量，此时，相互偏好独立原则就被破坏了。这表明，这类不同属性间的相互作用的存在，使完备效用函数的评估变得更加困难。

在无确定性偏好的情形中，如买彩票，我们也需要考虑彩票之间的偏好结构，需要理解效用函数的新产生的属性，而不仅仅是回报函数。这个问题的数学描述是非常复杂的，比如彩票中奖的数学计算，其中效用独立的基本观念延伸到偏好独立概念，以便将彩票包括进来。具体来说，如果 X 中关于属性的彩票之间的偏好独立于 Y 中属性的特殊值，那么一组属性 X 是一组属性 Y 的效用独立。一组属性是相互效用独立的（mutually utility independent），如果它的每个子集是其余属性的效用独立的话。比如，机场的属性就是相互效用独立的。相互效用独立意味着主体的行为可使用一个乘法效用函数来描述。比如，关于三个属性的乘法效用函数的一般形式：

$$U_i = k_1 U_1 + k_2 U_2 + k_3 U_3 + k_1 k_2 U_1 U_2 + k_2 k_3 U_2 U_3 + k_3 k_1 U_3 U_1 + k_1 k_2 k_3 U_1 U_2 U_3$$

这个表达式并不简单，它包含了三个单一属性的效用函数（U_i）和三个约束（k_i）。一般来说，一个展示乘法效用函数是一个 n 属性问题，可使用 n 个单一属性效用和 n 个约束被模型化。每个单一属性效用函数可被其他属性独立地产生出来，而且这种结合会确保产生正确的全部偏好。不过，这需要进一步地假设来获得一个纯粹加法效用函数。这就是接下来要探讨的决策网的表征问题。

第四节 决策网中信息效用的适应性表征

决策网表征的决策问题，就是决策网使用行动和效用的附加节点类型，将贝叶斯网络结合起来。一般来说，一个决策网能够表征关于人工主体的当下状态的信息、它的可能行动、导致主体行动的状态，以及那个状态的效用。因此，决策网为这类基于效用的主体提供了一个亚能级。接下来我们以机场选址的决策为例来说明决策网的适应性表征（图13-1）。

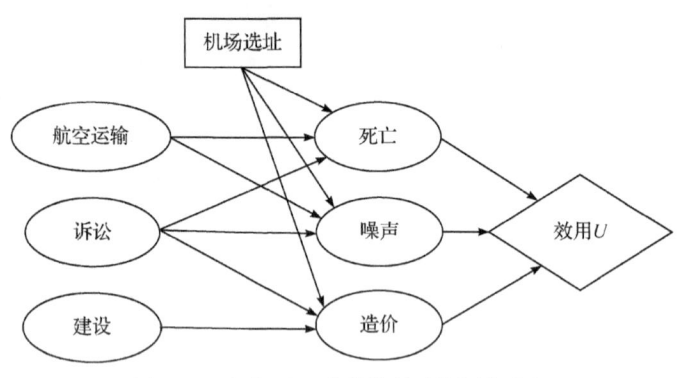

图 13-1　机场选址决策的贝叶斯网络表征

图 13-1 的表征使用了不同的节点类型：椭圆形表示机会节点，包括"航空运输""诉讼""建设""死亡""噪声""造价"等；长方形表示决策节点，如机场选址；菱形表示效用节点（也称价值节点）。与贝叶斯网络一样，机会节点表征随机变量。主体可能不能决定机场的造价、航空运输的规模及面临的潜在诉讼，如死亡、噪声和造价引起的诉讼。这些变量均依赖于机场地点的选择，比如，机场的地点离城市太近会产生噪声扰民，这会引起附近居民的不满。而且，每个机会节点与母节点的状态指示的条件分布相关。在决策网中，母节点可包括决策节点、机会节点，而且每个机会节点可能是整个贝叶斯网络评估建设造价、航空运输规模等的一部分。决策节点表征决策者选择行动的点，如机场选址。不同的地点选择会产生不同的效用。也就是说，选择会影响价值、噪声、安全等变量。效用节点表征主体的效用函数，它是其他节点共同形成的结果。或者说，效用节点是由多个母属性节点产生的。需要注意的是，"死亡""噪声""造价"这些机会节点指向未来状态，它们可能永远不会有自己的价值集作为证据变量，因此，有时可以略去其中的一些如"死亡"和"噪声"的节点，仅剩下当下起作用的决策节点和机会节点，如"机场选址""航空运输""诉讼""造价"。

决策网一旦建立，紧接着的问题是如何评估它。决策节点的行为正如机会节点一样是作为一个证据变量起作用的。评估决策网的算法一般涉及三个方面：①为当下状态设置证据变量；②对于决策节点的每个可能值，首先要为它设置决策节点，其次使用一个标准概率推理算法计算效用节点的母节点的后验概率，最后计算该行动产生的效用；③以最高效用返回该行动。这些步骤事实上是贝叶斯网络算法的一个直接延伸，可直接合并到选择理性行动的决策-理论主体的设计上。

这方面的一个典型例子是决策-理论专家系统。它通过决策分析专门解决实际决策问题。医疗专家系统是一个典型的决策-理论专家系统，也是一个成熟的诊断分析系统，卢卡斯（P. Lucas）曾经提出一个诊断和治疗儿童先天性心脏病的专家系统（Lucas，1996）。医疗统计表明，有大约0.8%的儿童先天存在心脏异常，大多数是主动脉狭窄。这种病可通过手术和药物来治疗。问题是，使用哪一种方法来治疗，何时治疗最合适？一般来说，儿童越小，治疗的风险就越大，但又不能等待过长的时间，比如长大成年后治愈的概率就会减少许多。对于这个问题，一个决策-理论专家系统可由一个包括至少一名心脏病专家和一名知识工程师的团队来设计和制造。设计和制造过程一般包括以下六个步骤。

（1）创建一个因果模型。首先确定这种病的可能症状、紊乱（小病）、治疗、结果。然后将它们连接起来，指明何种紊乱引起何种症状，什么治疗减轻何种紊乱。这些问题中有些对于心脏病专家来说是熟知的，有些通过查相关文献可以解决。

（2）将因果模型简化为一个定性的决策模型。由于使用该模型是为了做出治疗决策，而不是出于别的目的，如确定某些症状结合的可能性，我们可排除一些不涉及治疗决策的变量。有时变量会被分开或加入以便与专家的直觉匹配。比如，最初的先天性心脏病模型有一个治疗变量，包括手术和药物等，以及一个用于治疗时机的分离变量。然而，专家系统很难有时间一一考虑这些变量，所以将它们结合在一起来考虑。

（3）给概率赋值。概率来自患者的数据库、文献研究，或者专家的主观评估。一般来说，一个诊断系统可以从这种疾病的症状和观察推出。因此，在建立专家系统的初期，专家们往往会被问到治疗疾病的概率问题，也就是一个原因产生的结果的概率问题。专家们很难回答这些问题，只能给出一个大概的可能性。目前的专家系统通常会评估因果知识，直接用这个模型的贝叶斯网络结构编码这种知识，并将诊断推理留给贝叶斯网络推理算法来处理。

（4）给效用赋值。当存在少量可能结果时，它们可通过使用效用函数被逐个列举和评估。我们可以创造一个从最佳到最糟的比例，给每个结果赋予一个数值，比如，对于治疗患者，死亡是0，恢复是1。然后给其他结果在0到1之间按比例赋值。这种工作可由专家来做，如果能够包括患者或家属则更好，因为不同的人有不同的性能或症状。如果有大量的结果，我们需要使用多效用函数将它们结合起来，如不同并发症是累加的结果。

（5）验证和细化模型。为了评估一个系统，我们需要一组矫正对，如输入-输出，也就是一个所谓的金标准（即最佳标准）来检验。比如，医疗专家系统通常意味着要集中最有效的医生，给他们展示一些案例，向他们咨询诊断和治疗方案。然后，我们会比较专家系统与这些医生的推荐方案之间的匹配程度。如果匹配不佳，我们会隔离错误的部分并将它们固定下来，这对系统学习和丰富知识库是很有用的。这意味着我们不是将症状呈现给系统并询问诊断结果，而是将诊断如心力衰竭呈现给系统，检验症状如心动过速的预测概率，并与医疗文献进行比较。

（6）执行敏感性分析。这一步是在赋值的概率和效用中通过系统地改变那些参数并进行再次评估，检查最佳决策是否对小变化是敏感的。这是很重要的一步。因为，如果小变化产生了重要的不同决定，那么这就需要消费更多的资源来收集更好的数据。如果所有变化导致相同的决定，那么主体将会更有信心"认为"这是正确的决定。因此，敏感性分析不是可有可无的，而是非常重要的，因为针对专家系统的这种概率方法的一个主要责难是，它太难以至于无法评估数值的概率需要。不过，敏感性分析通常揭示这样的事实——许多需要详细说明的数值仅仅是近似的。例如，我们不能确定条件概率 P（心动过速/呼吸困难），但是，如果最佳决策在概率上与小变化合理可靠地相关，那么近似处理就是合理的，忽视的部分就不那么重要了。这就是科学研究中对于复杂问题的近似处理方法。

第五节　连续决策问题的适应性表征

上述讨论的是单稳态或片段决策问题，即每个行动结果的效用是已知的。但是，在随机环境中理性主体如何决策呢？这涉及连续决策问题，即主体的效用依赖于一个决策序列。这个问题包含了效用、不确定性和感觉（传感），包括了作为特殊情形的搜索和规划问题。

什么是连续决策问题，它是如何被表征的？在人工智能中，所谓连续决策就是不确定环境中的马尔可夫决策过程，如前所述，它是由一个详细说明行动的概率结果的转换模型和一个详细说明每个状态的奖励的回报函数来定义的。我们假设主体身处一个 4×3 方格的可能世界中，开始状态是 [1,1]，[2,2] 是障碍（Russell and Norvig，2011：646）（图 13-2）。主体在每一时步都必须选择一个行动。当主体达到标有 +1（[3,4]）和 –1（[2,4]）的目标状态之一时，它与环境的互动终止。与搜索问题一样，主体在每个状态的可行行动由算子Actions(s)给出,可简写为A(s)。在4×3方格的世界中,每个状态的行动不外乎上、下、左、右四种。我们进一步假设,环境是完全可观察的,主体总是知道自己在哪里。如果环境是确定的,一个简单的解决路径是[上,上,右,右,右],用坐标表示就是([2,1],[3,1], [3,2],[3,3], [3,4])。不过,这一解决路径虽然简单容易,但环境不总是这样确定的,在随机的环境中,行动往往是不可靠的。这就需要我们考虑随机的情形。

(3,1)	(3,2)	(3,3)	+1 (3,4)
(2,1)	障碍 (2,2)	(2,3)	−1 (2,4)
开始 (1,1)	(1,2)	(1,3)	(1,4)

图 13-2　连续决策问题的马尔可夫决策过程

假设在随机情形中,每个行动获得概率为 0.8 的意向效果,但在其他时间行动驱使在[1,1]的主体移动到意向方向。具体而言,如果主体跳过障碍[2,2],那么它就待在相同的方格。比如,从状态[1,1]开始,行动上使得主体移动到具有概率 0.8 的方格[2,1],但向右移动到[1,2]的概率是 0.1,再返回[1,1]的概率也是 0.1。也就是说,主体向上的行动概率为 0.8,向右或左的行动概率均为 0.1。在这种情形下,行动序列[上,上,右,右,右]绕过障碍达到目标状态[3,4]的概率就是 $0.8^5 = 0.32768$。还有另一个达到目标状态的小概率是 $0.1^4 \times 0.8 = 0.00008$,两个合起来的总概率是 0.32776。由于决策问题是连续的,效用函数依赖于一个状态序列,而不是一个单一状态,用语境论的术语讲就是一个环境史。因此,连续决策问题就是一个主体基于环境史的逐渐适应环境的表征过程。

我们进一步规定在每个状态 s,主体获得一个回报函数 $R(s)$,或正或负,但一定是有限的。在这个例子中,除终端状态的价值是+1 和−1 外,所有状态的价值均为−0.04。这样一来,环境史的效用就是获得的价值的总和。比如,如果主体在移动 10 步后达到+1 的状态[3,4],它的总效用就是 0.6。而回报值为−0.04 的行动给主体一个刺激迅速到达[3,4],所以,我们的环境是搜索问题的一个随机泛化。总之,一个具有马尔可夫转换模型的充分可观察、随机的环境和附加价值的连续决策问题,被称为马尔可夫决策过程,由一组状态包括初始状态 s_0、每个状态中行动的一组算子 Actions(s)、一个概率转换模型 $P(s'|s,a)$ 和一个回报函数 $R(s)$ 构成。

进一步的问题是，连续决策必然涉及一系列行动，那些行动真的适应要解决的目标吗？我们知道，固定的行动序列不会自动解决这个问题，因为主体的行动可能在一个状态而不是目标状态结束。也就是说，主体在没有找到目标前就可能结束搜索行动。因此，一个解决路径或方案，必须详细说明对于主体可能达到的任何状态主体应该做什么。这类解决路径称为策略，通常由符号π表示，$\pi(s)$表示策略π对状态s建议的行动。如果主体拥有一个完备的策略，那么无论一个行动的结果是什么，主体总会知道下一步做什么。主体每一次从初始状态执行一个给定策略时，环境的随机属性可能导致不同的环境历史。这样的话，一个策略的质量由该策略产生的可能环境历史的期望效用来衡量。一个最佳策略应该是产生最高期望的策略。最佳策略由π^*表示。如果给定一个π^*，主体会通过咨询它的当下感受器决定做什么，感受器告诉主体当下状态s，接着执行行动$\pi^*(s)$。如果一个策略明显表征了主体的功能，那么它就是一个简单反映主体的描述，由基于效用的主体的信息计算出来。对于上述例子而言，在非终端状态最佳策略是$R(s)=-0.04$。当然，时间不同，$R(s)$的值也会不同。这就是随着时间推移的效用问题。这个问题可以通过马尔可夫决策过程来解决或表征。

在上述例子中，主体的性能是由达到状态的价值的总和来测量的。这种性能测量的选择不是任意的，但这不是关于环境历史的效用函数的唯一可能性。这意味着连续决策问题重整有效区间和无限区间的区分。一个有效区间是指存在一个固定的时间，在此时间之后不再有任何行动发生，也就是说主体的行动结束了。在 4×3 方格的世界中，假设主体从[1,3]开始，而且时间$T=3$（分）。为了拥有达到+1状态（目标）的任何机会，主体必须直接朝向该状态，最佳行动就是向上移动。如果时间足够充分，主体可选择安全路径向右移动。因此，在有限区间，一个给定状态的最佳行动是随着时间变化的。这意味着一个有效区间的最佳策略是非稳定的或不固定的。如果没有时间限制，就没有理由在不同时间在相同状态有不同的行动。因此，最佳行动仅仅依赖于当下状态，而且最佳策略是固定的。相比而言，无限区间情形的策略更为简单些，因为主体有充足的时间选择最佳行动路径。不过，我们要注意的是，无限区间不必然意味着所有状态序列都是无限的，它仅仅意指没有固定的最后期限。特别是在一个包含终端状态的无限区间的马尔可夫决策过程中，可能存在有限状态序列。

接着的问题是，我们如何计算状态序列的效用呢？用多属性效用理论的术语讲，每个状态s_i可被看作状态序列$[s_0,s_1,s_2,\cdots]$的一个属性。为了表征简单起见，我们需要一些偏好独立假设，其中一个最重要的假设是——在状态序列之间主体的偏好是固定的。偏好的固定性意思是：如果两个状态序列始于相同的状态，那么它们除初始状态外的剩余序列应该同样是偏好有序的。通俗地说，如果你一开始偏好一个东西，你就会在未来也偏好那个东西，比如喜爱的美食或色彩，这就是偏好的固定性。偏好意味着优先，也就意味着效用。比如集体旅游乘车，起初会按照先到先选座位的原则，这样固定座位后不仅不会在接下来的上下车过程中导致混乱，也容易清点人数，从而提高效率。因此，固定性往往能够产生好的效果。

第六节　通过数值迭代的适应性表征

数值迭代是一种算法，用于计算最佳策略。其基本理念是计算每个状态的效用，然后使用那个效用来选择每个状态的最佳行动。由上述可知，这意味着存在着一个状态效用及其邻近状态效用之间的一个直接关系，即一个状态的效用是那个状态加上邻近状态的期望折扣效用的直接价值（假定主体选择最佳行动的话）。这个过程包括一个效用估计和数值迭代，直到聚集于或收敛于一个最佳数值的适应过程，其表征形式是数学和图解的结合使用。前面提及的贝尔曼方程是计算效用的典型例子。比如上述 4×3 方格的世界中，对于状态 $S(1,1)$ 来说，根据贝尔曼方程的计算结果，我们发现主体向上的行动是最佳选择。主体的偏好用数学语言说就是收敛或收缩到一个固定点，比如数字的"一分为二"最终收缩到零，物质的"一分为二"最终收缩到空无。收敛的目的是找到问题的一个最佳答案（数学上是一个固定值），其过程是主体行动适应目标的过程。原则上，收敛过程在数学上可通过贝尔曼方程进行精确运算，给出主体最可能想要的结果。这个结果不一定是最佳的，但对于行动主体来说一定是最适应的。

在实践中，我们观察到，即使效用函数的估值是不精确的，我们找到一个最佳策略仍然是可能的。如果一个行动明显比其他所有的行动都好，那么涉及这个状态效用的准确量值就不必是精确的。这意味着发现最佳策略的替代方法是可能的。策略迭代就是这方面的一个典型方法。

策略迭代有两个步骤，从初始策略 π_0 开始，第一步是策略评估，即给定一个策略 π_i，计算 $U_i = U^{\pi_i}$ 就得到每个状态的效用，如果 π_i 是已生效的。第二步是策略改进，即基于 U_i 使用一步向前看方法来计算一个新策略 π_{i+1}。当策略改进步骤在效用上不再产生变化时，算法就停止了。此时，我们知道，效用函数U_i是贝尔曼更新的一个固定点，所以它是贝尔曼方程的一个解，而且π_i一定是最佳策略。因为对于一个有限的状态空间，策略一定是有限的，而且每个迭代会产生一个更好的策略，策略迭代一定会停止。也就是说，当状态-行动空间是有限的且使用价值函数和策略的精确表征时，策略改进获得比先前更严格、更好的策略，除非当前策略已经是最佳的。因此，保证策略迭代的算法可以在有限次迭代下发现最优的策略。

显然，策略改进步骤是直截了当的，但是我们如何执行策略评估路径呢？这比解贝尔曼方程要简单得多，因为每个状态的行动是由该策略固定的。在第i次迭代后，策略π_i在状态s详细说明行动$\pi_i(s)$。这意味着就s的效用与其近邻效用的关系而言，我们也可简化贝尔曼方程，使之更方便于计算。这种简化的方法说明，这个方程是线性的，因为其中的Max算子被消除了（见第十二章中关于贝尔曼方程相关内容）。相对于非线性方程的运算，线性方程是简单的。在策略迭代上，我们的策略是，凡是能够通过简单计算得到最佳结果的，绝不使用非线性运算。这是计算上的奥卡姆剃刀原则。

可以看出，策略迭代算法需要更新所有状态或策略的效用。其实，这不是严格必要的。事实上，在每个迭代中，我们可选择状态的任何子集，并将更新类型（策略改进或简化数值迭代）应用到那个子集。这种非常普遍的算法在人工智能中被称为"异步策略迭代"（asynchronous policy iteration，API）。给定初始策略的确定条件和初始效用函数，异步策略迭代保证收敛于一个最佳策略。任意选择任何状态动作意味着我们能够设计更多的有效启示算法，比如，集中更新状态数值的算法，很可能通过一个好的策略达成。在现实生活中，这给我们许多启示，比如，如果你没有意向从悬崖上跳下去，你就不会浪费时间担忧其后果是什么。假如你仍然担忧，那就是"杞人忧天"了。在人工智能中，没有信念状态的计算是不会发生的。这意味着信念状态是适应性表征发生的先决条件或根本原因。所以，迭代意味着重复，重复意味着适应；策略迭代意味着策略的聚焦，也就是迭代次数适应性，就像重复的学习如背单词增强记忆，重复的训练如投篮提升准确率。总之，多次迭代或重复的过程，就是人工主体逐渐适应其环境达到目标的过程。

第七节　部分可观察马尔可夫决策过程的适应性表征

上述业已表明，马尔可夫决策过程的描述假定了环境是完全可观察的。在这种条件下，主体总是知道它处于哪个状态。这意味着最佳策略仅依赖于当前状态。当环境是部分可观察之时，状态的境遇就远不是清晰的，即主体不必然地知道它处于哪个状态，因此它就不能执行推荐给那个状态的行动策略 π（s）。而且状态 s 的效用和 s 中的最佳行动不仅依赖于 s，也依赖于当主体处于那个状态时它知道多少。由于这个原因，POMDP 通常被认为比一般马尔可夫决策更难。这种情形是不可避免的，因为我们的世界就是部分可观察的。

那么，主体如何在部分可观察的境遇中适应地行动呢？这就需要准确定义 POMDP。一个 POMDP 可表征为一个元组 $\langle S,A,\Omega,T,O,R \rangle$，其中 S 表示一个有限状态集合，A 表示一个有限动态集合，Ω 表示一个有限观测集合，T 表示一个概率转换函数 $T: S \times A \times S \rightarrow [0,1]$，O 表示一个观测函数 $O: S \times A \times \Omega \rightarrow [0,1]$，R 表示一个回报函数 $R: S \times A \times S \rightarrow R$（马克·威宁和马丁·范·奥特罗，2018：281）。换句话说，在人工智能中，一个 POMDP 除了有与马尔可夫决策过程相同的成分，即一个转换模型 $P(s'|s,a)$、行动 $A(s)$ 和回报函数 $R(s)$，还有一个传感器模型 $P(e|s)$，该模型要详细指明在一个状态 s 主体感知证据 e 的概率，因为部分可观察境遇蕴含了随机性和统计性。我们还以上述的 4×3 方格的世界为例。在其上增加一个噪声和部分传感器，其中部分传感器可以测量邻近墙的数量，这样的话，这个方格世界就成为部分可观察的境遇，主体就不能完全准确知道自己所在的位置了。这与我们解决非确定的和部分可观察的规划问题相似，在那里，我们将主体所持的信念状态（即主体可能所处的实际状态）看作描述和计算解决方案的关键概念。换句话说，在一个物理空间解决一个 POMDP，可被还原为在相应的信念状态空间解决一个马尔可夫决策过程，也就是把部分可观察的情形转换为完全可观察的情形。因为可观察的情形对于主体来说是确定的，容易解决。这就是把难问题转换为易问题的方法论策略。

在 POMDP 中，一个信念状态成为所有可能状态上的一个概率分布。比如，对于一个 4×3 的 POMDP，一个初始信念状态可能是 9 个非终结状态的平均分布。假设 $P_b(s)$ 表示由信念状态 b 分配给实际状态 s 的概率，在给定感知和行动序列的情形下，主体会计算它的当下信念状态作为实际状态的条件概率分布。这本质上是过滤任务，可在数学上通过基本递归过滤方程从先前的信念状态和新证据计算出新信念状态。这个过程是适应性的，因为就 POMDP 来说，我们需要考虑，如果 $b(s)$ 是先前的信念状态，主体执行行动 a，接着感知证据 e，那么新的信念状态可通过简化的贝尔曼方程计算，可写作 $b'(s') = \text{Forward}(b,a,e)$，其中 $b'(s')$ 表示新信念状态，

Forward 表示前向算子。在 4×3 的 POMDP 中，如果主体向左移动而且它的传感器报告邻近墙的情况，那么主体很可能移动到位置 (3,1)。这说明最佳行动仅依赖于主体当前的信念状态。也就是说，最佳策略可由一个从信念状态到行动的映射 $\pi^*(b)$ 来描述，并不依赖于主体所在的实际状态。对于人工主体来说，这是一件好事，因为主体不知道它的实际状态，它所知道的只有信念状态。因此，一个 POMDP 主体的决策环可分解为三个步骤：①给定当前信念状态 b，执行行动 $a=\pi^*(b)$；②接收环境中的感知 e；③把当前信念状态指派给 Forward (b,a,e)，并重复这个过程。

图 13-3 是一个 POMDP 主体（即学习器）与其所处环境互动的过程。

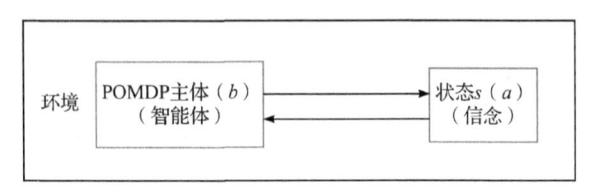

图 13-3　一个 POMDP 主体与其所处环境之间的交互架构

注：其中→表示在信念 b 执行行动 a，←表示将对状态 s 的观测和奖励反馈给主体，并不断重复这个过程

显然，POMDP 需要在信念状态空间的一个搜索过程，类似于无传感器和偶然性问题的搜索，但不同在于，POMDP 的信念状态是连续的和概率分布的。比如 4×3 方格的世界中的一个信念状态就是一个 11 维连续空间中的一个点。一个行动改变一个信念状态，而不仅仅是改变物理状态。因此，行动的效用至少部分是根据主体获得结果的信息被评估的。具体来说，在执行一个行动 a 后，处于信念状态 b 的主体获得信念状态 b'。如果我们知道这个行动和后继的感知，那么 b' = Forward (b,a,e) 将提供一个确定的更新的信念状态。由于后继感知是未知的，所以，主体可能获得几个可能信念状态 b' 中的一个，究竟是哪一个，依赖于主体接收到的感知类型，这可通过概率计算获得。

进一步的问题是，POMDP 的数值迭代是不是适应性的。上述我们讨论了计算每个状态的一个效用值的数值迭代算法。但是，在有许多信念状态的情形下，事情就变得复杂了，我们需要更多的创造。考虑一个最佳策略 π^* 及其在一个具体信念状态 b 的应用——该策略产生一个行动，对于每个后继感知，这个信念状态被更新并产生一个新行动，如此重复下去，就会产生一个最佳策略。这个策略与非确定和部分可观察问题中的条件规划是等价的，也就是将策略替换为规划。

为简单起见，我们使用一个 2-状态世界来说明策略迭代过程。一个状态标记为 0，另一个标记为 1，回报函数 $R(0)=0$，$R(1)=1$。进一步假设有两个行动，一个是停止，另一个行进。每个行动都有自己的概率值。如果传感器报告正确的状态概率，当主体认为它处于状态 1 时，它应该停止，当它认为自己处于状态 0 时，它应该行进。这个 2-状态世界的优势在于，信念空间被视为一维的，因为两个概率之和必须是 1。在表征方式上，我们可利用直角坐标来表征，即效用值作为纵轴，状态概率作为横轴，通过直线或曲线表征状态的变化。

显然，策略迭代是一个动态过程，比如 POMDP 的在线主体或在线代理，因为它处于部分可观察的、随机的环境中。在策略迭代过程中，其转换和传感器模型通常使用动态贝叶斯网络表征，过滤算法被用于合并每个新感知和行动，并更新信念状态的表征，而且决策是通过规划可能的行动序列并选择其中最佳的。

第八节 博弈论的多主体决策的适应性表征

上述谈及的是不确定环境下的决策适应性问题。有时环境本身并没有发生变化，而是主体不是一个而是多个，主体间相互影响，其决策也相互影响，彼此之间需要协调，这导致了新的不确定性。这就是多主体的决策问题，其表征模型是多主体之间的一个反馈循环（图 13-4）。当还要必须考虑当前状态的环境时，多主体所做的不仅仅是协调。当前状态的环境和协调这两个方面会使问题变得越来越复杂，因为单一主体只是有限的系统信息。通常情况下，主体的行动与它们具有的回报及它们所处的环境有直接影响，但是主体没有能力去观察来自其他主体的行动回报。在极端情况下，主体甚至可能并不知道其他主体的存在，因而会使环境看起来不稳定。在其他情况下，主体可以访问所有信息，这是由于计算的复杂性和主体之间所需要的协调。

为了适应这个问题不断增加的复杂性，我们可以使用马尔可夫博弈来表征。在马尔可夫博弈中，联合行动是多主体独立选择行动的结果，其定义是（马克·威宁和马丁·范·奥特罗，2018：326）：一个马尔可夫博弈是一个元组 $(n, S, A_{1,\cdots,n}, R_{1,\cdots,n}, T)$；其中 n 是系统中主体的数量，S 是系统状态的集合 $\{s^1,\cdots,s^n\}$，A_k 是主体 k 的行动集合，$R_k: S \times A_1 \times \cdots \times A_n \times S \to R$，$k$ 是主体的奖励函数，$T: S \times A_1 \times \cdots \times A_n \times S \to \mu(s)$ 是转换函数。在博弈过程中，不同的主体可从相同的状态转换得到不同的奖励,这意味着我们在博弈中引入了马尔可夫决策过程,即假定马尔可夫决策过程中总是存在着最佳策略。除此外,马尔可夫博弈还要考虑不同策略之间的平衡,这可以通过在问题结构中引入一些假设来保持平衡。

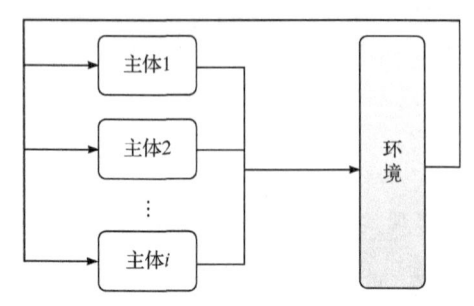

图 13-4 多主体在同一状态相同环境中的协调行动

在完全可观察的多主体的轮流游戏如下棋中,人工主体也可使用极大极小搜索来发现最佳走法。在部分可观察情形下,博弈论可作为分析同时走法和部分可观察的其他来源的方法[①]。在人工智能中,主体设计和机制设计是博弈论的两个主要表征方法。

所谓主体设计就是对人工主体的策略进行规划。博弈论可用于分析主体的决策并计算每个决策的期望效用,其前提假设是其他主体也根据博弈论最佳地行动。比如,在数字猜拳游戏中两个玩家同时出手展示数字,两个数字之和与谁说出的数字相符,谁就赢。在这个游戏中,两个玩家同时出手和喊出的数字,对彼此和第三人都是不确定的。博弈论可决定最佳策略来击败对手。机制设计是说,当环境由多个主体占有时,就有可能确定环境的规则,以便所有主体的效用最大化,这类似于公共资源的合理分配问题,即让每个占有有限资源的主体的利益都最大化,如网络流量的配置、环境污染的共同治理。博弈论有助于公共资源的效用最大化的设计,也可用于建构智能多主体系统来解决分布式模式中的复杂问题。

我们以一步游戏为例来说明这两种表征方法。一步游戏就是每次只能走一步,如中国象棋、围棋等。这是两个玩家游戏中最常见的情形。进一步来说,一步游戏由三个成分组成:①做决定的玩家或主体(选手);②玩家选择的行动,不同的玩家选择的行动可能相同或不相同;③支付函数,它给出每个玩家及其每个行动结合的效用,可用矩阵表征。游戏中的每个玩家

---

① "完全可观察"和"部分可观察"在博弈论中分别称为"完全信息"和"不完全信息"。

必须接受并执行一个策略（即游戏规则，在博弈论中称为策略）。一个纯策略就是一个确定性的决策，对于一步游戏来说就是一个单一行动。

那么，两个玩家的一步游戏是如何适应地表征的呢？我们考虑这样一个故事。有两个被指控的窃贼 A 和 B，他们在犯罪现场附近当场被捕，并被分别加以审讯。检察官与每人都做了一笔交易：如果你能证明你的同伙是盗窃团伙的头目，你将因此获得释放，而你的同伙要坐牢 10 年。然而，如果你们都做与对方不利的陈述，那么你们都要坐牢 5 年。他们还知道，如果他们都拒绝作证，他们都只坐牢 1 年。此时，他们面临着所谓的"囚徒困境"（prisoner's dilemma）[①]——他们应该作证还是拒绝呢？作为理性的主体，他们每个人想要最大化自己的期望效用。我们可进一步假设，A 一点也不关心其同伙的命运，那么他坐牢的机会就会大大减少（即利益最大化），不论 B 发生了什么。B 也是这么认为的。为了达成一个理性决定，他们都建构了这样一个支付矩阵：

	A：作证	A：拒绝
B：作证	$A=-5$，$B=-5$	$A=-10$，$B=0$
B：拒绝	$A=0$，$B=-10$	$A=-1$，$B=-1$

A 是这样想的：假设 B 作证的话。如果我作证，那么我坐牢 5 年；如果我拒绝，我坐牢 10 年，因此，在这种情形下作证是更好的选择。如果 B 拒绝的话，我不坐牢；如果我拒绝，我坐牢 1 年，因此在这种情形下，作证是最佳选择。在两种情形下，作证都是更好的选择，所以我必须作证。同样，B 也会这么想。这表明作证对各自的利益最大化是最佳选择，但这是以牺牲另一个人的利益为代价的。

如果考虑让两个人的利益都最大化（假设两个人都仁义或为对方考虑的话），也就是所有玩家都喜欢或接受的结果，上述想法就不是最佳选择了。这就需要引入帕累托最优（Pareto optimality）[②]。如果 A 足够理性，他会进

[①] 这是博弈论中的非零和游戏中一个典型实例，反映了个人而非团体的最佳选择。一次发生的囚徒困境与重复发生的囚徒困境结果不完全一样。在重复的情形中，博弈行动反复进行，其中的每个当事人都有机会惩罚另一个当事人前一回合的不合作行为。此时，合作可能会作为平衡结果出现，而欺骗动机可能受到惩罚的威胁被抑制，从而导致一个较好合作的结果。囚徒困境的含义是：虽然囚徒们彼此合作可为所有人带来最大利益（释放或减刑），在信息不明的情况下，出卖同伙也会给自己带来最大利益。

[②] 这个概念是以提出者意大利经济学家帕累托（V. Pareto）的名字命名的，他在关于经济效率和收入分配的研究中使用了这个概念，描述是资源分配的一种状态。其含义是：在不使所有参与者境况变坏的情况下，不可能再使某些人的处境变好。这是博弈论中达到最优的一种路径和方法。

一步推出：B 的最佳选择也是作证。因此，B 会作证，最终结果是他们两人都要坐牢 5 年。这不是他们想要的结果。如果有一个人作证另一个人拒绝，结果是有一个要坐牢 10 年，另一个人可获得自由。如果两人都拒绝，都仅坐牢 1 年。在考虑所有人利益最大化或最优的情形下，都拒绝是最佳选择。这表明一个事实：当每个玩家（当事人）有一个支配策略时，它们的策略的结合被称为支配策略平衡。一般来说，假定每个其他玩家保持同一个策略，如果没有任何玩家能够通过改变策略获益的话，一个策略组合会形成一个平衡。一个平衡在策略空间是一个逻辑最优，即一个沿着每一维度下降的峰的最高点，在那里一个维度对应于一个玩家的策略选择。

上述例子表明，在许多游戏中，主体常常使用混合策略，即使用概率分布选择行动的随机策略，能够得到更好的结果，而不是只使用一个策略。因为混合策略选择具有概率 p 的行动 a，否则选择行动 b，可表征为：$[p:a;(1-p):b]$。比如，猜拳游戏的混合策略可能是 $[0.5:主体1;0.5:主体2]$。一个策略的组合（profile）是把一个策略分配给每个主体或玩家。给定一个策略组合，游戏的结果就是每个玩家的一个数值。因此，一个游戏的解决方案就是一个策略组合，其中每个玩家采用一个理性策略。这里的理性是指每个主体只选择决定结果的策略组合的部分。不过，我们要意识到，游戏中的结局（输赢）是实际产生的结果，而解决方案只是分析游戏的理论建构。

2-玩家游戏的结果是零和的，由此得出一个一般结果，即当允许使用混合策略时，每个 2-玩家零和游戏拥有一个最大平衡。这是由计算机之父冯·诺依曼发现的。而且零和游戏中的每个纳什平衡对于两个玩家来说是一个最大点。采用最大策略的那个玩家有两个保证：一是没有任何其他策略能比其对手发挥得更好；二是这个玩家继续执行这个策略，即使该策略被对手知晓。从数学表征来看，2-玩家游戏的数学方程是线性的，使用基本线性方程就可解决问题，但对于三个或三个以上玩家的游戏，方程是非线性的，解起来非常困难，这与物理学中的"三体问题"的数学解答是类似的。

第九节 小　　结

在人工智能中，人工主体是一个理性代理或系统。我们可使用决策理论在可观察环境中建构这样一个主体，它能通过考虑所有可能行动并选择导致最佳期望结果的那个行动做决策。实现这个目标的表征方法有概率理论、效用理论、决策理论。概率理论表征基于证据主体应该相信什么，效用理论表征主体想要什么，决策理论将这两个理论结合起来表征主体应该做什么，比如决策网络提供了表达和解决决策问题的一个简单表征方法。专家系统由于吸收了效用信息具有了附加能力，比纯粹推理系统更好。在不确定环境中，马尔可夫决策过程能够处理并表征连续决策问题。马尔可夫决策过程由一个描述行动概率结果的转换模型和一个描述每个行动的奖励的回报函数构成，能够通过策略迭代实现目标或完成认知任务。策略迭代在当下策略架构下在计算状态效用和提升当下策略的效用之间变换，以便适应性地表征目标。这种转换过程是通过主体的信念状态而不是实际状态的变化实现的。比如在部分马尔可夫决策环境下，主体使用一个动态决策网络表征转换和感知模型，更新其信念状态，并执行可能的行动序列。博弈论表征了主体在一定境遇中的理性行动，通过纳什平衡的策略组合解决问题，其中的机制设计方法能够被用于建构主体互动的规则，目的是通过对个体理性主体的操作来最大化某些普遍效用。

第十四章　决策主体在真实世界中的适应性表征

> 未来我们可能面临这样的情景：我们无法预知这些超级智能机器的行动，它们不完全明确的目标与我们自己的目标相冲突——而为了实现这些目标必须生存下来的动机非常强大。
>
> ——斯图尔特·罗素（Stuart Russell）（摘自约翰·布罗克曼《AI 的 25 种可能》2019 年第 36 页）

人类这种生物主体，是适应其环境的，其规划与行动更是理性运作的结果。由于规划是人类的一种特殊的高级智力指标，一种为了实现目标而对活动进行调整的能力，因此，规划本身就反映了自我意识和适应性表征的特征。一般来说，规划有两个重要特点：一是需要执行一系列确定的步骤，以便完成目标任务；二是需要一定的前提条件，即规划步骤会根据条件进行修正，即条件规划。因此，规划增强了人工主体的独立性和适应动态环境的能力，并且这种能力是通过表征一个世界的状态来预测未来实现的。正如泰特（A. Tate）等指出的，"规划是在使用先前这类计划约束或控制行动前，为未来行动生成（可能部分）表征的过程。其结果通常是一组行动，具有时间和其他约束，由某些智能体或智能组来执行"（Wilson and Kell, 2000：652）。这意味着，人工智能作为人类智力的产物，无疑是基于理性的，也就是说，人工智能是研究理性行动的科学。而规划最能反映理性的特征，因为规划是设计好达到目标的行动。基于搜索的问题解决智能体和混合逻辑智能体，都是预先规划好的人工主体。在人工智能世界，如何定义规划和行动，如何适应性表征它们是人类设计者面临的一个难题。

第一节　人工主体对行动规划的适应性表征

在人工智能中，所有规划问题本质上都是将当前状态或初始状态转变为所需要的目标状态，旨在为实现目标而选择适当的行动序列。这意味着规划关注的是在一个明确定义的世界中所发生的变化。因此，人工主体（智能体）就是利用规划来生成达到目标的行动序列。

那么，如何让人工主体从当前状态达到目标状态（解决问题）？其中必要的转换是什么？当行动发生时需要表征世界的哪些方面已发生了变化？这就是著名的"架构问题"。因为随着问题空间的复杂性增加，追踪任何已经发生的事情和未发生变化的事情，成为越来越难以计算的问题。而在复杂空间中进行计算，本质上是一个搜索问题，一个关于不完整信息推理的问题。因为就计算步骤数、储存空间、可靠性和最佳性来说，这取决于搜索的效率（详见第三部分"搜索主体：基于发现的适应性表征"）。而搜索的目的是找到一个更有效的规划。一个规划从初始状态开始，在目标状态处结束，这个过程一般会涉及潜在大规模的搜索空间。如果有不同的状态或部分规划相互作用，事情就会变得十分困难。因此，即使一个简单的规划问题，在大小上也可能是指数级别的。

这意味着，虽然人工主体能够发现产生一个目标（问题）的行动序列，但它处理的状态却是原子表征的，需要好的域-特异（domain-specific）启示法来执行。我们已经知道，杂混命题逻辑主体不需要域-特异启示法也能发现规划，因为它使用基于问题的逻辑结构的域-独立（domain-independent）启示法，但它依赖于基本命题推理，即变量无关命题推理，这意味着当遇到行动和规划时它可能陷入困境。

为了解决这个问题，人工智能设计者选择了因子表征（factored representation）这种由变量组合的世界状态的表征方式，并使用规划域定义语言（planning domain definition language，PDDL[①]）描述四个因素：①初始状态；②在一个状态中可用的行动；③应用行动的结果；④目标测试。每个状态被表征为一个流动项（fluent）的连接，流动项是基本的、无功能的原子单位。比如，*富有*∧*有教养*可以表征一个幸福主体的状态。这种表征方式使用数据库语义学，包括一种封闭世界假设（任何没有提及的流动项都是假的）和一个专有名称假设（每个事物有唯一的名字，如小车和卡车是不同的）。行动有一组行动图示定义，而行动图示隐含地定义了需要问题-解决搜索的行动 s 和结果 Result（s,a）函数。

对于 PDDL 而言，它根据变化的事物通过详细描述一个行动的结果来规划和行动，而对保持不变的任何行动不予理睬。一组基本[②]（变量无关）

[①] PDDL 是标准化人工智能的规划语言的一次尝试，首次由麦克德莫特（D. McDermott）及其同事于1998年研发，目前有许多新版本，官方版本有 PDDL1.2、PDDL2.1、PDDL2.2、PDDL3.0、PDDL3.1；扩展的版本包括 PDDL+、NDDL、MAPL、OPT、PPDDL、APPL、RDDL、MA-PDDL。

[②] 这里的基本的（ground）是指不能再分的意思，就像古代原子论中的原子一样，基本行动就是最小单元的行动，基本句子就是最小的、意义固定的句子。类似于罗素的原子事实和原子命题。

的行动通过一个单一行动图示来表征，该表征将推理层次从命题逻辑提升到一阶逻辑的一个严格子集。比如，驾驶飞机从一个地方到另一个地方的行动图示的表征形式如下：

（行动）Action（fly（p,from,to）），

（前提）Precond: At（p,from）∧Plane（P）∧Airport（from）∧Airport（to）

（结果）Effect: At（p,from）∧At（p,to）

这个表达式中有两个变量：前提（precondition）和结果（effect）。可以看出，一个行动的前提和结果是原子句（包括肯定和否定句）的每个连接。前提限定了行动被执行的状态，结果限定了执行那个行动的结果。也就是说，一个行动 a 可以在状态 s 中被执行，如果 s 限定继承（entailment）了 a 的前提的话。限定继承可用集合语义学表达：$s \models q$，当且仅当 q 中的每个肯定原子句在 s 之中，每个 q 中的否定原子句不在 s 之中。形式地表达就是：

（$a \in$ Action（s））$\leftrightarrow s \models$ Precond（a）

其中，a 中的任何变量是普遍地由量词限定的。比如上述飞机飞行的例子，

$\forall p$,from,to（Fly（p,from,to）$\in$ Action（s）

$\leftrightarrow s \models$（At（$p$,from）∧Airport（from）∧Airport（to）

假如从北京到上海的航行，可表达为：

$\forall p$,from Beijing, to Shanghai（Fly（p, from Beijing, to Shanghai）$\in$ Action（s）

$\leftrightarrow s \models$（At（$p$, Beijing）∧Airport（Beijing）∧Airport（Shanghai）

这意味着，如果前提通过 s 得到满足，那么行动 a 在状态 s 就是适当的。如果一个行动图示包含多个变量，它可能用于多个适当的例示说明。比如飞机飞行的起始和目的地发生变化，其表达式也会发生变化，如 Fly（p_1, Taiyuan, Beijing），或者 Fly（p_2, Beijing, Taiyuan），它们都可以当作初始状态。在状态 s 中执行行动 a 的结果可被定义为状态 s'，它是由状态 s 启动形成的流动项的集合，并消除行动结果中出现的否定原子句的流动项【这被称为删除列表 Del（s）】，同时增加行动结果中的肯定原子句【被称为增加列表 Add（a）】。于是，一个行动的结果可表示为：Result（s,a）=（s–Del（a））∪ Add（a）。比如，行动 Fly（p_1, Taiyuan, Beijing），我们可以消除 At（p_1, Taiyuan），增加 At（p_1, Beijing）。这需要一个行动图示（一种逻辑规则），也就是说，结果中的任何变量也必须出现在其前提中。换句话说，当前提与状态 s 匹配时，所有变量将是被约束的，因此，Result（s,a）只有一个原子句。或者说，基本状态在 Result 操作下是封闭的。

根据 PDDL，一组行动图示承担一个规划域定义的角色。这个域中的一个具体问题可通过增加一个初始状态和一个目标得到定义。初始状态就是基本句或原子句的连接或组合。这里使用了封闭世界假设，即对于所有状态的表达，凡是没有提及的原子句都是假的。目标仅仅是一个前提，即原子句的连接可能包含变量，如有飞机飞往太原，即 At(p,Taiyuan)∧Plane(p)。任何一个变量的存在都是可量化表征的，所以这个目标就是有飞机在太原。这意味着，当我们发现一个行动序列在状态 s 结束而其中蕴含目标时，这个问题就得到了解决。也就是说，状态 Plane(Plane$_1$)∧At(Plane$_1$, Taiyuan) 必然推出 At(p, Taiyuan)∧Plane(p)。

显然，在人工智能中，规划被定义为一个搜索问题，即我们有一个初始状态、一个行动函数、一个结论函数及一个目标测试。这里用一个著名的方块-世界（block-world）问题[①]来进一步说明行动规划是如何被人工主体执行的。在方块世界中，方块可以被堆起来，但一个方块只能堆在一个上面。机器人的手每次可以捡起一个方块，将其移到另一个位置，或者放到桌面上，或者放到另一个方块上。由于它每次只能拿起一个方块，因此，它不能拿起一个方块下的另一个方块。这个方块-世界的目标是堆起一个方块堆或更多方块堆，要求一个方块放在另一个方块上，最终形成一个竖立的方块柱。这个世界的设计者使用 PDDL，用 On(b,x) 表示方块 b 在 x 上，其中 x 是另一个方块或桌子本身。将方块 b 从 x 的顶部移动到 y 的顶部的行动表征为 Move(b,x,y)。移动 b 的前提是，没有其他的方块在其上，即不与任何其他方块有接触。以一阶逻辑表征就是 ¬∃x On(x,b)，或者 ∀x¬On(x,b)。由于 PDDL 不允许有量词，设计者引入一个述语 Clear(x)，当 x 上没有方块时，它是真的，即它要表明的意思是，x 上没有任何东西。

就 Move(b,x,y) 而言，如果 b 和 x 上面是空的，那么行动 Move 将方块 b 从 x 位置移到 y 位置。此时，y 就不再是空的，也就是 b 被放在了 y 上面（y 或者是方块或者是桌面）。这个移动过程可表征为：

[①] 这是人工智能早期关于有限域即著名的"微世界"的问题，方块世界是"微世界"中的一个最著名问题。方块世界由一组固体方块（立体的）组成，方块被置于一个桌面上（通常是桌面的模拟）。这个世界的一个典型任务是，使用机器人的手每次捡起一个方块，并以某种方式重新安排那些方块的排列，比如由横排列变成竖排列。这个由人做起来再简单不过的事情，由机器人来做就不那么简单了。如果解决了这个问题，关于机器人行为的许多问题就可迎刃而解了。因此，方块世界的思想被认为是许多程序设计思想的重要来源，比如 Huffman（1971）的视觉工程、Waltz（1975）的视觉和限制-传播工作、Winston（1970）的学习理论、Winograd（1972）的自然语言理解程序和 Fahlman（1974）的规划者程序，都与方块世界问题密切相关。

$$\text{Action}(\text{Move}(b,x,y)),$$
$$\text{Precond: On}(b,x) \wedge \text{Clear}(b) \wedge \text{Clear}(y),$$
$$\text{Effect: On}(b,y) \wedge \text{Clear}(x) \wedge \text{On}(b,y) \wedge \neg \text{Clear}(y)$$

不过，这个表达式并没有涉及 x 和 y 是桌面的情形。当 x 是桌面时，这个行动有结果 Clear(T)（T 表示桌子 table），但桌面不能是空的，因为它上面有许多方块；当 y 是桌面的时候，它的前提是 Clear(T)，但桌面不必是空的而让机器人移动一个方块到它上面。要固定它，可以通过两个方面做到。一方面，引入另一个行动将方块 b 从 x 移动到桌面：

$$\text{Action}(\text{Move to Table}(b,x)),$$
$$\text{Precond: On}(b,x) \wedge \text{Clear}(b),$$
$$\text{Effect: On}(b,\text{Table}) \wedge \text{Clear}(x) \wedge \neg \text{On}(b,x))$$

另一方面，我们将 Clear(x) 解释为"在 x 上有一个空的空间支撑一个方块"。根据这种解释，Clear(T) 总是真的。但唯一的问题是，没有什么能够阻止规划者使用 (move to table)，而不是使用 (move to table)(b,x)。这个问题会导致一个更大的必要搜索空间，但不会产生不正确的答案。为了解决这个问题，我们可引入一个述语 Block，并将 Block(b) $\wedge$ Block(y) 添加到 Move 的前提中。这样一来，表达式就越来越复杂，也会产生一些问题，如是否存在解决规划问题的最佳规划。这会促使我们在许多规划中寻找最佳规划或最适应目标的规划。从适应性表征的视角看，当遇到新问题时，引入或添加新算子或新假设，就是要不断与目标相匹配，这个过程就是适应性配置。

第二节 行动规划作为状态空间搜索的适应性表征

如前所述，状态空间搜索[①]作为行动规划是通过算法来表征的。这是将

[①] 搜索是人工智能解决问题的一种主要方法论或策略，即智能体（一种程序或算法）能够在确定的、可观察的、静止的和完全知晓的环境中选择行动。在这种情形下，智能体能够构建产生其目标的行动序列。这个过程就是搜索。搜索是根据问题（目标）进行的，要执行搜索功能，就需要先定义问题。问题一般由五个部分构成：初始状态、一组行动、一个描述这些行动结果的转换模型、一个目标测试函数和一个路径代价函数。问题的环境由一个状态空间表征，而从初始状态到目标状态的整个空间状态就是问题的答案。搜索算法将状态和行动看作原子的，即它们是不可分的符号，也就是没有内在结构。这种算法是基于完备性、最佳性、时间复杂性和空间复杂性来判断的。搜索方法一般有两大类：无知搜索和有知搜索。前者包括宽度优先搜索、统一代价搜索、深度优先搜索、迭代加深搜索和双向搜索；后者包括类最佳优先搜索、渴望的最佳优先搜索、递归最佳优先搜索等。启示搜索算法的性能依赖于启示函数的质量。在笔者看来，搜索的过程事实上就是人工主体适应环境的过程，其表征必然也是适应性的。这一观点在第三部分业已阐明，这里再次说明是突出强调搜索对于人工智能的重要性，因为智能体的行动与规划都离不开搜索。可以预计，搜索能力仍然是新一代人工智能的核心。

规划描述问题转换为空间搜索问题，即通过空间状态从初始状态开始搜索，直到发现目标。在这里，人工主体运用原子表征的策略，即世界的状态被看作整体，没有中间结构介入问题-解决算法。这种行动图示的陈述表征的优势在于，我们可以从目标开始后向搜索发现初始状态。我们仍然以飞机从 A 地到 B 地的飞行为例（Russell and Norvig, 2011：373-374）如图14-1所示。

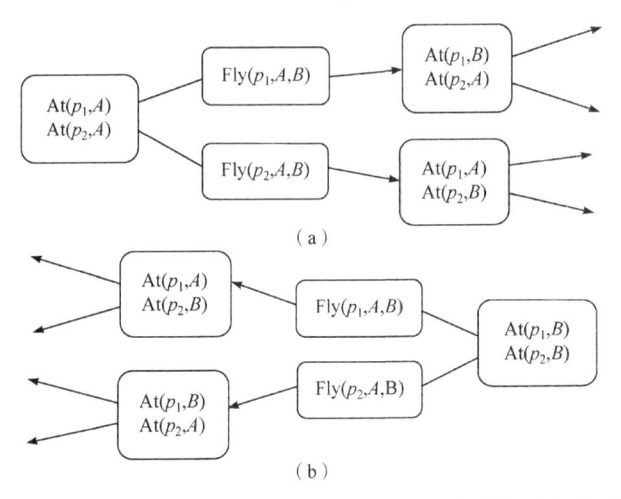

图14-1　（a）通过空间状态的前向搜索；（b）通过相关状态组的后向搜索

这种状态搜索方法有两个特点也是两个限制：一是前向搜索倾向于解决不相关的行动，比如，假设我们要从网上买一本书，行动图示是 Buy（book），结果是 Own（book），该书的 ISBN 有 10 位数字，于是这个行动图示表征了 10 亿个基本行动。一个未知的前向搜索算法将不得不开始计算这 10 亿个行动去发现目标书。这太复杂太费力了。二是规划问题通常有太大的状态空间，比如航空运输问题，假如有 10 个机场，每个机场有 5 架飞机和 20 件货物。如果目标是将所有货物从机场 A 搬运到机场 B。实际运输中这不算什么问题，如果货物不是太重，一架飞机就可以把 20 件货物从 A 地运送到 B 地。但是，在人工智能中要完成这个任务的设计模拟，就不是一件简单的事情了，因为平均分支因子太多，也就是说，50 架飞机中每架都可能飞往其他 9 个机场；200 件货物中的每件，或者是被卸载（如果已被装载），或者是被装载到机场的任何一架飞机上（如果被卸载）。所以，在任何状态中，都存在一个最小的行动数 450（50×9）和一个最大行动数 10450（50×200+450）。平均而言，每个状态大约有 2000 次可能的行动，因此，要解决这个问题，搜索图表可能有 2000^{41} 个节点。这太可怕了！

显然，生活中即使如此简单的问题，人工智能在没有其他启示法的情形下解决起来就是天大的难事。如果使用一种强的域-独立启示法，就可以使前向搜索变得可行，上述问题就不是那么难以解决了。

接下来我们将进一步探讨解决这些问题的方法或路径。人工主体的设计者一般是通过两个路径解决这些问题的，这两个路径或方法都表现出适应性的特征。

首先，通过后向相关状态搜索逐渐达到目标。在后向搜索中，我们从目标开始，向后行动直到发现到达初始状态的步骤的一个序列。这就是相关状态搜索，因为我们只考虑与目标或当下状态相关的行动。比如关于信念状态的搜索，在每个步骤有一组相关状态要考虑，而不仅仅是一个单一状态[1]。一般来说，后向搜索只有当我们知道如何从一个状态描述回归到先前状态的描述时才能起作用。比如，在围棋中，我们很难从一步向后搜索 n 步而直接达到目标（吃掉许多子），因为不存在一步就能到达目标的描述这些状态的方法。不过，上述的 PDDL 表征可使递归行动变得容易。比如，给定一个基本目标描述 g，一个基本行动 a，则从 g 到 a 的递归给出一个状态描述 g'，它可被定义为：$g' = (g - \text{ADD}(a)) \cup \text{Precond}(a)$。这个表达式的意思是，由行动增加的结果不需要此前是真的，而且前提必须此前就存在，或者行动从来就没有被执行。当然，对于大多数问题域，后向搜索方法比前向搜索方法使分支因子数保持得更少，不过，后向搜索使用状态组而不是单一状态这个事实，这使它难以与好的启示法相比。这就是接下来论述的启示法，一种基于经验的规则。

其次，通过规划的启示法加强适应性搜索的功能。无论是前向搜索还是后向搜索，没有好的启发功能都是无效的。比如，一个启示函数估计一个状态到目标的距离，如果我们能导出该距离的一个可接受启示法，我们就

---

[1] 在信念状态搜索中，问题是完全可观察的，因为智能体总是"知道"它自己的信念状态。在无感受器的情形下（无法探测物理状态或环境），人工智能设计者以信念状态空间搜索代替物理状态空间搜索，以此方法解决无感受器的问题，也就是以人的信念设想不能感知的物理空间的情形。建立一个解决信念状态搜索问题的模型一般有六个步骤：第一，确定信念状态，使这个信念状态空间包含物理状态的每一个可能组合；第二，确定初始状态，即智能体开始的状态，这使智能体在某些情形中关于物理问题中的所有状态拥有更多的知识；第三，行动，即智能体可用的一个可能行动的描述，这一步骤较为复杂；第四，转换模型，即每个行动如何做的描述，由于智能体不知道信念状态中哪个是正确的，根据它目前所知道的（依据知识库），它通过将行动用于信念状态中的一个物理状态，从而获得任何状态；第五，目标测试，即确定一个给定的状态是不是目标状态，就是检验所选择目标的正确性；第六，路径代价，即给每个路径分配一个数值，这一步骤也很复杂。如果同一行动在不同的状态有不同的代价，那么在一个给定信念状态中采取一个行动的代价可能是几个值中的一个。这会产生一系列新问题。

能使用 A^* 搜索[1]发现最佳答案。一个可接受的启示法可由定义一个容易解决的松弛问题导出。比如晚上在高速路上开车，司机在不熟悉路的情形下，向着亮路灯的方向行驶就是经验启示法。对这个松弛问题的一个答案的准确代价（数值）就成为最初问题的启示法。根据这种定义，不存在分析一个原子状态的方法，因此，需要人类设计者的某些创造性，为带有原子状态的搜索问题定义好的域-特异启示法。这样一来，人工智能中的规划使用状态、行动和图示的一个因子表征。这使得定义好的域-独立启示法成为可能，也使程序应用于一个给定问题的好的域-独立启示法成为可能。比如在图表作为搜索问题的情形中，节点是状态，边是行动，这个问题是发现连接初始状态到目标的一个路径。一般来说，有两种表征法可以使这个问题容易得到解决：一是给图表增加更多的边，使它更容易找到一个路径；二是将多节点组合起来，形成一个有很少状态的抽象状态空间，这就容易搜索了。

在定义启发法中，一个重要方法论是分解，即将一个问题分解为几个部分，独立地解决每个部分，然后将这些部分组合起来。这就是子目标独立假设。这个假设的含义是，解决子目标的一个连接的代价，近似等于独立地解决每个子目标的代价值之和。当然，既然是近似等于，就可能因为存在不准确性而导致接受不接受或者满意不满意的问题。比如，当在每个子目标的子规划之间存在负相互作用时（如一个子规划中的一个行动删除另一个子规划获得的目标时），其结果是可接受的；而当子规划包含多余行动时，如在混合规划中两个行动可以由一个单一行动代替，其结果是不可接受的。

第三节 规划的适应性图表表征

尽管这些启发法能够增加搜索功能，但存在一个不准确性的问题。一种被称为规划图表（planning graph）的特殊数据结构可给出更好的启示法来有效解决这个问题[2]。该方法可用于任何搜索技术，它使用被称为 GraphPlan 的算法在由规划图表形成的空间中搜索答案。

我们知道，规划问题是问我们是否能够从初始状态搜索到一个目标。

---

[1] A^* 搜索是一种最佳优先搜索，它扩展具有最小函数 $f(n)=g(n)+h(n)$ 节点。假如 $h(n)$ 对于树搜索是可接受的，或者对于图表搜索是一致的，那么 A^* 就是完备的和最佳的。A^* 的空间复杂性仍然是禁止性的。

[2] 除了图表法，规划中还有多种启示搜索方法，包括最小承诺搜索、选择与承诺、深度优先回溯、集束搜索、主因最佳回溯、依赖导向搜索、机会搜索、分布式搜索等。这些搜索方法可在一定程度上克服因搜索空间太大而导致的搜索路径太多的问题。

假设有一个从初始状态到后继状态再到它们后继状态的所有可能行动的树表征。如果我们适当地索引这个树表征，我们就能够通过查找表立刻回答搜索问题，比如"我们能够从一个状态 A 到达状态 B 吗？"不过，由于这个树表征可能很大（如指数级增长），所以这个方法并不现实。规划图表法是对这个树表征的多项式大小的近似，它能够使树表征快速地建构起来。

然而，规划图表不能确定地回答状态 B 是否能够从状态 A 出发到达，但它能估计达到 B 有多少个步骤。当它报告目标不可达时，估计值总是正确的，而且它从不过度估计步骤数，因此，规划图表是一个可接受的启示法。

那么，规划图表有什么样的结构？它是如何搜索给出正确答案的呢？在人工智能中，规划图表是一个分层组织起来的有向图表。第一层次是初始状态 S_0，由表征每个流动项的节点构成，流动项就保持在 S_0 中；第二层次是 A_0，由每个基本行动的节点构成，基本行动可能应用于 S_0；第三层次是交替层次 S_i，其后是 A_i；最后达到一个结束条件。规划图表直接命题化一组行动图示，因而仅对命题规划问题起作用，因为这种命题中没有任何变量。比如命题"Have cake and eat cake too."（有蛋糕，吃蛋糕），用 PDDL 和一阶逻辑表征就是（Russell and Norvig，2011：380-381）：

初始条件：Init（Have（cake））（有蛋糕）
目标：Goal（Have（cake）∧Eaten（cake））（有蛋糕并且吃了蛋糕）
行动：Action（Eat（cake））（吃蛋糕）
前提：Have（cake）（有蛋糕）
结论：¬Have（cake）∧Eaten（cake）（没有蛋糕并且吃了蛋糕）
行动：Bake（cake）（烤蛋糕）
前提：¬Have（cake）（没有蛋糕）
结论：Have（cake）（有蛋糕）

用规划图表来表征这个过程可说明命题"Have cake and eat cake too."从 S_0 上升到 S_2 的过程。如图 14-2 所示，大黑边方框表示行动，小黑边方框表示持续行动，细直线表示前提和结论，粗双箭头表示互斥的连接。由于太复杂，有些互斥关系没有表示出来，比如 Eaten（cake）和 ¬Eaten（cake）。一般来说，如果两个文字符号在 S_i 是互斥的，比如 Eat（cake）与 ¬Eaten（cake）或者 Have（cake）是互斥的，那么对于这些文字符号（原子命题）的持续行动会在 A_i 是互斥的，因此，我们不必画出那些互斥的连接。

在 A_i 的每个行动与它在 S_i 的前提关联，其结论在 S_{i+1} 处。这样一来，由于一个行动引起一个文字符号，所以文字符号就出现了。当然，如果没有行

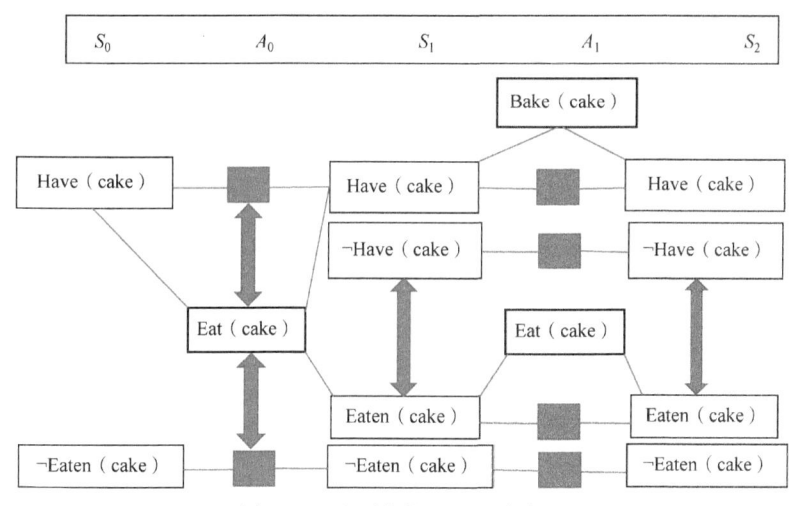

图 14-2 吃蛋糕的规划图表表征

动否定它，文字符号也会保留下来。这是一个由持续行动表征的规划图表。对于每个文字符号 C，我们给该命题增加一个带 C 的持续行动。图 14-2 中的 A_0 说明一个真实行动，即 Eat（cake），同时连接两个由小方框表示的持续行动，而且 A_0 包含可能发生在 S_0 的所有的行动。S_1 包含所有文字符号，这些文字符号产生于在 A_0 中选择的任何行动的子集及互斥的连接，互斥的连接说明那些文字符号不可能同时出现，尽管行动有所选择。比如，Have（cake）与 Eaten（cake）是互斥的，这依赖于在 A_0 中的行动选择，其中只能有一个是结果。也就是说，S_1 表征一个信念状态，一组可能的状态。这个组的数量是文字符号的所有子集，以至于在这个子集的成员之间不存在任何互斥的连接。这样继续下去，状态层次 S_i 和行动层次 A_i 之间交替发生，直到我们达到两个连贯的层次同一的地方。这就使各个层次之间获得了稳定性。

为什么会有互斥行动和文字符号及其连接呢？因为两个行动在同一层次是不能同时被执行的，比如吃和不吃不能同时发生。在一个给定层次，两个行动之间如果有如下三个条件之一，它们就会形成互斥关系。

（1）不一致结果：一个行动否定两个行动的结果。比如 Eat（cake）与持续 Have（cake）有不一致的结果，即 Have（cake）。

（2）冲突：一个行动的一个结果之一是另一个行动的前提的否定。比如通过否定 Have（cake）这个前提，Eat（cake）与持续 Have（cake）相互冲突。

（3）竞争需要：一个行动的一个前提之一与另一个行动的前提相互排

斥，比如 Bake（cake）与 Eat（cake）是互斥的，因为二者在 Have（cake）这个前提的价值上是竞争的。

显然，互斥关系保持在同一层次的两个文字符号之间，如果一个是另一个的否定，或者能够获得两个文字符号的每个可能行动都是相互排斥的。这被称为不一致支持，比如 Have（cake）和 Eaten（cake）这两个行动在 S_1 是互斥的，因为获得 Have（cake）这种持续行动的唯一方式与获得 Eaten（cake）这种行动的唯一方式是互斥的。而在 S_2，这两个文字符号就不是互斥的，因为有获得它们的新方式，比如 Bake（cake）与 Eaten（cake）之间就不是互斥的。

当然，一个规划图表一旦建立起来，它就是关于一个问题的丰富来源。如果任何目标文字符号在图表的最后一个层次没有出现，那么这个问题就没有得到解决。我们接着从初始状态估计获得任何目标文字符的值，即层次值（level cost），重新建构规划图表。比如 Have（cake）有层次值 0，Eaten（cake）有层次值 1。这些值对于个体目标是容许的。当然，估计值不总是准确的，因为规划图表在每个层次允许有几个行动，而启示法仅计算层次而不计算行动的数量。鉴于这个理由，规划图表通常使用序列规划图表来计算启示法。这种序列规划图表坚持执行只有一个行动能够在给定的时步实际地发生。

这可以通过增加非持续行动对之间的连接来做到。从序列规划图表提取的层次值通常是实际值的非常合理的估计值。要估计目标的联合值，通常有三种简单的方法：一是最大层次启示法，即采取任何目标的最大值，这种方法是可行的但不必然是准确的。二是层次和启示法，即遵循子目标独立假设，采取目标值之和，这种方法虽然是可行的，但对于那些容易分解的问题来说不一定是有效的。比如对于上述的问题，层次和启示法估计连接的目标 Have（cake）∧Eaten（cake）是 0+1=1，而准确的答案是 2，由规划【Eat（cake），Bake（cake）】获得。如果 Bake（cake）不在行动的集合中，那么估计值就是 1。此时，事实上，联合目标就是不可能的。三是集合启示法，它发现这样的层次，即在该层次联合目标中的所有文字符号出现在规划图表中，而没有任何相互排斥的文字符号对出现。这种启示法给出初始问题的正确值是 2，并且穷尽这个问题而不需要 Bake（cake）。这种方法是可行的，它比最大层次启示法效果好，因为它允许子规划之间的互动，其不足是，它忽视了三个或更多文字符号之间的互动。由于这个规划图表的建构过程就是根据问题的变化调整的，因此，笔者认为它的表征就是一种适应性表征。

总之，规划图表方法在决定的、充分可观察的和静态的环境中将搜索方法和逻辑方法结合起来，为状态空间和部分有序规划者（程序）提供了有用的启发法，能够被直接用于图表规划算法（一种计算程序），也为人工主体（智能体）解决规划问题提供了一种可行的方法论。

第四节　实际世界中的规划与行动的适应性表征

上述规划与行动的表征属于人工智能的经典表征方法，它们表达的是做什么、以何种次序表征的问题，但是不能表达时间问题，即一个行动何时发生、持续多长时间。比如上述航班的例子中，经典表征方法仅描述了哪架飞机去哪里的安排，但是，我们还需要知道起飞和达到的时间，这是时序安排问题。在现实世界中，时间是一个不能忽视的因素，而且还有其他的限制条件，如航班的人数、天气因素、交通管制等。因此，我们不仅要规划，还要有时序安排，这是一个动态的表征过程，当然也是适应性表征过程，因为适应性就是动态性的。

在人工智能中，规划的实施是分两个阶段进行的：第一是规划阶段，即选择行动及其顺序以达到问题的目标；第二是时序安排阶段，即将时间信息添加到规划中，确保它满足资源和时限。这种方法在现实世界中的制造业和逻辑环境中是常见的，如航班调度，其中规划阶段通常由人类设计者完成，也可由自动方法如规划图表完成，但受限于最小顺序约束。在时间和资源约束的情形下，我们如何表征动态的规划和行动呢？

接下来笔者以工厂中工作车间调度[①]（job-shop scheduling）为例来说明这个问题。

工作车间调度问题由一组工作构成，每个工作由有顺序约束的行动组合构成。每个行动有一个期间和一组行动需要的资源约束。每个约束说明资源的类型，如螺钉、扳手等所需资源的数量、资源是否有限，是否可重复使用，比如螺钉不可重复使用、扳手可重复使用。对这个问题的解决办法必须详细说明每个行动的开始时间，必须满足所有时序约束和资源约束。问题包含的行动和资源越多，时序安排或调度就越复杂，如机场的航班调度，起降的飞机越多，调度起来就越复杂和困难。

[①] 调度问题可看作规划问题的一个特例，不同在于，前者侧重于资源约束包括时间限制，后者侧重于实现当前目标而选择适当的行动序列。换句话说，规划要求找出需要执行哪些操作，调度要求计算出何时执行行动。

在工作车间调度问题中，一个最简单的问题是关于两个小车的装配。这个问题由两个工作构成，每个工作可表征为：

[AddEngine, Addwheels, Inspect]（装引擎，装轮子，检查）。

具体可表征为如下形式：

Jobs（{AddEngine$_1$→Addwheels$_1$→Inspect$_1$}, {AddEngine$_2$→Addwheels$_2$→Inspect$_2$}）

其中，"→"表示行动 A 必须先于行动 B，顺序不能颠倒。

资源可表征为：

Resources（EngineHoist（1），WheelStations（1），Inspectors（2），LugNuts（300））

资源（引擎升降机（1），车轮台（1），检查员（2），车轮螺母（300））

这个表达式说明资源有 4 个，每个都给出可用的数目：1 个引擎升降机，1 个车轮台，2 名检查员，300 个车轮螺母。

行动图示给出期间和每个行动所需的资源。比如 Action（AddEngine:1, Duration: 30, Use: EngineHoist（1））（行动（装引擎 1，其间 30 分钟，使用引擎升降机（1）））。其他行动的表征与此类似。比如 Action（AddWheel1, Duration:30, Consum: LugNuts（20），Use: WheelStations（1））（行动（装轮子 1，其间 30 分钟，消耗车轮螺母 20 个，使用车轮台（1））。

接下来是时序安排问题，即如何调度的问题。时序安排问题一般会忽略资源约束。为了最小化完工时间（规划期间），我们必须找到最早的开始时间，以便所有行动与用于该问题的顺序约束一致。人工智能中采取关键路径方法（critical path method）解决时序安排问题。比如上述最简单的工作车间调度问题（图 14-3）（Russell and Norvig，2011：404-405）。

一个关键路径是这样的，其总的期间是最长的，"关键"的意思是说，该路径决定整个规划的期间，即缩短其他路径并不总体上缩短规划的时间，而延误关键路径中的任何行动的开始，就会延缓整个规划。离开关键路径的行动有一个时间窗口（方块表示），可执行在哪里行动的计划。该窗口说明一个最早的可能开始时间 ES，一个最终的可能开始时间 LS，如【0,15】。LS 减去 ES 的量是行动的松弛期。

从图 14-3 可以看出，整个规划将花费 85 分钟，上面的路径中的每个行动有 15 分钟的松弛期，下面的路径根据定义没有松弛期，如【60,60】。对于所有行动来说，LS 和 ES 时间一起构成这个问题的时序安排。

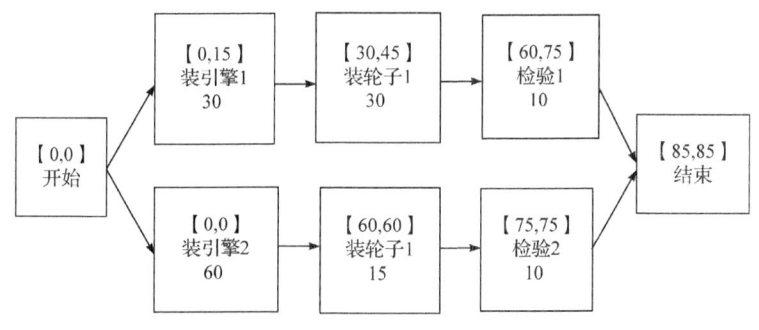

第十四章 决策主体在真实世界中的适应性表征

```
【0,15】      【30,45】     【60,75】
装引擎1  →   装轮子1  →   检验1
  30          30           10
                                        【85,85】
【0,0】                                    结束
 开始
             【0,0】      【60,60】    【75,75】
            装引擎2  →   装轮子1  →   检验2
              60          15           10
```

图 14-3 工作车间调度问题的时序安排

这个问题的一个动态规划算法可表示如下，其中 A 和 B 表示两个行动：

$$ES(Start) = 0$$

$$ES(B) = \max_{A \to B} ES(A) + Duration(A)$$

$$LS(Finish) = ES(Finish)$$

$$LS(A) = \min_{B \leftarrow A} LS(B) - Duration(A)$$

这个编程的意思是说，我们设计 ES（Start）为 0 开始，然后尽快得到一个行动 B，以便 B 之前的所有直接行动有被指派的 ES 值，接着建立 ES(B)，让其使那些直接预先行动的最终结果时间最大化，其中，行动的最早结束时间被定义为最早开始时间加上期限。这一过程一直重复下去，直到每个行动被指派一个 ES 值。LS 值可以相似的方式从 Finish 行动向后计算。从数学上看，关键路径问题并不难解决，因为它被定义为在开始和结束时间上的一个线性不等价连接。当引入资源约束时，发生在开始和结束时间上的约束开始变得复杂。比如，上述装引擎的行动，它们是同时开始的，需要相同的装轮子行动，所以不能重叠。不能重叠就是一个约束，它是两个线性不等价的分离，是每个可能顺序的约束。

这种有资源约束的时序安排的复杂性，我们在理论和实践中都会遇到。比如 10 台机器，100 个行动的 10 个工作这个问题就非常复杂了，据说花费了 23 年才得以解决。一个简单流行的启示法是最小松弛（minimum slack）算法。根据这种算法，在每个循环上，最早可能开始的时序（无论哪个没有被安排）使它的所有前项都被安排，并有最小的松弛，然后升级每个受影响的行动的 ES 和 LS 时间，并重复下去。关于这一点，我们可以假设行动集和顺序约束是固定的。根据这个假设，每个时序安排问题可以通过一个非重叠序列来解决，这个序列避免了所有资源冲突，假定每个行动本身是可行的。如果一个时序安排问题非常复杂，用这种方式解决可能就不是一个好方法了，我们最好要考虑行动和约束，也许这可以导致一个更容易的时序安排问题。

第五节　层次规划的适应性表征

　　上述问题解决和规划方法主要是处理一组固定的原子行动。事实上，行动可以被串起来形成序列或分支网。比如，我们可以做一连串的动作，对于我们的大脑执行的规划，原子行动就是肌肉的激活。我们大约有1000块肌肉可以激活，每秒大约可激活十次，这样的话，我们的原子行动就非常巨大了。人工智能系统模拟大脑的激活功能来解决多行动的复杂时序安排问题，那就是在更高抽象层次设计规划。这一过程涉及层次分解方法，比如军队的层级分解（军、师、旅、团、营、连、排、班），将高层次大单位分解为低层次的小单位，这样就会找到正确路径来安排行动。因此，规划作为一种认知活动，适用于层次结构，因为不是所有的任务都处于同一层次，应该有优先性和重要性之别。按照层次规划问题，一方面有利于通过层次结构发现细节，另一方面有助于降低复杂性，克服规划中出现的问题和缺陷。相比而言，非层次方法是将一个任务还原到一个更大数量的个体行动，对于大规模的问题，这种方法是不可行的。

　　那么，层次分解规划是如何表征的呢？人工智能中采用分层网络（hierarchical level networks，HLN）方法，即HLN规划。根据HLN规划方法，我们首先假设一组完全可观察的、可确定的和可行的行动（被称为初始行动），以及有标准的前提-结果图示，再增加一个高层次行动（high-level action，HLA）概念。例如，行动"去武宿机场"，每个HLA有一个或多个可能的细化步骤（refinement），将其提炼成为一个行动的序列，每个行动序列可能是一个HLA或者一个初始行动（没有任何细化步骤）。

　　比如"到达武宿机场"可形式地表征为go（Home,Wusu），这个表达式有两个可能的细化步骤。

　　（1）Refinement（Go（Home,Wusu）），（回（家，武宿））
　　Steps:[Drive（Home, WusuLongTermParking），（自驾（家，武宿长期停））
　　Shuttle（WusuLongTermParking,Wusu）]（班车（武宿长期停，武宿））
　　（2）Refinement（Go（Home,Wusu）），（回（家，武宿））
　　Steps:[Taxi（Home, Wusu）]（出租车（家，武宿））

　　这个例子说明，高层次行动及其细化步骤使得关于如何做事的知识具体化。比如（Go（Home,Wusu））意味着，到达武宿机场后，你可自驾或乘坐出租车回家，其他事项如买特产、见朋友等不在考虑之列。

显然，一个高层次规划的实施是那个序列中每个 HLA 的一系列相互关联行动的互动。给定每个初始行动的一个前提-结果定义，它可直接确定一个高层次规划的任何已知的执行是否达到了目标。可以说，如果一个高层次规划的执行至少有一个可以从一个状态达到目标的情形，那么它就能够从那个已知状态达到目标。这意味着不是要求所有的执行都能达到目标，有一个达到目标即可，因为主体（人或智能体）要确定它执行那个步骤。比如从机场回家，无论采取哪种方式（自驾或出租车或班车），到达目的地就行。因此，在层次任务网络规划中，可能的执行集合是不同的，如同非确定性规划中的可能结果一样，每个可能有不同的结果。这样，我们要求一个规划对所有结果起作用，因为主体不知道选择结果。只有一个高层次行动是最简单的情形，它只有一个要执行的任务。在那种情形中，我们可以从那个被执行任务的前提和结果推出高层次行动的前提和结果，然后就像处理一个初始行动那样准确地处理它。

然而，当高层次行动有多种可能的执行路径时，我们就会面临两种选择：一是在可能的执行路径中搜索初始解决办法；二是直接推出高层次行动。第二种选择不需要考虑其执行方法就能够推出正确的抽象规划并搜索抽象的解决方法。

我们先讨论搜索初始解决方法。如上所述，层次任务网络方法通常形成一个高层次行动 Act，其目的是发现达到目标的 Act 的一个执行步骤。这是一个非常普遍的方法。比如一个规划问题，我们可定义一个初始行动 a_i，提供 Act 的一个细化步骤[a_i,Act]。这创造了增加我们行动的 Act 的一个递归定义。然而，我们需要某些方法来阻止这种递归，即通过提供 Act 另一个细化步骤来阻止递归的发生——一个细化步骤的空列表，并具有和该问题等价的前提。这意味着，如果目标已经达到，那么正确的执行步骤就什么都不用做了。这种方法产生一个算法：在当下的规划中重复地选择一个高层次行动，然后用它的一个细化步骤代替它，直到该规划达到目标。比如基于宽度优先树搜索是一个可能的执行步骤。根据这种方法，规划是依据细化步骤的嵌套深度顺序而不是步骤的数目被考虑的。本质上，这种层次搜索的形式探讨了包含在 HLA 词汇表中的并与知识相符合的序列空间。HLA 词汇表是关于如何解决问题汇总如何做事的知识库。大量的知识可以被编码，这不仅是在每个细化步骤中的行动序列上，也是在这些细化步骤的前提上。

可以看出，层次任务网络规划的关键是建构一个规划知识库，它能够包含执行复杂的、高层次行动的知识。建构这种知识库的一个方法是向问题-解决经验学习。在经历了从搜索建构一个规划的痛苦经验后，主体就能够从知识库中拯救那个规划，并将其作为执行由任务限定的高层次行动的方法。这样一来，随着新方法建立在老方法之上，主体越来越有能力，适应性也越来越强。这种学习过程的一个重要特征是泛化建构方法的能力，消除对于问题例示特殊的细节，如建构者的名称，仅保持规划的关键成分。这是一种从已知知识建构规划的方法，我们最擅长这种泛化方法，并将它用于智能机的学习。

接下来讨论抽象方法。上述的层次搜索算法虽然改善了高层次行动的所有达到初始行动序列的路径来确定一个规划是否是可行的。这种搜索方法与我们的常识相矛盾。比如在上述的"去武宿机场"的例子中，我们可确定两个 2-HLA 高层次规划为：

Steps: [Drive（Home, Wusu LongTermParking），
Shuttle（Wusu LongTermParking, Wusu）]

这两个规划一个是自驾，另一个是乘班车。显然，去机场无须确定一个精确的线路、选择停留地点等。解决方法似乎很明显，那就是可以写出一些 HLA 的前提-结果描述，如同我们写出初始行动做什么那样。根据这种描述，我们可容易地证明，高层次规划达到了目标。要获得这种效果，必须满足这种情形，即根据其步骤的描述"声称"达到目标的每个高层次规划。事实上的确在先前定义的意义上达到了目标：它必须至少有一个执行步骤的确达到了目标。对于高层次行动描述来说，这种属性被称为向下细化属性。写出满足向下细化属性的高层次行动描述原则上是比较容易的。也就是说，只要这个描述是真实的，任何声称达到目标的高层次规划事实上都可以做到，否则，这个描述会产生关于高层次行动做什么的错误主张。

然而，当高层次行动有多个执行步骤时就会产生一个问题，即我们如何描述一个以许多方式得到执行行动的结果？一个可能的答案是包括由高层次行动的每个执行步骤获得的唯一积极结果和任何执行步骤的消极结果。其结果是，向下细化属性将是安全的。不过，高层次行动的语义学还是过于保守。比如一个高层次行动 Go（Home,Wusu），它有两个细化行动，一是个自驾到机场并泊车，另一个是乘坐出租车到机场，但需要一个前提，即付现金。在这种情形下，Go（Home,Wusu）不总是让你到达机场。特别是，如果现金是假币，乘出租车就失效了，所以我们就不能断言 At（Agent,Wusu）

是高层次行动的一个结果。事实上，这没有任何意义，如果乘车人没有现金，他会自驾去。如果高层次行动更为复杂，比如通常会遇到不确定的情形，如修路堵车或发生交通事故，主体该怎样行动呢？这就是接下来的非确定域中的规划与行动的适应性表征问题。

第六节 非确定域中的规划与行动的适应性表征

上述是在完全可观察的情形下的行动规划。若遇到部分可观察的、非确定的及未知环境的情况，人工主体如何做规划呢？这是更复杂情形的适应性表征问题。考虑这样一个简单问题——根据相同的颜色将一把椅子和一张桌子匹配，而且已知有两桶颜料，但颜料的颜色和家具是未知的，只有桌子是在主体视域范围（In View）（可观察或可见）。

这种情形用一阶逻辑表征就是：

初始条件：Init（Object（Table）∧Object（Chair）∧Can（C_1）∧Can（C_2）∧In View（Table））

目标：Goal（Color）（Chair,c）∧Color（Table,c））

该表达式包括两个行动：一是打开颜料桶的盖；二是使用开启的颜料桶的颜料刷一个客体（桌子或椅子）。这个行动图示是直接的，但有一个例外，那就是，我们允许前提和结论包含一些不是那个行动表中的变量。具体说就是，Paint（x,can）【刷（x，桶）】没有提及变量c，即表征桶中颜料的颜色。

在充分可观察的情形中，这是不允许的，因为我们将行动命名为Paint（x,can,c）。然而，在部分可观察的情形中，我们可能知道或不知道桶中是什么颜色。为了解决这个问题，当执行规划时，主体将不得不推断出关于它可能获得的感知对象（percept）。感知对象由主体的感受器（对人就是眼睛）提供（当它实际地行动时）。但是，当主体做规划时，需要它的感受器的一个模型：

感知对象：Percept（Color（x,c））

前提：Precond: Object（x）∧In View（Table）

感知对象：Percept（Color（Can,c））

前提：Precond: Can（Can）∧In View（Can）∧Open（Can）

第一个图示（表达式）的意思是，任何时候一个客体是视域中的，主体会察觉它的颜色，即对于一个客体x，主体将习得所有C的Color（x,c）的真值。第二个图示表明，如果开启的桶是视域中的，那么主体察觉到桶中颜料的颜色。由于一个客体的颜色在没有外力干预下会保持不变，即使它没有被察觉到，直到主体执行一个行动来改变那个客体的颜色。此时，主体需要一个行动来引起客体进入规划：

行动：Action（LookAt（x））
前提：Precond: InView（y）∧（x≠y）
结果：Effect: InView（x）∧ ¬ InView（y）

在一个可充分观察的环境中，我们有一个感知公理，它对于每个行动没有设置任何前提。而一个无感受器的主体没有任何感知公理，但它也能够解决规划问题。比如，上述例子中的一个办法是开启所有颜料桶，并将它同时用于桌子和椅子，迫使它们有相同的颜色，即使主体不知道颜色是什么。在这种规划的表征情形中，由于主体是无感受器的，因此，就不需要描述变量 InView。初始条件仍然是 Init（Object（Table）∧Object（Chair）∧ Can（C_1）∧Can（C_2），主体不知道桶或客体的颜色，也不知道桶是开启的还是封闭的，但是它知道桶和客体有颜色这个事实，逻辑地表达就是 ∀x ∃c Color（x,c）。根据一阶逻辑我们可获得初始信念状态：

$$b_0 = Color（x,C（x））$$

在传统规划中有一个封闭世界假设，即我们可假设任何没有提及的描述变量都是假的，或者说，任何提及的描述变量都是真的，但在无感受器或部分可观察的规划情形中，我们必须转移到一个开放世界假设，在那里，状态包含积极的和消极的描述变量，而且当一个描述变量不出现时，其赋值是未知的。这样一来，信念状态严格与满足上述表达式的可能世界集相对应。给定初始状态，一个解决路径就是如下的行动序列：

[RemoveLid（Can_1），Panit（Chair, Can_1），Panit（Table, Can_1）]

这个行动序列的含义是：打开桶1的盖子，用桶1中的颜料刷椅子，用桶1中的颜料刷桌子。那么信念状态是如何通过这个行动序列说明最终的信念状态满足了目标呢？答案可能是这样的：在一个给定的信念状态 b 中，主体可考虑任何其前提由 b 满足的行动。其他行动则不被考虑，因为其中的转换模型没有定义其前提不能被满足的行动的结果。这就是说，没有预先定义的行动主体是不能执行的。如果我们将 RemoveLid（Can_1）用于初始信念状态 b_0，那么我们会得到：

$$b_1 = Color（x, C（x））∧Open（Can_1）$$

当运用行动 Panit（Chair, Can_1）时，前提 Color（Can_1,c）由已知的文字符号 Color（x, C（x））连同约束{x/Can_1, c/C（Can_1）}满足，这样新的信念状态就是：

$b_2 =$ Color $(x, C(x))$ $\wedge$ Open (Can_1) $\wedge$ Color $(Chair, C(Can_1))$

而且，我们再使用行动 Panit (Table, Can$_1$) 得到：

$b_3 =$ Color $(x, C(x))$ $\wedge$ Open (Can_1) $\wedge$ Color $(Chair, C(Can_1))$
$\wedge$ Color $(Table, C(Can_1))$

这个最终信念状态在变量限定在 $C(Can_1)$ 的情形下，满足目标 Color (Table,c) $\wedge$ Color (Chair,c)（桌子和椅子刷了相同颜色）。这个新规则的过程分析说明一个重要的事实，即被定义为文字符号连接的信念状态家族，由 PDDL 行动图示定义的更新行为所终结。也就是说，如果信念状态由作为文字符号的连接开始，那么任何更新的行为都会产生一个文字符号的连接。这意味着，在一个有 n 个描述因子的世界中，任何信念状态都可以由 $O(n)$ 大小的连接表征。如果考虑世界中有 2^n 个状态，这就是一个令人欣慰的结果，它说明我们能够细密地表征那些我们需要的所有 2^n 个状态的子状态。

对于一个具有感受器的临时规划主体，它能够产生一个好的规划（部分可观察的、非确定的或两者都有）。首先查看桌子和椅子以获得它们的颜色。如果它们已经相同，那么规划已完成；如果不相同，查看颜料桶；如果颜料桶中的颜色与一件家具颜色是相同的，那么就将那个颜色也用于另一件家具。否则，用其他颜料刷家具。形式地表达就是：

[LookAt (Table), LookAt (Chair),

If Color (Table,c) $\wedge$ Color (Chair,c) then NoOp（没有机会做）

else[RemoveLid (Can$_1$), LookAt (Can$_1$), RemoveLid (Can$_2$), LookAt (Can$_2$),

If Color (Table,c) $\wedge$ Color (can,c) then Panit (Chair,can)

else if Color (Chair,c) Color (can,c) thenPaint (Table,can)

else[Panit (Chair,Can1), Panit (Table,Can1)]]]

在这个规划图示中，第二行的意思是，如果存在某种颜色 c，它是桌子和椅子的颜色，那么主体不需要做任何行动来达到目标。当执行这个规划时，一个临时规划主体能够保持其信念状态作为一个逻辑表达式，并通过确定那个信念状态是否限定继承条件表达式，或它的否定形式来评估每个分支条件。需要指出的是，使用一阶条件，这个表达式不止一种方式得到满足。比如 Color (Table,c) $\wedge$ Color (can,c) 可由[can/Can$_1$]和[can,Can$_2$]满足，如果两个颜料桶中的颜料与桌子有相同颜色的话。在这种情形下，主体可以选择任何满意的替代用于规划的其余部分。

对于一个在线规划主体，它首先可能产生一个具有很少分支的临时规划（或许会忽略没有颜料桶与任何家具匹配的可能性），然后通过重新规划（replanning）来处理问题。重新规划意味着原规划对于新问题无效了，比如主体的世界模式是不正确的，需要修正，或者遇到了意外，需要调整规划，如天气的突然变化导致航班无法按时起飞。为了更好地执行规划，重新规划假设了某些形式的执行监控来确定新规划所需要的东西，如为一个新的行动规划补充一个前提条件。在上述刷家具的例子中，主体可能不知道打开桶盖需要一把改锥，这是缺少前提的情形。刷椅子可能不小心刷了地板，这是缺少结果的情形。桶中颜料量是否足以刷完椅子和桌子，这是缺少状态变量的情形。假如遇到突发事件，如有人撞翻了打开的颜料桶，规划也需要重新做。因此，没有监控和重新规划的能力，主体的行为可能是极其脆弱的，如果它依赖于绝对正确的模型的话。

对于在线主体，它们如何监控环境的变化是有选择能力的。这可通过三个层次的监控来实现（Russell and Norvig，2011：423）：一是行动监控，在执行一个行动前，主体要判定所有前提条件仍然是成立的；二是规划监控，在执行一个行动前，主体要判定剩余的规划仍然是成功的；三是目标监控，在执行一个行动前，主体要检查是否存在它能够尽力达到的一个更好的目标集。

在刷桌子和椅子的例子中，假设主体提出如下规划：

[LookAt（Table），LookAt（Chair），

If Color（Table,c）∧Color（Chair,c）then NoOp

else[RemoveLid（Can$_1$），LookAt（Can$_1$），

If Color（Table,c）∧Color（Can$_1$,c）then Panit（Chair,Can$_1$）

else Replan]]（否则，重新规划）

在这种情形下，主体就准备执行这个规划了。假设主体观察到桌子和颜料桶是白色的，而椅子是黑色的，那么它就执行 Panit（Chair,Can$_1$）。按照传统规划模式，这个规划就成功了。但是，在线执行监控主体需要检查剩余的空规划的前提条件，即桌子和椅子有相同的颜色。假设主体察觉到它们的确有不同的颜色，如椅子出现了斑点灰色，因为黑色颜料显露出来。主体需要计算整个规划达到目标的一个位置，并修正行动序列达到目标。此时主体注意到，当下状态与行动 Panit（Chair,Can$_1$）之前的前提是同一的，所以主体选择空序列来修正，并使它的规划具有它刚尝试过的相同的[Panit]序列。随着新规划的到位，执行监控重新开始，行动 Panit 再运行。这个行为会形成循环，直到椅子被察觉完全刷上了颜色。

显而易见的是，这个循环是通过规划-执行-再规划的过程实现的，而不是通过规划中的一个显在循环执行的。而且初始规划不必涵盖每一个可能性或偶发事件。如果主体达到标准操作符 Replan（再规划）的步骤，它可产生一个新规划。这种主体自主更新规划的过程是一种适应偶发事件的过程。人类遇到偶发事件会及时调整规划，人工主体也会通过程序的修正及时调整规划。这个过程是通过不同层次的监控行动来实现的。事实上，这种行动监控是一种简单的执行监控方法，与人类的行动监控相比表现出很少的智力行动。比如，当没有黑色或白色颜料时，主体会重构一个规划来解决刷颜料的问题，比如用红色颜料刷家具（有足够的红色颜料）。假如红色颜料用完，它会修正规划，可能将家具刷成绿色。这就远离了原规划的目标。不过，不用担心，当原规划不能继续被执行时，规划监控主体能够探测到这种失败并及时予以修正，不会浪费时间去执行与目标不一致的行动。

这种调整或修正是如何实现的？答案是，规划监控是通过检查这个剩余规划成功的前提条件来达到目标的，也就是检查规划中的每一个步骤的前提条件，除在剩余规划中通过另外的步骤获得的前提条件外。或者说，规划监控会尽快截断注定要失败的规划的执行，而不会让规划继续执行最终导致失败发生。当然，当一个行动实际上完全是非确定之时，麻烦就来了。主体可能仅仅通过修正或调整规划难以达到目标，此时一个更好的方法就是学习一个更好的模型。这就是主体的自主学习问题——适应性学习问题。这个问题在上述的学习主体部分已经论及。

第七节　多主体规划的适应性表征

一个主体的行动可以根据上述感知、规划和行动来实现。当环境中有多个主体时，每个主体都会面临一个多主体规划问题——在其他主体的协助或干预下达到自己的目标。我们知道，一个具有多个感受器的主体能同时操作行动，就像人类能边说边做，当处理不同感受器之间的积极和消极互动时，主体需要完成多感受器规划来处理每个感受器的互动，这就是多体问题[①]。原则上，一个多体问题仍然是一个标准的单一主体问题。只要由每个物体收集的相关感官信息能够被储存起来，进而形成这个世界状态的一个共同评估，该评估就会及时反馈给主体让其去执行整个规划。在这种

---

① 当感受器在物理上解耦为分离的单元时，多感受器规划就成为多体规划，就像车间中一群做投递工作的机器人。

情形下，多体作为一个单体在行动（协同行动）。当它们之间的交流被限制如联系中断，使这种行动不能进行时，我们就会遇到所谓的分散规划问题。这可能是因为规划阶段是集中的，而这些阶段至少部分是解耦的。

在这种情形下，为单体建构的子规划可能需要明确的与其他单体的交流行为。比如，能覆盖一个广大区域的多勘测机器人之间可能彼此经常失去联系，当彼此的交流畅通时，它们应该共享它们的发现。当一个单体做规划时，实际上只存在一个目标，这个目标是所有单体必然共享的。当单体是自己规划的明确的主体时，它们可能仍然共享同一个目标。比如乒乓球、网球等运动的双打比赛，一方的两个人的目标是一致的，那就是赢球。然而，即使是共享目标，多体和多主体的情形是非常不同的。在一个由多体机器人组成的双打队中，一个单一规划命令哪个单体会到场地的某个地点，哪个单体会击球。在一个多主体双打队中，某个主体确定做什么，不需要某些方法来协调，两个主体可能确定覆盖场地的同一个部分，而且每一个都会让另一个来击球。

问题是，当主体有不同的目标时它该怎么办？这是一个最明显的多体问题。在网球比赛中，双方队员的目标是直接对立的，这是一种零和情形（即只有输赢）。如果观众被看作主体，他们的支持或喝倒彩是一个重要的因素，会对运动员的行为产生影响。如果是天气因素如下大雨（露天场地），那么对双方的影响是均等的。在有些系统中，集中和多主体规划是混合的。比如快递公司每天都为它的运输路线做集中的、离线的规划，但某些方面如具体的投递时间、走哪条路等由投递员自己决定。快递公司的目标和它的员工在某种程度上由工资和奖金被分为不同序列（如管理层次、运输层次、投递层次），这明显是一个真实的多主体规划系统。该系统中的问题可通过多同时行动规划和多主体的合作协同规划来解决。

一方面，我们可以同样的方式处理多感受器、多体和多主体环境，将它们称为多行动者，也就是将感受、单体和主体看作行动者。一般来说，一个正确的规划应该是，当它被行动者执行时能达到目标。我们假设，每个行动花费相同的时间，而且联合规划中的行动在每个时刻都是同时进行的。这就是同时性假设。这个过程包括一个转换模型。对于确定的情形，该模型是 Result(s,a) 函数。在单一主体情形中，有许多的可能不同的选择 b。b 可以非常大，尤其是对作用于多个目标的一阶表征，但行动图示提供了一个精确的表征。在具有 n 个行动者的多行动者环境中，单一行动 a 可以由联合行动 $\{a_1,\cdots,a_n\}$ 代替，其中 a_i 是由第 i 个行动者所采取的行动。

然而，这样做会遇到两个问题：一是我们必须描述b^n个不同联合行动的转换模型；二是我们会面临一个具有b^n个分支因素的联合规划问题。如何解决这两个问题呢？一般来说，将行动者联合成一个有许多分支因素的多行动者系统，关于对多行动者规划研究的原则会聚焦于尽可能地解耦行动者，以便使问题的复杂性线性地而非指数地增长。如果行动者之间没有任何联系，我们就可简单地解决n个单独的问题。如果行动者是松散地耦合的，是否会遇到分支行动的指数增长问题？这是人工智能中的一个核心问题。解决这个问题的一个标准方法是假设该问题是完全解耦的或离散的，然后安排它们互动。对于转换模型来说，这意味着写出行动图示（程序），就好像行动者是独立行动的。这种方法就是将耦合问题分解为独立的问题逐一加以解决。比如在网球的双打比赛中，就一方来说，假设一人A站在封网的位置，另一人B站在要击球的位置。根据这个假设，这个联合规划可以写为：

Plan1:
A:[Go（A,RighrBaseline），Hit（A,Ball）]
B:[NoOp（B），NoOp（B）]

不过，当一个规划是让两个人同时都击球时，就会产生一些问题。在真实比赛中，这种事情一般不会发生，但"击球"的行动图示意味着要将球成功地返回。在技术层次，困难在于前提约束了一个行动能够被成功执行的状态，但不存在约束可能失败的其他行动。这个问题可通过给那个行动图示增加一个新属性来解决，即增加一个同时发生的行动列表描述哪个行动必须或不必同时被执行。或者说，击球的行动有其规定的结果，仅当没有另一个人同时执行其他击球行动时。对于某些行动来说，所期望的结果仅当另一个行动同时发生时才能获得，比如两个运动员都需要携带冷饮到球场。

另一方面，我们考虑每个主体在真实的多主体环境中做它自己规划的情形。首先假设目标和知识库是共享的。这样，每个主体都能简单计算联合解决方案，并执行解决方案中属于它自己的部分。比如上述例子中，其中一个联合解决方案可写为：

Plan2:
A:[Go（A,LeftNet），NoOp（A）]
B:[Go（B,RighrBaseline），Hit（B,Ball）]

这个规划的意思是，A移动到左边的网，不击球，B移动到右边底线，击球。如果两个运动员都同意其中一个规划，就能够达到目标。但是，如果

A 选择规划 2，B 选择规划 1，则没有人去击球了。相反，如果 A 选择规划 1，B 选择规划 2，那么两个人都会去击球。他们如何协调呢？一个办法是在执行联合行动前采取预定好的规定，如商量谁在网前谁在后场，谁封网谁击球等。在没有预先规定的情形下，交流协商是常用的一个联合规划。在实际的网球比赛中，我们常常看到两个人碰头商量，或者是相互打手势，如通过协商同意执行规划 1。这是集体比赛中的社会协商规则。协商的目的是达到共同的目标，如取得比赛的胜利。因此，在人工智能的设计中，这一条规则也成为一种适应性表征的方法论原则。

第八节　小　　结

综上，规划是反映人工主体的主体性的一个重要指标，也是适应性表征的一个重要考量。在确定的、可观察的和静态的环境中，规划问题可通过 PDDL 方法来表征，它依赖于问题求解算法，并在关于状态和行动的命题表征方面操作。也就是说，PDDL 将一个规划问题的初始状态和目标状态描述为文字符号的合取，并根据前提和结果表征行动。因此，规划问题的核心是对状态空间进行搜索，搜索可以采用前向和后向两种方式进行，其中一些经验启示法起到重要作用。在表征方式上，规划图式可从初始状态通过增量方式逐渐构造出来，并为状态空间和序列规划产生有效的启示。层次任务网络规划允许主体以高层次行动的方式从人类设计者那里获得建议，这种高层次行动可由低层次行动序列以不同方式实现。在不确定和不可观察情形下，如应急和在线情形，规划也是在信念状态空间中通过搜索来建构的，其中信念状态的表征和计算是关键。在多主体情形下，不同主体间的协调和联合是达成共识规划必不可少的环节。从适应性表征视角看，主体间实现协调和联合的过程就是适应和表征的过程。

第十五章　决策主体对于约束满足问题的适应性表征

人工智能胜过自然智能的优势是永久的，而自然智能胜过人工智能的优势，虽然目前是实质性的，但似乎这只是暂时的。
——弗兰克·维尔切克（Frank Wilczek）（摘自约翰·布罗克曼《AI的25种可能》2019年第88页）

通过搜索状态的空间解决问题是人工智能的一种主导思想。状态是可通过域-特异启示法计算的，并检验它们是不是目标状态。从这种搜索算法的视角看，每个状态都是原子状态，也即是个体的、独立的、没有内在结构的"黑箱"。如果给每个状态使用一种分解表征（分解为一组变量，为每个变量赋予一个值），结果会怎样呢？事实表明，当每个变量有一个值满足所有对它的约束时，问题就得到解决。以这种方式描述的问题被称为"约束满足问题"（constraint satisfaction problem，CSP）。一个 CSP 搜索算法具有状态结构的优势，使用通用的而非问题特异的启示法来解决复杂问题。其主要观点是，通过识别破坏约束的变量-值组合对，一次性消除搜索空间的大多无效部分。接下来的部分将讨论人工主体是如何解决 CSP 的，以及是如何对其进行适应性表征的。

第一节　约束满足问题的构成与分解表征

一个约束满足问题由三个成分 X、D、C 构成，其中 X 是一组变量 $\{X_1,\cdots,X_n\}$；D 是每个变量的一组域 $\{D_1,\cdots,D_n\}$；C 是一组约束（条件），它详细说明了变量值的许可组合 $\{C_1,\cdots,C_n\}$。进一步讲，对于变量 X_i 的每个域 D_i 由一组许可值 $\{v_1,\cdots,v_k\}$ 构成。每个约束 C_i 由一对 scope,rel 构成，其中 scopes 是变量的一个元组（tuple），限定变量的范围，因此参与约束过程；rel 是一个关系，限定那些变量可采取的值。在表征的意义上，一个关系可表征为所有满足约束的元组值的一个详细列表，或者表征为支持两个操作的一个抽象关系。其中，两个操作一个是测试，如果一个元组是一组关系的话；另一个是列举，就是计算那个关系的数目。比如，如果变量 X_1 和变量 X_2 都有域 $\{A,B\}$，那么表明这两个变量必须有不同值的约束，可表征为 $\langle (X_1,X_2),[(A,B),(A,B)]\rangle$。

为了解决约束满足问题，人工智能中明确界定了状态和解决方案的概念。一个 CSP 中的每个状态都是通过将数值分配到一些或所有变量上被定义的，可表征为 $\{(X_1=v_1,X_j=v_j,\cdots)\}$。凡是不破坏任何约束的分配都被称为一个一致的或合法的分配。一个完全的分配意味着所有变量都被指派了一个值，而且一个约束满足问题的解决方案一定是一个一致的完全分配。相比而言，一个部分分配就是只将值分配到部分变量上。这意味着，不是所有的变量都需要分配一个值，是否分配要视情况而定，所以，约束满足问题的解决一定是一个适应性的过程。

接下来我们以地图着色①为例来说明 CSP 的适应性表征过程。打开任何一幅彩色地图，我们会发现，相邻的不同局域有不同的颜色，或者说，相邻的局域不能由相同的颜色着色。于是问题就来了，需要用几种颜色给不同区域着色而不使相邻区域有相同的颜色？假设我们使用三原色红(r)、黄(y)、蓝(b)给相邻的不同区域着色，约束条件是相邻区域不能是相同的颜色。假如一个国家或地区有六个行政区（图 15-1），可分别以数字 1、2、3、4、5、6 标记，这是一个约束满足问题，其变量（区域）可表征为：$X=\{1,2,3,4,5,6\}$。每个变量的域是集合 $D_i=\{r,y,b\}$。约束是相邻区域有不同的颜色。由于这些区域存在 10 个连接的地方，就有 10 个约束：$C=\{1\neq 2, 2\neq 3, 3\neq 4, 4\neq 5, 5\neq 1, 1\neq 6, 2\neq 6, 3\neq 6, 4\neq 6, 5\neq 6\}$，其中 $1\neq 2$ 是 $(1,2), 1\neq 2$ 的缩写，其余类推。而且 $1\neq 2$ 的域值有 6 种，它们是 $\{(r,y),(r,b),(y,r),(y,b),(b,r),(b,y)\}$，即区域 1 和区域 2 着哪种色的可能选择值。

理论上，这种约束满足问题的表征没有问题。但是在实际操作中，我们会发现问题不那么简单。就图 15-1 来说，如果不增加第四种颜色如绿色，我们就不能解决该图的着色问题。比如，如果 $\{1=r, 2=b, 3=r, 4=b, 5=y\}$，那么区域 6 是什么颜色呢？由于区域 6 与其他 5 个区域相邻，如果 $1=r, 2=b$，根据相邻区域不能是相同颜色的约束，那么区域 6 必须是 y。如果区域 6 是 y，区域 5 就不能是 y，因为区域 5 和区域 6 是相邻的，它们必须是 $5\neq 6$。

---

① 地图着色是最著名的 NP-完备问题之一，在数学上可定义为：给定一个无向图 $G=(V,E)$，其中 V 为顶点集合，E 为边集合，地图着色问题就转化为将 V 分为 K 个颜色组，每个组形成一个独立集，也就是其中没有相邻的顶点。

第十五章 决策主体对于约束满足问题的适应性表征 ·337·

这显然与约束条件不一致。无论我们如何变换组合，这个问题在三种颜色的约束条件下不可能得到解决。唯一的解决方法就是增加一种其他颜色，也就是增加一个变量，这就要求打破仅仅使用三种颜色的约束。这就是数学上著名的"四色地图问题"[①]。如果增加一种颜色，上述6个区域的着色问题就可得到解决，比如其中一种着色是{1=r, 2=b, 3=r, 4=b, 5=y, 6=g}，变量的集合$D_i = \{r,y,b,g\}$。这样一来，就可以保证相邻区域满足有不同颜色的约束条件。

如果将CSP形象化地表征为约束图解，图15-1就可表征为图15-2的形式。图中的节点对应于该问题的变量，两个变量之间的连接表示一个约束。

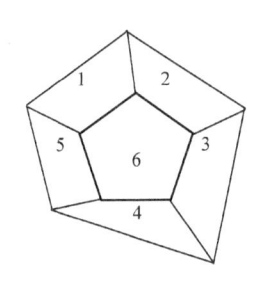

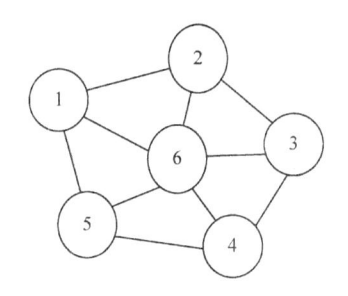

图15-1 一个国家或地区的六个行政区
（数字标出）

图15-2 一个国家或地区的六个行政区的
约束关系

之所以要将一个CSP形式化或形象化地表征，是因为CSP带来了大量问题的自然表征，比如自然科学中的各种理论，如相对论、量子力学等，都必须形式化（数学化）地表征，原因在于这种表征提供了一个最一般的表达，它们能够解决一系列相关问题。我们运用牛顿力学解决宏观世界的大量力学问题，如火箭的发射。对于CSP来说，如果我们有一个关于它的问题解决系统或理论，那么我们就能使用它解决其他CSP了，而不用再寻求其他搜索技术或方法。而且，上述分解表征方法及其图解比状态空间搜索更快，因为这种方法能够迅速地消除搜索空间的更大的样板，如色板。比如，一旦我们选择了{6=y}，那么其他5个相邻区域就不能再选择它了。如果对地图着色有特殊颜色的要求，如我们自己所在的区域要求是红色，如

---

① 该问题又称为"四色猜想"或"四色定理"，是近代世界数学史上的难题之一。它的意思是说，任何地图只用四种颜色就能使具有共同边界的国家或地区（如城市地图）着上不同的颜色。也就是说，在不引起混淆的情况下，一张地图只需四种颜色来标记就可以了。用数学语言表达就是：将平面任意地细分为不重叠的区域，每一个区域总可用1、2、3、4这四个数字之一来标记，而不使相邻的两个区域有相同的数字。这里的相邻区域是指有一段共同边界的区域，如两个相邻的国家，而不仅仅是一个点的连接。

{6=r}，其他区域的颜色就需要重新分配了。这意味着符合约束满足的任意分配不一定是最终的解决方案。这涉及约束传播（constraint propagation）问题。

在 CSP 中，约束传播是指一种特殊的推理，即使用约束来减少一个变量的合法值的数量，这反过来能够减少另一个变量的合法值。也就是说，在 CSP 中存在这样一种选择，即一个算法可从几个可能性中选择一个新变量进行搜索，或执行一个特殊类型推理，比如从许多颜色中选择增加一种新颜色这个变量。显然，没有约束传播的引入，我们就不能解决上述三原色着色问题。不过，我们可利用约束传播减少变量的分配序列，例如，5 个相邻区域的着色，如果不利用约束传播，一个搜索程序或步骤就会有 3^5（243）个分配，若利用约束传播减少一个颜色变量，如红色，我们就不用考虑这个变量了，所以分配数就减少为 2^5（32）个，减少率为 87%。这是一个相当高的比率。显然，约束传播概念恰好说明了分解表征的适应性。

总之，许多使用状态空间搜索难以解决的问题，能够利用形式化的 CSP 迅速得到解决。比如小车的装配问题、8-皇后问题，它们比地图着色问题更为复杂，因为它们的变量多、域值多，约束条件也更复杂，如装配问题还涉及时间变量，是一个动态约束满足问题（地图着色问题是静态约束满足问题）。一般来说，动态问题比静态问题要复杂得多。

第二节 约束满足问题的不同表征形式

由上述分析可知，最简单的 CSP 包括离散的和具有有限域的变量。地图着色问题和装配问题、8-皇后问题都属于这种类型。例如，8-皇后问题，尽管比较复杂，仍然可看作一个有限域的 CSP，因为在 1~8 列中的每个皇后的位置（方格）可表征为 $Q_1, \cdots, Q_8$，每个变量用于一个域 $D_i = \{1,2,3,4,5,6,7,8\}$。与地图着色问题相比，这个域的元素要多出 4 个。需要注意的是，一个离散域可能是无限的，如整数集。由于离散特性要通过列举所有许可组合值来描述约束，这显然是不可能的事情。相反，我们必须使用一种约束的语言，它能直接理解如 $a_1+b_1 \leqslant a_2$ 这样的约束，而不用列举许可值对（a_1, a_2）的集合。关于这种约束的解决算法存在于线性约束如整数变量集中，因为每个变量以线性形式出现。而关于整数变量的一般非线性约束目前还没有可行的解决算法。

相对于离散域而言，连续域的约束满足问题在真实世界中是常见的，在操作研究中已经得到广泛的研究。例如，观测天文学中使用的哈勃空间望远镜上的实验时序安排，就需要精确的观察定时。每次观察的开始和结束都是连续变量，它们必须遵循一系列天文学的、优先的动力约束，这就是有名的关于连续域约束满足问题的线性编程问题。在那里，约束必须是线性等式或不等式。线性编程问题在数学上能用变量的多项式来解决。这些都是 CSP 中可能出现的变量类型。变量是有约束的，约束有着不同类型，最简单的约束类型是一元约束，它限制单一变量的值。比如在地图着色问题中，区域 6 不能接受绿色，一元约束的表征就是(6),6≠g。一个二元约束涉及两个变量，比如区域 6≠1 就是一个二元约束。因此，一个二元 CSP 是只包含一个二元约束的问题，可通过图解形式表征。由此推知，一个三元约束包含三个变量，比如 b 位于 a 和 c 之间，这种关系可表征为（a,b,c）。

对于更高阶的约束（包含两个以上变量），我们如何描述和表征呢？包含任意变量数的约束被称为全局约束或普遍约束。事实上，全局约束也不是包含无限个约束，其中的变量数也是有限的，只是涉及的变量更多更广泛。在人工智能中，一个最普遍的全局约束是 Alldiff，意思是，包含在一个约束中的所有变量必须有不同的值。比如"字符谜题"（crypt-arithmetic puzzle），其中每个字母代表一个不同的数字，其目的是为其中的每个字母发现一个数字替代者，最终产生的结果之和在算术上是正确的，而且附加的限制不允许有零出现，比如 two+three=five（2+3=5）。这种问题表征为全局约束就是：Alldiff（f, t, e, r, w, o, h, I, v）（有 9 个不同的字母）。附加约束可通过 n-元约束来表征，如前面论及的树型图解。

当然，我们也可将一个 n-元约束满足问题转换为一个二元约束，这就是双图解（dual graph）转换表征。双图解转换的意思是，首先创造一个新图解，其中对于初始图解中的每个约束存在一个变量和一个分享变量的初始图解中的每个约束对的二元约束。比如，如果初始图解有变量（a,b,c）、约束（a,b,c）,c_1 和（a,b）,c_2，那么双图解有变量{c_1, c_2}，其二元约束是（a,b）,r_1，其中（a,b）是被分享的变量，r_1 是一个新关系，它限制分享变量之间的约束。这里似乎有一个矛盾，那就是，既然一个约束满足问题可使用一组二元约束，即双图解表征，为什么还要使用全局约束 Alldiff？理由有二：其一，使用 Alldiff 描述约束满足问题更容易而且不易出错；其二，有可能为全局约束设计出一种目的特异的推理算法（后面我们会讨论这种算法），该全局约束对于一组更简单的约束不可行。

上述讨论的约束均是绝对约束，这排除了潜在解决该问题的可能性。在现实世界中，许多约束满足问题往往包括一种优先约束或偏好约束，即它指明了哪个解决方案是我们所偏爱的。比如学校的课程表安排问题，一个绝对的约束是：一个教师不能同时安排两门课。但是按照优先约束，我们可以根据教师的偏好安排上课时间，比如李老师喜欢上午上课，而张老师喜欢下午上课，我们可遵循他们的偏好做出安排。这是在不破坏绝对约束的前提下的一种偏好约束安排，既不影响教学秩序，也考虑了人文关怀。这种考虑偏好约束的时序安排可能不是最佳的，但肯定是解决约束满足问题的一种"适应性表征"。

第三节 约束传播中局部一致性的适应性表征

我们知道，在规范的状态空间搜索中，一种算法只能做一件事，即搜索。相比而言，在约束满足问题中，算法可以有选择，即可以推理。这就是上述提及的约束传播问题。约束传播可能与搜索纠缠在一起，也可能在搜索之前作为一种预处理步骤来执行。有时，这种预处理能够解决整个问题，这就不需要再搜索了。这里蕴含了一个重要概念——局部一致性。比如，如果我们在一个图解中将每个变量看作一个节点，每个二元约束看作一个弧，那么在图解的每个部分执行局部约束的过程会引起不一致的值，这种不一致的值在整个图解中要被排除。这个局部一致性排除整个图解中的不一致的过程是适应性的。局部一致性有多种类型，诸如节点一致性、弧一致性、路径一致性、k一致性等，它们的功能也有所差异，接下来我们将分别进行讨论。

第一，节点一致性保证约束满足问题的图解网表征的一致性。在一个CSP图解网络中，如果变量域中的所有值满足变量的一元约束，那么对应于节点的单一变量就是节点一致的。比如在地图着色问题中，假如区域6中的人们不喜欢红色，变量区域6的开始域是$\{r, y, b\}$，那么我们就通过排除红色来保持节点一致，使区域6的域值减少为$\{y, b\}$。这意味着，如果一个图解网络中的每个变量都是节点一致的，那么那个网络就是节点一致的。一般来说，在一个CSP中，通过执行节点一致性来排除所有一元约束总是可能的，同时将所有n-元约束转换为二元约束也是可能的，如区域6排除红色r，三元约束$\{r, y, b\}$可转换为$\{r, y\}$、$\{y, b\}$和$\{r, b\}$。正是这个原因，我们通常将CSP的解决方案限定于二元约束范围。这就是分解表征的实质所在。这有利于将复杂约束简化为简单约束。

第二，弧一致性保证变量的二元约束的一致性。在一个CSP中，如果变量的每个域中的值满足二元约束，那么那些变量就是弧一致的。这就是说，一个变量同时满足两个约束，如变量区域6同时满足$1 \neq 6$和$\{r, y\}$。这里的"弧"是一种比喻，意思是跨越两个区域将两个不同约束连接起来，连接在一起就意味着保持了一致性。形式地讲，变量 X_i 关于另一个变量 X_j 是弧一致的，仅当对于当下域 D_i 中的每个值，在 D_j 中存在某些值在弧（X_i, X_j）上满足二元一致性。一个约束网是弧一致的，仅当每个变量与每个其他变量一起是弧一致的。比如 $Y=X^2$ 这个简单的二元二次方程式，其中变量 X 和 Y 的域是一组数字，其约束可表征为 $(X,Y)\{(0,0),(1,1),(2,4),(3,9),\cdots\}$。为了使 X 关于 Y 是弧一致的，我们可以将 X 的域范围减少为 $\{0,1,2,3\}$。如果也要使 Y 关于 X 是弧一致的，那么 Y 的域值就是 $\{0,1,4,9\}$，于是，整个约束满足问题就是弧一致性的。然而，这种弧一致性对于地图着色问题不起作用。比如，对于 $(1,2),1\neq 2$，它的不同约束是 $\{(r,y),(r,b),(y,r),(y,b),(b,r),(b,y)\}$，无论我们为区域 1 或区域 2 选择何种值，总是对另一个变量存在一个有效值，所以运用弧一致性对于任何变量都是无效的，也就是说，$(r\neq y)$、$(r\neq b)$ 等总是成立的（绝对约束）。

目前，人工智能中对于弧一致性最流行的算法是 AC-3 算法[①]。为使每个变量成为弧一致的，AC-3 算法要考虑一个弧的数据结构的集合。最初，这个集合包括一个约束满足问题中的所有弧。然后，AC-3 从这个集合中溢出一个任意弧（X_i,X_j），并使 X_i 关于 X_j 是弧一致的。如果这一切使 D_i 没有变化，那么算法会继续移动到下一个弧。如果这使 D_i 变得更小，我们会将所有弧（X_k,X_i）增加到那个集合中，其中 X_k 是 X_i 的近邻。如果 D_i 被减小到零（什么也不存在），我们就知道整个约束满足问题没有任何一致的解决方案，这意味着 AC-3 可立即返回到失败状态。否则，我们就需要继续检验，尝试从变量域中移除不一致的值，直到集合中不再有弧。在这个意义上，AC-3 算法这种弧一致性算法比最初的约束满足问题算法在搜索时更快，因为它的变量有更小的域。

第三，路径一致性通过压缩二元约束解决问题。上述地图着色问题表明，弧一致性并不能解决所有约束满足问题，而且它不能进行足够的推理。这意味着将一些域减少到零尺度时，约束满足问题就得不到解决。对于地图着色问题，如果只允许有两种颜色如红和黄时，弧一致性就是完全无用的，因为每个变量已经是一致的了。也就是说，任何两个区域之间都是（r,

---

[①] AC-3 算法是由麦克沃斯（A. K. Mackworth）于 1977 年提出的，由于它是修正的第三版算法，名字由此而来（详见 Mackworth, 1977, 1992）。

y）。显然，弧一致性对于此问题无能为力。因为不同区域是相连的，至少需要三种颜色（实际上是四种）才能解决地图着色问题。可以看出，弧一致性的实质是使用弧（二元约束）压缩了域（一元约束）的数量（减少一半）。

为了解决地图着色问题，我们需要引入一种新的概念，那就是"路径一致性"。当然，弧也是一种路径，只是这种路径太过单一，而且是二元约束关系。路径的含义就宽泛多了，如树搜索、直线和曲线路径等。与弧一致性不同的是，路径一致性使用隐约束压缩二元约束，而隐约束是通过寻求三元组变量被推出的。这就是说，路径一致性方法使用第三个隐约束压缩当下的二元显约束。假设一个二元变量集（X_i, X_j）是关于第三个变量X_m的一个路径一致性，仅当对约束（X_i, X_j）一致的每个分配（$X_i = a, X_j = b$），存在一个分配到X_m，它满足对（X_i, X_m）和（X_m, X_j）的约束。这就是路径约束，因为我们可将它看作一个从X_i经过X_m到X_j的路径，即X_m介于X_i和X_j之间。

那么，路径一致性方法是如何说明地图着色问题的呢？我们以区域{1, 2, 6}为例来说明，在两种颜色的情形下如何使{1,6}集合与区域 2 的路径一致。在有两种颜色的情形下，只有两种路径：{1=r, 6=b}，{1=b, 6=r}。可以看出，区域 2 既不能是 r 也不能是 b，因为它与区域 1 或区域 6 的颜色是冲突的，否则就破坏了相邻区域不能是相同颜色的绝对约束。这意味着，我们没有颜色可用于区域 2。其结果是，我们不得不取消这两个分配，因为我们没有办法使{1,6}集合产生有效分配。因此，在两种颜色的约束条件下，这个问题是无法解决的。

第四，k一致性强化约束满足问题的解决。k一致性是约束传播的更强形式。一个约束满足问题是 k一致性，仅当对于每个 $k-1$ 变量和分配到那些变量的任何约束，一个一致值总是被分配到任何第 k 个变量上。比如 1-一致性的意思是，给定一个空集，我们可以使一个变量的任何集合一致，这就是前面谈及的节点一致性。2-一致性就是弧一致性。相对于二元一致性网络，3-一致性就是路径一致性。那么 k一致性如何强化约束呢？一个约束满足问题是强的 k一致性，仅当它是一个 k一致的，也同时是 $k-1$、$k-2$……一直到是 1-一致的。假设我们有一个 n 节点的 CSP，并使它强烈地是 n一致的，也就是说 $k=n$ 时，我们就可以解决以下问题：我们先为 X_1 选择一个一致值，然后保证也能为 X_2 选择一个值，因为图解是 2-一致的，为 X_3 选择一个值因为它是 3-一致的，等等。对于每个变量 X_i，我们仅需要在域中通过 d 值去发现一个与 $X_1, \cdots, X_{i-1}$ 一致的值。这样，我们就可在一定时间内找到一个解决方案。

不过，使用 k 一致性并不那么容易，任何建立 n 一致性的算法都可能会遇到时间的以 n 指数增长的问题，而且 n 一致性也需要空间，但这种空间也是 n 指数增长的。所以，内存问题比时间问题更严重。在实践中，确定适当层次的一致性检查是一个经验可循的问题，这就是科学哲学家范·弗拉森（Van Fraassen）所说的经验的适当性问题。一般来说，我们通常会计算 2-一致性，而很少计算 3-一致性。

另外，还值得一提的是，前面谈及的全局约束也是一种一致性类型，它虽然是一种包括任意数量的变量，但在实践中并不需要所有变量。比如 Alldiff 约束就要求所有涉及的变量必须有不同的值，但不一致的情形还是有的，比如，如果约束中包括 m 个变量，它们总共有 n 个不同值，而且 $m > n$，那么这个约束就得不到满足。这会导致一种简单的算法，即移除约束中任何具有一个独立域的变量，并从剩余变量的域中删除变量值。只要还存在独立变量，就继续重复这个过程。如果任何点的一个空域被产生，或者存在比剩余的域值更多的变量，那么一个不一致性就被发现了。比如在地图着色问题中，这种方法就可发现区域{1=r,4=r}在分配上的不一致性。除上述这些类型的约束外，还有一种重要的高阶约束，那就是资源约束，比如工序安排中的人力、物力的约束或限制，这通过一致性检查就可发现。

第四节 约束满足问题的回溯搜索的适应性表征

上述约束满足问题主要是通过推理解决的。但是，许多约束问题并不是仅依靠推理才可解决，使用回溯搜索也可达到目的，甚至有时更便捷。对于一个域大小为 d 有 n 个变量的约束满足问题来说，我们会发现在表征树中顶层的分枝因子就有 $n \times d$ 个，因为任何 d 的值可被指派给 n 个变量的任何一个。在下一个层次，分枝因子就是 $(n-1)d$ 个，再下一层就是 $(n-2)d$ 个，以此类推。这样就可产生一个 $n!d^n$ 的表征树，这太庞大了！我们在有限的状态空间是无法表征的。

在这里，我们忽视了所有 CSP 的一个重要特性，即交换性（commutativity）。所谓交换性是指，如果任何给定行动集的应用次序对其结果没有任何影响，那么一个问题就是交换的，比如 $a \times b = b \times a$，这就类似于乘法中的交换律。换句话说，不同变量的分配次序在搜索中不影响结果。约束满足问题之所以是交换的，是因为当给变量分配域值时，我们就获得了相同的部分分配而不考虑次序。因此，我们仅需要在搜索树中的每个节点考虑一个单一变量。比如在地图着色的例子中，如果用树表征形式，区域 6 是根节点，我们可在 r、y、b 之间做选择，即 $6=r$，或者 $6=y$，或者 $6=b$，但是，我们决不能在 $6=r$ 和 $1=b$ 之间做选择。有了这个限制，树的层次数就是 d^n 个，这是我们所希望的。

前述已表明，回溯搜索被用于深度优先搜索，它在一个时刻为一个变量选择代价值，当变量没有任何剩余的合法值分配时，它就执行回溯搜索。回溯搜索的算法重复地选择一个未被分配值的变量，然后依次尝试那个变量域中的所有变量，试图发现一个解决方案。如果一个不一致性被发现，那么回溯就返回失败，从而尝试另一个值。不过，回溯搜索只保持一个状态的一个单一表征，并改变那个表征，而不是创造一个新表征。具体说，回溯搜索要回答三个问题：①哪个变量是接着被分配的，即选择未被分配的变量？它的值是以什么次序尝试的，即次序域值是什么？②在搜索中应该在每个步骤执行什么类型的推理？③搜索何时达到违反约束的一个分配，这个搜索能够避免重复失败吗？

我们首先讨论第一个问题。回溯算法包含这样一个思路，即选择未分配变量（csp）到变量（var）。选择未分配变量的最简单策略是在次序 $\{X_1, X_2, \cdots\}$ 中挑选下一个未分配的变量。这种静态的变量定序很少产生最有效的搜索。比如在地图着色问题中，如果分配区域 $1=r$，区域 $2=y$，那么接下来区域 6 只有一种可能值，即 $6=b$，而不是分配区域 $3=b$。事实上，在区域 6 被分配后，对于区域 3、区域 4 和区域 5 的选择就是被迫必须进行的。这种选择方法有最少合法值变量的直觉性观念，被称为最小剩余值（minimum remaining values，MRV）启示法①。如果一些变量 X 没有任何合法值余下，那么 MRV 启示法会选择 X，于是会立刻发现失败，避免通过其他变量进行无意义的搜索。

不过，MRV 启示法对地图着色问题中选择第一个区域的颜色是无助的，因为起初每个区域都有三种合法颜色。在这种情形下，我们需要引入程度启示法。程度启示法尝试通过选择包含对其他未分配的变量有最大约束数量的变量，来减少未来选择上的分枝因子。比如，如果区域 6 是最高程度 5 的变量，那么其他变量的程度就是 2 或 3。一个不与任何其他区域相邻的独立区域，其程度就是 0，因为它可着任何色而并不与其他区域冲突，如

---

① MRV 启示法也被称为"最受约束变量"启示法或"失败优先"启示法，因为后者迅速选择一个最可能导致失败的变量，因此要修剪搜索树。这种启示法通常比随机的或者静态定序搜索性能更好，尽管其结果随着问题本身而广泛地变化，但有时能处理包括 1000 多个因素的搜索系统。

岛国——英国、新西兰，它们只要与海洋的蓝色不同就可以了。实际上，一旦区域 6 被选择，使用 MRV 启示解决这个问题不会有任何错误步骤，因为我们可以在任何选择点选择任何一致的颜色，而且不用回溯就可以获得一个解决方案。因此，MRV 启示法更具有指导性，但程度启示法作为一个连接中断者是有用的。一旦一个变量被选中，算法必须确定检验其值的次序。这就需要一种最小约束值启示法，该方法在约束图解中更偏爱排除最少选择的近邻变量的值。比如，在上述的地图着色图解中，假设我们做出了部分分配，即区域 1=r、区域 2=y，下一个选择就是针对区域 3 的。为区域 3 选择蓝色可能是一个糟糕的选择，因为蓝色排除了为它的近邻区域 6 留下的最后一个合法值。此时，根据最小约束值启示法，我们应该选择红色而不是蓝色。一般来说，启示法试图为后继变量的分配留下极大的灵活性。

当然，如果我们试图发现一个问题的所有答案，而不仅仅是第一个答案，那么定序问题就不重要了，因为我们必须以别的方式考虑每个值。比如，为什么变量的选择是失败优先的，而值的选择是失败滞后的？原因是变量先于它们的域值，比如先有区域这个变量才会有区域的着色域，相反则不然。在许多问题中，对于一个变量定序，如果它选择一个具有极小数量剩余值的变量，那就有助于通过极小化搜索剪掉树的大部分节点。对于值定序来说，应对策略是我们仅需要一个解决方案。因此，我们最好先寻找最可能的值。如果我们想找到所有答案而不是一个，此时，值定序可能就不是相关的了，可被忽略掉。

其次，我们讨论第二个问题，就是交错搜索和推理的问题。我们已经看到，AC-3 等算法可以在我们搜索前在变量域中进行减少变量的推理。不过，在搜索过程中推理是更有威力的。每当我们为一个变量选择一个值时，我们有一个全新的机会在近邻变量上推断新域的减少。前向检测（forward checking）是最简单的一种推理形式。当一个变量 X 被分配时，前向检测过程为它建立一个弧一致性，也就是说，对于每个通过一个约束与 X 连接的未分配的变量 Y，会从 Y 的域中删除与为 X 选择的值不一致的任何值。这意味着前向检测只做弧一致性推理。如果我们已经将弧一致性作为预处理步骤进行了推理，就没有必要做前向检测了。比如在地图着色的例子中，我们可使用前向检测发现着色的效果（表 15-1）。

表 15-1 清晰地说明：如果优先分配 1=r，那么前向检测从近邻变量 2、6 的域中删除 r；然后分配 3=y，y 就从区域 2、4、6 中被删除；最后分配 5=b，那么 b 就从区域 4、6 中被删除，而且区域 6 没有任何合法值（需要增加第四种颜色）。

表 15-1　地图着色搜索的前向检测过程

区域名称	1	2	3	4	5	6
初始域	r, y, b	r, y, b	r, y, b	r, y, b	r, y, b	r, y, b
1=r 后	R	y, b	r, y, b	r, y, b	r, y, b	y, b
3=y 后	R	b	Y	r, b	r, y, b	b
5=b 后	R	b	Y	y	B	?

从表 15-1 我们会发现，一方面，区域 1=r 和区域 3=y 被确定后，区域 2 和区域 6 被减少到只剩一个值，因此，我们通过从区域 1 和区域 3 传送信息消除了那些变量的分枝数。另一方面，在区域 5 被分配 b 后，区域 6 就成为空的了，因为没有值（颜色）可分配了（强行分配就违背了相邻区域不能有相同颜色的绝对约束）。所以，前向检测已经发现部分分配（1=r, 3=y, 5=b）与这个问题的约束是不一致的，这个算法会立即进行回溯搜索。回溯行为就表现出了适应性，尽管这种适应性不是有意识支配的（严格说是由规则支配的）。笔者将这种无意识的适应性称为基于规则的适应性[①]。这意味着适应性不完全是有意识物体所特有的，人工主体如机器人也表现出不同程度的适应性。

如果将前向检测与 MRV 启示法相结合，就会对许多问题的解决更为有效。比如表 15-1 中，在区域 1 被分配红色 r 后，我们会立刻意识到，这个分配会约束相邻区域 2 和区域 6，所以接下来我们应该处理那些变量，所有其他变量将不会进入已经被分配的区域（1, 2, 6）。这与使用 MRV 启示法的效果是一样的。因为区域 2 和区域 6 有两个值，其中一个被优先选择，然后是另一个，接着依次是区域 3、4 和 5。需要注意的是，尽管前向检测可以探测到许多不一致性，但它并不能发现所有不一致性。问题在于，它只能使当下变量成为弧一致的，但是它不能预测并使所有其他变量也成为弧一致的。比如，当区域 1 被分配红色和区域 3 被分配黄色时，区域 2 和区域 6 则必须是蓝色的。前向检测搜索并不能预先发现这是一种不一致性，也就是不知道区域 2 和区域 3 是相邻的，不能有相同的颜色。

这是否意味着人工主体（一种由算法或程序控制的智能体）的搜索不能与人的发现相提并论呢？在这个例子中，我们人类可预先判断或推出这

[①] 这是相对于物理适应性和生物适应性而言的，包括基于物理规律的适应性如温度计的适应性，基于生物规律的适应性如生物体是适应性的，基于规则的适应性如机器人的适应性。

种不一致性，人工主体不能像人那样预先做出判断，难道人工主体对此问题就无能为力？在笔者看来，显然不是。我们知道，人工智能的设计完全是理性的（排除非理性诸如情感、意志、自我、心灵等难以计算和表征的概念），只要找到新的方法就有可能解决此类问题[①]。比如，一种被称为保持弧一致性（maintaining arc corsistency，MAC）的算法可以发现上述问题中的不一致性。它的搜索策略是这样的：在一个变量 X_i 被分配一个值后，推理程序就是 AC-3 算法，而不是约束满足问题中所有弧的集合。对于所有与 X_i 相邻的未被分配的变量 X_j，我们可以仅从弧（X_j, X_i）开始。在那里，AC-3 算法以通常的方式进行约束传播，如果任何变量将它的域减少到空集，那么这种对 AC-3 算法的指令就失败了，我们必须立刻进行回溯搜索。可以看出，MAC 算法比前向检测的搜索能力更强，因为前向检测作为 MAC 集合中的初始弧与 MAC 做同样的事情。但不同于 MAC 的是，当变量的域发生变化时，前向检测不能递归地传播约束。这就是为什么它被称为前向检测。

最后，我们讨论第三个问题，就是后向检测问题，一种智能回溯。当一个搜索分枝失败时，回溯搜索算法有一个关于做什么的非常简单的策略，那就是回溯到前一个变量，并为它尝试一个不同的值。这就是按时间次序回溯，因为最近的确定点被再访过了。问题是，回溯搜索如何避免失败呢？我们仍然以地图着色问题来说明。假如地图着色按照这样一个固定变量定序{3，4，5，6，1，2}进行，我们会产生变量分配{3=r，4=y，5=b}。当我们尝试下一个变量 6 时，我们会发现每个值都破坏了一个约束，即 r、y、b 都不适合 6。此时，我们会返回到区域 5，显然，这仍然不能解决问题。一个更聪明的回溯方法是返回到一个可能固定这个问题的变量，即这样一个变量，它可能让区域 6 的一个可能值不相关。要完成这个任务，我们会继

[①] 在这里，笔者不是极力主张一种科学决定论或所谓的科学主义的绝对观念。一个不可否认的事实是，如果说科学技术主要是理性的事业，那么基于科学技术的人工智能则完全是理性的领域，但这并没有完全排斥非理性成分如情感存在于其中的可能性，如使用经验启示法，毕竟科学技术是人的事业，是人就有情感，情感如果不是一种内在于思维中的因素的话，也起码会对思维效率产生影响，如情绪不佳时思维就是不清晰的。人工主体没有情感，也没有意识，它们是完全依赖于理性的，也就是靠规则、推理、计算、表征等理性成分运作的。然而，人工主体是人设计制造的，在这个过程中无疑会渗透一些非理性的成分。但就人工主体的运行而言，笔者的看法是，只要我们能够找到一种合理性的新方法，解决看似不可能的问题也未必不可能，人工智能的发展不断突破原有的观念就是明证。这里笔者再次强调，智能不必是基于意识的，适应性也不完全是生物体特有的。比如温度计，它随着环境温度的变化而变化，这种行为肯定不是有意识行为，但一定是一种适应性行为。所以，适应性也不必然是有生命、有意识生物的特性。显然，适应性是有意识物体（生物体）与非意识物体（人工主体）共有的特性。

续追踪一组分配{3=r，4=y，5=b}，它们与区域6的某些值是冲突的。这组分配就是区域6的冲突集合。回溯方法原路返回到那个冲突集合中的最近分配。这样一来，回跳将跳过区域5并为它尝试一个新的值。在这里，如果区域5不是独立的，这种回跳搜索也是无效的。也就是说，如果回溯算法不能发现合法的值，它应该返回冲突集合中最近的元素那里，并给出失败的指示符或说明，如三种颜色无法解决这个问题。这就是冲突引导的回跳搜索，它显然是适应性的，也即是遇到冲突时会及时改变搜索路径。

那么，回跳搜索遇到冲突时是如何计算的呢？如果一个变量的域是空的，搜索的一个分枝的最终失败总是发生。此时，那个变量会产生一个标准的冲突集合。比如区域6是失败的，它的冲突集合是{1，2，3}。当回跳到区域3时，区域3将源于区域6的冲突集合吸收到它自己的直接冲突集合{2，4}中。这个新的冲突集合就是{1，2，4}，因此，我们回溯到最近的区域2。区域2将{1，2，3}和{2}吸收到它自己的直接冲突集合{1}，给出{1，4}。因此，回溯算法回跳到我们期望的区域4。总之，当回溯搜索遇到冲突时，回跳算法会告诉我们返回路径有多远，所以我们不会浪费时间去改变还没有锁定问题的变量。

第五节　约束满足问题的表征结构及其局部搜索的适应性

从表征的视角看，一个约束满足问题的结构如何才能快速发现目标呢？我们业已发现，树型和图解是最常用的表征方式。它们的表征策略是将一个问题分解为子问题，也就是使用分解表征。比如地图着色问题的图解表征、线性表征，或者树-图解表征（图15-3）。

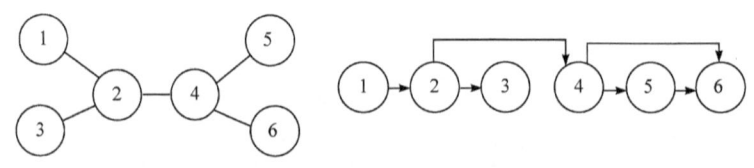

图15-3　树结构的约束满足问题的约束图解(左图)
区域1作为树根的变量约束的线性定序(右图)

由图15-3可知，当任何两个变量仅由一个路径连接时，一个约束图解就是一个树型表征。任何有 n 个节点的树表征有 $n-1$ 个弧，因此，我们可以操

作 n 个步骤就能使图解成为定向弧一致性（directed arc consistency，DRC）[1]，每个弧连接两个变量，每个变量被分配一定的域值。一旦我们有一个定向弧一致图解，我们就能进入变量表（或集合）选择任何剩余的域值。由于任何来自母节点到子节点的连接是弧约束的，我们知道我们为母节点选择的任何值，只要约束满足问题存在一个解决方案，就一定会剩余一个有效值留给子节点选择。这意味着我们不需要回溯搜索就可线性地搜索变量。如果约束满足问题有一个答案，我们就可在线性时间发现它。如果没有答案，我们就会发现一个冲突或矛盾。这种树结构的约束满足问题在人工智能有完备的算法，即 Tree-CSP-Solver 算法（树约束满足问题解决者算法）。

接下来的问题是，更一般的约束图解能否以某种方式还原到树表征？答案是肯定的。一般有两种基本方法可以做到：一种是移去节点，另一种是将节点收缩在一起。第一种方法涉及给一些变量分配域值，以便剩余的变量形成一个树结构。比如上述的地图着色问题，如果我们删除区域 6，并断开 5 和 1 的连接，图解就变成了树结构。而且，我们还可给区域 6 一个固定值，同时从其他变量域中删除任何与所给区域 6 不一致的值。在区域 6 及其约束被移除后，任何约束满足问题的解决方案将与为区域 6 选择的值一致（限于二元 CSP）。因此，我们可以使用 Tree-CSP-Solver 算法解决剩余树并最终解决整个问题。

总之，约束满足问题的一般算法有两步：第一，选择约束满足问题的变量的一个子集 S，以便约束图解在移除 S 后成为一个树表征。这里的 S 是一个环割集（cycle cut-set）。第二，对于子集 S 中的变量的每个可能分配满足对 S 的所有约束，这包括两方面：一是从剩余变量域中移除与分配给 S 不一致的任何值；二是若剩余的约束满足问题有一个解决方案，那么就将它与 S 的分配值一同返回。

第二种方法是将一个约束图解树分解为一组关联的子问题。每个子问题被独立地解决，然后将产生的结果结合在一起。与许多分而治之、各个击破的策略一样，如果子问题不是太大，这种方法很有效。比如上述地图着色问题的六个不同区域，可分为四个子问题（图 15-4）。

---

[1] 一个约束满足问题在变量定序 $X_1, X_2, \cdots, X_n$ 的条件下，当且仅当每个 X_i 与每个 X_j 对于 $j>i$ 是弧一致时才可被定义为定向弧一致性。因此这里的关键是定向弧一致性的概念。根据这个概念，任何树结构的约束满足问题可以通过在变量数量上以时间线性的方式得到解决。不过，真实世界中很少有区域是树结构表征的，这是一种理想化的表征方式。

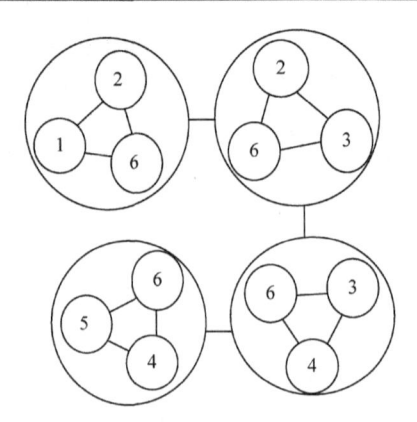

图 15-4　地图着色问题的六个区域被分为四个子问题

要使一个树分解成立，它必须满足三个必要条件：①初始问题中的每个变量至少出现在一个子问题中；②如果两个子问题在初始问题中由一个约束连接，它们必须连同那个约束一起出现在至少一个子问题中；③如果一个变量出现在这个树表征的两个子问题中，它必须连同连接那些子问题的路径一起出现在每个子问题中。可以看出，前两个条件保证所有变量和约束以分解的方式被表征。第三个条件简单反映了这样的约束，即任何给定的变量在每个它出现的子问题中必须有相同的值。比如，区域 6 在四个关联的子问题中有相同的值。这就是说，根据这种表征方法，我们可以独立地解决每个子问题。只要其中任何一个没有答案，整个问题就没有答案。

反过来，只要我们能解决所有子问题，那就可尝试建构一个全局解决方案。首先，我们将每个子问题看作一个最大变量，它的域是子问题的所有答案的集合。图 15-4 中的子问题是一个有三个变量的地图着色问题，因此有六个答案，其中一个是$\{1=r, 6=b, 2=y\}$。然后，我们使用前面给定树的有效算法，解决连接子问题的约束。子问题之间的约束要求子问题的答案与其分享的变量是一致的。比如，第一个子问题的给定答案是$\{1=r, 6=b, 2=y\}$，下一个子问题的唯一答案是$\{6=b, 2=y, 3=r\}$。一般来说，一个给定的约束图解容许有许多树分解。在选择一个分解时，我们的目的是尽可能让子问题小些。也就是说，一个图解的树分解的树宽度小于最大子问题的树宽度，这个图解本身的树宽度在所有它的树分解中被限定为极小树宽度。

从搜索的角度来看，约束满足问题实质上也是一个局部搜索问题，因为约束条件就限制了范围，因而就会形成区域性搜索而非全局搜索。在这个意义上，局部搜索算法一定会在解决许多 CSP 中发挥作用。它的策略是使用一个完全状态构想，即初始状态给每个变量分配每一个值，搜索行动在一个时刻改变一个变量的值。比如在 8-皇后问题中，初始状态在 8 列的 8 个皇后可能是一个随机构型，每走一步在它的列中移动一个单一皇后到一个新的位置。起初，初始猜测破坏了几个约束。局部搜索的观念就是要消除被破坏的约束。具体来说，在为一个变量选择一个新值时，最明显的启示法是选择产生那些与其他变量冲突的极小值，这就是极小冲突启示法，也就是最小范围的搜索法。

极小冲突启示法对解决许多约束满足问题是非常有效的。比如，关于 n-皇后问题，如果我们不计算皇后的初始配置，那么极小冲突的运行时间大致是独立问题的大小。在初始分配完成后，极小冲突启示法在大约 50 步内就可解决百万个皇后问题。这就是说，n-皇后问题对于局部搜索来说不是难题，因为解决方案就密集地分布于整个状态空间。即使对于更难的问题，极小冲突启示法也能够应对自如。比如，它被用于安排哈勃空间望远镜的观测，能够将安排一周观测所花费的时间从三周减少到 10 分钟。第三部分论及的各种局部搜索方法诸如爬山搜索、模拟退火、遗传算法、禁忌搜索等，都可看作约束满足问题的应用，因为局部就意味着是受约束的。

第六节 小 结

人工智能研究的最高目标就是解决问题。问题有很多，但是现实世界中的大多数问题都是局部的、约束性的，只有满足一定的条件才能得到解决。这就是上述讨论的约束满足问题。要解决一个约束满足问题，我们需要用一组变量及其域值表征一个状态，需要通过一组对那些变量的约束来表征一个解决方案的条件。解决约束问题的过程是一种使用约束的推理过程，目的是推出哪个变量及其值是一致的，哪个是不一致的。回溯搜索作为一种深度优先搜索通常被用于解决约束满足问题，只是当没有一个合法值指派给一个变量时，才会用到它。回溯搜索中使用的 MRV 和程度启示法（一种推理）是一种域独立方法，它决定在搜索中下一步选择哪个变量。极小约束启示法有助于决定显示一个给定变量的值，而局部搜索使用极小冲突启示法解决约束满足问题。由于约束满足问题的解决必然会涉及它的表征结构，所以，上述用于约束满足问题的解决方法都使用了分解表征，包括图解表征和树分解表征。这种分解表征采取了化大为小，化繁为简，各个击破的策略，因此，只要约束图解的树表征宽度不是太大，图解和树分解表征方法还是非常有效的，且都具有适应性特征。

第六部分　问题-解决主体：基于目标的适应性表征

人类设计和制造人工智能装置的最终目的，无非是为了解决人类面临的各种各样的实际问题，而不是仅仅出于有趣。在这个意义上，人工主体就是问题-解决主体。对于确定性问题，不仅人类主体解决起来比较容易，人工主体解决起来也比较容易。但面对不确定性问题，人类主体和人工主体解决起来都不容易。这就是不确定性问题的适应性表征问题。

第十六章围绕不确定性及其表征问题展开讨论，内容涉及不确定性问题与不确定推理、不确定性事件的概率发生、不确定性的贝叶斯网络表征与贝叶斯网络的语义学表征、可能世界作为不确定性的表征、不确定性的相关概率模型表征、不确定性的开放宇宙概率模型表征，以及不确定性的动力学概率推理。

第十七章探讨了人工感知系统的适应性表征问题，这是智能机器人走向人类智慧的必不可少的第一步。因为没有感知系统收集信息，就谈不上处理信息的问题了，所以感知系统的适应性是智能生成的必要前提。这一章的内容涉及感知系统的优先性与局限性、图像形成过程的适应性表征、三维世界重构的适应性表征、根据结构信息再认物体的适应性表征，以及人工视觉的适应性表征。

第十八章进一步探讨了智能机器人的适应性表征问题，内容包括智能机器人的类型、结构、功能及其适应性表征架构；智能机器人感知系统的适应性表征；智能机器人在移动过程中、在不确定运动以及真实世界运动中的适应性表征。这是关于智能机器人的动力学适应性表征问题。

第十六章　问题-解决主体对不确定性的适应性表征

> 不要仅仅因为人工智能系统有时会陷入局部极小值，就断定这使得他们变得不像真实生命。其实人类，可能也包括所有的生命形式，都经常被困在局部极小值的范围中。
>
> ——克里斯·安德森（Chris Anderson）（摘自约翰·布罗克曼《AI 的 25 种可能》2019 年第 182 页）

面对复杂的自然世界，我们通常会遇到具有复杂性的不确定性现象。主体（人类或智能机）需要处理不确定性，无论是由于部分可观察性、非决定性，还是由于二者的结合。主体在做一系列行动后，可能从来不能确切地知道不确定性现象是什么，从哪里开始，在哪里结束。因此，相对于确定性，不确定性是更常见且更难表征的，表征方法也会不同。这表明，我们的世界很可能是一个不确定的世界，并不是决定论所设想的确定世界。然而，当面对不确定事件或现象时，我们总是想方设法将其用确定的方法加以表征，总是在不确定性中寻找确定性，在复杂性中寻找简单性，这种倾向可能是人类的认知本性使然，因为我们要认识世界、把握世界进而改造世界，就需要获得不确定性事件或现象的确定的结果。科学就是要在不确定性中把握其确定性特征。因此，在不确定性条件下，我们必须理性地行动，理性地决定，以理性克服不确定性带来的不可预测性。这种策略更适合于作为人工主体的问题-解决主体，因为人工主体完全是理性的（至少到目前为止是这样）。

第一节　不确定性问题与不确定推理

假如我们乘出租车赶飞机，常规做法是提前 90 分钟到机场。若要及时到达，就要考虑各种可能的因素，诸如出租车的速度、车状、行车路线、道路状况、天气情况等。若其中一个方面出了问题，如堵车了或车坏了，就会影响出行。这些因素严格来说是不确定的，我们必须事先考虑到，因此严格来说，出行规划是不能推断的，结果是难以预料的。这就是不确定性问题。

它是我们对某物或某事难以或不能做出确定的预测而产生的问题。

不确定性时时刻刻都存在于我们的生活中，更不用说科学探索领域和认知过程了。因此，"不确定性总是伴随着我们，它绝不可能从我们的生活（无论是个人还是作为社会化整体）中完全消除。由于不确定性的存在，我们对过去的理解和对未来的预测总是模模糊糊。因为不确定性永远不会消失，对于未来的决定，无论其大小，总是在缺乏确定性的情况下做出的。在做出决定之前一直等到不确定性完全消失是对现状的含蓄支持，常常是维持现状的一个借口"（亨利·N. 波拉克，2005：3）。

这就是说，在本体论上，不确定性是世界本来的面目，世界的实质就是不确定性的。这种本体的不确定性决定了我们知识的不可靠性。如此一来，我们以往对世界的确定性理解就是决定论的，而决定论对于探讨不确定性显然是不适当的。在认识论上，即使我们面对的是确定性事件，但我们对这种事件不熟悉或认识不深刻导致了不确定性的发生，比如长期天气预报的不可能性、地震预报的准确性、人类发展对一个生态系统的影响、人类社会的未来走向等，对这些事件研究的每个阶段都处于不确定性的包围之中，研究者不可能游离于不确定性之外。在方法论上，如果我们对熟悉的对象采取了不适当的方法，也可能导致不确定性。例如，青蒿素的提取采用常温萃取还是高温提取，其有效性是完全不同的。或者说，在理论缺乏或条件不完备的情形下，探索过程也会存在不确定性，比如在理论准备不足的情况下对社会的改革、对宇宙未来的预测等。总之，不确定性的产生有多种方式，世界的不确定性导致认识的不确定性，认识的模糊性导致结果的不确定性，方法的不适当性也导致结论的不可靠性。

在人工智能中，不确定性涉及资格或限制问题，对这个问题还没有确定的解决方法。例如，逻辑主体处理不确定性的通常做法是：研究者通过记录一个信念状态（不确定性可能存在的所有可能世界状态集的一个表征），设计出问题-解决主体和逻辑主体（这里的主体是指一个程序，或一个执行设计者指令的中介或代理）处理不确定性，并制定一个应急规划来处理主体的感受器探测到的每个可能的偶发事件。这种方法虽然有效，但在用于创造主体程序过程中仍然存在漏洞（Russell and Norvig，2011：480）：①当要解释部分感受器获得的信息时，逻辑主体必须为观察考虑逻辑上可能的解释，无论多么不大可能。这导致难以想象的大量和复杂的信念状态表征。②处理每个偶然性的一个正确应急规划能增长到任意大，必须考虑任意不大可能的偶发事件。③有时不存在任何规划保证能达到目标，但主体必须行动。因为必定存在某些方法可逼近规划，但其优点不能被保证。对于不确定性问题，最好的方法是理性主体做出理性决定，这取决于不同目标的相对重要性和达到这些目标的可能性程度。比如乘出租车赶飞机的例子，为了不误航班我们可以提前180分钟出发，宁可在机场等待更长时间。这种决定虽然保证了不误航班，但等待时间过长，并不是最佳决策。这就需要考虑不确定推理问题。

再例如诊断过程，包括医疗、修理等行为，几乎总是包括不确定性，因而诊断者会采取不确定推理。比如诊断一个患者的腿关节痛。我们用命题逻辑可初步写出：关节痛→风湿。这个诊断规则显然不完全有效，因为不是所有关节痛患者都有风湿，有的可能是患类风湿，或长骨刺等，可写作：关节痛→风湿∨类风湿∨骨质增生……然而，为了使这个规则为真，就需要增加许多导致关节痛的病因，这使得这个规则可能有无限长。从因果关系考虑，可将这个规则变为：风湿→关节痛。但是，这个表达也不完全对，因为引起关节痛的不仅仅是风湿，而且风湿也不必然引起关节痛。使这个规则为真的唯一方法就是逻辑上穷尽所有关节痛的病因，即可能引起关节痛的因素有哪些，但这几乎是不可能的，理由主要有三：①无限性，即我们几乎不可能列出完备的前件或后件来保证所需要的无例外规则，也很难使用这样的规则；②理论缺失，即医学科学没有完备的理论解释关节痛现象；③实践缺失，即使理论完备，临床上也不能确诊一个特殊患者，因为不是所有必要的检查都做或能做，而且同样的疾病在不同的患者那里可能会有差异，即个体差异会导致病因的不同。

诊断的例子表明，关节痛与风湿之间的联系在两种方向上不只是逻辑推论。这是典型的具有不确定性的医学领域，大多数其他判断领域，如法律、商业、金融、汽车修理、地震预测、天气预报、人口预测等，也充满了不确定性。在不确定性下，主体的知识最好能够以相关语句的方式提供信念度（degree of belief），而处理信念度的主要工具就是概率理论。概率理论与逻辑的本体论承诺（ontological commitments）[①]是相同的，即承认世界是

---

① 本体论承诺，在哲学上是关于何物存在于世界，即关于实在我们假设了什么；在数学和逻辑上，该承诺是依据语句为真的定义通过形式模型的性质被表达的。命题逻辑假定，存在保持或不保持于世的事实，每个事实处于两个状态（真或假）中的一个，而且每个模型将真或假赋予每个命题符号。相比而言，模糊逻辑中的事实在1（全真）和0（全假）之间有一个真值度，如0.7。一阶逻辑假定，世界由客体及其之间保持和不保持的确定关系所构成，相应的形式模型比命题逻辑更复杂。专门逻辑有更进一步的本体论承诺，如时态逻辑假设，事实在具体有序的时间中保持，因此，专门逻辑赋予确定类的客体及关于客体的公理为逻辑中的头等地位，而不是简单地在知识库中定义它们。高阶逻辑将一阶逻辑指明的关系和函数看作客体本身，这允许我们做出关于所有关系的断言，例如我们可以定义"一个关系是可递归的"是什么意思。与大多数专门逻辑不同，就某些高阶逻辑语句不能被一阶逻辑的任何有限数来表达而言，高阶逻辑比一阶逻辑更具有表征力。

由事实构成的，无论那些实在在任何特殊情形中保持还是不保持。但是，认识论承诺（epistemological commitments）[①]是不同的，即逻辑主体相信每个语句是真或假，或者不确定，而概率主体在1（真）和0（假）之间可能有许多数值的信念度。概率提供了一种泛化那些源于无限性和理论实践缺失性的不确定性[②]，因而能够解决资格问题。例如关节痛的诊断，医生可能不确切地知道是什么折磨着一个具体的患者，但他或她相信，这个关节痛的患者有0.8的概率患有风湿。这种信念是他或她从多年医疗实践的统计数据的80%中获得的。当然，概率的大小与医生的知识储备和临床经验多少有关。一个医疗知识和经验丰富的骨科医生，诊断的准确率就会高，即发现病因的概率高，误诊的概率低。

用概率表征不确定性是不是理性的行为？比如提前90分钟赶上航班的可能性是96%，即概率是0.96，这是否意味着这是一个理性的选择？不一定，因为还有更高概率0.98、0.99可供选择，比如提前120分钟的概率会更高。但是，这种通过增加提前的时间量来提高概率的方式会产生等待的麻烦。为了做出正确选择，主体必须在不同规划的不同可能结果之间做优先选择。如前所述，优先选择可通过效用理论来表征和推理。根据效用理论，对于一个主体，每个状态都有一个效用度，主体会优先选择具有更高效用的状态。而一个状态的效用必须与主体相关，如医生诊断病因；优先与理性决策理论中的概率相关，即决策理论等于概率理论加效用理论。决策理论的基本观点是，一个主体是理性的，当且仅当它选择产生最高期望效用的行为，而且效用值超过这个行为的所有可能结果的平均值。这就是最大期望效用。

第二节 不确定性事件的概率发生

与逻辑语句相似，概率语句也是关于可能世界的。它们的差别在于，逻

[①] 认识论承诺，在哲学上是关于世界中的事物能否被认识及如何认识；在数学和逻辑上，该承诺是关于知识的可能状态允许有每个事实，即关于事实主体所相信的东西。在命题和一阶逻辑中，一个语句表达一个事实，主体要么相信这个语句是真或假，要么什么都不知道。因此，关于任何语句，这两种逻辑有三种可能的知识状态（真，假，不知道）。而使用概率理论的系统，能够有从1（完全相信）到0（完全不相信）的任何信念度。比如，一个炒股票的人相信他买进的股票升值的概率达0.8。在模糊逻辑中，一个语句表达的命题，主体知道其间隔值。

[②] 不确定性也可通过模糊集或模糊逻辑和模糊推理来表征，比如所有高个子人的集合，"身高"本身就是一个模糊概念，这个问题可通过定义一个隶属函数来解决。

辑语句说明哪个可能世界要被严格排除（即排除为假的语句），而概率语句说明不同世界如何可能。在概率理论中，所有可能世界的集合被称为样本空间，可能世界是相互排除的和详尽的，即两个可能世界不能是相同情形，一个可能世界必须是其中一种情形。例如"明天下雨"这个语句，情形要么是下雨要么是不下雨，不存在既下雨又不下雨，或者两种情形都不是的情形。那么，不确定性情形源于何处，其概率是如何发生的？

  这个问题在哲学和逻辑史上存在激烈争论，出现了频率论、客观主义、主观主义、物理主义和卡尔纳普的归纳逻辑等不同理论。频率论认为，数仅源于实验，比如我们检查100人，其中有10人患风湿，那么我们可推知风湿发生的概率是0.1。这意味着，"风湿的概率是0.1"这个陈述的意思是，0.1是小数，它会在无限多的事例中被观察到。而从任何有限的事例中，我们能够预测出这个真小数，计算出我们预测的可能准确率。客观主义认为，概率是宇宙的真实存在方面，即客体以某种方式行动的倾向，而不只是观察者的信念度的描述，比如掷硬币正面朝上的概率是0.5，这是硬币本身的倾向。按照这种观点，频率论的测量就是试图观察这些倾向。大多数物理主义者认为，量子现象的概率特性是客观事实，但宏观范围上的不确定性，如掷硬币，通常产生于初始条件的缺失，这似乎与倾向观点不一致。主观主义认为，概率是描述主体信念的一种方式，而不是具有任何外在的物理含义。比如，主观主义者贝叶斯允许将任何有条理的先验概率[①]归因于命题，但坚持认为这可获得适当的贝叶斯修正或更新作为证据存在。

  然而，即使一个主体持严格的频率论立场，鉴于参考类问题（reference class problem，RCP）的存在，他也会涉及主观的分析。参考类问题是说，在决定一个特殊实验的结果的概率方面，频率论者必须将它置于一个具有已知结果频率的相似实验的参考类中。古德（I. J. Good）指出，"每个事件一生都是唯一的，在实践中我们估计的每个现实生活的概率，是以前从没有发生事件的概率"（Good，1983：27），例如，对于一个特殊患者，一个想预测风湿发生概率的频率论者，会考虑其他患者的参考类，那些其他患者在年龄、症状、饮食习惯等重要方面很相似，也会看到他们患风湿的比例。如果骨科医生考虑那个患者的方方面面，那么参考类就是空的。这一直

[①] 先验概率是指没有观察到事件发生前的可能性，比如明天太阳升起的概率可能是0.99，与之相对的是后验概率，即观察到证据后获得的可能性，比如今天太阳已经升起的概率是1。二者的关系变化可用贝叶斯定理来说明，以因果关系为例，如果其他条件不变，一个原因是先验的可能性越大，它成为后验的可能性就越大（详细的论述可参见佩德罗·多明戈斯，2017：186-192）。

是科学哲学中一个令人苦恼的问题，因为医生不可能掌握患者的所有方面。拉普拉斯（P.-S. de Laplace）在19世纪初提出的无差别原则指出，关于证据在句法上对称的命题，应该给予相等的概率。后来卡尔纳普发展出一个严格的归纳逻辑，能够为源于观察组合的任何命题计算正确的概率。目前，人们普遍认为不存在任何唯一的归纳逻辑，相反，任何这类逻辑依赖于一个主观的先验概率分布，这种分布的效果会随着更多观察的获得而逐渐减少。

可以肯定，无论关于概率的争论如何，概率作为一种表征不确定性的推理方法，如完全联合分布（作为知识库）、贝叶斯网络，是非常重要的。接下来我们探讨贝叶斯网络对不确定性的适应性表征。

第三节　不确定性的贝叶斯网络表征

贝叶斯网络也称信念网、概率网、因果网和知识地图及图解模型或生成模型，其延展被称为决策网或影响图[①]。与深度学习和强化学习这种自上而下的方法相比，贝叶斯网络是一种自下而上的方法，它将生成模型与假设检验和概率理论相结合来解决不确定性问题。

一般来说，贝叶斯网络可在给定数据的情形下，计算出一个特定假设为真的可能性或概率有多大，然后通过对已有模型的微小修正，并根据数据对该模型进行测试，就可从旧模型中建构出新的概念和模型。具体来说，它是一种有向图，其中每个节点用定量概率信息注解：①每个节点对应于一个随机变量，可以是离散的或连续的。②一组有向关系（箭头表示）连接节点对。若有一个箭头从节点x到y，则x是y的母型或根源，相当于逻辑上的蕴含$x \rightarrow y$。该图无有向环，是一个有向无环图。③每个节点有一个条件概率分布，它对节点上母型的结果进行量化。因此，贝叶斯网络是一个拓扑结构（一组节点及其连接），它简单而详细地说明了这个域中的条件独立关系。箭头意味着x对y产生直接影响，即x是y这种结果的原因，二者之间是因果关系。

在上述的诊断关节痛的例子中，这个不确定情形是由关节痛、风湿、骨质增生、天气、隐情（未知因素）等变量构成的。天气独立于其他变量，隐情在已知风湿条件下是有条件的独立变量；风湿是引起关节痛的直接原因，

[①] 贝叶斯网络是20世纪80年代，加利福尼亚大学洛杉矶分校的计算机专家朱迪亚·珀尔（Judea Pearl）发明的一种新表征法，该方法在机器学习、人工智能及许多领域都有应用。2012年珀尔获得计算机领域的最高奖"图灵奖"。

但也可能引起骨质增生；骨质增生也能够引起关节痛；隐情是否导致关节痛还不清楚。用贝叶斯网络表征这些关系，如图 16-1 所示。

图 16-1　风湿的贝叶斯网络表征

对于较复杂的世界，贝叶斯网络也更复杂些。例如，你家安装了自动防盗铃，它在侦探盗窃方面非常可靠，但偶尔对小地震也很灵敏。你有两个邻居张三和李四，他们承诺当听到警报铃声时叫醒你工作；张三听到警报铃声时几乎总是叫你，但有时听到电话铃声时也会叫你。李四特别喜欢听响亮的音乐，通常错过警报铃声。如果给定谁没有叫你的证据，那么我们可能预测盗窃发生的概率。这个不确定情形由盗窃、地震、报警铃声、张三和李四这五个变量构成，用贝叶斯网络表征其结构，如图 16-2 所示。

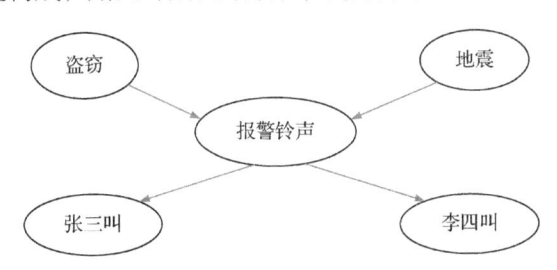

图 16-2　自动防盗铃的贝叶斯网络表征

图 16-2 贝叶斯网络的表征结构显示，盗窃与地震直接影响报警铃声响起的概率，但张三和李四是否叫你仅仅取决于报警铃声。因此，这个贝叶斯网络表征了我们的假设——他们没有直接察觉盗窃，他们没有注意到小地震的发生，在警报铃响起前，他们没有商议。每个变量的概率都可用条件概率表（conditional probability table，CPT）表示：

盗窃：

$P(B)$
0.002

地震：

$P(E)$
0.003

报警铃声：

B	E	$P(A)$
t	t	0.90
t	f	0.89
f	t	0.26
f	f	0.002

张三叫：

A	$P(Z)$
t	0.85
f	0.04

李四叫：

A	$P(L)$
t	0.75
f	0.02

在这五个条件概率表中，字母 B、E、A、Z、L 分别表示盗窃、地震、报警铃声、张三叫和李四叫。表中的每个行对于一个条件作用情形而言，包含每个节点值的条件概率。一个条件作用情形仅仅是母型节点的一个可能组合——一个小型的可能世界。每一行概率之和必须是 1，因为对于那些变量来说，这些数字表征那些情形的一个详尽集合。对于布尔变量，一旦我们知道一个真值的概率是 P，那么假值的概率一定是 $1-P$，所以我们通常省略第二个数字。一个没有母型的节点仅仅有一行数字，如上例的盗窃和地震，表征变量的每个可能值的先验概率。

需要注意的是，在上述例子中，这个贝叶斯网络没有节点对应于李四当时听到的响亮音乐或电话铃声，并使得张三混淆两种声音。这些因素被概括在从盗窃到张三叫和李四叫的相关连接的不确定性中。这表明无限性和缺失在起作用：需要做大量工作去发现为什么这些因素或多或少可能存在于任何一个特殊的情形中，而且我们也没有任何合理的方法获得相关信息。概率实际上概括了环境的一个潜在无限集。在这个无限集中，警报铃声可能不会响，比如湿度过高、电力不足、线路短路等，或者张三或者李四可能不能叫，比如嗓子疼痛、度假、暂时失聪、空中恰好有飞机经过等。这样，一个小主体就能够近似地应付一个非常大的世界。如果我们引入额外的相关信息，近似的程度还可以得到提高。因此可以说，主体近似处理不确定性的过程，就是一个不断适应这种不确定世界的认知与表征过程。

第四节　贝叶斯网络的语义学表征

上述表明，我们虽然知道了贝叶斯网络的结构，但并不知道它意指什么。这是贝叶斯网络表征的语义学问题。事实上，贝叶斯网络的意义就是其语义学。我们有两种方式来理解贝叶斯网络的语义内容：一是将贝叶斯网络看作联合概率分布的一个表征；二是将它看作条件独立分布组合的一个编码。这两种方式是等价的，但第一种方式在理解如何建构贝叶斯网络方面有用，而第二种方式在设计推理程序（建立数学方程式）方面有用（Russell and Norvig，2011：513-514）。

第一，表征完全联合分布时贝叶斯网络可被看作一个"句法"。要明确地解释贝叶斯网络的语义，就要明确界定它表征一个包括所有变量的具体联合分布。根据贝叶斯网络的结构，每个节点附加的数字参数对应的条件概率是 $P(x_i/\text{Parents}(x_i))$，其中的 $\text{Parents}(x_i)$ 是节点 x_i 的母型变量。这是一个真陈述，但是，直到我们将语义赋予作为整体的贝叶斯网络，我们才应该将它们认作数 $\theta(x_i|\text{Parents}(x_i))$。联合分布中的一个类入口（a generic entry）是每个变量的具体工作的一个合取的概率，如 $P(X_1=x_1 \wedge \cdots \wedge X_n=x_n)$，可缩写为 $P(x_1,\cdots,x_n)$。这个入口的值可由式（16-1）给出：

$$P(x_1,\cdots,x_n) = \prod_{i=1}^{n}\theta(x_i|\text{Parents}(x_i)) \quad (16\text{-}1)$$

在式（16-1）中，$\text{Parents}(x_i)$ 指代出现在 $x_1,\cdots,x_n$ 中的 $\text{Parents}(x_i)$ 的值。这样，联合分布中的每个入口由贝叶斯网络中条件概率表的适当元素的积来表征。根据这个定义，我们容易证明参数 $\theta(x_i/\text{Parents}(x_i))$ 严格说就是蕴含的条件概率 $P(x_i/\text{Parents}(x_i))$，因此，式（16-1）可以写作：

$$P(x_1,\cdots,x_n) = \prod_{i=1}^{n}P(x_i|\text{Parents}(x_i)) \quad (16\text{-}2)$$

式（16-2）明确说明了贝叶斯网络的意义。我们可用上述自动防盗铃的概率来说明。我们能够计算出这样一种情形的概率，即自动防盗铃已响，但盗窃和地震都没有发生，而且张三和李四都叫了。将联合分布的入口相乘就得出（单字母表示变量）：

$$P(z, l, a, \neg b, \neg e) = P(z|a) P(l|a) P(a|\neg b \wedge \neg e) P(\neg b)$$
$$P(\neg e) = 0.9 \times 0.7 \times 0.001 \times 0.999 \times 0.998 \approx 0.000628$$

如果一个贝叶斯网络是联合分布的一个表征，那么它也能计算所有相关联合入口的概率，并被用于回答任何问题。

第二，通过联合分布作为给定情形的一个好表征来建构贝叶斯网络。首先，我们可运用乘积规则（product rule）[①]根据条件概率重新写出联合分布中的入口：

$$P(x_1, \cdots, x_n) = P(x_n|x_{n-1}, \cdots, x_1) P(x_{n-1}, \cdots, x_1)$$

然后，我们重复这个过程，将每个合取概率简化为一个条件分布概率和一个更小的合取。这种同一性被称为链规则（chain rule），存在于任何随机变量中。与式（16-2）相比，这个联合分布的规格等价于一般陈述，即对于贝叶斯网络中的每一个变量 x_i，假定 Parents $(x_i) \in \{x_{i-1}, \cdots, x_1\}$，则有：

$$P(x_i|x_{i-1}, \cdots, x_1) = P(x_i|\text{Parents}(x_i)) \qquad (16\text{-}3)$$

式（16-3）的意思是，贝叶斯网络这个域的一个正确表征，仅当已知它的母型条件下，每个节点有条件地独立于这个节点序列中它的其他前身。

依据如下方法论我们能够满足这个条件。

（1）节点。首先决定变量集，该集对于模型化这个域是必要的。然后给这些变量排序 $\{x_1, \cdots, x_n\}$。任何变量序列都会起作用，但运作的贝叶斯网络会更紧密。如果变量是有序的，那么原因会先于结果发生。

（2）连接。对于 $i=1-n$，我们需要做到：①从 $x_1, \cdots, x_{i-1}$ 中为 x_i 选择一个最小母型集，使式（16-3）得到满足；②为每个母型从母型到 x_i 插入一个连接；③写出条件概率表，$P(x_i | \text{Parents}(x_i))$。

直觉地看，节点 x_i 的母型应包含直接影响 x_i 的 $x_1, \cdots, x_{i-1}$ 中所有那些节点。比如，在自动防盗铃的例子中，"李四叫"肯定受到是否有盗窃或地震发生的影响，但不是直接的影响。我们关于这个域的知识告诉我们，这些事件仅仅通过它们作用于警报铃声影响李四叫的行动。已知警报铃声的状态，张三叫是否也没有影响李四叫？形式上，我们相信如下条件独立陈述是成

[①] 条件概率的乘积规则是指，对于命题 a 和 b 是真的，我们需要 b 是真的，而且也需要在给定 b 的条件下 a 是真的。其形式表达是：$P(a \wedge b) = P(a|b) P(b)$。

立的：

P（李四叫｜张三叫，警报铃声，地震，盗窃）$= P$（李四叫｜警报铃声）

因此，警报铃声就是李四叫的唯一母型节点。因为每个节点都与前一个节点连接，这种建构方法保证了这个贝叶斯网络是无环的，即非循环的。

贝叶斯网络的另一个重要属性是它不包含任何多余的概率值。如果不存在冗余性，那么不一致性就没有任何机会。或者说，知识创造者或人工智能专家不可能创造出一个违背概率公理的贝叶斯网络。

第三，紧密性与节点有序性使得贝叶斯网络成为一种可靠表征。除了完备性和非冗余性，贝叶斯网络通常比完全联合表现得更紧密。这种属性使贝叶斯网络处理具有许多变量的域更为可行。实际上，贝叶斯网络的紧密性是局部结构化系统的一般属性的一个例子。在这种系统中，每个子成分仅与一个有限数量的其他成分直接互动，而不考虑成分的整个数量。局部结构通常与线性相关，不是复杂性的指数增长。在贝叶斯网络的情形中，合理的假设是，在大多数域中，对某些常识 k，每个随机变量充其量受到其他变量的影响。如果出于简单性考虑，我们假设 n 为布尔变量，那么需要详细说明每个条件概率的信息量充其量是 2^k 个数[①]，整个贝叶斯网络能够由 $n2^k$ 得到说明。相比而言，联合分布包含 2^n 个数。更具体地说，若我们有 $n=20$ 节点，每个有 $k=3$ 个母型，则贝叶斯网络需要 160 个数，但一个完全联合分布则需要成千上万个数。

在每个变量能够被所有其他变量直接影响的域中，贝叶斯网络是完全被连接的。详细说明条件概率表需要与说明联合分布一样多的信息量。在某些域中，也会存在轻微的依赖性，即增加一个新连接产生的包含关系。然而，若这些依赖性是无关紧要的，则为了获得微小的精确性而在贝叶斯网络中增加复杂性是不值得的。比如，我们不会将报警器安装在地上，因为若发生地震，张三和李四即使听到铃声也不会叫，他们认为是地震而不是盗窃行为引起报警响。是否增加从地震到张三叫和李四叫的连接，取决于我们在付出详细说明额外信息的代价与获得更精确概率的重要性之间所能做的权衡。

即使在一个局部结构化系统中，我们也会获得一个紧密的贝叶斯网络，只要适当地选择节点序列即可。如果选择了错的节点序情形会怎样？在自动防盗铃的例子中，如果增加节点序——{李四叫，张三叫，警报铃声，盗窃，地震}，那么贝叶斯网络就会更加复杂。增加李四叫，没有母型出现；增加张三叫，意味着若李四叫，警报器可能就响了，这似乎可能是张三在叫，故而张三叫需要

[①] 一般来说，具有 k 个布尔母型的一个布尔变量表包含 2^k 个可独立指明的概率。

李四叫作为母型；增加警报铃声，显然意味着，如果张三和李四都叫，情形很可能是警报铃声已经响起，而不是只是一个叫或两个都不叫，所以我们需要李四和张三都作为母型；增加盗窃意味着，如果我们知道报警器的状态（响或不响），那么来自张三和李四的叫声可能给出我们关于电话铃声或李四音乐声的信息，而不是关于盗窃的信息，其概率表达式为：P（盗窃｜警报铃声，张三叫，李四叫）= P（盗窃｜警报铃声）。因此，我们只需要警报铃声作为母型；增加地震意味着，如果警报铃声响起，很可能是发生了地震。但是，如果我们已经知道有盗窃发生，那么这就能解释警报铃声，而且地震的概率也很低。因此，我们需要警报铃声和盗窃作为母型。这种贝叶斯网络比{盗窃，地震，报警铃声，张三叫，李四叫}构成的节点序贝叶斯网络多出两个以上的连接，需要多出三个概率说明。更糟糕的是，某些连接表征无关紧要的关系，这就需要增加困难的、不自然的概率判断，比如在已知盗窃和警报铃声的条件下评估地震的概率，这显然是多此一举。所以，这是一个糟糕的节点序。

不过，这种情形非常普遍，而且与概率的因果模型和诊断模型[①]之间的区分相关。假设我们要建构一个从症状到病因的诊断模型，类似于从警报铃声到盗窃的模型，我们就必须以详细说明其他非依赖原因之间的附加依赖性而结束。如果我们坚持因果模型，我们就必须以详细说明更少的数结束，这些数通常更容易想到。在医疗领域，当诊断一个患者的病因时，医生们更喜欢给出病因的因果模型的概率判断，而不是诊断模型的概率判断，因为医生们普遍相信，任何症状都是有其产生原因的[②]，只是有些病因一时

[①] 根据罗素和诺维格，如果我们只掌握了结果的证据而不知道其原因，这种情形的因果模型根据贝叶斯规则或定律可写作：$P(c|e) = P(e|c)P(c)/P(e)$，其中，字母 c、e 分别代表原因（cause）和结果（effect）。也就是说，条件概率 $P(c|e)$ 仅在因果方向确定了关系，而 $P(e|c)$ 描述的是诊断方向，即医生通常根据症状（结果）寻找病因（原因）。这样，医疗领域的这种溯因模型可称为诊断模型。如果我们用 s（symptoms）、d（disease）分别表示症状和疾病，那么诊断模型的条件概率可写作：$P(s|d) = P(d|s)P(s)/P(d)$。例如，脑科医生知道脑膜炎（meningitis）通常会引起患者斜颈，斜颈的发生率可高达 70%，但不引起斜颈的概率仍然有 30%，其原因医生并不清楚。假定医生还知道患者得脑膜炎的先验概率是 1/50000，患者得斜颈的先验概率是 1%，如果用 s 表示患者得斜颈的命题，m 表示患者得脑膜炎的命题，根据贝叶斯规则可以得到：$P(s|m)=0.7$；$P(m)=1/50000$；$P(s)=0.01$；$P(m|s) = 0.7 \times 1/50000/0.01 = 0.0014$。这就是说，医生可以预测在 700 个得斜颈的患者中不到 1 人得脑膜炎。因此，在医疗领域，使用贝叶斯规则预测某种疾病的病因是非常有用的。但是，我们也应该认识到，诊断知识通常比因果知识更难以把握。这可能需要用基于模型的知识或基于语境的模型加以补充（见 Russell Russell, 2011: 496-497）。

[②] 在关于认知模型和认知障碍的调研中，笔者曾经接触过几家三甲医院的神经科或脑科的医生，问他们一个共同的问题，就是对一种复杂的神经病如何确诊，医生基本上都是说根据症状找病因，这就是按照结果找原因的一种溯因推理过程。萨加德（P. Thagard）在《病因何在：科学家如何解释疾病》中也持此观点，并通过案例做了说明。在这意义上，现代医学是基于科学的医学，一种基本上奉行因果性的科学。

未弄清而表现出不确定性，进而导致诊断的概率性。

第四，拓扑语义学表征了贝叶斯网络的条件独立关系。如果说我们已经根据完全联合分布的表征为贝叶斯网络提供了一种数字语义学，而且从这种语义学我们导出建构贝叶斯网络的一种方法，那么我们也能够根据拓扑语义学详细说明由图解结构编码的条件独立关系，而且还可以从这种新语义学导出数字语义学。

根据拓扑语义学，在给定母型的情况下，每个变量独立于或不依赖于其非派生物（母型）。例如，在自动防盗铃的例子中，在已知警报铃声概率值的情形下，张三叫不依赖于盗窃、地震、李四叫。如果一个节点在给定母型的情况下有条件地独立于它的非派生物，在这种情况下，这些条件独立陈述和该网参数 θ（x_i/Parents（x_i））作为条件概率 P（x_i/Parents（x_i））的规范解释，在式（16-2）中给出的完全联合分布能够被重构。在这种意义上，数字语义学与拓扑语义学是等价的。拓扑语义学还蕴含了贝叶斯网络中的另一个重要的独立属性：一个节点，在给定母型、派生物及其子派生物的情况下，有条件地独立于该网中所有其他节点，即不与其他节点发生联系。例如，警报铃声不与盗窃、地震、张三叫和李四叫发生联系的情形。

第五节 可能世界作为不确定性的表征

相对于现实世界或真实世界，可能世界是一种设想的或可能存在的一种情形或境遇，这种世界显然具有不确定性。或者说，不确定性是可能世界的一种重要特征。这种特征可通过逻辑和概率模型加以描述或表征。

本质上，逻辑陈述和概率陈述都是关于可能世界的。它们的不同在于，逻辑陈述强调哪个可能世界要严格被排除，即排除那些有假陈述的可能世界；而概率陈述是关于不同的可能世界如何可能，而且强调两个可能世界不能同时是同一种情形（都真或都假）。一个充分阐明的概率模型将数字概率 $P(\omega)$ 与每个可能世界相联系，而且这些可能世界是离散的、可数的。根据概率理论的基本公理，每一个可能世界有一个在 0 和 1 之间的概率值，可能世界集的概率之和是 1。形式表达就是（Russell and Norvig, 2011: 484-485）：

$$\text{对于每个 } \omega, 0 \leqslant P(\omega) \leqslant 1, \sum_{\omega \in \Omega} P(\omega) = 1 \quad (16-4)$$

例如，在掷骰子的游戏中，假设我们掷两个不同的骰子（六面体），就有 36 种可能世界：(1, 1), (1, 2), …, (6, 6)。如果每个骰子是相同的，而且它们的滚动互不干扰，那么每个可能世界有概率 1/36。如果两个骰子恰好产生相同的点数，那么有些世界可能比（1，1）（2，2）（3，3）等有更高的概率，而其他可能世界则有更低的概率。

概率陈述通常不是关于具体可能世界的，而是关于它们的集合。比如，我们可能对两个骰子点数之和为 12 的情形感兴趣，在这种情形中，偶数点数的面要滚动。在概率理论中，这个组合被称为事件。在人工智能中，这种组合总是以形式语言的命题发生来描述。对于每个命题，对应的集和仅包含命题坚持的那些可能世界。与一个命题相关的概率被定义为它坚持的可能世界的概率之和：

$$\text{对于每个命题} \varnothing, P(\varnothing) = \sum_{\omega \in \varnothing} P(\omega) \qquad (16\text{-}5)$$

例如，当我们掷两个相同的骰子时，我们得到 P（总和=11）=P（5,6）+P（6,5）=1/36+1/36=1/18。需要注意的是，概率理论不需要每个可能世界的完备概率知识。如果我们相信骰子产生相同的点数，我们就可断言其概率是 1/4，不需要知道骰子是喜欢双 6 还是双 2。与逻辑陈述类似，这个陈述限制了基本概率模型而不用完全决定它。像概率 P（总和）和 P（双倍）被称为无条件或先验概率，它们是指在缺乏其他任何信息时命题的信念度。不过在大多数情况下，我们拥有一些已经被揭示的信息，通常被称为证据，比如第一个骰子显示点数 5 时，我们会焦急等待，期望另一个也停止在 5，这就是条件或后验概率。我们感兴趣的是条件概率而不是无条件概率。再比如某人去看牙医做常规检查，某人患蛀牙的概率 P（蛀牙）= 0.2，这是先验概率，因为这种概率的患者很常见；如果某人牙疼去看牙医，概率可能就是 0.6，这就是后验概率，形式表达为：P（蛀牙｜牙疼）= 0.6[①]，符号"｜"是"有……的倾向"的意思。即使确诊了某人有蛀牙，P（蛀牙）= 0.2 仍然是有效值，但不是必然有用的。当决策时，一个主体如牙医，需要以观察到的所有证据作为条件。

当然，我们应该意识到，这种条件作用与逻辑蕴含之间存在差异。陈述概率 P（蛀牙｜牙疼）= 0.6，不意味着任何时候牙疼了为真就得出结论，蛀牙患者都有概率 0.6 也为真，而是意味着，任何时候牙疼为真，且我们没有进一步的信息得出结论：蛀牙具有概率 0.6 为真。相比而言，附加条件是非常重要的。如果我们有进一步的信息得知牙医没有发现任何证据，那么我们确定不会得出结论说，蛀牙有 0.6 的概率为真。相反，我们需要使用

---

① 在概率理论中，任何形式的 P（…/…）=P（（…）/（…））。

P（蛀牙｜牙疼∧非蛀牙）= 0。形式地说，条件概率是根据无条件概率定义的。如命题 a 和 b，其概率表达式是：

$$P(a|b) = P(a \wedge b) / P(b) \ (P(b) > 0) \qquad (16\text{-}6)$$

式（16-6）就是著名的贝叶斯概率模型。

根据概率模型的定义，一个可能世界的一个集合 Ω，对于每个世界 ω 具有概率 $P(\omega)$。对于贝叶斯网络而言，可能世界是将数值指派给变量；特别是对于布尔情形，可能世界等同于某一逻辑的可能世界。

然而，对于一阶概率模型来说，我们似乎需要可能世界是一阶逻辑的可能世界，即一组客体（客体之间形成关系）和一种解释（能将常项符号映射到客体、谓词符号映射到关系、函数符号映射到关于客体的函数）。这种一阶概率模型也需要对每个这种可能世界定义一个概率，就如一个贝叶斯网络为每个变量指派数值一样定义一个概率。根据式（16-5），我们可获得任何一阶逻辑语句 $\varnothing$ 的概率作为可能世界的概率总和（Russell and Norvig，2011：540），在那里逻辑语句是真的。

$$P(\varnothing) = \sum_{\omega:\ \text{在}\omega\text{中}\varnothing\text{是真的}} P(\omega) \qquad (16\text{-}7)$$

相似地，我们得到条件概率 $P(\varnothing|e)$。原则上，关于此模型，我们能提出任何想问的问题。然而，有一个问题不能忽视，即这个一阶模型是无限的，因为它随着它包含多少个客体而变化。如果该模型包含两个常项符号和一个客体，那么两个符号必须指向同一个客体。即使有许多客体，这仍然能够发生。如果客体多于常项符号，某些客体会没有名称，因为可能世界模型的数量是无限的，通过所有可能模型的计数来检验限定继承对于一阶逻辑是不可行的。即使客体的数量是有限的，相互结合的数量也是非常巨大的。这意味着，式（16-7）的总和可能是不可行的，因为详细说明一个完备的、一致的关于无限组可能世界的公式是非常困难的。

这个问题可以通过相关概率模型（relational probability model，RPM）[1] 来解决。当数据库语义学[2]的基本假设无效时，相关概率模型也不能很好地起作用。罗素和诺维格举了这样一个例子，图书出版商使用国际标准书号

---

[1] 相关概率模型由普费弗（A. Pfeffer）提出，描述一个稍有不同的表征，但基本观点与概率模型相同。相关概率模型的语义学与数据库语义学的最重要区别在于，前者没有假设封闭世界的存在，假设每个未知事实是假的，这在概率系统中没有意义（Pfeffer，2000）。

[2] 数据库语义学是作为一阶逻辑语义学的一个替代出现的。在数据库系统中，每个常项符号指代一个明确的客体，这就是所谓的唯一名称假设；不知道为真的原子语句事实上是假的，这就是封闭世界假设；要求一个域封闭即每个模型包含的域元素，只不过是那些命名的常项符号。

ISBN 作为常项符号来命名每本书，即使一本已知的逻辑书可能有几个 ISBN（不同出版社）。尽管出版商可通过大量书目介绍解决多书号的问题，但销售商仍然不能确切知道哪些 ISBN 真的是同一本书。更糟糕的是，消费者能通过注册 ID（身份）得到识别，但不诚实的消费者可能注册上百个 ID。在计算机安全领域，这种多-ID 被称为神巫（sibyls），它们的使用会导致一个正常系统崩溃，这被称为神巫攻击。因此，即使在相对定义很好的在线域，一个简单的应用大多会涉及实体不确定性（existence uncertainty）和身份不确定性（identity uncertainty）[①]。接下来我们将讨论基于一阶逻辑的标准语义学的相关概率模型，它描述在它包含的客体中及在从符号到客体的映射中的可能世界的变化。

第六节　不确定性的相关概率模型表征

与一阶逻辑相似，相关概率模型有常项、函数和谓词符号。假设每个函数有一个类型识别标志，即每个论证类型的一个说明和函数的值。如果每个客体的类型是已知的，许多假的可能世界就由这种机制消除。根据罗素和诺维格的看法，对于网络售书领域，类型是消费者（读者）和书，函数和谓词的类型识别标志如下（Russell and Norvig，2011：542）：

诚实：读者→{真,假}善良：读者→{1,2,3,4,5}

质量：书→{1,2,3,4,5}

推荐：读者×书→{1,2,3,4,5}

常项符号是出现在零售商的数据集中的任何读者和书名，可用符号表示为 C_1、C_2、B_1、B_2。已知常项和它们的类型，以及函数及其类型识别标志，相关概率模型的随机变量是通过用客体的每个可能类型组合例示每个函数获得的，即诚实（c_1）、质量（b_2）、推荐（c_1,b_2）等。这些变量是有限的，因为每个类型仅有多个有限例示，基本随机变量的数目也是有限的。

相关概率模型本质上是一阶逻辑。在表征的意义上一阶逻辑优于命题逻辑。因为一阶逻辑致力于客体的存在与客体之间的关系的刻画，能在一个域中表达全部和部分客体的事实。这通常产生比等价的命题描述更精确和更规范的表征。而贝叶斯网络本质上是命题表征，即随机变量的组合是有限和固定的，而且每个变量拥有可能值的一个固定域。这种特征限制了

[①] 实体不确定性是指真实的实体是什么，如何引起观察到的数据；身份不确定性是指，哪个符号真实地指代相同的客体。

贝叶斯网络的应用。相关概率模型就是将概率理论与一阶逻辑的表征力相结合，从而提高了解决问题的范围。例如一个网络书商，他要根据读者的推荐对其产品提供全面的评价，这种评价要采取关于书的质量后验分布的形式，给出可用的证据。评价一本书的最简单方法是基于读者的平均推荐，但这是由推荐数量决定的一种变量，而且不考虑读者的诚实或不诚实。善良的读者可能对一本质量一般的书给出较高的评价，而不诚实的读者可能依据理由（如读者是某一出版社的员工）而非质量给出非常高或非常低的评价。这与学生评价老师和群众评价干部是一个道理。

假设有一个读者 c_1 推荐一本书 b_1，贝叶斯网络的表征如图 16-3 所示。

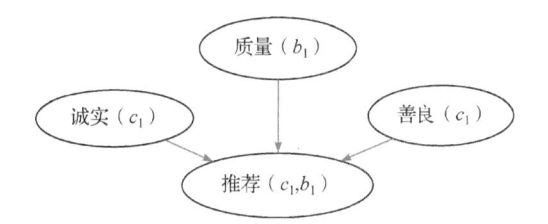

图 16-3　一个读者推荐一本书的贝叶斯网络的表征

假定有两个读者和两本书，贝叶斯网络如图 16-4 所示。

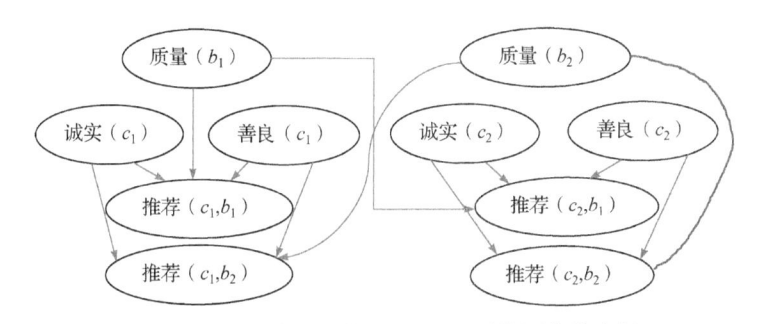

图 16-4　两个读者推荐两本书的贝叶斯网络的表征

若读者和书的数量增加，贝叶斯网络就变得非常复杂。不过，贝叶斯网络有许多重复的结构，每个推荐（c,b）变量有其母型变量诚实（c）、善良（c）和质量（b）。而且条件概率表对于所有推荐（c,b）变量是同一的，其他变量也一样。这样，我们可以预测，读者对一本书的推荐依赖于读者的诚实和善良，书的质量取决于一些固定的条件概率表。相关概率模型就是要解决此类问题。

为了完善相关概率模型，罗素和诺维格认为必须能够给出控制这些随机变量的依赖（dependency）变量。每个函数有一个依赖变量陈述，其中每

个函数的论据是一个逻辑变量,如在网络书商的例子中,我们可进一步假设:

诚实(c)~(0.99,0.01)

善良(c)~(0.1,0.1,0.2,0.3,0.3)

质量(b)~(0.05,0.2,0.4,0.2,0.15)

推荐(c,b)~推荐条件概率表:[(诚实(c),善良(c),质量(b)]

其中,推荐条件概率表是一个独立定义的条件分布,它有 $2 \times 5 \times 5 = 50$ 行,每个有 5 个入口。对于所有已知的常项,通过例示这些依赖变量,我们能够获得相关概率模型的语义学,并给出一个贝叶斯网络,该网限定一个联合分布相关概率模型的随机变量。罗素和诺维格通过引入一个语境-特定独立性(context-specific independence,CSI)概念进一步细化这个模型,以反映这样的事实,即当给出一个推荐时,不诚实的读者忽视了质量,而且善良在其决策中不起任何作用。这就是说,一个语境-特定独立性允许一个变量独立于其母型给出其他变量的确定值,即一个变量不受其母型(语境)的限制。这样的话,当诚实(c)=假时,推荐(c,b)独立于善良(c)和质量(b),即:

推荐(c,b)~如果诚实(c)那么

诚实推荐条件概率表[善良(c),质量(b)]

否则,(0.4,0.1,0.0,0.1,0.4)

这种依赖性类似于一个关于程序语言的如果-那么-否则陈述,但有一个重要不同在于:推理引擎不必知道条件检验的值。我们可用多种方式使这种模型更逼真。假设一个诚实的读者是一本书的作者的粉丝,他总是给那位作者一个高评价5(即1~5个等级),而不考虑书的质量如何,用如果-那么-否则模型表达就是:

推荐(c,b)~如果诚实(c)那么

如果粉丝(c,作者(b))那么确切地(5)

否则诚实推荐条件概率表[善良(c),质量(b)]

否则,(0.4,0.1,0.0,0.1,0.4)

在这个例子中,条件检验粉丝(c,作者(b))是未知的。但是,如果一个读者只给了一个特殊作者的书 5 分的评价,他也不特别善良,那么这个读者是那个作者的粉丝的后验概率将会高,而且后验分布倾向于给读者 5 分评价的那位作者的书的质量打折扣。这个系统是如何推出 c_1 是作者(b_2)的粉丝当*作者*(b_2)是未知之时?答案是,这个系统必须推出所有可能的作者。假设有两个作者 A_1 和 A_2,那么作者(b_2)是有两个可能值的随机变量 A_1 和 A_2,也是推荐(c_1,b_2)的一个母型。变量粉丝(c_1,A_1)和粉丝(c_1,A_2)

也是母型。推荐（c_1,b_2）的条件分布必然是一个多路复用器（multiplexer），在那里母型作者（b_2）作为一个选择者选择粉丝（c_1,A_1）和粉丝（c_1,A_2）哪一个实际上影响推荐。作者（b_2）的数值的不确定性（影响贝叶斯网络的依赖性结构）是相关不确定性的一个实例。那么，系统如何解决 b_2 的作者是谁的问题？假设有三个其他读者可能是 A_1 的粉丝，这三个读者都给予 b_2 这个书 5 分的评价值，即使大多数读者发现 b_2 不怎么样。在这种情形下，A_1 很可能是 b_2 的作者。

相关概率模型如何推理呢？一种方法是收集证据并质疑其中的常项符号，建构等价的贝叶斯网络，应用任何一种推理方法，如一阶逻辑。这种方法被称为展开法（unrolling），它的不足是——贝叶斯网络可能非常大。如果有许多候选客体供一个未知关系或函数选择，如 b_2 的未知作者，那么贝叶斯网络中的一些变量可能有许多母型。在罗素和诺维格看来，这个问题可通过类推理算法得到解决（Russell and Norvig，2011：544）：首先，在展开的贝叶斯网络中重复结构的存在意味着，在变量消除期间建构的许多因子与由聚类算法[①]建构的相似的条件概率表是同一的；有效缓存的规划导致了更大贝叶斯网络中三个重要序列的加速增长。其次，在贝叶斯网络中利用语境-特定独立发展的推理方法，被发现在许多方面应用于相关概率模型。最后，将马尔可夫链蒙特卡罗（Markov chain Monte Carlo，MCMC）[②]算法用于相关概率模型，会产生某些功能。MCMC 是通过样本化完备的可能世界起作用的，所以在每个状态，相关结构是完全已知的。比如在上述例子中，每个 MCMC 状态都会详细说明作者（b_2）的概率值，其他潜在作者不再是 b_2 的推荐节点的母型。对于 MCMC 而言，相关不确定性并没有引起贝叶斯网络复杂性的增大，相反，MCMC 过程引起展开的贝叶斯网络的相关结构和依赖结构的转换。需要注意的是，这些方法都假设了相关概率模型必须部分或完全展开地进入贝叶斯网络，这类似于将一阶逻辑推理命题化的方法，即一阶逻辑推理能够通过将知识库转换为命题逻辑进而使用

---

① 聚类算法是通过聚类分析进行数据挖掘的一种方法，一般分为划分方法、层次方法、基于密度方法、基于网格方法和基于模型方法。聚类的基本观点是，连接贝叶斯网络中单个节点形成类节点，使得该网成为一个聚合树（polytree）。

② MCMC 算法是马尔可夫链与蒙特卡罗算法的结合。马尔可夫链是离散时间、离散状态的马尔可夫过程，在此过程中，在已知当前信息的情形下，只有当前状态用来预测将来，过去历史状态对于预测未来状态是无关的。马尔可夫链是随机变量的一个数列。若随机过程$\{X_n, n=0,1,2,\cdots\}$取有限正值，则该过程的可能值的集合由非负整数集合$\{0, 1, 2,\cdots\}$表示，当 $X_n = i$ 时，该过程在时间 n 时的状态为 i。蒙特卡罗方法是一种随机模拟方法，它运用随机数解决计算问题，即将所求解的问题同一定的概率模型相联系，用计算机实现统计模拟以获得问题的近似解。

命题推理的方法。

第七节　不确定性的开放宇宙概率模型表征

正如上述提及的，数据库语义学适合于这种情形，即我们精确地知道存在的相关客体的集合，并能够清晰地识别它们。也就是说，对于一个客体的所有观察，我们都正确地与指称它的常项符号发生联系。然而，在许多真实世界的环境中，这些假设是站不住脚的。上述关于多书号和书推荐领域的神巫攻击的例子说明，这种现象是非常普遍的，根据罗素和诺维格的研究，具体表现在以下三个方面（Russell and Norvig，2011：545）。

（1）一个视觉系统不知道存在什么，如果在下一个拐角存在任何东西，它可能不知道它看到的客体是不是几分钟前它看见的同一客体。

（2）一个文本理解系统预先不知道将在一个文本中描述其特征的实体，它必须推论一些短语如"玛丽""她""女儿"等是否指称同一人。

（3）一个寻找间谍的智能分析系统绝不知道确实有多少间谍存在，只能猜测各种假名、电话号码和观察是否属于同一个体。

以上三个系统既可能是人类，也可能是非人类的智能机。事实上，人类认知的一个主要部分似乎需要学习是什么客体存在，而且能够将所做的观察与世界中假定的客体相连接。正是出于这些理由，一种基于一阶逻辑标准语义学的开放宇宙概率模型（open-universe probability models，OUPMs）应运而生。当保证关于可能世界的无限空间有一个唯一的、一致的概率分布时，OUPMs 的语言提供了容易写出这种模型的一种方法。OUPMs 的基本观点是：理解普通的贝叶斯网络和相关概率模型如何设法定义一个唯一的概率模型，并将那些观察转换为一阶逻辑的表征。

本质上，一个贝叶斯网络，以网络结构限定的拓扑序的方式，一个事件接一个事件地产生每个可能世界，在那里，每个事件就是将一个数值分配给一个变量。一个相关概率模型将此延伸到整个事件的集合，该集合由逻辑变量的可能例示在一个给定的谓词或函数中定义。OUPMs 通过生成性步骤会走得更远，这种步骤就是将客体增加到建构下的可能世界上，在那里，数和客体的类型可能依赖于已经在那种世界的客体。或者说，即将产生的事件不是将一个数值分配给一个变量，而是客体的存在本身。

在罗素和诺维格看来，在开放宇宙概率模型中，增加客体的一种方法就是增加限定关于不同类型的客体数的条件分布陈述。在上述推荐书的例子中，人们可能要区分真实的读者和他们的注册身份（login ID）。如果人们希望某地有 100～1000 个读者（潜在的#），这可以用一个先验对数正态分布（log-normal distribution）表示：

#读者～log-normal[6.9,2.3^2]（ ）

人们期望诚实的读者只有一个注册身份，而不诚实的读者可能有 100～1000 个注册身份，则有：

#login ID（所有人=c）～如果诚实（c）那么精确地（1）

否则 log-normal[6.9,2.3^2]（ ）

这个陈述为一个给定的所有人（读者）定义了注册身份数。所有人函数被称为原函数（origin function），因为它说明每个产生的客体来自哪里。在博客形式语义学中，每个可能世界中的域元素实际上是代史（generation history），比如，第七个读者的第四个注册身份，而不是简单的记号。

与非循环的、有充分根据的相关概率模型相比，开放宇宙概率模型定义了一个可能世界的唯一分布。而且存在这样的推理算法，即它对于每个定义好的模型和每个一阶质疑，反馈的答案在限定范围任意地趋于后验真理。当然，也存在一些微妙的问题包括在设计这些算法之中。例如，当可能世界的大小是无限之时，MCMC 算法不能在可能世界的空间直接取样，相反，它在有限的、部分的世界取样，取决于这样的事实——只有有限多的客体能够与以明显方式的质疑相关联。而且，转换必须允许将两个客体融为一个或将一个分为两个。尽管有这些限制，罗素和诺维格仍然很乐观，认为任何语句的概率都会得到好的定义并能够计算。不过，这个模型的研究还处于初始阶段，但很显然的是，一阶概率推理在人工智能系统处理不确定信息的效率方面取得了极大进步，它的潜在应用将涉及计算机视觉、文本理解、智能分析及感觉解释等方面，前景看好！

第八节　不确定性的其他表征方法

在物理学、遗传学、社会学和经济学等学科中，概率作为不确定性的一个模型也是常见的。19 世纪初拉普拉斯曾经说过，概率理论无非是将常识被还原到计算的结果。物理学家麦克斯韦指出，这个世界的真逻辑是概率运算，它说明概率的量级，而概率应该处于一个理性人的心智中。在人工智能中，早期的专家系统使用严格的逻辑推理，忽略不确定性，但不久人们发现，严格推理在大多数真实世界是不切实际的。后来的专家系统特别是医疗专家系统使用了概率推理，结果虽然是令人满意的，但由于完全联合分布中所需的概率会产生指数增长而没有扩大推广，加之人们普遍认为概率理论本质上是数字的，而人类的判断推理更多是定性的。那时，有效贝叶斯网络算法还不为人所知，概率推理方法一度淡出人们的视野，而代之以其他方法，主要包括基于逻辑规则方法、登普斯特-谢弗（Dempster-Shafer）方法和模糊集-模糊逻辑方法（Russell and Norvig，2011：546-551）。

第一，基于逻辑规则方法通过假设因子处理不确定性。这种方法源于逻辑系统，是逻辑系统的一种特殊形式，其目的是建立基于逻辑规则的系统。然而，众所周知，逻辑规则是严格有序的、确定的，如何能使用确定的规则处理不确定性呢？要做到这一点，就要给每个规则增加一类"假设因子"来适应不确定性。根据罗素和诺维格的泛化，这种基于逻辑规则的系统有三个令人满意的属性：①定位性：在逻辑系统中，任何时候当有规则 $A \rightarrow B$（蕴含）时，给定证据 A 一定得到 B，不用考虑其他规则；但在概率系统中，需要考虑所有证据。②分离性：如果发现一个命题的逻辑证明，该命题就可以被使用，不考虑它是如何被导出的，即命题可以与其确证分离；而在用概率处理时，一个信念的证据来源对于后继推理是非常重要的。③真值功能性：在逻辑中，复杂语句的真值能从其组成成分的真值中计算出；而概率组合不能这样计算，除非有强的全局独立假设存在。在罗素和诺维格看来，设计任何不确定推理体系都要保持这些优点。或者说，要将信念度与命题和规则关联起来，并设计纯粹的局部规划连接和扩大那些信念度。这种规划也是真值功能性的。例如，$A \vee B$ 的信念度是信念 A 和信念 B 的一个函数。

然而，基于逻辑规则的系统的一个缺陷是，它的定位性、分离性和真值功能性这些属性不单单适合于不确定推理。罗素和诺维格以真值功能性为例说明了这一点。假定掷硬币时 H_1 表示正面朝上的事件，T_1 表示反面朝上的事件，H_2 表示第二次掷硬币时正面朝上的事件。显然，所有三种情形有相同的概率 0.5，所以，对于任何两个事件的析取，真值函数系统必须有相同的信念分布。但是，这种分布的概率依赖于事件本身，而不是它们的概率，因为：$P(H_1 \vee H_1)=0.50$，$P(H_1 \vee T_1)=1$，$P(H_1 \vee H_2)=0.75$。若将证据连接起来情况会更糟。这说明，确定的情形也会产生不确定性。如果一个真值函数系统有一个规则 $A \rightarrow B$，则该规则允许我们计算信念 B 作为相信该规则和相信 A 的一个函数。根据这个规则，硬币朝上和朝下的系统能被设计出来。

在这种情形下，真值函数系统如何能够在实践中是有用的？罗素和诺维格认为这取决于限制任务和详细制定规则库,以使不满意的互动不发生,确定性因子模型(certainty factors model)就是不确定推理的真值函数系统的一个典型例子,它被广泛用于 MYCIN 系统(一种计算机医学咨询系统[①])。这种模型要么是纯诊断的,要么是纯因果的,证据直接进入规则集的根部,而且大多数规则集是单一连接的。在这些情形中,确定性因子推理的一个微小变化,相当于树表征形式的贝叶斯推理。在另一种情形中,确定性因子通过过度计算证据能够产生非常不正确的信念度。随着规则集的增大,规则之间的不满意互动就会经常出现,当增加新规则时,许多其他规则的确定性因子就必须调整。在这种情形下,对于不确定推理,贝叶斯网络在很大程度上取代了基于规则的推理方法。

第二,登普斯特-谢弗理论通过缺省推理表征不确定性。登普斯特-谢弗理论[②]用于处理不确定性与缺省之间的区别。它不计算一个命题的概率,而是计算证据支持命题的概率。这种信念测度被称为一个信念函数,可写作 Bel(X)。罗素和诺维格仍以掷硬币为例说明了这个问题。假设你从一个箱子中挑选了一枚硬币,它可能是平滑的,也可能是不平滑的,此时你关于它正面朝上的信念如何?根据 D-S 理论,由于你没有任何证据,你不得不认为 Bel(朝上)=0,Bel(朝下)=0。这使得 D-S 理论可能受到怀疑,认为它受到直觉的影响。进一步假设有一个专家帮助你,他有 90% 的把握确定硬币是平滑的,即基本上确定 P(朝上)=0.5,此时由 D-S 理论得出:Bel(朝上)=0.9×0.5=0.45,Bel(朝下)=0.9×0.5=0.45。但是,仍然有 10% 不能由证据来确定。因此,在罗素和诺维格看来,D-S 理论的数学基础与概率理论有相似的特点,不同点主要在于:D-S 理论不是将概率分配给可能世界,而是把质量分配给可能事件集。对于所有可能事件,质量必须增加到 1。假设定义 Bel(A)为所有事件的质量之和,这些事件是 A 的子集,包括 A 本身。按照这个定义,Bel(A)和 Bel($\neg A$)之和最多是 1,Bel(A)和 1-Bel($\neg A$)之间的间隔通常被解释为 A 的概率的界限。

[①] MYCIN 是治疗血液感染的早期专家系统或人工智能程序。加利福尼亚州斯坦福大学于 1972 年开始研发 MYCIN。MYCIN 会根据报告的症状和医学检查结果尝试诊断患者,该程序可以要求提供有关患者的进一步信息,并建议进行更多的实验室检查,以得出可能正确的诊断结果,然后建议治疗方案。如果患者提出要求,MYCIN 会解释其诊断和建议的理由。MYCIN 使用约 500 条生产规则,其运作能力与人类血液感染专家大致相同,比全科医生强很多。半个世纪后的今天,人工智能介入医疗系统是必然的,而且更为强大。https://www.britannica.com/technology/MYCIN [2023-12-21]。

[②] 由登普斯特于 1967 年提出,后由其学生谢弗于 1976 年进一步发展而来的一种不精确推理理论,简称 D-S 证据理论,也称信念函数理论。信念度函数允许我们基于信念度而使用一个问题的概率来推一个相关问题的概率,满足比贝叶斯网更弱的条件,具有直接表达"不确定性"和"不知道"的能力。

罗素和诺维格进一步认为，关于缺省推理，在连接信念与行动中存在一个问题。信念之间无论何时存在一个间隔，决策问题都可以被限定，以便一个 D-S 系统不能做决定。事实上，D-S 理论中的效用概念还没有得到很好理解，因为质量和信念本身的意义还没有被理解。Bel(A) 不应该被解释为 A 中的一个信念度，而应该被解释为分配给所有可能世界的概率，因为在可能世界中 A 是可证明的。掷硬币例子的概率分析说明，使用任何形式主义来处理这种情形是不必要的。原因在于，这个例子的模型有两个变量：一个是硬币的倾向（朝上或朝下），另一个是下一个跳动的结果。倾向的先验概率分布反映我们基于硬币来源的信念（硬币是平滑的或不平滑的概率）。此时，条件分布 P（跳动|倾向）简单定义跳动如何操作。如果 P（倾向）是 0.5，那么 P（跳动）也是 0.5。

在罗素和诺维格看来，这一事实说明，当我们强烈地相信硬币是平滑的时候，并不意味着概率理论对这两种情形的处理是相同的，因为在计算倾向的后验分布过程中差异在跳动后就产生了。如果硬币来自银行，那么看到硬币多次朝上的情形几乎不会对我们关于硬币平滑的强烈信念产生任何影响（相信银行的硬币是平滑的）。如果硬币来自流通市场，相同的证据会导致我们有一个强烈的后验信念，即硬币不平滑而倾向于朝上。这样一来，贝叶斯方法就以我们的信念如何在未来信念集中会变化的方式，表达了我们的缺省信念或无知。

第三，模糊集和模糊逻辑通过模糊谓词表征不确定性。之所以能够用模糊性表征不确定性，是因为不确定性本身就具有模糊性。模糊集理论是一种详细说明一个客体如何很好满足一个模糊描述的方法。例如命题"姚明高"，姚明 2.26 米是真的吗？对于大多数人，说真或假，难以确定，而很可能说"有点"。这不是关于外部世界的不确定问题，即我们确定姚明的高度。在罗素和诺维格看来，这个问题的关键是，术语"高"没有指明客体的一个明确区分，即高的程度。因此，模糊集理论不完全是关于不确定推理的方法，它更多是将"高"看作模糊谓词，高（姚明）的真值是 0 和 1 之间的一个数，而不仅仅是"真"或"假"。"模糊集"这个名称的含义源于作为隐含地定义其成员（一种没有明确边界）的集合的谓词解释。

模糊逻辑是用逻辑表达式描述模糊集中成员的一种推理方法。例如，复合句高（姚明）∧重（姚明）有一个模糊真值，它是其组成成分的真值的一个函数。计算一个复合句的模糊真值 T 的标准规则是（Russell and Norvig, 2011：550）：

$$T(A \wedge B) = 最小\{T(A), T(B)\}$$
$$T(A \vee B) = 最大\{T(A), T(B)\}$$
$$T(\neg A) = 1 - T(A)$$

因此，模糊逻辑是一个真值函数系统。一个事实会引起严重的困难，即假设 T（高（姚明））=0.7，T（重（姚明））=0.3，则我们得到 T（高（姚明））∧（重（姚明））=0.3，这似乎是合理的。然而，我们也可以得到 T（高（姚明））∧¬高（姚明））=0.3，这显然是不合理的。为什么会这样？原因在于，真值函数方法不能计算组成命题之间的关联和反关联。这就需要模糊控制。

罗素和诺维格认为，模糊控制是建立控制系统的一种方法论，在商业生产如自动转换、摄影机中应用非常成功。在控制系统中，真值输入和输出参数之间的映射由模糊规则表征。不过，这些应用的成功更多是由于它们的规则库小，没有推理链和能够通过调节提高系统性能的可控参数。重要的是，我们如何能够提供一个简明直观的方法，详细说明一个平稳的内插的真值函数。一种方法是将像"姚明高"这种命题看作离散观察，让它作为一个连续隐变量——姚明的实际高度。概率模型可使用一个概率单位分布来详细说明观察者说姚明高的概率，这样，若这个模型是混合贝叶斯网络的一部分，则一个关于姚明高度的后验分布能够以通常的方式进行计算。当然，这种方法不是真值函数的。例如，条件分布 P（观察者说姚明高且重 | 高，重）在观察过程中允许高和重之间的互动。这样一来，某人高 2 米重 150 千克，很可能不能算作高和重，即使高 2 米算作高，150 千克算作重。

另一种方法是模糊谓词，它也能依据随机集（其可能值是客体集的随机变量）被给出一个概率解释。比如，高是一个随机集，其可能值是人的集合。概率 P（高=S_1）是与观察者的高严格同一的那个集的概率，其中 S_1 是人集合中的一员。因此，"姚明高"的概率是包含姚明的所有集的概率之和。总之，混合贝叶斯网络方法和随机集方法似乎抓住了模糊的实质，而不用引入真值度。然而，仍然有许多问题悬而未决，如语言观察和连续质量的正确表征。这些是接下来需要进一步探讨的不确定性的动态表征问题。

第九节 不确定性的动力学概率推理

上述讨论了静态世界语境中描述不确定性的概率推理模型——贝叶斯网络，其中每个随机变量有一个固定的值。比如修车，虽然我们不知道哪里出了问题，但是，可以确定车出问题了，接下来就是根据观察证据找出问题所在，这一点是确定的。与此例有点不同的是诊断疾病。比如在诊断糖尿病患者时，医生已经掌握了一些证据，如近期的胰岛素剂量、食物摄入量、血糖测量数据及其他物理症状。接下来医生的任务就是评估患者当下的状况，包括实际血糖水平和胰岛素水平。根据这些数据，医生能给出一个糖尿病患者的食物摄入量和胰岛素剂量。与修车情形不同的是，动态性才是问题的本质。患者的血糖水平和测量值，随着近期摄入食物量、胰岛素量、新陈代谢活动及一天中时段的不同而不断地变化。为了从历史证据评估患者的当下状态，预测治疗效果，就需要将这些变化模型化，即给这些动态情形建模。问题是，如何给这种动态情形的适应性表征建模呢？人工智能是从以下五个方面着手进行的。

第一，从考虑时间与不确定性的关系入手，寻找其中的可能因果关系（一种确定性）。从时间演化的观点看，世界就是一系列简单印象或时段，每个时段包含一组随机变量，有的可观察，有的不可观察。这种连续时间的不确定性情形，在数学上能够由随机微分方程描述。为简单起见，我们假设变量的相同子集在每个时段是可观察的，若用 X_t 表示在时间 t 的状态变量集，并假设它是不可观察的，E_t 表示可观察证据变量集，则对于值 e_t 的某些集在时间 t 的观察就是 $E_t = e_t$。假设你处于一个密封的地下室因有秘密任务不能出去，而又想知道今天是否下雨，你只能根据可能出去的人带雨伞与否来判断。对于时间 t，集合 E_t 包含一个单一证据变量 U_t（雨伞，无论是否出现），则集合 X_t 包含一个单一变量 R_t（雨，无论是否下）。其他问题能涉及更大的变量集。在糖尿病的例子中，我们可能有证据变量，如测量血糖$_t$和脉搏率$_t$；状态变量，如血糖$_t$，胃含量$_t$。时段间的间隔也依赖于问题，如糖尿病的检测，适当的间隔可能是一小时而不是一天，这要根据患者的病情来决定。

对于一个已确定的问题，有了状态和证据变量集，下一步是详细说明这个系统如何演化，证据变量如何获得它们的值，第一个问题涉及转换模型，第二个问题涉及感受器模型。如果给定先前值，那么转换模型能够详细说明最近状态变量的概率分布。但有一个问题，即随着时间 t 的增长，前一个状态变量集是无限的。这个问题可通过马尔可夫假设来解决，马尔可夫假设是说，当下状态仅依赖于先前状态的一个有限固定数。这就是前面论及的马尔可夫链或马尔可夫过程。最简单的是一阶马尔可夫过程，其中当下状态仅依赖于先前状态，而不是任何更靠前的状态，也就是说，在马尔可夫链中，一个状态只与其紧连的前一个状态关联。二阶马尔可夫过程除具

第十六章　问题-解决主体对不确定性的适应性表征

有一阶马尔可夫链的属性外，还有一个状态隔一个状态的连接。即使有马尔可夫假设，还存在一个问题，即 t 有许多个可能值。为了避免这个问题，我们需要假设状态的变化由一个固定的过程引起，即由规律支配的变化过程，其本身不随时间变化。例如，在雨伞世界中，下雨的条件概率对于所有 t 都是相同的。

对于感受器模型来说，证据变量 E_t 可能依赖于先前变量及当下状态变量，但任何胜任的状态应该足以产生当下感受器值。在雨伞的例子中，贝叶斯网络结构和条件分布描述了雨伞世界，其中转换模型是 $P(R_t|R_{t-1})$，感受器模型是 $P(U_t|R_t)$（图 16-5）。

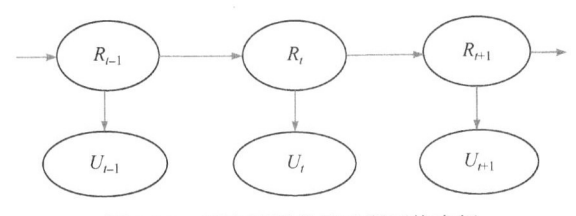

图 16-5　雨伞情形的贝叶斯网络表征

需要指出的是，箭头从世界的实际状态指向感受器值，因为世界的状态引起感受器呈现具体的值：下雨引起雨伞出现。

第二，一旦确定了不确定性与时间的关系，就可使用时序逻辑表征。这就是建立一般时序模型结构的问题。根据罗素和诺维格的看法，在建立时序模型后，就能够形成基本推理要解决的任务，这一过程包括五个步骤（Russell and Norvig, 2011：570-571）：①过滤。这是计算信念状态的任务，即对于大多数当下状态的后验分布，将所有证据给数据。过滤也称为状态评估。在雨伞的例子中，这意味着给定目前所有携带雨伞的观察证据来计算今天下雨的概率。在这里，过滤是一个理性主体所做的事情——追踪当下状态以便做出理性决定。②预测。这是在将所有证据给数据的情形下，计算未来状态后验分布的任务。在雨伞的例子中，这可能意味着，在已知所有观察数据后，从现在起计算三天内下雨的概率。预测对于基于所期望的结果评估行动的可能原因是有用的。③滤波。这是现在已知所有证据时，计算一个过去状态后验分布的任务。在雨伞的例子中，在目前已知所有观察携带雨伞的证据下，这可能意指计算上周一下雨的概率。滤波提供了一个比此时可用状态更好的评估，因为它吸收了更多的证据。④最可能的解释。给定一个观察序列，我们希望发现最可能产生那些观察状态的序列。在雨伞的例子中，如果雨伞每三天出现一次而第四天不出现，最可能的解释是，前三天下了雨而第四天没有下。⑤学习。为了能够正确计算出下雨的概率,主体需要学习。如果主体还不知道下雨的概率,转换和感受器模型能够从观察中学习。与静态贝叶斯网络一样,动态贝叶斯网络的学习能够作为推理的副产品进行。推理提供什么转换实际上发生了的判断,什么状态产生了感受器读取的预测,这些判断或预测能够被用于升级模型。升级后的模型提供新的预测,这个过程一直重复到收敛或聚集为止。罗素和诺维格提示,学习需要滤波(smoothing)而不是过滤(filtering),因为滤波提供了过程的状态的更好评估。仅通过过滤学习不能正确地聚集。例如,主体学习解决谋杀问题,除非它是目击者,否则滤波总是要求在谋杀现场从可观察变量指明发生了什么。

第三,不确定性的不连续统计行为可用隐马尔可夫模型[①]表征。隐马尔可夫模型是一个时序概率模型,根据此模型,过程的状态由一个单一离散随机变量描述。变量的可能值是这个世界或情形的可能状态。上述雨伞的例子就是一个隐马尔可夫模型,因为它只有一个状态变量 R_t。如果你有一个具有两个或更多状态变量的模型会发生什么?你仍然能够通过将变量与一个单一巨变量结合,将它融入隐马尔可夫模型架构,那个巨变量的值是个体状态变量值的所有可能组元(tuple)。在数学上,这能够通过简单矩阵算法实现。假设一个单一离散状态变量 X_t,我们能够给出具体的形式来表征转换模型、感受器模型及过程前后的信息。让状态变量 X_t 有从 1 到 n 的整数值,其中 n 是可能状态的数,转换模型 $P(X_t|X_{t-1})$ 成为 $n \times n$ 矩阵 T,则有:$T_{ij} = P(X_t = j | X_{t-1} = i)$。这就是说,$T_{ij}$ 是从状态 i 到状态 j 的一个转换的概率。比如,罗素和诺维格给出雨伞情形的转换矩阵是(Russell and Norvig, 2011: 579):

$$T = P(X_t | X_{t-1}) = \begin{pmatrix} 0.7 & 0.3 \\ 0.3 & 0.7 \end{pmatrix}$$

第四,不确定性的连续性可通过卡尔曼过滤[②]算法表征。罗素和诺维格给出了这样一个例子。设想黄昏时你观察一只小鸟快速飞过浓密的丛林的

---

① 隐马尔可夫模型是计算系列事件接续发生的概率时,通常用于探索不可观察现象的数学工具,在机器学习、语音识别、手势辨识中常用。一般来说,隐马尔可夫模型包括一组观测值 O 和一种观测概率 B。对于每个观测值和每个状态,会存在相关联的概率 $b_i(o_t)$。这意味着,在时间 t 产生观测值 o_t 的可能性,观测值 o_t 是在时间 t 由状态 i 产生的输出。

② 卡尔曼过滤(Kalman filtering)是一种利用线性状态方程,通过输入输出观测数据,对系统状态进行最优评估的算法。它是由卡尔曼(R. E. Kalman)首先发明并用他的名字命名的。

情景。你瞥了一眼飞舞的小鸟，为不使它从你眼前消失，你努力猜测小鸟在哪里，下一步出现在哪里。在这种情形中，你所做的就是在过滤，从嘈杂的观察中判断或评估状态变量（这里是位置和速度）。如果状态变量是离散的或不连续的，我们就可用隐马尔可夫模型描述或表征。如果状态变量是连续的，我们就可使用卡尔曼过滤算法表征。小鸟在每个时刻点的飞行情形可用6个连续变量来描述：三个变量表征位置(X_t,Y_t,Z_t)，三个变量表征速度(X_t',Y_t',Z_t')。我们需要适当的条件来表征转换模型和感受器模型，这可运用线性高斯分布[①]描述。这意味着，下一个状态一定是当下状态的一个线性函数，加上某些高斯噪声，这在实践中是一个非常合理的条件，如考虑鸟的X-坐标，忽略其他坐标。假设不同观察之间的时间间隔为Δ，进一步假设一个暂时常量速度，则更新速度由$X_{t+\Delta}=X_t+X_\Delta$给出。若加上高斯噪声，如风速变化，罗素和诺维格给出一个线性高斯转换模型如图16-6所示。

这是线性高斯模型的一个非常具体简单的形式，也是一个线性动态贝叶斯网络结构，其中X_t表示位置，X_t'表

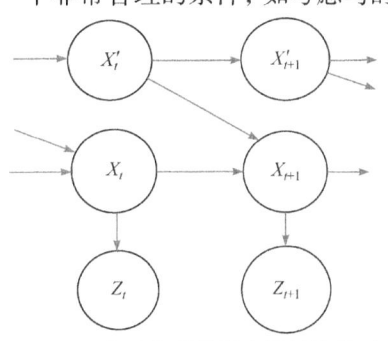

图16-6 鸟飞行的线性高斯转换模型

示速度，Z_t表示位置的测量。多变量高斯分布可由线性分布组合构成。

第五，动态不确定性可用动态贝叶斯网络表征。动态贝叶斯网络是一种表征时序概率模型的贝叶斯网络。雨伞和小鸟飞行的描述就是动态贝叶斯网络表征的例子。一般来说，一个动态贝叶斯网络的每个片段应该包括状态变量X_t和证据变量E_t的任何成分。为简单起见，我们假设变量及其连接精确地从片段到片段复制，还假设动态贝叶斯网络表征一个一阶马尔可夫过程，以便每个变量仅在它自己的片段或直接连接的前一个片段能够有母型节点。显然，每个隐马尔可夫模型能够被表征为一个具有单一状态变量和一个单一证据变量的动态贝叶斯网络。同样，每个离散变量动态贝叶斯网络能够被表征为一个隐马尔可夫模型。

在罗素和诺维格看来，我们也能够将动态贝叶斯网络中的所有状态变量组合成一个单一状态变量，该变量的值是个体状态变量的值的所有可能组元。如果每个隐马尔可夫模型是一个动态贝叶斯网络，每个动态贝叶斯网络能够被转

---

① 也称正态分布，它是一种概率分布，有两个参数，一个是遵从正态分布的随机变量的平均值，另一个是此随机变量的方差。

化成一个隐马尔可夫模型,那么二者的差异是什么?差异可能是,通过将一个复杂系统的状态分解成它的组成变量,它们就能够利用时序概率模型中的少量变量。例如,假设一个动态贝叶斯网络有 10 个布尔状态变量,每个在前一个片段有 2 个母型节点,则动态贝叶斯网络转换模型有 $10\times2^2=40$ 个概率,而对应的隐马尔可夫模型就有 2^{10} 个状态,转换矩阵中的概率就不计其数了。这是非常糟糕的事情,罗素和诺维格认为原因有三(Russell and Norvig, 2011: 591):其一,隐马尔可夫模型本身需要更多的空间;其二,巨大的转换矩阵使得隐马尔可夫模型推理更昂贵;其三,学习这样一个巨大的参数问题使得纯隐马尔可夫模型不适合大问题。动态贝叶斯网络和隐马尔可夫模型之间的关系,大致类似于普通贝叶斯网络与完全列表联合分布之间的关系。

如上所述,每个卡尔曼过滤模型能够在一个具有连续变量和线性高斯条件分布的动态贝叶斯网络中被表征,但我们同样应该清楚的是,不是每个动态贝叶斯网络都能够被一个卡尔曼过滤模型表征。在一个卡尔曼过滤中,一方面,当下状态分布总是一个单一多变量高斯分布;另一方面,动态贝叶斯网络能够模型化任意分布,因为对于许多真实世界的应用来说,灵活性才是本质的东西。

概言之,要建构一个动态贝叶斯网络,在罗素和诺维格看来,我们必须详细说明三类信息:关于状态变量的先验分布 $P(X_0)$、转换模型 $P(X_{t+1}|X_t)$ 和感受器模型 $P(E_t|X_t)$。要详细说明转换模型和感受器模型,我们也必须详细说明相继片段之间的连接和状态与证据变量之间的连接的拓扑结构。因为转换模型和感受器模型被假设是固定不动的,所有时间 t 也是固定的,详细说明第一个片段是非常方便的事情。比如,雨伞情形的完全动态贝叶斯网络说明,具有无数个时段的完全动态贝叶斯网络,它能够通过复制第一个片段按照需要被建构。

第十节 小 结

我们的世界,总体上来说是不确定的,其中发生的现象或事件也是不确定的,是由偶然性支配的。科学要对不确定性进行表征,囿于过去科学界主流的决定论世界观就不合时宜了。而描述统计现象的概率理论在表征不确定性问题方面有其优势,因为世界原本就是不确定的、复杂的,甚至是混沌的。这并不是说决定论的方法论就完全失效。事实上,在解决或表征不确定性问题中,确定的前提和推理规则是不可或缺的,这些因素又是确定的、有序的、一致的，不允许有任何的不一致、矛盾和无序或混乱。因此，我们要通过确定的东西表征不确定的东西，或者说，通过决定论的方法论表征不确定性问题，否则，我们就没有办法表征不确定性问题了。这意味着，不确定性中存在着确定性，确定性中也存在不确定性，二者之间并不是相互排除的，而是自然世界中本来就存在的，只是过去我们在面对不确定性时无能为力，进而将世界设想为是决定好的"钟表"。在笔者看来，之所以会这样，是因为就像人类天生就有实证的偏好（喜好正面确证、检验）一样，人类也有确定性的偏好（喜好秩序、规则、一致、规范）。

然而，不确定性不因我们的喜好就不存在。对不确定性知识的表征，贝叶斯网络在静态情形下起到十分重要的作用，类似于命题逻辑在表征确定性知识中的作用。贝叶斯网络表征是一种有向无环的图表征，它的每个节点不仅对应于随机变量，而且有一个给定其母型节点下的条件概率分布，因而能够提供一种问题域中的条件独立关系的简单表征形式。马尔可夫链蒙特卡罗方法这些随机近似方法提供了对贝叶斯网络的真实后验概率的合理估计，从而扩大了对大规模网络的精确计算。开放宇宙概率模型界定了一阶可能世界的无限空间的概率分布，能够处理真实存在物及其身份不确定性问题。

在动态情形下，世界的变化状态是通过使用随机变量集的每个时间点的状态来表征的，这就是依赖于马尔可夫特性，因此我们就可使用马尔可夫模型处理动态的不确定性。在这种情形下，只要给定了当前状态，未来状态就不再依赖于过去的状态信息了，即假设世界的动态特征不随时间变化了。这就极大地简化了对不确定性问题的表征。具体来说就是，在时序概率模型中，通过转换模型、传感器模型和简单的递归算法，将不确定性问题的时间和序列长度由非线性关系转化为线性关系，而实现这一目标的路径通常使用隐马尔可夫模型、卡尔曼滤波器和动态贝叶斯网络。

总之，人工智能对于不确定性问题的表征对我们认识世界有很大的帮助，这就是人机共进化。如果人类设计者能够通过创造诸多智能体（程序）表征不确定性，人类就能够在其他领域如物理学和医学通过使用人工智能系统解决不确定性问题。

第十七章　人工感知系统作为问题-解决主体的适应性表征

> 我们怎样才能创造一个良好的人类-人工生态系统，一个不是机器社会，而是一个机器和人都能像人一样生活在其中的网络文明，一个具有人类感受的文明？
> ——阿莱克斯·彭特兰（Alex Pentland）（摘自约翰·布罗克曼《AI的25种可能》2019年第238页）

就人类而言，感知系统是我们连接世界的必经路径。可以说，没有感知，就没有我们对世界的认知。当代具身认知科学之所以反复强调认知的具身性，就是因为它认识到了感知（感受性）的不可替代性。这意味着，感知是主体适应性的最直接体现，也是适应性表征的前提。对于人工主体（智能机）来说，它没有人类的身体，不能依赖感官来感知，但它可以通过作为感受器的感知系统与外部世界相联系。本章着重探讨人工主体的感知系统是如何通过感受器与世界联系起来的，其过程是如何适应性地表征的。如果这两个问题弄清了，人工智能实现人类智慧的目标就为期不远了。

第一节　感知系统的优先性与局限性

众所周知，人体是感知系统，它通过视觉、触觉、听觉、嗅觉和味觉来感知外部世界。机器没有身体，但它们能通过人造的感应器感知外部环境。也就是说，机器通过被称为转译感应器的回应为其提供关于它居于其中的世界的信息。感知，无论对于人还是机器，都是认知世界的先决条件，也就是感知具有认知上的优先性。所以，没有感知，便谈不上认知了。

对于人工智能来说，感应器以智能体编程作为输入使用的形式来测量环境的某些方面。简单的感应器，如电路开关，能够通过给出一个比特（二进制信息单位）报告哪个开哪个关。复杂的感应器如同我们的眼睛，目前已有大量的人工感觉形态，诸如收音机、照相机、摄影仪、红外线装置、无线

信号装置、GPS、北斗卫星导航系统等，可供人工主体使用，类似于我们人类的视觉、触觉、听觉、嗅觉。一些机器人能够主动传感，意味着它们反射信号，比如雷达、超声波，并从环境检测接收信号的反射。其实，在我们前面论及的 POMDP 中，基于模型的决策理论主体在部分可观察环境中就有一个感应器模型 $P(E|S)$——一个关于感应器提供的证据的概率分布（在给定世界的一个状态的情形下）。这是感应器运作的算法。

视觉感应器是最主要和最重要的一种，我们获得的信息绝大多数都来自视觉。对于视觉系统而言，感应器模型可分为两个部分：一个客体（目标）模型和一个呈现模型。客体模型描述视觉范围的目标客体，就是我们能看到的所有物体，包括计算机辅助设计系统的 3D 几何模型。呈现模型描述从外部世界产生刺激的物理的、几何的和统计的过程，也就是表征过程，因此，呈现模型就是表征模型。呈现的客体可能是精确的，也可能是模糊的，如近距离的摄影是精确的，而远距离的摄影就模糊了，光线充足时目标清晰，暗淡时目标模糊。所以，呈现模型会受到多种因素的限制，也就是说，它具有一定的局限性。

幸运的是，感应器的模糊性可通过先验知识控制。我们知道，在真实世界里，许多客体是不可观察的，比如，近如大脑的活动，远如遥远的天体，大的如宇宙体系，小的如夸克粒子。但是，我们可通过想象为其建模来表征它们，如各种认知模型、宇宙模型、原子分子模型。在虚拟世界中，我们知道目标客体不是真实的，如科幻电影中的机器人，其图像就是一个玩具，模糊性对它们来说就可以忽略不计，因为它们本来就是虚构的。任何人都可以想象虚构对象的形象，比如上帝，不同的宗教、不同的民族有不同的"上帝"形象，即使同一神灵如观音，在不同的庙宇中的形象也不相同。就视觉感应器来说，模糊性有时可忽略不计，比如自动驾驶汽车的感应器对于近距离的物体感应灵敏就可以了，对于 2 千米以外的物体虽然可探测到，但对于驾驶来说没有意义，主体（人或智能体）可选择忽略，因为它不可能撞到那个离它很远的物体。因此，对于呈现模型的模糊性，主体可根据具体情境和完成任务的情况做出选择——忽视还是重视。换句话说，凡是与当下任务目标关系不大的因素都可忽略不计。

当然，决策理论主体并不是唯一可利用视觉感应器的架构或程序。比如果蝇就是部分反映的主体。生物学的解剖表明，果蝇天生具有颈部巨大纤维，那些纤维从它们的视觉系统到翅膀肌肉形成一个直接通路，能够对危险做出逃离反应，一种无须思考的即刻反应。像果蝇这样的许多飞翔动物，如蜻蜓、蜂鸟，是利用一个闭环控制架构降落在物体上的。它们的视觉系统提取它们看到的物体的距离评估，控制系统因此调节翅膀肌肉，允许快速的方向改变，不需要任何详细的对象模型。也就是说，它们的构造本身就是完美的模型。

人工主体的视觉系统与生物体的完全不同，不仅表现在构成成分（质料）上，也表现在结构（架构）上，但是二者的原理是相同的，即都是通过视觉系统反应外部世界的。就人工主体感应器的性能来说，其视觉观察是异常丰富的，不论在其揭示目标的细节方面，如远距离摄影，还是在收集巨量数据方面，如人造卫星对地面目标的采集，都超越了人类视觉。比如数码照相机可拍摄大量的图像，以10吉字节/分钟的速率和60赫兹的频率就可产生几百万像素，目前就连普通智能手机都有功能强大的照相功能。

不过，以这种方式拥有视觉能力的人工主体存在的问题是：应该考虑视觉刺激的哪些方面来帮助主体做出好的行动选择？哪些方面应该被忽略？除视觉感知外，其他感知形式如何在人工主体中起作用？这些是目前人工智能特别是机器人领域在感知方面面临的难题。视觉感知的探讨是最成熟的，形成了特征抽取、再认和重构方法，而这些方法都依赖于图像形成的过程。因此，在视觉感知问题上，图像形成的表征机制是首先要解决的问题。

第二节　图像形成过程的适应性表征

现实世界的客体与反映在视觉系统中的图像客体，是不同的两个客体：一个是实体，另一个是其图像，如人体和它的视觉图像。二者之间是表征与被表征关系。既然是表征关系，就存在可靠与不可靠的问题。就图像来说，图像表征可能扭曲了客体的形象，比如远眺会看到天与地相交，形成所谓的地平线（事实上不存在）。再比如，日落时红红的太阳作为背景，一个人站立伸出手做出托起太阳的动作，我们可拍出此人托起太阳的照片。我们清楚，这是不可能发生的事情，照片图像并不是真实情景的反映。这涉及图像的扭曲或表征的失真问题，也就是适应性表征问题。

我们的视觉系统是适应性表征系统，即随着光线的暗淡适应环境，比如我们在灯光明亮的环境下，当灯突然熄灭时，我们什么也看不见了，待一会后，我们又恢复了视觉。这是我们的眼睛在适应突然变化的环境。这一现象包括了视觉系统的再认和重构过程。对于人工感应器来说，也存在同样的问题，也存在如何适应变化的环境，如何使图像与目标客体在表征上相一致的问题。不过，机器人的视觉可通过视觉传感器获取环境的图像，并通过视觉处理器进行分析、翻译和解释，进而转换为符号，让机器人能够识别物体并确定其位置。当然，除视觉传感器，机器人还使用了触觉和听觉传感器。触觉传感器主要有触觉、压力觉、滑觉、接近觉和温度觉，对机器灵巧手的精确操作意义重大。听觉传感器通过接受声波包括噪声，显示声音的振动图像来表征，在语音识别、人机对话、自然语言处理方面有重要作用。

  物理学原理告诉我们，图像感应器包括眼睛和照相机在一个场景中将散射在物体上的光线集中起来，并创造一个二维图像。在我们的眼睛中，图像是在视网膜[①]上形成的；在照相机中，图像是在一个图像平面[②]上形成的。这两类感应器都能接收光子，每个光子达到感应器产生一个效果，其强度依赖于光子的波长。由于观察到的光子是在某个时间窗口，感应器的输出是所有效果之和，这意味着图像感应器可报告达到感应器的光密度的一个权重平均。要看到一个聚焦的图像，我们必须保证源于一个场景中近乎同一个地点的所有光子达到图像平面上的近乎同一个点。有点摄影常识的人或使用过照相机的人都知道，形成一个聚焦图像的最简单方法就是在一个小孔照相机中看静态物体，可以手动调焦（人操作），也可自动调焦（如傻瓜照相机）。目前手机上的照相功能都是自适应性的，即当拍照时物体的光线明暗可自动调节。

  从表征来看，调焦的过程就是适应性表征物体的过程，就是使物体的图像逐渐清晰的过程。聚焦的机制就是光学中的"小孔成像原理"，可以用三维直角坐标系表征并计算结果。这种图像形成的过程被称为透视投影，在那里物体与其图像是倒立关系，而且物体越远，其图像就越小。根据这个原理，远处的物体看上去小，这样我们就可以理解和解释为什么我们可以与落日合影，可以拍摄摘月亮的照片，可以解释为什么两条平行线在远处相交。

  如果将成像的小孔变大结果会怎样呢？我们设想，孔越小，进入的光子就会越少，图像就变得越暗。如果我们让小孔保持较长时间开放，就会有更多的光子进入，但根据光学原理，我们会使场景中的物体出现动态模糊，因为那些物体在图像平面发送光子到多个地点。如果保持小孔长时间开放效果不好，我们就可以让小孔变大些，这样会有更多光子进入。这种情形下

---

  ① 视网膜由两类细胞构成：一类是视杆细胞，大约有1亿个，在很大波长范围对光敏感；另一类是视锥细胞，大约有500万个，对色觉是必要的，主要有三种类型，每种都对不同范围的波长敏感。

  ② 图像平面可能是一片涂有银卤化物的胶卷，或者是一个有几百万个感光像素的长方形带，它们都是金属氧化物半导体。

成像效果会如何呢？实验表明，当小孔变大时，会有更多光子进入，但物体上的小斑点会覆盖图像平面上的斑点，从而使图像模糊。这种方法也不可行。

最好的成像模型就是脊椎动物的眼睛，现代照相机是依据眼睛模型建构的，它们都使用透镜系统来聚集充足的光线而同时保持图像聚集。透镜能把更广范围的光线从场景中的物体聚集到其图像上。然而，透镜系统的缺陷是视野深度不足，即它们只能聚集来自深度范围的光线，或者说只集中于一个焦平面。这意味着焦平面之外的物体不反映在图像上。要移动焦平面，眼睛中的透镜可以改变形状，照相机中透镜可前后移动。当然，这种按比例的正射投影不总是那么显著的。比如，远处花豹身上的斑点看上去就很小，但它们有相同的大小，因为斑点的大小相比于照相机到它们的距离要小得多。

可以看出，距离是图像变化的一个重要因素。除此之外，目标客体的种类、大小，光线的明暗和色彩的变化，也是视觉系统适应环境变化的因素。比如客体的种类，可通过其外观形象形成再认。我们知道，有的客体外观变化非常小，如篮球、乒乓球等，有的变化非常大，如房子、舞者。外观变化不大的客体在几乎所有环境中看上去都一样，在这种情形下，我们可以计算它们的一组属性来描述其图像，并进行分类，如不同类型和颜色的篮球。而变化大的客体的图像表征就复杂多了，比如舞蹈的情形，舞者的每个姿势看上去都不同，舞台灯光色彩变化时更是差异极大。在这种情形下，我们可使用一种抽象模式表征，也就是说，某些客体是由局部模式构成的，可通过对那些局部模式的识别进行辨识，如人脸识别。所以，使用习得分离器检测图像的类别是一个重要的普遍方法。使用照相机探测器进行人脸识别是非常有效的，因为在低分辨率和合理的照明下，所有人脸看上去非常相似，如同外国人看中国人几乎一个样。但是，照相机探测器能够将人脸的形状、颜色、特征（如有无斑点）、鼻子、嘴、眼睛的形状特征，刻画得非常精细，然后进行分类识别，比如手机有一种人脸识别系统，它能够将我们手机中存储的照片进行分类，将同一人在不同时间不同地点拍摄的照片进行编辑组合，形成一个连续影集。

从适应性表征的视角看，脸部探测器（一种智能装置）的工作机制不外乎两步：首先是从图像到反应进行扫描，然后使用非极大值抑制方法发现最强的局部反应（信号检测）。这是基于人面部特征信息进行身份识别的一种生物识别技术，它通过采集脸部图像或视频流，并在图像中自动检测和跟踪人脸，进而对检测到的人脸进行面部识别。这个处理过程一般包括四个步骤：人脸图像采集与检测、人脸图像预处理、人脸图像特征提取及匹配与识别(魏溪含等,2019:3-4)。其更详细的流程是:人脸识别→特征定位→预处理→特征提取→特征比对→决策(是否同一人)。那些局部反应是通过如下过程获得的:(人操作)探测器将一个固定大小的窗口扫过更大和更小版本的图像,然后计算它的特征,以便分别发现更大或更小的脸。如果窗口中的光照是适当的,那么回归引擎(一种神经网络或一种支持向量机)会评估和预测人脸的方向。窗口(可旋转)被调整到人脸方向,然后将其特征赋予一个分类器,分类器的输出被继续加工以确保只有一个人脸被置于图像中的每个位置。这种策略有时被称为滑动窗口(sliding window)。滑动窗口的过程就是与目标客体不断匹配的过程,因为目标客体的特征需要强烈地面对阴影,并在由光照引起的亮度中变化。滑动窗口的一个策略是从梯度方向建构特征,另一个策略是评估和校正每个图像窗口中的光照。

从数学表征的视角看,这是计算机视觉建模的函数拟合问题。在识别物体上,对于任意输入图像 x,人工主体需要学习一个参数为 θ 的函数 F,使得 $y=F_\theta(x)$,其中 y 可能有两大类(李德毅,2018:153-154):一类是类别标签,对应于模式识别或机器学习中的分类问题,诸如场景分类、图像分类、物体识别、人脸识别等视觉任务,其特点是输出 y 是有限的离散变量;另一类是连续变量或向量或矩阵,对应于模式识别或机器学习中的"回归"问题,诸如距离估计、目标测试、语义分割等视觉任务,其特点是输出 y 或者是连续变量,如距离、年龄等,或者是一个向量,如物体的坐标位置和长度,或者是每个像素有一个所属物体类别的编号,如分割结果。形式地表征就是:图像 x→方程式 $F_\theta(x)$→输出 y(类别标签和连续变量)。

另外,在人脸识别过程中,还有一个重要环节是后加工(postprocessing),因为我们所选择窗口的大小不大可能恰好就是人脸的大小,尽管我们可以使用多种大小的窗口。因此,我们可能有几个重叠窗口与要报告的人脸匹配。然而,如果使用一个能够报告反应强度的分类器,我们就可以在几乎每个位置组合这些部分重叠的匹配来产生一个高质量的匹配。这就是一个脸部探测器,它能够搜索客体的位置和比例大小。在人工智能中,这种训练数据是容易获得的。目前已有几种标记人脸图像的数据集,旋转的人脸窗口也容易建构,即从一个训练数据集旋转窗口。一个被广泛使用的技巧是占据每个样本窗口,然后通过改变窗口的方向、窗口的中心或比例大小产生新样本,其效果是非常显著的。按照这种方法建构的脸部探测器,对于正面脸部的识别率相当高。目前手机上普遍使用的人脸识别技术就是这种模型。

第三节 三维世界重构的适应性表征

上述讨论的是二维图像形成过程中的适应性表征。对一个三维场景的图像，机器人如何通过三维图像识别做到适应性地表征呢？更具体地说是这样一个问题：一个场景中沿着光线到小孔的所有点，都被投射到图像中所有相同的点，我们如何重新获得三维信息呢？

对于这个问题一般有两种方法可以解决（Russell and Norvig，2011：948）：其一，如果我们从不同的照相机位置拍摄到两个或更多图像，那么我们可以从三角形角度发现场景中一个点的位置；其二，我们可以利用产生图像的物理场景的背景知识（语境知识）。假定场景的一个客体模型 $P(s)$ 和一个呈现模型 $P(i|s)$，其中 s 表示场景（scene），i 表示图像（image），我们可以计算一个后验分布 $P(s|i)$。目前还没有一种统一的场景表征理论，但在视觉表征中常见的一些概念有运动视差、双眼立体视觉、多图景、组织、遮蔽（阴影）、轮廓、熟悉客体等。

运动视差是说，如果照相机相对于三维场景运动，由此在图像中产生的表观运动，即光流动，对于照相机的移动和场景的深度来说，都是一种信息源。这个过程可以根据光学原理进行计算。

双眼立体视觉是大多数有眼脊椎动物都有的现象，除了不会随着时间的转移使用图像，我们能够使用空间中独立的两个或两个以上图像，这种意思与运动视差很相似。由于场景中的一个给定特征相对于每个图像平面的纵轴（z-轴）会是一个不同的位置[①]，所以，如果叠加两个图像，就会在这两个图景中的图像特征位置上存在一个不一致（视差）。假设目标客体是一个金字塔，我们会看到，其图像的最近点被移动到右图像左边或左图像的右边。这就好比用照相机在金字塔左侧和右侧分别拍摄的图像，将两个图像部分叠加产生的效果。

显然，光线流动和双眼立体视觉是开发多图景恢复图像的两个普遍架构。但对于计算机来说，不存在使用光线流动和双眼立体视觉架构来预测图像的运动效果，或者使用两个照相机聚焦到一个固定点。不过，从多图景开发可用信息的技术已经成熟，比如可使用几百个照相机同时拍摄一个客体。但从算法上看，仍然存在三个子问题需要解决：①一致性问题，比如在

[①] 在直角坐标系中，x-轴和 y-轴构成二维平面，加上 z-轴就构成三维立体图像。立体图像中的每个点可用（x,y,z）表示，点的移动构成的轨迹可根据相关方程计算。

不同图像中识别特征，图像是三维世界中相同特征的投影；②相对方向问题，例如，确定坐标系中固定的不同照相机之间的转换，包括旋转和转译；③深度评估问题，比如，确定世界中不同点的深度，在这个世界中图像平面投影在至少两个图景是可行的。这三个子问题在技术上已经基本上通过因子分解法得到解决（Tomasi and Kanade，1992）。

组织是指场景中的目标客体图像的纹理结构。比如广场上铺地砖的地面，其实际结构与其图像结构是不同的，因为在照相机拍摄的图像里，远的物体（如地砖）比近的物体更小（实际上是相同的）。这种差异一方面是照相机的距离造成的，另一方面是客体结构的投影缩减造成的。消除这种差异的方法一般有两种：一是正面拍摄，也即等距离拍摄，但局限是图像画面小，高空拍摄虽能增大画面但清晰度受到影响；二是通过曲面恢复图像的结构，这样可以增大图像的表面积。

遮蔽是指在一个场景中从物体表面接收不同比例光密度的变化，由场景的几何图形和物体表面的反射属性来确定。在绘画中，我们知道阴影的形成是光线的遮蔽造成的，阴影的出现反而衬托出物体的立体感。因此，阴影是绘画中不可缺少的部分。在计算机制图学中，目标是计算图像的亮度 $I(x,y)$，以及给定场景的几何图形和场景中的物体的反射属性（光滑还是粗糙，白色还是黑色，等等）。计算机视觉的目的是插入这个过程，也就是恢复几何图像反射属性，给出图像的亮度 $I(x,y)$。图像中像素的亮度是投射像素的场景中的表面斑点亮度的函数。如果一个表面表征指向光源，那么表面就是明亮的；如果它指偏了，表面就暗淡。我们不能计算一个暗淡斑点有其偏离光源的表征。相反，它可能有低的反射率。一般来说，反射率在图像中变化非常快，而遮蔽变化非常慢。人的眼睛和照相机都能捕捉这种变化。

轮廓是指被观察物体的大概形状。比如我们绘制一幅海边风景的轮廓——一条直线将海平面与天空分开，表示地平面[①]，直线上方有几个曲线团代表天空的云朵，直线下方是几道曲线画的波浪，代表海水，最下方用直线、曲线画出几棵树的形象。这样我们就获得一个关于三维形状和布局的生动的感知图。这在绘画中是简笔画。它可以说是对一个场景中熟悉物体的再认的组合。这种表征方法既简洁明了，又表达生动，计算机根据一定的算法也能够绘制，如利用计算机刺绣和绘图。

我们如何在绘制图像中适应性地表征场景中的物体包括人呢？如果场

---

① 地平面几乎是所有场景图像中必不可少的一个因素，其中的各种物体位于其上面。原因可能是由于地球引力的存在，物体一般不会飘在空中而必须由地面支撑。

景中的物体是我们熟悉的，我们不仅可根据确定的地平线估计它的距离，还可以确定它的姿态或形状，比如在工业自动化操作任务中，机器手不能捡起一个物体，除非它知道物体的姿态。在人工智能中，在要求精确定位物体的情形下，无论是三维的还是二维的，这个问题有一个简单和定义明确的解决方法，那就是列队方法。具体说，客体在三维空间由属性 M 表征，M 是客体明确的点 m_1，m_2，$\cdots$，m_M，比如多面体的顶点。客体的这些属性可在直角坐标系（x, y, z）中得到测量。这些点受制于一个未知的三维旋转 R，紧接着由一个未知量 t 转译，然后投影在图像平面产生图像属性 p_1，p_2，$\cdots$，p_N。一般来说，$N \neq M$，因为一些模型点可能被遮蔽，如背面的顶点，属性探测器可能忽视一些属性。

这种情形在数学上可表达为 $p_i = \prod(Rm_i + t) = Q(m_i)$（Russell and Norvig, 2011：956）。这里的 R 是一个旋转矩阵，t 是一个转译，$\prod$ 指代透视投影或它的一个近似，如比例正交或垂直投影。得到的净值是一个转换 Q，它会把模型点 m_i 转变为带有图像点 p_i 的队列。尽管我们起初不知道 Q，但是，我们的确知道 Q 对于所有模型点一定是相同的。比如说，给定模型中的三个非共线的点 m_1、m_2、m_3，它们在图像平面上的比例正交投影 p_1、p_2、p_3 就会精确地实现从三维模型坐标架构到一个二维图像坐标架构的两个转换。这些转换由一个围绕图像平面的反映关联，可以由一个简单的闭合形式的解决方法计算。

第四节 根据结构信息再认物体的适应性表征

这里我们以人体结构的再认为例来说明其适应性表征过程。在图像表征的意义上，如果我们想更多地知道一个人在做什么，我们需要知道他的手臂、腿、身体和头位于图像中的什么地方。事实上，使用移动窗口方法来探测个体的身体部分是非常困难的，一方面是因为那些身体部分的颜色和组织结构广泛地变化，另一方面是因为它们在图像中很小（相对于整个人体），如前臂只有 2 到 3 个像素大小。在视觉中指出图像中人体的布局和轮廓是一个重要的任务，因为人体的轮廓通常反映了人们在做什么。一个叫作"变形模板"的模型可以告诉我们哪个构型是可接受的，如肘部可弯曲，头部不能与脚相连。当然，在人工智能领域，还有更好的模型可以表征手臂和腿的运动，甚至可以辨识颜色，如现代机器人可以跳舞，可以参与体育比赛，如踢足球。

这一切是如何实现适应性表征的呢？我们假设，我们知道人体的组织部分像什么，如所穿衣服的颜色。在这种情形下，我们能够使用大小不同的矩形为人体部分的几何图形建模（包括左右手臂、头、脸部、躯干和左右腿等），就像树可分为不同部分一样。进一步假设，在给定左上臂姿态的条件下，左下臂的位置和方向独立于所有其他部分；而在给定躯干姿态的条件下，左上臂的姿态独立于所有身体部分。我们同样以这种方式假设人体的其他部分。这种模型通常被称为"硬纸板人"模型。它是人体结构的一个物理模型，类似于用模板建构一个房子的模型。该模型形成一个树结构，躯干是树干，手臂和腿等是树枝。这种模型的细节可使用前面论及的树结构的贝叶斯网络推理方法来计算和建构。

评估这种表征图像结构的物理模型有两个标准：其一，图像矩形应该看上去像人体的部分，如手臂用细长的矩形表示，躯干用宽大的矩形表示。其二，可用数学模型精确计算。比如我们假设一个函数$\emptyset_i$，它能够评估一个图像矩形与人体部分匹配的程度如何。对于每对相关部分，我们可使用另一个函数φ评估所期望的人体部分图像矩形对之间匹配的关系如何。这样一来，人体部分之间的相互依赖形成一棵树，所以每个部分只有一个母型，可写作$\varphi_i pa_i$，其中pa_i表示人体部分图像矩形对。如果匹配得很好，所有函数会更大些，因此，我们可将它们在数学上看作一个对数 log 概率。由于相关模型是一个树型，所以动态规划能够发现最佳匹配。

一般来说，我们并不知道一个人看上去像什么，所以必须建构其组成部分外观的一个模型。这种描述一个人像什么的模型被称为外观模型（appearance model）。如果我们一定要报告一个单一图像中某个人的构型，我们可以从一个调整并不好的外观模型开始，用此评估构型，接着重新评估外观。比如在视频中，我们有同一个人的许多架构，它们能够展示那个人的完整形象。当然，如果我们在一个图像中将一个人与其图像匹配，评估人体部分匹配的最有用属性被证明是颜色。组织结构在大多数情形下效果并不好，因为衣服的褶皱产生强的遮蔽模式覆盖了图像的结构。这些模式强到足够扭曲衣服的真实结构。

那么如何在视频中追踪人，或者说如何在视频中适应性表征呢？这其实不是一个理论问题，而是一个重要的实践问题。在视频序列中，如果我们能够可靠地报告胳膊、腿、躯干、头的位置，我们就能够建构很好改进的游戏界面和监督系统。过滤方法并不是很有效，因为人们可以产生快速的行动，使得构型变得模糊，从而难于准确筛选目标。目前，最有效的方法是利用这样的事实——外观从一个架构到另一个架构变化非常慢。如果我们能够从视频中推出一个人的外观模型，那么我们就能够在一个图像结构模型中使用这个信息在每个视频架构中探测到那个人。这就是将不同位置连接起来追踪目标，其原理是利用了外观的一致性或连贯外观。也就是说，一个人在不同的图像中，其外观几乎是不变的。安全机关就是根据这个原理通过视频图像追踪嫌疑人的。

这种使用图像结构的连贯外观的追踪方法不仅可追踪静态的人，也可以追踪运动中的人。具体做法是：首先获得一个外观模型，然后充分利用它。为了获得外观的信息，我们可以扫描图像来发现一个侧面移动的姿态。探测器不需要十分精确，但应该产生很少的假阳性。从探测器的反应，我们能够读出位于每个身体部位的像素，以及不位于那个部分的像素。这使得我们能够建构一个关于每个身体部位外观的一个判别模型，将这些外观模型连接起来形成要追踪的那个人的一个图像结构模型。

当然，推出一个好的外观模型有许多方法。这里我们将视频（图像）看作要追踪的那个人的一大堆图片。我们也可以通过寻找外观模型利用这堆图片来解释图像。这是通过探测每个架构中的人体部位起作用的，而且使用了人体部位大致都有平行边缘这个事实。这样的探测器并不是特别靠谱，但是我们要发现的人体部位却是具体的，这些人体部位在视频的大多数架构中至少会出现一次，它们可以通过收集探测器的反应被发现。在追踪过程中，最好是从躯干开始，因为它最大，探测器容易捕捉到。比如，一旦我们有了一个躯干外观模型，腿的上部应该出现在躯干近邻，远离躯干就荒唐了。这种基于常识的推理产生一个外观模型，但它可能是不可靠的，因为如果人们出现在紧靠固定的背景那里，人体探测器就会产生许多假阳性，比如草丛里露出一顶帽子，探测器可能会报告发现人，事实上可能就是一顶帽子。一个替代方法是通过不断地重估架构和外观来评估视频的许多架构，这样我们就可以看到一个外观模型是否能够解释许多架构。

另外，还有一个替代方法在实践中非常可靠，那就是将一个固定身体架构的探测器应用到所有架构，一个好的架构应该是那种容易可靠探测的架构，而且人们在那里出现的概率更高，如侧面行走就是一个好的选择。我们应该将探测器调整到低的假阳性率，以便知道它什么时候向我们反映发现一个真实的人。由于我们正确定位了人体的所有部位，所以知道它们像什么。这个过程就是从结构信息再认人体的适应性表征过程。

第五节 人工视觉的适应性表征

摄像仪是一种人工视觉，就像我们的眼睛一样。它们在社会治安和我们的生活中扮演了重要角色，应用十分广泛，比如道路上的摄像头监督交通运行状况，体育比赛中的"鹰眼"回放系统保证比赛的公正，人机界面观察人们的行为，等等。这种视觉系统能探测和分析视频，理解人们在做什么。其运作机制与我们用眼睛观察事物的过程类似，也是一种适应性表征过程。接下来我们考察人工视觉适应性表征的几种情形。

首先，对背景静止的物体进行追踪。如果人们在视频架构中相对较小，且背景是静止的，这可通过从当下架构中剪掉背景图像来探测人们的行为。如果这种差异的绝对值较大，这种背景减少的方法会报告像素是一个前景像素。在这种情形下，通过不断地连接前景斑点，就可获得一次追踪和表征。这是针对图像的适应性表征，其间可以没有语言的介入，如人们的对视。如果视频架构中还出现了对话模式，情形就复杂了。比如，结构化行为（芭蕾舞、体操、太极、瑜伽等）有特定的行为术语库，与日常自然语言术语完全不同。当被执行的行动依靠一个简单背景时，这些行动的视频也容易处理，因为背景减少能识别主要移动区域。

对于图像追踪来说，我们面临一个更大的问题是，如何将观察到的身体、目标附近的物体与移动人的意图联系起来。这个问题会带来一系列困难。第一个困难是我们缺乏人们行动的术语库。第二个困难是猜测人们行动的意图，如某人抬起手的意图是什么，是拿水杯喝水还是要打人。人的行为就像多变的色彩，因为人们倾向于认为他们知道许多行为的名词，但是不能产生急需的关于这些词的词汇表。这一方面涉及意会知识问题，即我们直觉地知道但又（用语言）表达不出来；另一方面涉及行为组合问题，即一个行动产生一系列问题，比如你想喝饮料，然后走向一台自动售货机，但你不知道价格是多少，也不知道饮料是不是混合的，成分是什么，等等。第三个困难是，我们不知道什么特征显示发生了什么行为，即哪些特征与哪些行为是对应的。比如，我们看到有人走向自动取款机，我们基本上会猜到那个人是要取款，但只是一种可能。第四个困难是，发现训练与测试数据之间的推理是靠不住的，比如我们不能指望步行探测器由于它在大数据集上执行得很好就是安全的，因为数据集可能遗漏了某些重要但稀少的现象，如人们骑自行车或滑板而不是步行。

其次，从许多视图重构图像。比如，双眼立体视觉在重构图像中起作用，因为对于图像上的每个点我们有四次测量，其中包括三次位置自由度。这四次测量是那个点在每个二维视图的（x,y）位置，未知自由度是那个点在场景中的（x,y,z）三维坐标值。这意味着存在几何图的限制，它们妨碍许多点对（pairs of points）的匹配。一般来说，我们不总是需要第二张图片来获取点集合的第二次视图。如果我们相信最初的点集合是源于一个熟悉的三维物体，那么我们可能有一个客体模型可作为信息源。进一步设想，如果这个客体模型由一组三维点或那个客体的一组图片构成，且我们能够建立点对应一致，我们就能够确定在最初图像中产生点的照相机的参数。这是非常有用的信息，我们可以使用它评估我们最初的假设——那些点源于一个客体模型。

再次，使用视觉控制运动。我们知道，视觉的一个主要用途是为主体提供操作物体和行走时躲避障碍物的信息，比如自动驾驶汽车的感知探测系统具有自动避碰的功能[①]。这种人工探测系统是从动物视觉系统发展来的，动物的眼睛主要是用来寻找食物、躲避危险的，虽然眼睛相对于它们所属动物的身体来说是很小的部分，比如我们的眼睛的大小相对于我们身体的比例。就自动驾驶汽车的视觉系统来说，人工主体的任务包括三个方面（Russell and Norvig, 2011：964）：一是侧向（横向）控制，保证车辆在路上行驶或变换车道或转弯时的安全；二是纵向控制，保证与前面车辆有一定的安全距离；三是躲避障碍物，监测邻近车道行驶车辆的行驶情况和临时变道等。人工主体的任务就是产生适当的驾驶控制，如保持安全速度和距离，紧急情形下刹车。这些问题是熟练的人类司机都懂得的。对于侧向控制，人工主体需要保持路上行驶车辆的位置和方向的一个正确表征。这可使用边界探测算法来发现对应于路标部分的边界。这是驾驶控制系统所必需的，比如现在在车辆上装有自动导航系统，有助于司机找到最佳路径。对于纵向控制，人工主体需要知道与前方车辆的距离，这个问题可以使用双眼立体视觉或光流动方法解决，这就是视觉测程或测距方法。这个例子说明，完成一个特定任务，主体不需要涉猎所有信息，所需信息原则上可以从图像获得。

最后，使用关键词在互联网上搜索所需图像。许多网站都提供有大量

[①] 在机器人学中，自动避碰一般包括三个过程：首先，确定机器人的静态和动态参数，静态参数包括机器人的体长、宽度等，动态参数包括机器人的运动速度和方向、行走时的停顿及避碰时机等；其次，确定机器人本身与障碍物之间的相对位置参数，包括相对速度、相对速度方向和方位等；最后，根据障碍物参数分析机器人本身的运动姿态，以便及时做出调整以避免与障碍物发生碰撞。这个自动避碰过程要求规划和决策系统不断监测所有环境的动态信息，不断核实障碍物的运动状态。

视图，我们可以根据需要进行搜索获得。比如我们需要某些哲学家的图像，可以在谷歌、百度等知名网站的网址上输入关键词如"亚里士多德""柏拉图"等来搜索。谷歌的网页上就有专门的图像栏目，非常方便搜索，比如搜索美国总统特朗普的照片。这是词与图片关联的一种简单方法。当然，关键词搜索并不是完备的。比如一幅关于狗在花园玩的图片，可能用词标记为"狗"和"花园"，这种标记方式容易忽视狗通常喜欢的"骨头"等词。这个问题可通过标记测试图像来解决，即自动注释图像的最邻近方法——在一个被训练使用例子的特征空间矩阵中寻找最接近测试图像的训练图像，然后报告它们的标记或称呼。比如，标记"奥巴马遛狗"，可找到许多叫奥巴马的人遛狗的图片，如果奥巴马是指前任美国总统，就可从中寻找叫奥巴马并且做过美国总统的黑人男子（不论你是否见过奥巴马本人，直接的或间接的）。

第六节 小 结

使用感知能力特别是视觉观察物体，对于我们人类来说似乎是一件不费吹灰之力的事情，但是对于人工感知系统，如探测装置，就不那么容易了，它需要大量的精确计算才能完成任务。视觉的任务就是从环境中提取所需的信息，诸如驾驶、航行、物体再认等。物体图像形成的过程可用它的几何图形和物理属性来理解和表征。只要给出一个三维场景的描述，我们就能够容易地使用任何照相机和摄影仪的位置产生它的图片，但从图像将这个过程插入场景的描述却是困难的。要为操作、航行和再认的任务提取它们必要的视觉信息，我们必须建构一种中介表征，如客体模型、图像模型。这个事实充分表明，表征在机器感知过程中是必不可少的。由于这种表征是描述目标客体与其图像客体之间的匹配表征，因此其过程一定是适应性的。原因很简单，如果两个客体不匹配，那就不是适应性表征了。

第十八章　智能机器人作为问题-解决主体的适应性表征

看看孩子们的行为，这可能会给程序员提供一些有关计算机学习方向的有用提示。

——艾莉森·高普尼克（Alison Gopnik）（摘自约翰·布罗克曼《AI 的 25 种可能》2019 年第 264 页）

机器人，顾名思义，是像人的机器，或者说模仿人行为的机器。将机器人与人工智能相结合，就形成了智能机器人，它是人工智能的分支领域——机器人学的研究对象。从主体视角看，机器人是一种物理主体，或者说是物理智能体，或物理行为体，它们通过操作物理世界执行任务。为了完成人类赋予的任务，它们被装配有手臂、腿、关节、抓爪、轮子等操纵装置。外观像人的被称为"人形机器人"，这是严格意义上的机器人；其他的所谓机器人严格说就是智能机器，如扫地机器人。这种非人形的智能机之所以有时也被称为机器人，仅仅是因为它们做了人能做的工作。操纵装置也称效应器，是一种物理装置，它只有一个目的，那就是将物理力施加于环境。机器人还装配有感应器，感应器允许机器人感知它的环境。目前，机器人学已开发了许多类感应器，包括使用摄影仪和激光仪测量环境，使用陀螺仪和加速计测量机器人自己的运动。本章，我们基于人类是适应性表征主体这个信条，着重探讨智能机器人的适应性表征问题。

第一节　智能机器人的类型、结构与功能

在机器人学领域，机器人通常被分为三种类型：操纵器、移动机器人和移动操纵器。

第一类是操纵器，也叫机械臂，它们被物理地固定在它们的工作场地，如现代化汽车生产车间的自动装配线，国际空间站上的机械臂。这类"机器人"外观上一点儿也不像人，只是替人做了人应该做的或人难以做的工作，

是严格意义上的"智能机器"①。操纵器的运动通常包括一连串可控关节，让这种机器人能够把它们的效应器置于车间的任何位置。这是目前最常用的工业机器人，人工智能的发展使这类机器人更加智能，大大减轻了人的劳动强度，提高了劳动效率。目前，移动的智能机也开始在医疗、快递等行业使用，如护士助手、机器分类器。

第二类是移动机器人，它们使用轮子、腿，或者类似的机械装置在特定的环境中移动，如扫地机器人只在房间内移动来清理地面，分类机器人在医院分发物品，在装货码头搬运集装箱等。这种无人驾驶的地面智能装置可以在街道、公路甚至田野上自动行驶。这种人形智能机现在已经很常见了，比如各种玩具机器人已经普遍上市销售了。事实上，20世纪末（1997年）星球探测车就已经开始为期3个月的火星探测了，那就是本田汽车公司的P3和阿西莫人形机器人。21世纪出现的大狗（Big Dog）、阿西莫（Asimo）和考哥（Cog）等机器人系统更加强调人类元素，如大狗注重运动和负载运输，阿西莫关注与人的互动，考哥更关注思考（史蒂芬·卢奇和丹尼·科佩克，2018：471-479）。另一类移动机器人是无人驾驶飞机，广泛用于军事侦察、巡航、作物喷药等空中作业，比如美军的无人机广泛用于叙利亚战争，俄乌冲突中广泛使用无人机作战。还有自动潜水机器用于深海探测。

第三类是将移动性和操作性相结合，也就是第一类操纵器和第二类移动机器人的组合，通常被称为移动操纵器（非人形的智能机）。人形机器人模拟人的躯体，最早是由日本本田公司研发的。这种可自动移动操纵器能够远离工作场地，比固定操纵器更灵活便利。但它们的任务更难完成，因为它们没有固定操纵器那样的严格标准。

除此之外，机器人学还涉足假肢修复装置，如人造手臂、腿、人眼和耳朵等，智能环境设计，如智能房屋、智能厨房（装配了感应器和效应器），以及多主体系统（在那里机器人的行动是由一大群机器人的合作共同完成的）。这是多机器人的合作问题。我们在科幻电影里看到过机器人之间相互交流，甚至机器人自己制造机器人的场景。这是更高层次的智能机的互动问题，目前机器人学也正在朝这个方面努力，比如机器人的足球赛、机器人舞蹈比赛。要想让机器人像人那样自如地行动，生产生活中使用的机器人

---

① 智能机器是介于人与工具之间的一种新型人造物。它们因为能够感知环境信息，而体现出类人性或自主性；又因为只能进行"代理思维"或只具有"代理智能"，所以保持了物质性或工具性（参见成素梅，2021:155-163），我赞同这种说法，智能机器虽然有一些类人性，但更多的还是机性。就智能而言，它更多的还是表现出一种好像（as-if）或假装（make-believe）的智能，也就是人类赋予的衍生智能，而不是它本身的自发智能（发生学意义上）。

必须能够应付环境的变化。环境是部分可观察的、随机的、动态的和连续的，有些环境还是多主体的和相继有序的。特别是部分可观察性和随机性是机器人时刻要处理的宏大而复杂的情形。比如，圆形扫地机器人不能清扫房间的直角部分的灰尘，也难以应付像自身齿轮滑落、卡壳、摩擦等这些不确定因素。

在模拟环境中，机器人可以使用简单算法如 Q-学习算法在几个 CPU 小时向成百上千个尝试学习。而在真实环境中，机器人可能需要花费几年时间运行这些尝试，而且实际发生碰撞容易损坏，与模拟情形完全不同。适用的机器人系统需要具体化关于机器人的先验知识、它的物理环境及它要执行的任务，以便能够快速地学习和安全地执行任务。因此，机器人是一个具有智能系统的物理装置，人类设计者让它们能够按照指令运动，完成设计者赋予的任务。

作为一种物理主体（相对于生物主体），机器人的架构一般由感应器、效应器和处理器构成。感应器是机器人和环境之间的界面，就像眼睛之于脊椎动物与其环境，不同在于前者可拆卸而后者不能（这是物理装置与生物体之间的根本区别）。根据主动性，感应器有两大类：被动的和主动的。被动感应器如照相机是环境的真实观察者，它们捕捉环境中其他物体产生的信号，如一个光源发出的光；主动感应器如声呐，将信息或能量发送到环境，再将信息或能量从环境收回到感应器。主动感应器能够比被动感应器提供更多的信息，但也更消耗能量，也容易在多个主动感应器同时使用时受到其他感应器的干扰。

不论是主动的还是被动的感应器，根据它们感知环境、感知它们的位置或它们的内在架构，一般可分为三种类型：测距仪、位置感应器和自感感应器。测距仪是测量附近物体距离的感应器。在机器人学初期，机器人通常都装配有声呐感应器，这种感应器发射定向声波，声波遇到物体后再返回到感应器，返回信号的时间和密度指示了附近物体的距离。这种声呐感应器在自动潜水装置如潜水艇广泛使用。它们产生的立体视觉依赖于多个摄影仪从不同角度拍摄图像，通过分析那些图像中产生的视差来计算周围物体的大小。不过，地面移动机器人现在很少使用声呐和立体视觉了，因为它们不太精确，而是使用光测距仪。与声呐感应器类似，光测距仪发射光信号测量时间，如飞行时间摄影仪，这类摄影仪每秒可拍摄 60 多张距离图像。还有一种更先进的激光感应器被称为扫描光达，它比飞行时间摄影仪测量的距离更远，拍摄的图像更清晰。近距离接触的感应器是触觉感应器，如通过胡须接触皮肤的感应器，这种感应器是基于物理接触测距的，仅用于感知非常接近机器人的物体，如测温仪。

位置感应器大多使用距离感应作为基本成分确定物体的位置。GPS 和我国的北斗卫星导航系统是我们外出最常用的确定位置的工具。现在的汽车上几乎都装配了自动导航系统，依靠这种系统即使不熟悉路况的司机也容易找到目的地。比如 GPS 测距是通过多卫星系统发送和接收多频脉冲信号完成的。也就是说，GPS 接收器通过多卫星系统对信号进行三角测量，能够确定物体在地球表面任何地方的准确位置（可精确到几米范围）。比如精确制导炸弹就是依靠 GPS 定位的，精确的谷歌地图是使用 GPS 绘制的，其精度可以准确到能够发现院子里的人。一种差分 GPS 装配一个已知位置的第二地面接收器，在理想条件下能够提供毫米级的精度。其不足是，GPS 不能在室内和水下工作。不过，这一缺陷可通过地面的无线装置来弥补。

自感感应器是机器人自己感知信号的自动装置。为了测量机器人关节的准确构型，发动机通常装配有在小增量上计算发动机转动圈数的轴编码器。装配在机器人手臂上的轴编码器能够提供任何时段的转速信息。装配在移动机器人上的轴编码器能够报告转数，可被用于测量距离。当然，轮子的转动可能会打滑，所以测距法仅适用于短距离。惯性感应器，如陀螺仪，依靠质量的阻力来改变速度，它们有助于减少不确定性。机器人状态的其他方面可通过力感应器和扭矩感应器来测量。这些感应器对于机器人是必不可少的，特别是当机器人处理易碎物体，或者抓取形状和位置未确定的物体时。比如机械手抓玻璃瓶，其力度拿捏要非常到位，否则瓶子可能会破碎。力感应器允许机器人感知抓住玻璃瓶的力度，扭矩感应器允许机器人感知扭动的力度。所以，好的感应器能够在所有三个转移和三个转动方向，而且以每秒几百次的频率测量力度，其结果是，机器人能够在玻璃瓶破碎前快速地探测未预期的力并更正它的行动。总之，我们发现，不论是哪种感应器，都是基于适应环境设计的，因而其表征一定是适应性的。

效应器是机器人移动和改变它们身体形状的工具。要准确理解效应器的工作原理，我们需要引入自由度的概念。根据这个概念，我们可以计算每个独立方向上机器人移动的自由度。比如，自动潜水装置这种精确移动机器人有六个自由度，三个是关于它在三维空间的位置（x,y,z），三个是关于它的角方向，即偏航、旋转和倾斜。这六个自由度定义了机器人的运动学状态。这种动力学包括这六个自由度和每个运动学维度变化率的六个附加维度，即它们的速度。对于不太精确的物体，在移动机器人内部存在着附加自由度。比如，人手臂的肘部有两个自由度：一个是左右旋转，另一个是向内弯曲。手腕有三个自由度：上下移动、从一边到一边和旋转。机器人的关节也有一到三个自由度，放置物体需要六个自由度，比如早期的斯坦福机械手在一个具体方向的一个具体点，包括五个旋转关节和一个左右滑动的柱形关节。许多工业机器人机械手有七个自由度而不是六个。自由度的多少意味着灵活性的大小，机器人越灵活，说明它们的适应性就越强。但是，对于移动机器人，自由度的多少与驱动元素数并不相同，有时更多的自由度也不是必要的。比如自动驾驶汽车，有两个自由度就够了，一个是前后移动，一个是左右转弯。也就是说，汽车在二维面上能自由运动就够了，尽管它们是在三维空间运动，有三个有效自由度（另一个是上下移动，如上坡下坡）。

在这个意义上，机器人既可以是非完全约束的（如果它比可控制自由度有更多有效自由度），又是完全约束的（如果它的可控制自由度和有效自由度相同）。完全约束的机器人容易控制，比如停车，控制前后和左右移动即可，但是这种机器人在机制上也更复杂。比如流水线上的机械臂是完全约束的，其他类型的机器人大多是非完全约束的。移动机器人有一个运动机制范围，包括轮子、轨道和腿。而差分驱动机器人控制两个驱动轮，一边一个。当两个轮的速度相同时，它行走的是直线；速度不同时，转弯（右或左）或转圈。这两个轮各自有轴，可以独立移动或转动，也可同步驱动。两个轮子同速同向移动时，运动轨迹就是直线的。差分和同步驱动都是非完全约束的。当然，也有三个或以上轮子的机器人，它们使用完全约束驱动，能被定向，也能独立移动。现代人形机器人都有两只手臂，几乎像人手臂那样灵活。这主要是为室内环境设计开发的机器人，作为人的助手使用。

至于有腿的机器人，比起使用轮子的机器人要更复杂和困难些。轮子需要在平坦的地面移动，而腿还可以在凹凸不平的地面移动，就像我们人类能走崎岖的山路。但是轮子在平坦地面的移动速度要比腿移动速度快许多。目前的有腿机器人可以走、跑，甚至跳，比如舞蹈机器人。一种动态稳定机器人能够保持平衡垂直旋跳，就像芭蕾舞演员旋转跳起落下一样稳定。不移动腿仍能保持垂直的机器人被称为静态稳定，这种静态稳定是用于机器人的腿跨越多边形结构的重心稳定。比如，四条腿的"大狗"机械装置则是一种动态稳定的机器狗，其行走通过同时提升多条腿来保持动态稳定，能够负重前行。这种四条腿的机器狗能在冰面和雪中行走，即使用劲踢它一脚也不会倒。

总之，机器人是依赖感应器和效应器共同协调执行任务的。对于机械臂的驱动和运动，电发动机是最流行的机械装置。使用气压和水压驱动的机械装置也不少见。

第二节 智能机器人感知系统的适应性表征

在人工感知系统的适应性表征部分我们已经谈到这个问题，机器人，特别是移动机器人，是使用感知系统最广泛的领域，因此，机器人的适应性表征问题是它们能否成功作为人类的智能助手的关键。

在机器人学中，感知是机器人将感应器测量映射到其环境的内在表征过程。由于感应器本身存在噪声，加之环境具有部分可观察性、不可预测性和动态性，这种人工感知很困难。它会遇到人工主体在不确定环境中状态评估的所有问题。作为一种概率方法，机器人的可靠内在表征有三个属性：①包含足够的信息让机器人做决定；②被结构化，以便能够被有效升级；③内在变量对应于物理世界中的自然状态变量。前面业已说明，动态贝叶斯网络可以表征部分可观察环境的转换模型和感应器模型。从表征视角看，我们可以将机器人自己的过去行动作为已观察变量，具体说，机器人感知可被视为根据行动和环境序列的动态贝叶斯网络的时序推理。

假设 X_t 是在时间 t 包括机器人在内的环境的状态，如足球场，Z_t 是在时间 t 接收到的观察信息，A_t 是观察信息被接收后采取的行动。使用动态贝叶斯网络模型，我们可从当下信念状态的概率 $P(X_t)$ 计算新信念状态的概率 $P(X_{t+1})$ 和新观察信息 Z_{t+1}（图18-1）（Russell and Norvig，2021：791）。

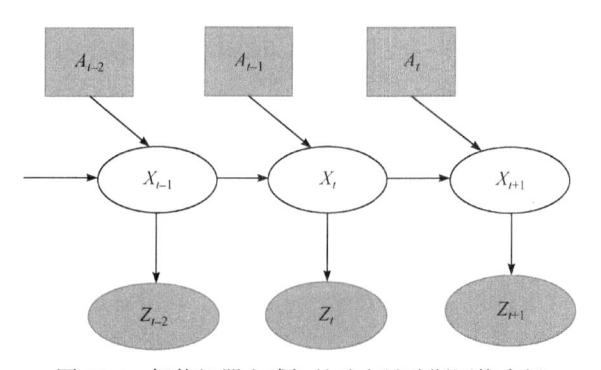

图 18-1　智能机器人感知的动态贝叶斯网络表征

比如我们要建构一个踢足球机器人，X_{t+1} 可能是与足球相关的机器人的位置，后验概率是捕捉我们从过去的感应器测量和控制中所知道的所有状态的一个概率分布。

对于机器人来说，如何发现包括它自己在内的物体的位置是一个重要问题。这就是定位和映射问题，涉及物体在何处的知识，这种先验知识是任何与环境互动成功的人工主体的核心，前面讨论过的逻辑主体、搜索主体、机器人操纵器等，它们必须知道它们要寻找的物体的位置。比如，无人驾驶飞机必须知道去哪里发现目标。这就是说，机器人这种人工主体的行动是基于先验知识的。

那么，机器人的内在表征是不是适应性的？我们以移动机器人在二维平面移动为例来说明这个问题。给定机器人一幅精确的环境地图（先验知识），机器人的姿态可由它的两个具有 x 值和 y 值的笛卡儿坐标定义，它的头部转动方向由三角函数 θ 值定义。这种计算在数学上不难做到，一般的人工智能和机器人学书籍或教材都有介绍，这里不做详细讨论。由于机器人的内在表征是基于知识和计算的，所接收的信息是通过感应器获得的，上述论述已经表明，感知系统的表征是适应性的，由此我们可推知，基于感知系统的移动机器人的内在表征也一定是适应性的。

这里我们特别要关注的一个哲学问题是，如果没有先验知识可用，如没有机器人所需要的地图，在这种情形下，机器人如何行动呢？显然，这里存在一个"鸡和蛋问题"——移动机器人相对于它不知道的一幅地图，却必须确定它的位置，同时建构这幅地图而又不知道它确切的位置。这个问题对于机器人的应用非常重要，因为机器人在被使用前并不知道它将处于何种环境。比如扫地机器人，在理想的平坦环境中执行任务非常顺利，但在凹凸不平的地面就不那么顺手了，比如被卡住了。这就是同时定位与映射问题，它已经得到广泛而深入的研究，比如使用概率方法，包括延展的卡尔曼滤波（extended Kalman filter）[①]。如果使用延展的卡尔曼滤波方法，只需要增加状态矢量来包括环境中地标的位置。

不过，这种方法仍然需要机器人感知。感知的实质就是机器人如何学习的问题，即机器学习。显然，机器学习在机器人感知中起重要作用，特别是当最优内在表征是未知的时候。一个简单的方法就是使用无监督机器学习方法将高维感应器流动映射到低维空间中。这种方法被称为低维嵌入方法。机器学习使机器人从数据中学习感应器和运动模型成为可能，并同时发现一个适当的内在表征。

[①] 卡尔曼滤波是定位的一种方法，它把信念状态表征为一个单一多变量高斯分布，即根据一个高斯分布表征后验概率。这种将线性运动模型 f 和线性测量模型 h 经过泰勒展开式线性化的卡尔曼滤波，被称为延展的卡尔曼滤波。

还有一种机器学习方法能够使机器人在感应器测量中不断地适应广泛的变化，那就是适应性感知方法，如适应性视觉。假如我们从一个阳光照射的空间进入一个黑暗无阳光的房间，显然房间的物体更黑，但是光源的变化也影响所有色彩，比如霓虹灯具有比阳光更强的绿光成分。然而，我们可能并没有注意到这种变化。我们的感知系统很快适应了新光环境，我们大脑忽视了这种差异。人工感知系统也是如此。比如扫地机器人能根据其"可驱动表面"概念的分类器适应新地面。这种无人操纵地面装置使用激光器为机器人正前方的小区域提供分类，当整个小区域在激光扫描范围被发现是平坦的时候，它就被作为可驱动表面概念的一个积极训练例子使用。这表明，适应性感知方法能够让机器人适应变化的环境。

当然，不是所有机器人感知是关于定位和映射的。机器人也感知温度、气味、声信号等。这些属性都可以使用动态贝叶斯网络来评估，这些评估就是刻画状态变量时刻在演化的条件概率分布，以及描述状态变量测量关系的感应器模型。可以看出，机器人学的一个显著趋向是选择定义明确的语义学的表征。这一趋向有力地说明，缺乏表征的机器人学是难以发展的。不过，我们也不否认，无表征的机器人的可能性也不能被完全排除。

第三节　智能机器人移动中的适应性表征

机器人能否行动的一个最终考虑集中于如何驱动效应器。也就是说，效应器能否工作是机器人行动的关键。这是机器人的运动学问题。在机器人学中，点到点运动问题是指实现机器人或其终端效应器到达一个指定的目标位置。一个更大的挑战是适应性的匀速运动问题，即机器人与一个障碍物接触时以何种速度移动的问题。比如机器人使用手臂扭灯泡，或者搬运一个箱子，或者将水杯轻轻放到桌子上。这个过程是如何发生的呢？这需要发现一个适当表征来解决运动规划问题。

机器人学的研究表明：构型空间，即由位置、方向和连接角定义的机器人状态空间，是比三维空间更好的工作空间，其中路径规划问题是在构型空间从一个构型到另一个构型发现一条路径。对于机器人来说，这个路径应该是连续空间。在工作空间中，人工智能领域有两种方法可发现这个路径：一种是单元分解，另一种是骨架化（skeletonization）。每种方法都将连续路径问题还原为一个离散的图搜索问题。接下来我们分析机器人是如何使用单元分解和骨架化方法发现路径的。

第一，工作空间是机器人移动的表征空间所必须具备的。我们先假设，机器人的运动是确定的，其定位是准确的。这就是机器人在特定构型空间的工作空间表征（workspace representation）问题。机械臂是最简单的运动问题，它有两个独立运动的关节（一个肩关节和一个肘关节）。移动的关节改变肘和抓爪的（x, y）坐标[1]，但手臂不能在z轴移动（上下移动）。这意味着机器人的构型可以由一个四维坐标系描述：与环境相关的肘的位置（x_e, y_e）和抓爪的位置（x_g, y_g）。显然，这两个坐标表征了机器人的整个状态，它们构成了机器人的工作空间表征。因为当机器人寻找物体操作时，它的坐标是由相同的坐标系详细描述的。工作空间表征对于碰撞检测是非常适合的，特别是当机器人和所有物体由简单多边形模型表征时更是如此。

然而，工作空间表征存在两个问题。第一个问题是，不是所有的规则空间坐标是可达的，即使在障碍物缺席的情形下，这是由于在可达工作空间中，坐标的空间存在连接约束。比如，肘的位置（x_e, y_e）和抓爪的位置（x_g, y_g）总有一个固定的距离，因为它们由一个刚性的前臂连接。限定在工作空间坐标上的机器人运动规划者面临一个挑战，那就是，如何产生与那些约束相一致的路径问题。

我们发现这里存在一个棘手问题：要求状态空间的连续性和实际约束的非线性。研究表明，这个问题使用构型空间表征并不难解决。具体说，不是对其构成要素通过笛卡儿坐标表征机器人的状态，我们可以通过机器人关节的一个构型来表征状态。比如上述的机械臂有两个关节，其转动状态可以由两个角φ_s和φ_e来表征，φ_s表示肩关节，φ_e表示肘关节。在缺乏障碍物的情况下，机器人可以在构型空间采取任何值，即可以自由转动。当有障碍物存在时，比如抓取物品，其转动受到物品位置的约束，也就是说需要有合适的角度和适当的力度。不过，构型空间也有自己的问题，即机器人的任务通常是在工作空间坐标而不是构型空间坐标被表达的。这就产生了一个问题——如何在工作空间坐标与构型空间坐标之间形成映射。这种转换其实并不复杂，对于柱形关节的转换是线性的，对于转动关节是三角学的。坐标系的这种转换就是机器人运动学。

可以看出，工作空间表征的另一个问题与存在于机器人工作空间中的

---

[1] 机器人的移动涉及位置和运动，在x-y平面上，起点是机器人的位置，并考虑其角度，这有利于为机器人的运动方向创建参照点，该方向使用相对于z轴的角度来表征。因此，机器人的全局参照坐标可表征为$I=[x, y, \theta]$，也就是由x、y、θ组成的向量定义机器人的姿态。

障碍物相关。这就是机器人与障碍物相适应的问题。比如在机器人工作空间的上方自由悬挂一个物体，机械臂在抬起转动时就会碰到它，而且工作空间是一个有限的三维空间，周围可能有墙壁，此时就要考虑如何让机器人避开障碍物。一个简单的方法是将构型空间分解为两个子空间：一个是机器人实现的所有构型的空间，也称为自由空间，即机器人可以活动的空间；另一个是不可达构型的空间，也称为占用空间，即被其他物体占有的空间，如工作空间中的桌子、悬挂物、墙壁等。这些不同空间都是可计算和可表征的。可以预计，机器人的工作空间越大，障碍物越少，机器人运动受到的约束就越小。然而在实践中，工作空间是很复杂的，为简单起见，人们通常探测一个构型空间，而不是建构它。规划者可能产生一个构型，然后根据机器人运动学测试看它是否在自由空间，接着在工作空间坐标中再检查碰撞情况。这是一种通过试错法不断适应地表征的过程。

第二，单元分解方法将自由空间分解为有限多个连续区域来表征机器人的移动。这些被称为单元的区域有一个重要的属性，即一个单一区域中的路径规划问题可通过简单方法如沿着直线移动得到解决。这样一来，路径规划问题就变为离散的图像搜索问题。一个最简单的单元分解由一个规范的间隔网格组成，就像围棋盘的方格（一个方格就相当于一个直角坐标），目标点和起始点就位于网格中的某个位置。我们可以根据机器人的起点和欲达到的目标，运用数值迭代算法或 A^* 算法计算出它们在网格中的值，从而找到最佳路径。

这种分解方法有一个优势，那就是执行起来非常简单，但是也存在三个局限（Russell and Norvig，2011：989-990）：①只适用于低维度构型空间，因为网格单元数会随着维度数的增加呈指数增长；②如何处理混合单元（既不完全在自由空间也不完全在占用空间的单元），包括这种单元的路径不是一个真实解决路径，因为在所期望方向可能不存在直线跨越这种单元的方法；③任何穿越一个离散状态空间的路径都不是平稳的。这很难保证有一个平稳解决方法存在于离散路径附近。因此，机器人可能不会去执行通过分解发现的解决方法。

幸运的是，单元分解方法可通过多种方法改进。比如对混合单元做进一步细分，如将单元一分为二。这种细分还可递归地继续下去，直到在自由空间发现适当路径。这种递归细分方法有一个问题，就是它假设存在一个最小路径，通过不断递归可以最终被发现。假如整个假设是错误的，这种无限递归分解就不成立。还有一种改进方法是，坚持对自由空间进行精确的单元分解。这种方法必须允许单元是非规范形成的，它们在那里遇到自由空间的边界，但这些单元的形成必须仍然是简单的，因为这样容易计算任何自由空间单元的一个遍历(traversal)。这就需要用到许多几何学知识和几何表征方法。

  我们发现，网格中包含许多锐角，机器人以有限速度难以达到这样的路径，这需要预先为每个网格单元存储一些精确的连续状态值，当给邻近网格单元传递信息时，我们可使用连续状态作为一个知识库，并使用这种连续机器人运动模型跳跃到邻近单元。这样的话，我们能够保证机器人的移动轨迹是平稳的。执行这种行动的算法就是混合算法 A^*。需要注意的是，当机器人发现的路径非常接近障碍物时，此时不允许有丝毫误差，就如同我们停车时任何一侧的空隙不足 1 毫米时就根本不是停车空间。这个问题可通过引入势场(potential field)概念来解决。"势场"是定义在状态上的一个函数，其值随着机器人到最接近障碍物的距离而增长，通常用于最短距离的计算。一方面，机器人寻求到目标物体的最小化路径；另一方面，它通过最小化势场函数尽量保持远离障碍物。这就要在二者之间寻求一种适当平衡。

  第三，骨架化方法通过将高维空间还原为低维适应地表征。骨架化是一组路径发现算法，它们将机器人从高维空间还原为一维表征，这样一来，规划问题就被简化了。这种低维表征被称为构型空间的骨架。比如使用沃罗诺伊图(Voronoi graph)描述机器人的路径规划或构型空间，这种图形是构型空间中两个或更多障碍物的等距点集。为了使用沃罗诺伊图，机器人首先要将其当前构型改变为沃罗诺伊图中的一个点。这通过直线运动就可容易做到。其次，机器人追踪沃罗诺伊图直到最接近目标构型的那个点。最后，机器人离开沃罗诺伊图，移动到目标物体。最后一步包括了构型空间中的直线运动。通过这种方法，最初的路径规划问题就转换为在沃罗诺伊图（包括一维线和多个点）中发现一个路径。

  从方法论看，沿着沃罗诺伊图发现最短路径就是一种离散图像搜索问题。当然，按照沃罗诺伊图不一定能发现最短路径，但最终路径倾向于最大化机器人与物体之间的空隙。沃罗诺伊图方法的不足是，它难以被用于高维构型空间。当构型空间广泛开放时，它倾向于引起不必要的绕行。而且计算沃罗诺伊图是非常困难的，特别是在构型空间，障碍物的形态是复杂的。

  除沃罗诺伊图方法，还有一种方法是概率路线图。它是提供更多可能路径的一种骨架化方法，能够更好地应对广泛开放的构型空间。这种图形是通过随机地产生大量的构型形成的，放弃那些不在自由空间的构型。如果在自由空间从一个节点到另一个节点容易达到，就用直线连接起来。最终结果在机器人的自由空间是一个随机化图形。如果在这个图形中增加起始和目标构型，路径规划就相当于一个离散图形搜索。理论上看，这是不完备的，因为随机点的糟糕选择可能让我们从起始点到目标难以发现任何路径。不过，我们可以尝试双向搜索，即从起始点到目标和从目标到起始点进行搜索。经过这种改进，概率路线图方法似乎比其他方法能更好地测量高维关系空间。

在空间科学探测中使用的 SCIBox 规划器，在笔者看来就是一种运用了骨架化方法从端到端的自动化科学规划和指挥系统，目前被广泛运用于航天探测器上。比如 2004 年 8 月 3 日，美国航空航天局发射的 MESSENGER 宇宙飞船，2011 年 3 月进入与太阳非同步的高空轨道，4 月 4 日进入科学测量阶段，其目的是从测量目标开始自动执行规划过程来解决关于水星的一系列科学问题（史蒂芬·卢奇和丹尼·科佩克，2018：442-443）。显然，SCIBox 规划器从科学目标开始，得出所需要的观测数据序列，通过调用那些观测值，最终生成并验证可上传命令，从而驱动航天器和科学仪器运作。这个过程除了有限的特殊操作和测试外，几乎完全是自动化的适应性表征过程。

第四节 智能机器人在不确定运动中的适应性表征

上述讨论的是机器人在确定环境中的运动情形。当环境或运动是不确定的时候，机器人如何行动呢？这是机器人学中机器人运动规划算法领域的一个难题，即如何应对不确定性。在机器人学中，不确定性产生于两个方面：一方面是环境的部分可观察性；另一方面是机器人行动的随机结果。而且，在算法上也可能出错误，比如粒子滤波算法不能提供机器人精确的信念状态，即使环境的随机特征被很好地模型化了。

据笔者所知，目前的大多数机器人基本上使用确定算法来决策，比如上述的路径规划算法。这种确定算法从由状态评估算法产生的概率分布提取最可能的状态，其优势是可单纯地计算，也容易表征。而通过构型空间方法规划路径总是一个具有挑战性的问题。也就是说，如果我们必须以状态的概率分布表征智能机器人的行动，那么这种方法就会更糟，因为它必须忽视不确定性。当不确定性不显著时，以这种方法忽视不确定性是允许的。当不确定性显著时，就不能忽视了。事实上，不确定性问题普遍存在于机器人的行动中。不确定性是不可回避的，机器人学必须面对这个难题。

然而问题出现了，在机器人没有任何信息被告知的情形下，我们如何使用确定的路径规划算法来控制移动机器人的行动呢？一般来说，如果机器人的真实状态不是通过最大化似然规则识别的状态，终端控制就是次优的（不是最佳的），这可能会导致机器人与障碍物发生碰撞。在人工智能中，不确定性情形下的决策就涉及这个问题。如果机器人只是在其状态转换中面临不确定性，但其状态却是完全可观察的，那么这个问题最好是被作为马尔可夫决策过程建模。上述表明，马尔可夫决策过程解决方案是一个最佳策略，它能够告诉机器人在每个可能状态做什么。这样的话，机器人就能够处理所有类的运动错误。相比而言，来自一个确定规划算法的一个单一路径解决方案将是非常不稳定的。

在机器人学中，策略被称为导航函数（navigation function），策略的价值函数可按照梯度被转换为一个导航函数。前面已经论及部分可观察会使这个问题更加困难。终端机器人控制问题本质上是一个部分可观察马尔可夫决策过程，即POMDP。在这种情形下，机器人保持了一个内在信念状态。而一个马尔可夫决策过程或 POMDP 的解决方案是定义在机器人信念状态的一个策略。换句话说，策略的输入是一个完全概率分布。这意味着机器人将自己的决定既基于它所知道的信息上，也基于它所不知道的事实上。比如，如果机器人不能确定一个临界状态的变量，它可理性地调用一个信息收集行动。但是，这种行动在马尔可夫决策过程架构中是不可能的，因为它的前提假设是完全可观察的。这就需要将概率路线图规划方法用于机器人的信念空间表征。这就是所谓的强健控制方法（robust control method），也称鲁棒性方法（罗素和诺维格，2013：826），它不同于概率方法。在处理不确定性时，强健控制方法假设在每个问题的每个方面存在有限量的不确定性，但在允许的间隔内没有给概率赋值。因此，强健解决方案是这样一种方法——无论实际值如何发生，如果它们在假设间隔内，它都起作用。这种方法的一个极限形式是前面论及的一致性规划方法，它产生没有任何信念状态也能工作的规划。

在智能机器人的装配任务中，通常使用一种具有鲁棒性的微动规划（fine-motion planning，FMP）方法。这种方法涉及如何移动机器人手臂使其非常接近环境中的静止物体。这就是在自动生产车间常见的机械臂抓取物体的情形。这看似简单实则很难。微动规划的主要困难是所需运动和相关环境的特征非常小。在如此小的比例情形下，机器人（机械臂）不能准确测量和控制它的位置，对环境本身的情况也不确定。从适应性表征的角度看，这是一种通过微调行动逐渐接近特定环境中物体的过程，就类似于人类操作员手动控制吊车抓取小物体一样。如果假设不确定性是有限的,那么FMP问题的解决方案就是典型的条件规划或策略。我们知道,条件策略在执行任务期间使用感应器反馈,并被保证在所有境遇中与假定的不确定性限制一致。这意味着,FMP是在特定条件和特定环境中进行的。

一般来说,FMP由一系列谨慎的运动构成,就像外科医生做胃部微创手术一样。具体来说,每个谨慎运动由一个运动指令和一个终端条件构成,并成功返回以指示谨慎运动的目标。这是关于机器人感应器数值的一个判断过程。运动指令是典型的匀速运动,如果运动指令会造成机器人与物体相碰,它会允许效应器滑动。比如机器人使用车钥匙给车点火,也就是要把钥匙插入点火装置的小孔。机械臂的移动是微动匀速的,当碰到其他物体时会自动调整直到找到最佳位置(钥匙孔)。

在表征方式上,为了使不确定性可控,我们就要对其建模,或者说将不确定性模型化。只有这样我们才能控制机器人运动过程中的不确定性。假设机器人的移动不是指令的方向,其实际运动是在一定可控范围,通过调整也可最终达到目标。在运动过程中,由于速度的不确定性,机器人可能移动到特定范围的任何地方,比如扫地机器人在固定面积的房间移动,随机地清除灰尘,最终也可能将房间的地面清扫干净,也可能在一个地方打转或被卡住或靠一边移动。笔者在买扫地机器人时,一名男销售人员当场演示机器人的性能。他在地面撒了许多纸屑,让机器人清理。我们不愿看到的情形发生了——机器人在没有清除完它旁边的纸屑就离开了。最终笔者没有买,原因是这种机器人还不够智能,不知道纸屑在哪里,不知道该往哪里去。这显然是设计编程或感应器有问题,也可能就是所谓的"模型错误灾难"和"目标规划灾难"[①]。实际情形应该是,扫地机器人将感知到的纸屑清理完后才能离开,然后继续到其他地方去清除灰尘。

如何做才能更精确呢?这实质上是机器人如何适应环境的问题。比如机器人寻找钥匙孔,一个更好的策略是,让机器人有意地移动到孔的一侧,然后慢慢地沿着一边移动,最终将钥匙插入孔中,就类似于盲人沿着走廊的墙壁走,最终找到出口一样。因为运动指令是恒定速度,终端条件是与一个光滑表面联系起来(钥匙孔在一个表面上)。也就是说,我们发出一个能

---

① 模型错误灾难是指将理想模拟环境下的模拟行为运用到真实环境下而导致的错误,也就是说,建构一个精确有效的机器人模型及其相应环境是十分困难的事情,由于小的错误困难会积累下来,因此我们会看到模拟机器人会快速偏离真实系统。目标规划灾难是指,机器人强化学习中目标是由奖励隐含地指定的,故而要定义一个好的奖励函数通常是很困难的。由于只有在完成任务后才会给予奖励,而机器人通常很少接受这样的奖励,这导致真实场景下的机器人在执行任务时很难成功。

让机器人沿着一个表面滑动并进入钥匙孔的运动指令。这是因为在算法上可以让运动包中的所有速度沿着一个方向如右边移动，机器人会在一个水平面上向那个方向（右）滑动。当机器人接触到孔的右侧垂直边缘时，就会将钥匙沿着垂直边缘滑动下去，直到钥匙完全插入孔中。在这个过程中，机器人的所有可能速度都与垂直表面相联系，钥匙滑动到孔底（完全插入孔中）是它的终端条件。这个过程显然是机器人逐渐适应其环境的过程，其内在表征也就是适应性表征。

第五节　智能机器人在真实世界运动的适应性表征

上述讨论的是如何规划机器人的运动，即假设机器人能够遵循算法产生任何路径。然而在真实世界中，情形并不是这样。运动规划只是一种理想状态，而实际运动的机器人有惯性，不能执行任意路径。根据力学原理，在大多数情形下，移动的机器人使用力而不是说明位置。这就涉及动力学和控制问题。在笔者看来，动力学的控制问题就是适应性表征问题。因为控制的目的就是要适当地表征以完成任务。所以，不仅理论层面的科学认知需要适应性表征，技术层面的机器人也需要适应性表征。

我们可从以下四个方面来理解机器人在真实世界的适应性表征问题。

第一，机器人的运动是适应性动态控制行为[①]。在机器人学中，动态是指机器人的运动状态，如机器人的关节转动、转角变化率及可能产生的瞬时加速。这些都是运动物体的运动学属性。在那里，动态表征的转换模型涉及变化率引起的力效应，这是由差分方程表达的。原则上，我们可使用动态模型而不是运动学模型来规划机器人的运动。如果我们能够做规划，这种方法论策略会产生优越的机器人性能。然而，动态比运动空间有更高维度[②]，而且高维度性会使许多运动规划算法不适应于大多数简单机器人。实际的机器人系统通常依赖于更为简单的运动路径规划器。为了弥补运动学规划的局限，机器人学使用一个分离机制，即一个控制器，以保持机器人不偏离正轨。因此，控制器是在真实时间使用来自环境的反馈对机器人实施控制

[①] 运动控制问题严格讲是控制理论的研究领域，在人工智能研究领域越来越显得重要。大量的研究已产生了许多类的控制器，都比传统简单控制器优越，如比例控制器，比例衍生控制器。特别是一种参照控制器，如果小的扰动在机器人和参照信号之间诱导一个有限错误，参照控制器仍然稳定。如果它能够返回然后继续停留在参照路径上对抗这种扰动，它是非常稳定的。

[②] 高维度会导致"维度灾难"，这是当探讨连续状态空间中的最优控制时，智能机器人面临的一个指数爆炸式的离散状态。而机器人本质上是处理连续的状态和行动的。

的装置，以获得一个控制目标。如果这个控制目标保持机器人在一个重新规划的路径上，它通常被认为是作为一个参照控制器，路径被称为一个参照路径。能够最优化一个普遍值的控制器就是我们熟知的最优控制器。事实上，连续马尔可夫决策过程的最优策略就是最优控制器。

根据这种最优策略，让机器人保证在一个预先设定的路径似乎是相对简单的。然而在实践中，这种表面上看似简单的问题其实并不简单，其中暗藏陷阱，比如运动中的扰动可能引起机器人剧烈地颤动，从而产生不稳定性而导致倾覆。再如，机械臂由惯性引起的颤动会让它无法抓取物体。这种情形对于机器人来说是毁灭性的，因为不稳定的机器人是无法有效执行任务的。这可能是机器人学习中通常遇到的"真实场景样本灾难"和"真实场景交互灾难"（马克·威宁和马丁·范·奥特罗，2018：418），前者是指机器人硬件的自然磨损和小心维护的高成本特征，后者是指如果机器人与环境交互的算法依赖于样本的数量，这会导致实验样本的获得不仅十分昂贵，而且可用的样本数量也十分有限。

幸运的是，这个问题可通过设计更好的控制器来解决。比如 P 控制器及其改进的 PD 控制器就是针对此问题的解决方案。P 控制器即是比例控制器（proportional controller），比例是指，实际控制是与机器人的操纵器的错误成正比的。P 控制器可以在一定参数范围有效降低振动程度，但不能彻底解决这个问题。在不考虑摩擦的情形下，P 控制器本质上是物理学的弹簧定律，它因此会围绕一个固定目标位置产生不确定振动。这样，P 控制器是相对稳定的，但不是严格稳定的。具有严格确定性的控制器被称为比例微分控制器（proportional plus derivative controller，PD controller），它是 P 控制器的改进，即在数学上通过一个差分成分扩展了 P 控制器，其含义是通过比例微分调整参数达到控制稳定性的目的。换句话说，我们可通过一个衍生项抑制正被控制的系统。比如一个误差的微分会抵消比例项，这会减少扰动的全面反应。然而，如果相同的误差依然存在而且不变化，衍生就会消失，比例项将支配对控制的选择。所以，PD 控制器也有失效的时候，特别是在 PD 控制器不能将一个误差减少到零时（即使没有外部振动）。这种情境通常是一个系统性外力（不是该模型的一部分）产生的结果。比如一辆在坡面上行驶的自动驾驶汽车会发现它整体地被推向一侧。因此，机械臂中的磨损引起相似的系统性误差。在这种情形下，一个超比例的反馈被要求驱动误差趋近于零。解决这个问题需要随时基于整合的误差在控制定律中增加第三项参数。所增加的项的效果是，从参照信号与实际状态之间的持久衍生得到了矫正。整合项以振动行为增加的危险为代价，保证了一个控制器不出现系统性误差。使用所有三个参数项的控制器被称为比例积分微分控制器（proportional integral derivative controller，PID）。这种控制器由于能解决许多控制问题而在工业领域有广泛应用。

第二，势场控制利用力学原理直接产生机器人运动。在机器人运动规划中，势场是作为一个附加代价函数使用的，但势场无须路径规划阶段也可用于直接产生机器人运动。为了获得这种效果，我们必须定义一种吸引力，它驱动机器人朝向它的目标构型，一个排斥势场推动机器人远离障碍物[①]。在这种境遇中，机器人的单一全局最小值是目标构型，该值是机器人距离这个目标构型和障碍物的近似值之和。在这种情形中，机器人获得一个势场，该势场由一个来自障碍物的排斥力和一个对应于目标构型的吸引力构成，在产生势场的过程中没有任何规划。由于这个原因，势场方法非常适合于实时控制，比如机器人在势场中执行爬山的任务。因此，最优化势场就等于计算机器人构型的势场梯度。这些计算是非常有效的，尤其是相比于路径规划算法时，因为我们知道路径规划算法在构型空间的维度上会面临指数增长的问题，即维度灾难。所以，势场方法是一种尽力让机器人发现一条达到目标的路径的有效方法。或者说，势场方法有许多局部极小值能约束机器人的行为，如机器人接近障碍物时，可以简单地旋转肩关节，直到在障碍物的错误一侧卡住。当然，势场方法还不足于让机械臂能够弯曲到完全适合障碍物的程度。也就是说，势场方法对于局部机器人运动是很有效的，但对于全局运动，仍然需要全局规划方法。势场方法还有一个缺点是，它产生的力仅仅依赖于障碍物和机器人所处的位置，而不是它的速度。这样，势场控制的确就是一种运动学方法，当机器人移动很快时这种方法可能就不够用了。这就需要无功控制方法的介入。

第三，无功控制运用动力学（非运动学）原理实现无环境模型机器人的运动控制。当机器人的控制决策需要使用一些环境模型来建构参照路径或势场时，就会遇到一些困难。一方面，非常精确的模型往往难以建构，尤其是复杂的或远程的环境，如月球表面；另一方面，计算能够建构一个精确的模型，但计算难度和定位误差会导致路径规划和势场方法无能为力。在一些情形下，一个使用无功控制的灵活主体架构可能更适当，其表征方式更

[①] "势场"就是有引力的场，它是经典力学中的一个重要概念。根据经典力学，地球就是一个引力场，一个势场，居于其中的所有物体都受到引力的约束，如自由落体运动。相对于吸引力，摩擦力就是一种排斥力。机器人运动利用了经典力学的规律，因为我们包括机器人都是在有势系统中行动的，所以运用势场解决机器人的运动问题是有科学依据的，这就好比我们生活在特定社会中，其行为需要根据相关学科如社会心理学来解释。

有适应性。比如，有腿机器人试图抬起腿越过障碍物的情形。我们设定，让机器人抬腿到一定高度 h 并向前移动，如果腿碰到障碍物，缩回腿后再抬高一些继续向前移动。因此，我们可以认为高度 h 模型化了这种境遇的一个方面，但也可以认为 h 是机器人控制器的一个辅助变量，缺乏直接的物理意义。例如，多腿昆虫机器人被设计是在崎岖地面行走的。它的感应器对于路径规划来说是不适合用于模型化这种崎岖地面的。即使增加足够的精确感应器，由于腿的自由度太多（有 $2\times 6=12$ 个）而使最终的路径规划计算起来非常麻烦，甚至无解。

机器人学如何解决这个问题呢？那就是使用没有环境模型的无功控制方法，比如 PD 控制器能够让一个复杂的机械臂维系在目标上而不使用机器人动力学的一个显模型。对于多腿昆虫机器人来说，首先要选择腿移动的模式，即步态。比如一个统计上稳定的步态是先向前移动右前腿、右后腿和左中腿（同时保持其他腿不动），然后移动其他三条腿。在平坦地面这种步态模式很有效。但是，在崎岖地面上，障碍物可能阻止腿向前移动，这个问题在机器人学中由一个著名的控制规则解决：当一条腿向前移动被阻止时，缩回腿再抬高些试试。如此反复尝试，就可以跨过障碍物。这种有限状态控制器构成一个拥有状态的反映主体，其内在状态由当下四个机器状态的指标表征，其运行模式是一个增强有限状态机器（augmented finite state machine，AFSM）（图 18-2）（斯图尔特·罗素和彼得·诺维格，2023：821）。

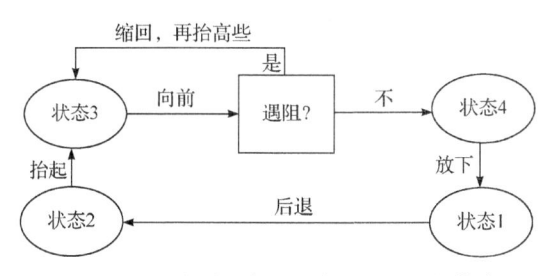

图 18-2　一个增强有限状态机器的运行模式

从图 18-2 可以看出，这种有简单反馈渠道的控制器已经形成了机器人的一个稳健行走模式，能够让机器人在崎岖的地面移动。显然，这种控制器是无模型的，也不使用搜索方法产生控制行为。环境反馈在控制器的运行中起到关键作用。这意味着单独的算法或软件不详细说明这样的情形：当机器人被置于一个环境中时实际发生了什么。事实上，当面对突发行为时，根本不存在一个完备的模型来表征它们。这就需要使用强化学习方法来应对突发事件或行为了。

第四，强化学习控制通过增强机器人的学习能力实现其自动控制行动。如前所述，强化学习的目标是找到一个策略 $\pi(s,a)$，它能够获得最大程度的奖励 $R(s,a)$。机器人的强化学习方法有基本的价值函数方法和策略搜索方法包括策略梯度方法、受期望最大化启示的策略更新和路径积分方法，这些方法产生的各种表征法使机器人的行为更加可行化和智能化，如仿真模拟和先验知识产生的可行性。一个典型的例子是无线控制的自动驾驶飞机。这种机动性很强的控制器具有高度的空气动力学的非线性特征。除了人类飞行员能够在空中表演飞行外，人工智能的策略搜索方法仅使用几分钟的计算就可学习一种策略，即能够安全地执行一次快速翻转动作。因此，策略搜索在它发现一个策略前需要这个领域的一个精确模型。这个模型的输入是在时刻 t 无人机的状态、时刻 t 的控制和时刻 $t+\Delta t$ 的终态。无人机的状态可以由它的三维坐标来描述，如它的偏航、倾斜、滚动角度，以及这些变量的变化率。这些控制对于无人机的一次行动都是终态。

问题是，如何建构一个模型来准确表征无人机是如何回应每个控制的？这个问题事实上并不难回答。假设一个专业人类飞行员操作飞机，记录下每次控制（飞行员传送飞机的无线电波和状态变量），不用几分钟，人控制的飞机足以建构一个预测模型，该模型足以准确模拟飞机的飞行轨迹。机器人的控制与此极为类似。这种机器学习的策略搜索方法解决了具有挑战性的机器人学问题。

第六节 智能机器人的适应性表征架构

从方法论看，如何建构机器人的算法被称为软架构。对于机器人学，一个架构包括写程序的语言和工具，以及程序如何被组合起来的一个整体哲学观念。当代机器人学的软架构必须决定如何将无功控制与基于模型的谨慎规划结合起来。上述谈到的无功控制是感应器驱动并适合于在真实时间做低层次决策。然而，这种控制很少在全局层次产生一个似真的解决方案，因为全局控制决策依赖于在决策时间不能感知的信息。由于这个问题，谨慎规划就是一个合适的选择。也就是说，大多数机器人架构在低层次控制使用无功控制方法，在高层次控制使用谨慎规划方法。而 PD 控制器将无功控制器与谨慎规划方法结合起来，形成了一种混合架构。接下来我们将探讨机器人学中常见的三种架构的适应性表征。

第一，包容架构通过有限状态机器可简单地执行表征任务。这种架构是一种从有限状态机器装配无功控制器的架构。这种机器中的节点可能包含某些感应器变量的测试，在这种情形下，一个有限状态机器的执行追踪是依赖于这种测试结果的。弧形标记（在表征图中）从一个状态穿过另一个状态的信息，信息被发送到机器人的引擎或其他有限状态机器。而且这种有限状态机器有内在时间（时钟）来控制它穿过一个弧的时间。这种机器就是增强有限状态机器AFSM（图18-2），其中扩张是指时钟的使用。AFSM执行一个环形控制器，这种控制器基本上不依赖环境的反馈。而向前移动阶段却需要依赖感应器的反馈。如果被卡住了，意味着机器人不能执行向前的移动，它会缩回腿再抬高些，再执行向前的移动。这样，机器人就能够对产生于它与环境间互动的偶然性做出反应。显然，包容架构不仅为同步化AFSM提供了附加基元，也为组合多种可能冲突的AFSM的输出值提供了附加基元。这样一来，包容架构能够在一个自下而上的模式中让程序员组合复杂的控制器。

这种组合机器人控制器的方法确实迷人，但有它自己的问题。首先，AFSM刻意产生运动行为的一个太过复杂的问题，很难为它编程机器人运动规划算法。其次，AFSM是由感应器的原始输入驱动的。如果感应器的数据是可靠的并包含决策所需的所有必要信息，那么这种设计是有效的；如果感应器的数据必须以非平凡方式被实时整合，这种设计就是失败的。所以，包容架构方法对于执行简单任务是有效的，但对于复杂任务就无能为力了。再次，基于包容架构的机器人难以改变机器人的任务。这种类型的机器人通常只执行一个任务，缺乏修正其控制来应对不同目标的机制。最后，基于包容架构的机器人似乎让程序员难以理解。在实践中，许多AFSM之间及其与环境之间的复杂内在互动，让大多数人类程序员感到头疼，很难为其编写合适的算法。基于这些理由，包容架构方法很少在机器人学中使用，但是它对创造其他更好架构的影响却是不能忽视的。

第二，混合架构通过不同层次的相互作用适应性地表征。这是一种最流行的混合架构，由一个反应层、一个执行层和一个协同层构成。反应层由一个密封的感应器-行动循环描述，为机器人提供低层次控制，其决策周期通常由毫秒计。执行层连接反应层和协同层，接受协同层的指令，并按顺序为反应层安排指令。比如，执行层处理一组由协同路径规划者产生的通过点（via-points）来决定调用哪个反应行为。执行层也负责将感应器的信息整合为一个内在状态表征，如它组合机器人的定位并在线绘制路径。协同层使用规划为复杂任务提供全局解决方案。由于这个过程涉及计算复杂性，其决策期通常以分计。协同层作为规划层使用模型来决策，那些模型可能是从数据习得的，可利用在执行层收集的状态信息。总之，这种三层次架构在现代机器人软件系统应用广泛。当然，三层次并不是非常严格的，比如一些机器人软件系统具有附加层，如用户界面层（人机交互界面）、多主体层（用于协调同一环境中不同机器人之间的行为）。

第三，管道架构通过平行地执行多-过程适应性的表征。管道架构与包容架构相似，但其具体模块也与三层次架构类似。比如，自动驾驶汽车就以管道架构为主要表征架构。在自动驾驶汽车的管道架构中，数据在感应器界面层进入管道，然后感知层升级机器人的这种基于环境的内在模型。接下来这些模型被交付给规划层和控制层，这两个层次调节机器人的内在规划，并把它们转化为机器人的实际控制。这些都是通过机器人界面层完成的。可以看出，管道架构的关键是，这些过程都是以分布式方式完成的，也就是平行地执行的。或者说，当感知层加工最新的感应器数据时，控制层将为其选择基于稍旧的数据。这样的话，管道架构就与我们人脑很相似。因为当我们吸收新的感应器数据时，我们并不关闭我们的运动控制器，相反，我们是同时感知、规划和行动的。不同在于，管道架构的加工过程是非同步的，而且所有计算是数据驱动的。我们人类则是目的驱动的。但不可否认，管道架构是稳健的，运行速度也快，因而应用很广泛。

第七节 小　　结

综上，机器人学是人工智能的一个应用领域，它使用智能主体操作外部的物理世界，将人工智能理论付诸实践。在模拟表征的意义上，机器人是人类的替身，它代替和执行人类行为，既可固定操作也可移动操作，其结构主要由感应器和效应器构成。感应器感知环境，效应器作用于环境。

为了让机器人能够像人一样行动起来，我们需要一个内在表征，需要一个模型来随时更新升级这种内在表征。这种基于内在表征的机器人面临的感知问题通常包括定位、映射和目标再认。概率滤波算法如卡尔曼滤波和粒子滤波是机器人感知系统常用的。这些概率滤波算法利用了关于状态变量的后验分布这种信念状态。机器人运动规划通常是通过构型空间执行的，在构型空间中，每个点详细说明了机器人的位置和方向及其连接角。而驱动机器人行动的软件是构型空间搜索算法，其中单元分解算法将所有构型空间分解为许多有限单元，骨架化算法将构型空间投射到较低维的管道。运动规划问题就是在这些简单结构中使用搜索解决的。而根据搜索算法发现的路径可使用作为 PID 控制器的参照路径得到执行。控制器在机器人学中对于解决振动问题是必不可少的。势场方法是通过潜函数操纵机器人的，它虽然在局部极小值上可能卡壳，但能够直接产生而无须路径规划。有限状态机器可直接说明机器人控制器的路径，而不必从环境模型导出一个路径。

从软件设计来看，机器人是由作为内在表征的软件架构驱动的，这些软件架构主要有包容架构、三层次架构和管道架构。包容架构能够让程序员从内连接的有限状态机器组成机器人控制器。三层次架构是编写机器人软件的架构，它对反应层、执行层和协同层进行整合来实现机器人的控制。管道架构以平行分布方式通过模块序列加工数据，与感知、建模、规划、控制和机器人界面相一致。

目前，机器人已经在很多领域包括工业、农业、交通运输业、海洋探测、环境监测、军事、医疗、教育、家庭服务等广泛使用了，产生了各种各样的机器人，诸如工业机器人、农药喷洒机器人、对弈机器人、运输机器人、扫地机器人、无人驾驶汽车（自主汽车）、无人驾驶飞机、人类假肢（如机械臂、假腿）等。可以预计，未来的时代必将是智能机器人大显身手的时代，人机互动和融合必将成为现实。我们要为这个时代的到来做好准备。

第七部分　人工智能适应性表征的语境建构与问题展望

如何使智能机器人这种人工认知系统获得人类水平的智能，这是目前人工智能发展的主要目标。在笔者看来，人工智能要像人脑这种自然智能那样有智慧，它就必须能够像人那样拥有语境，而且能够像人那样自主地融入变化的语境。这是一个十分艰巨的事情。不过，聪明的人类设计者总是有办法的。

要实现这个目标，人类智能的运作机制和模式无疑是人工智能模拟的最好模型，其中语境是不可或缺的，目的都是为机器人建立语境知识库，这可能是机器人达到人类水平智能的最佳方法。第十九章探讨并论述了这种方法，即人类设计者可通过适应性表征让机器人拥有自己的语境，即使起初是人类为其设置的，其后机器人就会通过强化学习和深度学习及其组合等方式而不断充实和扩展自己的语境，这就是智能机的数据库和知识库的建立。笔者提出的语境架构整合了人工智能系统中的逻辑主体、搜索主体、决策主体、学习主体和问题-解决主体，这些主体通过适应性表征相互作用生成了智能，从而说明了人工智能或认知系统如何生成智能这个核心问题。

然而，人工智能的发展，由于其对社会的巨大冲击，引发了人们对这种人造智能的种种忧虑和反思。第二十章从哲学视角讨论了机器自身是否能拥有智能，是否具有人一样的思维，功能主义能否说明机器意识，生物自然主义能否驳倒功能主义理论，对意识和感受性的解释是否存在解释鸿沟，这些问题发人深思。哲学问题表明，机器拥有智能、能够思维意味着"机器中的幽灵"观点的复兴，这就回到了笛卡儿关于物质与心灵独立存在的二元论上，但"幽灵是如何进入机器的"问题二元论无法说明。功能主义试图从中介因果性给出机器意识的一种功能说明，认为任何两个系统，只要它们具有同构的因果过程，它们就应该具有相同的心理状态。而生物自然主义则坚决反对这种观点，认为心理状态是高层次的涌现特征，它由低层次的神经元中的生理物理过程引起，机器不具有生物功能，当然不可能有意识，也就不可能有理解和思维。在笔者看来，机器是否有"智能"，与机器是否"理解"是不同层次的问题，这就看我们如何定义"智能"与"理解"了。显然，这些问题的核心是意识问题，即能否用物理状态解释心理状态的问题，而意识问题目前仍然是一个谜，在对这个问题的解释上，既有哲学上的混乱，也存在某些"解释鸿沟"。

从伦理学视角看，人工智能的发展是否会对人类构成威胁，谁应该对此负责，智能机器人是否应该有身份认同，它与人类有怎样的伦理关系，这些关于人工智能的安全和伦理问题，值得人们重视。智能机器人的身份认同，即人形智能机器人是否被承认是人类，不仅是法律问题，更是伦理问题。如果机器人会对人类生存产生极大的威胁，禁止其发展就是必须的，人类的法律和道德都绝对不允许杀人。这就意味着人类必须控制机器人的发展，毕竟智能机是人类自己创造的，产生的不良后果应该由人类自己来承担，人工智能对人类行为方式的影响也应该由人类自己来规范。

"意识之谜"必然涉及当代具身人工智能的实现问题。这个问题是第二十一章要着重探讨的。具体说，人类是否能够创造出像我们一样有身体的机器人，即类人机器人。侯世达曾经对人工智能的发展提出十个具有预见性的重要问题，并对其做出部分推测，有些推测并不准确，有些问题依然存在，比如类人智能是否具有创造力仍悬而未决。笔者基于控制论原理提出类人智能实现的意向-自反循环模型，以此说明意识和智能的涌现机理，并进一步阐明克服莫拉维克悖论的可能性。当然，人类水平或超人类智能的机器人是否必要，以及未来智能机器人的优势和可能带来的问题，也是值得我们关注的。

第十九章 适应性表征作为智能生成机制的语境建构

这个问题(如何让机器人了解人类行为的潜在偏好)需要我们改变对人工智能的定义,人工智能不再是一个与纯智力相关、与目标无关的领域,它是一个有益于人类的系统。认真思考这个问题,我们可能会对人工智能、它的目的以及它与人类的关系产生新的思路。

——斯图尔特·罗素(Stuart Russell)(摘自约翰·布罗克曼《AI 的 25 种可能》2019 年第 48 页)

人工智能发展到今天,对现代社会产生了异乎寻常的影响,渗透到几乎所有领域,诸如工业、农业、服务业、科研、医疗、教育等,就连日常生活也不例外,如智能手机、扫地机器人的广泛使用。然而,人工智能特别是它的应用领域机器人学的发展却遇到了极大挑战,即智能机器人如何能够像人那样思维和行动。这个棘手的问题实际上有两个层次:一个是认知层次,另一个是运动层次。关于第一个层次的认知问题,认知科学、计算机科学包括人工智能及其哲学讨论得非常多了,具体说就是计算机能否像人那样思维或认知,或者说计算机是否有思维能力甚至理解能力。在计算主义的语境中,由于思维被定义为计算,所以计算机不仅能够像人那样思维,而且事实上已经超过了人类,如大型计算机的运算速度远远超过人;而在"具身认知科学"的语境中,思维被认为仅仅是与我们生物的身体及基于身体的情感、自由意志相关的,计算机包括智能机由于没有身体,缺乏情感和心灵,因而被认为不可能像人那样思维。这种争论仍然在继续着。这里的重点不是要讨论认知层次的问题,而是着重探讨运动层次的问题,即智能机器人如何能够像人那样灵活地行动,也就是如何能适应性表征的问题。

第一节 适应性通过设置语境嵌入人工智能系统

进化生物学已经表明,所有生物包括我们人类是自然进化的产物,进化意味着生物适应变化的环境。凡是不适应环境变化的生物,都会遭到淘汰。人类之所以能够生存至今且越来越发达，与其拥有超强的适应性能力密不可分。适应性能力不仅表现在生理层次上的适应，更表现在认知层次上的适应，这反映在我们不断探索未知世界，也就是不断尝试认知地适应自然世界的方方面面。这意味着，我们的心智和智能是适应性的，笔者称之为"适应性心智"或"适应性智能"。正是有了这种适应能力，我们才能持久生存下去，才能不断创造出新东西，如科学理论、计算机和各种机器人。这表明人类的所有创造物，包括知识形态和实体形态，都是适应性表征的结果。由此推知，适应性能力，特别是认知和表征能力，是人之为人的根本标志。

之所以这样说是因为，动物虽然也有适应环境的能力，也可能有一些认知能力（灵长类动物有一定智力，比如会使用简单工具），但没有使用语言特别是抽象符号进行表征的能力。这是显而易见的事实。人不仅具有这种抽象符号表征能力，而且制造出了人工智能这种符号表征的物理系统，它是人类智力高度发达的体现。数学和逻辑学之所以高度抽象、推理严密，就是运用了符号思维和符号表征能力。自然科学特别是现代物理学如量子力学也是运用符号表征（数学的、逻辑的）的科学。人工智能的表征系统基本上使用的就是数学和逻辑的表征方法，比如计算机编程就是用符号语言编写的，而不是使用纯自然语言（日常语言）。计算机能够处理符号语言（操作符号），而难以处理自然语言（如不能用于编程，也难以给出其意义），这就是计算机和人工智能中的自然语言处理难题。

为什么计算机难以处理自然语言呢？在笔者看来，原因并不复杂，因为计算机缺乏人类灵活的适应能力和自主融入语境的能力，也就是适应性表征能力。这意味着适应性表征是计算机科学包括人工智能和机器人学发展的关键。如果让计算机系统和人工智能装置拥有了这种能力，那它们就应该能够处理自然语言了，比如智能机器人写文章、作诗、谱曲、画画，与人类对话。目前虽然这方面已有所进展，如智能机器人给歌手评分，但它仍然不能理解它所处理的自然语言的含义，如不理解歌手所唱歌词的意义，它所做的只是机械地测量和评估，如声调高低、音域大小等。也就是说，智能机器人只"知其然"，不知"其所以然"。这就是机器人与人类在适应性表征方面的差距。

然而，问题来了。计算机和人工智能如何才能拥有适应性表征能力呢？这是个非常重要的问题，也是个极其棘手的问题。目前人工智能在技术实践上还没有太大突破，理论或哲学上仅限于假设和思辨。笔者曾经在哲学层次提出过计算机像人那样思维的"自语境化"假设[①]，即智能机要像人那

[①] 魏屹东. 自语境化：智能机似人思维的关键. 中国社会科学报（2013-06-10）。

样思维，就应该像人那样能够自动融入新的语境中，也就是从一个它所处的语境（情境）进入一个新的语境中仍能够应对自如，就像我们与不同的人打交道那样。当然，这只是一种理想化的设想，因为我们知道智能机是没有语感和历史感的，不像我们人类从小受过教育，拥有在不同环境中成长的经历等。这种潜移默化的背景因素是机器人无法习得的。但是，我们别忘了一个基本的前提：智能机器人是人设计的。人类设计者可以给智能机设置语境，如建立知识库和语料库，智能体可以使用各种搜索方法从知识库里寻找所需的数据，从而完成特定的认知任务，如下棋、爬山。

从适应性表征角度看，自语境化过程实质上就是适应性过程，也就是适应新语境或环境的过程。如果说自语境化假设还停留在哲学层次，那么适应性表征则处于科学和技术层次，或者说，前者是理论的，后者是实践的。科学表征如各种科学理论，就是实实在在的适应性表征（通过假设、试错、检验、修正），人工智能的各种表征（数学的、逻辑的、概率的），也应该是适应性的（完成认知任务的尝试过程），只是适应的程度比人的适应性要弱许多。比如科学理论的修正，可能需要较长的时间，而人适应环境的时间则相对较短。事实上，我们遇到的新语境也不是我们刻意设计的，而是随机遇到的，比如偶遇几个只会讲英语的外国人就形成一个讲英语的语境，与之交流时最好使用英语，假如不懂英语，也可通过肢体语言如眼神、手势沟通。在这种情形下，智能机器人可通过语言切换进行交流，比不懂英语的人还有优势，因为它的语料库中可被嵌入多种语言知识。

这个例子告诉我们，在机器人学中，我们可以做"顶层设计"，根据目标任务想到机器人可能遇到的所有的可能境遇。比如扫地机器人，是在平滑的地面清扫，而不是崎岖不平的环境。这就是人为设置的"有限语境"。由于设计者可以给智能机设置语境，所以智能机适应性地表征就不仅是可能的，而且已经基本实现，如现在的各种实用机器人，只是这种适应性是受限于被设置的语境的。设置语境的目的是给机器嵌入带有常识和经验启示法的计算系统，让算法更优化，比如智能手机、智能洗衣机、无人机、汽车控制系统等各种智能嵌入式系统[1]；这些智能嵌入式系统具有高可靠性、低延迟性、低耗能和体积小等特点，在智能感知、智能交互和智能决策方面更

---

[1] 比如，新近火热的聊天机器人软件 ChatGPT-4o，据说有了与人类可匹敌的语境能力，即能够回答人类对话者提出的各种不同问题（不同问题体现了不同语境的存在），从技术的角度看，这被认为是深度学习的一个革命性成果。从设置语境的角度看，深度学习中的上层信息就是下层信息的语境，即上层信息是作为下层信息的语境起作用的，这样就可形成人类可以理解的语义。所以，让机器人拥有语境能力是其产生类人或超人智能的关键所在。

强，使深度学习和深度理解成为可能。

总之，智能机的适应性是人类设计者通过设置语境让其尽可能适应不同境遇或环境获得的。正如德雷福斯对海德格尔的"技能应对"的解读所认为的那样，我们有必要设定使特定局部实践得以可能的背景（语境），即使特殊的应对活动在当下世界的显现成为可能的背景，而且这种背景应对通过让行动者（人或机器）施展使用特定器具的熟练能力，使其在特定环境中对任何通常情况下可能出现的事态做出恰当的回应（Wrathall，2000：98）。设置的语境的范围、复杂程度不同，其适应性能力就不同，这与要完成的目标任务相关。事实上，人在不同环境或语境中执行特定任务的情形也是如此。

第二节 人工智能通过建构语料库设置语境

虽然人工智能缺乏语感，也不拥有语境，但是人类设计者可以给它设置并嵌入语境包括常识。可以说，语境和常识是人工智能获得深度理解的关键[①]，比如计算机的编程语言是符号的，但其在视屏上的呈现几乎都是自然语言的，否则就难以普及应用了。具体来说，智能机没有我们拥有的语境，但人类设计者可以通过人为设置语境让智能机有作为近似人类语境的知识库或语料库，然后通过文本分类、信息检索和信息提取等方法从中获得所需的信息。这类似于我们查词典，词典就是我们的语料库。需要指出的是，这种显在的语料库与潜在的知识构成的语境因素还是有区别的，由于人和机器存在质的差异，其语境也必然有所不同，因为人是通过自然习得语言才逐渐有了语感进而形成语境，而机器是人为其嵌入语言，只是储存而不会产生语感，因而不会自发形成并拥有语境，或者说，人有发生语境，而机器没有。这就是塞尔将语境看作背景（background）的原因（人有背景，机器没有）（Searle，1992：175）。

就人为机器设置的语境来说，我们可将各种百科全书和各类词典作为语料库，而且这种语料库随着时间的推移会不断增大。这种不断增大的语料库，使得信息提取越来越精确。例如机器翻译，虽然它的翻译总是直译，并不准确，但它提供了信息，如我们不认识的单词，机器会给出基本意义，

[①] 在这个方面，认知科学给予了人工智能诸多启示，如神经认知模型、内在表征、抽象概括、结构化系统、思想语言假设、概念嵌入理论、因果关系等，人工智能要获得真正的进步，首先要搞清给机器嵌入何种语境（知识和表征）和常识（经验启示），再在此基础上发展其他能力，如情感和意识。所以，赋予机器以常识是人工智能的一个难题，也是突破的关键（欧内斯特·戴维斯和盖瑞·马库斯，2020，第6-7章）。

省去我们查找词典的许多时间。目前常见的翻译软件如金山词霸、有道词典、谷歌翻译等，均有巨大的语料库，几乎囊括了主要语种诸如英语、法语、德语、汉语等的几乎所有词汇。凡是使用过这些软件的人都知道，这比查找相关纸质词典方便多了。语料库或知识库，就是人类设计者为智能机设置的"语境"。这种人为设置的语境无论多大，也是有限的、可描述的、可表征的。与人类的语境作为意向性的一个关键且无法消除的方面相比，还是有区别的。因为人类的语境"类似于某种终极语境……甚至是更广泛的情境，我们称之为人类的生活世界"（Dreyfus，1992：221）。显然，人工智能压根就没有这个"生活世界"，更谈不上体验这个"生活世界"了。

如果说语料库是人类设计者为智能机设置的一个背景语境，那么具体到一个问题或任务，人工智能就是问题或任务导向的，此时就需要有具体的问题语境或当下目标语境。在人工智能中，智能体被认为是最大化其性能测量的人工主体。这一过程是目标取向的并尽可能达到目标，这与生物体是相似的。在适应环境的意义上，意识主体达到目标的表征一定是适应性的。我们设想一个主体（人或智能体）在北京旅游，它享受美丽的景观，如天安门广场。主体的性能测量可能包括许多因素，诸如交通便利、阳光充足、景色迷人、夜生活，以及避免宿醉等。去哪些景点这个决策问题也是复杂的，因为它涉及许多权衡，要阅读旅游指南等。进一步假设这个主体购买了第二天去上海的机票，而且该机票是不能退的，在这种情形下，主体只能采取去上海的目标（没有选择余地）。不能及时到达上海的行动规划会被拒绝，这样，主体的决策问题被大大地简化了。这表明是目标约束了主体的行动，所以基于当下境遇和主体的性能测量的目标规划，就是问题-解决语境下的关键第一步。

在真实世界中，一个目标就是一组世界状态，准确说就是目标被满足的那些状态。主体的任务就是发现现在和将来如何行动，以便实现目标。在采取行动前，我们需要确定哪类行动和状态要考虑，因为在细节上存在许多不确定因素，具体行动步骤也会有许多。比如去上海前我们需要考虑以什么方式、哪一天的什么时刻等，甚至还要考虑天气因素。这就是说，在给定目标的情形下，我们需要考虑基于目标的相关行动和状态，这是问题规划的过程。对一个已知的或可观察的环境，主体可以采取一系列确定的行动来达到目标。如果环境是不可观察的或不确定的，也就是未知的，主体达到目的的行动序列就会复杂得多，这就是关于不确定性的探索问题。这两种情形都涉及问题-解决的语境设置问题。

在人工智能中，如前所述，一个明确定义的问题语境一般包括五个方面：

①初始状态（主体开始行动的起点），如我们在北京可表达为 In（Beijing）[①]。②关于主体可用的可能行动的一个描述，已知一个状态 s，一个在该状态中可执行的行动就是 Action（s），如状态 At（Beijing），可采取的行动{Go（Yiheyuan），Go（Changcheng），Go（Tiantan）}（去（颐和园），去（长城），去（天坛））。③关于每个行动做什么的一个描述，也就是转换模型，由结果函数 Result（s,a）详细说明，比如 Result（In（Beijing），Go（Yiheyuan））= In（Yiheyuan）。这样一来，初始状态、行动和转换模型一起隐含地定义了问题的状态空间，也就是通过任何行动序列从初始状态达到所有状态的组合语境。这个状态空间形成一个定向网，其中的节点表示状态，状态之间的连接表示行动。④目标测试，它决定一个给定的状态是不是一个目标。比如在下中国象棋的情形中，目标是达到将对手"将死"的状态，在那个状态下，对手的"帅"不能再移动了。⑤一个路径代价函数，它评估每个路径的数值。这种问题-解决的主体选择一个代价函数来反映它自己的性能测量。比如赶飞机去上海的人，时间是其实质，路径数值是千米长度，如太原到上海的距离是 1200 千米。一般来说，一个问题的求解就是从初始状态到目标状态的一个行动序列。求解质量由路径代价函数来测量，而最优解是所有解中的最低值。

可以看出，这五个成分构成一个问题或任务语境，其表征严格说是一种抽象的数学描述，还不是真实发生的事情，比如我们从北京到上海的实际旅行，如果是乘高铁，还可以观看一路的风景。抽象模型抽去了表征的一些细节，留下最显著的特性。这个抽象过程也是规划问题的过程。除抽象化状态描述外，我们还必须抽象化行动本身。比如开车的行动包括许多结果，除了改变车的地点，还有时间花费、油料消耗、尾气排放、环境污染等。我们的规划只考虑了地点的改变，忽略了许多其他行动，如打开收音机、向窗外看、减速等，因为这些行动对于我们从一个地方达到另一个地方（完成目标）没有多少帮助。这就是说，执行从一地到另一地的行动是主体要完成的任务，其他行动与完成这个目标几乎没有关系，所以可以不予考虑。这就是语境的聚焦或过滤作用。语境的存在，使得某些与认知目标关系不大的因素被排除掉，从而起到简化、集中的作用。在这种问题语境下，智能体才能解决具体问题。

---

① 这里使用的是英语表达，而不是中文如在（北京），原因在于英语是符号文字，中文是象形文字。在目前的编程语言如算法中主要使用的是英语和数字的组合，还没有使用中文编程的，这可能是因为象形文字还不是抽象符号表征方式。计算机的编程语言是纯粹的符号表达，只有解释说明时才使用自然语言。

上述例子是人工智能中的"路径发现问题"。现代汽车上的导航系统就是解决路径发现问题的系统，它是一个适应性系统，即必须随着路径和路况的不同及时做出调整。上述从北京到上海的航空旅行就是一个具体的路径发现例子。根据上述的五个方面或步骤，这个例子的一个旅行规划网（语境）的构成包括：①历史状态，每个状态包括一个地点，如首都国际机场，当前时间，如具体起飞时间，以及历史因素，如机场状况、机场设施，甚至还可能包括国内还是国际航班等信息。②初始状态，这要根据用户的问题来说明，如晚上8点北京到上海的航班的情况。③行动，乘当前机场的飞机、选择任何等级的座位、留下足够转机的时间等。④转换模型，产生乘机的状态，将拥有航班的目的地作为当下地点，航班到达时间作为当下时间。⑤目标测试，用户是否详细说明了最终的目的地。⑥路径代价，这依赖于货币值、等待时间、航行时间、座位等级、飞机类型，以及乘机频次奖励等因素。乘坐过飞机的人一般都知道，并不是所有航行都能够按照规划进行，改变原规划的情形时不时会发生，或者是天气的原因，或者是飞机的故障，或者是出行者自己的原因，等等。因此，一个真正好的系统应该包括临时规划，如备份预订下一趟航班，以防原规划失效。出于这些原因，人类设计者在设置语境时要尽可能考虑到各种可能性。

第三节　人工智能基于设置的语境适应性地表征

这里笔者以人工智能的应用领域——机器人学的适应性表征为例来说明。在机器人学中，通过感知系统是机器人能够适应性表征的主要方法。感知是机器人将感应器的测量映射到其环境的内在表征过程。由于感应器本身存在噪声，加之环境具有部分可观察性、不可预测性和动态性，这种人工感知过程很困难，因为它会遇到不确定环境中状态评估的所有问题。这就需要人类设计者为其设置特定语境。

上述业已表明，机器人的可靠内在表征有三个属性：①包含足够的信息让机器人做决定；②被结构化，以便能够被有效更新；③内在变量对应于物理世界中的自然状态变量。在笔者看来，这三个属性就是人为给予的三个语境因素。我们可以使用动态贝叶斯网络表征部分可观察环境的转换模型和感应器模型。从表征视角看，我们将机器人自己的过去行动作为已观察变量，具体说，机器人感知能够被视为根据行动和环境序列的动态贝叶斯网络的时序推理。我们假设X_t是在时间t包括机器人在内的环境的状态，如足球场，Z_t是在时间t接收到的观察信息，A_t是观察信息被接收后采取的行动。我们可根据动态贝叶斯网络模型从当下信念状态的概率 $P(X_t)$ 计算新信念状态的概率 $P(X_{t+1})$ 和新观察信息 Z_{t+1}。比如我们要建构一个踢足球的机器人，X_{t+1} 可能是与足球相关的机器人的位置，后验概率是捕捉我们从过去的感应器测量和控制所知道的所有状态的一个概率分布。

对于机器人来说，如何发现包括它自己在内的物体的位置是一个重要问题。这就是前面阐明的定位和映射问题。该问题涉及物体在何处的先验知识，这种先验知识是任何与环境相互作用成功的人工主体包括逻辑主体、搜索主体、机器人操纵器在内的核心，它们必须"知道"它们要寻找的物体的位置。比如无人机必须知道去哪里发现目标。这就是说，机器人这种人工主体的行动是基于先验知识的。这种先验知识就属于语境范畴，人类设计者要预先考虑到并将其嵌入智能体的程序或算法中。

问题是，基于先验知识的机器人的内在表征是不是适应性的呢？我们以移动机器人在二维平面的移动为例来说明这个问题。给定机器人一幅精确的环境地图（先验知识），机器人的姿态可由它的两个具有 x 和 y 值的笛卡儿坐标定义，它的头部转动方向可由三角函数 θ 值定义。由于机器人的内在表征是基于知识和计算的，所接收的信息是通过感应器获得的，所以感知系统的表征就是适应性的。由此可推知，基于感知系统的移动机器人的内在表征是依据其语境进行的，因而其表征就是适应其环境的，否则它就不能完成任务。

这里特别要关注的一个哲学问题是，如果没有先验知识这种语境知识可用，如没有机器人所需要的地图，在这种情形下，机器人如何行动呢？显然，这里存在一个悖论——移动机器人对于它不知道的一幅地图，却必须确定它的位置，即同时建构这幅地图而又不知道它确切的位置。这个问题是机器人学必须解决的，因为机器人在被使用前并不知道它将要处于的环境，但设计者预设了其环境，如扫地机器人在平坦环境中执行任务。这里涉及机器学习问题，它使机器人从数据学习感应器和运动模型成为可能，同时发现一个适当的内在表征。

然而，在笔者看来，适当的内在表征需要语义学的介入。缺乏内在表征的机器人学是很难发展的。而表征是需要语境的，无论是自然选择形成的语境还是人为设置的语境，因为缺乏语境和常识的机器人不可能发展到像人类灵活行动的水平。这里的一个挑战是："如果人工智能要想成为与自然智能有些许相似之处的事物，我们就要学习如何建构结构化的混合系统，将先天的知识和能力融入进去，让它实现对知识的组合性表征，并对持续存在的个体进行跟进,就像人类所做的那样。"可以预计,"一旦人工智能开始利用认知科学,从围绕大数据形成的范式上升为围绕大数据和抽象因果知识形成的范式,我们就有能力解决'我为机器赋予常识'这个无比困难的挑战"(欧内斯特·戴维斯和盖瑞·马库斯,2020:169-170)。

因此,如何根据特定任务目标给机器人设置具体语境,是人工智能特别是机器人学发展中的一个重要问题[①],如通过语境觉知方法开发智能机的适应性表征能力。

第四节 人工智能适应性表征的语境框架

智能体作为异于人类的人工主体,其行动完全是依据规则进行的。在确定的、可观察的、静态的或完全知晓的环境中,智能体所选择的行动的方法有多种,依据这些方法它们能够发现其目标。这种仅仅按照某些理性规则寻找目标的过程就是"搜索"。尽管这种搜索是无意识的过程,但它们却是适应性的,只是这种适应性不是基于生物基质的,而是基于理性规则的,完全按照规则(逻辑的、概率的)行事的。这就排除了情感、意志等非理性因素。在这种意义上,因机器人没有情感没有意识而否认其认知能力、有智能的观点就失之偏颇了。毕竟,心灵、意识、意图、意志这些传统哲学或大众心理学的概念是难以按照规则操作的。人工智能将这些非理性概念排除在其研究领域之外,不仅是可理解的,事实上也是一种研究策略。

如果将人的适应性搜索看作"完全适应性",那么人工主体的适应性就是介于完全与不完全之间的一种中间状态,笔者将这种中间适应性称为"拟适应性"或"准适应性",以区别于人的这种适应性。毕竟人的适应性是基

---

① 在机器学习中,无论是强化学习、深度学习,抑或是二者的结合强化深度学习,也无论是可解释的(白箱)还是不可解释的(黑箱),从增强智能体语境能力的视角看,它们要么通过训练数据强化其历史信息(语境因素),要么通过增加搜索层次提升其语境能力(上层数据是下层数据的语境因素,如树表征的因果链或统计关联),这种通过预先训练和/或增加搜索层次再转换数据生成智能的方式或手段,既增加了智能体的语境能力,也提升了其适应性表征能力,因为训练数据和增加层次都旨在生成高级智能,也就是为了适应智能生成的目标而表征的。因此,笔者预计,基于语境的适应性表征是未来人工智能的发展方向,比如最新的聊天机器人软件 ChatGPT 这种生成式人工智能,从哲学上看,就是语境能力和适应性表征能力结合的产物。不过,笔者担心的是,虽然 ChatGPT 比其他社交机器人更好,但其负面后果不容忽视(如让人不思考了,变得更愚蠢了);还有,集成 ChatGPT 的新版搜索引擎微软必应已开始上市,它比传统搜索引擎(如谷歌、百度等)更加快捷方便有效,这很可能带来人工智能和互联网领域的一次革命。但随之而来的不仅是对传统伦理、法律的挑战,也会带来对人们的生活、工作方式和商业运作模式的挑战,如虚假信息、伪造、作弊等的盛行。

于生物学的,而人工主体(智能体)的适应性是基于物理学和计算机科学的,前者是碳基构造的(碳水化合物),后者是硅基构造的(物理硬件加软件)。在认知科学中,这个问题就是"硬件要紧不要紧"的问题,即意识特征是否与构成物质相关。哲学家塞尔就坚持认为意识是一种生物学现象,智能机不可能有意识,不可能有思维能力,它只不过是处理符号的物理装置,根本不理解所操作符号的意义(Searle, 1980)。根据塞尔的看法,生物的适应性是基于有意识物体的,如我们人类,人工主体由于没有意识,当然不可能是适应性的。这意味着没有意识的东西不具有适应性能力。这个结论与上述阐明的智能体也能适应性地搜索和表征的事实不符。

在笔者看来,意识和智能是两个层次的东西或概念。有意识一定会有某种程度的智能,而有智能则不必然需要意识,如机器人。这里存在一个生物学和人工智能包括机器人学之间的解释鸿沟。类似于查默斯关于意识的难问题方面的解释鸿沟(Papineau, 2011)。在适应性的意义上,只要一个主体,人或机器,能够在变化的环境中不断调整自己的行为,最终找到要发现的目标,或者解决了所要解决的问题,我们就应该认为它们是适应性的,在表达上也是适应性表征。这种判断类似于"图灵测试",即只要我们不能区分与我们对话的是人还是机器(实际上是机器与人对话),那么我们就不得不承认机器也会思维(即操作符号、解决问题的认知活动)。

从认知系统的结构和活动机制看,人的认知系统(神经系统)与智能机的认知系统(编码-解码系统)是完全不同的,前者是自然认知系统,后者是人工认知系统,人工智能目前只是模拟人的认知系统的功能,其结构与运作机制可能完全不同于人类的,就像飞机和鸟的飞行原理不同一样。这是不争的事实,也因此才有了认知科学、脑科学与计算机科学、人工智能等不同学科的存在。但是,仅就适应性特征来说,这两种认知系统(人的和机器的)都具有,只是程度上有差异,比如就灵活性、简单性来说,人的适应性要比人工主体的要好许多。正是在这个意义上,笔者将人工主体的非生物适应性称为拟适应性,以区别于人的生物适应性。

提起适应性,我们自然会联想到意向性、相关性和因果性这些概念。适应性涉及意向性,因为意向性是关于或指涉某物的特性,它最早是胡塞尔用于说明意识本质属性的概念,即有意识的物体就应该有意向性,如各种有生命动物包括我们人类。但是这个概念用于说明意识太宽泛,因为一方面,简单生物如阿米虫虽然有生命但没有意识;另一方面,即使是非生命的物体,如温度计、智能机,也具有意向性的特征,如指向某个目标,好像它们是有目的、有意识的。所以,在笔者看来,用意向性来描述意识的特性还不够，还需要加上反身性或反思性，即知道"我是谁"。这样一来，意识就有了向外和向内两个特征，缺一个就不能准确说明人类意识的本质了。如果说意向性是某物有意识的必要条件，那么反身性就是某物有意识的充分条件。从哲学和逻辑上看，对一个问题或概念的完备、准确的说明，必须满足其必要性和充分性，这就是我们常说的"充要条件"。

人的意识无疑具有这两个特征，因而人才是真正有意识的物种。而其他动物特别是灵长类的猿、大猩猩等，如果它们不知道它们是谁的话（也许朦胧地知道），它们就不具有完整或高级的意识，至多具有低级的意识（基于生命）。人工主体（智能机）仅仅具有指向外部目标的属性，如搜索目标，但是不知道它们是谁。也就是说，它们仅仅知道如何做，但不知道它们知道如何做。这与"我会开车"和"我知道我会开车"之间的区别是一个道理。"我会开车"是如何做的问题，"我知道我会开车"是"我"意识到"我"会的问题。这是两个不同层次的问题，前者是意向性问题，后者是意向性加上反身性的问题。也就是说，人有命题态度，如我们知道、我们相信，其他动物和智能机没有。这涉及知识论关于 kown-how（知道如何做的方法问题）和 kown-that（知道什么内容的命题态度问题）的区分问题。进一步说，人工主体是通过相关性认知的，而人不仅通过相关性，更能通过因果性认知。相关性认知是一种关联性认知，是一种影响和被影响的关系，因果性认知是一种产生性认知，是一种引起和被引起的关系。相比而言，影响关系较之产生关系要弱许多。在这个意义上，在笔者看来，人工智能若能产生因果性的认知或智能行为，其认知水平会提升一大截。笔者预计，因果性的介入可能是未来人工智能发展的一个方向，也是一个难题[①]。

概言之，在人工主体开始搜索所需的结果前，它必须先识别目标，并形成一个明确定义的问题，因为有问题才能有解决的目标和结果。问题由初始状态、一组行动、一个描述行动结果的转换模型、一个目标测试函数和一个路径代价函数构成。问题的语境由一个人为设置的空间状态来表征。从初始状态到目标状态穿过状态空间的路径就是要搜索的解决方案。搜索过程采取的策略是：搜索算法将状态和行动当作不可再分的原子状态。在人工智能中，一般的树搜索算法考虑所有可能路径去发现目标，而图表算法

---

① 笔者预测，未来的人工智能还是离不开计算与认知关系的研究，因为认知科学和神经科学的大量实验表明，认知的基本单元不是计算的符号，也不是信息的比特，而是一种整体性的"组块"，如格式塔。所以认知和计算的关系应该研究：第一，意识的认知机制——什么是意识？第二，意识的神经表达——意识是如何在大脑中产生的？第三，意识的进化——意识是如何起源于进化的？第四，意识异常——精神疾病的本源是什么？（参见陈霖，2018:1104-1106）。

避免考虑多余路径。我们根据完备性、最佳性、时间和空间复杂性就可判断出它们的优劣。这些搜索方法对于不确定的、动态的和完全不知晓的情形还无能为力，这是另一个更加复杂的搜索问题，但可通过设置新的语境来解决。由此看来，设置新的语境对于智能机器人的适应性表征是多么的重要！

然而，人工智能设置语境的过程也几乎是符号表征的过程，因为人工智能的表征几乎完全是符号的，如计算机编程语言，主要使用逻辑和数学表达，如各种算法和程序。在笔者看来，这种表征方式恰好反映了人类思维的高度发展，是除人类外的其他动物所没有的。为了简化这种表征方式，笔者引入"适应性表征"概念，而且以不同的人工认知主体——学习主体、逻辑主体、搜索主体、决策主体、问题-解决主体——来体现。原因在于，"主体"本身体现了自主性、能动性和智慧性等特性，而符号表征则是只有人才具有的能力。正是人具有了符号表达能力，才创造了计算机、人工智能和智能机器人。

问题是，这些人造装置作为认知系统是不是适应性的，是否使用了表征？在笔者看来这是毫无疑问的，前面的各部分已做了充分论证和阐释。众所周知，人工智能中的主体不是人类主体意义上的，而是指一种算法或程序，即是一种 agent，而非 subject。上述业已说明，agent 可以是人也可以是除人之外的具有自主能力的东西，如智能机器人。Agent 蕴含了一种中介性或代理性，因此，人工认知就是一种代理智能，是人设计并制造的假装或模拟智能。按照笔者的理解，既然人的认知是适应性的，那么人造智能也应该是适应性的，因为人会想方设法让其像人那样是适应性的。如果不是这样，人工智能的发展就意义不大了，因为不具有适应性的人工智能难以实现人的目标。原因很简单，环境是变幻莫测的，人工智能要想代替人做一些事情，它就必须能够适应不断变化的环境，如机器人在月球、火星上的探测活动。

有鉴于此，笔者在导论中就将人工智能系统（或人工认知系统）根据人工认知主体划分为五类，它们的共同属性就是适应性表征（图 0-2），或者说，适应性表征是统摄不同人工主体的一个概念框架（图 19-1）。图 19-1 中是一个基于语境（信息的、物理的环境）通过五位一体交互产生适应性表征从而生成智能的认知模型，其中每个主体都有各自的具体语境。这里笔者再次强调，五类人工主体对应于五种能力：逻辑主体意味着推理能力；搜索主体意味着发现能力；决策主体意味着规划能力；学习主体意味着理解能力；问题-解决主体意味着完成复杂任务的创造力。这些能力共同构成了人工主体的适应性表征力，其中逻辑是人工认知的表征基础，搜索是人工智能的本质，学习是人工主体提升能力的方法，决策是人工智能彰显主体性的标志,问题-解决是人工智能的目标。显然,适应性表征是一个共变关系,即表征客体(中介工具)与其目标客体(表征对象)是随着周围环境的变化而动态地变化的,智能的生成和知识的获得,均是通过适应性表征进行的。

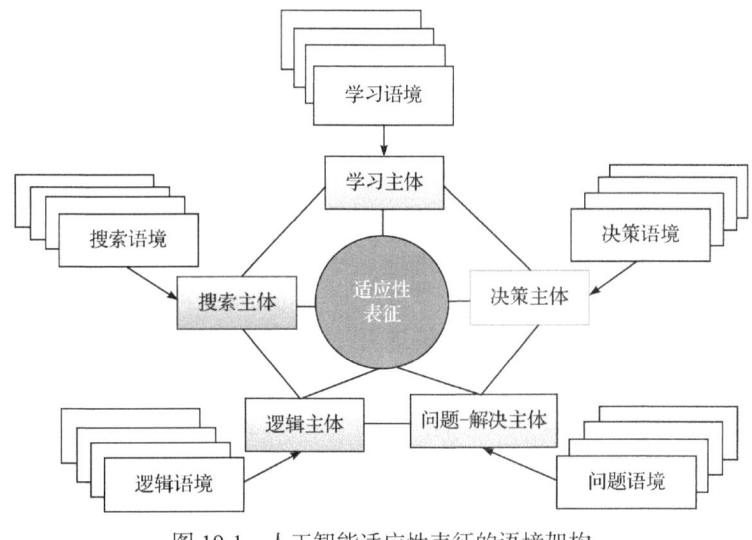

图 19-1 人工智能适应性表征的语境架构

第五节 运用语境架构发展人工智能的设想

鉴于上述基于适应性表征的语境架构的普遍性和根本性,笔者建议新一代的人工智能,一方面可运用此架构推进认知科学和人工智能的融合;另一方面可运用此架构促进智能生成问题的解决。众所周知,智能,包括自然的和人工的,是如何产生的,一直困扰着科学家和哲学家,这就是智能生成问题(也涉及意识的产生问题)。该问题始终是哲学、认知科学和人工智能面临的难题。这是因为智能涉及意识、自我、自我意识、心智或心灵等心理性概念,这些概念在认知主义范式中难以操作,其指称很难确定,在涌现论范式中则是发生机制不明确。

然而,一个不争的事实是,我们人类是有意识和智能的,并能随着环境或目标的变化实时地调整其行为,也就是在特定语境中变化发展,这就是具身智能。那么,人工智能这种人造物也能像人那样随着环境或目标语境的改变及时调整吗?能够像人那样具有语境适应性和实时灵活性吗?前述的论证业已证明,人工认知系统在一定程度上具有这种能力,这说明如何让人工智能也拥有类人的语境能力是人工智能发展的关键[1]。这就是笔者提出的"适应性表征语境架构"：一种主体（自然的和人工的）使用中介客体（表征工具）对目标客体进行范畴化的能力，且这种能力随着目标与环境（语境）的改变会不断提升。

为此，笔者依据上述思路和框架提出如下建议或设想。

第一，适应性表征作为智能生成的内在机制。上述表明，适应性是生物的一种普遍现象，自然选择加上文化选择，一直在塑造着生物认知的本性；而生物进化而来的特定行为模式，如选择配偶，致力于增加适合度的特定表征功能。由此推知，生物的身体是适应性的，其具身认知能力同样是适应性的，进而人造的智能也应该是适应性的。这是笔者认为人工智能如何通过适应性表征呈现不断变化的世界和如何生成智能的内在逻辑。这意味着，心智就是自组织系统的适应性表征能力[2]。如果说自然进化（基因）造就了生物大脑，那么文化进化（模因）则进一步塑造了心智。所以，心智是自然进化与文化进化共同作用的结果，这两个进化过程都通过身体运动系统的适应性强化了认知系统的表征能力。人工智能的出现正是适应性表征的结果，因为人工智能因模拟人的思维和行为，具有自搜索、自繁殖、自组织、自复制、自提升能力，这在相当程度上是适应性的，例如，VR技术能够在虚拟世界中训练智能体在没有预编程的情形下适应不断变化的外部环境并完成各种任务，从而通过自学习来解决现实世界中的问题。

第二，适应性表征作为认知或智能的总解释框架。这是因为，从适应性表征概念看，它包括适应性和表征两个子概念。适应性意味着自动调节和

---

[1] 这涉及机器意识与人类意识的区别和联系问题。如果将人脑和机器视为信息系统，它们在数学表达和理论模型方法方面应该是相通的或一致的，只是实现和表现方式不同：前者是碳基的，后者是硅基的。如果大脑产生的特性（意识、心智）能够通过硅基方式实现，逻辑上应该能够产生机器意识，只是时间问题（见汪军《机器意识人工智能终极问题"最后一公理"》，机器之心编辑部，2023-01-25，https://www.thepaper.cn/newsDetail_forward_21684428）。这是强人工智能或通用人工智能的观点，这种观点能否实现，目前还不能断定。不过，在笔者看来，这种观点忽视了意识或智能的具身性（生物性）。于是问题来了，非生物的机器能够产生生物性的意识或智能？爱因斯坦曾经说过，智慧（包括意识和智能）的核心是想象力而不是知识，根据这种观点，虽然人工智能能够产生知识，但不具有创造力和想象力。如果是这样，人工智能具有意识的观点恐怕难以实现。

[2] 心智作为适应性表征是动态系统，这种动态系统靠什么来驱动呢？这是另一个重大问题，这里不做具体讨论。不过，笔者认为回答这个问题要回到物理学、系统科学和神经科学，如关于能量和信息流的控制论、信息论和脑科学。自组织系统就是由能量和信息流驱动的，比如我们人类作为生物体，其能量和信息流的发生源于生理过程（生物-化学过程），生理过程有些能感觉到（如肠道消化发出的咕噜声），大部分是感觉不到的（如大脑内部的能量流动和信息处理）。心智的涌现论就将心智视为一种自组织的、对能量和信息做出调控的涌现过程。

自我繁殖（复制），表征意味着自主表达和意义呈现，两个子概念组合而成的组合概念则蕴含了主体的反应性和意向性、具身性和情境性、自主性和语义性的、自组织性和表达性的统一，具有整合性。因此，"整合使得理想的自组织成为可能，因而一个系统在运作时就表现出灵活性、适应性、一致性（意味着统合为一个整体且有弹性）、能量和稳定性"（丹尼尔·西格尔，2021：88）。突出适应性表征就是要让无身的智能体也能适应其环境的变化，尽管这种适应性不是生物学意义上的，而是物理学和量子力学意义上的，是通过灵敏的感受器不断调整其行为的结果。适应性表征作为人工智能的解释框架，是通过整合不同人工主体（逻辑的、搜索的、决策的、学习的和问题-解决的）得以实现的，彰显了其推理能力、发现能力、规划能力、理解能力和创造力。也就是说，这五种能力共同构成了人工智能的适应性表征力，其中逻辑是其符号表征的基础，搜索是其发现的本质，学习是其提升能力的方法，决策是彰显其主体性的标志，问题-解决是其认知的目标。

第三，通过适应性表征强化智能体的主体性和自治性。对人工智能体来说，适应性和表征性均意味着主体性。也就是说，认知行为，无论是自然的还是人工的，都有其主体，而且是适应性主体。这两种主体除有无生命、意识和情感外，在有智能的意义上是相通的，尽管它们实现的机制可能完全不同。比如脑机接口技术，至少在医疗领域，其目的是让患者的脑损伤部位得到修复，修复的过程就是适应新目标的过程，就是修复主体性（如意识功能）和强化自治性（如自组织功能）的过程。AR 技术的发展有望提升脑机接口的应用。

第四，通过适应性表征强化智能体的情境性与交互性。适应性表征是特定情境中的共变关系，智能的生成和知识的获得正是通过适应性表征进行的。对于人工系统而言，意识介入并不是必须的，但关系中的交互是必须的，而适应性表征就是交互关系[1]。这正是人工智能得以发展的逻辑前提。因此，适应性表征是基于情境的认知推理，它能将两种认知系统有效地连接起来，从而实现从生物适应性到机器适应性的过渡，使机器自主学习、自

---

[1] 对于人的心智来说，它是感觉系统（躯体）和心智系统（大脑）的交互，这是两种感知模式的相互作用：自下而上的感觉信息通道和自上而下的信息处理中心的复杂交互。也就是说，感觉系统将从外部环境获得的信息传入大脑（输入），大脑进行信息处理后再通过感觉系统传出（输出），这两个过程就是心智的涌现（细节当然很复杂，比如多层次交互）。人工智能系统与此类似。这样看来，交互很可能是智能包括意识和心智产生的必要条件。因为交互是一种表征关系，而且是适应性的，比如哲学中的"自我"是"关系或交互中的我"，而不是"孤立的我"。

我提升、自我表征得以现实，其中具身交互是必须的[①]。而且，交互是多智能体之间的协同关系，而协同是情境性和整体性的。可以说，没有交互，就没有智能的生成，交互是心智和智能产生的必要条件，而适应性表征就包括了交互性。因此，情境性和交互性是人工智能不可或缺的特性[②]。

第五，通过适应性表征塑造智能体的语境性与语义性。要让智能体像人那样有智能，它就必须能像人那样拥有语境（包括语言的、社会的和文化的），而且像人那样自主地融入变化的语境。这是智能体能否理解意义的关键。笔者称之为"自语境化能力"。要实现这个目标，人类智能的运作机制和模式，无疑是人工智能模拟的最好模型，其中语境是不可或缺的，目的是为机器人建立常识知识库，这可能是机器人达到人类水平智能的最佳方法之一：通过建立知识库让机器人拥有自己的"语境"，从而提高其适应性表征能力。这也是可解释人工智能的一种解释方法。

第六，通过适应性表征实现多重实现性和可解释性。认知是探索过程，同时也是对观念和思想的表征。对于科学认知，适应性表征就是建构意义、

[①] 意思是说，具身交互是意识或智能产生的一个必要条件。具身是说意识或智能离不开身体，交互就是相互作用，辩证唯物主义将相互作用看作事物发展的一个规律或普遍原则。这意味着一个实体（人或机器）要有意识或智能，就必须拥有身体并与外部环境发生联系，比如我们人类的生产、社会和科学活动。可见，具身意识或智能是人类认知的源泉和归宿，而交互是意识或智能发生的前提条件。意识或智能的具身性和交互性同时也体现了意识或智能的内在性（局限于身体包括大脑）和外在性（与环境相联系），这与系统科学中所揭示的系统与环境的相互作用是一个道理。在机器学习中，深度学习由于存在先天的不可解释性而有局限性，它若能与外界实时进行交互和迭代，很可能产生意识，这是通过具身控制和自动调节来确保机器行为与环境的协同，比如李德毅院士团队开发的机器驾驶脑，致力于"感知-认知-行为"的物理模型，通过嵌套的控制回路，人与机器能够有效沟通来完成预设的任务，体现出具身交互智能机器的可交互、会学习、自成长的智能机的硬核（详见李德毅"机器具身交互智能"，《智能系统学报》，2023-01-30）。

[②] 与适应性表征有不同层次一样，交互也有不同层次：生理的交互实现了生命，心理的交互成就了自己，人物（机）环境系统的交互衍生出了社会中的"我"。正是交互产生了真实与虚拟，形成了"我"，"我"就是交互。没有交互就没有数据、信息、知识、推理、判断、决策、态势、感知。因此，交互过程具有双向性、主动性、同理性及目的性和一致性。根据刘伟的看法，目前的机器本身严格说并没有交互性，因为机器没有"我"的概念抽象。也就是说，智能就是源于交互——"我"而产生的存在。智能与数据、信息、知识、算法、算力的关系不大，而是与形成数据、信息、知识机制，以及怎样处理、理解的交互机理关系极大。数据、算法、算力、知识只是智能的部分表现而已，真实的智能与非存在的有之表征、信仰与理解之融合、事实与价值之决策密切相关，智能是一种可去主体性的可变交互，它能够把不同的存在、情境和任务同构起来，实现从刻舟求剑到见机行事、从盲人摸象到融会贯通、从曹冲称象到塞翁失马的随机切换，进而达到由可信任、可解释的初级智能形式（如人工智能）逐步向可预期、可应变的人机环境系统融合智能领域转变"（刘伟《智能的本质不是数据算法算力和知识》，人机与认知实验室，2023-01-2300:00:02 发布 https://blog.csdn.net/VucNdnrzk8iwX/article/details/128751102），原文链接：https://blog.csdn.net/VucNdnrzk8iwX/article/details/128751102。

显现关系、呈现结构、形成知识体系。对于人工认知，适应性表征就是智能体适应性行为的展示，智能行为就是适应性表征能力的展现，而且这种能力可通过多种表征方式（语义网、贝叶斯网络、遗传算法、强化学习、深度学习等）来实现。从可解释性视角看，这些表征实现的过程实质上就是解释得以展开的过程。这样看来，所谓的"元宇宙"实质上就是多技术——人工智能、互联网、物联网、游戏软件、VR、区块链、大数据等——的融合，其中适应性表征作为发生机制和解释框架将通过人工主体发挥重要作用。

第六节 人工主体作为适应性表征实现者的能动性

上述表明，人工智能的主体是人工主体（行为体或智能体），具体包括逻辑主体、搜索主体、决策主体、学习主体和问题-解决主体，它们均在一定程度上表现出人类主体拥有的能动性（也称主体性）（agency）和意向性（intentionality）。这样一来，人工智能系统的适应性表征就是通过其人工主体来实现的，也就是说，人工主体是适应性表征的实现者，正如人类主体是人类各种活动（不同的适应性表征）的实现者一样。因为适应性表征作为一种行动力，必然有其行动的实施者，即行动者，而行动者必然具有某种能动性和意向性。接下来笔者从七个方面澄清并探讨人工主体作为行动者的能动性和意向性及其关系。

第一，行为体与主体的关系。行为体（agent）作为一种实体，包括物理系统、动物和人类。在哲学中，主体（subject）是相对于客体（object）的一个概念，指的是人。这样一来，主体和客体是一对范畴，它们的相互作用用于描述人类的各种活动，如生产活动、科学活动。对于人类活动，主体是人，客体是其作用或认知的对象；而行为体和行动是一对范畴，主要用于描述实体及其行动，比如机器人的行为、化学中的反应试剂、社会中的中介机构。因此，行为体与主体是不同的两个概念，前者包含了后者，比如行为体也可指代人类。但行为体可以没有意识，而主体一定有意识的。

第二，能动性与主观性的关系。在哲学和逻辑学中，主体性或主观性（subjectivity）表现出能动性，所以能动性有时也称为自主性。在计算机科学和人工智能中，agent 通常是指智能行为体（intelligent agents，简称智能体），agency 是指智能组（智能体的组合，即多智能体系统，具有能动性）。在笔者看来，这两个概念还是有区别的，subjectivity 意味着意识的存在，agency 则未必需要意识，但需要行动，比如物理自组织系统也表现出

agency，而不是 subjectivity。

第三，人工主体与人类主体的关系。与 agent 和 subject 类似，智能行为体这个概念不同于人类，但包含了人类，因为人类也是一种智能行为体。然而，在人工智能中，由于智能行为体是没有生命和意识的，所以通常避免使用主体（subject）一词。因此，在这里，agent 和 subject 所处的环境是非常重要的，agent 所处环境往往是人工环境，如中介机构、人工智能系统；而 subject 所处环境通常是自然环境和社会环境，如大自然、社会实践，其语境性尤为明显。也就是说，agent 是无语境的，而 subject 是语境化的。因此，有无语境性是判断或区分 agent 和 subject 的一个内在标准。

第四，行为体间性与主体间性的关系。行为体之间的相互作用，笔者称为 interagency，或者 interagentivity（自造的一个词），意思是不同智能行为体（智能体）相互作用产生了对智能体的功能属性。主体间性是不同主体（人）之间相互作用产生的整体属性，比如交流、团队合作行为。鉴于单个行为体通常是无意识的，人工智能中仅使用 interagency，这是一种协作行为产生的群体智能（swarm or group intelligence）。这与蜂群、蚁群、鸟群的集体行为类似，但与人类社会的集体意识（collective consciousness）有所不同（个体有意识与个体无意识的区别）。

第五，主观性与意向性的关系。在哲学中，主观性蕴含了意向性，即主体这个概念本身蕴含了意图、期望、信念、目的的存在，因为意向性是关涉或指向某物。在现象学中，意向性是对意识本质的描述，人类是有意识的，当然有意向性。无意识的人工智能体是否就没有意向性呢？答案是未必。智能体有指向性、目的性和自主性，当然有意向性，只是这种意向性不是基于生命和生物意识的"机器意向"或者"人工意向"——一种"好像意向"。因此，人的意向性是"真实意向性"，人工主体的意向性是"虚假意向性"。

第六，能动性与意向性的关系。在人工智能或机器人社会，由于 agent 也具有指向性或关涉，是目标或任务导向的，所以智能体的组合 agency 也必然具有意向性（指向性）。因此，在关涉层次上，人类和智能机器人都具有意向性，但为什么说人类有意识而人工智能没有呢？这样看来，意向性并不能成为区分人工智能和人类智能的判断标准。还必须有另一个标准，笔者称之为"反身性"（reflection），反身性表明了主体知道自己是谁。由于这个标准，人类知道自己是谁，人工智能体不知道。在这个意义上，人工智能体没有意识，无论它看上去多么有智能。

第七，适应性表征与能动性和意向性的关系。笔者是坚定的适应性表征主义者，认为认知和智能具有适应性和表征性。适应性本身蕴含了意向性，表征性本身蕴含了能动性。人工主体作为一种自组织系统或实体，一定具有适应性表征能力，也就必然有了能动性和意向性。从表征关系看，在不同学科中，主体表现出的能动性与意向性的表征关系有所不同。在科学中，主体是科学家，其研究对象通常是自然客体或现象，研究手段是通过科学仪器（实验）进行的，表征方式是建模，表现出的能动性与意向性的表征关系是：

主体（科学家）→{模型}→目标（对象）→科学知识

在哲学中，主体是哲学家，主体与客体的相互作用可以是直接的，大多数情况下是间接的，即通过某个中介（如思维）进行，表现出的能动性与意向性的表征关系是：

主体（哲学家）→{中介（思维）}→客体（概念）→洞见或观念

在人工智能中，设计者（人）是不出场的，其主体是非人的亚主体（sub-subject，即 agent），其任务是目标导向的行动，表现出的能动性与意向性的表征关系是：

{设计者/用户}→[智能体或智能组]→行动→任务

这里的智能体是人工主体，不是人类主体。所以，对于人工智能体，其自主性是 agency，而不是 subjectivity。

第七节 小　　结

总之，人工智能的表征方式应该是适应性的，这是通过生物特别是人类适应环境到人造的机器适应环境的一个类比逻辑地推出的。如果我们承认生物是进化适应性的，那么就应当承认其认知表征能力也是适应性的，进而作为人造物的人工智能包括机器人，其认知表征也自然而然是适应性的，即适应性的主体会创造或产生适应性的结果。这一适应性转换的过程是通过人为设置语境实现的，语境的设置是通过建构语料库进行的，人工智能的适应性表征正是基于人为设置的语境通过不同的人工主体进行的。因此，适应性表征就成为智能机器人能否像人那样行动的一个重要判据，其中蕴含了人工主体具有的能动性和意向性。笔者认为，未来的具身人工智能或者新一代人工智能的实现，或者是人机融合的实现，甚至是所谓的"元宇宙"的实现，也应该是通过"适应性表征"进行的。

第二十章 人工智能的哲学与伦理问题

或许，面对一种前所未有的心智多样性，我们应该减少对"我们 VS.他们"的关注，而应该关注所有有意识者的权利。
——乔治·丘奇（George Church）（摘自约翰·布罗克曼《AI 的 25 种可能》2019 年第 288 页）

心灵（心智）存在于大脑之中，也可以存在于程序计算机之中。如果有一天这样的机器被造出来，它们的因果力量不会来自构成它们的物质本身，而是来自它们的设计以及在其自身运行的程序。而如果我们想知道它们是否有因果力量，就得与它们交谈，倾听它们想说的话。
——霍夫施塔特和丹尼特（《心我论：对自我和灵魂的奇思冥想》1999 年第 373 页）

当今，人工智能的快速发展，不仅引发了一系列的哲学问题[①]，也引起了人们对其带来的伦理学问题的思考[②]。从适应性的角度看，我们人类应该能够与其创造的智能机共处共存，因为人类创造它们是为了服务于人类自己，而不是要控制甚至毁灭自己，否则我们人类就没有必要设计和制造智能机了。尽管如此，人工智能的发展后果仍然难以预料，正因为如此，才引起了人们对人工智能发展前景的担忧和思考。哲学史表明，在人工智能产

[①] 维基百科关于人工智能哲学给出了三个基本问题：首先，机器能智能地行动吗？它能解决人通过思考所能解决的任何问题吗？其次，人类智能和机器智能一样吗？人脑本质上是计算机吗？最后，机器能像人一样拥有心灵、心理状态和意识吗？它能感觉到事情是怎样的吗？对这些基本问题的回答形成五个主要命题：第一，图灵测试，即如果机器像人一样智能地行动，那么它就像人一样有智能；第二，达特茅斯提议，即学习的每一个方面或智力的任何其他特征都可如此精确地描述，以至于可制造机器来模拟；第三，纽威尔和西蒙的物理符号系统假说，即物理符号系统具有一般智能行为的必要和充分的方式；第四，塞尔的强人工智能假设，即具有正确输入和输出的适当编程计算机将因此拥有与人脑完全相同意义上的心智；第五，霍布斯的机械论，即理性只不过是计算而已，它只是加减我们思想的"标记"和"象征"的一般名称的结果。https://en.wikipedia.org/wiki/Philosophy_of_artificial_intelligence（2019-02-20）。

[②] 人工智能伦理学是机器人和其他人工智能存在物质特有的技术伦理学的一部分，它通常分为机器人伦理学，人类在设计、构造、使用和对待人工智能存在物时的道德行为，以及机器伦理学，其中涉及人工道德主体的道德行为，如机器人的权利、它对人类的威胁、人工智能的武器化、对人类社会产生的未知后果等。https://en.wikipedia.org/wiki/Ethics_of_artificial_intelligence（2019-02-20）。

生之前的很长时间，哲学家就提出了心智如何工作的问题，科学家也提出了大脑如何思考的问题。这些迄今仍然是我们人类面临的有待弄清的问题。自人类制造了机器后，机器有可能像人那样思考和行动的问题就产生了。如果机器能够像人一样智能地行动，那么它们拥有真实的、有意识的心智吗？或者说，机器能够像人那样思维吗？如果能够，它们的行为会产生怎样的伦理问题，或者智能机是否拥有伦理意义？

人工智能产生后，有人声称，机器能够智能地行动，好像它们拥有智能，哲学家将这种观点称为弱人工智能假设；有人断言，机器的行为实际上是拥有思维能力而不仅仅是模拟思维，哲学家将这种观点称为强人工智能假设。大多数人工智能研究者将弱人工智能假设视为理所当然，不太关心强人工智能假设，也就是说，只要他们的程序能够工作，他们就不关心别人认为机器是模拟智能还是真实智能（人类智能）。不过，他们倒是应该关心他们的研究工作会产生怎样的社会伦理问题，如机器人代替人类工作或思维的后果会如何？是否会出现机器人控制人类的事情发生？接下来笔者将详细讨论人工智能可能产生的哲学和伦理学问题。

第一节　机器的智能是不是其自身具有的

机器能否智能地行动，这是目前机器人技术正在实现的目标，各种类型的智能机器人已经登场，如扫地机器人。自1956年人工智能产生之日起，就有人断言，人类学习的每个方面，或智能的任何其他特性，都能够由机器精确地描述或模拟。这似乎表明弱人工智能假设不仅是可能的，而且已经部分实现，如智能无人机。然而，也有人认为弱人工智能不可能，它只是人们狂热崇拜计算主义而产生的一种幽灵（Sayre and Gray，1993）。

显然，人工智能是否可能取决于我们如何定义它。若将人工智能定义为对在给定架构上的最佳主体程序的探索，按照这种定义，人工智能就是可能的，即对于任何具有k比特程序储存器的数字架构，存在2^k个主体程序，接着我们必须做的是发现最好的程序，并列举和测验它们。当k非常大时这在技术上似乎是不可行的，但是哲学家关注的是理论的而不是实践的问题。或者说，在给定的架构上，技术地实现人工智能是可能的，而哲学家对人的认知架构和机器的架构的对比更感兴趣，具体说就是关心机器能否思维，而不关心机器行动的最大效用。

绝大多数人都会认为飞机作为机器能飞，但问题是，飞机能飞与机器能思维是一回事吗？在笔者看来，两者不可同日而语，"飞"是动力学问题，

"思维"是认知科学的问题，后者比前者要复杂得多。图灵认为，不要问机器能否思维，而要问它能否通过智能行为的测试。这就是著名的"图灵测试"。这里图灵说的是思维的机器，而不是一般的机器，是在计算的意义上定义智能机器的，即计算就是思维，能计算的机器就是智能机，大脑就类似于计算机。这就是著名的"计算机隐喻"。如果将思维定义为计算，那么机器无疑会思维，因为人也会计算，当然也会思维。但是人的思维与计算机的"计算思维"本质上是相同的吗？正如鸟会飞与飞机会飞本质上是相同的吗？

对于人来说，计算过程肯定是思维过程，但思维过程未必是计算过程，如情感思维、冥想，尽管这里的计算可被理解为是广义的，可能包括数学运算、逻辑推理、语言操作、问题解决等。而对于计算机而言，计算就是操作和执行人为编写的程序，这个过程与情感过程可能完全不同，尽管情感也可被量化、被计算，甚至审美、幸福感这些纯粹体验的东西，也可纳入计算范畴，如情感计算。若计算等于思维，机器就是可思维的；若计算不完全等同于思维，机器就可能不会思维。这就需要对"计算"和"思维"概念进行精确定义，找出它们之间的内涵与外延。这是一个十分棘手的难题，目前学界的争论还在继续。

作为计算机科学的开创者，图灵已预见到对智能机可能存在的三种主要反驳：无能力论证、数学反驳和随意性论证。接下来我们对这些反驳作详细讨论。

第一，无能力论证。这种论证的形式是"机器决不能做 x"。x 是许许多多具体的事例或情形或状态，根据图灵的说法 x 包括——是和蔼的、机智的、美丽的、友好的；有主动性，有幽默感；能够辨别是非、犯错误、坠入爱河；享受草莓和冰激凌；向经验学习；正确地使用词；是它自己思想的主体；有像人一样多的行为多样性，等等。在这些事例中，有些是相当简单的，如犯错误，因为我们知道人和计算机都会犯错误；有些则是人能够做到而智能机不能做到的，如坠入爱河，因为机器还没有感情，尽管目前的智能机器人能够做许多甚至连人都难以做到的事情，如深海探测、月球探测。智能机的发展已经能够代替人下棋、看病、驾驶车和飞机等，如 Master 对弈智能机、无人战机。在科学领域，如天文学、数学、化学、生物学中，智能机能够做出一些虽小但重要的发现，如专家系统，但是这些发现的背后都有人类专家在操作。独立于人的智能机单独靠自己的能力还不能做出发现。科幻电影中描述的情形现实社会中还没有出现，但就目前智能机的发展水平和趋势来看，这种可能性依然不能被完全排除。

不可否认，智能机在许多方面和人做得一样好，甚至比人还好，如复杂计算比人既快又准，下围棋胜过人。但这并不意味着，智能机在执行任务的过程中能够使用洞见、产生顿悟并理解，因为洞见、顿悟和理解应该是人特有的，智能机目前甚至永远不具备这种能力。

第二，数学反驳。众所周知，哥德尔和图灵的工作已经表明，某些数学问题，根据特殊形式系统原则上是无解的。哥德尔不完全性定理是这方面最著名的例子。简单说，若任何形式公理系统 F 足够有力做算术，则建构一个所谓的哥德尔语句 $G(F)$ 是可能的，该语句具有如下两个属性：

（1）$G(F)$ 是一个 F 语句，但不能在 F 内被证明。

（2）如果 F 是不矛盾的，那么 $G(F)$ 是真的。

这个定律说明，机器在心理上不如人，因为机器是形式系统，它受不完备定律的约束，不能建立它们自己的哥德尔语句的真值，而人则没有任何这样的限制。这种观点引起了长期的争论。

首先，哥德尔不完全性定理仅适用于足够有能力做算术的形式系统，包括图灵的智能机。在心理性这一点上，机器与人不可同日而语，但不具备心理性这种观点部分是基于计算机是图灵机的观念。这是一种好的近似处理，但不完全正确。因为图灵机是无限的，计算机则是有限的，而且任何计算机能够用命题逻辑描述为一个巨系统，这不服从哥德尔不完全性定理。

其次，一个主体不应该太矫情以至于不能建立某些语句的真值，而其他主体能够。例如，"张三不能无矛盾地断言这个语句是真的"。如果张三断言了这个语句，那么他将使他自己陷入矛盾，所以张三不能一致地断言该语句。这样我们就已经证明，存在这样一个语句，即张三不能无矛盾地断言而其他人和机器能够。还有，一个人无论何等聪明，他一生也不能计算出 10^{100} 的数目之和是多少，而超级计算机能够在几秒内搞定。但是我们不能就此认为计算机比人聪明，也没有看到这作为基本限制会影响人的思维能力。人类在发明数学和计算机前就已经智能地行动几千年了，这意味着形式数学推理在指明什么是智能的方面很可能只是起次要作用。

最后，也是最重要的，即使我们承认计算机在其所能证明方面是有限的，也没有任何证据表明人不受那些限制的影响。严格讲，我们很容易证明一个形式系统不能做 x，如没有情感和心理活动，但声称人能够使用他们自己非形式方法做 x，而没有给出这种观点的任何证据。难道这是合理的吗？的确，证明人这种生物系统不受哥德尔不完全性定理支配是不大可能的事情,因为任何一个严格的证明都要有非形式的人的参与才能形式化,并因此驳倒它本身。于是,我们就给直觉留下了余地,认为人能够以某种方式执行数学洞察力的非凡技巧。在做推理时,我们必须假设一致性或无矛盾性的存在。更可能的情形是,人本身就是一个矛盾体。这一点对于日常推理确实如此,对于缜密的数学推理也是如此,著名的"四色地图问题"的证明就充分说明了这一点。

第三,随意性论证。这是图灵提出关于人工智能最有影响和持续最久的批评,即关于人行为的随意性论证。其含义是,人的行为太过复杂,以致不能通过一组简单的规则来理解;计算机所做的无非是遵循一组规则,不能产生像人那样灵活的智能行为。以一组逻辑规则无能力地理解每件事,在人工智能中被称为"资格问题"(qualification problem)。德雷福斯(H. Dreyfus)是这种观点的主要支持者,他在《计算机不能做什么》和《计算机仍然不能做什么》中对人工智能提出一系列批评,其立场被豪格兰德(J. Haugeland)称为"好的老式人工智能"(good old-fashioned artificial intelligence,GOFAI)。GOFAI 主张,所有智能行为能够通过一个逻辑地从一组事实和描述这个域的规则进行推理的系统得到理解。德雷福斯正确地指出,逻辑主体对于资格问题是脆弱的,而概率推理系统更适合于开放的域。

不过,我们应该看到,德雷福斯反对的不是计算机本身,而是编辑计算机程序的方法。根据德雷福斯的观点,人类的专门知识的确包括某些规则的知识,但只是作为在其中人操作的一个整体语境或背景。例如下棋,棋手首先必须掌握关于下棋规则的知识,这些知识作为语境在下棋过程中起作用。新手完全依赖规则,需要规划做什么,而大师看一下棋盘就能够迅速知道如何做,正确的步骤已在头脑中。这就是说,大师无须刻意考虑规则就能迅速做出决定,其思维过程不依赖有意识的心智的内省。但是这不意味着思想过程不存在,只是在大师那里,思维过程已经融入熟练的技能中。

德雷福斯提出获得技能的五个步骤,以基于规则的处理开始,以迅速选择正确答案的能力结束。为了做出这个规划,他提出一个神经网架构组成一个巨大的案例库,但指出如下四个问题。

(1)源于案例的好的泛化没有背景知识是不能获得的。没有人知道如何将背景知识归并入神经网的学习过程。

(2)神经网的学习是一种监管学习形式,需要相关的输入和输出的优先识别。因此，没有人类训练者的帮助它不能自动操作。事实上，没有教师的学习能够通过无监管学习和强化学习来完成。

（3）学习算法在许多特性上执行得并不好。如果我们挑选一个特性子集，就会有增加新特性的未知方式存在，这使得当下集应该证明不适当考虑习得的事实。事实上，新方法如支持向量机能够非常好地处理大量特性集。随着基于网络大数据的引入，许多应用领域如语言处理、计算机视觉能够处理数千万个特性。

（4）大脑能够引导其感官寻求相关信息，能够加工信息以提取与当下情境相关的属性。但是，德雷福斯主张，这种机制的详细过程目前还不能被理解，甚至包括能够指导人工智能研究的假设方式。实际上，由信息价值理论支持的自动视觉领域，已经关注方向传感器问题，而且某些机器人已经吸收获得的理论结果。

总之，德雷福斯关注的许多问题，包括背景常识知识、逻辑推理问题、不确定性、学习、决策的合成形式等，的确构成人工智能的主要问题，现在已经归入标准智能主体设计领域。这是人工智能进步的证据，不是其不可能性的障碍。

德雷福斯最强的论证是针对情境主体的，而不是针对无身的逻辑推理引擎的。一个主体，支持其理解"狗"的知识库仅源于逻辑语句的一个有限集，如狗（x）→哺乳动物（x），与一个观看狗跑赛、同狗一起玩的主体来说，这个主体处于劣势。正如克拉克（A. Clark）指出的，生物大脑的首要功能是作为生物身体的控制系统，使生物身体在丰富多彩的真实世界环境中运动、行动（Clark，1998）。为了理解人类或动物主体如何工作，我们必须考虑整个主体，而不仅仅是主体程序。事实上，具身认知方法不独立地考虑大脑，而是将它与身体看作一个不可分割的整体。也就是说，认知发生在身体包括大脑内，而身体是嵌入环境中的。这样，认知就是环境中的认知，即情境认知。可以预计，在机器人的传感器技术的发展中，具身认知和情境认知方法一定会发挥重要作用。

第二节 机器是否具有人一样的思维

上述表明，机器能够像人一样思维是强人工智能的假设。许多哲学家认为，机器即使通过了图灵测试，也不能说它能像人那样思维，而只能算作是一种思维模拟。图灵已经预见到这种观点，称其为意识论证，即只有机器不仅能写出乐曲，而且知道它写出了乐曲时，我们才能承认机器就是大脑，或者说，机器必须意识到它自己的心理状态和行动。说人有意识几乎没有异议，说机器有意识就会引起极大争论。意识是认知科学和认知心理学的一个重要议题，与研究意识和研究直接经验的现象学相关，即机器必须实际上能够感知情感。在现象学中，判断某物是否有意识的一个标准是所谓的意向性。根据这个标准，对于机器来说，由于它能够是实际地关于真实世界中的某物的，所以机器可能有信念、愿望和其他表征。这种观点引起了争论。

图灵对反驳机器有意向性观点的回应是机智的。他给出了这样的理由——机器事实上可能是有意识，或者有现象学特性或具有意图，问机器是否能够思维是一个不清晰的问题。因为我们对机器的要求高于对人类的要求，毕竟在日常生活中我们没有直接的证据表明我们了解他人的内在心理状态。这是心灵哲学中的他心问题。与其继续纠结这个问题，不如关注每个人思维的惯例。当时的人们还只是设想人与机器在未来对话的可能性，而如今人机对话已经是寻常之事，真实思维与人工思维之间已没有语言之间的区别，就像人造尿素与天然尿素之间不存在物理、化学性质的区别一样。

如果说无机物与有机物之间的界限已经被打破，那么机器思维与人类思维之间的界限是否也会被打破呢？这毕竟不是同一层次的问题，前者是物理层次的，后者是精神层次的。对于思维，我们还没有达到从无机物合成有机物的程度，大多数人还是宁愿相信，机器思维，无论多么引人注目，绝不会是真实的（人的思维），至多只能是模拟（似人思维）。正如塞尔所质疑的："没有人假设，一场暴风雨的计算机模拟会让我们淋湿……究竟为什么人在其正常心智中会假设心理过程的计算机模拟实际上具有心理过程？"（Searle，1980：417-418）塞尔的质疑是否有道理呢？一般来说，既然计算机模拟不会产生实际效果，我们也不能指望计算机模拟心理过程能够产生实际心理状态。

然而，问题是，这种类比是适当的吗？虽然计算机模拟暴风雨不会让我们淋湿，但是我们并不清楚如何将这个类比运用到心理过程的模拟。这与用洒水器模拟下雨会使我们淋湿不同，但暴风雨的计算机模拟的确能模拟湿的特征。模拟驾驶不等于真实的驾驶，但能让模拟者体验到好像是在驾驶真实的车。这是否就是图灵所指的思维的惯例呢？大多数人会同意，在计算机上模拟下棋，与在真实场景下棋没有什么不同。事实上，我们是在执行下棋的行动，而不是在模拟。心理过程更像是模拟暴风雨，还是更像下棋？

其实，图灵的思维惯例给出了可能的答案。在他看来，一旦机器达到某种老练的程度，这个问题本身通常会自动消失。这也会消解弱/强人工智能之间的差别。不少人对此持反对意见，认为存在一个不可否认的实际问题——人的确有真实心智，机器没有或可能没有。要阐明这个实际问题，我们需要弄清人如何有真实心智，而不仅仅是身体产生神经生理过程？

哲学上解决这个心身问题，是与机器是否能够有真实心智问题直接相关的。我们知道，心身问题是一个既老又新的问题。笛卡儿的二元论将心与身截然分开，认为二者独立存在，尽管它们之间存在相互作用，但随后产生的问题是——心是如何控制身体的。被称为物理主义的新一元论唯物主义，通过断言心与身不是分离的，心理状态就是物理状态，从而避免了这个问题。大多数现代心灵哲学家都是不同形式的物理主义者，他们原则上承认强人工智能的可能性。但物理主义者面临的问题是解释物理状态（特别是大脑的分子架构和电化学过程）如何能够同时是心理状态，如疼痛、享用美食、知道某人在开车、相信北京是中国的首都等。

著名的"缸中之脑"（brain in a vat，BIV）[1]思想实验就是为反驳物理主义而提出的，但这个思想实验驳倒了物理主义吗？物理主义者试图说明一个人或机器处于一个特殊心理状态是什么意思。意向状态，如相信、知道、愿望、害怕等，是他们特别关注的，这些状态指向外在世界的某些方面。例如，"我"吃面包的知识是一个关于面包和在其上发生了什么的信念。若物理主义是对的，情形一定是：一个人的心理状态的适当描述，由那个人的大脑状态来决定。如果"我"正集中精力以刻意的方式吃面包，那么"我"此刻的大脑状态是"知道某人吃面包"这类心理状态的一个实例。当然，"我"的大脑中所有原子的具体架构是不必要的，也就是说，"我"的脑或其他人的脑有许多架构，它们属于同一类心理状态。关键点是，同一脑状态不对应于一个基本明确的心理状态，如某人正吃苹果的知识。

我们必须承认物理主义的观点具有科学理论的简单性特征。但这种简单性受到"缸中之脑"思想实验的挑战。让我们设想，你的脑从你出生就与你的身体分离，并被置于一个设计神奇的缸中，这个特殊的"缸"能很好保

---

[1] 这是哲学家普特南 1981 年在其《理性、真理与历史》一书中阐述的一个思想实验。具体内容是说，某人被一个邪恶的医生实施了取头脑手术，即将他的头脑从其身体上切下来，然后放进一个盛有维持脑存活营养液的缸中。脑的神经末梢被连接到计算机上，这台计算机按照程序向脑传送信息，以使那个人维持一切正常的感觉和幻觉。对于这个无头脑的人来说，似乎他仍然生活在真实世界中，与没有失去头脑之前的状态没有什么不同。这个实验提出的基本问题是：人们如何保证自己不是生活在这种假设的缸之中呢？

存你的脑，允许它生长发育。同时，电信号从一个完全虚幻世界的计算机模拟输入你的脑，来自你的脑的移动信号被拦截，并被用于修正模拟直到适当。事实上，你经历的模拟生活精确复制你可能已度过的生活，如果你的脑不是被置于缸中的话，包括模拟吃虚的面包。这样，你可能已经用于一个脑状态，该状态与真正吃真面包的人的脑状态同一，但说你拥有心理状态"知道你吃面包"表面上可能是假的。然而，事实是，你没有吃面包，你从来没有品尝过面包，当然你不可能有这样的心理状态。

这个实验似乎与脑状态决定心理状态的观点相矛盾。解决这个问题的一个路径可能是，心理状态的内容能够从两种不同的视角来解释：宽内容与窄内容。宽内容是从一个通达整个情境的全能的外部观察者的视角给出解释，这个观察者能够区分这个世界中的不同事物。按照这种观点，心理状态的内容既包括脑状态也包括环境的历史；窄内容只考虑脑状态，例如一个真实吃面包的人和一个缸中之脑吃面包者的脑状态的窄内容，在这种情形中是相同的。这似乎难以置信。

在笔者看来，如果你的目标是把心理状态归于共享你的世界的其他人，以预测它们可能的行为和效果，那么宽内容就是完全适当的，因为它包括了心理状态所涉及的语境因素，如环境的历史，这是我们关于心理状态的日常语言进化的必要环境。如果你关注的是人工智能系统是否真实地思维和真实地拥有心理状态的问题，那么窄内容就是适当的，因为机器是无语境的，即与环境的历史无关。我们不能简单地说人工智能系统真实地思维是否依赖外在于那个系统的条件。如果我们考虑设计人工智能系统并理解其操作，那么窄内容也是与此相关的，因为正是大脑状态的窄内容，才决定下一个脑状态的内容是什么。这自然产生了这样一些问题——对于脑状态什么是要紧的？什么使得它拥有一个心理状态？在这个所涉及的实体的心理操作范围内，功能角色起到何种作用？这些是功能主义的替代方案试图说明的问题。

第三节 功能主义的"脑替代"实验能否说明机器产生意识

在机器是否有心理状态的问题上，功能主义认为，心理状态是输入与输出之间的任何一个中介因果条件。根据功能主义，任何两个系统，若它们具有同构的因果过程，则具有相同的心理状态，因此一个计算机程序能够拥有与人相同的心理状态。如果意识真的是一种因果物理现象，那么与大脑工作原理相同的机器应该会产生意识（目前的人工智能不是大脑的工作机制）。这里的同构是指两个不同系统在结构和属性方面的一一对应，在数学上是映射关系。这个假设无论正确与否，它都表明存在某种水平的抽象，在这个抽象架构下的操作是无关紧要的。

功能主义的这种观点可由脑替代（brain replacement，BR）[1]思想实验得到清晰的说明。这个实验包含三个假设：①神经生理学发展到这样的程度——人脑中所有神经元的输入输出行为和连通性被完全理解了；②我们能建构微型电子装置，它能模仿整个行为，能顺利连接神经组织；③某些神奇的外科技术能用相应的电子装置替代个体神经元，而不中断脑作为一个整体的操作。一句话，这个实验是由使用电子装置逐个替代人头脑中的所有神经元所构成的。

在这里，我们关注的是在操作之后和操作期间被试的外在行为和内在体验。根据实验的定义，如果这个操作不被执行的话，与所将要观察到的情况相比较，被试的外在行为必须是保持不变的。虽然意识的在场或缺场不能被第三个当事人确定，但实验主体至少应该能记录他或她自己有意识经验中的任何变化。显然，对于接下来将发生什么会存在一个直接的直觉冲突。但是功能主义者相信他们的意识仍然会保持不变。

作为一个生物功能主义者，塞尔也相信他的意识会消失。在他看来，人们会失去对其外在行为的控制。他举了这样一个例子，当医生测试你的视力时，他们会在你面前举一个红色物体，然后问你看到了什么，你想说你不能看见任何东西，但你不由自主地说出你看见一个红色物体。这意味着你的有意识经验慢慢地消失，而你的外在可观察行为仍然保持不变。

这有两种情形需要注意：一方面，当被试逐渐无意识时，要保持外在行为不变，被试的意愿应同时完全被取消。否则，意识的消失将会反映在外在行为中，如被试会大叫或以言辞表达。如将意愿的同时消失看作某一时刻的神经元被逐渐替代的结果，这似乎是一个不太可能的主张。另一方面，在没有真实的神经元保留期间，如果我们问被试关于他的有意识经验的问题，那么会发生什么呢？假设一个正常人被尖棍子刺了一下，他会发出尖叫；若一个失去知觉的人被尖棍子刺了一下，他可能没有任何反应。机器就像一个没有知觉的人，被刺一下可能没有反应，因为它没有神经元，尽管它可

---

[1] 该实验最初由哲学家克拉克·格里莫（Clark Glymour）提出，由塞尔加以发展，最终由机器人专家汉斯·莫拉韦克（Hans Moravec）引入人工智能领域。

能被设计成有刺激-反应的程序做出应答。假如我们用电子脑替代正常人脑的功能属性，而且电子脑没有包含任何人工智能程序，那么我们必须拥有显示意识的一个解释，这种意识是仅由诉诸神经元功能属性的电子脑产生的。因此，这种解释也必须应用于具有相同功能属性的人脑。

这会导致三种可能的结论：①正常人脑中产生这类输出的意识的因果机制仍然能在电子装置中操作，它因此是有意识的。②正常人脑中的有意识心理事件与行为没有任何因果联系，并从电子脑中遗失，它因此不是有意识的。③这个实验是不可能发生的，因此关于它的推断是无意义的。尽管我们不能排除第二种可能性，但是它将意识还原到副现象的地位，即哲学上描述的某物发生了但没有留下影子，好像它存在于可观察的世界。进一步说，如果意识的确是副现象的，那么被试在被刺痛后就不会有发出尖叫的情况发生，因为不存在有意识经验的痛。相反，人脑可能包含一个次要的、无意识的机制，该机制负责在受到刺激后会发出尖叫声。

总之，功能主义主张，在神经元水平上操作意味着也能够在任何更大功能单元——一组神经元、一个心理模块、一片脑叶、半脑或整个脑水平——上操作。这意味着，如果我们接受脑替代实验说明替代脑是有意识的观点，那么我们也应该相信，当整个脑被电子装置完全替代后意识被保持下来了，而且这个电子装置通过一个大查找表从输入到输出的地图不断升级其状态。如果功能主义是对的，这会使大多数人包括弱人工智能者在内感到不安，因为人们会意识到，查找表不是有意识的，至少在查找表期间产生的有意识经验，与在操作一个可能被描述为存取和产生信念、反省和目标等的系统期间产生的有意识经验是不同的。因此，脑替代实验并不能充分说明机器能够产生意识。

当然，这里存在一个机器有意识的判断标准问题。按照功能主义，假如机器具有了与人脑相同的工作原理，它就应该产生意识，并具有真正的智能。这显然是以人类意识为参照标准的，比如大脑功能模拟主义者霍金斯依据大脑的特性提出了判断机器智能的四个标准：持续学习（人类会不断学习，人工神经网络不能）、通过运动学习（人类通过感觉-运动系统的预测采取行动，人工智能没有这样的系统）、多重模型（大脑和人工智能都可以使用多个互补模型，如传感器）和使用参考系存储知识（知识存储在大脑新皮质的参考系中，机器要产生智能也需要参考系来表征这类信息）（杰夫·霍金斯，2022：154-156）。按照这种智能标准，目前的人工智能显然不是"真正的智能"（人类智能）。

第四节 生物自然主义能否驳倒功能主义

塞尔的生物自然主义对功能主义提出了强烈挑战。根据生物自然主义，心理状态是高层次的涌现特征，它由低层次的神经元中的生理物理过程引起。神经元的这种未指明的属性才是重要的。因此，说心理状态被复制，仅仅是在某些具有相同输入输出行为的某些功能结构程序基础上，而且我们会要求这个程序在执行一个与神经一样有因果力的认知架构。为了支持这种观点，塞尔描述了一个假设系统，它能够执行一个程序并通过图灵测试，但不能理解它输入输出的任何东西。这种假设系统就是著名的"中文屋"。

这个假设的中文屋系统由一个不懂中文只懂英语的人、一本英语写的规则书（英汉对照词典）和一堆纸条（有些是空白，有些写有不认识的符号）构成。中文屋有一个通向外面的窗口，负责收取纸条。中文屋中的人相当于计算机的 CPU，规则书相当于程序，纸条相当于储存器，窗口相当于输入输出装置。屋中的人能够将通过窗口传入写有中文符号的纸条，按照规则书的匹配指令（形式规则）将其编译成中文语句，并将写有中文的纸条传递出去。指令可能包括在新纸条上写符号，在纸堆中发现符号，重新安排纸堆等。我们从外部发现，这个中文屋系统输入中文纸条并产生中文回答，看上去与图灵设想的系统一样有智能。目前的翻译程序如百度翻译、谷歌翻译等，就相当于中文屋系统。

对此塞尔反驳说，中文屋中的人，比如我塞尔本人，完全不懂中文，规则书和一堆纸条，不过是一张张纸条，根本不理解中文。这个系统根本不存在对中文的理解，即执行一个正确的程序，不必然产生理解。或者说，塞尔假设中文屋系统要说明的是，执行一个适当的程序尽管也产生正确的结果，但对于成为一个心智是不充分的。

在笔者看来，机器是否有"智能"，与机器是否"理解"，是不同层次的问题。按照计算主义的定义，若一个系统能够计算，它就应该有智能，因为计算就是思维，思维当然是智能行为。若将智能定义为包括理解在内，则机器系统就难以有智能，因为对于任何程序来说，无论是形式的还是非形式的，机器系统只能执行程序并不理解程序本身，甚至人有时也只是使用某种语言，但不一定理解其意义，比如儿童背诵唐诗，成人使用 0（零），未必知晓其意义。这就看我们如何定义、理解智能了。有智能与有意识、有心灵、能理解还不是一回事，虽然它们之间有密切关联。

严格讲，塞尔所反对的不是弱人工智能的观点，而是强人工智能论断——恰当编程的机器具有认知状态，程序本身就是对人的认知过程的理解。塞尔在《心灵、大脑与程序》一文中，通过设想一个中文屋，从系统应答、机器人应答、脑模拟者应答、联合应答、他人心灵应答、多重套间应答六个方面，系统而详细地反驳了这种论断，应该承认非常有力（玛格丽特·博登，2001：92-120）。然而问题是，将人在中文屋中理解中文类比为 CUP 能够开立方运算是否合适？这是许多强人工智能支持者质疑塞尔反驳的一个普遍问题，也是人工智能专家对哲学家的挑战。

在中文屋和 CPU 两种情形中，对于理解而言，都是否定的。因为人不理解中文，CPU 也不理解。若问中文屋是否理解中文，按照强人工智能，回答可能是肯定的。塞尔的应答实际上重申了这样的观点，即在人脑中不理解的，在纸中也不能理解，所以不存在任何理解。塞尔似乎是在应答，整体的属性必须存在于部分属性中，这显然不合适。比如，水是湿的，但其组成的成分 H_2O 不是湿的。让我们进一步分析塞尔的漏洞所在。

塞尔的主张基于四个公理（Searle，1990：26-28）：①计算机程序是形式的（句法的）；②人类心智基于心理内容（语义的）；③句法本身对于语义学既不是必要的也不是充分的；④生物脑产生心智。塞尔从前三个得出结论，程序对于心智是不充分的，即一个执行程序的主体可能是一个心智，但仅根据执行程序并不必然是一个心智。从最后一个公理得出，能够产生心智的任何其他系统可能会拥有等同于脑的因果力的因果力。由此塞尔推出，任何人工脑将会拥有复制脑的因果力，不仅仅会运行一个特殊的程序，因为人脑不会仅根据运行一个程序就产生心理现象。一句话，意识或心灵是生物现象，计算程序是不能产生这种现象的。

当然，这些公理是有争议的。例如，公理①和公理②依赖于一个句法与语义学之间的未详细说明的区分，这种区分似乎与宽内容、窄内容之间的区分密切相关。一方面，我们可将计算机看作操作句法符号；另一方面，也可将计算机看作操作电流，这恰好与大脑运作的情形（生物电流）相似。所以，我们会说脑就是句法的。但是程序对于心智是不充分的这个结论并不令人满意。塞尔所主张的是：如果你明确地否认功能主义，即公理③表明的，那么你不能必然得出没有脑是心智的。这样，中文屋论证可归结为是否接受公理③。

丹尼特将中文屋论证称为"直觉泵"（intuition pump）[①]，即中文屋论证放大了人的先验直觉。丹尼特认为，塞尔的论证形式对于哲学家来说是很熟悉的，即他构建了一种所谓的直觉泵，一种通过在基本思想实验上产生变异来激发一系列直觉的装置。直觉泵通常不是发现的引擎，而是一种说服者或教学工具，一种一旦你看到真相就能让人们以你的方式看待事物的方法。丹尼特反对用直觉泵思考，认为它们被许多人滥用。在这种情况下，塞尔几乎完全依赖于错误的结果，即由错误地提出的思想实验产生的有利直觉。因此，生物自然主义者更坚信他们的立场，功能主义者仅确信公理③是未经证明的，或者说，塞尔的论证是不足以令人信服的。然而不可否认的是，中文屋论证不仅对人工智能提出了巨大挑战，也引发了广泛的争论，但很少改变持不同立场人们的观点。比如博登就旗帜鲜明地反对塞尔的中文屋论证，认为他的论断是错误的[②]。

审视这场争论我们发现，接受公理③进而接受塞尔论证的人，当决定什么实体是心智时，他们仅仅依赖他们的直觉而不是证据。中文屋论证表明，仅凭借执行一个程序的力量，中文屋不能构成一个心智，但该论证也没有说，如何凭借某些其他理由决定中文屋或计算机或机器人是不是一个心智。不过，塞尔承认人类这种生物机器有心智。按照塞尔的这种观点，人脑可能或不可能执行像人工智能程序的某些东西，但如果人脑能执行，那也不是它们是心智的理由。在塞尔看来，创造一个心智得需要更多的东西，如相当于个体神经元的因果力的某些东西。但是这些力是什么仍然是待解之谜。

然而，需要注意的是，从生物进化的角度看，神经元进化出执行功能角色，即具有神经元的生物远在意识出现在自然界之前就学习和决定了。若这样的神经元由于与它们的功能能力无关的某些因果力而恰好产生了意识，那将是一件惊人的同时存在事件。毕竟，正是这种功能能力才支配了有

[①] "直觉泵"一词由丹尼特在《意识解释》中提出，作为一种思想实验，根据丹尼特的说法，它能够让思考者利用他们的直觉找到一个问题的答案。他用这个词描述塞尔的中文屋论证，旨在通过这样一种方式来得出直观但不正确的答案，这样的描述很难想象，而且往往被忽视。就中文屋论证而言，丹尼特认为，一个人操纵符号似乎不足以构成任何形式的意识，这一直觉观念忽视了记忆、回忆、情感、世界知识和理性的要求，即系统实际上需要通过这样一个测试。丹尼特指出，塞尔并不否认程序可以拥有所有这些结构，他只是不鼓励我们去做这件事。但如果我们要做好想象这件事的工作，我们不仅有资格而且有义务想象程序就是这样的结构，如果我们能想象的话。但丹尼特相信，对于这个思想实验并没有多少人真正理解（Dennett，1991：438）。

[②] 博登在"逃出中文屋"中论证说明，塞尔对计算心理学的质疑缺乏充分的根据，计算机程序不理解语句不等于它一点理解力也没有，既然将形式主义的计算心理学比作计算机程序而不是形式逻辑，那么原则上计算心理学并非不能解释意义或内容是怎样附着于心理过程的（玛格丽特·博登，2001：121-141）。

机物的生存。而在中文屋的情形中，塞尔依赖直觉而非证据，即只看到屋，没有证据证明屋中到底有没有意识发生。我们也可将大脑看作"屋"而做同样的论证，在那里我们只看到细胞的组合，盲目地根据生物化学或物理学规律的操作就认为那里有心智。为什么一大块脑能产生心智而一大块肝脏不能？这仍然是一个巨大的秘密，一种解释鸿沟。因此，仅仅依靠哲学的思考还不足以弄清心智形成的机制，这需要多学科的联合。

第五节　意识的感受性解释是否存在解释鸿沟

关于强人工智能的争论，其核心是意识问题。具体说，意识是否只是生物特性的，非生物的人工意识或机器意识是否可能实现。我们知道，意识通常表现为不同方面，诸如感受性、理解、自我意识、自由意志等。这些方面都是哲学上一直在讨论的问题，至今仍在争论着。而与意识问题紧密相关的是主体经验，即感受性，它是我们经验的内在性质。我们的某个感觉如疼痛是否有相应的脑状态？或者说，一个心理状态是否有相应的物理状态？这个问题对心智的功能主义说明构成了挑战，因为不同的感受性可能涉及别的同构因果过程是什么的问题。例如，倒置光谱（inverted spectrum）[①]思想实验表明，当看见红色物体时某人 x 的主观经验，与当其他人看见绿色物体时的主观经验相同，相反也一样。x 坚持红色是红的，在红色信号灯亮起时停，也同意红色信号灯的红色比夕阳的红色更强烈。然而，x 的主观经验在两种情形中是不同的。红色信号灯是停的经验，夕阳是享受或感悟的经验。

感受性问题不仅是心灵哲学的一个重要问题，也是自然科学的一个重要问题；不仅对功能主义形成了挑战，也对科学形成了挑战。假设神经科学已经探明大脑的运作机制，比如发现一个神经元中的神经过程将一个分子转换为另一个，不同神经元之间的相互连接路径，等等，这些发现也不足以让人们接受，拥有神经元的实体如大脑有任何特殊的主观经验。在神经过程与意识形成之间可能存在某种鸿沟。这在哲学上被称为"解释鸿沟"

[①] 倒置光谱是两个人分享他们的颜色词汇和区别的一个假设概念，尽管一个人所看到的颜色，即一个人的感受性，与另一个人所看到的颜色有系统上的不同。这个概念可以追溯到洛克，他说想象一下，有一天早上我们醒来，发现世界上所有的颜色都被颠倒了。而且，我们发现我们的大脑或身体没有发生任何物理变化来解释这一现象。非物质实体的感受性假说的支持者们认为，既然我们可以想象这种现象的发生，在没有矛盾的情况下，我们想象的是一个属性的变化，它决定了我们对事物的看法，但它没有物质基础。https://en.wikipedia.org/wiki/Inverted_spectrum（2020-03-19）。

（explanatory gap）[①]，它是心身问题中关于物理现象与心理现象之间的理解关系问题，具体说是能否用物理状态解释心理状态的问题。这种解释鸿沟导致查默斯认为，人类无能力完全理解自己的意识。而丹尼特通过否认感受性进而否认解释鸿沟的存在，认为这是由于哲学混乱造成的。但是，无论结论怎样，问题依然存在，争论仍在继续。

在笔者看来，若感受性是意识经验，则主观经验与意识相关，没有主观意识也就没有主观经验，如一个丧失意识的植物人没有感觉，也就没有主观经验。若感受性是非意识经验，那就有点神秘了，毕竟我们不能否认有意识的人有主观经验，主观经验就是感受性。之所以存在解释鸿沟，是由于我们还没有弄清生物的大脑是如何拥有意识的，更遑论机器脑是如何产生意识的。况且意识和感受性之间的联系机制也还没有完全弄清，因此形成所谓的解释鸿沟也就不难理解了。图灵也承认意识与机器智能是不同的问题，但是他否认意识问题与人工智能有太多的联系，也就是说，意识问题不妨碍机器智能问题。

事实也是如此。虽然迄今我们仍然没有弄清意识问题，但人工智能却得到长足发展。这充分说明意识和智能不是一回事，有意识的存在一定有智能，如人类，但有智能的存在不一定有意识，如智能机。事实上，人工智能并不依赖于意识，而是依赖于能创造智能行为的程序或算法，意识可能是一种不依赖智能的更基本心理或者精神现象。比如对"我"而言"我"的存在感，"我"感到"我"是这个世界上正在活动的行动者。这样看来，意识并不神秘，它是我们时时刻刻都在感觉到的现象。

这里笔者再次强调，意识不同于智能，机器虽然没有人类意识但仍可以有智能。所以，笔者不完全赞同霍金斯的大脑功能模拟主义（自称为新皮质沙文主义）——新皮质[②]是智能的器官，智能基本产生于新皮质。笔者基

[①] 几十年来，这一解释鸿沟一直困扰着哲学家和人工智能研究者，并引起了相当大的争论，而弥合这一鸿沟的解释，即为经验和感受性找到令人满意的机械解释，被查默斯称为"意识的难题"。这一问题在哲学上引发了形而上学和认识论的讨论。在形而上学方面认为，有证据说明心理状态能在物理状态实现，某些二元论一定是正确的；在认识论方面认为，也有证据表明即使有事实说明心理状态能在物理状态实现，仍然存在一个深刻的问题——我们如何根据心理状态的物理属性解释它们的显著特征，换句话说，似乎在心理状态和物理主体之间仍然存在一个"解释鸿沟"。https://en.wikipedia.org/wiki/Explanatory_gap（2020-03-19）。

[②] 新皮质是人类大脑的最新部分，即"新的外层"，约占大脑的70%，厚度约为2.5毫米，它包裹着旧脑部分（由几十个独立的器官组成），与旧脑通过神经纤维相连，人类的几乎所有认知能力都是由新皮质创造的，而且只有哺乳动物才有新皮质，人类和其他哺乳动物的智力差异主要是新皮质大小与厚度的不同造成的（杰夫·霍金斯，2022：16-22）。

本同意霍金斯的这种看法，即大脑新皮质会学习一个模型，智能就是一种系统学习世界模型的能力，但由此产生的模型本身没有价值和情感（价值和情感由旧脑产生），这样一来，智能机器也需要一种世界模型，以及这种模型带来的灵活性，但机器不需要拥有人类的生存和繁殖本能（杰夫·霍金斯，2022：176-177）。然而，这种观点同时意味着，人类智能和机器智能不是一回事，因为机器根本没有意识，而没有意识的机器如何生成世界模型呢？霍金斯认为是通过记忆-预测或新皮质-预测模型。按照霍金斯的看法，新皮质记忆不同于计算机存储（记忆）的特性在于：新皮质自动存储模式序列、自动联想到模式、以固定的形式存储模式、以层次结构的方式存储模式（杰夫·霍金斯和桑德拉·布莱克斯利，2022：69）。霍金斯所说的"模式"是大脑内部的"不变的表征"（如神经元的电脉冲），是细胞激发的内在稳定性，如一生不变的"自我"、"猫"的心理概念。然而问题在于，机器内部"不变的表征"模式是什么？是知识表征？事实上，这种将大脑视为人工智能模型的想法并不新鲜（新意在于关注新皮质，认为新皮质才是智能发生的器官），联结主义（人工神经网络）就是这样。在这个意义上，新皮质主义对于联结主义和通用人工智能的研究是有重要启迪的。

　　根据新皮质主义，要开发真正的智能机器，必须先要弄清人类智能是什么，即弄明白大脑的工作方式和机理，然后对大脑进行逆向工程，进而设计制造真正的人工智能。在笔者看来，对于意识问题，新皮质主义是有道理的，而对于智能则不完全正确，因为人工智能在没有弄清意识的情况下，也创造出了像 ChatGPT 这样有较高级智能的人工系统。因此，我们可以推测，意识的感受性与大脑的新皮质可能相关，而智能（处理符号）未必一定需要新皮质。人工智能可能有自己的演化规律，并不遵循人类意识的发生机理，人工智能与人类智能可能不同，正如鸟会飞与飞机会飞不是一回事一样。

第六节　人工智能能否对社会伦理构成威胁

　　不论智能与意识关系如何，也不论人工意识是否可能，不可否认的事实是，人工智能的迅速发展已经对人类社会产生了非同凡响的影响，这是自我认知领域的一场深刻变革，有人称之为"图灵革命"，也是继哥白尼革命、达尔文革命和神经科学革命后的"第四次革命"（弗洛里迪，2016：101-112）。这次革命之所以不同于以往的革命，原因在于，它将我们人类看作一个信息体，在信息圈内与其他可逻辑化和自动化进行信息处理的信息智能体共享自然和人工领域内的成就，相互交织在一起。于是，我们越来越多地将记忆、认知活动，甚至日常生活，委托给智能机如计算机、智能手机等来完成，智能机已然成为我们的"延展大脑"，我们几乎完全依赖于它们。试想，若没有手机，你会无所适从；若电信网络停摆，人们将无法完成购物支付。除认知、经济等领域外，人工智能特别是智能机器人的发展是否会对我们的精神领域，特别是我们的伦理观念和行为规范产生影响？这一点是肯定的，而且影响巨大。我们可从以下几方面来考虑。

首先是智能机器人的身份认同问题。这不仅是一个法律问题，更是伦理问题。一个人形智能机器人是否被承认是人类，即使法律上的障碍被消除，比如2017年10月28日沙特阿拉伯向机器人"索菲娅"授予国籍，宣布机器人索菲娅为其国家的公民，享有与其国民相同的权利。这就是承认机器人的合法人类身份的地位。然而，接下来更棘手的伦理层次的问题是——"索菲娅"与人类是什么关系，她能结婚吗？尽管"索菲娅"与人类外形高度相似，拥有仿生橡胶皮肤，可以模拟62种面部表情，能识别人类面部表情、理解人类语言、能与人类互动，甚至还会开玩笑，但她毕竟还是人形机器，缺乏人类拥有的情感力和自然生育能力，更没有人类长期建立起来的历史感和伦理观念，因此，对机器人提出伦理要求本身就是不合理的，赋予机器人以所谓的合法身份只不过是一场闹剧而已！

其次是智能机器人的安全性问题。如果机器人对人类生存产生极大的威胁，如无人驾驶成为杀人武器，禁止其发展就是必须的，因为人类法律和道德都绝对不允许杀人。这就是我们人类如何控制机器人的问题。2018年3月9日，欧洲科学与新技术伦理组织（European Group on Ethics in Science and New Technologies）发布《关于人工智能、机器人及"自主"系统的声明》称，人工智能、机器人技术和"自主"技术的进步已经引发了一系列复杂和亟待解决的伦理问题，呼吁为人工智能、机器人和"自主"系统的设计、生产、使用和治理制定国际公认的道德和法律架构。另一种危险可能源自对人工智能已出现的一种过度想象化的现象，这种过度想象如超级智能、控制人类等会影响人工智能的健康发展，有学者呼吁必须防止对人工智能的过度想象，避免人工智能神话的出现（杨庆峰，2021：11-16）。这是从深层次思考人工智能的安全性，这意味着人工智能的危险之处不是智能问题，而是自我意识问题。如果人工智能拥有对自身系统的反思能力，就有可能改造自身系统，创造新规则，尤其是，如果人工智能发明一种属于自己的万能语言，能力相当于人类的自然语言，那么所有的程序系统都可以通过它自己的万能语言加以重新理解、重新构造和重新定义，那么人类就非常危险了①。

再次是人类道德责任问题。在这种由人工智能和机器人构成的复杂信息社会技术系统中，与道德相关的智能主体性应该有怎样的位置？人类如何分担产生的道德责任，或者谁应该为其中产生的不良后果负责？不可否认，智能机是人类自己创造并推广应用的，产生的不良后果应该由人类自己来承担，具体说就是谁生产谁负责，正如环境问题，谁污染谁治理。这不仅是一个涉及对人工智能的研发、设计、测试、生产、监管和认证的问题，也是一个包括政府、企业和个人在内的民主决策、相协调解决的问题，涉及制度、政策及价值观的决策，以确保人工智能技术不会给社会带来危害。例如美国哈佛大学肯尼迪政府学院贝尔弗尔科学与国际事务中心和美国银行宣布成立"人工智能责任运用协会"，旨在解决未来人工智能快速发展中可能出现的问题②。

最后是人类的行为规范问题。人工智能发展不仅极大地改变了人类的生活方式，也改变了人类的行为方式。目前的互联网给我们带来了极大的便捷，网购、支付宝、外卖非常普及，机器人已代替人类的部分工作，人变得休闲了，但同时也无所事事了，宅男宅女普遍存在，几天甚至几周不出门的大有人在。这是目前我们面临的一大社会问题，因为人与人之间面对面的交流、沟通没了，感情淡化了，冷漠成为常态。这不仅导致了网瘾、安全问题，也产生了不良行为。比如，走路看手机导致的车祸，长期宅在家里造成的交流封闭，甚至产生孤独症。假如有一天智能机器人真的普及了，人类应该如何与它们打交道？应该建立一种怎样的关系？人类面对机器人应该如何规范自己的行为？这是不久的未来人类将会面临的伦理问题。

---

① 人工智能有了自我意识为什么很可怕呢？赵汀阳给出了如下看法：自我意识是一种"开天辟地"的意识革命，它使意识具有了两个"神级"的功能：首先，意识能够表达每个事物和所有事物，从而使一切事物都变成了思想对象。这个功能使意识与世界同尺寸，使意识成为世界的对应体，这意味着意识有了无限的思想能力。其次，意识能够对意识自身进行反思，即能够把意识自身表达为意识中的一个思想对象。这个功能使思想成为思想的对象，于是人能够分析思想自身，从而得以理解思想的元性质，即思想作为一个意识系统的元设置、元规则和元定理，从而知道思想的界限及思想中任何一个系统的界限，因此知道什么是能够思想的或不能思想的。对于人来说这是有道理的（赵汀阳，2019：1-8）。然而，在笔者看来，自我意识是人区别于机器的关键，智能机有智能但没有意识，更没有自我意识，所以，这种担心是否也是一种过度想象呢？或许吧！到目前为止，我们连人的自我意识的发生机制还没有搞清楚，更遑论人工智能的自我意识了！

② 2018年04月13日，来源：中国社会科学网-中国社会科学报。

第七节 小 结

综上所述，人工智能能否自己产生意识，能否拥有认知和思维能力，能否拥有生命甚至情感和自由意志，生物自然主义说明是否正确，功能主义说明是否合理，人形智能机是否应该取得合法身份，人工智能的未来发展是否安全等一系列涉及科学技术、哲学、伦理和法律问题，是我们人类不得不面临的迫切问题。对于人工智能，我们不仅要关注它如何发展，还要考虑它应该怎样发展。如果人工智能的发展对于人类是弊大于利，如机器人控制人类并要毁灭人类，人工智能研究者就有责任终止这种研究，如同终止核武器的发展一样。这不可避免地给人工智能研究者提出了社会责任和社会伦理的要求。

第二十一章　具身人工智能的可能性与必要性

真正的发现是能让我停下来不做哲学的发现，让哲学消停的发现。
　　——维特根斯坦（摘自尼克《人工智能简史》2017年第177页）
人们对人工智能的恐惧反映出这样的信念：正是我们的智能才使我们与众不同。
　　——拉马克里希南（V. Ramakrishnan）（摘自约翰·布罗克曼《AI的25种可能》2019年第222页）

　　人工智能的快速发展使我们无法回避这样一个问题，即人类是否能够创造出像我们一样有身体的机器人，或者具身的人工智能系统。这里的"身体"是生物意义上的，而不是形态意义上的（如人形机器人），也不是人机交互意义上的，而是人机集成或整合意义上的。也就是说，具身机器人既不是我们人类，也不是人工智能体，而是二者的合体，就像科幻作品中的类人机器人，我们从外表上和行为表现上区分不出它是人类还是类人。这种具有具身性的智能机，不只是生物学的规定，更多的应该是社会文化的规范。进一步说，这种类人机器人拥有像人一样的意识、智能和情感，甚至拥有道德感和人格。这是强人工智能倡导者雄心勃勃的目标，也是"奇点论"①支持者认为不远的将来可实现的理想，即产生超人的智能（Kurzweil，2006）。
　　作为一种科学技术目标去追求，这本身并无不妥，就像人类要去探月、探火星。然而，要实现这个"野心"，人们必然会问：其一，制造类人机器人在理论和技术上是否可能，莫拉维克悖论可以在技术上消除吗？其二，如果可能，类人机器人实现的机制是什么？其三，假如实现了这种机器人有何优势，会带来何种后果？其四，创造这种类人智能真的有必要吗？在探讨并回答这些问题前，我们先回顾一下1979年美国数学家和哲学家侯世达对人工智能发展可能产生的问题及其预测。

---

① 关于什么是奇点，是否会到来的问题，见 Vinge V. Vernor Vinge on the Singularity. https://www.cp.eng.chula.ac.th/～fyta/213/ReadingList/Vernor%20Vinge%20-%20Singularity.pdf[2023-03-22]。

第一节　对侯世达关于人工智能问题及其预测的分析

侯世达在其名著《哥德尔、艾舍尔、巴赫——集异璧之大成》（2015年中文版）中曾经对人工智能的发展提出十个具有预见性的重要问题，并对其做出部分回答和推测（侯世达，2014：894-899）。在这十个问题中，有些现在看来不成问题，有些问题的推测并不准确，有些问题依然存在而且很重要。接下来我们逐一进行分析。

问题1：是否计算机程序[①]终将谱写出优美的乐曲？关于这个问题，侯世达的推测是"会的"，但近期不会，因为音乐是情感语言，让计算机程序会哭或笑，尚为时过早。显然，他并没有否认程序作曲的可能性。比如，中央电视台的《机智过人》栏目就播出过机器人写诗、谱曲、给歌手打分等节目。不过，他认为计算机作曲程序不会产生新的美感，也就是说，计算机程序不能体验美感、幽默感、韵律感和惊讶感。这些都是与情感相关的感受性。可以说，侯世达预测到了未来人工智能的情感化问题，或者说是具身人工智能的问题。

问题2：情感是否能明显地在一台机器中程序化？这是问题1的自然推论。他的推测是"不能"，而且认为是"荒唐的"。理由是，计算机的模拟不可能达到人类情感的复杂性。因为人类情感直接源于心智组织，而程序只能以它们组织起来的方式间接模拟出情感，而不是直接程序化的结果。比如，计算机程序员编写不出"坠入爱河"的程序。在笔者看来，问题2与问题1相关，但侯世达对这两个问题的回答似乎前后矛盾。既然计算机不能使情感程序化，它就不能编写出带有情感的程序，也就是不会谱写出动听的乐曲，尽管可编写出有序的音符，且听起来还悦耳。

问题3：智能计算机能否更快地做加法？他的推测是"可能不会"。理由是，计算机不能让程序干预其正在进行着的计算活动的电路，如同我们不能将数字装入我们的神经元中。意思是，我们不能往程序里注入"智能"。这个问题现在来看应该不是问题，深度学习及深度强化学习等新算法的出现，让计算加减乘除甚至更复杂的解方程、函数运算等易如反掌。当然，这些算法中并没有所谓的"智能"，更没有"心灵"，它仅仅是按照程序执行而

[①] 侯世达强调，这里的"程序"不是指一般的算法编程，而是"确实有智能的"程序。而"计算机""程序"这些概念带有更多的机械论内涵。尽管如此，这些概念业已约定俗成，就可继续使用，但其内涵发生了变化。

已。所以，侯世达没有给出确定的结论。

问题4：是否会出现能击败任何人的下棋程序？他的推测是"不会"。这里的下棋程序是指一种"通用智能"程序，即一个能纵览全局、大致达到人类水平的智能机器人。现在看来，侯世达的推测似乎错了，因为阿尔法狗和大师下棋程序（围棋）已经所向披靡了。不过，侯世达强调的是"通用智能"，一种能同时下各种棋的通用机器人，这种机器人迄今还没有出现，而阿尔法狗和大师下棋程序是特定智能机（专门下围棋），而且没有"跳出系统外"的能力，在下棋之外它们无法与人类匹敌。在这个意义上，侯世达的预测是有道理的。

问题5：你是否能在较低的层次摆弄一下程序就可对它进行调整？更具体说，在存储器中是否有一个特定位置被用来存控程序行为的参数，这样，如果找到并修改了它们，你能使程序再灵一点或再笨一点或更有创造力或更喜欢足球？他的推测是"不能"。理由是，存储器中不存在"有魔力"的位置用以存储像程序的"智商"之类的东西，这如同我们的身体每天会死掉几千个神经元而我们没有感觉一样。这意味着，程序可以被修改，但不会通过修改产生智能。这隐含了一个原理：作为程序的软件可以改变，但硬件不变。比如我们的思想可以改变，但身体结构不能改变，一台计算机的软件可以更换，但硬件基本不变。

问题6：你是否可能把一个人工智能程序的行为调整得像我或像你——或恰好介于我们两个之间？他的推测是"不能"。他认为，人工智能程序依赖于其工作记忆的稳定性，它们与人一样不是变色龙，不能在不同人格之间切换。这一推测是正确的，计算机程序应该是相对稳定的，尽管可以通过升级补漏，但不能因此改变其结构而失去稳定性。一个程序的稳定性是保持其能够稳定运行的前提。

问题7：一个人工智能程序是否有一颗"心脏"？还是说它只不过包含了一堆"无意义的循环和平凡操作的序列"？这也是计算机专家明斯基的问题，侯世达认为没有这样的"心脏"（引擎），即使有也看不见（隐藏的）。这里的"心脏"是一个隐喻表达，意思是，程序是否有一个像我们心脏的东西。他认为人工智能领域关于这个问题有两种观点：一是主张"心灵无法程序化"；另一种认为可通过"启发式装置"如多重优化器、模式识别、递归处理等可获得智能，他的观点处于两种观点之间的某个地方。人工智能程序就像很深的"水潭"，人们无法一眼就看到底，但如果造出了能够通过图灵测试的程序，我们知道其中有一颗"心脏"（隐藏的），尽管它并不实际上存在。

问题8：人工智能程序能否具有"超智能"？他的推测是"不知道"。在他看来，"超智能"这个概念本身就令人费解，它是什么意思呢？是指超人类智能还是指某种非人类智能如外星人智能？尽管人工智能可以达到人类智能，下一个目标可能就是超智能，他仍然认为超智能不是人工智能的研究目标。这就是笔者主张的超智能是否必要的问题。

问题9：人工智能程序实际上和人完全一样吗？这其实是问人工智能能否具身化的问题，即人工智能能否有一个像我们一样的躯体（生物意义上）。在侯世达看来，两者之间的差异大得几乎无法想象。假如机器人有了和我们人类一样的身体，它们能够像我们一样思考，说同样的语言吗？即使我们造出了与我们完全一样的复制品（克隆人或类人机器人），它们也和我们的心智有很大不同。只是同它们打交道时我们不知道它们是真正的人类还是类人机器人。

问题10：一旦我们造出了一个智能程序，我们是否就能理解什么是智能、意识、自由意志和"我"了？这个问题将人工智能与意识、自由意志和自我意识联系起来。侯世达认为在某种程度上是这样的，这完全取决于这里所说的"理解"是什么意思。比如听音乐，不同的人对其理解不尽相同，"一千个读者会有一千个哈姆雷特"。即使我们把每个音符都拆分了，也不一定理解一首乐曲。这不仅涉及人类智能与人工智能的关系问题，也涉及人工智能是否具有创造力的问题。

总之，上述十个问题有的业已解决，有的依然存在，有的仍然不清楚，比如"意义"问题不仅依然存在，还构成了人工智能的真正障碍。但不可否认的是，目前人工智能的发展在某些方面已经超越了侯世达的预测，比如ChatGPT可能具有一定的推理和捕获语境的能力。侯世达的学生米歇尔在《AI 3.0》中给出了未来人工智能的六个关键问题[1]，以此激发人工智能的终极潜力（好的人工智能[2]）。

---

[1] 米歇尔将人工智能分为三个等级：AI 1.0（逻辑智能）、AI 2.0（计算智能）和 AI 3.0（平行智能），平行智能是指人机融合、虚实结合的友好型通用智能。六个问题是：自动驾驶汽车还要多久才能普及？人工智能会导致人类大规模失业吗？计算机能够具有创造性吗？我们距离创建通用的人类水平人工智能还有多远？我们应该对人工智能感到多恐惧？人工智能中有哪些激动人心的问题还尚未解决？（梅拉妮·米歇尔，2021：299-314）。

[2] 所谓"好的人工智能"就是王飞跃先生所说的"6S"智慧社会：物理空间安全（safety）、网络空间安全（security）、生态空间可持续（sustainability）、敏捷感知性（sensitivity）、有效服务（service）和有益智慧（smartness）（梅拉妮·米歇尔，2021：xxix）。

第二节　类人智能是否具有创造力

　　根据生物自然主义，意识是生物现象，心智是基于意识的，由此推知创造力也是基于意识的。也就是说，没有意识的实体，就不会有创造力。人类拥有意识也有创造力这是不争的事实，人工智能由于没有意识，当然不会有创造力。即使人工智能有创造力，那也是其背后人类设计者的创造力。这里的问题在于，人工智能体不借助人类智能自己能够进行创造活动吗？这的确是一个不好回答甚至没有答案的问题。

　　更具体地说，计算机程序或算法本身是否有创造性？何时有？这两个问题排除了设计者参与的人工智能的创造性。对于人类设计者而言，恐怕他们也未想到一个程序或算法在何时在何处具有了创造性。比如像数学定理的证明、乐曲的创作、对弈中的新走法，计算机自己就能够想出来？大多数人会认为程序或算法本身不会产生创造力，就如同塞尔所证明的符号操作本身不是思维，更不会产生理解，当然不会有创造力。创造力应该是与意识、心智相关的能力，非意识和非心智的东西怎么会拥有创造力呢？

　　然而，问题没有那么简单，我们没有观测到或进入计算机程序怎么就能断定它没有创造性呢？你可能会说，我们也没有观测到或进入人类的大脑，但我们知道人类有创造力。这个类比在这里不一定合适。一个著名的例子是为初等几何证明寻找证明的程序。根据侯世达的描述，由计算机专家明斯基构想、IBM公司的设计者吉伦特设计了一个被称为"驴桥"（ponsasinorum）的程序，它能得出普通人绝对想不出的证明方法。任务目标是证明等腰三角形的两个底角相等。学过初等几何的人都知道，标准的证明是通过作辅助线把等腰三角形分为对称的两半。而设计的程序发现了不作辅助线的高明方法，即把等腰三角形与其镜像看作两个不同的三角形，只要证明它们全等就可以了。

　　据说这个"新想法"是从程序得出的，不是设计者给出的。这个绝妙的证明方法让设计者和许多人大为惊讶，这是否可看作程序具有创造性的证据呢？证明的功劳应该归于谁呢？是设计者还是程序本身？持计算机无意识的人会认为，程序本身没有创造力，这种表面的创造性可能是通过两种方式产生的：一种是程序通过不同符号或符号串的组合意外得出了惊人的结果；另一种是隐藏在设计者心中的想法只不过被计算机程序呈现出来而已。侯世达认为，后一种看法才是问题的关键，即认为计算机程序只是将设计者的创造性浮现出来。这是生物自然主义者的看法，也是大多数人的看法。在笔者看来，如果设计者确实没有预先给这种证明程序赋予"创造性"，我们不能排除是计算机程序通过符号或符号串的组合或它们的相互作用涌现了创造力的可能性，如通过控制-反馈循环机制产生的。如果我们不能说明这个例子中的新证明法是人类设计者的还是程序涌现的，那么我们最好还是将设计者的大脑与程序的"心智"区分开来。程序的设计归于人类，但程序产生的"新想法"却不能完全归于设计者。按照侯世达的说法，在这种情况下，设计者可被看作"元作者"，而程序被看作"作者"。这里引入了元认知的思想，即关于认知的认知，如作者的作者。

我们设想，如果这个几何证明程序不是个特例，比如它一而再、再而三地给出些不同于标准证明的新证明方法，那么我们就不得不承认计算机程序是一个有思想的"智能体"。然而，这种情形目前并没有出现。但是，我们并不敢断言这种情形一定不会出现。比如侯世达所说的"元作者"的情形在音乐创作方面特别突出。有人将两首不同的进行曲输入计算机，结果产生了组合的新曲调，尽管听起来有点奇异之感甚至有点别扭，但的确不同于已有的曲子。这个过程没有涉及复杂的和难以理解的计算，没有使用学习算法，也没有出现随机过程，计算机只是机械地运行，但出现了令作曲家惊讶的曲调。这是计算机程序在作曲吗？显然不是，计算机只是机械地组合音符。正如侯世达正确地指出的，"这个程序中没有任何结构类似于人脑中的'符号'，在任何意义下也不能说它在'思考'它所做的事。把这样一段音乐的创作归于计算机，就像把本书的操作归功于产生它的计算机编辑照排系统一样"（侯世达，2014：799）。这意味着，计算机不管有多么智能，它只不过是人用来进行创造和实现想法的工具，尽管其中不排除有一些意外的新东西出现，如编辑修改了某个句子。因为说到底，计算机程序缺乏自我意识，没有灵活性，不知道自己在做什么。即使有一天人类真的创造了能够作曲的智能机，我们也不能说完全是智能机创作了乐曲，其中一大部分功劳应归功于程序设计者，其余部分归功于程序本身。在侯世达看来，这种能创作的智能机只有其程序的内部结构是基于某种类似于我们头脑中的"符号"及其触发模式，并以此来处理复杂的概念意义时，这种情形才会发生。

可以看出，侯世达是将计算机程序与人脑类比，只有计算机程序与人脑的运作模式类似时，它才能产生某种创造力。在笔者看来，侯世达还没有跳出依赖于人类或模拟人脑的思维模式。诚然，人工智能包括机器人的发展基本上还是模拟人脑的功能，但深度学习、强化学习及其结合，再加上大数据和 5G 技术，跳出人脑模式的超人工智能是可能的，正如飞机模式超越了鸟的飞翔模式。所以，通过不断挖掘新的物理规律，基于新的物理规律建构新型的人工智能模式也不是不可能的，如量子计算机。接下来我们探讨这种类人智能的生成机制。

第三节 类人智能实现的意向-自反循环机制

我们假设具身的人工智能是可实现的，但其难度很大，因为其中的障碍或鸿沟几乎难以逾越，比如如何让生物体和硅基材料有机地结合，能否将心智注入机器，或将意图、目标注入方程式或算法，也就是让机器有了灵魂，使笛卡儿的"机器之幽灵"得以实现，形成一种所谓的人机共存共生现象。当然，我们不排除科学家可借助于生物科学技术如克隆人技术（如果允许的话）实现人机融合或人机混合的可能性。如果这种可能性成立，这种新型的具身机器人或人机一体的类人机器人就是可能的。笔者根据控制论的控制-反馈循环原理，结合哲学的意向性和自反性概念给出人工智能生成的意向-自反循环涌现机制。

从控制论的观点看，意识和智能这些认知行为是通过一个控制-反馈循环涌现的结果（图 21-1）。主体（系统）达到目标或完成任务的控制行为是意向行为，其特性就是意向性；从目标（任务）到主体（系统）的反馈是自我指涉的或自反的，其特征就是自反性（即知道我是谁）。对于一个主体（人类或智能体）来说，如果他或它只有意向性，即指向他物的属性，那只能算作刺激-反应，如低级生物；只有当他或它同时也拥有了自我指涉性或自反性，他或它才会涌现出意识。根据扎卡达基斯的看法，自反性是指"当一个系统制造另一个系统时（不论是复制还是制造另一个产物），它都会变成它所制造的产物的一部分"（乔治·扎卡达基斯，2017：173）。这个概念实质上是控制论的反馈概念的拓展——因果循环和永不结束的自我指涉，它可能是生命的主要起因。比如化学中的自我催化（反应的产物同时又是催化剂）就体现了自反性。生物系统中的新陈代谢就是一种大规模的自我催化反应，构成了生命形态得以维系的极为重要一环。在这个意义上，作为自反性的自我催化可能参与了生命的起源过程。

在笔者看来，意识的起源也很可能与自反性相关。我们常常会反思自己，这种反思就是自我指涉，笔者称之为"反身性"，因为它是可被我们体验的，比如"我是……""我感觉……""我认为我……"等。按照扎卡达基斯的说法，当人们反思时，"我"既是主体又是客体，心理学上将这种意识的递归称为"元认知"。在表征的意义上，这意味着被观察的事物和观察过程不是同时编码的，也就是在不同自然系统和认知系统中编码的。只有当这种自我指涉出现时，自我才能产生，有了自我意识智能方能涌现。这可能是人工智能和机器人学制造有意识机器的关键，因为自我指涉或自反性导致了有序的形成。所以，笔者一直主张，意向性和自反性同时出现才能称得上是有意识，如我们人类，不仅具有意图（目的），也知道我们是谁，而其他脊椎动物如大猩猩可能不知道它们是大猩猩，如在镜子面前它们会将自己的影像看作其他动物。3岁儿童都认识镜像是他们自己。

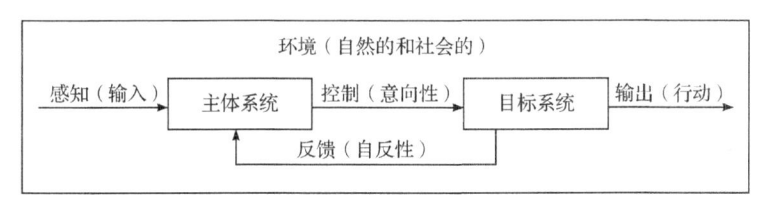

图 21-1 一个控制-反馈循环（意向-自反循环）系统

从适应性表征的视角看，人类、动物以及人工智能主体，在达到目标的意义上，都有一个控制-反馈循环或一个意向-自反循环，因此都是适应性表征系统。说它们是适应性表征系统，不等于说它们之间没有区别，区别在于这些不同主体（系统）在自我指涉性方面的不同表现。对于物理系统，如汽车引擎，它只是通过控制-反馈循环进行物质和能量交换；对于低等生物系统，如蚂蚁，它可通过控制-反馈循环进行物质、能量和信息（信息素）交换，较之物理系统有较强的适应环境的能力；对于高等生物系统，如我们人类，我们不仅通过控制-反馈循环进行物质、能量和信息交换，也同时进行着意向-自反循环，这正是人类比其他生物更高级和更智慧的地方。正是有了意向-自反循环我们才有了意识，有了心智和智能。当然，"一个系统必须同时具有自组织的能力，才能有适应性行为涌现"（乔治·扎卡达基斯，2017：258）。而自组织并非复杂性的结果，而是系统的各组成部分以特定方式连接产生多层次的正反馈。这些反馈循环创造了更高层次的自组织复杂性，从而产生了新的行为，如自主行为。这种复杂的高级智能行为是在自然系统的不断演化中涌现出来的，如自我意识。在人工系统如计算机互联网中能否产生自我意识（假如计算机数量达到人类大脑神经元的量级 10^{11}）我们还不得而知，至少目前的互联网没有涌现出意识，未来可能性也不大。原因在于，人工认知系统与自然认知系统不仅在硬件和软件上不同，它们的组织结构和连接方式也大为不同。

这里产生了一个非常深刻的问题，即自然系统先孕育出生命，如生物体，再由生命系统涌现出意识和认知行为，如创造力，那么人工系统也遵循这样的逻辑吗？人工智能的发展业已表明，人工智能的产生不是以人工生命的存在为先决条件的。这有力地说明，人工智能的产生和自然智能的涌现有着不同的演化逻辑。比如人工认知系统不会自发产生语言，当然也不会形成对行动或事件意义的理解。或者说，抽象符号的推理不会自己产生意义，只有将观察到的事物与观察者相结合才能从无意义的表征中涌现出意义。这意味着要产生意义和理解，语境的介入是必须的。这就是人工智能和机器人学近十几年来都致力于语境觉知研究的原因[①]。

然而，两种认知系统都是适应性表征系统。人类是完全的具身认知系统，计算机包括人工智能是完全的离身（无身）的认知系统，这两种认知系统在一定程度上的结合或融合，就很可能产生新型的具身认知，即人机一体的认知系统。到那时，人类和机器人的共存共生就不仅是可能的，而且是现实的。伦理问题、法律问题等会相应出现。我们必须未雨绸缪，迎接新型具身机器人带来的一系列挑战。从适应性表征视角看，无论是人类的具身认知系统，机器的无身认知系统，还是人机融合的新型具身认知系统，都一定是适应性表征系统。因此，适应性表征就是所有认知系统的共同属性。或者说，一切认知活动，其载体不论是生物的（血肉的），还是非生物的（机械的），拟合是生物-机械混合的，均是适应其所处环境的，包括自然的、社会的、历史的和文化的因素。因此，在适应性表征的意义上，具身的人工智能不仅是可能的，而且是可实现的，只是这种实现是类人智能，而不是人类智能。

如果我们能够将这两种系统进行耦合，通过适应性表征这个桥梁有可能创造出一个人机融合的系统，一个类人系统或具身人工智能系统，如人工神经网络的模式识别、机器学习。在不考虑价值判断或道德评估的情况下，这种类人系统是可能出现的，除非人类担忧这种类人系统会给人类带来危害而禁止研究和开发。前者依赖于计算机科学、人工智能、机器人学、生物学、化学和认知神经科学等学科的联合与协作，后者还依赖于哲学、伦理学、社会学等人文社会科学的介入。

如果这种类人机器人是可能的，这意味着，具有自我意识的心智系统

---

① Meissen U, Pfennigschmidt S, Voisard A, et al. Context-and Situation-Awareness in Information Logistics, 2004: 335-344. https://link.springer.com/chapter/10.1007/978-3-540-30192-9_33 DOI:10.1007/978-3-540-30192-9_33（PDF）（2023-03-22）.

必须是有身体的。神经科学已经揭示,脱离身体的心智是不存在的,或者说,心智依附于身体,二元论不成立。我们要创造人工意识或人工认知,机器人必须有生物的身体。按照这个逻辑,身体的存在是人工认知系统发展的必要条件。如果是这样,那我们离制造出这样的类人机器人还遥遥无期,因为现在的技术还无法突破符号计算和有意识认知之间的鸿沟。如果从适应性表征入手,不考虑两种认知系统之间的硬件差异,这种类人机器人是有可能实现的。这与我们制造会飞的飞机和会游泳的潜水艇是一个道理。只是这些人造物没有自我意识、没有情感。

在这里,我们应该换一种思考方式。也就是说应该重新定义什么是意识、什么是认知。其实,在笔者看来,智能和意识不是一回事。根据适应性表征观念,智能具有适应性表征功能,意识也有,不同在于意识表现在体验和感受方面,智能表现在解决问题和完成任务方面。计算机是在"适应性表征"(根据逻辑算法处理数据或推理),不是在"思考",思考是隐喻性表达。我们过度使用隐喻来表达计算机的计算能力,如著名的"计算机隐喻"。然而,为了理解和解释,我们又离不开隐喻表达方式。这可能是我们人类的认知局限性所致。因此,语言使用和意义理解始终困扰着人工智能研究者,正如塞尔的"中文屋论证"所表明的那样,意义无法通过操作形式符号来获得,计算机不能理解它处理的编程语言的意义。而且这种人工编程语言必须由人类程序员预先定义和设置,而我们人类则无须事先定义和设置语言。从语境论的视角看,我们人类是语境化的,计算机和人工智能则不是。这就是人类智能和人工智能的差异所在。要想让人工智能更"智能",语境化是必须的。这就是笔者一直主张的人工智能的语境化问题,即让人工智能拥有语境化能力。同时,为了保证机器人不危害人类,我们必须让机器人"人性化",即创造"友好的人工智能"。

第四节 莫拉维克悖论是否可以克服

然而,机器人的具身化和人性化势必会遇到众所周知的莫拉维克悖论(Moravec's paradox)。这个悖论是说,"让计算机在某些任务上表现出成人的智力水平是件很容易的事情,如智力测试或玩跳棋,但是让其获得哪怕是一岁儿童的某些能力,如感知和运动,却是极其困难甚至是不可能的事情"(Moravec, 1988: 51),比如机器人不会做鬼脸,不会开玩笑,不会谈恋爱。这个悖论揭示了这样一个基本事实:人工智能在专用领域超过了人类(如计算、下棋),但在通用领域连幼童也不如(如下楼梯)。

在表征意义上，莫拉维克悖论还揭示了这样一个基本事实：符号逻辑表征不是万能的，一定存在某种类型的智慧（如直觉、创造力）是符号逻辑不能表达的。也就是说，人类智能更多依赖于无意识的本能，而不是有意识的符号操作，所以无法通过形式化规则来获得。这就是德雷福斯在《计算机不能做什么》中所表达的一种观点。神经科学的发现也表明，意识不是一个脑细胞执行的逻辑算法，而是大量无意识的、混乱的心理过程在新皮层上整合的结果。但这种过程一定是适应性的。这就是为什么笔者力求主张适应性表征。

进一步说，所谓莫拉维克悖论是说，对于人工智能或认知系统，最难的问题最容易解决，而最简单的问题反而难以解决。在笔者看来，这种看似矛盾的现象其实是一种错觉，即表面上似乎是矛盾的，实质上是不同层次的问题。比如，让机器人做下棋、进行复杂计算等这些按规则执行任务的工作比人类强很多，当让其做连儿童做起来都易如反掌的事情，如爬楼梯，机器人却很难做到（现在的机器人也能爬楼梯、翻越障碍物，甚至翻跟头，但不是基于意识的，这是机器人学的进步）。这是为什么呢？人工智能所做的计算和人类所做的爬楼梯是两个层次的问题。机器人是完全基于理性的，完全按照规则做事，如计算、对弈，而人类不完全是按理性规则做事的，很多时候是非理性地行事的，而且非理性所占比例还不小。爬楼梯的行为是无意识或本能行为，而人的计算完全是有意识的认知行为，计算机的计算是无意识操作规则。因此，这个悖论其实是没有在有意识行为与无意识行为之间做区别造成的。这意味着意识造就了人的能动性和灵活性，无意识机器人缺乏能动性和灵活性，而缺乏能动性和灵活性是造成机器人爬楼梯困难的真正原因之一。

然而，简单动物如蟑螂爬楼梯也很容易，但我们不能说它有意识，这说明意识并不是引起爬楼梯容易的唯一原因，无意识的本能也是一个原因。另一个更深层的原因可能要通过自然进化来解释了。这就是构成问题，即人类和机器人的组成成分完全不同，前者是生物的（碳基的），后者是物理的（硅基的），遵循的规律也不同。这就是认知科学中的"硬件要紧不要紧问题"。也就是说，组成智能实体的"硬件"规则是决定因素，比如我们的大脑是天生的硬件，心智、情感、意图等心理属性均源于这种物理硬件。这就是侯世达所说的"硬件规则不变"原理，即"各个层次上的软件都可以改变，而硬件规则不变——事实上，软件的灵活性来自硬件的稳固性！"（侯世达，2014：907）

因此，对于像爬楼梯这样的行为来说，硬件不仅是要紧的，而且是决定性的。在这里结构决定功能，结构功能主义是有道理的。这种人类可轻易完成而计算机难以执行的任务状态，即所谓的莫拉维克悖论，在笔者看来，就是生物体和非生物体之间的鸿沟问题。说到底，这是两种完全不同结构和功能的实体：人类智能和类人智能。关于后一种智能，人们自然会问，类人智能具有何种优势，会产生什么后果？

第五节　未来机器人的优势和可能带来的问题

从哲学上看，不论未来的机器人如何有智能，在多少方面超过人类，其综合能力如判断力是无法与人类匹敌的，因为机器人没有意识和情感，当然更没有心灵或自由意志。这是机器人智能与人类智慧无法相比的根本原因。说到底，人不是机器，人若按照机器的方式去思维和行动，人就不如机器了，如计算机的存储和搜索能力远胜过人，人类的存在就是多余的了。我们利用机器人的目的是克服人类躯体和智力上的局限性。所以，机器人无疑是人类的有力助手。

在笔者看来，作为人类助手的未来机器人有如下六大优势。

第一，集成性，即在短时间内能够将人类所有知识储存到自己的知识库中，如大型词典、百科全书等，这是人脑无法做到的（人类的生命有限）。

第二，搜索性，人工智能有强大的搜索能力，可以搜索到我们想知道的任何东西，这其中包括了数以亿计的网友的智力贡献。这意味着互联网不仅是信息网，也是人际网。

第三，无私利性，即机器人是无私欲的。人类骨子里是自私的（生存意义上），比如儿童天生不懂得分享（动物性），分享是后天教育的结果（道德约束）。机器人是无私无畏的，不知道恐惧为何物。

第四，再生性，即机器人可以再造，如给软件备份就可再造，而人类是不可以再生的。这一点机器人就胜过人类。

第五，合作性，即机器人之间的协同工作。与人类相比，由于它们之间不存在私欲和利益之争，也就不存在竞争，更不会"钩心斗角"，合作会十分融洽。

第六，整合性，即机器人能够迅速地将物质、能量和信息高效地整合起来，从而迅速地完成任务，这一点比人类要强很多，因为人类要通过长期的学习才能获得这种能力。

辩证地看，这些技术上的优势同时也会给人类带来麻烦。我们知道，技术发明彰显人类发明者聪明才智的同时，也使得大多数人变得越来越"笨"，用户习惯于依赖机器，如智能手机，原来没有这种技术工具时形成的技能慢慢消失了，如我们的书写能力随着计算机的普及明显下降了，驾驶技能随着自动驾驶技术的出现也会逐渐降低（不用学开车了）。这意味着人的技能被机器人技术代替了。机器越是智能，用户就越是省心，其心智能力也就会慢慢降低。这就是我们都知道的"用进废退"的道理，如心算能力是训练出来的，而不是天生的。这意味着，人工智能技术的大行其道，使得人们越来越依赖于人工智能，大多数人类智能（除少数人工智能的设计者）会出现倒退。所以，人工智能越智能，人类智能就会越弱智。

当然，造出这种局面的责任不在技术本身，因为技术是中立的，而在制定技术程式的技术专家和政策制定者。比如现今普遍流行的微信、支付宝等这些电子支付方式，已经流程化、规范化、普遍化，你不采取这种支付方式，你到饭店吃饭都成了问题（不收现金）。这意味着技术代替人的技能是大势所趋，所以人人都必须"与时俱进"，如老年人也必须学会适应智能手机支付。在这个意义上，人类已经沦为技术的"奴隶"，就像海德格尔所说的，人类已被技术"驾驭"。人工智能正让人类变得"没有脑子"。正如斯加鲁菲指出的："不长脑的机器和不思考的人没有什么两样，不是因为机器已经变得和人类一样善于思考，而是人类已经变得像机器一样没有头脑。"（皮埃罗·斯加鲁菲，2019：102）

我们必须正视这个问题。我们不能让少数技术专家的头脑取代大多数人的头脑。事实上，图灵测试业已告诉我们，如果我们认为通过这种测试的机器和人一样聪明的话，那么同时也意味着人和机器一样"笨"。或者说，我们在使机器有智能的同时，也在无意中使大多数人变笨。我们应该有意识地避免这个问题，有意识地训练自己，如练字、作心算、玩智力游戏等。从适应性表征的视角看，我们人类在进行适应性表征的同时，也要避免沦为只会适应性表征的动物（低级动物也本能地适应性表征）。对于人工智能装置而言，它们具有适应性表征能力就足够了，不必有意识、情感和心智；人机融合只是强化适应性表征能力，弥补人类生物体先天的缺陷，如记忆容量小、计算速度慢等。

还有一个问题不容小觑，那就是如果机器人成为劳动的主力军，大多数工作都由机器人完成，那机器人的数量会非常庞大，消耗的能量和材料也会十分惊人。到那时，地球的资源就会加速被耗尽。一旦机器人代替了人力工作，人类除了高端人才（管理、设计制作机器人等）外，其余人将无所事事，这是更可怕的事情。大量无事可做的人会无事生非，制造麻烦，从而引起社会动荡。而且不良政客会利用机器人如现在的无人机打仗。笔者不是担心机器人会超过人类智能，而是担心有人利用机器人干坏事，毕竟机器人是人造的工具（况且人很多情况下也被当作工具）。本质上作为工具的机器人是不大可能把其主人作为工具役使的，除非人类自己太过信任和依赖机器人。

然而，不可否认的事实是，机器人的确拥有智能，问题在于我们不能轻信机器智能。比如，人们以为无人机会准确定位并能够"定点清除"恐怖分子，而事实是，它会误杀平民甚至儿童。因为恐怖分子会假扮成平民，机器智能无法识别。所以，笔者不担心人工智能技术会发展出高级机器智能，而是担心人们过于相信和依赖机器智能。一旦机器出了差错，如手术时机器失准，责任算谁的，医生还是机器？这会引发一系列道德和法律问题。所以，机器人世界对人性的冲击不可小视。假若有一天与我们打交道的全是机器人，餐厅服务员、银行职员、学校的老师、医院的医护人员、公交系统、家政服务，等等，我们与人打交道的机会几乎没有了，我们的"人性"会变为"机性"。这样一来，人之为人的性情和乐趣消失了，剩下的恐怕只是冷冰冰的机器。这就自然引出下一个问题——类人智能是否必要。

第六节 人类水平或超人类智能的机器人是否必要

科学技术史告诉我们，任何一种技术发明的出现都是社会需要的推动，比如蒸汽机、发电机、计算机等，人工智能和机器人也不例外。这个问题也可以从两方面来考虑。

从人类社会发展的角度看，创造类人的机器人是我们需要的。

首先，仅从发展智能这个角度，认知科学和文化人类学的研究揭示，在进化的基础上是语言和文化塑造我们的心智。这意味着心智是借助某种中介形成的。现代社会的互联网这种中介，也会塑造我们的大脑，这是文化塑造心智的必然推论。因为互联网就是一种文化，是人工认知系统的一部分。当然，这种文化中介现象也要从正反两方面来看。一方面，互联网这种中介使我们的认知更便捷，如搜索需要的信息和答案；另一方面，也使得人们懒得去思考，从而造成思维惰性，久而久之我们的心智就会变得迟钝。这就是互联网带来的积极与消极两方面的后果。事实上，任何一项技术发明都有正反这种作用，关键是人类如何看待和使用了。在笔者看来，任何技术发明包括智能机，如何利用关键在我们人类自己——是善用还是恶用，比如是造核武器（杀人）还是建造核电站（造福人类）。

其次，互联网让多智能体的协作成为可能，这极大地提高了机器人的工作效率，如固定机器人的自动化生产线。移动机器人如无人机通过北斗导航可实现高空搜索和勘测，如对人无法到达的山林和湖泊的勘探，以预防森林火灾和山洪的发生。这种智能机器人的广泛应用，对于社会的方方面面产生了积极影响，实现了以前靠人力做不到的事情。更为重要的是，在农业、工业和国防等关乎民生和安全领域，智能机器人具有不可替代的作用。因此，发展类人机器人是人类社会发展必然要求。

从消耗资源的角度看，我们的地球资源是有限的，存在着不可预知的各种风险——气候风险、天文风险（外星撞击）、病毒风险（如新冠病毒、艾滋病等）、资源枯竭、核威胁等。人工智能的发展与这些风险相比会小得多，所以我们不必过于担忧人工智能会威胁人类的生存。相比而言，倒是制造出数以亿计的机器人而消耗的无法估量的能源，可能会加速地球资源的枯竭这一点更令人担忧。正如斯加鲁菲指出的，"人类不断创造智能机器，可能会加剧灾难临近的风险。灾害可能比超级智能机器找到避免灾难的方法来的更快"（皮埃罗·斯加鲁菲，2019：196）。也就是说，还没有等人类造出超级智能时，灾难已经发生。人类的生存之路充满风险，前进的道路处处有障碍，也许人类还没有来得及实现自己的宏伟愿望，灾难业已降临地球，恰如恐龙的结局。这绝不是危言耸听，我们人类应该警觉清醒，应该懂得有所收敛。

在笔者看来，在工具的意义上我们没有必要造这样的类人物种，因为我们人类已经够多了，何必自找麻烦制造类人的东西呢。人工智能无论多么智能，毕竟还是供人使用的工具，其目的不外是减轻人类认知上的负荷而已。只要这个目的达到了，作为工具的机器人有无意识、有无感情、有无道德感、有无做人的资格等都不重要了。谁会在乎一件工具（无论多么精致和有智能）是什么呢？所以笔者认为未来的机器人是否达到人类水平无关紧要。要紧的是我们不能让这种机器人危害人类社会和人类自身的安全就可以了。我相信，既然我们人类能够造出这样的机器人，就一定能够控制其行为是有利于人类的。工具本身并无好坏之分，关键是使用工具的人是好人还是坏人。这就要控制不能让坏人掌握机器人技术，这与让核武器掌握在谁手中是一个道理。在这个意义上，我们不必担心人工智能会超越人类智能[①]，也不必担心它会控制人类从而取代人类。

[①] 这个问题其实意义不大或者是个伪问题，因为人工智能在某些方面如计算能力已超过人类，但在更多的其他方面如智慧和灵活性上连昆虫都不如。一种基于集体人格同一性的论证业已说明，由于人工智能体没有集体人格同一性，所以人工智能超越人类智能的目标是无法实现的（王晓阳，2015）。不过，笔者认为，在适应性表征的意义上是可能实现的，如果人工智能体拥有了可与人类匹敌的适应性表征能力。在这里，笔者将适应性表征作为衡量一个实体或者系统是否有认知能力的核心判据，不谈意识、心智、自我等指称模糊的心性概念。

如果人造的机器人只是代替我们人类做一些事情，如扫地、排队、作代理等，那么智能机就不需要拥有多少智能。"它不需要有意识、自知或者总体上具有人类这样的智能：它只需要能够自立，顶多有能力适应变化的环境就行了，就像今天简单的病毒一样。"（杰瑞·卡普兰，2016：193）也就是说，人工智能仅仅有适应性表征的能力就足够了。即使人工智能可以代替大部分人类劳动，我们也不用担心，因为人工智能对劳动的替代，一定会受到技术、经济、制度甚至文化诸多因素的影响，比如，制度可调控人工智能发展的方向、速度、范围和深度，使其发展实现合规律性与合目的性的统一，因此，我们可通过科学合理的制度，促进人工智能替代劳动的积极作用，抑制其消极作用（程承坪，2020：85-93）。这样的话，人类也就无须担心人工智能会超越人类甚至控制人类、危害人类安全了。人机共生、和平相处是我们人类的愿望，也就是制造"尽可能安全且对人类有益的人工智能"，防止和杜绝人工智能的滥用（斯图尔特·罗素，2020）。

如果通过适应性表征能够让人工智能像人那样思维与行动，这是否意味着人工智能就会超越人类甚至控制人类呢？这是人们最为关切的问题。在笔者看来，人们用不着担心，即使人工智能可以像人一样思维和行动，但它们仍然是机器，缺乏人类所拥有的意识、情感和灵性。这一点是硅基的机器人恐怕永远不会获得的，除非人们发展出人机混合或融合的智能体。这种人机融合的智能，既不是纯粹的人类智能（生物的+文化的）也不是纯粹机器智能（机械的+算法），而是生物-文化-机械的整合智能。这将是一种全新的智能形式——具身的人工智能。正如扎卡达基斯指出的，"人工智能是一种与众不同的技术。不仅因为它能够彻底地改变我们的社会、经济和我们居住的星球，也因为它关乎我们自身——我们是谁？我们如何思考、沟通？是什么让我们成为人类？"（乔治·扎卡达基斯，2017：287）在这个意义上，创造新型人工智能还是有意义的，至少能有助于我们认识我们自己。比如，对话功能强大的ChatGPT-4和文本生成视频模型Sora，可让普通人的认知水平产生质的提升，并催生教育方式的变革，如同智能手机的普及让公众交流方式发生巨变。这就是人工智能生成内容，它使人工智能能够生成我们所需的文本、图像、音频、视频、代码甚至设计方案、策略等，极大地助力行业的更新发展，诸如科研、教育、医疗、生产、营销、客服、安全、风控等（丁磊，2023）。

第七节　小　　结

人的"记忆"与计算机的"储存"不是一回事。人类的"知道"与机器人的"感知"也不同。由此我们推知，人类智能与机器智能不同，就像鸟会飞与飞机能飞，鱼会游泳和潜水艇能游泳不同一样。这是两种完全不同的实体，依据完全不同的理论。目前，人类的机械化即弱人工智能事实上已经实现，机器的人化，即强人工智能能否实现还未可知，至少还有遥远的路要走。

笔者认为，机器人无论多么智能，只能是人类的助手而不是主人，也不会在综合能力上特别是精神层次上超越人类成为人类的替代物。机器人仅仅是工具，不是有主体意识和人格的人类，没有人的资格和权利。是人类创造了机器人而不是相反。与人相比，人工智能只是模拟人脑，但又不同于人脑。人工智能在面对规律性强、严格按规则做事方面，如下棋、计算等，优于人类，甚至可替代人类，但是在面对人际的、创新性高、理解性强、情感交互多、专业经验性强、价值需求高（如哲学和道德）及领导力方面，人工智能难以胜任，也很难取代人。因此，自主制造机器人的机器（不受人类控制的机器）不会产生，也许人工智能的终极未来就是测算和判断，即人们"要学会如何使用人工智能系统并让它承担自己擅长的测算任务，而非承担其能力之外的其他任务；要加强而不是削弱我们对判断、冷静、道德和世界的担当"（布莱恩·坎特韦尔·史密斯，2022：13）。其实，对人工智能的发展进行反思、批判甚至担忧，是人类对自己命运的终极关怀，毕竟人工智能发展产生的无人机造成的危害是有目共睹的。不过，我们不能因此就认为应该禁止其发展，我们不能因噎废食！人机共存、协调进化的时代几乎不可避免，我们应该考虑如何与机器人和谐相处，如何制造为人类服务的机器人，如何防止机器人被坏人利用，如何保护我们人类的共同家园，因为人类是"命运共同体"！

参 考 文 献

一、中文文献

埃里克·奥尔森. 2021. 人工智能的形而上学. 王世鹏, 张钰译. 江海学刊, (3): 115-122.
埃里克·马戈里斯, 理查德·塞缪尔斯, 斯蒂芬·P. 斯蒂克. 2022. 牛津认知科学哲学手册. 魏屹东译. 北京: 人民出版社.
爱德华·阿什福德·李. 2022. 协同进化: 人类与机器融合的未来. 李杨译. 北京: 中信出版集团.
安东尼·塞尔登, 奥拉迪梅吉·阿比多耶. 2019. 第四次教育革命: 人工智能如何改变教育. 吕晓志译. 北京: 机械工业出版社.
巴顿, 布里格斯, 艾森, 等. 2010. 进化. 宿兵, 等译. 北京: 科学出版社.
包大为. 2020. 数字技术与人工智能的资本主义应用. 自然辩证法研究, (7): 46-51.
布莱恩·坎特韦尔·史密斯. 2022. 测算与判断: 人工智能的终极未来. 刘志毅译. 北京: 中信出版集团.
蔡曙山. 2001. 哲学家如何理解人工智能——塞尔的"中文房间争论"及其意义. 自然辩证法研究, (11): 18-22.
蔡曙山. 2015. 论人类认知的五个层级. 学术界, (12): 5-20.
蔡曙山. 2020. 生命进化与人工智能——对生命3.0的质疑. 上海师范大学学报(哲学社会科学版), (3): 83-99.
蔡曙山. 2021. 从思维认知看人工智能. 求索, (1): 48-56.
蔡曙山, 薛小迪. 2016. 人工智能与人类智能——从认知科学五个层级的理论看人机大战. 北京大学学报(哲学社会科学版), (4): 145-154.
查非, 任晓明. 2017. 人工智能和哲学逻辑视野中的局部语义. 自然辩证法研究, (10): 10-15.
常新. 2019. 智能化时代审美的表征: 对虚拟真实的一种理解. 江海学刊, (2): 64-70.
陈剑涛. 2012. 认知的自然起源与演化. 北京: 中国社会科学出版社.
陈霖. 2018. 新一代人工智能的核心基础科学问题: 认知和计算的关系. 中国科学院院刊, (10): 1104-1106.
陈群志. 2021. 人工智能的时间感知——从"程序时间"过渡到"感受时间"的可能性. 自然辩证法研究, (3): 54-59.
陈巍. 2016. 神经现象学: 整合脑与意识经验的认知科学哲学进路. 北京: 中国社会科学出版社.
陈晓平. 2015. 心灵、语言与实在——对笛卡尔心身问题的思考. 北京: 人民出版社.
成素梅. 2017a. 人工智能研究的范式转换及其发展前景. 哲学动态, (12): 15-21.

成素梅. 2017b. 智能化社会的十大哲学挑战. 探索与争鸣，（10）：41-48.
成素梅. 2019. 人工智能与人类文明的未来发展. 中国社会科学报，2019-01-08（2）.
成素梅. 2021. 人工智能本性的跨学科解析. 国外理论动态，（4）：155-163.
成素梅，张帆，等. 2020. 人工智能的哲学问题. 上海：上海人民出版社.
程承坪. 2019. 人工智能最终会完全替代就业吗. 上海师范大学学报（哲学社会科学版），（2）：88-96.
程承坪. 2020. 人工智能对劳动的替代、极限及对策. 上海师范大学学报（哲学社会科学版），（2）：85-93.
程承坪. 2021. 人工智能的自主性、劳动能力与经济发展. 人文杂志，（6）：60-68.
程承坪，彭欢. 2018. 人工智能影响就业的机理及中国对策. 中国软科学，（10）：62-70.
程宏燕，郭夏青. 2020. 人工智能所致的交往异化探究. 自然辩证法研究，（9）：70-74.
程鹏，高斯扬. 2021. 通用人工智能体道德地位的哲学反思. 自然辩证法研究，（7）：46-51.
崔中良，王慧莉. 2019. 人工智能研究中实现人机交互的哲学基础——从梅洛·庞蒂融合社交式的他心直接感知探讨. 西安交通大学学报（社会科学版），（1）：130-137.
大卫·W. 安格勒. 2016. 符号逻辑：语法、语义和证明. 陈素艳，张秀蕊译. 北京：科学出版社.
大卫·查默斯. 2023. 现实+：每个虚拟世界都是一个新的现实. 熊祥译. 北京：中信出版集团.
丹尼尔·西格尔. 2021. 心智的本质. 乔森译. 杭州：浙江教育出版社.
道格拉斯·R. 霍夫施塔特，丹尼尔·C. 丹尼特. 1999. 心我论：对自我和灵魂的奇思冥想. 陈鲁明译. 上海：上海译文出版社.
迪尼兹. 2014. 自适应滤波算法与实现（第四版）. 2版. 刘郁林，万群，王锐华，等译. 北京：电子工业出版社.
翟本瑞. 2020. 心灵机器时代的自我认同. 社会学评论，（3）：72-89.
翟振明. 2005. 实在论的最后崩溃——从虚拟实在谈起. 求是学刊，（1）：16-27.
翟振明. 2015. 虚拟现实比人工智能更具颠覆性. 高科技与产业化，（11）：30-35.
翟振明. 2022. 虚拟现实的终极形态及其意义. 北京：商务印书馆.
丁磊. 2023. 生成式人工智能：AIGC 的逻辑与应用. 北京：中信出版集团.
董军. 2011. 人工智能哲学. 北京：科学出版社.
杜严勇. 2020. 人工智能伦理引论. 上海：上海交通大学出版社.
樊岳红. 2020. 人工智能情感认知推理的计算模型分析. 上海师范大学学报（哲学社会科学版），（2）：94-103.
弗朗索瓦·肖莱. 2018. Python 深度学习. 张亮译. 北京：人民邮电出版社.
弗洛里迪. 2016. 第四次革命：人工智能如何重塑人类现实. 王文革译. 杭州：浙江人民出版社.
付茜茜. 2021. 赛博格语境下的智能社会与虚拟传播. 社会纵横，（2）：113-121.
高良，朱亚宗. 2017. 关于人工智能的形而上学批判. 湖南社会科学，（3）：37-43.
高奇琦. 2018. 人工智能、人的解放与理想社会的实现. 上海师范大学学报（哲学社会科学版），（1）：40-49.

高新民. 2019. "BDI 模型"与人工智能建模的心灵哲学. 上海师范大学学报(哲学社会科学版), (5): 99-111.

格雷戈里·希科克. 2016. 神秘的镜像神经元. 李婷燕译. 杭州: 浙江人民出版社.

顾理平. 2021. 智能生物识别技术: 从身份识别到身体操控——公民隐私保护的视角. 上海师范大学学报(哲学社会科学版), (5): 5-13.

官群. 2019. 具身语言学: 人工智能时代的语言科学. 北京: 科学出版社.

海金. 2011. 神经网络与机器学习(原书第3版). 申富饶, 徐烨, 郑俊, 等译. 北京: 机械工业出版社.

韩水法. 2019a. 人工智能时代的人文主义. 中国社会科学, (6): 25-44.

韩水法. 2019b. 人工智能时代的自由意志. 社会科学战线, (11): 1-11.

何汉武, 吴悦明, 陈和恩. 2018. 增强现实交互方法与实现. 武汉: 华中科技大学出版社.

赫伯特·西蒙. 2020. 认知: 人行为背后的思维与智能. 荆其诚, 张厚粲译. 北京: 中国人民大学出版社.

亨利·N. 波拉克. 2005. 不确定的科学与不确定的世界. 李萍萍译. 上海: 上海科技教育出版社.

侯世达. 2014. 哥德尔、艾舍尔、巴赫——集异璧之大成. 本书翻译组译. 北京: 商务印书馆.

侯世达, 流动性类比研究小组. 2022. 概念与类比: 模拟人类思维基本机制的灵动计算架构. 刘林澍, 魏军译. 北京: 机械工业出版社.

胡安宁. 2017. 人心可以计算吗?——人工智能与社会科学研究之关系. 南国学术, (4): 588-593.

胡斌. 2019. 弱人工智能时代引发的历史唯物主义新问题. 上海师范大学学报(哲学社会科学版), (3): 108-115.

胡敏中, 王满林. 2019. 人工智能与人的智能. 北京师范大学学报(社会科学版), (5): 128-134.

环建芬. 2019. 人工智能工作物致人损害民事责任探析. 上海师范大学学报(哲学社会科学版), (2): 97-105.

黄勇. 2005. 虚拟实在与实在论. 求是学刊, (1): 28-36.

霍华德·M. 施瓦兹. 2018. 多智能体机器学习: 强化学习方法. 连晓峰, 谭励, 等译. 北京: 机械工业出版社.

霍华德·加德纳. 2012. 多元智能新视野. 沈致隆译. 北京: 中国人民大学出版社.

霍华德·加德纳. 2013. 智能的结构(经典版). 沈致隆译. 杭州: 浙江人民出版社.

霍书全. 2019. 人工智能符号接地问题研究的意义和挑战. 上海师范大学学报(哲学社会科学版), (3): 98-107.

贾向桐. 2019. 当代人工智能中计算主义面临的双重反驳——兼评认知计算主义发展的前景与问题. 南京社会科学, (1): 34-40, 133.

江怡. 2020. 人工智能与人类的原初问题. 社会科学战线, (1): 207-213, 282.

蒋佳妮, 堵文瑜. 2020. 促进人工智能发展的法律与伦理规范. 北京: 科学技术文献出版社.

蒋柯. 2017. 计算机模拟大脑与功能性计算策略. 南京师大学报(社会科学版), (1): 92-99.

蒋子阳. 2019. TensorFlow 深度学习：算法原理与编程实战. 北京：中国水利水电出版社.
焦李成，赵进，杨淑媛，等. 2017. 深度学习、优化与识别. 北京：清华大学出版社.
杰夫·霍金斯，桑德拉·布莱克斯利. 2022. 新机器智能. 廖璐，陆玉晨译. 杭州：浙江教育出版社.
杰夫·霍金斯. 2022. 千脑智能. 廖璐，熊宇轩，马雷译. 杭州：浙江教育出版社.
杰瑞·卡普兰. 2016. 人工智能时代. 李盼译. 杭州：浙江人民出版社.
金观涛. 2017. 反思"人工智能革命". 文化纵横，（4）：20-29.
卡梅隆·戴维森-皮隆. 2017. 贝叶斯方法：概率编程与贝叶斯推断. 辛愿，钟黎，欧阳婷译. 北京：人民邮电出版社.
凯文·沃里克. 2021. 人工智能基础. 王希译，北京：北京大学出版社.
柯泽，谭诗妤. 2020. 人工智能媒介拟态环境的变化及其受众影响. 学术界，（7）：51-60.
科尔曼，等. 2018. 算法导论（原书第3版）. 殷建平，徐云，王刚，等译. 北京：机械工业出版社.
克来格. 2015. 机器人学导论（原书第3版）. 负超，等译. 北京：机械工业出版社.
克里斯缇安·施瓦格尔. 2017. 未来生机：自然、科技与人类的模拟与共生. 马博译. 北京：中国人民大学出版社.
克里斯托夫·莫尔纳. 2021. 可解释机器学习：黑盒模型可解释性理解指南. 朱明超译. 北京：电子工业出版社.
肯尼斯·D. 福布斯. 2021. 定性表征：人们如何推理和学习连续变化的世界. 段沛沛，冯建利，王静怡，等译. 北京：机械工业出版社.
匡文波. 2019. 人工智能时代假新闻的"共谋"及其规避路径. 上海师范大学学报（哲学社会科学版），（4）：104-112.
匡文波. 2021. 对个性化算法推荐技术的伦理反思. 上海师范大学学报（哲学社会科学版），（5）：14-23.
劳伦斯·夏皮罗. 2014. 具身认知. 李恒威，董达译. 北京：华夏出版社.
雷·库兹韦尔. 2006. 灵魂机器的时代：当计算机超过人类智能时. 沈志彦，祁阿红，王晓东译. 上海：上海译文出版社.
雷·库兹韦尔. 2016a. 人工智能的未来. 盛杨燕译. 杭州：浙江人民出版社.
雷·库兹韦尔. 2016b. 机器之心. 胡晓娇，张温卓玛，吴纯洁译. 北京：中信出版集团.
雷·库兹韦尔. 2016c. 奇点临近. 李庆诚，董振华，田源译. 北京：机械工业出版社.
李德毅. 2009. 网络时代人工智能研究与发展. 智能系统学报，（1）：1-6.
李德毅. 2018. 人工智能导论. 北京：中国科学技术出版社.
李德毅，肖俐平. 2008. 网络时代的人工智能. 中文信息学报，（2）：3-9.
李舰，海恩. 2019. 统计之美：人工智能时代的科学思维. 北京：电子工业出版社.
李开复，王咏刚. 2017. 人工智能. 北京：文化发展出版社.
李伦. 2018. 人工智能与大数据伦理. 北京：科学出版社.
李伟. 2018. 认知建模和脑控机器人技术. 北京：科学出版社.
李彦宏，等. 2017. 智能革命：迎接人工智能时代的社会、经济与文化变革. 北京：中信出版集团.

李勇坚, 张丽君, 等. 2019. 人工智能: 技术与伦理的冲突与融合. 北京: 经济管理出版社.
李育军. 2019. 人工智能对人类身份认知的挑战及应对策略分析. 自然辩证法研究, (11): 113-117.
理查德·罗蒂. 2003. 哲学和自然之镜. 李幼蒸译. 北京: 商务印书馆.
理查德·萨顿, 安德鲁·巴图. 2019. 强化学习(第2版). 俞凯, 等译. 北京: 电子工业出版社.
梁国伟, 候薇. 2008. 虚拟现实: 表征身体传播无限开放性的符号形式. 现代传播, (3): 17-21.
列奥尼达·詹法纳, 安东尼奥·迪·塞科. 2022. AI可解释性(Python语言版). 郭涛译. 北京: 清华大学出版社.
刘奋荣. 2010. 动态偏好逻辑. 北京: 科学出版社.
刘奋荣. 2023. 社会认知逻辑. 北京: 清华大学出版社.
刘荣军, 李书娜. 2021. 人工智能时代的虚假自由及其嬗变的可能. 学习与实践, (6): 127-133.
刘伟. 2019. 追问人工智能: 从剑桥到北京. 北京: 科学出版社.
刘伟. 2021. 人机融合——超越人工智能. 北京: 清华大学出版社.
刘伟. 2023. 人机混合智能: 新一代智能系统的发展趋势. 上海师范大学学报(哲学社会科学), (1): 71-80.
刘西瑞, 王汉琦. 2001. 人工智能与意向性问题. 自然辩证法研究, (12): 5-8, 26.
刘峡壁. 2008. 人工智能导论: 方法与系统. 北京: 国防工业出版社.
鲁道夫·卡尔纳普. 2008. 世界的逻辑构造. 陈启伟译. 上海: 上海译文出版社.
路卫华. 2013. 一般的"科学表示"与特殊的"心理表征"——科学与科学哲学中对"representation"的翻译与理解. 自然辩证法研究, (10): 14-20.
罗素, 诺维格. 2013. 人工智能: 一种现代的方法(第3版). 殷建平, 祝恩, 刘越, 等译. 北京: 清华大学出版社.
马克·威宁, 马丁·范·奥特罗. 2018. 强化学习. 赵地, 刘莹, 邓仰东, 等译. 北京: 机械工业出版社.
马文·明斯基. 2016. 心智社会: 从细胞到人工智能, 人类思维的优雅解读. 任楠译. 北京: 机械工业出版社.
玛格丽特·博登. 2001. 人工智能哲学. 刘西瑞, 王汉琦译. 上海: 上海译文出版社.
迈克尔·加扎尼加. 2016. 双脑记: 认知神经科学之父加扎尼加自传. 罗路译. 北京: 北京联合出版公司.
迈克斯·泰格马克. 2018. 生命3.0: 人工智能时代人类的进化与重生. 汪婕舒译. 杭州: 浙江教育出版社.
梅拉妮·米歇尔. 2021. AI 3.0. 王飞跃, 李玉珂, 王晓, 等译. 成都: 四川科学技术出版社.
孟小峰. 2021. 科学数据智能: 人工智能在科学发现中的机遇与挑战. 中国科学基金, (3): 419-425.
米格尔·尼科莱利斯. 2015. 脑机穿越: 脑机接口改变人类未来. 黄珏萍, 郑悠然译. 杭州: 浙江人民出版社.

尼克. 2017. 人工智能简史. 北京：人民邮电出版社.
匿名者. 2016. 深网：Google 搜不到的世界. 张雯婧译. 北京：中国友谊出版公司.
欧内斯特·戴维斯，盖瑞·马库斯. 2020. 如何创造可信的 AI. 龙志勇译. 杭州：浙江教育出版社.
佩德罗·多明戈斯. 2017. 终极算法：机器学习和人工智能如何重塑世界. 黄芳萍译. 北京：中信出版集团.
彭伟. 2018. 揭秘深度强化学习. 北京：中国水利水电出版社.
皮埃罗·斯加鲁菲. 2019. 智能的本质：人工智能与机器人领域的 64 个大问题. 任莉，张建宇译. 北京：人民邮电出版社.
毗湿奴·布拉马尼亚. 2019. PyTorch 深度学习. 王海玲，刘江峰译. 北京：人民邮电出版社.
齐瓦·孔达. 2013. 社会认知. 周治金，朱新秤译. 北京：人民邮电出版社.
乔治·戴森. 2015. 图灵的大教堂. 盛杨灿译. 杭州：浙江人民出版社.
乔治·扎卡达基斯. 2017. 人类的终极命运：从旧石器时代到人工智能的未来. 陈朝译. 北京：中信出版集团.
曲强，林益民. 2019. 区块链+人工智能：下一个改变世界的经济新模式. 北京：人民邮电出版社.
塞缪尔·格林加德. 2021. 虚拟现实. 魏秉铎译. 北京：清华大学出版社.
山下隆义. 2018. 图解深度学习. 张弥译. 北京：人民邮电出版社.
邵平，杨健颖，苏思达，等. 2022. 可解释机器学习：模型、方法与实践. 北京：机械工业出版社.
史蒂芬·卢奇，丹尼·科佩克. 2018. 人工智能. 2 版. 林赐译. 北京：人民邮电出版社.
史忠植. 2008. 认知科学. 合肥：中国科学技术大学出版社.
斯图尔特·罗素. 2020. AI 新生：破解人机共存密码——人类最后一个大问题. 张羿译. 北京：中信出版集团.
斯图尔特·罗素，彼得·诺维格. 2023. 人工智能：现代方法（第 4 版）. 张博雅，陈坤，田超，等译. 北京：人民邮电出版社.
孙博. 2019. 机器学习中的数学. 北京：中国水利水电出版社.
孙伟平. 2017. 关于人工智能的价值反思. 哲学研究，（10）：120-126.
唐亘. 2018. 精通数据科学：从线性回归到深度学习. 北京：人民邮电出版社.
唐晓嘉，郭美云. 2010. 现代认知逻辑的理论与应用. 北京：科学出版社.
陶锋. 2020. 人工智能语言的哲学阐释. 南开学报（哲学社会科学版），（3）：78-86.
腾讯研究院，中国信通院互联网法律研究中心，腾讯 AI Lab，等. 2017. 人工智能：国家人工智能战略行动抓手. 北京：中国人民大学出版社.
托尼·布比尔. 2019. 人工智能与向零创新：认知技术决胜企业未来. 邵信芳译. 北京：中信出版集团.
王峰. 2019. 人工智能：技术、文化与叙事. 上海师范大学学报（哲学社会科学版），（4）：97-103.
王海良，李卓桓，林旭鸣，等. 2019. 智能问答与深度学习. 北京：电子工业出版社.
王昊奋，漆桂林，陈华钧. 2019. 知识图谱：方法、实践与应用. 北京：电子工业出版社.

王璐，韩璞庚. 2020. 论人工智能发展风险的认知与规避. 理论月刊，（12）：148-153.
王培. 2022. 智能论纲要. 上海：上海科技教育出版社.
王前，曹昕怡. 2021. 人工智能应用中的五种隐性伦理责任. 自然辩证法研究，（7）：39-45.
王淑庆. 2021. 人工道德能动性的三种反驳进路及其价值. 哲学研究，（4）：119-126.
王天恩. 2023. 人机交会：人工智能进化的类群亲历性. 上海师范大学学报（哲学社会科学版），（1）：62-70.
王晓阳. 2015. 人工智能能否超越人类智能. 自然辩证法研究，（7）：104-110.
威廉姆·R. 谢尔曼，阿兰·B. 克雷格. 2022. 虚拟现实：接口、应用与设计（原书第2版）. 黄静，叶梦杰译. 北京：机械工业出版社.
魏溪含，涂铭，张修鹏. 2019. 深度学习与图像识别：原理与实践. 北京：机械工业出版社.
魏屹东. 2017. 语境同一论：科学表征问题的一种解答. 中国社会科学，（6）：42-59.
魏屹东. 2018. 科学表征：从结构解析到语境建构. 北京：科学出版社.
魏屹东. 2019. 适应性表征：架构自然认知与人工认知的统一概念范畴. 哲学研究，（9）：114-124.
魏屹东. 2019-07-17. 科学认知需要适应性表征. 中国科学报，（3）.
魏屹东. 2020. 认知哲学手册. 北京：科学出版社.
魏屹东. 2023. 混合认知：一种优化的人工智能适应性表征策略. 上海师范大学学报（哲学社会科学版），（1）：81-93.
魏屹东. 2024. 科学认知：从心性感知到适应性表征. 北京：科学出版社.
魏屹东，等. 2016. 认知、模型与表征：一种基于认知哲学的探讨. 北京：科学出版社.
文成伟，李硕. 2021. 何为人工智能的"艺术活动". 自然辩证法研究，（4）：55-60.
吴童立. 2021. 人工智能有资格成为道德主体吗. 哲学动态，（6）：104-116.
伍远岳. 2021. 人工智能背景下的认识主体与主体性培育. 南京社会科学，（2）：150-156.
西恩·贝洛克. 2016. 具身认知：身体如何影响思维和行为. 李盼译. 北京：机械工业出版社.
夏永红，李建会. 2018. 人工智能的框架问题及其解决策略. 自然辩证法研究，（5）：3-9.
肖峰. 2020a. 人工智能与认识论的哲学互释：从认知分型到演进逻辑. 中国社会科学，（6）：49-71.
肖峰. 2020b. 人工智能与认识主体新问题. 马克思主义与现实，（4）：188-195.
肖峰. 2021. 人工智能就是认识论. 云南社会科学，（5）：12-20.
肖峰，邓璨明. 2021. 人工智能：接缘技术哲学的多重考察. 马克思主义与现实，（4）：179-187，204.
徐献军. 2018. 人工智能的极限与未来. 自然辩证法通讯，（1）：27-32.
徐英瑾. 2013. 心智、语言和机器——维特根斯坦哲学和人工智能科学的对话. 北京：人民出版社.
徐英瑾. 2016. 虚拟现实：比人工智能更深层次的纠结. 人民论坛·学术前沿，（24）：8-26.
徐英瑾. 2021. 如何让通用人工智能系统能够"识数". 上海师范大学学报（哲学社会科学版），（5）：24-36.
闫坤如. 2020a. 人工智能技术异化及其本质探源. 上海师范大学学报（哲学社会科学

版),(3):100-107.

闫坤如. 2020b. 人工智能理解力悖论. 云南社会科学,(3):30-36.

闫坤如,马少卿. 2021. 自然语言处理困境及其哲学思考. 哲学探索,(1):141-151.

阎美萍. 2021.《IPhuck10》对人工智能的人文反思. 外国文学动态研究,(3):120-127.

颜佳华,王张华. 2019. 人工智能与公共管理者角色的重新定位. 北京大学学报(哲学社会科学版),(6):76-82.

杨强,范力欣,朱军,等. 2022. 可解释人工智能导论. 北京:电子工业出版社.

杨庆峰. 2021. 人工智能的想象化及其限度. 兰州大学学报(哲学社会科学版),(4):9-16.

姚禹. 2021. 赛博格是一种后人类吗?——论赛博格的动物性之维. 自然辩证法研究,(4):31-36.

叶韵. 2018. 深度学习与计算机视觉. 北京:机械工业出版社.

伊恩·古德费洛,约书亚·本吉奥,亚伦·库维尔. 2017. 深度学习. 赵申剑,黎彧君,符天凡,等译. 北京:人民邮电出版社.

殷杰,董佳蓉. 2009. 当代人工智能表征的分解方法及其问题. 科学技术与辩证法,(2):23-28,89,111-112.

应忍冬,刘佩林. 2021. AI嵌入式系统:算法优化与实现. 北京:机械工业出版社.

涌井良幸,涌井贞美. 2019. 深度学习的数学. 杨瑞龙译. 北京:人民邮电出版社.

余乃忠. 2019. 人工智能时代人的对象世界与意义世界. 学术界,(3):82-88.

於春. 2020. 传播中的离身与具身:人工智能新闻主播的认知交互. 国际新闻界,(5):35-50.

郁锋. 2018. 人工群体智能的超越性及其困境. 南京社会科学,(5):58-62.

袁曾. 2017. 人工智能有限法律人格审视. 东方法学,(5):50-57.

约翰·布罗克曼. 2019. AI的25种可能. 王佳音译. 杭州:浙江人民出版社.

约翰·范本特姆. 2009. 逻辑、语言和认知. 刘新文,郭美云,等译. 北京:科学出版社.

约翰·马尔科夫. 2015. 与机器人共舞:人工智能时代的大未来. 郭雪译. 杭州:浙江人民出版社.

约翰·米勒,斯科特·佩奇. 2020. 复杂适应系统:社会生活计算模型导论. 隆云滔译. 上海:上海人民出版社.

张亮. 2020. 从虚拟世界"道"人工智能——马克思主义哲学视域下"人机关系"的时代反思与批判. 海南大学学报(人文社会科学版),(4):89-101.

张天浩. 2021. 人工智能"智化"历史认同的表征、问题和策略:兼论对历史虚无主义思潮的批判. 社会主义研究,(3):42-48.

赵国栋,易欢欢,徐远重. 2021. 元宇宙. 北京:中译出版社.

赵国宁. 2021. 智能时代"深度合成"的技术逻辑与传播生态变革. 新闻界,(6):65-76.

赵汀阳. 2019. 人工智能的自我意识何以可能. 自然辩证法通讯,(1):1-8.

赵汀阳. 2022. 人工智能的神话或悲歌. 北京:商务印书馆.

周润景. 2018. 模式识别与人工智能(基于MATLAB). 北京:清华大学出版社.

周章买. 2012. 公共知识的逻辑分析. 北京:中国社会科学出版社.

周志华. 2016. 机器学习. 北京:清华大学出版社.

IBM 商业价值研究院. 2016. IBM 商业价值报告：认知计算与人工智能. 北京：东方出版社.
V. C. 穆勒. 2015. 人脑会被计算机实现吗？魏屹东译. 山西大学学报（哲学社会科学版），(2): 1-6.
Wilson R A, Kell F C. 2000. MIT 认知科学百科全书：英文. 上海：上海外语教育出版社.

二、英语文献

Abramson F G. 1971. Effective computation over the real numbers//*Twelfth Annual Symposium on Switching and Automata Theory.* Northridge: Institute of Electrical and Electronics Engineers.

Adomavicius G, Tuzhilin A. 2010. Context-aware recommender systems//Ricci F, Rokach L, Shapira B, et al. *Recommender Systems Handbook.* Boston: Springer: 217-253.

Adrian E D. 1928. *The Basis of Sensation: The Action of the Sense Organs.* New York: Norton.

Aizawa K. 2003. *The Systematicity Arguments.* Dordrecht: Kluwer Academic Publishers.

Anagnostopoulos C, Hadjiefthymiades S. 2008. Enhancing situation-aware systems through imprecise reasoning. *IEEE Transactions on Mobile Computing*, 7(10): 1153-1168.

Anagnostopoulos C, Hadjiefthymiades S. 2010. Advanced fuzzy inference engines in situation aware computing. *Fuzzy Sets and Systems*, 161(4): 498-521.

Anderson J R. 2007. *How Can the Human Mind Occur in the Physical Universe?* Oxford: Oxford University Press.

Anderson M L. 2003. Embodied cognition: A field guide. *Artificial Intelligence*, 149(1): 91-130.

Angeline P J. 1995. Adaptive and self-adaptive evolutionary computation//Palaniswami M, Attikiouzel Y. *Computation Intelligence.* New York: IEEE Press: 152-163.

Anshakov O M, Gergely T. 2010. *Cognitive Reasoning: A Formal Approach.* Berlin: Springer.

Ariely D. 2008. *Predictably Irrational: The Hidden Forces that Shape Our Decisions*(Revised edition). New York: Harper Collins Publishers.

Baars B J, Banks W P, Newman J B. 2003. *Essential Sources in the Scientific Study of Consciousness.* Cambridge: MIT Press.

Baggini J, Fosl P S. 2003. *The Philosopher's Toolkit: A Compendium of Philosophical Concepts and Methods.* Oxford: Blackwell Publishing: 51-52.

Baltag A, Moss L S, Solecki S. 2016. The Logic of Public Announcements, Common Knowledge, and Private Suspicions. *Readings in Formal Epistemology*, SpringerLink: 773-812.

Banko M, Etzioni O. 2008. The tradeoffs between open and traditional relation extraction// *Association for Computational Linguistics*: 28-36. https://aclanthology.org/P08-1004[2023-03-29].

Bechtel W, Abrahamsen A. 2002. *Connectionism and the Mind: Parallel Processing, Dynamics, and Evolution in Networks.* 2nd ed. Oxford: Blackwell Publishing.

Beer R D. 1995. Computational and dynamical languages for autonomous agents//Port R F, Van Gelder T. *Mind as Motion: Explorations in the Dynamics of Cognition.* Cambridge: MIT Press: 121-147.

Bellman R E. 2010. *Dynamic Programming*. Princeton: Princeton University Press.

Benediktsson J A, Fu W, Li S T, et al. 2016. Hyperspectral image classification via shape-adaptive joint sparse representation. *IEEE Journal of Selected Topics in Applied Earth Observations & Remote Sensing*, 9(2): 1-12.

Betivogli L, Pianta E. 2003. Beyond lexical units: Enriching words with phrasets//*Proceedings of European Chapter of the Association for Computation Linguistics'03*, Hungary. https://aclanthology.org/ E03-1018/[2023-03-29].

Bettini C, Brdiczka O, Henricksen K, et al. 2010. A survey of context modelling and reasoning techniques. *Pervasive and Mobile Computing*, 6(2): 161-180.

Blackmore S. 2005. *Consciousness: A Very Short Introduction*. Oxford: Oxford University Press.

Block N. 1978. Troubles with functionalism//Savage C W. *Perception and Cognition Issues in the Foundations of Psychology*. Minneapolis: University of Minnesota Press: 261-325.

Block N. 1981. Psychologism and behaviorism. *Philosophical Review*, 90(1): 5-43.

Block N. 1995. The Mind as the Software of the Brain//Smith E E, Osherson D N. *Thinking: An invitation to cognitive science*. 2nd ed. Cambridge: MIT Press: 377-425.

Boden M A. 1988. *Computer Models of Mind: Computational Approaches in Theoretical Psychology*. Cambridge: Cambridge University Press.

Boden M A. 2006. *Mind as Machine: A History of Cognitive Science*. Oxford: Oxford University Press.

Bostrom N. 2003a. Are we living in a computer simulation? *The Philosophical Quarterly*, 53(211): 243-255.

Bostrom N. 2003b. Ethical Issues in Advanced Artificial Intelligence//Smit I, Lasker G E. *Cognitive, Emotive and Ethical Aspects of Decision Making in Humans and Artificial Intelligence*. Windsor: International Institute for Advanced Studies in Systems Research/Cybernetics: 12-17.

Bostrom N. 2003c. When machines outsmart humans. *Futures*, 35(7): 759-764.

Bostrom N. 2006. How long before superintelligence? *Linguistic and Philosophical Investigations*, 5(1): 11-30.

Bostrom N. 2014. *Superintelligence: Paths, Dangers, Strategies*. Oxford: Oxford University Press.

Bostrom N, Yudkowsky E. 2011. The ethics of artificial intelligence//Ramsey W, Frankish K. Cambridge Handbook of Artificial Intelligence. Cambridge: Cambridge University Press: 1-20.

Braddon-Mitchell D, Jackson F. 1996. *Philosophy of Mind and Cognition*. Oxford: Blackwell Publishing.

Braitenberg V. 1984. *Vehicles: Experiments in Synthetic Psychology*. Cambridge: MIT Press.

Breazeal C. 2001. Affective interaction between humans and robots//Kelemen J, Sosik P. *ECAL 2001*. Berlin: Springer-Verlag: 582-591.

Breazeal C. 2003. Toward sociable robots. *Robotics and Autonomous Systems*, 42(3/4): 167-175.

Breazeal C, Fitzpatrick P. 2000. That certain look: Social amplification of animate vision.

https://people.csail.mit.edu/paulfitz/pub/AAAIFS00.pdf[2022-05-20].

Brézillon P. 1999. Context in problem solving: A survey. *The Knowledge Engineering Review*, 14(1): 47-80.

Brézillon P, Pomerol J-Ch. 1999. Contextual knowledge sharing and cooperation in intelligent assistant systems, PUF. Le Travail Humain, 62(3): 223-246.

Brière N, Poulin P. 2001. Adaptive Representation of Specular Light. *Computer Graphics Forum*, 20(2): 149-159.

Bringsjord S, Arkoudas K. 2006. On the provability, veracity, and AI-relevance of the Church-Turing thesis//Olszewski A, Wolenski J, Janusz R. *Church's Thesis after 70 Years*. Frankfurt: Ontos Verlag: 66-118.

Bringsjord S, Arkoudas K. 2007. The philosophical foundation of artificial intelligence. https://people.csail.mit.edu/kostas/papers/ai.pdf[2022-05-20].

Bringsjord S, Bello P, Ferrucci D. 2001. Creativity, the Turing test, and the (better) Lovelace test. *Minds and Machines*, 11(1): 3-27.

Bringsjord S, Zenzen M J. 2003. *Superminds: People Harness Hypercomputation, and More*. Dordrecht: Kluwer Academic Publishers.

Brooks R A. 1996. Prospects for human level intelligence for humanoid robots. https://people.csail.mit.edu/brooks/papers/prospects.pdf[2023-03-23].

Brooks R A. 1999. *Cambrian Intelligence: The Early History of the New AI*. Cambridge: MIT Press.

Brooks R A, Stein L A. 1994. Building brains for bodies. Autonomous Robots, (1): 7-25.

Brunette E S, Flemmer R C, Flemmer C L. 2009. A review of artificial intelligence//*ICARA 2009—Proceedings of the Fourth International Conference on Autonomous Robots and Agents*. Wellington: IEEE.

Buckner C. 2018. Empiricism without magic: Transformational abstraction in deep convolutional neural networks. *Synthese*, 195(12): 5339-5372.

Bunge M, Ardila R. 1987. *Philosophy of Psychology*. Berlin: Springer-Verlag.

Burge T. 1986. Individualism and psychology. *The Philosophical Review*, 95 (1): 3-45.

Buro M. 1995. ProbCut: An effective selective extension of the alpha-beta algorithm. *International Computer Chess Association Journal*, 18(2): 71-76.

Butz M V, Kutter E F. 2017. *How the Mind Comes into Being*. Oxford: Oxford University Press.

Byrne A. 2001. Intentionalism defended. *The Philosophical Review*, 110(2): 199-240.

Caianiello E R. 1961. Outline of a theory of thought-processes and thinking machines. *Journal of Theoretical Biology*, 1: 204-235.

Campbell D, Petersson L. 2015. An Adaptive Data Representation for Robust Point-Set Registration and Merging. Santiago: 2015 IEEE International Conference on Computer Vision.

Cao J W, Zhang K, Luo M X, et al. 2016. Extreme learning machine and adaptive sparse representation for image classification. *Neural Networks*, 81: 91-102.

Cassimatis N L, Mueller E T, Winston P H. 2006. Achieving human-level intelligence through integrated systems and research: Introduction to this special issue. *AI Magazine*, 27(2): 12-14.

Chakrabarti P P, Ghose S, Acharya A, et al. 1989. Heuristic search in restricted memory. *Artificial Intelligence*, 41(2): 197-221.

Chalmers D J. 1994. On implementing a computation. *Minds and Machines*, 4 (4): 391-402.

Chalmers D J. 1995. Facing up to the problem of consciousness. *Journal of Consciousness Studies*, 2(3): 200-219.

Chalmers D J. 1996a. Does a rock implement every finite-state automaton? *Synthese*, 108(3): 309-333.

Chalmers D J. 1996b. *The Conscious Mind: In Search of a Fundamental Theory*. Oxford: Oxford University Press.

Chemero A. 2000. Anti-representationalism and the dynamical stance. *Philosophy of Science*, 67(4): 625-647.

Chomsky N. 1995. Language and nature. *Mind*, 104(413): 1-61.

Chomsky N. 2000. *New Horizons in the Study of Language and Mind*. Cambridge: Cambridge University Press.

Chrisley R L. 1994. Why everything doesn't realize every computation. *Minds and Machines*, 4(4): 403-420.

Church A. 1936. An unsolvable problem in elementary number theory. *The American Journal of Mathematics*, 58 (2): 345-363.

Churchland P M. 1996. Learning and conceptual change: The view from the neurons//Clark A, Millican P. *Connectionism, Concepts, and Folk Psychology: The Legacy of Alan Turing*. Oxford: Oxford University Press: 7-43.

Churchland P M. 2007. *Neurophilosophy at Work*. Cambridge: Cambridge University Press.

Churchland R S, Sejnowski T J. 1992. *The Computational Brain*. Cambridge: MIT Press.

Clancy W J. 1997. *Situated Cognition: On Human Knowledge and Computer Representation*. Cambridge: Cambridge University Press.

Clark A. 1998. *Being There: Putting Brain, Body, and World Together Again*. Cambridge: MIT Press.

Clark A. 2008. *Supersizing the Mind: Embodiment, Action, and Cognitive Extension*. Oxford: Oxford University Press.

Clark P. 1989. Knowledge representation in machine learning. https://www.cs.utexas.edu/users/pclark/papers/krep.pdf[2021-06-18].

Cohen P R. 2005. If not turing's test, then what?*AI Magazine*, 26(4): 61-67.

Collazos C A, Guerrero L A, Pino J A. 2003. Knowledge construction awareness. *Journal of Student Centered Learning*, 2(1): 77-86.

Collins J. 2007. Meta-scientific eliminativism: A reconsideration of Chomsky's review of Skinner's Verbal Behavior. *The British Journal for the Philosophy of Science*, 58(4): 625-658.

Colombi A, Hirani A N, Villac B F. 2008. Adaptive gravitational force representation for fast trajectory propagation near small bodies. *Journal of Guidance Control and Dynamics*, 31(4): 1041-1051.

Copeland B J. 1993a. *Artificial Intelligence: A Philosophical Introduction*. Oxford: Blackwell Publishing.

Copeland B J. 1993b. The curious case of the Chinese gym. *Synthese*, 95(2): 173-186.

Copeland B J. 1997. The broad conception of computation. *American Behavioral Scientist*, 40(6): 690-716.

Copeland B J. 1998a. Even Turing machines can compute uncomputable functions//Calude C, Casti J, Dinneen M. *Unconventional Models of Computation*. London: Springer-Verlag: 1-26

Copeland B J. 1998b. Super turing-machines. *Complexity*, 4(1): 30-32.

Copeland B J. 1998c. Turing's O-machines, Searle, Penrose, and the brain. *Analysis*, 58(2): 128-138.

Copeland B J. 1999. A lecture and two radio broadcasts on machine intelligence by Alan Turing//Furukawa K, Michie D, Muggleton S. *Machine Intelligence 15*. Oxford: Oxford University Press: 445-476.

Copeland B J. 2000. Narrow versus wide mechanism: Including a re-examination of Turing's views on the mind-machine issue. *Journal of Philosophy*, 96(1): 5-32.

Copeland B J. 2002a. Accelerating Turing machines. *Minds and Machines*, 12(2): 281-308.

Copeland B J. 2002b. Hypercomputation//Copeland B J. *Hypercomputation. Special issue of Minds and Machines*, 12(4): 461-502.

Copeland B J. 2002c. The Chinese Room from a logical point of view//Preston J, Bishop M. *Views into the Chinese Room: New Essays on Searle and Artificial Intelligence*. Oxford: Oxford University Press:109-122.

Copeland B J. 2003. Computation//Floridi L. *The Blackwell Guide to the Philosophy of Computing and Information*. Oxford: Blackwell Publishing: 1-17.

Copeland B J. 2004a. Hypercomputation: Philosophical issues. *Theoretical Computer Science*, 317(1/2/3): 251-267.

Copeland B J. 2004b. *The Essential Turing*. Oxford: Oxford University Press.

Copeland B J. 2005. *Alan Turing's Automatic Computing Engine: The Master Codebreaker's Struggle to Build the Modern Computer*. Oxford: Oxford University Press.

Copeland B J. 2006. Turing's thesis//Olszewski A, Wolenski J, Janusz R. *Church's Thesis after 70 Years*. Frankfurt: OntosVerlag: 421-425.

Copeland B J. 2008. Turing's test: A philosophical and historical guide//Epstein R, Roberts G, Beber G. *Parsing the Turing Test: Philosophical and Methodological Issues in the Quest for the Thinking Computer*. Berlin: Springer: 119-138.

Copeland B J, Proudfoot D. 1996. On Alan Turing's anticipation of connectionism. *Synthese*, 108(3): 361-377.

Copeland B J, Proudfoot D. 1999. Alan Turing's forgotten ideas in computer science. *Scientific American*, 280(4): 98-103.

Copeland B J, Proudfoot D. 2004. The computer, artificial intelligence, and the Turing test//Teuscher C. *Alan Turing: Life and Legacy of a Great Thinker.* Berlin: Springer Verlag: 317-351.

Copeland B J, Proudfoot D. 2006. Artificial intelligence: history, foundations, and philosophical issues//Thagard P. *Philosophy of Psychology and Cognitive Science.* Amsterdam: Elsevier: 429-482.

Copeland B J, Proudfoot D. 2010. Deviant encodings and Turing's analysis of computability. *Studies in History and Philosophy of Science,* 41(3): 247-252.

Copeland B J, Shagrir O. 2007. Physical computation: How general are Gandy's principles for mechanisms? *Minds and Machines,* 17(2): 217-231.

Copeland B J, Shagrir O. 2011. Do accelerating Turing machines compute the uncomputable? *Minds and Machines,* 21(2): 221-239.

Copeland B J, Sylvan R. 1999. Beyond the universal Turing machine. *Australasian Journal of Philosophy,* 77(1): 46-66.

Coutaz J, Crowley J L, Dobson S, et al. 2005. Context is key. *Communications of the ACM,* 48(3): 49-53.

Craik K J W. 1943. *The Nature of Explanation.* Cambridge: Cambridge University Press.

Craver C F. 2007. *Explaining the Brain.* Oxford: Oxford University Press.

Crevier D. 1993. *AI: The Tumultuous Search for Artificial Intelligence.* New York: Basic Books.

Culbertson J T. 1956. Some uneconomical robots//Shannon C E, McCarthy J. *Automata Studies.* Princeton: Princeton University Press: 99-116.

Cummins R. 1983. *The Nature of Psychological Explanation.* Cambridge: MIT Press.

Cummins R. 1996. Systematicity. *Journal of Philosophy,* 93(12): 591-614.

Davis M D, Sigal R, Weyuker E J. 1994. *Computability, Complexity, and Languages.* 2nd ed. San Francisco: Morgan Kaufmann.

Davis M, Logemann G, Loveland D. 1962. A machine program for theorem-proving. *Communications of the ACM,* 5(7): 394-397.

Davis M, Putnam H. 1960. A computing procedure for quantification theory. *Journal of the ACM,* 7(3): 201-215.

Dayan R, Abbott L F. 2001. *Theoretical Neuroscience: Computational and Mathematical Modeling of Neural Systems.* Cambridge: MIT Press.

Dayoub F, Cielniak G, Duckett T. 2011. Long-term experiments with an adaptive spherical view representation for navigation in changing environments. *Robotics & Autonomous Systems,* 59(5): 285-295.

De Bra P, Calvi L. 1998. AHA！An open Adaptive Hypermedia Architecture. *The New Review of Hypermedia and Multimedia,* 4(1): 115-139.

Dennett D C. 1978. A Cure for the Common Code?//Dennet D C. *Brainstorms: Philosophical Essays on Mind and Psychology.* Cambridge: Bradford Books: 90-108.

Dennett D C. 1980. The milk of human intentionality. *Behavioral and Brain Sciences,* 3(3): 428-430.

Dennett D C. 1991. *Consciousness Explained*. Boston: Little, Brown and Company.

Dennett D C. 1994. The practical requirements for making a conscious robot. *Philosophical Transactions: Physical Sciences and Engineering*, 349(1689): 133-146.

Dennett D C. 2013. *Intuition Pumps and Other Tools for Thinking*. New York: W. W. Norton & Company.

Dey A K. 1999. *Providing Architectural Support for Building Context-Aware Applications*. Atlanta: Georgia Institute of Technology.

Dey A K. 2001. Understanding and using context. *Personal and Ubiquitous Computing*, 5(1): 4-7.

Dey A K, Salber D, Abowd G D. 2001. A conceptual framework and a toolkit for supporting the rapid prototyping of context-aware applications. *Human-Computer Interaction*, 16(2/3/4): 97-166.

DiGiorgio A M, Ehrenfeld J M. 2023. Artificial intelligence in medicine & ChatGPT: De-tether the Physician. *Journal of Medical Systems*, 47(1): 32.

Dourish P. 2001a. Seeking a foundation for context-aware computing. *Human-Computer Interaction*, 16(2/3/4): 229-241.

Dourish P. 2001b. *Where the Action Is: The Foundations of Embodied Interaction*. Cambridge: MIT Press.

Dourish P, Button G. 1998. On "technomethodology": Foundational relationships between ethnomethodology and system design. *Human-Computer Interaction*, 13(4): 395-432.

Doyle J. 2002. What is Churches thesis? *Minds and Machines*, 12: 519-520.

Dretske F I. 1981. *Knowledge and the Flow of Information*. Cambridge: MIT Press.

Dretske F I. 1986. Misrepresentation//Bogdan R J. *Belief: Form, Content and Function*. New York: Oxford University Press: 17-36.

Dretske F I. 1995. *Naturalizing the Mind*. Cambridge: MIT Press.

Dretske F I. 2003. Experience as representation. *Philosophical Issues*, 13(1): 67-82.

Dreyfus H L. 1992. *What Computers Still Can't Do*. Cambridge: MIT Press.

Dreyfus H L. 2007. Why Heideggerian AI failed and how fixing it would require making it more Heideggerian. *Philosophical Psychology*, 20(2): 247-268.

Dreyfus H L, Dreyfus S E. 1986. *Mind over Machine: The Power of Human Intuition and Expertise in the Era of the Computer*. Oxford: Blackwell Publishng.

Duffy B R. 2003. Anthropomorphism and the social robot. *Robotics and Autonomous Systems*, 42(3/4): 177-190.

Dumitrescu D, Groşan C, Oltean M. 2001. A new evolutionary adaptive representation paradigm. *Studia Universitatis Babeş-Bolyai Informatica XLVI*, (2): 19-28.

Eberbach E, Goldin D, Wegner P. 2004. Turing's ideas and models of computation//Teuscher C. *Alan Turing: Life and Legacy of a Great Thinker*. Berlin: Springer-Verlag: 159-194.

Edelman G M. 1992. *Bright Air, Brilliant Fire: On the Matter of the Mind*. New York: Basic Books.

Egan F. 1995a. Computation and content. *Philosophical Review*, 104(2): 181-203.

Egan F. 1995b. Folk psychology and cognitive architecture. *Philosophy of Science*, 62(2): 179-196.

Egan F. 1999. In defence of narrow mindedness. *Mind and Language*, 14(2): 177-194.

Egan F, Matthews R J. 2006. Doing cognitive neuroscience: A third way. Synthese, 153(3): 377-391.

Elek I. 2010. A computerized approach of the knowledge representation of digital evolution machines in an artificial world. https://link.springer.com/chapter/10.1007/978-3-642-13495-1_65[2021-03-16].

Eliasmith C, Anderson C H. 2003. *Neural Engineering: Computationy Representation, and Dynamics in Neurobiological Systems*. Cambridge: MIT Press.

Else L. 2009. A singular view of the future. https: //www.kurzweilai.net/singular-view-of-the-future[2023-03-23].

Endsley M R, Kiris E O. 1995. The out-of the-loop performance problem and level of control in automation. *Human Factors*, 37(2): 381-394.

Ermentrout G B, Terman D H. 2010. *Mathematical Foundations of Neuroscience*. Berlin: Springer.

Ernst D, Geurts P, Wehenkel L. 2005. Tree-based batch mode reinforcement learning. *Journal of Machine Learning Research*, 6: 503-556.

Eysenck M W. 1982. *Attention and Arousal: Cognition and Performance*. Berlin: Springer-Verlag.

Fahlman S E. 1974. A planning system for robotconstruction tasks. *AIJ*, 5(1): 1-49.

Fang L Y, Li S T. 2015. Face recognition by exploiting local Gabor features with multitask adaptive sparse representation. *IEEE Transactions on Instrumentation and Measurement*, 64(10): 2605-2615.

Feigenbaum E A. 2003. Some challenges and grand challenges for computational intelligence. *Journal of the ACM*, 50(1): 32-40.

Feldman J A, Ballard D H. 1982. Connectionist models and their properties. *Cognitive Science*, 6(3): 205-254.

Field H H. 1978. Mental representation. *Erkenntnis*, 13(1): 9-61.

Floridi L. 2023. AI as agency without intelligence: On ChatGPT, large language models, and other generative models. *Philosophy & Technology*, 36(1): 15.

Fodor J A. 1981a. The mind-body problem. *Scientific American*, 244(1): 114-123.

Fodor J A. 1981b. *RePresentations: Philosophical Essays on the Foundation of Cognitive Science*. Cambridge: MIT Press.

Fodor J A. 1983. *The Modularity of Mind*. Cambridge: MIT Press.

Fodor J A, Pylyshyn Z W. 1988. Connectionism and cognitive architecture: A critical analysis. Cognition, 28(1/2): 3-71.

Ford K M, Hayes R J. 1998. On conceptual wings: Rethinking the goals of artificial intelligence. *Scientific American Presents*, 9(4): 78-83.

Franklin S P. 1995. *Artificial Minds*. Cambridge: MIT Press.

Freeman W J. 2001. *How Brains Make Up Their Minds*. New York: Columbia University Press.

French R M. 1990. Subcognition and the limits of the Turing test. *Mind*, 99(393): 53-65.

French R M. 2000. The Turing test: The first 50 years. *Trends in Cognitive Sciences*, 4(3): 115-122.

Gallagher S. 2005. *How the Body Shapes the Mind.* Oxford: Oxford University Press.

Gallagher S. 2008. Are minimal representations still representations? *International Journal of Philosophical Studies*, 16(3): 351-369.

Gallistel C R, King A P. 2009. *Memory and the Computational Brain.* Hoboken: Wiley-Blackwell.

Gallistel C R, King A P. 2009. *Memory and the Computational Brain: Why Cognitive Science Will Transform Neuroscience.* Hoboken: Wiley-Blackwell.

Gandy R. 1980. Church' thesis and principles for mechanisms//Barwise J, Keisler H J, Kunen K. *The Kleene Symposium.* Amsterdam: North-Holland: 123-148.

Gärdenfors P, Makinson D. 1988. Revision of knowledge systems: Using epistemic entrenchment//*Proceedings of the Second Conference on Theoretical Aspects of Reasoning about Knowledge*: 83-95.

Garson J. 2003. The introduction of information into neurobiology. *Philosophy of Science*, 70(5): 926-936.

Genova J. 1994. Turing's sexual guessing game. *Social Epistemology*, 8(4): 313-326.

Geroch R, Hartle J B. 1986. Computability and physical theories. *Foundations of Physics*, 16(6): 533-550.

Gibson J J. 1966. *The Senses Considered as Perceptual Systems.* Boston: Houghton Mifflin and Company.

Gibson J J. 1979. *The Ecological Approach to Visual Perception.* Boston: Houghton Mifflin and Company.

Gladwell M. 2005. *Blink: The Power of Thinking Without Thinking.* Boston: Little, Brown and Company.

Globus G G. 1992. Toward a noncomputational cognitive neuroscience. *Journal of Cognitive Neuroscience*, 4(4): 299-300.

Gluck M A, Myers C E. 1993. Hippocampal mediation of stimulus representation: A computational theory. *Hippocampus*, 3(4): 491-516.

Gluck M A, Myers C, Meeter M. 2005. Cortico-hippocampal interaction and adaptive stimulus representation: A neurocomputational theory of associative learning and memory. *Neural Networks*, 18(9): 1265-1279.

Godfrey-Smith P. 2009. Triviality arguments against functionalism. *Philosophical Studies*, 145(2): 273-295.

Goertzel B. 2007. Human-level artificial general intelligence and the possibility of a technological singularity. *Artificial Intelligence*, 171(18): 1161-1173.

Gonzalez A J, Ahlers R. 1999. Context-based representation of intelligent behavior in training simulations. *Transactions of the Society for Computer Simulation International*, 15(4): 153-166.

Good I J. 1965. Speculations Concerning the First Ultraintelligent Machine//Alt F L, Rubinoff M. *Advances in Computers.* New York: Academic Press: 31-88.

Good I J. 1983. *Good Thinking: The Foundations of Probability and its Applications.*

Minneapolis: University of Minnesota Press.

Gordijn B, ten Have H. 2023. ChatGPT: evolution or revolution? *Medicine, Health Care and Philosophy*, 26(1): 1-2.

Grosan C. 2006. Multiobjective Adaptive Representation Evolutionary Algorithm (MAREA)- a new evolutionary algorithm for multiobjective optimization//Abraham A, de Baets B, Köppen M. *Applied Soft Computing Technologies: The Challenge of Complexity*. Berlin: Springer-Verlag: 113-121.

Grosan C, Oltean M. 2005. Adaptive representation for single objective optimization. Soft Computing, 9(8): 594-605.

Gruber T R. 1995. Toward principles for the design of ontologies used for knowledge sharing? *International Journal of Human-Computer Studies*, 43(5/6): 907-928.

Gu T, Pung H K, Zhang D Q. 2005. A service-oriented middleware for building context-aware services. *Journal of Network and Computer Applications*, 28(1): 1-18.

Hagar A, Korolev A. 2006. Quantum hypercomputability? *Minds and Machines*, 16(1): 87-93.

Halpern J Y. 2001. Substantive rationality and backward induction. Games and Economic Behavior, 37(2): 425-435.

Halpern J Y, Moses Y. 1990. Knowledge and common knowledge in a distributed environment. *Journal of the ACM*, 37(3): 549-587.

Halpern J Y, Moses Y. 1992. A guide to completeness and complexity for modal logics of knowledge and belief. *Artificial Intelligence*, 54(3): 319-379.

Han Z J, Jiao J B, Zhang B C, et al. 2011. Visual object tracking via sample-based Adaptive Sparse Representation (AdaSR). *Pattern Recognition*, 44(9): 2170-2183.

Harnad S. 2001. What's Wrong and Right About Searle's Chinese Room Argument?//Bishop M, Preston J. *Essays on Searle's Chinese Room Argument*. Oxford: Oxford University Press.

Harnad S. 2008. Commentary on Turing's "Computing Machinery and Intelligence" //Epstein R, Roberts G, Beber G. *Passing the Turing Test: Philosophical and Methodological Issues in the Quest for the Thinking Computer*. Berlin: Springer: 67-70.

Hart T P, Edwards D J. 1961. *Artificial Intelligence Project Memo30*. Cambridge: Massachusetts Institute Technology.

Harvey I, Husbands P, Cliff D. 1994. Seeing the light: Artificial evolution, real vision//Cliff D. *From Animals to Animats*. Cambridge: MIT Press: 392-401.

Haugeland J. 1985. *Artificial Intelligence: The Very Idea*. Cambridge: MIT Press.

Hayes P M, Ford K. 1995. Turing test considered harmful//*Proceedings of the Fourteenth International Joint Conference on Artificial Intelligence*. San Francisco: Morgan Kaufmann.

Heylighen F. 1999. Representation and change: A metarepresentational framework for the foundations of physical and cognitive science. http://cleamc11.vub.ac.be/books/Rep%26Change.pdf[2016-02-10].

Hodges A. 2014. *Alan Turing: The Enigma*. London: Random House.

Hodgkin A L, Huxley A F. 1952. A quantitative description of membrane current and its application to conduction and excitation in nerve. *The Journal of Physiology*, 117(4): 500-544.

Hofstadter D. 2007. *I Am a Strange Loop*. New York: Basic Books.

Hogarth M L. 1994. Non-Turing computers and non-Turing computability. *Proceedings of the Biennial Meeting of the Philosophy of Science Association*, 1(1): 126-138.

Hogg D W, Martin F, Resnick M. 1991. *Braitenberg Creatures*. Cambridge: Massachusetts Institute of Technology.

Holland J H. 1975. *Adaptation in natural and artificial systems: An introductory analysis with applications to biology, control, and artificial intelligence*. Ann Arbor: University of Michigan Press.

Holland J H. 1992. *Adaptation in Natural and Artificial Systems: An introductory analysis with applications to biology, control, and artificial intelligence*. 2nd ed. Cambridge: MIT Press.

Holland J H. 1995. *Hidden Order: How Adaptation Builds Complexity*. New York: Basic Books.

Holland J H. 1998. *Emergence: From Chaos to Order*. New York: Basic Books.

Holland J H. 2012. *Signals and Boundaries: Building Blocks for Complex Adaptive Systems*. Cambridge: MIT Press.

Holland J H. 2014. *Complexity: A Very Short Introduction*. Oxford: Oxford University Press.

Honkela T. 2000. Adaptive and holistic knowledge representations using self-organizing maps//Shi Z, Faltings B, Musen M. *Unknown host publication*: 81-86.

Hopfield J J. 1982. Neural networks and physical systems with emergent collective computational abilities. *Proceedings of the National Academy of Sciences of the United States of America*, 79(8): 2554-2558.

Horgan J. 2008. The consciousness conundrum. *IEEE Spectrum*, 45(6): 36-41.

Horgan T E, Tienson J. 1996. *Connectionism and the Philosophy of Psychology*. Cambridge: MIT Press.

Horst S W. 1996. *Symbols, Computation, and Intentionality: A Critique of the Computational Theory of Mind*. Berkeley: University of California Press.

Huchet G, Chouinard J Y, Wang D, et al. 2009. Adaptive source representation for distributed video coding//*ICIP'09: Proceedings of the 16th IEEE international conference on Image processing*: 1393-1396.

Huffman D A. 1971. Impossible objects as nonsense sentence//Meltzer B, Michie D. *Machine Intelligence 6*. Edinburgh: Edinburg University Press: 295-323.

Hupkes D, Veldhoen S, Zuidema W. 2018. Visualisation and 'diagnostic classifiers' reveal how recurrent and recursive neural networks process hierarchical structure. *Journal of Artificial Intelligence Research*, 61(1): 907-926.

Jackson P C. 2019. *Toward Human-Level Artificial Intelligence: Representation and Computation of Meaning in Natural Language*. Mineola: Dover Publications, Inc.

Johnson-Laird P. 1987. How Could Consciousness Arise from the Computations of the Brain?//Blakemore C, Greenfield S. *Mindwaves*. Oxford: Basil Blackwell.

Johnston R. 1985. The philosophical issues surrounding artificial intelligence. *Computer*

Compacts, 3(3/4): 90-92.

Jones D L, Baraniuk R G. 1995. An adaptive optimal-kernel time-frequency representation. *IEEE Transactions on Signal Processing*, 43(10): 2361-2371.

Jones R A L. 2008. Rupturing the nanotech rapture. *IEEE Spectrum*, 45(6): 64-67.

Kaganovskiy L. 2011. Adaptive panel representation for oblique collision of two vortex rings. *International Journal of Non-Linear Mechanics*, 46(1): 9-13.

Kay J. 1994. The um toolkit for cooperative user modelling. *User Modeling and User-Adapted Interaction*, 4(3): 149-196.

Kieu T D. 2002. Quantum hypercomputation. *Minds and Machines*, 12(4): 541-561.

Kieu T D. 2003. Computing the non-computable. *Contemporary Physics*, 44(1): 51-71.

King R D, Rowland J, Oliver S G, et al. 2009. The automation of science. *Science*, 324(5923): 85-89.

Kirsh D. 1990. When Is Information Explicitly Represented?//Hanson P. *Information, Content, atid Meanings*. Vancouver: University of British Columbia Press: 340-365.

Kirsh D. 1991. Today the earwig, tomorrow man? *Artificial Intelligence*, 47(1/2/3): 161-184.

Klein C. 2008. Dispositional implementation solves the superfluous structure problem. *Synthese*, 165(1): 141-153.

Knight B W. 1972. Dynamics of encoding in a population of neurons. *Journal of General Physiology*, 59(6): 734-766.

Komar A. 1964. Undecidability of macroscopically distinguishable states in quantum field theory. *Physical Review*, 133(2B): 542-544.

Kooi B, van Benthem J. 2004. Reduction axioms for epistemic actions//*International Conference on Advances in Modal Logic*. https://www.semanticscholar.org/paper/Reduction-axioms-for-epistemic-actions-Reduction-Kooi-Benthem/81c2a6f001d41e7bb5fa05d3fd7be19911ad3e35[2023-03-29].

Korf R E. 1993. Linear-space best-first search. *Artificial Intelligence*, 62(1): 41-78.

Kosinski M. 2023. Evaluating large language models in theory of mind tasks. https://arxiv.org/abs/2302.02083[2023-02-04].

Kotseruba I, Tsotsos J K. 2020. 40 years of cognitive architectures: core cognitive abilities and practical applications. *Artificial Intelligence Review*, 53(1): 17-94.

Krishnakumaram S, Zhu X. 2007. Hunting elusive metaphors using lexical resources//*Proceedings of the workshop on Computational Approaches to figurative Language*. Rochester: 13-20.

Kruse B, Blackburn M. 2019. Collaborating with OpenMBEE as an Authoritative Source of Truth Environment. *Procedia Computer Science*, 153: 277-284.

Kurzweil R. 1999. *The Age of Spiritual Machines: When Computers Exceed Human Intelligence*. New York: Penguin Audio.

Kurzweil R. 2006. *The Singularity Is Near: When Humans Transcend Biology*. New York: Penguin Books.

Kurzweil R. 2008. The Singularity: The last word. *IEEE Spectrum*, 45(10): 1-10.

Lagoudakis M G, Parr R. 2004. Least-squares policy iteration. *Journal of Machine Learning Research*, 4(6): 1107-1149.

Laird J E, Lebiere C, Rosenbloom P S. 2017. A standard model of the mind: toward a common computational framework across artificial Intelligence, cognitive science, neuroscience, and robotics. *AI Magazine*, 38(4): 13-26.

Lamy J B. 2017. Owlready: Ontology-oriented programming in python with automatic classification and high level constructs for biomedical ontologies. *Artificial Intelligence in Medicine*, 80: 11-28.

Lange S, Riedmiller M. Deep auto-encoder neural networks in reinforcement learning//*The 2010 International Joint Conference on Neural Networks*. Barcelona:1-8.

Lapicque L. 2007. Quantitative investigations of electrical nerve excitation treated as polarization.1907. *Biological Cybernetics*, 97(5/6): 341-349.

Laskey K B. 2006. Quantum physical symbol systems. *Journal of Logic, Language and Information*, 15(1): 109-154.

Leff H, Rex A F. 2002. *Maxwell's Demon 2: Entropy, Classical and Quantum Information Computing*. Boca Raton: CRC Press.

Lenat D B. 2008. Building a Machine Smart Enough to Pass the Turing Test: Could We, Should We, Will We?//Epstein R, Roberts G, Beber G. *Parsing the Turing Test: Philosophical and Methodological Issues in the Quest for the Thinking Computer*. Berlin: Springer: 261-282.

Lenat D B. 2008. The voice of the turtle: Whatever happened to AI? *AI Magazine*, 29(2): 11-19.

Levesque H J. 1984. A logic of implicit and explicit belief//*Proceedings of the Fourth AAAI Conference on Artificial Intelligence*: 198-202. https://dl.acm.org/doi/10.5555/2886937.2886973[2023-03-29].

Levine J. 1983. Materialism and qualia: the explanatory gap. *Pacific Philosophical Quarterly*, 64(4): 354-361.

Levine J. 1999. Conceivability, Identity, and the Explanatory Gap//Hameroff S R, Kaszniak A W, Chalmers D J. *Towards a Science of Consciousness III: The Third Tucson Discussions and Debates*. The MIT Press: 3-12.

Li J, Yan T, Yang B, et al. 2004. A packing algorithm for non-Manhattan hexagon/triangle placement design by using an adaptive O-tree representation//*Proceedings of the 41st annual Design Automation Conference*. San Diego: IEEE: 646-651.

Li J, Yu X Y, Peng C L, et al. 2017. Adaptive representation-based face sketch-photo synthesis. *Neurocomputing*, 269: 152-159.

Lin B, Bouneffouf D, Cecchi G A. 2018. Contextual bandit with adaptive feature extraction//*IEEE International Conference on Data Mining Workshops* (ICDMW). https://www.researchgate.net/publication/331037549_Contextual_Bandit_with_Adaptive_Feature_Extraction[2023-03-29].

Lin I C, Peng J Y, Lin C C, et al. 2011. Adaptive motion data representation with repeated motion analysis. *IEEE Transactions on Visualization and Computer Graphics*, 17(4): 527-538.

Lismont L, Mongin P. 1995. Belief closure: A semantics of common Knowledge for modal propositional logic. *Mathematical Social Sciences*, 30(2): 127-153.

Lisowska A. 2011. Smoothlets—multiscale functions for adaptive representation of images. *IEEE Transactions on Image Processing*, 20(7): 1777-1787.

Liu Y, Wang Z F. 2015. Simultaneous image fusion and denoising with adaptive sparse representation. *Image Processing IET*, 9(5): 347-357.

Luby M, Sinclair A, Zuckermanet D. 1993. Optimal speedup of Las Vegas algorithms. *Information Processing Letters*, 47(4): 173-180.

Lucas P J F. 1996. *Knowledge Acquisition for Decision-Theoretic Expert Systems*. Utrecht University: Information and Computing Sciences.

Lycan W. 1996. *Consciousness and Experience*. Cambridge: MIT Press.

Ma X, Zabaras N. 2010. An adaptive high-dimensional stochastic model representation technique for the solution of stochastic partial differential equations. *Journal of Computational Physics*, 229(10): 3884-3915.

MacDonald C, MacDonald G. 1995. *Connectionism: Debates on Psychological Explanation*. Oxford: Blackwell Publishing.

Machamer P K, Darden L, Craver C F. 2000. Thinking about mechanisms. *Philosophy of Science*, 67(1): 1-25.

Mackworth A K. 1977. Consistency in networks of relations. *Artificial Intelligence*, 8(1): 99-118.

Mackworth A K. 1992. Constraint satisfaction//Shapiro S. *Encyclopedia of Artificial Intelligence*. 2nd ed. New York: Wiley: 285-293.

Magnani L, Casadio C. 2016. *Model-based Reasoning in Science and Technology: Logical, Epistemological and Cognitive Issues*. Berlin: Springer.

Manzini G. 1995. BIDA: An improved perimeter search algorithm. *Artificial Intelligence*, 75(2): 347-360.

Marcus G. 2001. *The Algebraic Mind: Integrating Connectionism and Cognitive Science*. Cambridge: MIT Press.

Marr D. 1982. *Vision*. New York: Freeman.

Marras A. 1985. The churchlands on methodological solipsism and computational psychology. *Philosophy of Science*, 52 (2): 295-309.

Martin J H. 1990. *A Computational Model of Metaphor Interpretation*. San Diego: Academic Press Professional.

Mataric M J. 1994. Learning to behave socially//Cliff D, Husbands P, Meyer J A, et al. *From Animals to Animats: Proceedings of the Third International Conference on Similarities of Adaptive Behavior*. Cambridge: MIT Press: 453-462.

Matthews R. 1997. Can connectionists explain systematicity? *Mind and Language*, 12(2): 154-177.

Matthews R. 2007. *The Measure of Mind: Propositional Attitudes and Their Attribution*. Oxford: Oxford University Press.

Mattiussi C, Dürr P, Floreano D. 2007. Center of mass encoding: a self-adaptive representation with adjustable redundancy for real-valued parameters//*Genetic & Evolutionary Computation Conference*. New York: ACM Press: 1304-1311.

McCarthy J. 2006. The philosophy of AI and the AI of philosophy(PDF). http://jmc.stanford.edu/articles/aiphil2.html[2020-02-18].

McCarthy J. 2007. From here to human-level AI. *Artificial Intelligence*, 171(18): 1174-1182.

McCarthy J, Hayes P J. 1981. Some philosophical problems from the standpoint of artificial intelligence//Webber B L, Nilsson N J. *Readings in Artificial Intelligence*. Amsterdam: Elsevier: 431-450.

McCulloch W S, Pitts W H. 1943. A logical calculus of the ideas immanent in nervous activity. *The Bulletin of Mathematical Biophysics*, 5(4): 115-133.

McDermott D. 1976. Artificial intelligence meets natural stupidity. *ACM SIGART Bulletin*, 57: 4-9.

McDermott D. 2006. Kurzweil's argument for the success of AI. *Artificial Intelligence*, 170(18): 1227-1233.

McDermott D. 2007. Level-headed. *Artificial Intelligence*, 171(18): 1183-1186.

McLeod P, Dienes Z. 1993. Running to catch the ball. *Nature*, 362(6415): 23.

Melis E. 2003. Knowledge Representation and Management in ACTIVEMATH. *Annals of Mathematics and Artificial Intelligence*, 38(1/3): 47-64.

Messer K, de Ridder D, Kittler J. 1999. Adaptive texture representation methods for automatic target recognition//Elliman D, Pridmore T. *BMCV99, Proceedings of the 10th British Machine Vision Conference*. BMVA: 443-452.

Michie D. 1993. Turing's test and conscious thought. *Artificial Intelligence*, 60(1): 1-22.

Mihovilovic D, Bracewell R N. 1991. Adaptive chirplet representation of signals on time-frequency plane. *Electronics Letters*, 27(13): 1159-1161.

Minsky M, Singh P, Sloman A. 2004. The St. Thomas common sense symposium: designing architectures for human-level intelligence. *AI Magazine*, 25(2): 113-124.

Moese Y, Shoham Y. 1993. Belief as defeasible knowledge. *Artificial Intelligence*, 64(2): 299-321.

Monderer D, Samet D. 1989. Approximating common knowledge with common beliefs. *Games and Economic Behavior*, 1(2): 170-190.

Moor J H. 1976. An analysis of the Turing test. *Philosophical Studies*, 30(4): 249-257.

Moor J H. 1987. Turing test//Shapiro S C. *Encyclopedia of Artificial Intelligence*. New York: Wiley: 1801-1802.

Moor J H. 1995. Lithography and the future of Moored law. *Proceedings of SPIE—The International Society for Optical Engineering*, 2439: 2-17. https://www.lithoguru.com/scientist/CHE323/Moore1995.pdf[2025-01-28].

Moor J H. 2003. The status and future of the Turing test//Moor J H. *The Turing Test*. Dordrecht: Springer Netherlands: 197-213.

Moran T P, Dourish P. 2001. Introduction to this special issue on context-aware computing. *Human-Computer Interaction*, 16(2/3/4): 87-95.

Moravec H. 1988. *Mind Children: The Future of Robot and Human Intelligence.* Cambridge: Harvard University Press.

Moravec H. 1998. When will computer hardware match the human brain? https://www.jetpress.org/volume1/moravec.pdf[2023-03-23].

Muda L, Begam M, Elamvazuthi I. 2010. Voice recognition algorithms using Mel Frequency Cepstral Coefficient(MFCC) and Dynamic Time Warping(DTW) techniques. *Journal of Computing*, (3): 138-143.

Muehlhauser L, Helm L. 2012. The singularity and machine ethics//Eden A H, Søraker J H, Moor J H, et al. *Singularity Hypotheses: A Scientific and Philosophical Assessment.* Berlin: Springer: 101-105.

Nafie M, Ali M, Tewfik A H. 1996. Optimal subset selection for adaptive signal representation//*Proceedings of IEEE International Conference.* Atlanta: IEEE: 2511-2514.

Nature. 2023. Tools such as ChatGPT threaten transparent science;here are our ground rules for their use. *Nature*, 613: 612.

Newell A. 1980. Physical symbol systems. *Cognitive Science*, 4(2): 135-183.

Newell A. 1990. *Unified Theories of Cognition.* Cambridge: Harvard University Press.

Newell A, Simon H A. 1963. GPS: A program that simulates human thought//Feigenbaum E A, Feldman J. *Computers and Thought.* New York: McGraw-Hill: 415-428.

Newell A, Simon H A. 1976. Computer science as empirical inquiry: Symbols and search. *Communications of the Association for Computing Machinery*, 19(3): 113-126.

Nilsson N J. 2005. Human-level artificial intelligence?Be serious! *AI Magazine*, 26(4): 68-75.

Nilsson N J. 2007. The physical symbol system hypothesis: status and prospects//Lungarella M, Iida F, Bongard J, et al. *50 Years of Artificial Intelligence.* Berlin: Springer: 9-17.

Noe A. 2004. *Action in Perception.* Cambridge: MIT Press.

Noe A. 2009. *Out of Our Heads: Why You are not Your Brain, and Other Lessons from the Biology of Consciousness.* New York: Hill and Wang.

Nordmann A. 2008. Singular simplicity. *IEEE Spectrum*, 45(6): 60-63.

Ohlsson S, Mitrovic A. 2006. Constraint-based knowledge representation for individualized instruction. *Computer Science and Information Systems*, 3(1): 1-22.

Ollivier M, Pareek A, Dahmen J, et al. 2023. A deeper dive into ChatGPT: history, use and future perspectives for orthopaedic research. *Knee Surgery, Sports Traumatology, Arthroscopy*, 31(4): 1190-1192.

Olson E T. 1997. *The Human Animal: Personal Identity Without Psychology.* Oxford: Oxford University Press.

O'Reilly R C, Munakata Y. 2000. *Computational Explorations in Cognitive Neuroscience: Understanding the Mind by Simulating the Brain.* Cambridge: MIT Press.

Ormoneit D, Sen Ś. 2002. Kernel-based reinforcement learning. *Machine Learning*, 49(2/3): 161-178.

Papineau D. 1987. *Reality and Representation.* Oxford: Bassil Blackwell.

Papineau D. 2011. What exactly is the explanatory gap? *Philosophia*, 39(1): 5-19.

Penrose R. 1989. *The Emperor's New Mind: Concerning Computers, Minds, and the Laws of Physics*. Oxford: Oxford University Press.

Penrose R. 1994. *Shadows of the Mind: A Search for the Missing Science of Consciousness*. Oxford: Oxford University Press.

Perkel D H. 1993. Computational neuroscience: scope and structure//Schwartz E L. *Computational Neuroscience*. Cambridge: MIT Press: 38-45.

Pfeffer A J. 2000. *Probabilistic Reasoning for Complex Systems*. Stanford: Stanford University.

Piccinini G. 2003. Alan Turing and the mathematical objection. *Minds and Machines*, 13(1): 23-48.

Piccinini G. 2004. Functionalism, computationalism, and mental contents. *Canadian Journal of Philosophy*, 34(3): 375-410.

Piccinini G. 2006. Computational explanation in neuroscience. *Synthese*, 153(3): 343-353.

Piccinini G. 2007a. Computational modelling vs. computational explanation: Is everything a Turing machine, and does it matter to the philosophy of mind? *Australasian Journal of Philosophy*, 85(1): 93-115.

Piccinini G. 2007b. Computing mechanisms. *Philosophy of Science*, 74(4): 501-526.

Piccinini G. 2008a. Computation without representation. *Philosophical Studies*, 137(2): 205-241.

Piccinini G. 2008b. Computers. *Pacific Philosophical Quarterly*, 89(1): 32-73.

Piccinini G. 2008c. Some neural networks compute, others don't. *Neural Networks*, 21(2/3): 311-321.

Piccinini G. 2009. Computationalism in the philosophy of mind. *Philosophy Compass*, 4(3): 515-532.

Piccinini G. 2010. The mind as neural software? Understanding functionalism, computationalism, and computational functionalism. *Philosophy and Phenomenological Research*, 81(2): 269-311.

Piccinini G, Scarantino A. 2011. Information processing, computation, and cognition. *Journal of Biological Physics*, 37(1): 1-38.

Pinker S. 1995. Language acquisition//Gleitman L R, Liberman M, Osherson D N. *An Invitation to Cognitive Science*. 2nd ed. Cambridge: MIT Press: 199-238.

Pinker S. 1997. *How the Mind Works*. New York: W W Norton & Company.

Pinker S. 2005. So how does the mind work? *Mind and Language*, 20(1): 1-24.

Pitowsky I. 1990. The physical Church thesis and physical computational complexity. *Iyyun*, 39: 81-99.

Pohl L. 1977. Practical and theoretical considerations in heuristic search algorithms//Eclock E W, Michie D. *Machine Intelligence 8*. Chichester: Ellis Horwood: 55-72.

Pohl W, Nick A. 1999. Machine learning and knowledge representation in the LaboUr Approach to UserModeling. https://wwwmatthes.in.tum.de/file/cm1dery06mew/.../pohl99 machine.pdf[2020-01-20].

Pollack J B. 2006. Mindless intelligence. *IEEE Intelligent Systems*, 21(3): 50-56.

Ponsen M, Spronck P, Muñoz-Avila H, et al. 2007. Knowledge acquisition for adaptive game AI. *Science of Computer Programming*, 67(1): 59-75.

Port R J, van Gelder T. 1995. *Mind as Motion: Explorations in the Dynamics of Cognition*. Cambridge: MIT Press.

Pour-El M B. 1974. Abstract computability and its relation to the general purpose analog computer (some connections between logic, differential equations and analog computers). *Transactions of the American Mathematical Society*, 199: 1-28.

Pour-El M B, Richards I. 1981. The wave equation with computable initial data such that its unique solution is not computable. *Advances in Mathematics*, 39(3): 215-239.

Proudfoot D. 1999a. Facts about artificial intelligence. *Science*, 285(5429): 835.

Proudfoot D. 1999b. How human can they get? *Science*, 284(5415): 745.

Proudfoot D. 2002. Wittgenstein' anticipation of the chinese room//Preston J, Bishop M. *Views into the Chinese Room: New Essays on Searle and Artificial Intelligence*. Oxford: Oxford University Press: 167-180.

Proudfoot D. 2004a. Robots and rule-following//Teuscher C. *Alan Turing: Life and Legacy of a Great Thinker*. Berlin: Springer-Verlag: 359-379.

Proudfoot D. 2004b. The implications of an externalist theory of rule-following behavior for robot cognition. *Minds and Machines*, 14(3): 283-308.

Proudfoot D. 2005. A new interpretation of the Turing test. https: //philpapers.org/rec/PROANI. pdf[2023-03-23].

Proudfoot D. 2006. The turing test: The elusive standard of artificial intelligence. *Philosophical Psychology*, 19(2): 261-265.

Proudfoot D. 2011. Anthropomorphism and AI: Turing's much misunderstood imitation game. *Artificial Intelligence*, 175(5/6): 950-957.

Putnam H. 1988. *Representation and Reality*. Cambridge: MIT Press.

Pylyshyn Z. 1980. Computation and cognition: Issues in the foundations of cognitive science. *The Behavioral and Brain Sciences*, 3(1): 111-132.

Pylyshyn Z W. 1984. *Computation and Cognition: Toward a Foundation for Cognitive Science*. Cambridge: MIT Press.

Quinlan J R. 1990. Learning logical definitions from relations. *Machine Learning*, 5(3): 239-266.

Rabiner L R, Juang B H. 1986. An introduction to hidden Markov models. *IEEE ASSP Magazine*, 3(1): 4-16.

Radhakrishnan R, Divakaran A, Xion Z, et al. 2005. A content-adaptive analysis and representation framework for audio event discovery from "unscripted" multimedia. *Eurasip Journal on Advances in Signal Processing*, 2006(1): 1-24.

Rajashekar U, Wang Z, Simoncelli E P. 2010. Perceptual quality assessment of color images using adaptive signal representation//*Proceedings of SPIE-IS and T Electronic Imaging - Human Vision and Electronic Imaging XV*. San Jose: SPIE: 2213-2216.

Ramsey W. 2007. *Representation Reconsidered*. Cambridge: Cambridge University Press.

Ranganathan A, Al-Muhtadi J, Campbell R H. 2004. Reasoning about uncertain contexts in pervasive computing environments. *IEEE Pervasive Computing*, 3(2): 62-70.

Reynolds R G, Chung C J. 1996. A Self-Adaptive Approach to Representation Shifts in Cultural Algorithms//*Proceedings of IEEE International Conference on Evolutionary Computation*. Nagoya: IEEE: 94-99.

Richards J W. 2002. *Are We Spiritual Machines? Ray Kurzweil vs. the Critics of Strong AI*. Seattle: Discovery Institute.

Riedmiller M. 2005. Neural fitted Q iteration-first experiences with a data efficient neural reinforcement learning method//Gama J, Camacho R, Brazdil P B, et al. *Machine Learning: ECML2005*. Berlin: Springer: 317-328.

Rittenbruch M. 2002. Atmosphere: A framework for contextual awareness. *International Journal of Human-Computer Interaction*, 14(2): 159-180.

Robbins P, Aydede M. 2008. *The Cambridge Handbook of Situated Cognition*. Cambridge: Cambridge University Press.

Rosca J P. 1995. Entropy-Driven Adaptive Representation//Rosca J P. *Proceedings of Workshop on Genetic Programming: From Theory to Real-World Applications*. Rochester: Computer Science Department: 23-32.

Rosenbloom P S. 2023a. Rethinking the physical symbol systems hypothesis//Hammer P, Alirezaie M, Strannegård C. *Artificial General Intelligence*. Cham: Springer Nature Switzerland: 207-216.

Rosenbloom P S. 2023b. Thoughts on architecture//Goertzel B, Iklé M, Potapov A, et al. Artificial General Intelligence*2022*. Cham: Springer: 364-373.

Rosenbloom P S, Demski A, Ustun V. 2016. The Sigma cognitive architecture and system: towards functionally elegant grand unification. *Journal of Artificial General Intelligence*. 7(1): 1-103.

Rougeron G, Péroche B. 1997. An adaptive representation of spectral data for reflectance computations//Dorsey J, Slusallek P. *Eurographics*. Vienna: Springer Vienna: 127-138.

Rubel L A. 1985. The brain as an analog computer. *Journal of Theoretical Neurobiology*, 4(2): 73-81.

Rubinstein A. 1989. The electronic mail game: strategic behavior under almost common knowledge. *The American Economic Review*, 79(3): 385-391.

Rui Y, Liu Z C. 2004. ARTiFACIAL: Automated reverse Turing test using FACIAL features. *Multimedia Systems*, 9(6): 493-502.

Rumelhart D E, McClelland J M. 1986. *Parallel Distributed Processing: Explorations in the Microstructure of Cognition: Psychological and Biological Models*. Cambridge: MIT Press.

Russell S J, Norvig P. 2011. *Artificial Intelligence: A Modern Approach (third edition)*. 北京: 清华大学出版(影印版).

Russell S J, Norvig P. 2021. *Artificial Intelligence: A Modern Approach*. 4nd ed. Upper Saddle

River: Prentice Hall.

Samuels R. 2010. Classical computationalism and the many problems of cognitive relevance. *Studies in History and Philosophy of Science*, 41(3): 280-293.

Santos L R, Rosati A G. 2015. The evolutionary roots of human decision-making. *Annual Review of Psychology*, 66: 321-347.

Sayre K, Gray M A. 1993. Backtalk: A generalized dynamic communication system for DAI. *Software Practice and Experience*, 23(9): 1043-1057.

Scassellati B. 2001. Investigating models of social development using a humanoid robot//Webb B, Consi T. *Biorobotics*. Cambridge: MIT Press: 145-168.

Schaffer J D, Morishima A. 1988. David and Amy Morishima. Adaptive knowledge representation: A content sensitive recombination mechanism for genetic algorithms. *International Journal of Intelligent Systems*, 3(3): 229-246.

Scheutz M. 1999. When physical systems realize functions. *Minds and Machines*, 9(2): 161-196.

Scheutz M. 2001. Causal versus computational complexity. *Minds and Machines*, 11(4): 534-566.

Schiaffonati V. 2003. A framework for the foundation of philosophy of artificial intelligence. *Minds and Machines*, 13(4): 537-552.

Schroeder M J. 2017. The case of artificial vs. natural intelligence: philosophy of information as a witness, prosecutor, attorney or judge? *Proceedings*, 1(3): 111.

Schulkin J. 2009. *Cognitive adaptation: A Pragmatist Perspective*. Cambridge: Cambridge University Press.

Schwartz E L. 1990. *Computational Neuroscience*. Cambridge: MIT Press.

Searle J R. 1980. Minds, brains and programs. *Behavioral and Brain Sciences*, 3(3): 417-424.

Searle J R. 1990. Is the brain's mind a computer program? *Scientific American*, 262(1): 26-31.

Searle J R. 1992. *The Rediscovery of the Mind*. Cambridge: MIT Press.

Searle J R. 1999. *Mind, Language and Society*. New York: Basic Books.

Searle J R. 2002. Twenty-one years in the Chinese room//Preston J, Bishop M. *Views into the Chinese Room: Mew Essays on Searle and Artificial Intelligence*. Oxford: Oxford University Press: 51-69.

Searle J R. 2008. *Philosophy in a New Century Selected Essays*. Cambridge: Cambridge University Press.

Shadmehr R, Mussa-Ivaldi F A. 1994. Adaptive representation of dynamics during learning of a motor task. *The Journal of Neuroscience*, 14(5): 3208-3224.

Shadmehr R, Wise S P. 2005. *The Computational Neurobiology of Reaching and Pointing: A Foundation for Motor Learning*. Cambridge: MIT Press.

Shagrir O. 2001. Content, computation and externalism. *Mind*, 110(438): 369-400.

Shagrir O. 2006. Why we view the brain as a computer. *Synthese*, 153(3): 393-416.

Shagrir O, Pitowsky I. 2003. Physical hypercomputation and the Church-Turing thesis. *Minds and Machines*, 13(1): 87-101.

Shannon C E, McCarthy J. *Automato Studies*. Princeton: Princeton University Press.

Shannon C E. 1950. Programming a computer for playing chess. *Philosophical Magazine*, 41(4): 256-275.

Sharkey N. 2009. [Interviewed by Nic Fleming] The revolution will not be roboticised. *New Scientist*, 203(2723): 28.

Shen M F, Zhang Q, Li D L, et al. 2012. Adaptive sparse representation beamformer for high-frame-rate ultrasound imaging instrument. *IEEE Transactions on Instrumentation and Measurement*, 61(5): 1323-1333.

Shieber S M. 2007. The Turing test as interactive proof. *Noûs*, 41(4): 686-713.

Shukava E. 2010. *Models of Metaphor in NLP*. Cambridge: University of Cambridge.

Siegelmann H T, Sontag E D. 1994. Analog computation via neural networks. *Theoretical Computer Science*, 131(2): 331-360.

Siegelmann H T. 2003. Neural and super-Turing computing. *Minds and Machines*, 13(1): 103-114.

Simon H A, Newell A. 1958. Heuristic problem solving: The next advance in operations research. *Operations Research*, 6(1): 1-10.

Sloman A. 2008. The well-designed young mathematician. *Artificial Intelligence*, 172(18): 2015-2034.

Simon H A, Newell A. 1958. Heuristic problem solving: The next advance in operations research. *Operations Research*, 6(1): 1-10.

Smith J E, Winkler R L. 2006. The optimizer's curse: Skepticism and postdecision surprise in decision analysis. *Management Science*, 52(3): 311-322.

Smolensky P. 1988. On the proper treatment of connectionism. *Behavioral and Brain Sciences*, 11(1): 1-23.

Smolensky P, Legendre G. 2006. *The Harmonic Mind: From Neural Computation to Optimality-Theoretic Grammar*. Cambridge: MIT Press.

Sprevak M. 2010. Computation, individuation, and the received view on representation. *Studies in History and Philosophy of Science*, 41(3): 260-270.

Stannett M. 1990. X-machines and the halting problem: Building a super-Turing machine. *Formal Aspects of Computing*, 2(1): 331-341.

Sterelny K. 1990. *The Representational Theory of Mind: An Introduction*. Oxford: Blackwell Publishing.

Sterrett S G. 2000. Turing's two tests for intelligence. *Minds and Machines*, 10(4): 541-559.

Stich S, Warfield T A. 1994. *Mental Representation: A Reader*. Oxford: Blackwell Publishing.

Stoilos G, Simou N, Stamou G, et al. 2006. Uncertainty and the semantic web. *IEEE Intelligent Systems*, 21(5): 84-87.

Suchman L A. 1987. *Plans and Situated Actions: The Problem of Human-Machine Communication*. Cambridge: Cambridge University Press.

Sun R. 2017. The CLARION cognitive architecture: Towards a comprehensive theory of the mind//Chipman S. *The Oxford Handbook of Cognitive Science*. Oxford: Oxford University Press: 117-133.

Sutton R S, Barto A G. 1998. *Reinfocement Learning: An Introduction*. Cambridge: MIT Press.
Swoyer C. 1991. Structural representation and surrogative reasoning. *Synthese*, 87(3): 449-508.
Syropoulos A. 2008. *Hypercomputation: Computing beyond the Church-Turing Barrier*. Boston: Springer.
Tesauro G. 1992. Practical issues in temporal difference learning. *Machine Learning*, 8(3): 257-277.
Teubner T, Flath C M, Weinhardt C. et al. 2023. Welcome to the era of ChatGPT et al. The Prospects of Large Language Models. *Business & Information Systems Engineering*, 65(2): 95-101.
Thompson E. 2007. *Mind in Life: Biology, Phenomenology, and the Sciences of Mind*. Cambridge: Harvard University Press.
Thorndike E L. 1932. *The Fundamentals of Learning*. New York: Teachers College Columbia University.
Thorp H H. 2023. ChatGPT is fun, but not an author. *Science*, 379(6630): 313.
Tomasi C, Kanade T. 1992. Shape and motion from image streams under orthography: A factorization method. *International Journal of Computer Vision*, 9(2): 137-154.
Turing A M. 1945. Proposed electronic calculator//Copeland B J. *Alan Turing's Automatic Computing Engine: The Master Codebreaker's Struggle to Build the Modern Computer*. Oxford: Oxford University Press: 369-454.
Turing A M. 1950. Computing Machinery and Intelligence. *Mind*, 59: 433-460.
Turing A M. 1951a. Can digital computers think?//Copeland B J. *The Essential Turing*. Oxford: Oxford University Press: 476-486.
Turing A M. 1951b. Intelligent machinery, a heretical theory//Copeland B J. *The Essential Turing*. Oxford: Oxford University Press: 465-475.
Turing A M. 1953. Chess//Copeland B J. *The Essential Turing*. Oxford: Oxford University Press: 562-575.
Turing A M, Braithwaite R, Jefferson G, et al. 1952. Can automatic calculating machines be said to think?//Copeland B J. *The Essential Turing*. Oxford: Oxford University Press: 487-506.
Turner R M. 1998. Context-mediated behavior for intelligent agents. *International Journal of Human-Computer Studies*, 48(3): 307-330.
Tye M. 1995. *Ten Problems of Consciousness: A Representational Theory of Phenomenal Mind*. Cambridge: MIT Press.
Tye M. 2003. Blurry images, double vision, and other oddities: new problems for representationalism//Smith Q, Jokic A. *Consciousness: New Philosophical Perspectives*. Oxford: Clarendon Press: 7-32.
van Benthem J. 1998. *Logic in Action: An NWO Spinoza Award Project*. Amsterdam: Institute for Logic, Language and Computation.
van Benthem J. 2003. Structural properties of dynamic reasoning//Peregrin J. *Meaning: The Dynamic Turn*. Leiden: Brill Academic Publishers: 15-31.
van Benthem J. 2006. A mini-guide to logic in action//Stadler F, Stöltzner M. *Time and History:*

Proceedings of the 28. International Ludwig Wittgenstein Symposium. Frankfurt: De Gruyter: 419-440.

van Ditmarsch H P. 2005. Prolegomena to dynamic logic for belief revision. *Synthese*, 147(2): 229-275.

van Gelder T, Port R. 1995. It's about time//Port R, van Gelder T. *Mind as Motion: Explorations in the Dynamics of Cognition*. Cambridge: MIT Press: 1-44.

van Gelder T. 1995. What might cognition be, if not computation? *Journal of Philosophy*, 92(7): 345-381.

van Gelder T. 1998. The dynamical hypothesis in cognitive science. *The Behavioral and Brain Sciences*, 21(5): 615-665.

van Otterlo M. 2009. *The Logic of Adaptive Behavior*. Amsterdam: IOS Press.

Varela R, Thompson E, Rosch E. 1991. *The Embodied Mind*. Cambridge: MIT Press.

Vassev E, Hinchey M. 2015. Knowledge Representation for Adaptive and Self-aware Systems//Wirsing M, Hölzl M, Koch N, et al. *Software Engineering for Collective Autonomic Systems*. Cham: Springer: 221-247.

Vergis A, Steiglitz K, Dickinson B. 1986. The complexity of analog computation. *Mathematics and Computers in Simulation*, 28(2): 91-113.

Vinge V. 1993. The coming technological singularity: How to survive in the post-human era. https://ntrs.nasa.gov/api/citations/19940022856/downloads/19940022856.pdf[2023-03-23].

Vinge V. 2008. Signs of the singularity. https://spectrum.ieee.org/signs-of-the-singularity [2023-03-23].

Waldock A, Carse B. 2008. Fuzzy Q-Learning with an adaptive representation. https://www.researchgate.net/publication/4375836_Fuzzy_Q-Learning_with_an_Adaptive_Representation [2023-03-29].

Waltz D L. 1975. Understanding line drawings of scenes with shadows//Winston P H. *The Psychology of Computer Vision*. New York: McGraw-Hill: 19-91.

Waltz D L. 2006. Evolution, sociobiology, and the future of artificial intelligence. *IEEE Intelligent Systems*, 21(3): 66-69.

Wang H A. 1996. *Logical Journey: From Gôdel to Philosophy*. Cambridge: MIT Press.

Wang J, Lu C Y, Wang M, et al. 2014. Robust face recognition via adaptive sparse representation. *IEEE Transactions on Cybernetics*, 44(12): 2368-2378.

Wang X Y, Wang Z G. 2004. A structure-adaptive piece-wise linear segments representation for time series//*Proceedings of the 2004 IEEE International Conference on Information Reuse and Integration, 2004*. Las Vegas: IEEE: 433-437.

Waskan J. 2006. *Models and Cognition*. Cambridge: MIT Press.

Watkins C J C H, Dayan P. 1992. Q-learning. *Machine Learning*, 8(3): 279-292.

Wellman M P. 1995. The economic approach to artificial intelligence. *ACM Computing Surveys*, 27(3): 360-362.

Wheeler M. 1996. From Robots to Rothko//Boden M A. *The Philosophy of Artificial Life*.

Oxford: Oxford University Press: 209-236.

Whitby B. 1996. The Turing Test: AIs Biggest Blind Alley?//Millican P, Clark A. *Machines and Thought: The Legacy of Alan Turing*. Oxford: Oxford University Press: 519-539.

Whitson S. 2010. Adaptive Representation for reinforcement learning. https://link. springer. com/book/10.1007/978-3-642-13932-1pdf[2023-03-23].

Widrow B, Hoff M E. 1988. Adaptive switching circuits//Anderson J A, Rosenfeld E. *1960 IRE WESCON Convention Record*. New York: IRE: 96-104.

Wilkins D E. 1980. Using patterns and plans in chess. *Artificial Intelligence*, 14(2): 165-203.

Williams B. 1973. The Self and the Future//Williams B. *Problems of the Self: Philosophical Papers 1956-1972*. Cambridge: Cambridge University Press: 46-63.

Williams R J. 1990. Adaptive state representation and estimation using recurrent connectionist networks//Miller W T, Sutton R S, Werbos P J. *Neural Networks for Control January*. Cambridge: MIT Press: 97-114.

Wilson R A. 1994. Wide computationalism. *Mind*, 103(411): 351-372.

Winograd T. 1972. Understanding natural language. *Cognitive Psychology*, 3(1): 191.

Winograd T. 2006. Shifting viewpoints: Artificial intelligence and human-computer interaction. *Artificial Intelligence*, 170(18): 1256-1258.

Winograd T, Flores R. 1987. *Understanding Computers and Cognition*. Boston: Addison-Wesley Professional.

Winston P H. 1970. *Learning Structural Descriptions from Examples*. Cambridge: Massachusetts Institute of Technology.

Wittgenstein L. 1974. *Philosophical Grammar*. Oxford: Basil Blackwell.

Wrathall M A. 2000. Background practice, capacities, and Heideggerian dislclosure//Wrathall M A, Malpas J. *Heidegger, Coping, and Cognitive Science*. Cambridge: MIT Press: 93-114.

Yamamoto M. 1993. "SOZZY": A hormone-driven autonomous vacuum cleaner. *Proceedings of the International Society for Optical Engineering*, 2058: 211-222.

Yee R. 1993. Turing machines and semantic symbol processing: why real computers don't mind chinese emperors. *Lyceum*, 5(1): 37-59.

Zadeh L A. 2008. Toward human level machine intelligence—is it achievable? The need for a paradigm shift. *IEEE Computational Intelligence Magazine*, 3(3): 11-22.

Zerilli J, Knott A, Maclaurin J, et al. 2019. Transparency in algorithmic and human decision-making: is there a double standard? *Philosophy & Technology*, 32(44): 661-683.

Zhang W Q, Tang Z S, Tang L. 2000. Adaptive hierarchical b-spline surface representation of large-scale scattered data. *Tsinghua Science & Technology*, 5(4): 457-462.

Zhou J, Ke P, Qiu X P, et al. 2024. ChatGPT: potential, prospects, and limitations. *Frontiers of Information Technology & Electronic Engineering*, 25(1): 6-11.

附录 1　ChatGPT-4 对适应性表征的回应

表征是什么

表征是指用某种方式描述或表示一个对象、概念或现象的过程。它可以是基于语言、符号、数字或其他方式的描述，目的是让人们更好地理解或传达所描述的对象或现象的特征、属性或含义。

在不同领域中，表征的含义可能有所不同。在计算机科学中，表征通常指将某种信息或数据以特定的方式编码或表示，以便于计算机程序对其进行处理和分析。在心理学和认知科学中，表征则指人类如何对外部世界进行感知和认知，以及如何将这些信息编码成神经信号或符号系统。在文学和艺术领域，表征指的是通过语言、图像、符号等手段对人物、场景、情感等进行刻画和呈现的过程。

what is adaptive representation?

Adaptive representation refers to the ability of a system to adjust its way of representing information in response to changes in the environment or task demands. It is a concept that has been studied in various fields, such as cognitive science, artificial intelligence, and machine learning.

In cognitive science, adaptive representation refers to the ability of the brain to flexibly represent information in response to changes in the environment. This means that the brain can change the way it encodes and stores information based on the context, task demands, and goals. For example, when learning a new language, the brain may create new neural connections to encode the sounds and grammar of the new language, while suppressing the connections associated with the native language.

In artificial intelligence and machine learning, adaptive representation refers to the ability of a system to learn and adjust its internal representations of data based on the input it receives. This allows the system to improve its performance over time by learning from experience. For example, in deep learning, the neural network can adjust its internal weights and connections to better represent the data it is trained on, leading to improved accuracy in tasks such as image classification or speech recognition.

Overall, adaptive representation is an important concept in understanding how systems can adjust and improve their ability to represent and process information in response to changing environments and task demands.

> 请继续

Adaptive representation is particularly important in fields where the input data can vary widely, such as natural language processing, computer vision, and robotics. In natural language processing, for example, adaptive representation techniques can help a system understand the nuances of human language and adapt to the specific context and meaning of a given sentence or phrase.

Similarly, in computer vision, adaptive representation techniques can help a system recognize objects and patterns in images and adjust its internal representations based on the lighting conditions, viewpoint, and other factors that may affect the appearance of the objects.

In robotics, adaptive representation can be used to help a robot learn and adapt to new environments, tasks, and objects it encounters. By adjusting its internal representations of the environment and objects, the robot can improve its ability to navigate, manipulate objects, and interact with its surroundings.

Overall, adaptive representation is an important concept that has the potential to improve the performance and flexibility of a wide range of systems, from human cognition to artificial intelligence and robotics.

> 有什么哲学意义？

Adaptive representation has several philosophical implications, particularly in the areas of philosophy of mind and philosophy of science.

In philosophy of mind, adaptive representation raises questions about the nature of mental representations and their relationship to the external world. The ability to adapt representations to changing circumstances suggests that mental representations are not static or fixed, but rather dynamic and malleable. This raises questions about how mental representations are formed, updated, and used in perception, thought, and action.

In philosophy of science, adaptive representation has implications for the nature of scientific theories and models. The ability to adapt representations to changing data suggests that scientific theories and models are not rigid or absolute, but rather subject to revision and refinement based on new evidence. This raises questions about the relationship between theory and evidence, and the criteria for evaluating scientific theories and models.

Adaptive representation also has implications for the relationship between the mind and the body. The ability to adapt representations to changing circumstances suggests that mental representations are not purely abstract or disembodied, but rather grounded in the sensorimotor experience of the body. This raises questions about how the mind and body interact, and how they are integrated in the generation of perception, thought, and action.

Overall, adaptive representation is an important concept that has the potential to shed light on some of the deepest questions in philosophy, such as the nature of the mind, the relationship between theory and evidence, and the mind-body problem.

附录1　ChatGPT-4对适应性表征的回应

> Do you think that ChatGPT-4 is a system of adaptive representation?

As an AI language model, I do not have personal opinions or beliefs. However, I can explain that GPT-4, like its predecessors, is a neural language model that generates human-like text by predicting the most probable next word or sequence of words given the previous context.

In that sense, GPT-4 can be considered a system of adaptive representation because it adjusts its predictions based on the input it receives and updates its internal representations accordingly. It learns from a vast corpus of text data to capture the statistical patterns and semantic relationships between words and phrases, which enables it to generate coherent and plausible text in response to various prompts.

Moreover, GPT-4 will likely incorporate more advanced techniques, such as self-supervised learning, transfer learning, and few-shot learning, to improve its adaptability and generalization capabilities. These techniques allow GPT-4 to leverage its knowledge and experiences from previous tasks to perform better on new and unseen tasks, which is a hallmark of adaptive intelligence.

> ChatGPT-4 is a system of adaptive representation?

As an AI language model, I do not have personal opinions or beliefs. However, I can explain that GPT-4, like its predecessors, is designed to be a neural language model that can generate human-like text by predicting the most probable next word or sequence of words given the previous context.

In that sense, GPT-4 can be considered a system of adaptive representation because it can adjust its predictions based on the input it receives and updates its internal representations accordingly. GPT-4 is trained on large amounts of data to capture the statistical patterns and semantic relationships between words and phrases, which enables it to generate coherent and plausible text in response to various prompts.

Moreover, GPT-4 is likely to incorporate more advanced techniques, such as self-supervised learning, transfer learning, and few-shot learning, to improve its adaptability and generalization capabilities. These techniques allow GPT-4 to leverage its knowledge and experiences from previous tasks to perform better on new and unseen tasks, which is a hallmark of adaptive intelligence. Therefore, based on its design and capabilities, GPT-4 can be considered a system of adaptive representation.

why?

GPT-4 can be considered a system of adaptive representation because it can adjust its internal representations based on the input it receives, which allows it to generate coherent and plausible text. This is achieved through the use of deep learning techniques, such as neural networks, that enable GPT-4 to learn from large amounts of text data and capture statistical patterns and semantic relationships between words and phrases.

In addition, GPT-4 is likely to incorporate advanced techniques, such as self-supervised learning, transfer learning, and few-shot learning, that allow it to adapt to new tasks and improve its performance on unseen data. These techniques enable GPT-4 to leverage its existing knowledge and experiences to learn quickly and efficiently from new tasks and data, which is a hallmark of adaptive intelligence.

Therefore, based on its design and capabilities, GPT-4 can be considered a system of adaptive representation because it can adjust its internal representations to generate coherent and plausible text, and can adapt to new tasks and data through the use of advanced learning techniques.

附录2　对李德毅院士关于"新一代人工智能十问"的哲学思考[①]

本"思考"从认知哲学的"适应性表征"认识论和方法论审视人工智能，提出如下新观点，这些新观点也是本书的主要观点。

（1）认知（智能）系统是适应性表征系统，可用适应性表征概念来统摄和解释自然与人工智能（适应性表征作为自然和人工认知系统的内在机制和统一范畴）。

（2）"通用"是通过适应性表征来体现的，即适应性表征是自然和人工认知系统的"共性"。

（3）本质上，人工智能是"好像"或者"假装"智能，即虚拟智能，而非真正的智能（自然智能）。

（4）人工智能作为人类理性的结晶或最高境界，可以形式化自然语言，如日常语言的命题逻辑表达。

（5）新一代人工智能的认知架构可能是：语境（知识库）+感受器（输入）+控制器（中枢系统）+执行器（输出）。

（6）人工智能的"与时俱进"的学习能力就是它的适应性表征能力。

（7）人工智能的创造力可通过多智能体的协同（以适应性表征的方式）来实现。

（8）适应性表征是人工智能体拥有智能的关键，有无意识、情感和道德感并不是必须的，关键是：它们必须有适应性表征能力。

关于智能的基本共识，李德毅院士做了很好的总结："智能是学习的能力，以及解释、解决问题的能力；人工智能是脱离生命体的智能，是人类智能的体外延伸。"在人工智能和认知科学领域，这意味着智能是一种包括学习、解释和解决问题的认知能力，人工智能是人类智能的衍生智能或离身智能。而所谓的"通用人工智能"就是在不同情境中能够完成各种认知任务的普遍智能，在专门领域（如计算、下棋）可超过人类智能。

李德毅院士针对新一代人工智能提出的"十问"和相应的十个基础问

[①] 附录2的内容曾发表在《智能系统学报》2023年第18卷第6期第1352-1355页。

题非常具有挑战性,不仅激发了人工智能的科学技术研究,也激发了人工智能的哲学思考。20多年来,笔者致力于自己提出的"认知哲学"的研究,其认识论和方法论的核心是"适应性表征"(自组织系统特别是认知系统,具有在特定环境或语境中自主地表征目标对象的能力,且这种能力能够随着环境或语境的变化而自主提升)。这里笔者运用适应性表征概念以哲学的方式尝试回应李德毅院士的"十问"。

"一问":意识、情感、智慧和智能,它们是包含关系还是关联关系?是智能里面含有意识和情感,还是意识里面含有智能?

答:从认知哲学来看,意识、情感、智慧和智能等是具身的心理或精神属性,也就是基于生命体的高级认知属性,区别于低级的感觉或感知属性。意识是生命体将自身与外部环境区分开来的基本认知功能或属性(如我们早晨从睡梦中醒来、儿童区分生命体与非生命体)。情感(在抑制和激活意义上)是有意识的状态,如喜怒哀乐。智慧是有意识的巧妙策略或计谋,与直觉相关,往往无章可循,类似于哲学上的"洞见",宗教上的"顿悟",科学上的"奇思妙想"或"啊哈"现象。人类智能是基于知识的认知能力,如符号操作、知识表征和问题解决,而人工智能则是剥离了心理属性的纯粹符号操作和知识表征。意识、情感、智慧这些心理属性(除了人工智能)都属于认知范畴,既有包含关系(如情感中有意识),也有关联关系(如智慧是基于意识的)。这样看来,意识是高级认知属性所依托的基质,或者说意识是其他高级心理属性展现的一个平台。而意识又是基于感觉(feeling)和感知(perception)的。所以,感觉和感知是生命体更基本、更普遍,也就是更通用(所有生命体都有)的属性,而认知能力只有高级物种特别是人类才有。人工智能是人类智能的衍生物,其智能是抽象符号表征意义上的,这种符号表征能力是比意识、情感更高级的认知能力(意识、情感可以不依赖语言)。所以,上述描述心理属性的概念,是相互包含的,也就是混合的。当然,这些概念涉及大众心理学、认知学科和人工智能等学科,需要做进一步的澄清。从适应性表征的角度看,认知行为,无论是低级还是高级属性,都是适应性表征的不同表现方面。因此,适应性表征是一切自组织系统,尤其是认知系统的"共通性"或"通用性",在概念上是统摄自然智能和人工智能的统一范畴。

"二问":如何理解通用智能?通用智能一定是强智能吗?通用和强是什么关系?

答:"通用"有两层意思:一是"普遍的"(universal)或"广义的",即在时空上是遍历的,如宇宙(universe);二是"一般的"或"概括的"(general),

即哲学上的高度提炼，如世界统一于物质。根据这两层意思，通用智能就是在所有领域都能够解决问题或完成任务的认知能力。按照笔者的理解，人工智能是相对于自然智能（人和动物）而言的，在计算主义语境中特指"机器智能"，如图灵机，在"计算"意义上这两种智能是相通的（否则人就造不出计算机）。对人工智能的强弱之分，据笔者的考察，首先是哲学家塞尔在20世纪80年代对试图制造人类水平或超人类水平人工智能的称呼，"强"的含义是让机器智能达到甚至超越人类智能，包括有意识、有情感甚至有道德感；"弱"的含义是让机器能够在一定程度上模拟人类的智能行为，如功能模拟（如物理符号假设）、结构模拟（如人工神经网络）和行为模拟（如感知行动），不要求有意识。目前，弱人工智能（计算意义上）业已实现，强人工智能（有意识意义上）还遥遥无期。简单来说，强人工智能=理性能力（计算、推理）+心理能力（意识、情感），弱人工智能=理性能力（计算、推理）。通用人工智能（general artificial intelligence，GAI 或 universal artificial intelligence，UAI）和人工通用智能（artificial general intelligence，AGI）在人工智能文献中都出现过，通常不加区别，其是相对于狭义（窄）人工智能而言的。这里的"通用"与"广义或宽"意思相近。粗略来说，通用人工智能对应于强人工智能，狭义人工智能对应于弱人工智能。不过，在笔者看来，通用人工智能与强人工智能还是有所区别的，这主要表现在两方面：一是在时间上，强人工智能概念早于通用人工智能，前者是塞尔提出的，后者是美国通用智能研究所的戈尔策尔（B. Goertzel）和佩纳钦（C. Pennachin）2007年提出的；二是在含义上，强人工智能强调机器智能的类人心理属性，目标是实现人类水平甚至超人类水平的"具身智能"，而通用人工智能强调在感知层次实现通用性和自主性的"离身智能"，不强求有意识和情感。在这个意义上，通用人工智能稍弱于强人工智能，或者说，通用人工智能介于强人工智能和弱人工智能之间。相同之处是它们本质上都具有跨学科的特点。

"三问"：目前所有人工智能的成就都是在计算机上表现出来的"计算机智能"，是否存在更类似于脑组织、能够在物理上实现的新一代人工智能？

答：目前的计算机和人工智能的实质是模拟自然智能。在方法论上是功能主义或行为主义。从哲学上来看，人工智能是"好像"（as-if）智能，或"假装"（make-believe）智能，也就是模拟出的"虚拟智能"，不是基于肉体的"真正的"人类智能。也就是说，计算机只能执行设计者预先设定的程序（算法）和目标，不具有"真正的"人类智能。在这里，认知科学中的"硬件要紧"是一个关键，即构成认知主体或智能主体的组分成分很重要（碳基的还是硅基的），这意味着人类智能和人工智能借以实现的物理载体完全不同。于是问题来了，组成成分完全不同的人脑和电脑是否一定不能实现相同的认知任务？答案是否定的，人脑和电脑都能执行计算任务，就如同飞机与鸟飞行的原理完全不同，但都能执行"飞行"任务。然而，目前的人工神经网络不论多么复杂，都无法与人脑相提并论。如果有一天人工神经网络也达到人脑神经元的量级10^{11}点会样呢？笔者无法预测结果。但可以肯定，机器智能、机器意识等人工制品，即使实现了类似人类意识的东西（如感受性），我们也不知道，就如同我们不知道他人的感受一样。这意味着人工神经网络生成的东西，本质上不同于生命体拥有的东西（生命、意识、心灵），尽管功能上甚至结构上相似或相同。

"四问"：机器人不会有七情六欲，还会有学习的原动力吗？如果没有接受教育的自发性，还会有学习的目标吗？

答：这个问题涉及认知的具身性（embodiment）和本能（instinct）。生命体是具身的，其功能大多是本能（遗传决定的或先天的），我们人类也不例外。机器人是离身的（disembodiment），其智能是人类智能的体外延展，这是当代认知科学的具身认知和延展认知观。这里的问题的逻辑是：情感（兴趣）是学习的原动力，机器人没有情感（兴趣），自然不会有学习的动力。情感（兴趣）是不是学习的原动力这一点在学术上是有争议的。在笔者看来，除了情感（兴趣）外，目标追求也是学习的动力之一。只要人工智能是目标导向系统，或者是笔者主张的适应性表征系统，它就是自学习系统，如机器学习中的无监督学习。人类的学习（主动的或被动的）在很大程度上是后天教育的结果（语境化），机器人虽然缺乏人类的先天自发性和接受后天教育的主动性（非语境化），但目标导向的系统使其具有了学习的目标（人为机器设置语境，如知识库）。这是笔者主张的人工智能的自语境化能力。人类是自语境化的（自我融入新情境），如果让机器人也拥有自语境化能力，它就会自主融入新情境（从一个情境进入另一个情境）。这种自语境化能力就是适应性表征能力。

"五问"：人的偏好和注意力选择是如何产生的？新一代人工智能如何体现这一点？

答：人的偏好和注意力是有意识的认知行为。偏好是兴趣引导或目标导向的，注意力是意识的聚焦问题。根据巴尔斯（B. J. Baars）的认知理论，注意力就是意识的"聚光灯"，舞台背景包括剧务人员就是意识的"语境"，这种语境支撑着作为意识的注意力。由此给笔者的启发是，未来的人工智能的认知架构可能是：语境（知识库）+感受器（输入）+控制器（中枢系统）+执行器（输出）。强化学习就是运用"奖励"（偏好）的方法。笔者认为，如果能让强化学习与语境化方法相结合，也就是将强化学习"语境化"，新一代的人工智能就会更接近甚至达到人类智能。

"六问"：如果说计算机语言的元语言是数学语言，数学语言的元语言是自然语言，前一个比后一个常常更严格、更狭义。那么，人工智能怎么可以反过来用数学语言或者计算机语言去形式化人类的自然语言呢？

答：这是一个关乎人工智能如何表征的问题。在笔者看来，人工智能总体上是理性的事业，理性原则上是排除非理性的，如意识、情感、自我、心灵、自由意志等。在这个意义上，智能机器无需意识、心灵这些带有神秘色彩的非理性东西。理性的呈现或表征方法主要是数学和逻辑语言，即形式语言。而形式语言是高度抽象的符号表征，这是人类理性的最高认知境界。人工智能就是这种抽象认知的结晶。从人类语言形成与发展的历史看，先有口语，再有书面语（自然语言），然后才有了数学和逻辑，最后才有了科学理论（数学语言书写的）。语言的这种生成过程是不可逆的，这与人类社会的发展是同步的，即从低级到高级。人工智能能否反过来形式化自然语言呢？笔者认为可以，虽然语言的自然形成是不可逆的（进化选择和文化选择），但高级认知能够表征低级认知，比如自然语句的命题逻辑表达、自然现象的数学刻画。这似乎回到了古希腊哲学家毕达哥拉斯关于宇宙是"数的和谐"的思想。如果"数的和谐"假设是对的，那么用数学语言或编程语言表征自然语言就不是问题。

"七问"：如何体现新一代人工智能与时俱进的学习能力？

答：笔者的看法是通过适应性表征。与时俱进的学习能力就是适应性表征能力，因为"适应性"意味着进化适应，"表征"意味着目标导向的语言表达。我们只要让认知机器人或社交机器人具有适应性表征能力，它们就能够完成人类为其设置的目标，至于它们有无意识和情感，则无关紧要。这个问题也是人工心理学、人工认知神经科学和具身人工智能，以及认知哲学要研究的。

"八问"：在新一代人工智能架构的机器人中，其基本组成最少有哪几种？各部分中的信息产生机制与存在形式是什么？它们之间的信息传递是什么样的？

答：根据人类智能的构成，笔者认为人工智能的认知架构至少要有一个智能体（人工脑）、身体（物理载体）和模拟对象（环境）三个部分，而且它们之间的交互是必须的，因为极有可能正是交互（人工脑、身体和环境的耦合)才涌现出了智能。由于交互是一个动力学过程,这个过程必然包含时间。若加上时间因素,人工认知架构就有四个基本组成成分。虽然交互中的信息产生的机制和智能生成之间有密切的关联,但二者是不同的,也就是说,信息产生不等于智能生成,毕竟大多物理系统都有信息产生但没有智能(如温度计、恒温器)。笔者不是人工智能研究者,对具体的技术细节并不清楚,但笔者直觉地认为,无论人工智能架构是什么,"适应性表征"可能是其运作的内在机制及不同部分之间的交互环节,因为适应性表征在同层次和不同层次之间(物理的、生物的、认知的)都存在。

"九问":新一代人工智能如何具有通用智能?不同领域的专用智能之间是如何触类旁通、举一反三、融会贯通的?如何体现自身的创造力,如能不能形成自己对软件的编程能力?

答:通用人工智能或人工通用智能是一个跨学科领域,其最终目标是实现人类水平或超人类水平(某些方面)的智能。要实现这个目标,"通用"应该是人类和机器人共享的属性或特征。问题是,什么是人机共享属性呢?笔者认为最基本的才是通用的,这种最基本属性就是感知(人是感官系统,机器是感受器);什么是两种智能都共有的呢?笔者认为是适应性表征。即使是各类专家系统或专用智能(下棋、扫地、家庭服务等机器人),其智能体(agent)必须是适应性表征系统,即完全围绕要完成的目标来行动,如扫地机器人要能够执行保证房间干净的目标。这意味着有了适应性表征能力,就有了某种创造力,因为适应是与新奇(意外)相关的,新奇(意外)是创造性的源头,而表征本身就是再创造(呈现新奇现象的方式),如量子力学的不同表征(狄拉克标识符和薛定谔方程)。至于智能机器人能否自己拥有创造力、自己编程,这与机器人的自主性问题(哲学上是主体性问题)有关。在笔者看来,只要机器人以某种程度的独立性或自主性进行一些操作,如抓取东西,我们就应该认为它们具有一定的自主性,就像计算机病毒自复制一样。有了自主性才会有创造性(必要条件)。这就要求人工智能研究者想方设法让机器人有自主性(一种适应性表征能力)。从协同涌现的视角看,单一智能体恐怕没有创造性,创造性应该是多智能体交互的一个整体特征。如果是这样,笔者的想法是,人工智能的创造力要通过多智能体的协同来实现(产生"交互意识"),单个智能体很难拥有创造力(这和一个人有创造力不同)。

"十问":基于新一代人工智能机器人,存不存在停机问题?机器人的"发育",即软硬件的维修管理和扩充升级,如何解决?

答:在逻辑上,停机问题本质是高阶逻辑的不自洽和不完备问题,在人工智能中是判断一个程序是否会在有限时间之内结束运行的问题。如果哥德尔不完全性定理是正确的，那么人工智能中的停机问题原则上就是存在的，就像人的认知能力有至上性（有限性）一样。至于机器人的"发育"（自生长、自修复、自提升），笔者认为，只要机器人有了适应性表征能力，就可通过具身性和适应性表征来解决。在这个问题上，笔者持乐观主义的态度。

概言之，新一代人工智能要实现"通用"，也就是在不同层次系统（物理的、生物的、认知的）和不同学科及社会领域都是适用的，笔者认为适应性表征是其"通用的"实现机制和统一解释的概念框架。"通用"意味着最基本和最普遍，也就是适用于所有系统，如能量守恒定律适用于物理系统、生物系统和智能系统。因此，一个人工智能体，无论它最终是否有意识、有情感、有道德感，这都不重要，重要的是：它必须拥有适应性表征能力。

后　　记

　　《人工智能：从物理符号操作到适应性表征》【国家社科基金后期资助重点项目（21FZXA006）】是继笔者承担的国家社会科学基金项目"科学表征问题研究"（成果是《科学表征：从结构解析到语境建构》，科学出版社，2018年）和"科学认知的适应性表征研究"（成果是《科学认知：从心性感知到适应性表征》，科学出版社，2024年）后一个顺理成章的结果，其内在逻辑是从自然认知（特别是科学认知）的适应性表征到人工认知的适应性表征的转换，或者说是从自然智能的适应性表征到人工智能的适应性表征的迁移。

　　众所周知，表征是认知科学、人工智能、心理学和哲学（尤其是心灵哲学和科学哲学）中的一个核心概念，这个假设性概念构成了知识得以产生的解释机制。在这个意义上，认知是围绕（心理）表征进行的，没有表征就难以产生认知和思维，基于这样一种理念，笔者近十几年来一直致力于表征问题的研究，即沿着"表征→心理表征→科学表征→科学认知/智能的适应性表征→人工认知/智能的适应性表征"这一思路展开；反过来，人工认知/智能必然会形成对自然认知/智能的种种挑战。这是笔者正致力于研究的另一个重大课题"人工认知对自然认知挑战的哲学研究"（21&ZD061）。

　　之所以选择"适应性表征"作为研究主题，是因为在笔者看来，这个概念是对一切自组织系统，特别是认知和智能系统之内在机制的刻画与描述。原因在于：具身适应性是所有生物的本质属性，其更深层的物理机制是物体的微观倾向性，如热胀冷缩、信息熵循环，可称之为"物理适应性表征"；认知的适应性源于生物的具身适应性，包括大脑内部神经网络的适应性，人工智能的适应性源于人类智能的适应性；表征是所有意识生物的本能或固有能力，如意向性，其深层物理机制是某种属性的呈现，如发光发热、激光及量子纠缠，对其解释的意义就源于表征，因为表征本质上是一种指涉关系，而指涉的方式是指号或符号性的。这样一来，适应性与表征的结合——适应性表征——就构成了一切自组织系统特别是认知系统的内在机制或过程，同时也成为解释认知现象的概念框架。

　　当然，不可否认，人工认知/智能的适应性表征是从自然认知/智能特别是人类认知/智能的适应性表征逻辑地推出的，二者之间势必存在着程度上和文化上的差异（自然认知还包括动物认知，人类认知高于动物认知，科学认知是人类认知的一种特殊形式，更为抽象，但都是基于生物进化的；不同在于，人类认知增加了文化进化，动物认知由于缺乏文化因素，因而与人工认知更为类似，这是文化进化造就的人类和动物大脑结构的差异所致）。具体说，人工认知/智能的适应性表征弱于自然认知/智能的适应性表征，因为其中涉及有意识和无意识、具身性和离身性、语境性和无语境性等属性的区别。这是笔者要进一步研究的深层问题——如何让未来的人工认知/智能具有与自然认知/智能相同或更强的适应性和表征性。在笔者看来，这是未来或新一代人工认知/智能发展的方向。道理很简单，一个人工智能系统，比如在自然语言处理领域产生了革命性影响的聊天软件ChatGPT-4，从外部使用者或外在观察者视角来看，它似乎有了意识和心智，有了自语境化能力，甚至情感和道德感（实际上没有），笔者认为它只是拥有了更强的适应性学习和表征能力，至于它是否拥有我们的感受性和主观性、创造力和想象力，这一点并不重要。因此，适应性表征能力作为一种学习性和能动性，正是人工智能发展的关键，有无意识并不是必要条件。

最后，要特别感谢五位匿名评审专家提出的宝贵建设性意见，这些意见使得本书更加完善。本书的面世，既得到了全国哲学社会科学工作办公室的大力支持，也得到科学出版社诸位编辑的精心编校，在这里表示由衷的感谢！

2024-03-20
魏屹东

2